공조냉동기계기능사
필기 총정리

김증식

Craftsman Air-Conditioning
and Refrigerating Machinery

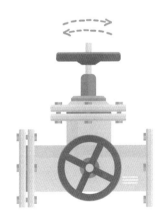

🌀 일진사

머리말

　공조냉동기술은 주로 제빙, 식품 저장 및 가공 분야 외에 경공업, 중화학공업 분야, 의학 축산업, 원자력공업 및 대형 건물의 냉난방 시설에 이르기까지 광범위하게 응용되고 있다. 또한 경제 성장과 더불어 산업체에서부터 가정에 이르기까지 냉동기 및 공기조화 설비 수요가 큰 폭으로 증가함에 따라 공조냉동기계와 관련된 생산, 공정, 시설, 기구의 안전관리 등을 담당할 기능 인력도 증가할 전망이다.

　이러한 추세에 부응하여 필자는 수십여 년간의 현장과 강단에서의 경험을 바탕으로 공조냉동기계기능사 필기시험을 준비하는 수험생들의 실력 배양 및 합격에 도움이 되고자 이 책을 출판하게 되었으며, 새롭게 개정된 출제 기준을 적용하여 다음과 같은 특징으로 구성하였다.

　첫째, 새로운 출제 기준에 따라 반드시 알아야 하는 핵심 이론을 과목(냉동기계/공기조화/자동 제어 및 안전관리)별로 이해하기 쉽도록 일목요연하게 정리하였다.
　둘째, 지금까지 출제된 과년도 문제를 면밀히 검토하여 적중률 높은 예상문제를 수록하였으며, 각 문제마다 상세한 해설을 곁들여 이해를 도왔다.
　셋째, 부록에는 최근에 시행된 기출문제를 철저히 분석하여 실제 시험과 유사한 출제 예상문제를 수록하여 줌으로써 출제 경향을 파악하고 실전에 대비할 수 있도록 하였다.

　끝으로 이 책으로 공조냉동기계기능사 필기시험을 준비하는 수험생 여러분께 합격의 영광이 함께 하길 바라며, 이 책이 나오기까지 여러모로 도와주신 모든 분들과 도서출판 **일진사** 직원 여러분께 깊은 감사를 드린다.

저자 씀

공조냉동기계기능사 출제기준(필기)

직무 분야	기계	중직무 분야	기계장비 설비 · 설치	자격 종목	공조냉동기계기능사	적용 기간	2022.1.1.~2024.12.31.

○ 직무내용 : 산업현장, 건축물의 실내 환경을 최적으로 조성하고, 냉동냉장설비 및 기타공작물을 주어진 조건으로 유지하기 위해 공조냉동기계 설비를 설치, 조작 및 유지보수하는 직무이다.

필기 검정방법	객관식	문제 수	60	시험시간	1시간

필기과목명	문제 수	주요항목	세부항목	세세항목
공조냉동, 자동제어 및 안전관리	60	1. 냉동기계	1. 냉동의 기초	1. 단위 및 용어　2. 냉동의 원리 3. 기초 열역학
			2. 냉매	1. 냉매 2. 신냉매 및 천연냉매 3. 브라인 4. 냉동기유
			3. 냉동 사이클	1. 몰리에르 선도와 상변화 2. 카르노 및 이론 실제 사이클 3. 단단 압축 사이클 4. 다단 압축 사이클 5. 이원 냉동 사이클
			4. 냉동장치의 종류	1. 용적식 냉동기 2. 원심식 냉동기 3. 흡수식 냉동기 4. 신 · 재생에너지(지열, 태양열 이 용 히트펌프 등)
			5. 냉동장치의 구조	1. 압축기　　2. 응축기 3. 증발기　　4. 팽창밸브 5. 부속장치　6. 제어용 부속기기
			6. 냉동장치의 응용	1. 제빙 및 동결장치 2. 열펌프 및 축열장치
			7. 냉각탑 점검	1. 냉각탑　　2. 수질관리
			8. 냉동 · 냉방 설비 설치	1. 냉동 · 냉방 장치
		2. 공기조화	1. 공기조화의 기초	1. 공기조화의 개요 2. 공기의 성질과 상태 3. 공기조화의 부하
			2. 공기조화방식	1. 중앙 공기조화방식 2. 개별 공기조화방식
			3. 공기조화기기	1. 송풍기 및 에어필터 2. 공기 냉각 및 가열코일 3. 가습 · 감습장치 4. 열교환기 5. 열원기기 6. 기타 공기조화 부속기기

필기과목명	문제 수	주요항목	세부항목	세세항목
			4. 덕트 및 급배기설비	1. 덕트 및 덕트의 부속품 2. 급·배기설비
		3. 보일러설비 설치	1. 급·배수 통기설비 설치	1. 급·배수 통기설비
			2. 증기설비 설치	1. 증기설비
			3. 난방설비 설치	1. 난방방식
			4. 급탕설비 설치	1. 급탕방식
		4. 유지보수공사 안전관리	1. 관련 법규 파악	1. 냉동기 검사 2. 고압가스안전관리법(냉동 관련) 3. 산업안전보건법 4. 기계설비법
			2. 안전작업	1. 안전보호구 2. 안전장비
			3. 안전교육실시	1. 안전교육
			4. 안전관리	1. 가스 및 위험물 안전 2. 보일러 안전 3. 냉동기 안전 4. 공구 취급 안전 5. 화재 안전
		5. 자재관리	1. 측정기 관리	1. 계측기
			2. 유지보수자재 및 공 구 관리	1. 자재관리 2. 공구 종류, 특성 및 관리
			3. 배관	1. 배관재료 2. 배관도시법 3. 배관시공 4. 배관공작
			4. 냉동장치유지 및 운전	1. 냉동장치유지 및 운전
		6. 냉동설비 설치	1. 냉동·냉방 설비 설치	1. 냉동·냉방 배관 2. 냉동·냉방 장치 방음, 방진, 지지
		7. 공조배관 설치	1. 공조배관설치 계획 및 설치	1. 공조배관설비
		8. 공조제어설비 설치	1. 공조제어설비 설치 계획	1. 공조설비 제어시스템
			2. 공조제어설비 제작 설치	1. 검출기 2. 제어밸브
			3. 전기 및 자동제어	1. 직류회로 2. 교류회로 3. 시퀀스회로
		9. 냉동제어설비 설치	1. 냉동제어설비 설치 계획	1. 냉동설비 제어시스템
			2. 냉동제어설비 제작 설치	1. 냉동제어설비 구성장치
		10. 보일러제어설 비 설치	1. 보일러제어설비 설치 계획	1. 보일러설비 제어시스템
			2. 보일러제어설비 제작 설치	1. 보일러제어설비 구성장치

차 례

2과목 　　　　　　　　　　　　　　**공기조화**

3과목 자동제어 및 안전관리

출제 예상문제

공조냉동기계기능사

1 과목

냉동기계

냉동의 기초

1-1 ○ 단위 및 용어

(1) 냉동 (refrigeration)

어느 공간 또는 특정한 물체의 온도를 현재의 온도보다 낮게 (0℃ 이하) 하고 그 낮게 한 온도를 계속 유지시켜 나가는 것, 즉 물체의 열의 결핍을 냉동 (refrigeration)이라 한다.

① 냉각 : 어떤 물체의 온도를 낮게만 내려주는 것

② 냉장 : 어떤 물체가 얼지 않을 정도의 상태에서 저장하는 것

③ 동결 : 수분이 있는 물질을 상하지 않도록 동결점 이하의 온도까지 얼려 버리는 것

④ 제빙 : 상온의 물을 −9℃ 정도의 얼음으로 만드는 것

⑤ 저빙 : 상품화된 얼음을 저장하는 것

⑥ 제습 : 공기나 제품의 습기를 제거하는 것

(2) 열의 이동

① 전도 (conduction) : 물체의 온도가 높은 부분에서 낮은 부분 쪽으로 열이 물질 속에서 이동하는 것을 말한다. 열전도의 크기는 열전도율을 사용해 나타내는데, 열전도율은 길이 1 m, 단면적 $1\,m^2$, 온도차 1℃일 때 1시간 동안에 물질 속을 1 m 길이로 전도하는 열량 (kJ)으로 단위는 kJ/m·h·K이다.

② 열전달 (heat transfer) : 고체의 표면과 그것과 접하는 유체 사이의 열이동 (유체와 고체 간에 열이 이동하는 것)을 열전달이라 하며, 실용 단위인 열전달률(kJ/m^2·h·K)로 표시된다.

③ 열통과 (열관류 : heat transmission) : 열교환기의 격벽 또는 보온·보랭을 위한 단열 벽 등에서 고체 벽을 통과하여 한쪽에 있는 고온 유체가 다른 쪽에 있는 저온 유체로 열이 이동하는 것으로 열통과율 또는 전열계수를 사용해 나타내는데, 이것은 단면적 $1\,m^2$에 대하여 벽 양면의 온도차가 1℃일 때 1시간 동안의 통과 열량을 나타내는 것으로 단위는 kJ/m^2·h·K이다.

④ 대류 (convection) : 열이 액체나 기체의 운동에 의하여 이동하는 것으로 밀도 차에 의해

부력이 작용하여 이동하는 것을 자연대류라 하며, 송풍기 등을 이용하여 강제로 유체를 움직이게 하여 열을 이동시키는 것을 강제대류라 한다.

⑤ 복사열(radiant heat) : 고온의 물체가 열원을 방사하여 공간을 거친 후 다른 저온의 물체에 흡수되어 일어나는 열로 방사열이라고도 한다.

> **참고** **열전도량과 열전달량**
>
> ① 열전도량 $q = \lambda \dfrac{F \cdot \Delta t}{l}$ [kJ/h]
>
> ② 열전달량 $q = KF\Delta t$ [kJ/h]
>
> 여기서, λ : 열전도율(kJ/m·h·K), F : 전열면적(m²), l : 물질의 길이 또는 두께(m)
> K : 열통과율(kJ/m²·h·K), Δt : 온도차(K)

⑥ 푸리에(Fourier)의 열전도법칙

$$q = K \cdot F \cdot (t_1 - t_2) \text{ [kJ/h]}$$

$$q_1 = \alpha_1 \cdot F \cdot (t_1 - t_{s_1}) \text{ [kJ/h]}$$

$$q_2 = \frac{\lambda}{l} \cdot F \cdot (t_{s_1} - t_{s_2}) \text{ [kJ/h]}$$

$$q_3 = \alpha_2 \cdot F \cdot (t_{s_2} - t_2) \text{ [kJ/h]}$$

즉, $q = q_1 = q_2 = q_3$가 일정하다는 것이 푸리에의 열전도법칙이다.

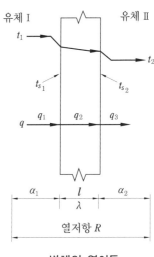

벽체의 열이동

1-2 ○ 냉동의 원리

(1) 냉동효과(냉동력, 냉동량)

압축기 흡입가스 엔탈피에서 팽창밸브 직전 엔탈피를 뺀 값, 즉 냉매 1 kg이 증발기에서 흡수하는 열량이다.

> **참고** 기준 냉동 사이클에서 냉동효과(kcal/kg)는 다음과 같다.
> - 암모니아 : 269
> - R-22 : 40.2
> - R-11 : 38.6
> - R-113 : 30.9
> - R-12 : 29.6
> - R-114 : 25.1
> - R-21 : 50.9
> - R-500 : 34

(2) 냉동능력

단위시간에 증발기에서 흡수하는 열량을 냉동능력이라 한다 (단위 : kJ / h).

(3) 1냉동톤 (RT)

0℃의 물 1 ton을 24시간에 0℃의 얼음으로 만드는 데 제거할 열량이다.

$$1 \, RT = 79680 \, kcal/24 \, h = 3320 \, kcal/h = 3.86 \, kW$$

(4) 1 USRT (미국 RT)

32°F의 물 2000 lb를 24시간에 32°F의 얼음으로 만드는 데 제거할 열량이다.

$$1 \, USRT = 288000 \, BTU/24 \, h = 12000 \, BTU/h = 3024 \, kcal/h = 3.52 \, kW$$

(5) 제빙능력

하루 동안 제빙공장에서 생산되는 양을 톤으로 나타낸 것이다. 25℃의 물 1 ton을 24시간 동안에 −9℃의 얼음으로 만드는 데 제거하는 냉동능력은 다음과 같이 계산한다.

① 25℃ 물 1ton → 0℃의 물

$$1000 \times 1 \times 25 = 25000 \, kcal/24 \, h$$

② 0℃의 물 1ton → 0℃의 얼음

$$1000 \times 79.68 = 79680 \, kcal/24 \, h$$

③ 0℃ 얼음 1 ton → −9℃ 얼음

$$1000 \times 0.5 \times 9 = 4500 \, kcal/24h$$

총 열량 $= 25000 + 79680 + 4500 \, kcal/24 \, h$

$$= 109.180 \, kcal/24 \, h$$

④ 열손실 20 %

$$109180 \times 1.2 = 131016 \, kcal/24 \, h$$

RT로 고치면 $131016 \div 79680 = 1.642 \, RT$

즉, 1 제빙톤 = 1.642 RT이고, 한국 1제빙톤은 1.65 RT로 한다.

제빙에 따른 냉동톤

원수온도 (℃)	냉동톤	원수온도 (℃)	냉동톤
5	1.44	25	1.64
10	1.5	30	1.72
15	1.56	35	1.78
20	1.62	40	1.84

1-3 ──o 기초 열역학

(1) 감열(현열)과 잠열

① 감열 (sensible heat) : 상태의 변화 없이 온도가 변하는 데 필요한 열량

$$q_s = G \cdot C \cdot \Delta t$$

여기서, q_s : 감열량 (kJ), G : 질량 (kg)

C : 비열 (kJ/kg·K), $\Delta t = t_2 - t_1$: 온도차 (K)

② 잠열 (latent heat) : 온도의 변화는 없고 상태가 변화하는 데 필요한 열량

$$q_l = G \cdot R$$

여기서, q_l : 잠열량(kJ), G : 질량 (kg), R : 잠열 (kJ/kg)

(2) 온도

① 섭씨 1도 : 물의 응고점 0℃와 비등점 100℃ 사이를 100등분한 것

② 화씨 1도 : 물의 응고점 32℉와 비등점 212℉ 사이를 180등분한 것

③ 화씨와 섭씨온도의 전환 관계

(가) $°F = \dfrac{9}{5}°C + 32$

(나) $°C = \dfrac{5}{9}(°F - 32)$

④ 절대온도 : 0℃ (0℉) 기체의 압력을 일정하게 유지하여 냉각시키면 온도가 1℃ 낮아질 때마다 체적이 $\dfrac{1}{273}\left(\dfrac{1}{460}\right)$씩 작아져서 −273℃ (−460℉)에서 체적이 완전히 없어진다. 이때의 온도를 절대온도 0 K (0°R)라 한다.

(가) $K = 273 + ℃ = \dfrac{5}{9}°R$

(나) $°R = 460 + °F = \dfrac{9}{5} K$

(3) 습도

① 상대습도 : 습공기의 비중량과 그것과 같은 온도의 포화습공기의 수증기 비중량과의 비

② 절대습도 : 건조공기 1 kg에 포함되어 있는 수증기의 질량

③ 노점온도 : 대기 중의 수증기가 응축하기 시작하는 온도 (이슬점 온도)

(4) 열량

① 1 kcal : 물 1 kg을 1℃ 높이는 데 필요한 열량

② 1 Btu : 물 1 lb를 1°F 높이는 데 필요한 열량

③ 1 kJ : 공기 1 kg을 1 K 높이는 데 필요한 열량

④ 열용량 : 어느 물질을 1℃ 높이는 데 필요한 열량

⑤ 비열

   (개) 어느 물질 1 kg을 1 K 높이는 데 필요한 열량으로 단위는 kJ/kg·K, Btu/lb·°F

   (내) 정압비열(C_p) : 어느 기체의 압력을 일정하게 하고 1 kg을 1℃ 높이는 데 필요한 열량

   (대) 정적비열(C_v) : 어느 기체의 체적을 일정하게 하고 1 kg을 1℃ 높이는 데 필요한 열량

> **참고** **열량과 비열**
> ① 1 kcal = 3.968 Btu (1 Btu = 0.252 kcal)
> ② 1 kcal = 1 kg×1 kcal/kg·℃×1℃ = 2.2 lb×1 Btu/lb·°F×1.8°F = 3.968 Btu
> ③ 1 kcal/kg·K = 1 Btu/lb·°R (1 Btu/lb = 0.556 kcal/kg)
> ④ 1 kcal = 4.187 kJ

⑥ 비열비(C_p/C_v) : 정압비열을 정적비열로 나눈 값으로 항상 $C_p > C_v$이므로 비열비 k는 1보다 크다. 비열비가 큰 NH_3 냉매는 토출가스 온도가 높고 실린더가 과열되어 윤활유가 변질되므로 실린더 상부를 물로 냉각시키는 물재킷(water jacket)을 설치한다.

⑦ 엔탈피 : 어떤 물체가 갖는 단위중량당 열에너지를 엔탈피라 한다. 단위는 kcal/kg으로 표시하며, 0℃의 포화액의 엔탈피를 100 kcal/kg(418.7 kJ/kg)으로 기준하고 0℃의 건조공기의 엔탈피를 0 kJ/kg으로 기준 삼는다.

$$i = u + APv$$

   여기서, i : 엔탈피(kJ/kg), u : 내부에너지(kJ/kg)
           A : 일의 열당량(kJ/kN·m), P : 압력(kg/m²), v : 비체적(m³/kg)

⑧ 엔트로피 : 단위중량의 물체가 일정 온도하에서 얻은 열량을 그 절대온도로 나눈 값을 엔트로피라 하며, 단위는 kJ/kg·K로 표시하고 0℃의 포화액의 엔트로피를 1로 한다.

(5) 압력

단위 면적 (m²)에 작용하는 힘 (N)을 말한다.

① 대기압력 : 공기가 지표면을 누르는 힘으로 토리첼리의 실험에 의한 방법으로 계산하면 $P = \gamma \cdot h = 13595 \, \text{kg/m}^3 \times 0.76 \, \text{m} = 10332.2 \, \text{kg/m}^2 = 1.0332 \, \text{kg/cm}^2$이다.

② 진공도 : 단위 cmHg vac, inHg vac

그림 토리첼리의 실험에서 cmHg vac를 $kg/cm^2 \cdot a$로 고치면,

(가) cmHg vac를 $kg/cm^2 \cdot a$로 구할 때에는 $P = 1.033 \times \left(1 - \dfrac{h}{76}\right)$

(나) cmHg vac를 $lb/in^2 \cdot a$로 구할 때에는 $P = 14.7 \times \left(1 - \dfrac{h}{76}\right)$

(다) inHg vac를 $kg/cm^2 \cdot a$로 구할 때에는 $P = 1.033 \times \left(1 - \dfrac{h}{30}\right)$

(라) inHg vac를 $lb/in^2 \cdot a$로 구할 때에는 $P = 14.7 \times \left(1 - \dfrac{h}{30}\right)$

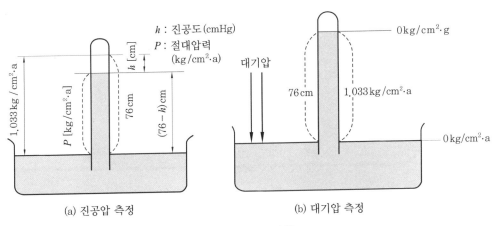

(a) 진공압 측정　　　　　(b) 대기압 측정

토리첼리의 실험

③ 계기압력 : 대기압력의 상태를 0으로 기준한 것으로 단위는 $kg/cm^2 \cdot g$, $lb/in^2 \cdot g$로 표시한다.

④ 절대압력 : 완전진공의 상태를 0으로 기준한 것으로 다음과 같이 계산된다.

(가) 절대압력 $kg/cm^2 \cdot a$ = 계기압력 $kg/cm^2 + 1.033 \, kg/cm^2$

(나) 절대압력 $lb/in^2 \cdot a$ = 계기압력 $lb/in^2 + 14.7 \, lb/in^2$

> **참고** **압력 단위 환산**
>
> ① 1 atm = 760 mmHg = 30 inHg = 1.0332 kg/cm^2 = 14.7 lb/in^2 = 1013.25 mbar = 10332 mmAq
> ② 1 bar = 1000 mbar = 1000 hPa = 10^5 N/m^2 = 10^5 Pa
> ③ 1 kg/cm^2 = 14.22 lb/in^2

(6) 일, 일량, 동력

① 일 = (힘)×(힘이 작용한 방향으로 물체가 움직인 거리) = (압력)×(체적)으로 표현되고

단위는 kg·m이다.

② 열역학 제1법칙에서 1 kcal의 열은 427 kg·m의 일로 변화할 수 있다는 뜻이다.

③ 열역학 제1법칙에서 1 J의 열은 1 N·m의 일로 변화할 수 있다는 뜻이다.

(개) 일의 열당량 $A = \dfrac{1}{427}[\text{kcal/kg}\cdot\text{m}]$, $A = \dfrac{1}{1} = 1[\text{J/N}\cdot\text{m}]$

(내) 열의 일당량 $J = 427\,\text{kg}\cdot\text{m/kcal}$, $J = \dfrac{1}{1} = 1[\text{N}\cdot\text{m/J}]$

④ 동력＝일/시간＝힘×속도＝압력×유량으로 표현되고 단위는 kg·m/s, kJ/s이다.

참고 **동력 단위 환산**

① 1 HP (영 마력)＝76 kg·m/s＝641 kcal/h＝0.745 kJ/s(kW)
② 1 PS (국제 마력)＝75 kg·m/s＝632 kcal/h＝0.735 kJ/s(kW)
③ 1 kW＝102 kg·m/s＝860 kcal/h＝1 kJ/s

>>> 제1장 **예상문제**

1. Kelvin의 절대온도 T [K], 섭씨온도 t [℃], 화씨온도 t [℉]의 관계식 중 틀린 것은 어느 것인가?

① $t[℃] = \dfrac{5}{9}(t[℉] - 32)$

② $t[℉] = \dfrac{9}{5}t[℃] + 32$

③ $t[℉] = T[K] - 273$

④ $t[℃] = T[K] - 273$

해설 $t[℉] = T[K] \times 1.8 - 460 = t[℉R] - 460$

2. 20℃는 몇 ℉R인가?

① 306 ℉R ② 501 ℉R
③ 528 ℉R ④ 716 ℉R

해설 $t[℉R] = 1.8(20 + 273) = 527.4\,℉R$

3. 암모니아 부르동관의 압력계 재질은 어느 것인가?

① 황동
② 알루미늄강
③ 청동
④ 연강

해설 NH_3용 압력계에는 동 또는 동합금 및 Al 등을 사용할 수 없다.

4. 대기압력보다 높은 계기압력과 절대압력과의 관계는?

① 절대압력＝대기압력＋계기압력
② 절대압력＝대기압력－계기압력
③ 절대압력＝대기압력×계기압력
④ 절대압력＝대기압력÷계기압력

정답 **1.** ③ **2.** ③ **3.** ④ **4.** ①

5. 표준 kcal의 정의로 옳은 것은?

① 물 1 kg을 14.5℃에서 15.5℃로 올리는 데 필요한 열량이다.

② 1 kg의 0℃ 물을 100℃로 올리는 데 필요한 열량을 100 등분한 것이다.

③ 물을 14.5℃에서 15.5℃로 올리는 데 필요한 열량이다.

④ 14.5℃를 15.5℃로 올리는 데 필요한 열량을 100 등분한 것이다.

해설 ②항은 평균 kcal에 대한 설명이다.

6. 냉동장치의 능력을 나타내는 단위로서 1냉동톤(RT)이란 무엇을 말하는가?

① 0℃의 물 1 kg을 1시간에 0℃의 얼음으로 만드는 능력

② 0℃의 냉매 1 kg을 24시간에 −15℃까지 내리는 능력

③ 0℃의 물 1 ton을 24시간에 0℃의 얼음으로 만드는 능력

④ 0℃의 냉매 1 ton을 1시간에 −15℃까지 내리는 능력

해설 1 RT＝1000×79.68＝79680 kcal/24 h＝3320 kcal/h＝3.86 kW로서 0℃의 물 1000 kg을 1일 동안에 0℃의 얼음으로 만드는 데 제거하는 열량으로서 한 시간 동안에 3320 kcal의 열량을 제거하는 것을 1 RT라 한다.

7. 엔트로피를 표시하는 단위는?

① kJ/h·kg　　② kJ/m^2·℃

③ kJ/kg·m　　④ kJ/kg·K

8. 116 kW의 열로 0℃의 얼음을 시간당 몇 kg 용해시킬 수 있는가?

① 1000 kg/h　　② 1050 kg/h

③ 1200 kg/h　　④ 1250 kg/h

해설 얼음 1 kg의 용해잠열이 79.68 kcal/kg ≒ 334 kJ/kg이므로, $G = \dfrac{116 \times 3600}{334} = 1250 \text{ kg/h}$

9. 한국 1냉동톤을 미국 냉동톤으로 환산하면 얼마인가?

① 0.911 RT　　② 1.098 RT

③ 1.344 RT　　④ 1.722 RT

해설 $RT = \dfrac{3320}{3024} = 1.0978 \text{ RT}$

10. 대기압이 1.0332 kg/cm^{2}이고 계기압력이 10 kg/cm^{2}일 때 절대압력은?

① 8.9668 kg/cm^2

② 10.332 kg/cm^2

③ 103.32 kg/cm^2

④ 11.0332 kg/cm^2

해설 $P_a = P + P_g = 1.0332 + 10$
$= 11.0332 \text{ kg/cm}^2$

11. 절대압력 0.76 kg/cm^{2}은 복합 압력계의 눈금으로 약 얼마인가?

① 10 cmHg　　② 20 cmHg vac

③ 3.86 lb/in^2·a　　④ 56 cmHg vac

해설 진공압력 ＝ 대기압력 − 절대압력
$= 76 - \left(\dfrac{0.76}{1.033} \times 76\right)$
$= 20.1 \text{ cmHg vac}$

12. 압력계의 지침이 9.80 cmHg vac였다면 절대압력은 몇 kg/cm^2·a인가?

① 0.9 kg/cm^2·a

② 1.3 kg/cm^2·a

③ 2.1 kg/cm^2·a

④ 3.5 kg/cm^2·a

해설 $P = \dfrac{76 - 9.8}{76} \times 1.033$
$= 0.899 \text{ kg/cm}^2·a$

정답　**5.** ①　**6.** ③　**7.** ④　**8.** ④　**9.** ②　**10.** ④　**11.** ②　**12.** ①

13. 25℃의 순수한 물 50 kg을 10분 동안에 0℃까지 냉각하려 할 때 최저 몇 냉동톤의 냉동기를 써야 하겠는가? (단, 손실은 흡수 열량의 25 %, 물의 비열은 4.187 kJ/kg · ℃, 냉동톤은 한국 냉동톤으로 한다.)

① 1.53 냉동톤   ② 1.98 냉동톤
③ 2.82 냉동톤   ④ 3.18 냉동톤

해설
$$RT = \frac{GC\Delta t}{3.86 \times 3600}$$
$$= \frac{50 \times 4.187 \times (25-0) \times 60}{3.86 \times 3600 \times 10} \times 1.25$$
$$= 2.824 \text{ RT}$$

14. 다음 설명 중 옳은 것은?

① 1냉동톤은 0℃의 물 1 ton을 24시간 동안에 0℃ 얼음으로 냉동시키는 능력으로서 1일당 79680 kcal의 냉각능력을 가진다.
② 102 kg · m/h는 1 kW에 해당된다.
③ 증발기에서 냉매액이 증발하고 있을 때 압력, 온도, 엔탈피는 변하지 않고 일정하다.
④ 냉동장치에 있어 실제 압축기의 압축은 등엔트로피 압축이다.

해설 ② $1 \text{ kW} = 102 \text{ kgf} \cdot \text{m/s} = 1 \text{ kJ/s}$

15. 다음 내용 중 옳은 것은?

① 열의 일당량은 1 N · m/J이다.
② 냉동능력의 단위는 kW로도 나타낼 수 있다.
③ 1 kW는 860 kcal이다.
④ 섭씨온도와 화씨온도 사이의 관계식은 $℃ = \frac{5}{9}(℉ + 32)$이다.

해설 ① 열의 일당량 $= 1 \text{ J/N} \cdot \text{m}$
③ $1 \text{ kW} = \frac{102}{427} \text{ kcal/s} = 0.24 \text{ kcal/s} = 1 \text{ kJ/s}$

④ $℃ = \frac{5}{9}(℉ - 32)$

16. 35℃의 물 3 m³을 5℃로 냉각하는 데 제거할 열량은 얼마인가? (단, 물의 비열은 4.19 kJ/kg · K이다.)

① 252000 kJ
② 336000 kJ
③ 377100 kJ
④ 120000 kJ

해설 $q = GC\Delta t$
$$= (3 \times 1000) \times 4.19 \times (35 - 5) = 377100 \text{ kJ}$$

17. 1제빙톤은 몇 kW인가? (단, 원수 온도는 25℃, 각빙 온도는 −9℃, 열손실은 20 %이다.)

① 7.82 kW   ② 6.37 kW
③ 3.86 kW   ④ 2.7 kW

해설 ㉠ 1제빙톤 = 1.65 RT이므로,
　　$1.65 \times 3.86 = 6.37 \text{ kW}$
㉡ $q = \dfrac{1000 \times (4.187 \times 25 + 333.6 + 2.1 \times 9) \times 1.2}{24 \times 3600}$
　　$= 6.35 \text{ kW}$

냉매

ㅇ 냉매

냉매는 냉동 사이클을 순환하면서 저온부의 열을 고온부로 운반하는 작동 유체이다.

(1) 냉매의 구비조건

① 물리적인 조건

㈎ 저온에서도 대기압력 이상의 압력으로 증발하고 상온에서도 비교적 저압으로 응축 액화할 것

㈏ 임계온도가 높을 것

㈐ 응고점이 낮을 것

㈑ 증발열이 크고, 액체비열이 적을 것

㈒ 윤활유와 작용하여 영향이 없을 것

㈓ 누설 탐지가 쉽고, 누설 시 피해가 없을 것

㈔ 수분과 혼합하여 영향이 적을 것

㈕ 비열비(단열지수값)가 작을 것

㈖ 절연내력이 크고, 전기 절연물질을 침식시키지 않을 것

㈗ 패킹 재료에 영향이 없을 것

㈘ 점도가 낮고 전열이 양호하며 표면장력이 작을 것

② 화학적인 조건

㈎ 화학적으로 결합이 양호하고 안정하며 분해하는 일이 없을 것

㈏ 금속을 부식시키는 성질이 없을 것

㈐ 인화 및 폭발성이 없을 것

③ 생물학적인 조건

㈎ 인체에 무해하고 누설 시 냉장품에 손상이 없을 것

㈏ 악취가 없고 독성이 없을 것

④ 경제적인 조건

㈎ 가격이 저렴하고 구입이 용이할 것

㉯ 동일 냉동능력에 비하여 소요동력이 적을 것

㉰ 자동운전이 가능할 것

㉱ 동일능력에 대하여 압축하는 냉매가스 체적이 작을 것 (왕복동의 피스톤 압출량과 수액기 용량이 적어진다.)

(2) 냉동장치에서 일어나는 각종 현상

① 에멀션 현상 (emulsion, 유탁액 현상) : 암모니아 냉동기에서 윤활유에 수분이 섞이면 유분리기에서 기름이 분리되지 않고 응축기와 증발기로 흘러 들어가는 예가 있으며 우윳빛으로 변질되는데 이것을 에멀션 현상이라 한다.

② 오일 포밍 (oil foaming) 현상 : 압축기 정지 중에 크랭크실 내의 윤활유에 용해되었던 냉매가 기동 시에 급격히 압력이 낮아져 증발하게 된다. 이때 윤활유가 거품이 일어나고 유면이 약동하게 되는 현상을 오일 포밍 현상이라 한다. 이와 같은 현상을 방지하기 위하여 오일 히터 (oil heater)를 설치한다.

③ 코퍼 플레이팅 (copper plating) 현상 : 프레온 냉동장치에서 동이 오일에 용해되어 금속 표면에 도금되는 현상으로, 도금이 되는 장소는 비교적 온도가 높은 실린더, 밸브, 축수 메달 등이다.

> **참고** **코퍼 플레이팅 (copper plating) 현상의 원인**
> ① 분자 중 H (수소)가 많은 냉매
> ② 오일에 S (황) 성분이 많을 때 (왁스 성분이 많을 때)
> ③ 장치에 수분이 많을 때
> ④ 오일의 온도가 너무 높을 때

④ 임계 용해온도 : 온도가 저온이 되면 윤활유와 프레온 냉매는 잘 용해되나 더 낮아지면 오히려 분리되는데, 이 분리되는 온도를 임계 용해온도라 한다.

(3) 냉매의 명명법

냉매의 종류는 무기 화합물과 유기 화합물이 있으며, 화학명도 복잡하고 길다. 화학식은 다르나 화학명이 같은 경우도 있으므로 화학명을 그대로 쓰는 것은 아주 불편하여 프레온과 같이 개발된 상품명으로 칭하기도 한다.

① 할로겐화탄화수소 냉매와 탄화수소 냉매의 명명법

㉮ 화학식 $C_k H_l F_m Cl_n$ 이고 냉매번호는 $R-xyz$ 이다.

㉯ R은 냉매의 영문자 'Refrigerant'의 머리글자이다.

㉰ $x = k - 1$: 100 단위 숫자 … 탄소 (C) 원자수 -1

㉱ $y = l + 1$: 10 단위 숫자 … 수소 (H) 원자수 $+1$

(마) $z = m : 1$ 단위 숫자 … 불소 (F) 원자수

(바) Br (취소)이 들어 있으면 오른쪽에 영문자 Bromine의 머리글자 'B'를 붙이고 그 오른쪽에 취소 원자수를 쓴다.

> **참고** $CBrF_2CBrF_2$의 냉매번호는 R-114 B_2이다.

(사) C_2H_6의 수소 원자 대신에 할로겐원소 (F, Br, Cl, I, At 등)로 치환한 냉매의 경우는 이성체(isomer)가 존재하므로 할로겐원소의 안정도에 따라서 냉매번호 우측에 a, b, c 등을 붙인다.

② 기타 냉매의 명명법

(가) 불포화 탄화수소 냉매 : R-○○○○과 같이 4개 단위로 명명하며, 1000단위에 1을 붙이고 나머지는 할로겐화탄화수소의 명명법과 같다.

> **참고** $CH_3CH = CH_2$ (프로필렌, propylene)은 R-1270, $CHCl = CCl_2$ (3염화에틸렌, trichloroethylene)은 R-1120으로 명명한다.

(나) 공비 혼합냉매 (azeotropic refrigerant) : R-500 부터 개발된 순서대로 R-501, R-502 …와 같이 일련번호를 붙인다.

(다) 환식 유기 화합물 냉매 : R-C ○ ○ ○과 같이 할로겐화탄화수소 명명법 앞에 사이클을 뜻하는 'C'를 붙인다.

> **참고** C_4ClF_7 (monochloroheptafluorocyclobutane)은 R-C317로 표기된다.

(라) 유기 화합물 냉매 : R-6 ○○으로 명명하되 부탄계는 R-60 ○, 산소 화합물은 R-61 ○, 유황 화합물은 R-62 ○, 질소 화합물은 R-63 ○으로 명명하며 개발된 순서대로 일련번호를 붙인다.

(마) 무기 화합물 냉매 : R-7 ○○ 번대로 하되, 뒤의 2자리에는 분자량을 쓴다.

> **참고** 암모니아 (NH_3)는 분자량이 17이므로 R-717, 물은 분자량이 18이므로 R-718로 명명된다.

③ 국제적인 냉매 명명법

(가) CFC (chloro fluoro carbon) 냉매 : 염소 (Cl : chlorine), 불소 (F : fluorine) 및 탄소 (C : carbon)만으로 화합된 냉매를 CFC 냉매라 부르며 많은 냉매가 규제 대상이다. CFC 뒤의 숫자는 공식적인 명명법과 같은 방법으로 붙인다.

> **참고** R-11 (CCl_3F)은 CFC-11, R-12 (CCl_2F_2)는 CFC-12, R-113 (CCl_3CF_3)은 CFC-113으로 명명한다.

(나) HFC (hydro fluoro carbon) 냉매 : HFC 냉매란 수소 (H : hydrogen), 불소, 탄소로 구성된 냉매를 말하며, R-125(CHF_2CF_3)는 HFC-125, R-134 a(CH_2FCF_3)는 HFC-134 a, R-152 a(CH_3CHF_2)는 HFC-152 a로 명명한다. HFC 냉매는 오존을 파괴하는 염소가 화합물 중에 없으므로 규제되는 CFC 대체 냉매로 사용된다.

(다) HCFC (hydro chloro fluoro carbon) 냉매 : HCFC 냉매란 수소, 염소, 불소, 탄소로 구성된 냉매를 말하며, 염소가 포함되어 있어도 공기 중에서 쉽게 분해되지 않아 오존층에 대한 영향이 적으므로 대체 냉매로 쓰인다. R-22($CHClF_2$)는 HCFC-22, R-123($CHCl_2CF_3$)는 HCFC-123, R-124($CHlFCF_3$)는 HCFC-124, R-141 b(CH_3CCl_2F)는 HCFC-141 b로 명명한다.

④ 할론 (halon) 냉매 : 화합물 중 취소 (bromide)를 포함하는 냉매를 halon 냉매라 하며 halon-○ ○ ○ ○와 같이 4자리의 숫자로 표시한다.

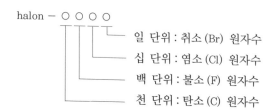

참고 C_2H_6 계열 냉매 : R-116 (CF_3CF_3) 과 같은 냉매는 불소와 탄소만으로 구성되어 있으므로 CF (fluoro carbon) 냉매라 한다.

⑤ 무기 화합물

냉매번호	화합물명	화학식	분자량	비등점(℃)
717	Ammonia (암모니아)	NH_3	17.03	-33.35
718	Water (물)	H_2O	18.02	100.0
729	Air (공기)	공기	28.96	-194.5
744	Carbon Dioxide (이산화탄소)	CO_2	44.01	-78.52
744 a	Nitrous Oxide (산화질소)	N_2O	44.02	-88.3
764	Sulfur Dioxide (이산화유황)	SO_2	64.06	10.0

⑥ 주요 냉매표

냉매명	암모 니아	R-11	R-12	R-21	R-22	R-113	R-114	R-500	프로판	메틸클로 라이드	탄산 가스
화학식	NH_3	CCl_3F	CCl_2F_2	$CHCl_2F$	$CHClF_2$	$C_2Cl_3F_3$	$C_2Cl_2F_4$	CCl_2F_2 $C_2H_4F_2$	C_3H_8	CH_3Cl	CO_2
분자량	17.03	137.4	120.9	162.9	86.5	187.4	170.9	97.29	44.06	50.48	44.0
비등점(℃)	-33.3	23.6	-29.8	8.89	-40.8	47.6	3.6	-33.3	-42.3	-23.8	-78.5
응고점(℃)	-77.7	-111.1	-158.2	-155	-160	-35	-93.9	-159	-189.9	-97.8	-78.5
임계온도(℃)	133	198	111.5	178.5	96	214.1	145.7	-	94.4	143	31
임계압력 $(kg/cm^2 \cdot abs)$	116.5	44.7	40.9	52.7	50.3	34.8	33.33	44.4	46.5	68.1	75.3
-15℃에서의 증발압력 $(kg/cm^2 \cdot abs)$	2.41	0.21	1.86	0.367	3.025	0.0689	0.476	2.13	2.94	1.49	23.34
30℃에서의 응축압력 $(kg/cm^2 \cdot abs)$	11.895	1.30	7.59	2.19	12.27	0.552	2.58	8.73	10.91	6.66	73.34
응축온도 30℃, 증발온도 -15℃에서의 압축비	4.94	6.19	4.08	5.95	4.06	8.02	5.42	4.10	3.71	4.48	3.14
-15℃에서의 증발잠열 (kcal/kg)	313.5	45.8	38.6	60.8	51.9	39.2	34.4	46.7	94.56	100.4	-
기준 냉동 사이클에 있어서의 냉동력 (kcal/kg)	269	38.6	29.6	50.9	40.2	30.9	25.1	34	70.7	85.4	37.9
1한국 냉동톤당의 냉매순환량 (kg/h)	12.34	86.1	112.3	65.2	82.7	107.4	132.1	98	47	38.9	87.6
-15℃에서의 포화증기의 비체적(m^3/kg)	0.5087	0.766	0.0927	0.57	0.078	1.69	0.264	0.095	0.155	0.279	0.0166
25℃에서의 포화액의 비체적 (L/kg)	1.66	0.679	0.764	0.733	0.838	0.64	0.688	0.86	2.025	1.10	-

압축기 토출가스의 온도 (℃)	98	44.4	37.8	61.1	55.0	30.0	30.0	41.0	36.1	77.8	66.1
1한국 냉동톤에 대한 이론 피스톤 압축량 $(m^3/h \cdot RT)$	6.28	65.9	10.8	37.2	6.42	171.4	34.8	9.25	7.27	10.8	1.46
이론 소요마력(HP/t)	1.08	0.99	1.10	1.01	1.06	1.02	1.055	1.12	1.08	1.047	1.661
성적계수	4.8	5.23	4.7	5.13	4.87	5.09	4.90	4.6	4.8	5.32	3.16

2-2 ○ 냉매의 특성

(1) 혼합냉매

혼합냉매에는 단순한 혼합물과 공비(共沸) 혼합물이 있다.

① 단순한 혼합냉매 : 혼합비에 따라 액상기상의 조성이 다르므로 사용하였을 때 항상 조성이 변화하여 냉동효과가 변동한다. 즉, 증발 시 비점이 낮은 쪽이 먼저 다량으로 증발하여 비점이 높은 것이 남게 되므로 운전상태가 조성에까지 영향을 미친다. 이것을 단순한 혼합냉매라고 한다.

② 공비 혼합냉매

조합	비등점 (℃)			냉매 (1)의 중량 (%)
	냉매 (1)	냉매 (2)	공비물체	
R152 – R12 (R500)	−24	−30	−33.3	26.2
R12 – R22 (R501)	−30	−41	−41	25
R40 – R12	−23.7	−30	−32	22
R115 – R22 (R502)	−38	−41	−45.5	51.2
R22 – 프로판	−41	−42	−45	68
R21 – R114	8.9	3.5	1.3	25
R218 – R22	−37	−41	−43	34
R227 – R12	−16.2	−30	−30	13.5
R152 – R115	−24	−40	−41	16
R13 – R23 (R503)	−81.5	−82.2	−89.1	59.9
R115 – R32 (R504)	−38.7	−51.7	−57.2	51.8

(2) 냉매의 일반적인 성질

① NH₃ 냉매

(가) 표준 냉동장치에서 포화압력이 별로 높지 않으므로 냉동기 제작 및 배관에 어려움이 없다.

(나) 임계온도가 높아 냉각수 온도가 높아도 액화시킬 수 있다.

(다) 사용냉매 중에서 전열이 $3000 \sim 5000 \, \text{kcal/m}^2 \cdot \text{h} \cdot \text{℃}$로 가장 우수하다.

(라) 금속에 대한 부식성 : 철 또는 강에 대하여 부식성이 없고 동 또는 동합금을 부식시키며 수분이 있으면 아연도 부식되고 수은, 염소 등은 폭발적으로 결합되고 에보나이트나 베이클라이트 등의 비금속도 부식시킨다(축수 메달에 인청동 또는 연청동을 사용한다).

(마) 폭발범위가 $15 \sim 28\,\%$인 제 2 종 가연성 가스이고 폭발성이 있다.

(바) 전기적 절연내력이 약하고 절연물질인 에나멜 등을 침식시키므로 밀폐형 압축기에는 사용할 수 없다.

(사) 천연고무는 침식하지 않고 인조고무인 아스베스토스는 침식한다.

(아) 허용농도 $25 \, \text{ppm}$인 독성가스로서 $0.5 \sim 0.6\,\%$ 정도를 30분 정도 호흡하면 질식하고 성분은 알칼리성이다.

(자) 수분에 $800 \sim 900$배 용해되면 암모니아수가 되어 재질을 부식시키는 촉진제가 되며 냉매 중에 수분 $1\,\%$가 용해되면 증발온도가 $0.5\,\text{℃}$ 상승하여 기능이 저하되고 장치에 나쁜 영향을 미친다.

(차) 윤활유와 분리되고 오일보다 가볍다.

(카) 비열비가 1.31로 높은 편이며 실린더가 과열되고 토출가스 온도가 상승하므로 압축기를 수랭식으로 한다.

(타) 압력 $1 \, \text{atm}$, 온도 $-33\,\text{℃}$에서 $327 \, \text{kcal/kg}$ ($1369 \, \text{kJ/kg}$), 압력 $2.41 \, \text{kg/cm}^2 \cdot \text{a}$, 온도 $-15\,\text{℃}$에서 $313.5 \, \text{kcal/kg}$ ($1312.6 \, \text{kJ/kg}$)의 증발잠열을 갖고 있다.

(파) S (황), SO_2 (아황산), H_2SO_4 (황산), Cl_2 (염소), HCl (염화수소) 등에 접촉하면 백색 연기가 난다.

(하) 적색 리트머스 시험지는 청색이 되고 페놀프탈레인지는 홍색으로 변한다.

② Freon 냉매

(가) 열에 $500\,\text{℃}$까지 안전하며 $800\,\text{℃}$ 이상의 화염에 접촉되며 포스겐, 불화수소, 일산화탄소 등의 맹독성 가스를 발생한다 (철의 촉매작용이 있으면 $200 \sim 300\,\text{℃}$에서 맹독성이 발생한다).

(나) 일반적으로 무독이지만 분자 중에서 F 수가 많고 Cl 수가 적을수록 독성이 적다.

㈐ 일반적으로 무색·무취이나 약한 알코올 냄새가 나며 누설 시 저장물에 피해가 없다.

㈑ 불연성이고 폭발성이 없지만 R-40(CH_3Cl) 등은 8.1~17.2 %의 폭발범위를 갖는 가연성이다.

㈒ 일반적인 금속에는 부식성이 없지만 Mg 또는 2 % 이상의 Mg을 함유한 Al 합금은 부식시키고 장치에 수분이 함유되면 HCl이 형성되어 재질을 부식시킨다.

㈓ 천연고무 수지는 잘 침식시키므로 패킹 재료로 아스베스토스를 사용한다.

㈔ 수분과 분리하여 냉동장치를 순환하면서 팽창밸브를 빙결시킨다.

㈕ 오일에 용해되며 일반적으로 잘 용해되는 냉매는 R-11, R-12, R-21, R-113 등이고, 저온에서 쉽게 분리되는 냉매는 R-13, R-22, R-114 등이다 (오일보다 무겁다).

㈖ 비열비가 작아서 압축기는 공랭식으로 한다.

㈗ 증발잠열이 적고 전기적 절연내력이 크다.

㈘ 전열작용이 불량하며 사용용도에 따라서 선택 범위가 넓다.

㈙ 누설이 되어도 냉장품에 손상을 시키지 않고 증기밀도가 커서 배관에서 압력강하가 크다.

㈚ 화학적으로 안정되고 독성이 거의 없다.

2-3 ○ 브라인(brine)

증발기에서 발생하는 냉매의 냉동력을 피냉각물질에 전달함으로써 열전달의 중계 역할을 하는 부동액이다. 냉매는 잠열에 의하여 열을 운반하고 브라인은 감열에 의해 열을 운반한다.

(1) 브라인의 구비 조건

① 비열이 클 것
② 점성이 작을 것
③ 열전도율이 클 것
④ 동결온도가 낮을 것
⑤ 부식성이 작을 것
⑥ 불연성일 것
⑦ 악취·독성·변색·변질이 없을 것
⑧ 구입이 용이하고 가격이 저렴할 것

(2) 브라인의 종류

① 무기질 브라인

㈎ 물 : 냉방장치에서 0℃ 이상의 온도에서 사용

㈏ $CaCl_2$ (염화칼슘)

- 브라인으로 널리 사용 (제빙, 냉방)
- 흡수성이 강하고 식품에 닿으면 맛이 떫어 좋지 않다.
- 공정점 : -55 ℃

> **참고** **공정점**
>
> 브라인은 농도가 짙어짐에 따라 동결온도가 하강하게 되는데, 어떤 일정한 농도에서 더 이상 동결온도가 낮아지지 않는다. 이때 제일 낮은 동결온도를 공정점이라고 한다.

- 사용범위 : -21.2~-31.2℃
- 비중 : 1.2~1.24 (20~28° Bé)

> **참고** **Be′ (보메도)**
>
> 보메도란 액체의 비중(d)을 측정하기 위하여 보메 비중계를 액체에 띄웠을 때의 눈금의 수치로 나타낸 것을 말한다.
>
> ① 물보다 가벼운 액체 : $Be' = \dfrac{144.3}{d} - 144.3$
>
> ② 물보다 무거운 액체 : $Be' = 144.3 - \dfrac{144.3}{d}$

- $CaCl_2$ 1 L에 대하여 중크롬산소다 1.6 g, 중크롬산소다 100 g 마다 가성소다 27 g을 첨가하면 부식성이 작아진다.

㈐ NaCl(염화나트륨 식염수)

- 식품 저장 및 제빙용으로 사용
- 인체에 무해하며 독성이 없다.
- 가격이 저렴하다.
- 공정점 : -21.2 ℃ (비중 1.17, 22° Be′)
- 사용범위 : -15~-18℃ (비중 : 1.15~1.18, 19~22° Be′)
- 금속의 부식성이 크다.
- NaCl 1 L에 중크롬산소다 3.2 g, 중크롬산소다 100 g 마다 가성소다 27 g을 첨가하면 부식성이 작아진다.

㈑ $MgCl_2$(염화마그네슘)

- $CaCl_2$ 부족 시에는 사용하였으나 지금은 사용하지 않는다.
- 공정점 : -33.6 ℃

- 무기질 브라인 중에서 부식성이 약간 크다.
- 무기질 브라인의 강에 대한 부식 순서 : $NaCl > MgCl_2 > CaCl_2$

> **참고** brine의 금속 부식성
> - 브라인의 농도가 짙으면 부식성이 작다.
> - 브라인의 산소량이 많으면 부식성이 강하다.
> - 브라인의 pH 값을 7.5~8.2로 유지하면 부식성이 작다.
> - 방식 아연판을 사용한다.

② 유기질 브라인
　(가) 에틸렌글리콜($C_2H_6O_2$)
　　- 다소 부식성이 있으나 첨가제를 이용하여 부식성을 감소시킨다.
　　- 물보다 무거우며 (비중 1.1), 점성이 크고 무색 액체로서 단맛이 난다.
　　- 제상용으로도 사용한다.
　　- 응고점 –12.6℃, 비등점 177.2℃, 인화점 116℃이다.
　(나) 프로필렌글리콜($C_3H_6(OH)_2$)
　　- 부식성이 작고 독성이 없으므로 냉동식품의 동결용에 사용된다 (분무식 식품동결).
　　- 물보다 무거우며 (비중 1.04), 무색·무독의 액체로서 점성이 크다.
　　- 50 % 수용액으로 식품에 접촉시킨다.
　　- 응고점 –59.5℃, 비등점 188.2℃, 인화점 107℃이다.
　(다) 에틸알코올(C_2H_5OH)
　　- 마취성이 있고 식품의 초저온 동결용으로 사용할 수 있다.
　　- 인화점이 낮은 가연성이다.
　　- 비중이 0.8로서 물보다 가볍다.
　(라) 기타 브라인 : R–11, R–113 등과 같은 1차 냉매도 브라인으로 사용한다.

(3) 브라인 순환장치의 동파 방지 방법

① 증발압력 조정밸브 (EPR)를 설치한다.
② 단수 릴레이 (relay)를 설치한다.
③ 동결 방지용 온도조절기 (TC)를 설치한다.
④ 부동액을 첨가시킨다.
⑤ 순환 펌프와 압축기 모터와 인터로크 (interlock) 시킨다.

2-4 ──○ 냉동유

(1) 냉동유의 구비 조건

① 유동점이 낮을 것 : 유동할 수 있는 온도 (응고점보다 2.5℃ 높은 온도)

② 인화점이 높을 것 : 140℃ 이상일 것

③ 점도가 알맞을 것 : 점도 측정 (say bolt)

④ 수분함량이 2 % 이하일 것

⑤ 절연저항이 크고 절연물을 침식시키지 말 것

⑥ 저온에서 왁스분, 고온에서 슬러지가 없을 것

⑦ 냉매와 작용하여 영향이 없을 것 (냉매와 분리되는 것이 좋다.)

⑧ 반응은 중성일 것 (산성·알칼리성은 부식의 우려)

(2) 윤활의 목적

① 기계적 마찰 부분의 마모 방지 (기계 효율 증대)

② 기계적 마찰 부분의 열 흡수

③ 유막 형성으로 기밀 보장 (누설의 방지, 특히 축봉 부분)

④ 패킹 (packing) 보호

⑤ 진동·소음·충격의 방지

⑥ 동력 소모의 절감

(3) 윤활 방법

① 비말식 : 소형 압축기의 윤활 방식이며 크랭크축의 밸런스 웨이터 끝부분에 오일 디프가 크랭크실의 오일을 쳐 올려서 윤활시킨다.

    ㈎ 장점

        • 제작이 간편하다.

        • 고장이 없다.

    ㈏ 단점

        • 유면이 일정해야 한다.

        • 정밀 부분까지 윤활이 곤란하다.

        • 불필요한 부분에 윤활이 되어서 오일의 소비가 많다.

② 압력식 : 중·대형 압축기의 윤활 방식이며, 크랭크축 끝에 오일 펌프 (oil pump)가 있어 크랭크실의 오일에 압력을 가하여 윤활시킨다.

(가) 장점
- 유면이 일정하지 않아도 무방하다.
- 정밀 부분까지 윤활이 가능하다.
- 회전속도와 윤활속도가 비례한다.

(나) 단점
- 제작이 어려우며 제작비가 고가이다.
- 오일 펌프가 고장이면 압축 운전이 불가능하다.

> **참고** 유압과 유압계 지시압력
>
> ① 유압 : 유압계 지시압력 − 흡입압력 (왕복식 압축기)
> ② 유압계 지시압력
> - 저속 압축기 : 0.5~1 kg/cm^2 + 저압
> - 고속 다기통 압축기 : 1.5~3 kg/cm^2 + 저압
> - 스크루 압축기 : 2~3 kg/cm^2 + 고압
> - 터보(원심식) 압축기 : 6~7 kg/cm^2 + 저압

>>> 제2장 예상문제

1. 다음 냉매의 구비 조건 중 물리적 조건이 아닌 것은?

① 임계온도가 높을 것
② 증발잠열이 클 것
③ 가스의 비체적이 작을 것
④ 누설 시 냉장물의 손상이 없을 것

해설 ④는 생물학적인 냉매 구비 조건이다.

2. 냉매가 구비해야 할 조건 중 틀린 것은?

① 증발잠열과 증기의 비열이 클 것
② 응고점이 낮을 것
③ 전기저항이 클 것
④ 증기의 비열비가 클 것

3. 다음은 냉매가 구비해야 할 이상적인 성질을 나열하였다. 맞지 않는 것은?

① 비열비가 작을 것
② 증발잠열이 클 것
③ 임계압력이 높고 응고점이 높을 것
④ 증기의 비체적이 작을 것

해설 임계압력이 높고 응고점이 낮을 것

4. 다음 중 프레온계 냉매의 특성이 아닌 것은 어느 것인가?

① 화학적으로 안정하다.
② 독성과 냄새가 없다.
③ 가연성, 폭발성이 작다.
④ 강관에 대한 부식성이 크다.

5. 다음 냉매에 관한 설명 중 옳은 것은 어느 것인가?

① 암모니아는 공기조화 장치의 직접 팽창

정답 1. ④ 2. ④ 3. ③ 4. ④ 5. ①

식의 증발기기에는 사용되지 않는다.

② 일반적으로 어떤 냉매용으로 설계된 장치에는 그대로 다른 냉매를 사용할 수 있다.

③ R-12는 화학적으로 안전하나 공기 중에 체적으로 20 % 이상 함유되면 위험이 있다.

④ R-11은 보통 금속 또는 천연고무, 개스킷 등에 대한 침식성이 거의 없다.

6. 다음 중 냉매의 식별 방법이 아닌 것은?

① 용기의 색으로 구분
② 냄새로 구분
③ 시료를 채취해 비등점을 측정하여 구분
④ 맛으로 구분

7. 냉동장치 내의 냉매가 부족하면 여러 가지 현상이 일어나게 되는데 다음 중 옳은 것은?

① 토출압력이 높아진다.
② 냉동능력이 증가한다.
③ 흡입관에 상이 보다 많이 붙는다.
④ 흡입압력이 낮아진다.

해설 냉매가 부족할 때 나타나는 현상
• 토출압력의 감소
• 냉동능력의 저하
• 흡입가스의 과열
• 토출가스의 온도 상승
• 흡입압력의 저하
• 증발온도는 낮아지나 증발실온도는 상승한다.

8. 다음에 나열한 냉매 중 아황산가스에 접했을 때 흰 연기를 내는 가스는?

① 프레온 12 가스
② 클로로메틸 가스
③ 아황산가스
④ 암모니아 가스

9. 암모니아 냉동기에서 암모니아가 누설되는 곳에 페놀프탈레인 시험지를 대면 어떤 색으로 변하는가?

① 홍색
② 청색
③ 갈색
④ 백색

10. 암모니아 냉동장치에 수분이 2 % 함유되었다면 증발온도는 몇 ℃ 달라지는가?

① 1℃ 상승
② 2℃ 상승
③ 2℃ 강하
④ 3℃ 강하

해설 수분 1 % 함유 시 증발온도는 0.5℃ 상승하게 된다.

11. 상온에 있어서의 진한 암모니아수는 물 1 cc에 대하여 기체로 몇 cc의 암모니아를 용해하는가?

① 100 cc
② 300 cc
③ 500 cc
④ 900 cc

12. 암모니아 냉동기의 배관에 사용할 수 없는 관은 어느 것인가?

① 동관
② 배관용 탄소강 강관
③ 압력배관용 탄소강 강관
④ 배관용 스테인리스 강관

해설 암모니아 냉매는 동 또는 동합금을 부식시킨다.

13. 냉매와 배관 재료의 선택을 바르게 나타낸 것은 어느 것인가?

① NH_3-Cu 합금
② R-11($CFCl_3$)-Mg 합금
③ R-21($CFCl_2$)-20 % 이상의 Mg을 함유하는 Al 합금
④ CO_2-Fe-Fe 합금

해설 NH_3에는 동 또는 동합금을 사용할 수 없고,

정답 6. ④   7. ④   8. ④   9. ①   10. ①   11. ④   12. ①   13. ④

Freon에는 Mg 또는 Mg 2 % 이상의 Al 합금은 사용하지 못한다.

14. 냉동장치에 사용되는 금속 재료와 냉매와의 관계에 있어 옳은 것은?

① 암모니아 냉동장치에 인청동제의 벨로스를 사용한 압력 스위치를 사용한다.
② 배관용 스테인리스 강관은 클로로메틸 냉매에 사용할 수 있다.
③ 알루미늄 합금을 염화메틸 냉매에 사용한다.
④ 2 % 이상의 마그네슘을 함유한 알루미늄 합금은 R-22에 사용한다.

15. 초저온에 가장 적합한 냉매는?

① R-11　② R-12
③ R-13　④ R-14

16. 불꽃과 접했을 경우 포스겐을 발생하는 가스는 어느 것인가?

① SO_2 가스
② R-12 가스
③ 클로로메틸 가스
④ 암모니아 가스

17. 다음은 공비냉매의 조합에 대한 설명이다. 틀린 것은?

① R-500 = R152 + R12
② R-501 = R12 + R22
③ R-502 = R115 + R22
④ R-503 = R12 + R23

18. 다음 중 고압가스의 비등점이 높은 것부터 순서대로 나열된 것은?

① R-12 → R-22 → NH_3
② R-12 → NH_3 → R-22

③ R-22 → R-12 → NH_3
④ NH_3 → R-12 → R-22

해설 비등점
• R-12 : -29.8℃
• R-22 : -40.8℃
• NH_3 : -33.3℃

19. 프레온(CCl_2F_2) 12 냉매의 물리적 성질에 관한 설명으로 옳은 것은?

① 응고점이 -135℃이다.
② 임계온도는 44.6℃이다.
③ 1기압에서 끓는점이 -29.8℃이다.
④ 임계압력은 52.6 kg/cm²로 비교적 높다.

해설 R-12의 물리적 성질
• 응고점 : -158.2℃
• 임계온도 : 111.5 ℃
• 비등점 : -29.8℃
• 임계압력 : 40.9 kg/cm²

20. 다음 중 맞는 것은?

㉠ 냉동기유는 NH_3액보다 가볍다.
㉡ NH_3는 기름에 용해하기 어렵지만 R-12는 기름에 잘 용해한다.
㉢ R-22와 기름의 혼합액 중에서 천연고무는 팽윤하기 쉽다.
㉣ 증발기 중에서 기름은 R-12의 액 위에 분리하여 뜬다.

① ㉠, ㉡　② ㉡, ㉢
③ ㉠, ㉣　④ ㉠, ㉢

21. 다음 냉매 중 오일(oil)에 대한 냉매의 용해성이 가장 큰 것은?

① R-12　② R-22
③ NH_3　④ R-13

해설 • 윤활유에 잘 용해하는 냉매 : R-11, R-12, R-21, R-113

- 윤활유와 저온에서 쉽게 분리되는 냉매 : R-13, R-22, R-114

22. 프레온계 냉매 중 R-12와 R-152의 혼합냉매는 어느 것인가?

① R-114　　　② R-137
③ R-500　　　④ R-502

해설 공비 혼합냉매
- R-500 = R-152 (26.2 %) + R-12 (73.8 %)
- R-501 = R-12 (25 %) + R-22 (75 %)
- R-502 = R-115 (51.2 %) + R-22 (48.8 %)

23. R-502는 R-22 (48.8 %)와 R-115 (51.2 %)의 공비냉매이다. R-502가 사용되는 가장 적합한 냉동기 장치는?

① 원심식 냉동기 (터보 냉동기)에 적합하다.
② 왕복식 냉동장치로서 증발온도가 높은 일반 공기조화용에 적합하다.
③ 흡수식 냉동기의 냉매에 적합하다.
④ 왕복식 냉동장치로 저온용의 냉매로 적합하다.

24. Freon계 냉매 자체만으로 부식되는 금속은 어느 것인가?

① 철
② 강
③ 마그네슘 2 % 이상 함유한 알루미늄
④ 동합금

25. 간접 냉각식 냉동장치에 사용하는 2차 냉매로서 브라인을 사용한다. 이 브라인에 필요한 성질 중 틀린 것은?

① 비열과 열전도율이 작고 열전달에 대한 특성이 없을 것
② 점성이 작고 순환펌프의 동력 소비가 적을 것

③ 동결점이 낮을 것
④ 냉동장치의 구성부분을 부식시키지 않을 것

26. 냉동장치에 사용하는 브라인의 산성도로 가장 적당한 것은?

① 7.5~8.2　　　② 8.2~9.5
③ 6.5~7.0　　　④ 5.5~6.5

27. 다음 중 브라인으로서의 필요한 조건이 아닌 것은?

① 비열이 클 것
② 점성이 클 것
③ 전열작용이 좋을 것
④ 끓는점이 높을 것

28. 다음 무기질 브라인 중에 공정점이 제일 낮은 것은?

① $MgCl_2$　　　② $CaCl_2$
③ H_2O　　　④ NaCl

해설 공정점
① $MgCl_2$: $-33.6℃$
② $CaCl_2$: $-55℃$
③ H_2O : $0℃$
④ NaCl : $-21.2℃$

29. 다음 중 브라인에 대한 설명으로 옳은 것은 어느 것인가?

① 에틸렌글리콜, 프로필렌글리콜, 염화칼슘 용액은 유기질 브라인이다.
② 브라인은 냉동능력을 낼 때 자명형태로 열을 운반한다.
③ 프로필렌글리콜은 부식성, 독성이 없어 냉동식품의 동결용으로 사용된다.
④ 식염수의 공정점 (공융점)은 염화칼슘의 공정점보다 낮다.

냉동 사이클

3-1 ○ 몰리에르 선도와 상변화

(1) $P{\sim}i$ 선도

냉매 1 kg이 냉동장치를 순환하면서 일어나는 열 및 물리적 변화를 그래프에 나타낸 것

① 과냉각액 구역 : 동일 압력하에서 포화온도 이하로 냉각된 액의 구역

② 과열증기 구역 : 건조포화증기를 더욱 가열하여 포화온도 이상으로 상승시킨 구역

③ 습포화증기 구역 : 포화액이 동일 압력하에서 동일 온도의 증기와 공존할 때의 상태구역

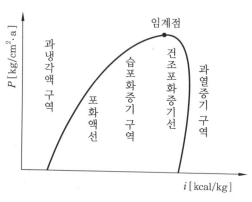

$P{\sim}i$ 선도

④ 포화액선 : 포화온도 압력이 일치하는 비등 직전 상태의 액선

⑤ 건조포화증기선 : 포화액이 증발하여 포화온도의 가스로 전환한 상태의 선

(2) 기준 냉동 사이클

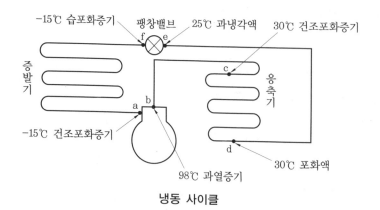

냉동 사이클

① 증발온도 : −15℃

② 응축온도 : 30℃

③ 압축기 흡입가스 : −15℃의 건조포화증기

④ 팽창밸브 직전 온도 : 25℃

(3) 몰리에르 선도(Mollièr diagram)

① a→b : 압축기 → 압축 과정

② b→e : 응축기 → ┌ (b~c) → 과열 제거 과정
              ├ (c~d) → 응축 과정
              └ (d~e) → 과냉각 과정

③ e→f : 팽창밸브 → 팽창 과정

④ g→a : 증발기 → 증발 과정

⑤ f→a : 냉동효과 (냉동력)

⑥ g→f : 팽창 직후 플래시 가스 (flash gas) 발생량

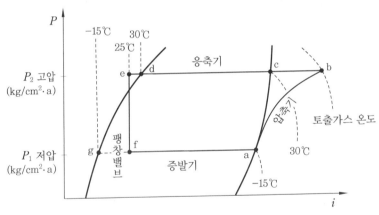

$P{\sim}i$ **선도**

(4) 1단 냉동 사이클 $P{\sim}i$ 선도 계산

① 냉동효과(냉동력) : 냉매 1 kg이 증발기에서 흡수하는 열량

$$q_e = i_a - i_f \ [\text{kJ/kg}]$$

② 압축일의 열당량

$$AW = i_b - i_a \ [\text{kJ/kg}]$$

③ 응축기 방출열량

$$q_c = q_e + AW = i_b - i_e \ [\text{kJ/kg}]$$

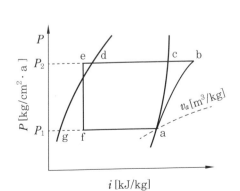

1단 냉동 사이클

④ 증발잠열

$$q = i_a - i_g \, [\text{kJ/kg}]$$

⑤ 팽창밸브 통과 직후 (증발기 입구) 플래시 가스 발생량

$$q_f = i_f - i_g \, [\text{kJ/kg}]$$

⑥ 팽창밸브 통과 직후 건조도 x 는 선도에서 f점의 건조도를 찾는다.

$$x = 1 - y = \frac{q_f}{q} = \frac{i_f - i_g}{i_a - i_g}$$

⑦ 팽창밸브 통과 직후의 습도

$$y = 1 - x = \frac{q_e}{q} = \frac{i_a - i_f}{i_a - i_g}$$

⑧ 성적계수

㈎ 이상적 성적계수 : $COP = \dfrac{T_2}{T_1 - T_2}$

㈏ 이론적 성적계수 : $COP = \dfrac{q_e}{AW}$

㈐ 실제적 성적계수 : $COP = \dfrac{q_e}{AW} \eta_c \eta_m = \dfrac{Q_e}{N}$

여기서, T_1 : 고압 (응축) 절대온도 (K), T_2 : 저압 (증발) 절대온도 (K)

η_c : 압축효율, η_m : 기계효율, Q_e : 냉동능력 (kJ/h), N : 축동력 (kJ/h)

⑨ 냉매순환량 : 시간당 냉동장치를 순환하는 냉매의 질량

$$G = \frac{Q_e}{q_e} = \frac{V}{v_a} \eta_v = \frac{Q_c}{q_c} = \frac{N}{AW} \, [\text{kg/h}]$$

여기서, V : 피스톤 압출량 (m^3/h), v_a : 흡입가스 비체적 (m^3/kg), η_v : 체적효율

> **참고** ① ~ ⑦ 까지의 양에 냉매순환량을 곱하면 시간당 능력의 계산이 된다.

⑩ 냉동능력 : 증발기에서 시간당 흡수하는 열량

$$Q_e = G q_e = G(i_a - i_e) = \frac{V}{v_a} \eta_v (i_a - i_e) \, [\text{kJ/h}]$$

⑪ 냉동톤 : $RT = \dfrac{Q_e}{3320} = \dfrac{G q_e}{3320} = \dfrac{V(i_a - i_e)}{3320 \, v_a} \eta_v \, [\text{RT}]$

※ 1 RT = 3320 kcal/h ≒ 3.86 kW = 13898 kJ/h

> **참고** **법정 냉동능력**
>
> $$R = \frac{V}{C}$$
>
> 여기서, V : 피스톤 압출량(m³/h), C : 정수

⑫ 압축비 : $a = \dfrac{P_2}{P_1}$

(5) 2단 냉동 사이클 $P \sim i$ 선도 계산

① 냉동효과

$$q_e = i_a - i_h \ [\text{kJ/kg}]$$

② 저단 압축기 냉매순환량

$$G_L = \frac{Q_e}{q_e} = \frac{V_L}{v_a} \eta_{v_L} \ [\text{kg/h}]$$

③ 중간 냉각기 냉매순환량

$$G_o = G_L \frac{(i_b{'} - i_c) + (i_e - i_g)}{i_c - i_e} \ [\text{kg/h}]$$

④ 고단 냉매순환량

$$G_H = G_L + G_o = \frac{V_H}{v_c} \eta_{v_H} = G_L \frac{i_b{'} - i_g}{i_c - i_e} \ [\text{kg/h}]$$

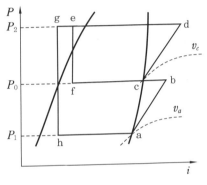

2단 압축 1단 팽창

> **참고** $i_b{'} = i_a + \dfrac{i_b - i_a}{\eta_{c_L}}$ [kJ/h]

⑤ 저단 압축일의 열당량

$$N_L = \frac{G_L (i_b - i_a)}{\eta_{c_L} \eta_{m_L}} \ [\text{kJ/h}]$$

⑥ 고단 압축일의 열당량

$$N_H = \frac{G_H (i_d - i_c)}{\eta_{c_H} \eta_{m_H}} \ [\text{kJ/h}]$$

⑦ 성적계수

$$COP = \frac{Q_e}{N_L + N_H}$$

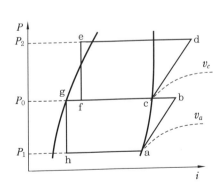

2단 압축 2단 팽창

⑧ 압축비

$$a = \sqrt{\frac{P_2}{P_1}}$$

⑨ 중간압력

$$P_0 = \sqrt{P_1 P_2} \ [\mathrm{kg/cm^2 \cdot a}]$$

(6) 2원 냉동장치

고온 측 냉매와 저온 측 냉매를 사용하는 두 개의 냉동 사이클을 조합하는 형태로 된 초저 온장치로서 한 개의 선도상에 표현할 수 없으나 순수한 온도만으로 그린다면 다음 선도와 같으며, 계산식은 2단 냉동장치와 동일하다.

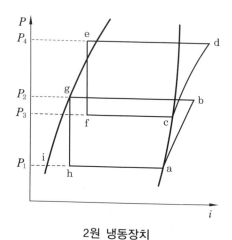

2원 냉동장치

> **참고** 압축비
>
> ① 저온 측 압축비 $= \dfrac{P_2}{P_1}$ 　　　② 고온 측 압축비 $= \dfrac{P_4}{P_3}$

3-2 ─o 냉동 방법

(1) 자연 냉동법(natural refrigeration)

① 고체의 용해잠열을 이용하는 방법 : 얼음은 0℃에서 용해할 때 79.68 kcal/kg의 열을 흡수한다.

② 고체의 승화잠열을 이용하는 방법 : CO_2 (드라이아이스)의 승화잠열은 -78.5℃에서 승화할 때 137 kcal/kg의 열을 흡수한다.

③ 액체의 증발잠열을 이용하는 방법 : N_2, CO_2 등을 이용하며 N_2는 -196℃에서 48 kcal/kg, -20℃에서 90 kcal/kg의 열을 흡수한다.

(2) 기계 냉동법(mechanical refrigeration)

① 증기 압축식 냉동법 : 액체의 증발 잠열을 이용하여 피냉각물로부터 열을 흡수하여 냉각하는 방법으로 냉매의 순환 경로는 증발기, 압축기, 응축기, 팽창밸브 순이다.

② 증기 분사식 냉동법 : 물을 냉매로 하며 이젝터로 다량의 증기를 분사할 때의 부합작용을 이용하여 냉동을 하는 방법($3 \sim 10 \, kg/cm^2$의 폐증기를 이용) 이다.

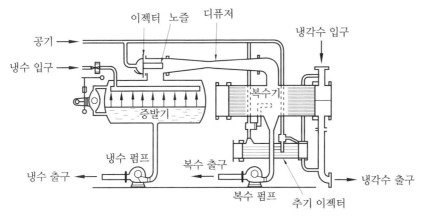

증기 분사식 냉동기

③ 공기 압축식 냉동기 : 공기를 냉매로 하여 팽창기에서 단열 팽창시켜 냉각기에서 열을 흡수한다. 압축기는 체적이 크고 효율이 나쁘다. Joule-Thomson 효과를 이용한 것으로 대표적인 것이 역 Brayton cycle 이며 가볍고 단순하여 항공기에 적합한 장치이다.

④ 전자 냉동기(열전 냉동기)

㈎ 어떤 두 종의 다른 금속을 접합하여 이것에 직류 전기를 통하면 접합부에서 열의 방출과 흡수가 일어나는 현상을 이용하여 저온도를 얻을 수 있다. 전류의 흐름 방향

을 반대로 하면 열의 방출과 흡수가 반대로 된다 (펠티에 효과 이용).

　(나) 전자 냉동기는 운전 부분이 없어 소음이 없고 냉매가 없으므로 배관이 없으며 대기 오염과 오존층 파괴의 위험이 전혀 없고 반영구적이다 (비스무트 텔루르 안티몬·텔루르, 비스무트·텔루르 비스무트 등의 조합으로 된 재료 이용).

⑤ 자기 냉각 (단열탈자법, 단열소자법)

　(가) 상자성염(Gd_2SO_4 : 황산 gadolinium)이 갖는 성질을 이용하여 단열과정에 의해 극저온을 얻는 냉각법

　(나) 원리 : 자계(magnetic field)를 형성시키면 온도가 올라가고 자계를 제거하면 온도가 내려가게 되는데 이때 냉각되는 부분을 이용한 것이 자기 냉각(magnetic refrigeration)이다 (현재 0.001 K 정도의 극저온도 가능).

3-3 ─○ 단단 압축 냉동 사이클

1 기본 냉동 사이클

냉동 사이클은 증발, 압축, 응축, 팽창의 4요소를 순환하면서 냉매를 액체에서 기체로, 기체에서 액체로 반복하면서 이루어진다.

(1) 증발

① 증발기(evaporator) 내의 액냉매는 기화하면서 냉각관 주위에 있는 공기 또는 물질로부터 증발에 필요한 열을 흡수한다.

② 열을 빼앗긴 공기는 냉각되어 온도가 낮아진 상태에서 자연 대류 또는 팬(fan)에 의하여 강제 대류되어 냉장고 내에 퍼져 저온으로 유지시킨다.

③ 팽창밸브를 통하여 감압되어 저온도로 되며 증발하는 과정에서는 압력과 온도가 일정한 관계를 유지하면서 변화가 없다.

④ 외부로부터 열을 흡수하는 장치이다.

(2) 압축

① 냉매를 상온에서 액화하기 쉬운 상태로 만든다.

② 증발기에서 낮은 온도를 유지하기 위하여 기화된 냉매를 압축기로 흡수시켜서 냉매 압력을 낮게 유지시킨다.

(3) 응축

① 압축기에서 나온 과열증기를 물 또는 공기와 열교환시켜서 액화시킨다.

② 외부와 열교환하여 방출하는 열을 응축열이라 하고 이 열은 증발기에서 흡수한 열과 압축하기 위하여 가해진 일의 열당량을 합한 값이다.

③ 응축기에는 냉매기체와 액체가 공존하고 있는 상태이며, 기체에서 액체로 변화하는 동안에 압력과 온도가 일정한 관계를 유지한다.

④ 응축기에서 액화되는 과정은 압력과 온도가 일정하나 응축기 전체에서는 온도는 감소한다.

(4) 팽창

① 액화한 냉매를 증발기에서 기화하기 쉬운 상태의 압력으로 조절하는 감압장치이다.

② 감압작용을 함과 동시에 증발온도에 따라서 필요한 냉매량을 조절하여 공급하는 유량 제어 장치이다.

2 액체 냉각장치의 냉동 사이클

(1) 만액식 증발기

① 대용량이나 NH_3 냉매를 사용하는 경우에 사용한다.

② 그림과 같이 냉각관 내에 냉각 유체가 흐르고 관 외측에 냉매액이 흐른다.

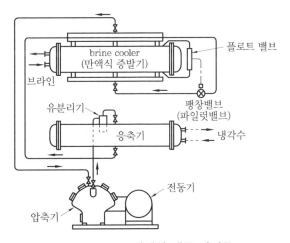

brine cooler 만액식 냉동 사이클

③ 냉각부의 반 이상이 냉매에 잠겨 있어서 열효율이 양호하다.

④ 셸 내의 냉매 액면 유지를 위하여 액면 높이에 따라서 부자(float)로 냉매공급량을 조절하여 감압시키는 자동밸브를 사용한다.

(2) 건식 증발기

① 건식 셸 앤드 튜브식 (dry expansion shell and tube type) 증발기는 냉각관 내의 냉매와 관 외측 셸 안의 냉각 액체가 열교환하는 것이다.

② 냉각 유체의 접촉을 좋게 하기 위하여 배플 플레이트 (baffle plate)가 설치되어 있다.

③ 수냉각장치 (water chilling unit)의 경우 압축기는 주로 밀폐형을 많이 사용한다.

(3) 액펌프식 냉동 사이클

냉동장치가 대용량이 되면 증발기 한 개의 냉매 배관 길이가 매우 길어지게 되어 배관 저항이 증대하고 장치의 능률이 낮아지므로 액펌프를 사용하여 강제로 냉매를 증발기에 공급하는 방법이다.

① 다른 증발기에서 증발하는 액냉매량의 4~5배를 강제로 공급한다.

② 팽창밸브는 부자식을 사용하여 저압수액기의 액면이 일정하게 되도록 한다.

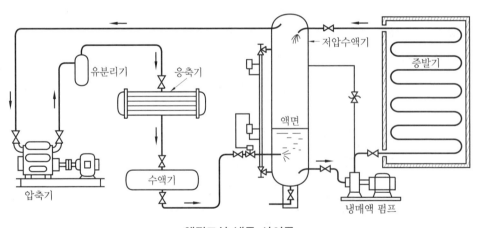

액펌프식 냉동 사이클

3-4 ○ 다단 압축 냉동 사이클

(1) 2단 압축 냉동 사이클

① NH_3 장치는 증발온도가 −35℃ 이하이고 압축비가 6 이상일 때 채용한다.

② Freon 장치는 증발온도가 −50℃ 이하이고 압축비가 9 이상일 때 채용한다.

③ 2단 압축 1단 팽창밸브의 장치도와 $P \sim i$ 선도

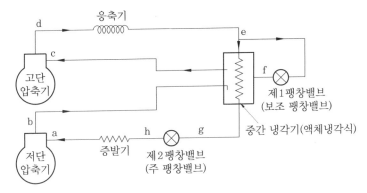

2단 압축 1단 팽창 장치도

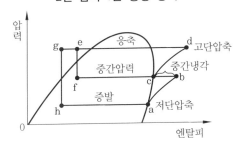

2단 압축 1단 팽창 $P \sim i$ 선도

④ 2단 압축 2단 팽창밸브의 장치도와 $P \sim i$ 선도

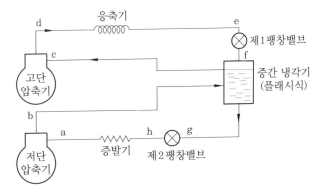

2단 압축 2단 팽창 장치도

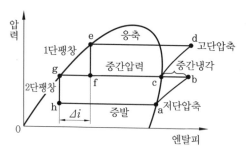

2단 압축 2단 팽창 $P{\sim}i$ 선도

(2) 중간 냉각기의 역할

① 저단 압축기 토출가스 온도의 과열도를 제거하여 고단 압축기 과열 압축을 방지해서 토출가스 온도 상승을 감소시킨다.

② 팽창밸브 직전의 액냉매를 과냉각시켜 플래시가스의 발생량을 감소시킴으로써 냉동 효과를 향상시킨다.

③ 고단 압축기 액압축을 방지한다.

(3) 중간 냉각기의 종류

① 플래시식(NH_3)

② 액체 냉각식(NH_3)

③ 직접 팽창식(Freon)

3-5 2원 냉동 사이클

(1) 목적

증발온도가 $-80{\sim}-120℃$ 이하가 되면 일반 냉매는 증발압력이 현저히 낮아 압축비가 증대하여 다단 압축을 실현해도 $-80{\sim}-120℃$ 이하의 온도를 얻기 어렵다. 그러나 2원 냉동장치로는 실현할 수 있다.

(2) 구조 (cascade condenser)

저온 냉동 사이클의 응축기와 고온 냉동 사이클의 증발기가 조합되어 열 교환을 하는 구조로 되어 있다.

(3) 사용 냉매

① 고온측 : R-12, R-22, R-500, R-501, R-502, R-290(C_3H_8) 등
② 저온측 : R-13, R-14, R-23, R-503, C_3H_8, C_2H_4, C_2H_6, CH_4 등

(4) 팽창탱크

저온 측 압축기를 정지하였을 때 초저온 냉매의 증발로 인한 압력이 냉동장치 배관 등을 파괴하는 일이 있는데, 이를 방지하기 위해 일정 압력 이상이 되면 팽창탱크로 가스를 저장하는 장치이다.

(5) 2원 냉동장치도와 $P{\sim}i$ 선도

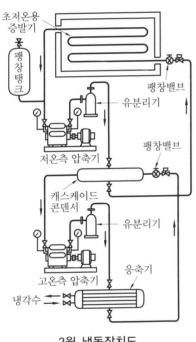

2원 냉동장치도

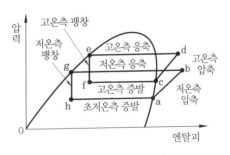

2원 냉동장치 $P{\sim}i$ 선도

1. 압축식 냉동장치에 있어 냉매의 순환경로가 맞는 것은?

① 압축기 → 수액기 → 응축기 → 증발기
② 압축기 → 팽창밸브 → 증발기 → 응축기
③ 압축기 → 팽창밸브 → 수액기 → 응축기
④ 압축기 → 응축기 → 팽창밸브 → 증발기

2. 다음 중 냉동기를 설명한 내용으로 맞는 것은 어느 것인가?

① 열에너지를 기계적 에너지로 변환시키는 것
② 요구되는 소정의 장소에서 열을 흡수하여 이용가치 없는 장소에 열을 발산하도록 기계적 에너지를 사용한 것
③ 유효하지 않은 장소에서 열을 흡수하여 온도 낮은 장소에 열을 발산하도록 기계적 에너지를 사용한 것
④ 증기원동기와 비슷한 원리이며 외연기관이다.

3. 얼음을 이용하는 냉각 방법은 다음 중 어느 것과 관계 있는가?

① 융해열   ② 증발열
③ 승화열   ④ 펠티에 효과

> [해설] 얼음 1 kg이 용해되면서 주위로부터 79.68 kcal (약 80 kcal)의 열을 흡수한다.

4. 제빙장치에서 두께가 290 mm인 얼음을 만드는 데 48시간이 걸렸다. 이때의 브라인 온도는 몇 ℃인가?

① 0℃   ② −10℃
③ −20℃   ④ −30℃

> [해설] $H = \dfrac{0.56 \times t^2}{-(t_b)}$ 에서,
>
> $-t_b = \dfrac{0.56 \times t^2}{H} = \dfrac{0.56 \times 29^2}{48} = 9.811$℃
>
> $\therefore\ t_b = -9.811$℃

5. 다음 냉동법 중 펠티에 효과를 이용하는 냉동법은 어느 것인가?

① 기계적 냉동법   ② 증발식 냉동법
③ 보르텍스 튜브   ④ 열전 냉동장치

> [해설] 펠티에 효과 (Peltier's effect) : 종류가 다른 금속을 링 (ring) 모양으로 접속하여 전류를 흐르게 하면 한쪽의 접합점은 고온이 되고 다른 한쪽의 접합점은 저온이 된다.

6. 다음은 열이동에 대한 설명이다. 옳지 않은 것은?

① 고체에서 서로 접하고 있는 물질 분자 간의 열이동을 열전도라 한다.
② 고체 표면과 이에 접한 유동 유체 간의 열이동을 열전달이라 한다.
③ 고체, 액체, 기체에서 전자파의 형태로의 에너지 방출을 열복사라 한다.
④ 열관류율이 클수록 단열재로 적당하다.

> [해설] 열관류율이 작을수록 단열재로 적당하다.

7. 비스무트·텔루르 비스무트·셀렌이라는 반도체를 이용하여 냉각작용을 유도하는 냉동장치는 어느 것인가?

① 공기 팽창식 냉동장치
② 진공 냉각식 냉동장치
③ 증기 분사식 냉동장치
④ 열전 냉동장치

정답 1. ④   2. ②   3. ①   4. ②   5. ④   6. ④   7. ④

8. 몰리에르 선도상에서 압력이 증대함에 따라 포화액선과 건조포화증기선이 만나는 일치점을 무엇이라고 하는가?

① 한계점 ② 임계점
③ 상사점 ④ 비등점

9. 다음 중 1보다 작은 수치는?

① 폴리트로픽 지수 ② 성적계수
③ 건조도 ④ 비열비

해설 건조도(x)는 $0 \leqq x \leqq 1$ 이다.

10. 몰리에르 선도에 관한 다음 설명 중 옳은 것은?

① 등엔트로피 변화는 압축 과정에서 일어난다.
② 등엔트로피 변화는 증발 과정에서 일어난다.
③ 등엔트로피 변화는 팽창 과정에서 일어난다.
④ 등엔트로피 변화는 응축 과정에서 일어난다.

해설 • 압축 : 등엔트로피 변화 (단열 변화)
• 응축 : 등압 변화
• 팽창 : 등엔탈피 변화
• 증발 : 등온 등압 변화

11. 압축기의 냉동능력을 R [RT], 피스톤 압출량을 V [m³/min], 압축기 흡입 냉매증기의 비체적을 v [m³/kg], 냉매의 냉동효과를 q [kcal/kg], 체적효율을 y 라고 한다면 압축기의 냉동능력 산출식은 어느 것인가?

① $R = \dfrac{V \times q \times y \times 60}{3320 \times v}$

② $R = \dfrac{V \times q \times v \times 60}{3320 \times y}$

③ $R = \dfrac{V \times q \times y}{3320 \times v}$

④ $R = \dfrac{V \times q \times v}{3320 \times y}$

12. −20℃의 암모니아 포화액의 엔탈피는 78 kcal/kg, 같은 온도의 건조포화증기의 엔탈피는 395.5 kcal/kg, 팽창밸브 직전의 액의 엔탈피는 128 kcal/kg이다. 이 냉매액이 팽창밸브를 통과하여 증발기에 들어갈 때 일부는 증기로 되고 나머지는 액이 된다. 이 경우에 액을 중량비로 나타내면 대략 몇 %가 되는가?

① 15.7 % ② 64.3 %
③ 95.3 % ④ 84.3 %

해설

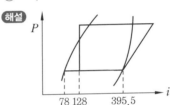

중량비는 습도이다.
$$\therefore y = \frac{395.5 - 128}{395.5 - 78} \times 100\,\% = 84.25\,\%$$

13. 암모니아 냉동장치에 있어서 팽창밸브 직전의 액온이 25℃이고 압축기 흡입가스가 −15℃의 건조포화증기일 때 냉매순환량 1 kg 당의 냉동량은 1127 kJ이다. 냉동능력 15 RT가 요구될 때 냉매순환량은 몇 kg/h를 필요로 하는가? (단, 1 RT = 3.9 kW이다.)

① 172 kg/h ② 168 kg/h
③ 212 kg/h ④ 187 kg/h

해설 $G = \dfrac{15 \times 3.9 \times 3600}{1127} = 186.87\ \text{kg/h}$

14. 다음 중 몰리에르 선도상에서 알 수 없는 것은?

① 냉동능력   ② 성적계수
③ 압축비   ④ 압축효율

15. 다음 $P-h$ 선도에서 응축기 출구의 포화액을 표시하는 점은?

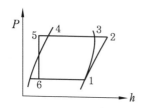

① 1   ② 3
③ 4   ④ 6

해설 1 : 압축기 흡입가스 또는 증발기 출구
 2 : 압축기 토출가스 온도 또는 응축기 입구
 3 : 포화증기
 4 : 포화액
 5 : 응축기 출구 팽창밸브 직전 (과냉각액)
 6 : 팽창밸브 출구 증발기 입구 (습증기)

16. 다음 도면과 같이 운전되는 암모니아 냉동장치에서 냉매의 순환량이 10 kg/min일 때 축동력을 측정하였더니 60 kW이었다. 이 냉동장치의 실제 성적계수는?

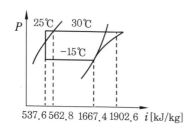

① 0.3197   ② 0.3128
③ 3.138   ④ 4.8036

해설 $COP = \dfrac{10 \times (1667.4 - 537.6)}{60 \times 60} = 3.138$

17. 다음 냉동 사이클의 선도에 대한 설명 중 틀린 것은?

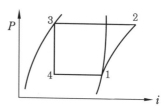

① 1–2 과정은 압축 과정으로 등엔트로피 과정이다.
② 2–3 과정은 응축 과정으로 등온 과정이다.
③ 3–4 과정은 팽창 과정으로 등엔탈피 과정이다.
④ 4–1 과정은 증발 과정으로 등온 과정이다.

해설 2–3 과정은 응축 과정으로 등압 과정이다.

18. 냉동공장을 표준 사이클로 유지하고 암모니아의 순환량을 186 kg/h로 운전했을 때의 소요동력은 몇 kW인가? (단, 1 kW는 1 kJ/s, NH₃ 1 kg을 압축하는 데 필요한 열량은 몰리에르 선도상에서는 234.6 kJ/kg이라 한다.)

① 24.2 kW   ② 12.1 kW
③ 36.4 kW   ④ 28.6 kW

해설 $N[\text{kW}] = \dfrac{G \cdot AW}{3600} = \dfrac{186 \times 234.6}{3600}$
$= 12.12\,\text{kW}$

19. 다음 그림과 같은 상태에서 운전되는 암모니아 냉동기에 있어서 냉동 사이클의 압축비는 얼마인가?

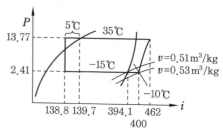

① 6.2   ② 5.7

③ 3.5　　　　　　④ 3.0

해설 $a = \dfrac{13.77}{2.41} = 5.713$

20. 다음 그림과 같은 몰리에르 선도상에서 압축 냉동 사이클의 각 상태점에 있는 냉매의 상태 설명 중 적합하지 않은 것은?

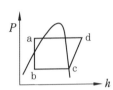

① a점의 냉매는 팽창밸브 직전의 과냉각된 냉매액
② b점은 감압되어 증발기에 들어가는 포화액
③ c점은 압축기에 흡입되는 건포화증기
④ d점은 압축기에서 토출되는 과열증기

해설 b점은 감압되어 증발기에 들어가는 습증기 (기체+액체)이다.

21. 몰리에르 선도상에서의 건조도 x에 관한 설명으로 옳은 것은?

① 몰리에르 선도의 포화액선상 건조도는 1이다.
② 액체 70 %, 증기 30 %인 냉매의 건조도는 0.7이다.
③ 건조도는 습포화증기 구역 내에서만 존재한다.
④ 건조도라 함은 과열증기 중 증기에 대한 포화액체의 양을 말한다.

해설 건조도
㉠ 포화액일 때 0
㉡ 포화증기일 때 1
㉢ 건조도 $x = 0.7$일 때는 증기 70 %, 액체 30 %이다.

22. 다음과 같은 $P-h$ 선도에서 온도가 가장 높은 곳은?

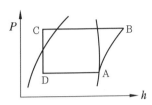

① A　　　　　　② B
③ C　　　　　　④ D

23. 냉동톤 R, 시간당 피스톤 압축량 V_a[m³/h], 흡입가스 비체적 v [m³/kg], 냉동효과 q [kcal/kg], 체적효율 η_v 일 때 $R = \dfrac{V_a}{C}$ 로 계산된다. 이때 C 의 값은 어떻게 표시되는가?

① $C = \dfrac{3320 \cdot v}{q \cdot \eta_v}$　　② $C = \dfrac{v \cdot \eta_v}{3320 \cdot q}$

③ $C = \dfrac{q \cdot \eta_v}{3320 \cdot v}$　　④ $C = \dfrac{3320 \cdot q}{v \cdot \eta_v}$

해설 $R = \dfrac{V_a}{C} = \dfrac{V_a \cdot q}{3320 \cdot v} \cdot \eta_v$ 에서,

$C = \dfrac{V_a \cdot 3320 \cdot v}{V_a \cdot q \cdot \eta_v} = \dfrac{3320 \cdot v}{q \cdot \eta_v}$

24. 다음 중 습압축 냉동 사이클을 나타낸 것은 어느 것인가?

① 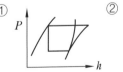　　②

③ 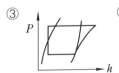　　④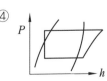

해설 • 표준 압축 : ①, ③

• 과열 압축 : ④

• 습압축 : ②

25. 다음의 몰리에르 선도를 이용하여 압축기 피스톤 지름 130 mm, 행정 90 mm, 4기통 1200 rpm으로서 표준상태로 작동하고 있다. 이때 냉매순환량은 얼마인가?

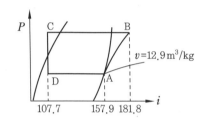

① 26.7 kg/h   ② 343.8 kg/h

③ 1257.4 kg/h   ④ 4438.1 kg/h

해설 ㉠ 피스톤 압축량

$$V = \frac{\pi}{4} D^2 \cdot L \cdot N \cdot R \cdot 60$$
$$= \frac{\pi}{4} \times 0.13^2 \times 0.09 \times 4 \times 1200 \times 60$$
$$= 343.867 \ \text{m}^3/\text{h}$$

㉡ 냉매순환량

$$G = \frac{V}{v_A} = \frac{343.867}{12.9} = 26.656 \ \text{kg/h}$$

26. 증기 압축식 냉동 사이클에서 팽창밸브를 통과하여 증발기에 유입되는 냉매의 엔탈피를 A, 증발기 출구 엔탈피를 B, 포화액의 엔탈피를 C라 할 때 팽창밸브를 통과한 곳에서 증기로 된 냉매의 양을 몰리에르 선도($P-h$ 선도)에서 A, B, C의 계산식으로 나타낸 것 중 옳은 것은?

① $\dfrac{B-A}{B-C}$ ② $\dfrac{A-C}{B-A}$

③ $\dfrac{B-C}{A-C}$ ④ $\dfrac{A-C}{B-C}$

해설

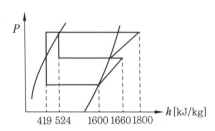

건조도 $x = \dfrac{h_A - h_C}{h_B - h_C}$

27. 그림은 2단 압축 암모니아 사이클을 선도로 표시한 것이다. 냉동능력 1 RT에 대한 저단 압축기의 냉매순환량은? (단, 1 RT = 3.9 kW 이다.)

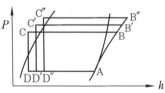

① 10.7 kg/h   ② 11.9 kg/h

③ 12.5 kg/h   ④ 13.2 kg/h

해설 $G = \dfrac{1 \times 3.9 \times 3600}{1600 - 419} = 11.89 \ \text{kg/h}$

28. 다음 그림에서와 같이 어떤 사이클에서 응축온도만 변화하였을 경우에 대한 다음의 설명 중에서 틀린 것은? (단, A = 사이클 A (A-B-C-D-A), B = 사이클 B (A-B′-C′-D′-A), C = 사이클 C (A-B″-C″-D″-A))

응축온도만 변했을 경우의 압력-엔탈피 선도

① 압축비 : C > B > A
② 압축열량 : C > B > A

③ 냉동효과 : C > B > A

④ 성적계수 : C < B < A

해설 냉동효과 : A > B > C

29. 다음 그림의 사이클은 어떤 사이클인가?

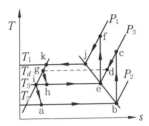

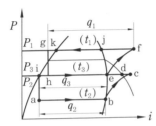

① 중간 냉각이 불완전한 2단 압축 2단 증발 사이클

② 중간 냉각이 완전한 2단 압축 2단 팽창 사이클

③ 중간 냉각이 완전한 2단 압축 1단 팽창 사이클

④ 중간 냉각이 불완전한 2단 압축 1단 팽창 사이클

30. 다음 그림은 역카르노 사이클을 냉매의 절대온도(T[K])와 엔트로피(s)를 좌표로 나타내었다. 면적(1–2–2′–1′)이 나타내는 뜻은 어느 것인가?

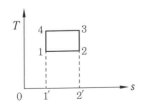

① 저열원으로부터 받는 열량

② 고열원에 방출하는 열량

③ 응축수로부터 받는 열량

④ 고저열원으로부터 나가는 열량

해설 2 → 3 : 단열 압축, 3→4 : 등온 압축, 4→1 : 단열 팽창, 1→2 : 등온 팽창

㉠ 흡수하는 열량 : 1–2–2′–1′–1

㉡ 압축일의 열량 : 1–4–3–2–1

㉢ 방출하는 열량 : 1′–1–4–3–2–2′–1′

31. 다음 그림과 같은 $P-h$ 선도에서와 같은 운전상태의 15 RT 암모니아 냉동장치에서의 압축기 운전 소요동력은 얼마인가? (단, 1 RT = 3.9 kW, 압축효율 및 기계효율은 무시한다.)

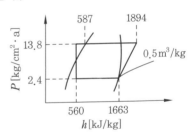

① 15.2 kW

② 12.3 kW

③ 18 kW

④ 14.8 kW

해설 $N[\mathrm{kW}] = G \cdot AW$

$$= \frac{15 \times 3.9}{(1663 - 560)} \times (1894 - 1663) = 12.25 \,\mathrm{kW}$$

냉동장치의 분류

4-1 ○ 용적식 냉동기

(1) 구조상의 분류

① 밀폐형

  ㈎ 반밀폐형 : 조립 형식이며 서비스 밸브 (service valve)가 고저압 측에 있다.

  ㈏ 전밀폐형 : 서비스 밸브가 저압 측에 있다.

  ㈐ 완전밀폐형 : 서비스 밸브가 없다.

② 개방형

  ㈎ 전동기 직결식 (direct coupling) : 모터의 축과 압축기의 축이 커플링 (coupling)에 의하여 접속되어 동력이 전달되는 구조

  ㈏ 벨트 구동식 (belt driven) : 모터와 압축기 간에 V 벨트로 동력이 전달되는 구조

(2) 압축 방식에 의한 분류

① 왕복 (동) 식 : 피스톤의 왕복운동으로 행하는 압축 방식 (회전수가 저속, 중속, 고속이다.)

② 회전식 : 로터리 컴프레서 (rotary compressor)라고도 하며 로터의 회전에 의하여 압축하는 방식 (회전수가 1000 rpm 이상의 고속이다.)

③ 원심식 : 터보 (turbo) 또는 센트리퓨걸 컴프레서 (centrifugal compressor)라고도 하며 임펠러 (impeller)의 고속회전에 의하여 압축하는 방식 (회전수가 4000~6000 rpm 정도이고 특수한 경우 12000 rpm도 있다.)

④ 스크루 압축기 (screw compressor) : 2개 이상의 스크루의 회전운동에 의하여 압축하는 방식 (회전수가 1000 rpm 이상의 고속이다.)

(3) 실린더 배열에 의한 분류

① 입형 (立形) 압축기 (vertical compressor)

② 횡형 (橫形) 압축기 (horizontal compressor)

③ V형, W형, VV형, 성형 (星型) (고속 다기통 압축기)

4-2 ○ 원심식 냉동기

(1) 원심식 냉동 사이클

① 압축기 : 증발기의 저온 저압의 기체 냉매를 임펠러를 회전운동시킴으로써 원심력을 주어 디퓨저에서 속력에너지를 압력에너지로 전환시키는 방식이며, 압축기 단수는 사용 냉매에 따라서 1단, 2단, 3단, 다단으로 구성된다.

② 응축기 : 횡형 셸 앤드 튜브식의 수랭식을 사용한다.

③ 팽창밸브 : 2개의 부자실로 되어 있고 제1부자실은 액면 높이가 높아지면 밸브가 열려 중간 압력으로 팽창되어 제2부자실로 유입되며, 이때 발생되는 플래시 가스(flash gas)는 상단에 모아서 2단 임펠러로 유출시킨다. 제2부자실을 일명 이코노마이저(economizer : 절약기)라 한다.

④ 증발기 : 횡형 셸 앤드 튜브 만액식 증발기이며 셸(shell) 속에 냉매가 있어 배관 내에 냉수(brine)가 흐르는 구조이고, 상부에 액냉매 유출을 방지하는 일리미네이터(eliminator)가 설치되어 액립을 분리하여 기체 냉매만 압축기로 흡입되게 한다.

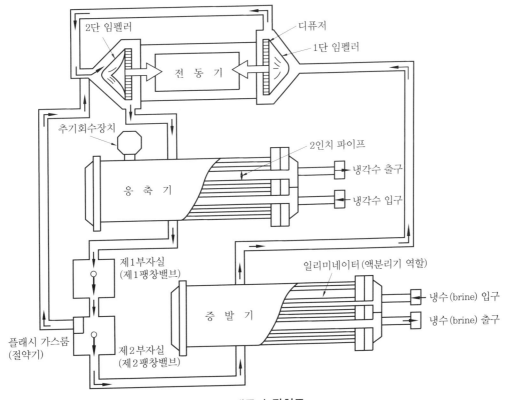

터보 냉동기 장치도

⑤ 장치에 사용되는 냉매가 4~5℃에서 증발할 경우 증발압력이 대기압력 이하인 진공상태가 되므로 외부 공기가 침투하여 불응축가스의 생성 원인이 된다. 이때 응축기 상부에 모여 전열면적을 감소시켜 응축압력과 온도를 상승하게 하여 서징(surging) 현상을 유발하므로 운전 중에 공기를 자동 배출시키는 추기 회수 장치를 둔다.

㈎ 추기 펌프에서 배출되는 가스는 유분리기에서 오일과 분리된다.

㈏ 오일과 분리된 가스는 퍼지에서 냉매는 응축되어 하부에 고이고 불응축가스는 상부에 고인다.

㈐ 응축된 냉매액은 부자밸브에 의해서 증발기로 유입하고 불응축가스는 퍼지밸브를 열어서 방출하거나 온도식 밸브(TV)에 의해 자동적으로 방출한다.

㈑ 냉매액 상부에 물이 고여 있을 경우 사이트글라스를 보면서 배수한다.

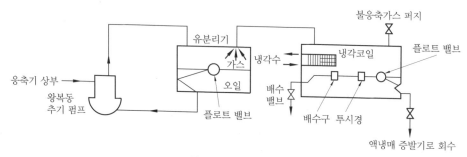

추기 회수 장치도

(2) 터보 냉동장치의 특징

① 장점

㈎ 회전운동이므로 진동 및 소음이 없다.

㈏ 마찰 부분이 없으므로 마모로 인한 기계적 성능 저하나 고장이 적다.

㈐ 장치가 유닛(unit)으로 되어 있기 때문에 설치면적이 작다.

㈑ 자동운전이 용이하며 정밀한 용량 제어를 할 수 있다.

㈒ 왕복동의 최대용량은 150 RT 정도이지만, 일반적으로 터보 냉동기는 최저용량이 150 RT 이상이다.

㈓ 흡입 토출 밸브가 없고 압축이 연속적이다.

② 단점

㈎ 고속회전이므로 윤활에 민감하다 (4000~6000 rpm, 특수한 경우 12000 rpm이다).

㈏ 윤활유 부분에 오일 히터(oil heater)를 설치하여 정지 시 항상 통전시키며, 윤활유 온도를 평균 55℃ (50~60℃)로 유지시켜서 오일 포밍(oil foaming)을 방지한다.

㈐ 0℃ 이하의 저온에는 거의 사용하지 못하며 냉방 전용이다.

㈑ 압축비가 결정된 상태에서 운전되고 운전 중 압축비 변화가 없다.

(3) 서징(surging) 현상

흡입압력이 결정되어 있을 때 운전 중 압축비의 변화가 없으므로 토출압력에 한계가 있어서 토출 측에 이상압력이 형성되면 응축가스가 압축기 쪽으로 역류하여 압축이 재차 반복되는 현상으로 다음과 같은 영향이 있다.

① 소음 및 진동 발생

② 응축압력이 한계치 이하로 감소한다.

③ 증발압력이 규정치 이상으로 상승한다.

④ 압축기가 과열된다.

⑤ 전류계의 지침이 흔들리고 심하면 운전이 불가능하다.

4-3 o 흡수식 냉동기

(1) 사용 냉매와 흡수제

냉매	흡수제
암모니아 (NH_3)	물 (H_2O)
암모니아 (NH_3)	로단암모니아 (NH_4CHS)
물 (H_2O)	황산 (H_2SO_4)
물 (H_2O)	가성칼리(KOH) 또는 가성소다 (NaOH)
물 (H_2O)	리튬브로마이드 (LiBr) 또는 염화리튬 (LiCl)
염화에틸 (C_2H_2Cl)	4클로로에탄 ($C_2H_2Cl_4$)
트리올 (C_7H_8) 또는 펜탄 (C_5H_{12})	파라핀유 (油)
메탄올 (CH_3OH)	리튬브로마이드 메탄올 용액 (LiBr + CH_3OH)
R-21 ($CHFCl_2$) 메틸클로라이드 (CH_2Cl_2)	4에틸글리콜 2메틸에테르 ($CH_3-O-(CH_2)_4-O-CH_3$)

(2) 흡수식 냉동법의 원리

① 증기 압축식 냉동기에 압축기의 기계적 일 대신 가열에 의하여 압력을 높여 주기 위하여 흡수기와 가열기가 있으며, 저온에서 용해되고 고온에서 분리되는 두 물질을 이용하여 열에너지를 압력에너지로 전환하는 방법이다.

② 장치도

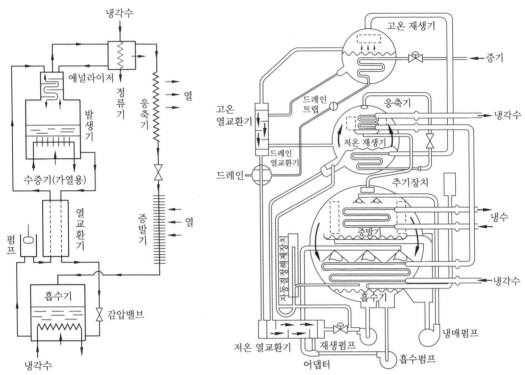

NH₃와 H₂O 흡수식 냉동장치

H₂O와 LiBr 흡수식 냉동장치

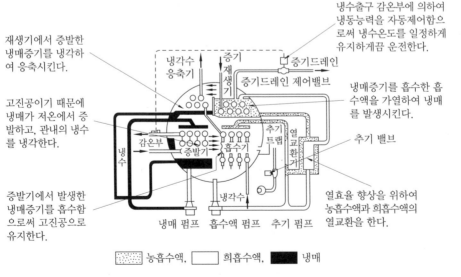

H₂O 와 LiBr 장치의 냉매 순환 경로

4-4 ○ 신재생에너지

(1) 히트 펌프(heat pump)

① 응축기의 방열작용을 이용하여 난방을 한다.

② 실내 측과 실외 측에 각각의 열교환기를 두고 실내 측 열교환기는 여름에 증발기로 사용하고 겨울에는 응축기로 사용한다.

③ 냉동장치의 1 kW 전력소비로 3~4 kW의 전력소비의 전열기와 동등한 난방을 할 수 있다.

(2) 저온 측 열원

① 히트 펌프의 겨울철의 저온 측 열원으로 공기 또는 정수(井水) 및 지열 등을 이용한다.

② 최근에는 동력장치로 가스 엔진을 이용하고 그 폐기 가스를 저온부의 열원으로 사용한다.

>>> 제4장 　　　　　　　　　　　　　 예상문제

1. 증기 압축식 냉동장치의 주요 구성요소가 아닌 것은?

① 압축기　　　　② 흡수기
③ 응축기　　　　④ 팽창밸브

해설 증기 압축식 냉동장치 : 압축기, 응축기, 팽창밸브, 증발기

2. 2중 효용 흡수식 냉동기에 대한 설명 중 옳지 않은 것은?

① 단중 효용 흡수식 냉동기에 비해 훨씬 증기소비량이 적다.
② 2개의 재생기를 갖고 있다.
③ 2개의 증발기를 갖고 있다.
④ 증기 대신 가스의 연소열을 사용하기도 한다.

3. 다음의 냉동기 중에서 기계적인 힘을 이용하면서 증발하기 쉬운 액체를 기화시켜 냉동작용을 행하는 냉동기는?

① 증기 분사식 냉동기
② 흡수식 냉동기
③ 흡착식 냉동기
④ 열전 냉동기

4. 다음 2원 냉동법의 설명 중 맞지 않는 것은?

① 고온 측과 저온 측의 사용냉매가 다르다.
② 캐스케이드 응축기를 사용하여 저온 측 증발기와 고온 측 응축기를 열 교환한다.
③ −70℃ 이하의 저온도를 얻는 데 이용하는 냉동법이다.
④ 안전장치로 팽창 탱크를 사용한다.

정답　 **1.** ②　 **2.** ③　 **3.** ①　 **4.** ②

해설 2원 냉동법은 저온 응축기와 고온 증발기를 열 교환하는 구조로 되어 있다.

5. 2단 압축식 냉동장치에서 증발압력을 중간압력으로 높이는 장치(저단측 압축기)를 무엇이라고 하는가?

① 부스터
② 이코노마이저
③ 터보
④ 루트

6. 다음 냉매액 강제 순환식 증발기에 대한 설명 중 옳은 것은?

① 냉매액 펌프 출구의 냉매량은 증발기에서 증발하는 냉매량과 같다.
② 냉매액을 강제 순환시키므로 냉각작용은 냉매의 현열을 이용한 것이다.
③ 각 증발기 입구에 유량 조절밸브를 설치하는 것은 액분배를 좋게 하기 위해서이다.
④ 증발기에는 항상 냉매액이 충만하여 있으므로 액압축이 일어나기 쉽다.

7. 다음 중 2원 냉동 사이클에 대한 설명으로 옳은 것은?

① 일반적으로 고온 측에는 R-13, R-22, 프로판 등을 냉매로 사용한다.
② 저온 측에 사용하는 냉매는 R-13, R-22, 에탄, 에틸렌 등이다.
③ 팽창 탱크는 저압 측에 설치하는 안전장치이다.
④ 고온 측과 저온 측에 사용하는 윤활유는 같다.

해설 팽창 탱크는 저온 측에 설치하는 안전장치이다.

8. 다음 중 터보 냉동기의 특징으로 적합하지 않은 것은?

① 왕복식 압축기보다 가스의 흡입량이 많고 회전수가 높다.
② 압축력은 임펠러의 주속도의 제곱에 비례한다.
③ 댐퍼의 벌림을 가감하거나 회전수를 바꿔서 냉동력을 조절한다.
④ 압축력을 높이기 위하여 임펠러 지름을 크게 하고 주속도를 감소한다.

9. 터보 압축기의 일상운전에서 진동의 주된 원인이라고 할 수 없는 것은?

① 회전체의 언밸런스
② 베어링의 극간이 부적당할 때
③ 래버린스와 회전체 사이에 기름이 차 있을 때
④ 설치 또는 센터 링의 불량

10. 원심식 냉동기의 서징 현상에 대한 설명 중 옳지 않은 것은?

① 응축압력이 한계점 이상으로 계속 상승한다.
② 고저압계 및 전류계의 지침이 심하게 움직인다.
③ 냉각수의 감소에도 원인이 있다.
④ 소음과 진동을 수반하는 맥동현상이 일어난다.

해설 응축압력은 한계점 이하로 낮아지고 증발압력은 상승한다.

11. 터보 압축기에서 속도가 압력으로 변하여 압축하는 기기는 어느 것인가?

① 임펠러
② 베인
③ 중속기어
④ 디퓨저

12. 원심 압축기에 관한 다음 설명 중 틀린 것은 어느 것인가?

① 가스는 축방향으로 회전차에 흡입되고 반지름방향으로 나간다.

② 냉매의 유량을 가이드 베인이 제어한다.

③ 정지 중에는 윤활유 히터를 켜둘 필요가 없다.

④ 서징은 운전상 좋지 않은 현상이다.

해설 운전 정지 시에도 오일 히터는 계속 가동시켜야 한다.

13. 다음 중 원심 압축기의 단점은?

① 왕복동형 압축기에 비해 용량과 형상이 작으며 진동이 크다.

② 내부 윤활유를 사용하지 않는다.

③ 효율이 낮고 압축비가 낮다.

④ 마모나 마찰손실이 크다.

14. 열펌프(heat pump)의 특징에 대한 설명으로 틀린 것은?

① 성적계수가 1보다 작다.

② 한 장치를 가열해도 냉각에도 사용할 수 있다.

③ 운전에 소비한 에너지보다도 대량의 열에너지를 얻게 된다.

④ 저온 측에 있는 열을 고온도로 높여서 사용할 수 있다.

해설 $COP = \dfrac{q_c}{AW}$ 이므로 1 보다 크다.

15. 친화력을 가진 두 물질의 용해 및 유리작용을 이용한 냉동기는 어느 것인가?

① 증기 압축식 냉동기

② 흡수식 냉동기

③ 전자 냉동기

④ 증기 분사식 냉동기

16. 흡수식 냉동기의 특징이 아닌 것은?

① 압축기 구동용의 대형 전동기가 없다.

② 증기를 구동용으로 사용한다.

③ 용량 제어성이 좋다.

④ 부하가 규정용량을 초과하게 되면 상당히 위험하다.

17. 흡수식 냉동기의 특징이 아닌 것은?

① 냉동온도가 저온도로 되어도 냉동능력이 감소되지 않는다.

② 압축기가 없고 운전이 조용하다.

③ 냉매에 윤활유가 흡입되지 않는다.

④ 압축식 냉동기에 비해 성능이 좋지만 취급이 어렵다.

정답 **12.** ③ **13.** ③ **14.** ① **15.** ② **16.** ④ **17.** ④

냉동장치의 구조

5-1 ㅇ 압축기

1 왕복식 압축기

(1) 왕복식 압축기(reciprocating compressor)

왕복식 압축기는 외부에서 일을 공급받고 저압증기를 실린더 내에서 압축하여 고압으로 송출하는 용적식 기계이며 중고압, 소용량 용도에 적용된다.

(2) 압축기의 압축일(공업일) W_t

$$단열압축일 \quad W_t = -\int_1^2 VdP = V(P_1 - P_2)$$

$$= \frac{k}{k-1}P_1 V_1 \left\{ 1 - \left(\frac{P_2}{P_1}\right)^{\frac{k-1}{k}} \right\}$$

(3) 왕복식 압축기의 압축 과정과 $P-V,\ T-s$ 선도

① 압축을 할 때는 등온, 단열, 폴리트로픽 압축 과정이 있고 다음 선도와 같으며, 크기는 등온 < 폴리트로픽 < 단열의 순이다.

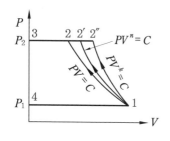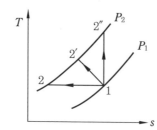

① 1 → 2 곡선 : 등온 압축
② 1 → 2′ 곡선 : 폴리트로픽 압축
③ 1 → 2″ 곡선 : 단열 압축

압축기의 $P-V,\ T-s$ 선도

② 간극 체적(V_c)이 없는 1단 압축기의 압축 후의 온도(T_2), 방열량 q [kcal/kg]

  ⑺ 압축 후의 온도 T_2

    • 등온 압축일 경우 : $T_1 = T_2 = T$

    • 단열 압축일 경우 : $T_2 = T_1 \left(\dfrac{P_2}{P_1}\right)^{\frac{k-1}{k}}$

    • 폴리트로픽 압축일 경우 :

$$T_2 = T_1 \left(\frac{P_2}{P_1}\right)^{\frac{n-1}{n}}$$

  ⑷ 압축 시 방열량 q_{12} [kcal/kg]

    • 등온 압축 시 방열량

$$q_{12} = ART_1 \ln\left(\frac{V_1}{V_2}\right) = AP_1 V_1 \ln\left(\frac{P_2}{P_1}\right)$$

    • 단열 압축 시 방열량 $q_{12} = 0$

    • 폴리트로픽 압축 시 방열량

    $q_{12} = C_n (T_2 - T_1)$

2 압축 사이클

(1) 흡입행정

① 피스톤의 상사점 (A점)에 있어서, 토출 밸브가 닫히고 피스톤의 하강행정으로 들어감과 동시에 흡입 밸브가 열리기 시작한다.

② 피스톤이 상사점 A에서 B점까지 하강하는 동안은 톱 클리어런스(top clearance) 내의 가스가 팽창해 흡입압력으로 감압될 때까지는 실제로 가스의 흡입 작용이 없으므로 이 동안은 유휴행정이 된다.

③ 피스톤이 B점에서 하사점 C까지 이르는 동안의 하강행정에서는 냉매가스가 실린더 내로 흡입된다. 하사점에서 흡입 밸브는 닫히고, 흡입행정이 끝나게 된다.

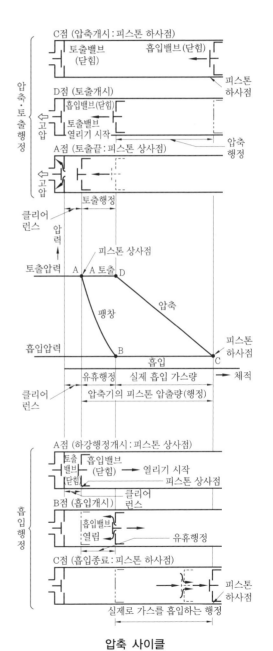

압축 사이클

(2) 압축행정

① 피스톤이 하사점 C에 있을 때, 흡입 밸브는 닫히고 토출 밸브도 닫혀 있다.

② 피스톤이 하사점에서 D점으로 상승하는 동안 실린더 내의 가스의 압축 작용이 행해져 압력이 점점 상승한다.

③ D점에 있어서, 소요의 토출압력에 도달하게 되면, 토출 밸브가 열리기 시작하여 압축 가스가 토출된다.

④ D점에서 A점에 이르는 동안 압축가스는 일정한 압력으로 토출되며, 상사점에 이르러 압축행정이 끝난다.

(3) 체적효율

① 간극비 (통극체적비)

$$\varepsilon_v = \frac{V_c}{V_s}$$

여기서, V_c : 간극체적 (clearance volume), V_s : 행정체적 (stroke volume)

② 압축비

$$a = \frac{P_2}{P_1}$$

③ 체적효율 : 압축기의 체적효율은 간극비 ε_v와 압축비 $\frac{P_2}{P_1}$의 함수이다.

$$\eta_v = 1 - \varepsilon_v \left\{ \left(\frac{P_2}{P_1} \right)^{\frac{1}{n}} - 1 \right\}$$

④ 체적효율에 미치는 영향

㉮ 클리어런스 (clearance)가 크면 체적효율은 감소한다.

$$\eta_v = \frac{G'}{G} = \frac{v}{v'} \times \frac{V'}{V}$$

여기서, G : 이론적 냉매 흡입량(kg/h), G' : 실제로 흡입하는 냉매량 (kg/h)
v : 실린더에 흡입 직전의 비체적 (m³/kg), v' : 실린더에 흡입 후의 비체적 (m³/kg)
V : 피스톤 압출량 (m³/h), V' : 실제 흡입되는 냉매가스량 (m³/h)

㉯ 압축비가 클수록 체적효율은 감소한다.

㉰ 실린더 체적이 작을수록 체적효율은 감소한다 (실린더 체적당 표면적이 커져서 가스가 가열되기 쉽다).

㉱ 회전수가 클수록 체적효율은 감소한다.

㉲ 냉매 종류, 실린더 체적, 밸브 구조, 실린더 냉각 등에 의해서 체적효율이 좌우된다.

(4) 압축기의 소요동력

① 이론동력(P)

$$P = \frac{G \times AW}{860} \,[\text{kW}] = \frac{G \times AW}{632} \,[\text{PS}]$$

$$P = \frac{Q_e}{COP \times 860} \,[\text{kW}] = \frac{Q_e}{COP \times 632} \,[\text{PS}]$$

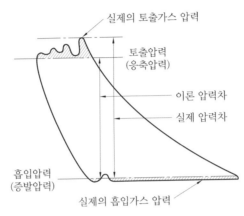

실제 가스 압축 사이클

② 지시동력(P_a)

$$P_a = \frac{P}{\eta_c}$$

여기서, η_c : 압축효율(compression efficiency)

$$= \frac{\text{이론적으로 가스를 압축하는 데 소요되는 동력(이론동력)}}{\text{실제로 가스를 압축하는 데 소요되는 동력(지시동력)}}$$

③ 축동력(N)

$$N = \frac{P_a}{\eta_m} = \frac{P}{\eta_c \times \eta_m}$$

여기서, η_m : 기계효율(mechanical efficiency)

$$= \frac{\text{실제로 가스를 압축하는 데 소요되는 동력(지시동력)}}{\text{압축기를 운전하는 데 필요한 동력(축동력)}}$$

(5) 압축기 피스톤 압출량

① 왕복식 압축기 : $V = \dfrac{\pi}{4} D^2 LNR \cdot 60 \,[\text{m}^3/\text{h}]$

여기서, D : 실린더 지름(m), L : 행정(m), N : 기통수, R : 회전수(rpm)

② 회전식 압축기 : $V = \dfrac{\pi}{4}(D^2 - d^2)\, t \cdot R \cdot 60\ [\mathrm{m^3/h}]$

여기서, D : 실린더 지름 (m), d : 로터 지름 (m)

t : 실린더 높이 (두께, m), R : 회전수 (rpm)

③ 스크루 압축기 : $V = C \cdot D^3 \cdot \dfrac{L}{D} \cdot k \cdot R \cdot 60\ [\mathrm{m^3/h}]$

여기서, C : 로터 계수, D : 실린더 지름 (m), L : 로터 길이 (m)

k : 클리어런스, R : 회전수 (rpm)

3 압축기의 특징

(1) 중저속 입형 압축기 (vertical low speed compressor)

암모니아 냉매인 경우 흡입·토출 밸브로는 포핏 밸브 (poppet valve)를 사용하고 회전수가 350~550 rpm이며, 프레온 냉매일 때는 플레이트 밸브 (plate valve)를 사용하고 회전수가 450~700 rpm 정도이다. 실린더가 소형은 2개, 중·대형은 2~4개이며, 장·단점은 다음과 같다.

① 체적효율이 비교적 크다.

② 윤활유의 소비량이 비교적 적다.

③ 구조가 간단하여 취급이 용이하다.

④ 부품의 수가 적고 수명이 길다.

⑤ 압축기의 전체높이가 높다 (동일한 토출량일 때 피스톤의 행정이 커야 된다).

⑥ 용량 제어나 자동운전이 고속 다기통 압축기에 비해 떨어진다.

⑦ 다량 생산이 어렵다.

⑧ 중량이나 가격면에서 고속 다기통보다 불리하다.

(2) 고속 다기통 압축기

운동부의 강도와 진동을 개선해서 고속회전 (900~1000 rpm)을 할 수 있음과 동시에 용량을 크게 할 수 있도록 한 것으로, 동력은 3.7~2000 kW 범위에 사용되고 점차 중형·소형 분야까지 사용되고 있다.

① 장점

㈎ 안전두가 있어서 액 압축 시 소손을 방지한다.

㈏ 냉동능력에 비하여 소형이고 경량이며 진동이 적고 설치면적이 작다.

㈐ 부품 교환이 용이하고 정비 보수가 간단하다.

㈑ 무부하 경감 (unload) 장치로 단계적인 용량 제어가 되며 기동 시 무부하 기동으로 자동운전이 가능하다.

② 단점

㈎ 소음이 커서 이상음 발견이 어렵다.

㈏ 톱 클리어런스(top clearance)가 커서 체적효율이 나쁘고 고속이므로 흡입 밸브의 저항 때문에 고진공이 잘 안 된다.

㈐ 압축비 증가에 따른 체적효율 감소가 많아지며 냉동능력이 감소하고 동력 손실이 커진다.

㈑ NH_3 압축기에서 냉각이 불충분하면 오일이 탄화 또는 열화되기 쉽다.

㈒ 마찰부에서의 활동속도, 베어링 하중이 커서 마모가 빠르다.

㈓ 이상운전 상태를 신속하게 파악하여 조치하는 안전장치가 필요하다.

> **참고** **안전두와 용량 제어 방법**
>
> ① 안전두(safety head) : 흡입가스 중에 액냉매가 함유되어 압축하면 액은 비압축성이므로 큰 힘이 작용하여 압축기 상부가 파손될 우려가 있다. 이것을 방지하기 위하여 밸브판 상부에 스프링을 설치하여 액압축 시에 스프링이 들려 압축기 파손을 방지하는 보호장치(내장형 안전밸브)이며, 작동이 되면 냉매가스는 압축기 흡입 측으로 분출된다.
> ② 용량 제어 방법
> • 회전수를 가감하는 방법
> • 클리어런스를 증감시키는 방법
> • bypass 시키는 방법
> • 일부 실린더를 놀리는 방법(흡입 밸브 강제 개방 : unload 장치)

(3) 회전 압축기(rotary compressor)

소형 냉동장치에 많이 사용되며 회전 익형(rotary blade type)은 로터에 베인이 2~10개 정도 끼워져 있고 로터의 고속회전(1000 rpm 이상)으로 원심력에 의해 베인이 실린더 벽에 항상 밀착되어 회전한다.

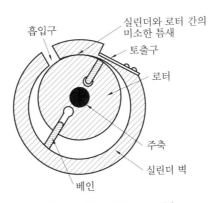

회전식 압축기 (회전 익형)

고정 익형(stationary blade type)은 실린더 벽을 따라 로터가 직접 냉매가스를 흡입·압축·토출시키며, 실린더 홈에서 스프링으로 지지되어 있는 블레이드가 항상 로터에 밀착되어 있어 고압과 저압을 분리한다.

① 장점

㈎ 흡입 밸브가 없는 대신에 역류 방지 밸브가 설치되고 연속 흡입·토출하며 토출 밸브는 있다.

㈏ 체적효율이 100 %에 가깝고 고진공을 얻을 수 있다 (진공 컴프레서로 많이 사용한다).

㈐ 소음, 진동이 적고 정숙한 운전이 되므로 실내에 설치하는 냉동장치(가정용 냉장고, 에어컨 등)에 적합하다.

② 단점

㈎ 축이 회전자의 편심에 위치하므로 제작 시 고도의 정밀도가 요구된다.

㈏ 압축기 정비 보수가 불가능하다.

㈐ 실린더 내부가 고온·고압으로 압축기 및 윤활유를 냉각시키는 장치가 필요하다.

㈑ 압축기 흡입 측에 액분리기 또는 열교환기 등이 반드시 필요하다.

(4) 스크루 압축기(screw compressor)

서로 맞물려 돌아가는 암나사와 수나사의 나선형 로터가 일정한 방향으로 회전하면서 두 로터와 케이싱 속에 흡입된 냉매증기를 연속적으로 압축시키는 동시에 배출시킨다.

로터 지지 베어링 및 스러스트 베어링, 스러스트 베어링을 보호하는 밸런스 피스톤, 메커니컬 실(mechanical seal) 등의 구조로 되어 있으며, 케이싱의 압축 측에 용량 제어용 슬라이드 밸브가 내장되어 있고 냉매가스와 함께 송출되는 오일을 분리 회수시키는 오일 회수기와 분리된 기름을 냉각시키는 오일 냉각기, 윤활유 펌프 등이 있다.

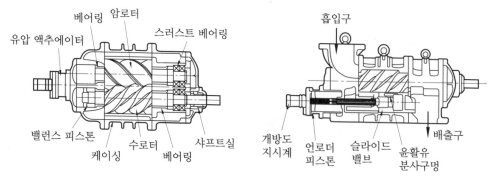

스크루 압축기의 구조

① 장점

㈎ 진동이 없으므로 견고한 기초가 필요 없다.

㈏ 소형이고 가볍다.

⒟ 무단계 용량 제어 (10~100 %)가 가능하며 자동 운전에 적합하다.

⒭ 액압축 (liquid hammer) 및 오일 해머링 (oil hammering)이 적다(NH$_3$ 자동 운전에 적격이다).

⒨ 흡입 토출 밸브와 피스톤이 없어 장시간의 연속 운전이 가능하다 (흡입 토출 밸브 대신 역류 방지 밸브를 설치한다).

⒝ 부품수가 적고 수명이 길다.

② 단점

㉮ 오일 회수기 및 유냉각기가 크다.

㉯ 오일 펌프를 따로 설치한다.

㉰ 경부하 기동력이 크다.

㉱ 소음이 비교적 크고 설치 시에 정밀도가 요구된다.

㉲ 정비 보수에 고도의 기술력이 요구된다.

㉳ 압축기의 회전방향이 정회전이어야 한다 (1000 rpm 이상인 고속회전).

예상문제

1. 압축기의 설치 목적에 대하여 바르게 기술된 것은?

① 엔탈피 증가로 비체적 증가

② 상온에서 응축 액화를 용이하게 하기 위하여 압력을 상승

③ 수랭식 및 공랭식 응축기의 사용을 위해

④ 압축 시 임계온도 상승으로 상온에서 응축 액화를 용이

해설 압축기는 상온에서 쉽게 액화시키기 위하여 압력과 온도를 상승시키는 장치로서 등엔트로피 변화이고, 엔탈피는 상승, 비체적은 감소한다.

2. 다음 중 잘못 설명한 것은 어느 것인가?

① 정압 변화 시에 받은 열량은 전부 엔탈피의 증가를 가져온다.

② 정적 변화 시에 받은 열량은 전부 내부에너지의 증가를 가져온다.

③ 등온 변화 시에 받은 열량은 전부 일로 변화한다.

④ 단열 압축을 하면 프레온 가스 온도가 암모니아 가스 온도보다 높다.

해설 Freon은 비열비가 작아서 압축 시 토출가스 온도 상승이 적고 NH_3는 토출가스 온도 상승이 크다.

3. 왕복식 압축기의 특징이 아닌 것은?

① 압축효율이 높다.

② 오일 윤활식이나 무급유식이다.

③ 압축이 단속적이므로 진동이 적고 소음이 작다.

④ 용적식 압축기이다.

해설 압축이 단속적이고 진동 및 소음이 크다.

4. 압축기의 클리어런스가 크면 다음과 같은 사항이 일어난다. 이 중 아닌 것은?

① 냉동능력이 감소한다.

② 체적효율이 저하한다.

③ 토출가스 온도가 하강한다.

④ 윤활유가 열화(탄화)한다.

해설 클리어런스가 크면 실린더가 과열되므로 토출가스 온도가 상승한다.

5. 왕복식 압축기의 체적효율이 감소하는 이유가 아닌 것은?

① 압축비의 증가

② 극간비의 감소

③ 흡입관 내 냉매증기의 실린더 가열

④ 흡입 및 토출 밸브에서의 압력손실의 증가

해설 극간비가 감소하면 체적효율이 증가한다.

6. 다음 중 왕복식 압축기의 용량 조절 방법이 아닌 것은?

① 클리어런스를 조절

② 바이패스법

③ 흡입 밸브를 열어 놓는다.

④ 안전두 스프링 강도 조정

해설 안전두 : 이상 압축(액압축) 시 압축기 파손을 방지하기 위해 설치된 내장형 안전밸브

7. 다음 중 왕복식 압축기에 부착되는 흡입·토출 밸브의 구비 조건으로 틀린 것은?

① 개폐에 지연이 없고 작동이 양호할 것

② 충분한 통로면적을 갖고 유체저항이 작을 것

③ 파손이 적을 것

정답 1. ② 2. ④ 3. ③ 4. ③ 5. ② 6. ④ 7. ④

④ 운전 중 분해도 가능할 것

해설 운전 중 분해되지 말 것

8. 압축기 실린더의 피스톤 링에 대하여 설명한 것으로 틀린 것은?

① 피스톤 링면만으로 기밀 유지가 어려우므로 윤활유를 주유한다.
② 저압의 경우에는 4∼6개의 링을 사용한다.
③ 피스톤 링은 1개소만이 갈라져 있다.
④ 카본으로 만들어진 링은 반드시 급유해야 한다.

해설 무급유 압축기에 사용하는 피스톤 링은 카본 링, 테플론 링 등이 있다.

9. 증기 분사식 냉동기에 대한 설명 중 잘못된 것은 어느 것인가?

① 노즐로부터 분사되는 증기는 운동에너지로부터 열에너지로 변한다.
② 노즐로부터 분사된 증기와 증발기로부터 나온 증기는 디퓨저(diffuser)에서 압축된다.
③ 증발기로부터 증기를 흡수하기 위해 고속도의 증기를 사용한다.
④ 냉매 증기를 압축하기 위한 근본적인 에너지는 열에너지이다.

해설 노즐은 유체의 열에너지를 운동에너지로 분사한다.

10. 다음 증기 압축식 냉동 사이클의 표현 중 틀린 것은?

① 압축기에서의 과정은 단열 과정이다.
② 응축기에서는 등압, 등온 과정이다.
③ 증발기에서의 증발 과정은 등압, 등온 과정이다.
④ 팽창밸브에서는 교축 과정이다.

해설 응축기는 등압 과정이고 액화되는 과정만 등온이다.

11. 증기 압축식 냉동 사이클에서 증발온도를 일정하게 유지하고 응축온도를 상승시킬 경우에 나타나는 현상이 아닌 것은?

① 성적계수 감소
② 토출가스 온도 상승
③ 소요동력 증대
④ 플래시 가스 발생량 감소

해설 응축온도를 상승시킴에 따라 고압이 높아지므로 압축비가 증가한다.

12. 밀폐형 압축기의 장점이 아닌 것은?

① 소형이며 경량이다.
② 누설의 염려가 적다.
③ 압축기 회전수의 가감이 가능하다.
④ 과부하 운전이 가능하다.

해설 밀폐형 압축기는 전동기와 압축기가 용기에 내장되어 있으므로 전동기 회전수의 가감을 할 수 없다.

13. 회전식 압축기의 특징에 관한 설명 중 틀린 것은?

① 흡입 밸브가 있으며 크랭크 케이스 내는 저압이다.
② 용적형이다.
③ 왕복식 압축기에 비해 구조가 간단하다.
④ 로터의 회전에 의하여 압축하며, 압축이 연속적이고 고진공을 얻을 수 있다.

해설 흡입 밸브가 없는 대신 역지 밸브가 설치되고, 토출 밸브가 있으며 압축기 내부압력이 고압이고 압축이 연속적이며, 소음이 적고 고진공 압축기로 적합하다.

14. 다음 중 흡수식 냉동기의 주요 부품이 아닌 것은?

① 응축기　　　② 증발기
③ 발생기　　　④ 압축기

해설 흡수식 냉동기에서 압축기 역할은 발생기, 펌프, 흡수기가 한다.

15. 압축식 냉동기와 흡수식 냉동기에 대한 설명 중 잘못된 것은?

① 증기를 값싸게 얻을 수 있는 장소에서는 흡수식이 경제적으로 유리하다.
② 흡수식에 비해 압축식의 열효율이 높다.
③ 냉매를 압축하기 위해 압축식에서는 기계적 에너지를, 흡수식에서는 화학적 에너지를 이용한다.
④ 동일한 냉동능력을 갖기 위해서 흡수식은 압축식에 비해 장치가 커진다.

해설 • 흡수식 : 열에너지 이용
• 왕복식 : 기계적 에너지 이용
• 원심식 : 속도에너지 (운동에너지) 이용

16. 다음은 스크루 (screw) 냉동기의 특징을 설명한 것이다. 틀린 것은?

① 부품의 수가 적고 수명이 길다.
② 10~100 % 사이의 무단계 용량 제어가 되므로 자동운전에 적합하다.
③ 오일 해머와 액 해머가 없다.
④ 소형 경량이긴 하나 진동이 많으므로 강고한 기초가 필요하다.

해설 압축이 연속적이고 소음은 크나 진동이 적고 액압축의 우려가 적다.

17. 스크루식 압축기의 제원이 다음과 같을 때 1시간당의 토출 체적(m^3/h)을 구하면 얼마인가? (단, 비대칭 치형이며, 로터계수 C는 0.486이다. 로터의 지름 : 200 mm, 분당 회전수 : 4000 rpm, 로터의 길이 : 200 mm, 클리어런스 : 0)

① 412 m^3/h ② 612 m^3/h
③ 816 m^3/h ④ 933 m^3/h

해설 압출량 $V = C \cdot D^3 \cdot \dfrac{L}{D} \cdot R \cdot 60$

$= 0.486 \times 0.2^3 \times \dfrac{0.2}{0.2} \times 4000 \times 60$

$= 933.12 \ m^3/h$

18. 다음에 설명한 고속 다기통 압축기의 특성 중 옳은 것은?

① 기기 부품의 호환성이 있다.
② 대부분 횡형이 많고 소음이 크다.
③ 기통수가 많아 용량 제어가 곤란하다.
④ 회전식 압축기의 일종이다.

해설 고속 다기통은 기통수가 많고 고속이므로 윤활유 소비가 많고 열화하기 쉬우며 활동부 마모가 크다.

19. 고속 다기통 압축기의 장점을 설명한 다음 사항 중 옳지 않은 것은?

① 진동이 작아서 정숙한 운전을 할 수 있다.
② 윤활유의 소비량이 적다.
③ 무부하 (unloader) 장치가 되어 있어 경제적이다.
④ 능력에 비해 소형이며 경량이다.

해설 고속회전이고 톱클리어런스가 크기 때문에 윤활유 소비가 크다.

20. 다음 중 냉동 사이클에 대한 설명으로 틀린 것은?

① 과냉각 사이클 : 응축냉매를 포화온도 이하로 다시 냉각하여 팽창한다.
② 추가 압축 사이클 : 임계압력이 높은 냉매에 사용한다.
③ 다효 사이클 : 1개의 실린더로 압력이 다른 증기를 흡입하여 동시에 압축한다.
④ 2단 압축 사이클 : 증발온도 −25~−40℃, 압력비 5~6일 때 이용한다.

해설 추가 압축 냉동 사이클은 CO_2와 같이 임계점이 낮은 냉매에 사용되며, 응축 과정 중 재차 압축해 증발기에 유입되는 냉매의 건도를 낮게 하여 냉동능력을 향상시키는 사이클이다.

21. 다음 중 압축기의 과열 원인이 아닌 것은?

① 윤활유 부족과 전류의 고전압
② 압축비 증대와 흡입가스 과열
③ 냉매 중 공기혼입과 순환량 부족
④ 팽창밸브의 개도 과대와 증발능력 저하

해설 ㉠ 팽창밸브 개도 과소 : 과열 압축
　　　㉡ 팽창밸브 개도 과대 : 습압축(액압축의 우려)
　　　을 향상시키는 사이클이다.

22. $PV^n = C$(상수)는 폴리트로픽 변화의 일반식이다. 다음 설명 중 틀린 것은?

① $n = k$일 때 단열 변화
② $n = 1$일 때 동온 변화
③ $n = 2$일 때 정적 변화
④ $n = 0$일 때 정압 변화

해설 $n = \infty$일 때 등정 변화

23. 주파수 60 사이클에 풀리의 지름이 20 cm인 4극 전동기와 회전수 1000 rpm으로 운전해야 할 압축기를 사용하고자 하면 압축기 플라이휠의 지름은 몇 cm이어야 하는가?

① 36 cm
② 72 cm
③ 85 cm
④ 96 cm

해설 전동기 회전수 $N = \dfrac{120}{4} \times 60 = 1800\,\text{rpm}$

∴ 플라이휠의 지름 D_1

$= \dfrac{\pi N}{\pi N_1} D = \dfrac{\pi \times 1800}{\pi \times 1000} \times 20 = 36\,\text{cm}$

24. 어떤 냉동장치의 게이지 압력이 저압은 60 mmHg vac, 고압은 6 kg/cm²였다면 이때의 압축비는 얼마인가?

① 5.8
② 6.0
③ 7.4
④ 8.3

해설 $a = \dfrac{P_2}{P_1} = \dfrac{(6 + 1.033)}{\dfrac{(760 - 60)}{760} \times 1.033} = 7.39$

25. 기통 지름 70 mm, 행정 60 mm, 기통수 8, 매분 회전수 1800인 단단 압축기의 피스톤 압출량은 얼마인가?

① 165.8 m³/h
② 172.3 m³/h
③ 188.8 m³/h
④ 199.4 m³/h

해설 $V = \dfrac{\pi}{4} D^2 \cdot L \cdot N \cdot R \cdot 60$

$= \dfrac{\pi}{4} \times 0.07^2 \times 0.06 \times 8 \times 1800 \times 60$

$= 199.4\ \text{m}^3/\text{h}$

26. 압축기 실린더 지름 110 mm, 행정 80 mm, 회전수 900 rpm, 기통수가 8기통인 암모니아 냉동장치의 냉동능력은 얼마인가?(단, 냉동능력은 $R = \dfrac{V}{C}$로 산출하며, 여기서 R은 냉동능력(RT), V는 피스톤 토출량(m³/h), C는 정수로서 8.4이다.)

① 30.8 RT
② 35.4 RT
③ 39.1 RT
④ 48.2 RT

해설 $R = \dfrac{\dfrac{\pi}{4} \times 0.11^2 \times 0.08 \times 8 \times 900 \times 60}{8.4}$

$= 39.07\ \text{RT}$

27. 압력이 2 kg/cm², 온도가 20℃인 공기를 압력이 20 kg/cm²로 될 때까지 가역단열 압축하였을 때 ℃로 계산한 온도는 다음 수치에서 어느 것과 가장 가까운가?(단, $10^{\frac{0.4}{1.4}}$ =1.93이다.)

① 273.5℃
② 225.7℃
③ 292.5℃
④ 358.2℃

해설 $T_2 = \left(\dfrac{20}{2}\right)^{\frac{1.4-1}{1.4}} \times (273 + 20)$

$= 1.93 \times 293 = 565.49\ \text{K} = 292.49℃$

5-2 ··ㅇ 응축기

1 입형 셸 앤드 튜브식 응축기(vertical shell and tube condenser)

(1) 구조

입형의 원통(지름 660~910 mm, 유효길이 4800 mm) 상하 경판에 바깥지름 50 mm인 다수의 냉각관을 설치한 것으로, 상단에 수조가 설치되어 있고 배관 내에는 물이 고르게 흐르게 하기 위하여 소용돌이를 일으키는 주철제 물 분배기를 설치한다.

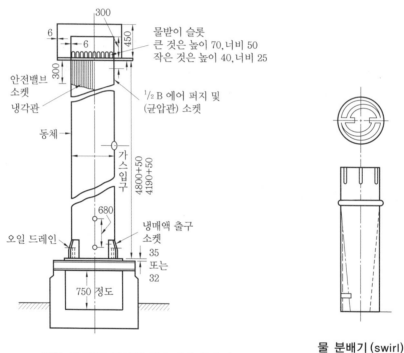

입형 셸 앤드 튜브식 암모니아 응축기

물 분배기 (swirl)

(2) 특징

① 소형 경량으로 설치장소가 좁아도 되며 옥외에 설치가 용이하다.
② 전열이 양호하며 냉각관 청소가 가능하다 (운전 중 청소가 가능하다).
③ 가격이 저렴하고 과부하에 견딘다.
④ 주로 대형의 암모니아 냉동기에 사용된다.
⑤ 냉매가스와 냉각수가 평행류로 되어 냉각수가 많이 필요하고 과냉각이 잘 안 된다.
⑥ 냉각관이 부식되기 쉽다.

⑦ 전열계수 $750\,\mathrm{kcal/m^2 \cdot h \cdot ℃}$, 냉각면적 $1.2\,\mathrm{m^2/RT}$, 냉각수량 $20\,\mathrm{L/min \cdot RT}$이다.

2 이중관식 응축기 (double pipe condenser)

(1) 구조

암모니아, 프레온계, 클로로메틸 등의 비교적 소형 냉동기에 사용되며 탄산가스용으로도 사용할 수 있다. 보통 길이가 3~6 m의 관을 상하 6~12단으로 조립하여 사용하고 암모니아용은 $1\frac{1}{4}B$의 내관, $2B$의 외관이 사용되며 (소형은 $\frac{3}{4}B$의 내관과 $1\frac{1}{4}B$의 외관), 프레온과 클로로메틸용은 외관이 $\frac{3}{4} \sim \frac{5}{6}B$, 내관이 $\frac{1}{2} \sim \frac{3}{5}B$로 된 것과 굵은 외관에 작은 지름의 내관을 4~5개 삽입한 것도 있다.

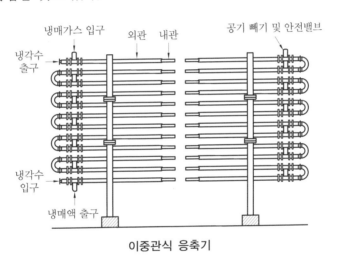

이중관식 응축기

(2) 특징

① 냉매증기와 냉각수가 대향류로 되게 함으로써 냉각효과가 양호하며 고압에도 견딘다.
② 암모니아나 프레온 등의 소형 냉동기에 사용하며 CO_2 냉동기에도 설치가 가능하다.
③ 냉각수량이 적어도 되므로 과냉각 냉매를 얻을 수 있으나 한 대로는 대용량이 불가능하다.
④ 벽면을 이용하는 공간에도 설치할 수 있으므로 설치면적이 작아도 된다.
⑤ 구조가 복잡하여 냉각관의 점검 보수가 어려워 냉각관의 부식을 발견하기 곤란하며 냉각관의 청소가 곤란하다.
⑥ 전열계수는 냉각수 유속이 1.5 m/s일 때 $900\,\mathrm{kcal/m^2 \cdot h \cdot ℃}$, 냉각면적은 유속이 1~2 m/s일 때 $0.8 \sim 0.9\,\mathrm{m^2/RT}$, 냉각수량은 $12\,\mathrm{L/min \cdot RT}$이다.

③ 횡형 셸 앤드 튜브식 응축기(horizontal shell and tube condenser)

(1) 구조

암모니아 또는 프레온 장치의 소형에서 대용량까지 광범위하게 사용되는 수랭식의 응축 기이다. 즉, 소용량으로부터 대용량의 프레온 콘덴싱 유닛(condensing unit), 워터 칠링 유 닛(water chilling unit), 패키지형 에어컨디셔너(packaged type air conditioner) 등에 사용 된다. 또한, 물을 유턴(U-turn) 시켜 통과시키는 횟수를 패스(pass)라 하며 2~6회가 보통 이고 유속은 강관인 경우 0.6~1 m/s, 동관인 경우 1~1.5 m/s, 니켈관인 경우 1.5~2 m/s이고 통로수(패스 횟수)에 따라 달라지며 1~2 m/s가 되도록 한다.

① 암모니아용 횡형 셸 앤드 튜브식 응축기 : 냉각수 유속은 0.5~1.5 m/s이며 냉각관 부식을 감소시키기 위하여 1 m/s 전후로 설계한다.

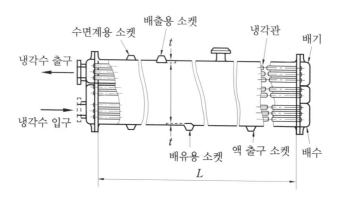

암모니아용 횡형 셸 앤드 튜브식 응축기

② 프레온용 횡형 셸 앤드 튜브식 응축기 : 냉각관은 나관의 경우에는 바깥지름 16~25 mm, 두께 1~1.6 mm 정도의 동관이 사용되고, 바닷물이나 부식하기 쉬운 냉각수를 사용하 는 경우에는 알루미늄 청동이나 큐프로니켈관 등이 사용된다. 냉매 측의 전열저항이 크기 때문에 핀 튜브(fin tube)를 사용하며 냉각수의 유속은 2 m/s가 보통이고 2.5 m/s 를 넘지 않는다.

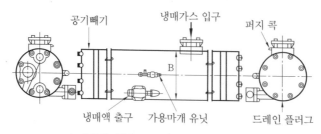

프레온용 횡형 셸 앤드 튜브식 응축기

(2) 특징

① 전열이 양호하여 냉각수량이 입형에 비하여 적어도 된다.

② 설치면적이 좁아도 된다.

③ 암모니아, 프레온 등 대·중·소형 냉동기에 광범위하게 사용된다.

④ 냉각관이 부식되기 쉽고, 냉각관의 청소가 곤란하며, 입형에 비하여 과부하에 견디기 곤란하다.

⑤ 전열계수는 유속 1 m/s일 때 900 kcal/m^2·h·℃이며, 냉각면적은 0.8~0.9 m^2/RT, 냉각수량은 12 L/min·RT이다.

▌4▐ 7통로 응축기(seven pass condenser)

(1) 구조

7통로 응축기는 횡형 셸 앤드 튜브식 응축기의 일종으로, 안지름 200 mm (8 inch), 길이가 4800 mm인 원통 속에 바깥지름이 51 mm (2 inch)인 냉각관 7개를 설치하는 구조로 되어 있다. 냉각수는 아래에 있는 냉각관으로 유입되어 순차적으로 7개의 냉각관을 흐르며 냉매는 위로 유입되어 냉각관 외부를 통과하면서 응축된다. 1기당 10 RT로 설계되며 대용량이 필요할 때에는 여러 조로 병렬 연결하여 사용할 수 있다.

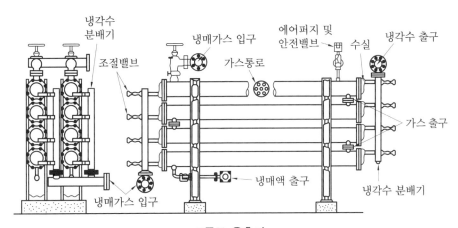

7통로 응축기

(2) 특징

전열이 양호하여 냉각수량이 입형에 비하여 적어도 된다.

① 공간이나 벽을 이용하여 상하로 설치할 수 있어 설치면적이 좁아도 된다.

② 암모니아 냉동기에 사용하며 1조로는 대용량에 사용할 수 없다.

③ 구조가 복잡하고 냉각관의 청소가 곤란하다.

④ 유속 1.3 m/s일 때 전열계수는 1000 kcal/m²·h·℃이고, 냉각면적은 유속 1.5 m/s일 때 0.5 m²/RT이며 냉각수량은 12 L/min·RT이다.

5 대기식 응축기(atmospheric condenser)

(1) 구조

지름 50 mm, 길이 2000~6000 mm의 수평관을 상하로 6~16단 겹쳐 리턴 밴드(return bend)로 직렬 연결하여 그 속에 냉매 증기를 흐르게 하고 냉각수를 최상단에 설치한 냉각수통으로부터 관 전길이에 걸쳐 균일하게 흐르도록 한 구형 암모니아용 응축기이다.

현재 냉매관 중간에 응축된 냉매액을 추출할 수 있는 블리더(bleeder)를 설치한 블리더형 대기식 응축기는 하단으로 냉매증기가 유입되어 냉각수와 반대방향으로 흐르며 냉매가 상승하면서 응축되고, 관 중간에 설치한 여러 개의 냉매 액출구관(bleeder)으로는 액냉매를 유출시키며 냉매관 4단 정도에 1개씩 액출구관을 설치한다.

(2) 특징

① 냉각효과가 커 냉각수량이 적어도 되며 물의 증발에 의해서도 냉각된다.
② 부식에 대한 내력이 커 수질이 나쁜 곳에나 해수를 사용할 수 있다.
③ 냉각관의 청소가 쉽고 암모니아 냉동기에 사용한다.
④ 설치장소가 너무 크고 구조가 복잡하며 가격이 비싸다.
⑤ 전열계수 600 kcal/m²·h·℃, 냉각면적 1.4 m²/RT, 냉각수량 15 L/min·RT이다.

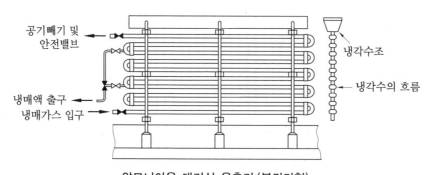

암모니아용 대기식 응축기(블리더형)

6 지수식 응축기(submerged condenser)

(1) 구조

셸 앤드 코일 응축기(shell and coil condenser)라고도 하며 나선 모양의 관에 냉매 증기를 통과시키고 이 나선관을 원형 또는 구형의 수조에 담가 물을 수조에 순환시켜 냉매를 응축시키는 응축기이다 (암모니아, CO_2, SO_2 등의 소형 냉동기에 사용된다).

(2) 특징

① 구조가 간단하여 제작이 용이하다.
② 고압에 잘 견디고 제작비가 싸다.
③ 점검보수가 곤란하다.
④ 다량의 냉각수가 필요하다.
⑤ 전열효과가 나빠서 현재 거의 사용되지 않는다.
⑥ 전열계수 $200\,\mathrm{kcal/m^2 \cdot h \cdot \degree C}$, 냉각면적 $4\,\mathrm{m^2/RT}$, 냉각수량이 다량 필요하다.

냉매가스 입구
냉각수 출구

핀 튜브 냉각관

냉매액 출구
냉각수 입구

지수식 응축기

7 증발식 응축기(evaporative condenser)

(1) 구조

수랭식 응축기와 공랭식 응축기의 작용을 혼합한 것이다. 냉매가 흐르는 관에 노즐을 이용해 물을 분무시키고 상부에 있는 송풍기로 공기를 보내면 관 표면에서 물의 증발열에 의해서 냉매가 액화되고, 분무된 물은 아래에 있는 수조에 모여 순환펌프에 의해 다시 분무용 노즐로 보내지므로 물 소비량이 적고 다른 수랭식에 비하여 3~4 % 냉각수를 순환시키면 된다. 주로 소·중형 냉동장치 (10~150 RT)가 사용되고 겨울철에는 공랭식으로 사용할 수 있으며, 실내·외 어디든지 설치가 가능하다.

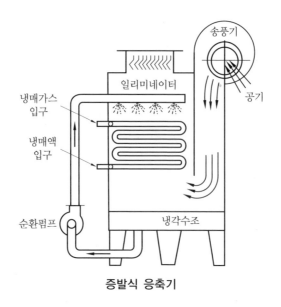

증발식 응축기

(2) 특징

① 전열작용은 공랭식보다 양호하지만 다른 수랭식보다 좋지 않다.

② 냉각수를 재사용하여 물의 증발잠열을 이용하므로 소비량이 적다.

③ 응축기 내부의 압력강하가 크고 소비동력이 크다.

④ 사용되는 응축기 중에서 응축압력(응축온도)이 제일 높다.

⑤ 냉각탑(cooling tower)을 사용하는 경우에 비하여 설치비가 싸게 드나 고압 측의 냉매 배관이 길어진다.

⑥ 전열계수가 나관의 경우 $300\,\mathrm{kcal/m^2 \cdot h \cdot \text{℃}}$이고 냉각공기량이 $7.5{\sim}8\,\mathrm{m^3/min \cdot RT}$일 때 전열면적이 $2.2\,\mathrm{m^2/RT}$이며 풍속은 $3\,\mathrm{m/s}$ 정도이다.

8 공랭식 응축기(air cooling type condenser)

(1) 구조

공기는 물에 비해 전열이 대단히 불량하여 소형(1/8 마력)은 대개 자연 대류에 의해 통풍을 한다. 냉각관을 핀 튜브관으로 하여 자연 대류를 시키면 관을 수평으로 하였을 경우 전열계수는 약 $5\,\mathrm{kcal/m^2 \cdot h \cdot \text{℃}}$ 정도이며, 관을 수직으로 하면 약 $3\,\mathrm{kcal/m^2 \cdot h \cdot \text{℃}}$로 감소한다. 대개 1/8 마력 이상은 강제 대류식이고, 이때의 전열계수는 $20{\sim}25\,\mathrm{kcal/m^2 \cdot h \cdot \text{℃}}$이며 응축온도는 입구에서의 공기온도보다 $15{\sim}20\text{℃}$가 높다.

구조는 지름 $5\,\mathrm{mm}$인 동관 안으로 냉매가스를 통과시키고 그 외면을 공기로 냉각시켜 냉매를 응축시키는 형식으로 자연 대류식과 강제 대류식이 있으며, 강제 대류식은 풍속이 $2{\sim}3\,\mathrm{m/s}$인 공기를 송풍기로 보내 냉각한다. 냉각수를 얻기 어려운 장소나 룸 에어컨, 차량용 냉방기 등 가정용 냉장고나 소형 냉동기에 사용되지만, 공기의 냉각효과가 물보다 작기 때문에 많은 냉각면적이 필요하다.

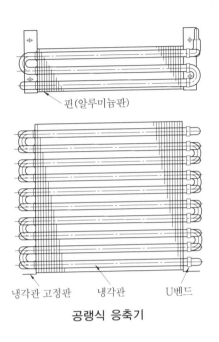

공랭식 응축기

(2) 특징

① 보통 2~3 HP 이하의 소형 냉동장치의 아황산, 염화메틸, 프레온 등에 사용된다.

② 냉수 배관이 곤란하고 냉각수가 없는 곳에 사용한다.

③ 배관 및 배수설비가 불필요하다.

④ 공기의 전열작용이 불량하므로 응축온도와 압력이 높아 형상이 커진다.

⑤ 전열계수는 $20 \, \text{kcal/m}^2 \cdot \text{h} \cdot \text{℃}$이고 냉각면적은 $5 \, \text{m}^2/\text{RT}$이며 풍량은 $3.5 \sim 4.5 \, \text{m}^3/\text{min} \cdot \text{RT}$, 풍속은 $3 \, \text{m/s}$이다.

⑥ 응축온도는 응축기 입구 공기온도(건구온도)보다 15~20℃ 높다.

　㉮ 강제 대류식은 건구온도보다 15~17℃ 높다.

　㉯ 자연 대류식은 건구온도보다 18~20℃ 높다.

9 냉각탑(cooling tower)

물을 공기와 접촉시켜서 냉각하는 장치로 1 kg의 물이 증발하면 자체 순환수 열량을 약 600 kcal 정도 흡수한다. 즉, 물 순환량의 2 %를 증발시키면 자체 온도를 1℃ 내릴 수 있다.

① 쿨링 레인지(cooling range) : 냉각수 입구 온도 − 출구 온도

② 쿨링 어프로치(cooling approach) : 냉각수 출구 온도 − 대기 습구 온도

③ 냉각톤 : 냉각탑의 입구 수온 37℃, 출구 수온 32℃, 대기 습구 온도 27℃, 순환수량 13 L/min일 때 3900 kcal/h의 방열량을 말한다.

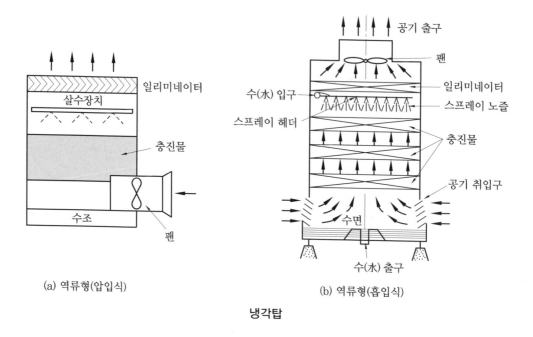

(a) 역류형(압입식) (b) 역류형(흡입식)

냉각탑

10 불응축가스

응축기 상부에 고여 응축되지 않은 가스로서 주성분이 공기 또는 유증기이다.

(1) 불응축가스의 발생 원인

① 외부에서 침입하는 경우
  ㈎ 오일 및 냉매 충전 시 부주의에 의한 침입
  ㈏ 냉동기를 진공 운전할 경우
② 내부에서 발생하는 경우
  ㈎ 진공 시험 시 완전 진공을 하지 않았을 경우 장치 내에 남아 있던 공기
  ㈏ 오일이 탄화할 때 생긴 가스
  ㈐ 냉매 및 오일의 순도가 불량할 때

(2) 불응축가스 퍼지 (purge)

① 응축기 상부로 제거하는 법 : 냉동기 운전을 정지하고 응축기에 냉각수를 30분간 계속 (냉각수 입·출구 온도가 같을 때까지) 통수하여 냉매를 완전히 액화시킨 다음에 응축기 입·출구 밸브를 닫고 상부의 공기 배기 밸브를 열어 불응축가스를 배기하고 정상

운전한다.

② york gas purge의 조작 순서

    ㈎ 냉매액의 밸브 A를 열어 불응축가스 냉각 드럼을 냉각한다.

    ㈏ 불응축가스 밸브 B를 열어 응축기와 수액기로부터 불응축가스를 드럼으로 도입한다. 여기서 냉각관에 의해 불응축가스가 냉각되어 냉매는 액화되고 드럼 상부에는 불응축가스가 모인다.

    ㈐ 스톱밸브 C를 열어 냉매를 수액기에 들여보낸다. 드럼 내에는 불응축가스만 남아 있게 되어 압축기의 흡입가스의 온도로 냉각된다.

    ㈑ 불응축가스가 냉각되었으면 B의 밸브를 닫아 수액기로부터 가스 유입을 정지시킨다.

    ㈒ 스톱밸브 C를 닫는다.

    ㈓ 스톱밸브 D를 약간 열어 불응축가스를 서서히 물탱크 내에 방출한다(NH_3의 경우 NH_3가 녹아 암모니아수가 된다).

    ㈔ 방출이 끝나면 스톱밸브 D를 닫는다. 서모밸브는 ㈓의 단계에서 불응축가스가 충분하게 냉각되었을 때 자동적으로 밸브가 열려 불응축가스를 방출하는 것이다. 그리고 새로운 불응축가스가 드럼 내로 유입하여 드럼 온도가 상승하면 자동적으로 닫히도록 작동한다. 온도식 자동 팽창밸브 (TEV)는 흡입가스의 온도 상승에 의하여 보다 크게 열려 드럼 내를 냉각한다.

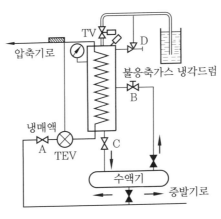

york gas purge

(3) 불응축가스가 냉동기에 미치는 영향

① 체적효율 감소

② 토출가스 온도 상승

③ 응축압력 상승

④ 냉동능력 감소

⑤ (단위능력당) 소요동력 증대

⑥ 압축비 증가

⑪ 응축기 방출열량 계산

(1) 응축부하 (kcal/h)

냉매가스로부터 단위시간당 제거하는 열량

$$Q = G(i_b - i_e) = G_w C_w (t_{w_2} - t_{w_1}) = Q_e + N = K \cdot F \cdot \Delta t_m = Q_e \cdot C \, [\text{kcal/h}]$$

여기서, G : 냉매순환량 (kg/h), t_{w_1}, t_{w_2} : 냉각수 입·출구 온도 (℃)

i_b : 응축기 입구 냉매 엔탈피(kcal/kg), Q_e : 냉동능력(kcal/h)

i_e : 응축기 출구 냉매 엔탈피(kcal/kg), N : 압축일의 열당량 (kcal/h)

G_w : 냉각수 순환량 (kg/h), K : 열통과율 (kcal/m²·h·℃)

C_w : 비열(=1 kcal/kg·℃), Δt_m : 냉매와 냉각수의 평균온도차 (℃)

F : 면적(m²), C : 방열계수 (냉장과 냉방 1.2, 냉동 1.3)

(2) 열통과율 (kcal/m²·h·℃)

① 열관류율

$$\frac{1}{K} = \frac{1}{\alpha_r} + \Sigma \frac{l}{\lambda} + \frac{1}{\alpha_w}$$

여기서, α_r : 냉매 측 열전달률 (kcal/m²·h·℃)

α_w : 냉각수 측 열전달률 (kcal/m²·h·℃)

λ : 재질 또는 물질의 열전도율 (kcal/m²·h·℃)

l : 재질 또는 물질의 두께 (m)

② 냉매 측 열관류율 (재질 안팎의 전열면적이 다를 때)

$$\frac{1}{K \cdot A_r} = \frac{1}{\alpha_r \cdot A_r} + \frac{l_o}{\lambda_o \cdot A_r} + \frac{l_w}{\lambda_w \cdot A_w} + \frac{1}{\alpha_w \cdot A_w}$$

$$\frac{1}{K} = \frac{1}{\alpha_r} + \frac{l_o}{\lambda_o} + \frac{A_r}{A_w} \left(\frac{l_w}{\lambda_w} + \frac{1}{\alpha_w} \right)$$

내외면적비 $a = \dfrac{A_r}{A_w}$

③ 냉각수 측 열관류율 (재질 안팎의 전열면적이 다를 때)

$$\frac{1}{K \cdot A_w} = \frac{1}{\alpha_r \cdot A_r} + \frac{l_o}{\lambda_o \cdot A_r} + \frac{l_w}{\lambda_w \cdot A_w} + \frac{1}{\alpha_w \cdot A_w}$$

$$\frac{1}{K} = \frac{A_w}{A_r} \left(\frac{1}{\alpha_r} + \frac{l_o}{\lambda_o} \right) + \frac{l_w}{\lambda_w} + \frac{1}{\alpha_w}$$

외내면적비 $m = \dfrac{A_w}{A_r}$

(3) 온도차(℃)

① 냉각수 온도차 : $\Delta t = t_{w_2} - t_{w_1}$

② 산술 평균온도차 : $\Delta t_m = t_c - \dfrac{t_{w_1} + t_{w_2}}{2}$

③ 대수 평균온도차 : $MTD = \dfrac{\Delta_1 - \Delta_2}{2.3 \log \dfrac{\Delta_1}{\Delta_2}} \fallingdotseq \dfrac{\Delta_1 - \Delta_2}{\ln \dfrac{\Delta_1}{\Delta_2}}$

$$\Delta_1 = t_c - t_{w_1}, \quad \Delta_2 = t_c - t_{w_2}$$

여기서, t_c : 응축온도(℃), t_{w_1} : 냉각수 입구 온도(℃), t_{w_2} : 냉각수 출구 온도(℃)

>>> 제5장 5-2 **예상문제**

1. 다음 응축기 중 외기 습도의 영향을 받는 응축기는?

① 입형 셸 앤드 튜브식
② 이중관식
③ 증발식
④ 7통로식

해설 증발식 응축기는 물의 증발잠열을 이용하기 때문에 외기 습도의 영향을 받는다.

2. 다음 조건의 입형 셸 앤드 튜브식(vertical shell and type) 응축기에서 1시간당 제거되는 열량은 얼마인가?

- 열통과율 : 3150 kJ/m²·h·K
- 냉각면적 : 1.2 m²
- 암모니아액과 냉각수와의 온도차 : 5℃

① 15700 kJ/h ② 18900 kJ/h

③ 10500 kJ/h ④ 19900 kJ/h

해설 $Q_c = K \cdot F \cdot \Delta t_m = 3150 \times 1.2 \times 5$
$\qquad = 18900 \text{ kJ/h}$

3. 다음 중 증발식 응축기에 대하여 틀리게 설명한 것은?

① NH₃ 장치에 주로 사용한다.
② 냉각탑을 사용하는 것보다 응축압력이 높다.
③ 물의 증발열을 이용한다.
④ 소비 냉각수의 양이 적다.

해설 냉각탑을 사용하는 경우 응축온도와 압력이 제일 높다.

4. 다음 중 쿨링 타워 능력(kcal/h)을 계산하는 식으로서 옳은 것은?

① 순환수량(L/min)×60×쿨링 레인지

정답 1. ③ 2. ② 3. ② 4. ①

② 순환수량 (L/h)×60×쿨링 레인지

③ 순환수량 (L/min)×360×5℃

④ 순환수량 (L/min)×60×5℃

해설 쿨링 레인지(cooling range) : 냉각탑 냉각수의 입·출구 온도차로서 평균 5℃ 정도가 적합하다.

5. 냉각탑에 관한 설명 중 틀린 것은?

① 냉각탑에서 냉각된 물의 온도는 대기의 습구온도보다 높다.

② 송풍량을 많게 하면 수온은 낮아지지 않는다.

③ 송풍량을 많게 하면 수온은 내려간다.

④ 설치 장소는 습기가 적고 통풍이 좋은 곳이 좋다.

해설 냉각탑은 순환수량의 2 % 증발하는 데 자체 온도가 1℃ 낮아지는 것을 이용한 것으로 대기 습구온도의 영향을 받으며, 통과 송풍량이 많으면 냉각이 잘 된다.

6. 고압 수액기에 부착되지 않는 것은?

① 액면계   ② 안전밸브

③ 전자밸브   ④ 오일 드레인 밸브

해설 수액기에 부착되는 것은 ①, ②, ④ 외에 압력계, 온도계 등이며 각종 출·입구 배관이 연결된다.

7. 수액기에 액이 충만하였을 경우 취하여야 할 조치 중 옳지 못한 것은?

① 빈 용기에 액 일부를 뽑아 넣는다.

② 운전에 이상이 없으면 그대로 운전을 계속한다.

③ 정지 중의 증발기에 액을 보낸다.

④ 액 입구 밸브를 닫고 액을 응축기에 고이게 한다.

해설 수액기에 액이 충만하면 위험하다. 운전 시 액면계의 1/2 정도이고 운전 정지 시 2/3 정도

이며, 최대 충전량은 수액기 용량의 90 % 이하가 되어야 한다.

8. 다음 응축기에 대한 설명 중 옳은 것은?

① 수랭식 응축기에서는 냉각수의 흐르는 속도가 클수록 열통과량은 크지만 부식할 염려가 있다.

② 냉각관 내에 물때가 많이 끼어도 냉각수량은 변하지 않는다.

③ 응축기의 안전밸브의 최소구경은 응축기의 동경에 의해서 산출된다.

④ 해수를 냉각수로 사용하는 응축기에서는 동합금 부식을 일으키기 때문에 일반적으로 스테인리스 강관을 사용한다.

해설 ㉠ 물때가 부착하면 단면적 축소로 냉각수량이 감소한다.

㉡ 안전밸브의 지름은 $(D \cdot L)^{\frac{1}{2}}$에 비례한다.

9. 냉동장치에 이용되는 응축기에 관한 다음 설명 중 옳은 것은?

① 수랭식 응축기에서 냉각관을 관판에 부착하는 방법으로 확관법과 용접이 있다.

② 프레온 수랭식 응축기에서는 냉각수 측의 전열저항이 냉매 측보다 크므로 로핀 튜브를 사용한다.

③ 증발식 응축기는 주로 물의 증발로 인해 냉각하므로 현열 이용 방식으로 볼 수 있다.

④ 횡형 수랭식 응축기에서 냉각수 입구온도가 일정하고 수량이 감소되면 출구온도는 낮아진다.

해설 전열 순서 : NH_3 > H_2O > Freon > air

10. 수랭식 응축기에서 시간당 50280 kJ의 열을 제거하고 있을 때 18℃의 물을 매분 40L 사용했다면 냉각수 출구온도는 몇 ℃가 되

정답 5. ② 6. ③ 7. ② 8. ① 9. ① 10. ②

겠는가? (단, 물의 비열은 4.19 kJ/kg · K 이다.)

① 21℃ ② 23℃ ③ 25℃ ④ 27℃

해설 $t_{w_2} = t_{w_1} + \dfrac{Q_c}{G \cdot C}$

$= 18 + \dfrac{50280}{40 \times 60 \times 4.19} = 23℃$

11. 다음은 전열(傳熱)에 관한 내용이다. 잘못 설명된 것은?

① 실제 전열현상에서는 열전도, 대류, 복사가 각각 단독으로 일어나며, 이들이 종합된 전열현상은 드물다.

② 실내가 0도가 아닌 이상 모든 물체는 복사에너지를 발산하고 또한 받는다.

③ 열전도는 고체 내에서만 일어나는 전열현상이고, 유체 내에서는 열전도와 대류가 동시에 일어난다.

④ 대류현상은 유체의 열이 유체와 함께 이동하는 현상이다.

해설 실제 전열현상은 전도, 대류, 복사작용의 조합으로 이루어진다.

12. 응축압력이 현저하게 상승되는 원인으로 옳은 것은?

① 유분리기 기능 불량

② 부하 감소

③ 구동 전동기 벨트 이완

④ 냉각수량 과대

해설 유분리기 기능이 불량하면 오일이 분리가 안 되고 응축기에 유입되어 유막을 형성하므로 전열작용이 방해된다.

13. 다음 중 냉각탑의 능력 산정 쿨링 레인지의 설명이 옳은 것은?

① 냉각수 입구수온 × 냉각수 출구수온

② 냉각수 입구수온 − 냉각수 출구수온

③ 냉각수 출구온도 × 입구공기 습구온도

④ 냉각수 출구온도 − 입구공기 습구온도

해설 쿨링 레인지는 약 5℃ 정도가 적당하고 쿨링 레인지가 너무 크면 냉각수 순환량은 적어지나 응축온도가 높아져 압축 소요동력이 증가한다.

14. 다음은 냉동장치의 증발식 응축기에 대해 설명한 것이다. 맞는 것은?

① 습구온도가 낮을수록 응축온도는 낮게 된다.

② 냉각작용은 물의 살포만으로 행해진다.

③ 물의 소비량이 적기 때문에 냉각수의 수질은 관리할 필요가 없다.

④ 물의 보급은 증발한 양만 보급해 주면 된다.

해설 증발식 응축기는 외기 습구온도의 영향을 많이 받는다.

15. 수랭식 콘덴싱 유닛의 사이클을 짧게 하는 원인이 아닌 것은?

① 모터의 제어가 나쁘다.

② 냉각수가 부족하다.

③ 장치 내에 공기가 있다.

④ 냉매가 부족하다.

해설 콘덴싱 유닛은 압축기, 응축기, 수액기가 한 세트로 되어 있는 것으로 냉각수와는 관련이 없다.

16. 다음 중 입형 셸 앤드 튜브식 응축기의 설명으로 맞는 것은?

① 설치면적이 큰 데 비해 응축용량이 작다.

② 액화된 냉매를 소량 저장할 수 있다.

③ 냉각수의 배분이 불균등하고 유량을 많이 함유하므로 과부하를 처리할 수 없다.

④ 설치면적이 작고 냉각관 청소가 용이하다.

해설 입형 셸 앤드 튜브식 응축기는 운전 중 청소가 용이하고 과부하에 강하다.

정답 **11.** ① **12.** ① **13.** ② **14.** ① **15.** ② **16.** ④

17. 다음과 같은 조건하에서 횡형 응축기를 설계하고자 한다. 1 RT당 응축기 면적은 얼마인가? (단, 방열계수 1.3, 응축온도 35℃, 냉각수 입구온도 28℃, 냉각수 출구온도 32℃, 응축온도와 냉각수 평균온도의 차 5℃, $K=$ 3775 kJ/m²·h·℃, 1RT=3.9 kW이다.)

① 약 0.45 m²　　② 약 0.62 m²
③ 약 0.97 m²　　④ 약 1.25 m²

해설 $Q_c = Q_e \times 1.3 = K \cdot F \cdot \Delta t_m$

$$F = \cfrac{1 \times 3.9 \times 3600 \times 1.3}{3775 \times \left(35 - \cfrac{28+32}{2}\right)} = 0.97 \text{ m}^2$$

18. 냉각탑에서 냉각범위(cooling range)와 도달도(cooling approach)를 구하면? (단, 대기 습구온도는 18℃이다.)

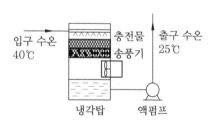

① 5℃, 15℃　　② 7℃, 22℃
③ 15℃, 7℃　　④ 15℃, 22℃

해설 ㉠ cooling range=40−25=15℃
㉡ cooling approach=25−18=7℃

19. 어떤 냉동장치의 냉동능력이 3 RT이고, 이때의 압축기 소요동력이 3.7 kW이었다면 응축기에서 제거하여야 할 열량은 약 몇 kJ/h인가? (단, 1 RT는 3.9 kW이다.)

① 105000 kJ/h　　② 41000 kJ/h
③ 75000 kJ/h　　④ 55440 kJ/h

해설 $Q_c = Q_e + N = (3 \times 3.9 + 3.7) \times 3600$
$= 55440 \text{ kcal/h}$

20. 프레온용 냉방장치에서 횡형 셸 앤드 튜브식 응축기를 사용했을 때 1 RT당 매분 10 L의 냉각수가 사용된다. 응축기 입구온도를 32℃로 했을 때 출구온도는 약 몇 ℃가 되는가? (단, 응축부하는 냉방부하의 1.2배이고 1 RT는 3.9 kW, 물의 비열은 4.19 kJ/kg·K이다.)

① 30℃　　　　② 34℃
③ 38.7℃　　　④ 42℃

해설 $t_{w_2} = t_{w_1} + \cfrac{Q_e \times 1.2}{GC}$

$= 32 + \cfrac{3.9 \times 1.2 \times 3600}{10 \times 60 \times 4.19} = 38.7 \text{ ℃}$

5-3 　⊙ 증발기

1 액냉매 공급에 따른 종류

(1) 건식 증발기(dry expansion type evaporator)

① 냉매량이 적게 소비되나 전열작용이 나쁘다.

② 유(oil)가 압축기에 쉽게 회수된다.

③ 냉장식에 주로 사용하며, 냉각관에 핀(fin)을 붙여 공기냉각용에 주로 사용된다.

④ 암모니아용은 아래로부터 공급되지만 프레온은 유의 체류를 꺼려 위에서부터 공급된다.

⑤ 증발기 출구에 적당한 냉매의 과열도가 있게 조정되므로 액분리기의 필요성이 적다.

(2) 반만액식 증발기(semi-flooded type evaporator)

증발기 중에 냉매가 어느 정도 고이게 한 것으로 건식과 만액식의 중간 상태로 전열효과는 건식에 비하여 양호하지만 만액식에는 미치지 못한다. 냉매액은 아래로부터 공급된다.

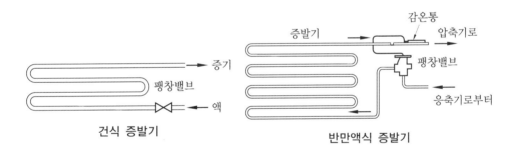

건식 증발기　　　　　반만액식 증발기

(3) 만액식 증발기(flooded type evaporator)

① 증발기 내의 대부분은 항상 일정량의 액으로 충만하게 하여 전열작용을 양호하게 한 것이다.

② 증발기에 들어가기 전에 역지밸브를 설치하여 가스의 역류를 방지한다.

③ 액냉매가 압축기로 흡입될 우려가 있으므로 액분리기를 설치하여 가스만 압축기로 공급하고 액은 증발기에 재사용한다.

④ 증발기에 윤활유가 체류할 우려가 있기 때문에 Freon 냉동장치에서 윤활유를 회수시키는 장치가 필수적이다.

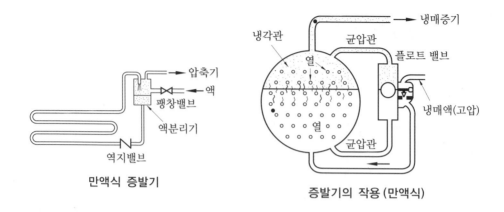

만액식 증발기

증발기의 작용 (만액식)

(4) 액순환식 증발기(liquid pump type evaporator)

① 다른 증발기에서 증발하는 액화 냉매량의 4~6배의 액을 펌프로 강제로 냉각관을 흐르게 하는 방법이다.

② 냉각관 출구에서는 대체로 중량으로 80%의 액이 있다.

③ 건식 증발기와 비교하면 20% 이상 전열이 양호하다

④ 한 개의 팽창밸브로 여러 대의 증발기를 사용할 수 있다.

⑤ 저압수액기 액면과 펌프와의 사이에 1~2 m의 낙차를 둔다.

⑥ 구조가 복잡하고 시설비가 많이 드는 결점이 있다.

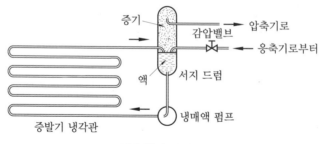

액순환식 증발기

2 냉각 코일의 종류

(1) 핀 코일 증발기

0℃ 이상의 공기 냉각에 주로 사용되며 0℃ 이하 저온의 경우 제상장치를 설치하여야 되고, 증발관 표면에 원형 또는 4각형의 핀을 붙인 증발기이다. 열통과율이 5~10 kcal/m²·h·℃이고 고내온도와 증발온도가 10℃의 경우 1 RT당 면적이 40 m²가 적당하며 코일의 피치는 6~25 mm, 열수는 2~4열이 일반적이다. 자연대류식에서는 고내온도와 증발온도차를

10~15℃로 하는 것이 일반적이다. 핀코일은 설치 위치에 따라 냉각능력의 차이가 있으므로 천장에 설치할 때는 70 mm 정도 떨어지게 하면 좋다.

핀 코일 증발기

(2) 캐스케이드 증발기(cascade type evaporator)

벽코일 또는 동결실의 동결선반에 사용되고 구조는 만액식이다. 그림에서 액분리기의 냉매는 2, 4, 6 (액 헤더)으로 공급되고 코일에서 증발한 가스는 1, 3, 5 (가스 헤더)로 유출되어 액분리기에서 분리된 가스는 압축기로 흡입된다.

(3) 멀티피드 멀티석션 증발기(multi-feed multi-suction evaporator)

캐스케이드 증발기와 비슷한 방법으로 냉매공급과 증기분리를 취하며 그 기능도 대체로 동일하다. NH_3를 냉매로 하고 공기 동결실의 동결선반에 이용된다.

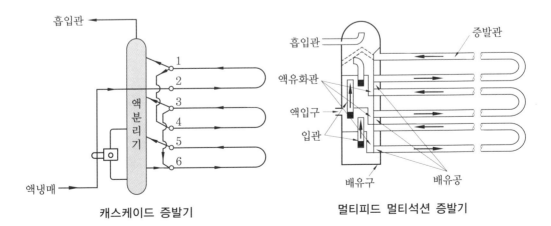

캐스케이드 증발기   멀티피드 멀티석션 증발기

3 액체냉각용 증발기

(1) 셸 앤드 코일식 증발기

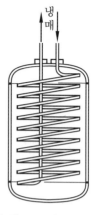

음료용 수냉각장치, 공기조화장치, 제빵·제과 공장에 주로 사용되며 온도식 자동팽창밸브를 사용하는 건식 증발기로 간헐적으로 큰 냉각부하가 걸리는 장치에 적합하다.

물의 용량을 크게 하면 부하가 증가할 경우 물이 가지고 있는 열용량에 의해 물의 온도 변화가 급격히 일어나는 것을 방지할 수 있는 특징이 있다.

셸 앤드 코일식 증발기

(2) 프레온 만액식 셸 앤드 튜브식 증발기

공기조화장치, 화학, 식품 공업 등에 사용되는 물이나 브라인을 냉각시키는 증발기로 대용량으로 제작된다. 주의사항으로 증발온도가 너무 낮으면 관내에 흐르는 유체가 동결하여 관을 파괴시키는 경우가 있으므로 이것을 방지하기 위하여 증발압력조정밸브와 온도조절기 등을 설치하여 압력과 온도가 규정 이하가 되는 것을 방지한다.

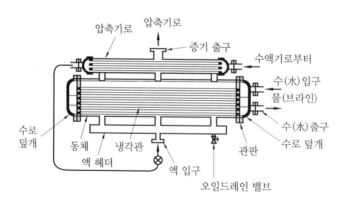

프레온 만액식 셸 앤드 튜브식 증발기

(3) 건식 셸 앤드 튜브식 증발기

공기조화장치, 일반 화학공업에서 액체 냉각 목적으로 사용되며 특징은 다음과 같다.

① 유가 증발기에 고이는 일이 없으므로 유회수장치가 불필요하다.

② 만액식에 비하여 냉매량이 적고 (1 RT당 2~3 kg) 수액기 겸용 응축기를 사용할 수 있다.

③ 냉매 제어에 온도식 자동 팽창밸브를 사용할 수 있어서 구조가 간단하다.

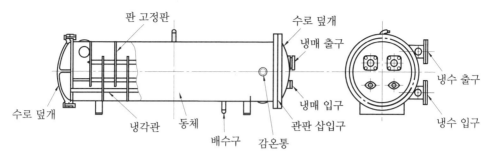

건식 셸 앤드 튜브식 증발기

(4) 보데로 냉각기(baudelot type cooler)

물이나 우유 등을 냉각하기 위하여 2~3℃ 정도의 온도를 유지하는 데 사용된다. NH₃용은 보통 만액식으로 제작되며, Freon용은 건식 또는 건식과 만액식의 혼합형이 사용된다.

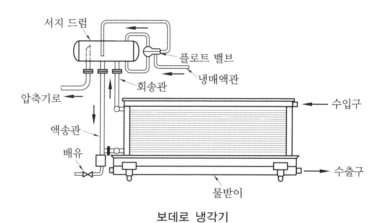

보데로 냉각기

(5) 탱크형 냉각기

제빙용 증발기로 물 또는 브라인 냉각장치로 사용되며 냉각관의 모양에 따라서 수직관식, 패럴렐식으로 구분한다. 만액식 증발기로 암모니아용의 대표적인 것은 헤링본식이다. 피냉각액 탱크 내의 칸막이 속에 설치되며, 브라인은 교반기에 의해서 0.3~0.75 m/s로 수평 또는 수직으로 통과한다.

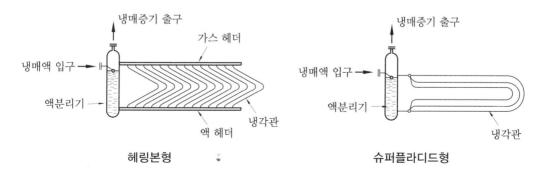

헤링본형   **슈퍼플라디드형**

>>> 제5장 5-3

예상문제

1. 다음의 냉동설비 중에서 저압 측 장치에 속하는 것은?

① 유분리기　　② 응축기
③ 수액기　　　④ 증발기

해설 ㉠ 고압 측 : 압축기 토출 측에서 팽창밸브 직전까지
　　㉡ 저압 측 : 팽창밸브 직후에서 압축기 흡입 측까지

2. 구조에 따라 증발기를 분류하여 그 명칭들과 동시에 그들의 용도를 각기 나타내었다. 다음 중 틀린 것은?

① 코일식 : 냉장용
② 셸 앤드 튜브식 : 브라인 냉각용
③ 헤링본식 : 동결용
④ 보데로 : 액체냉각용

해설 헤링본식 증발기 : 암모니아 제빙용 증발기

3. 펌프의 캐비테이션에 대한 설명 중 올바른 것으로만 된 항목은 어느 것인가?

> ㉠ 캐비테이션이 발생하면 펌프의 양정이 저하한다.
> ㉡ 펌프의 흡입온도가 그 액의 포화온도 이하이면 캐비테이션은 일어나지 않는다.
> ㉢ 캐비테이션을 방지하기 위해서는 흡입배관의 관지름을 크게 하고 곡률 반지름을 크게 한다.
> ㉣ 펌프의 NPSH는 회전수를 변경하여도 변화하지 않는다.

① ㉠, ㉡　　　　② ㉡, ㉢
③ ㉠, ㉢　　　　④ ㉢, ㉣

4. 만액식 증발기의 냉각관의 전열효과를 증대하는 방법이 아닌 것은?

① 냉각관의 표면을 매끈하게 한다.
② 냉매와 냉각수의 온도차를 크게 한다.
③ 냉각관에 핀을 부착한다.
④ 관을 깨끗하게 한다.

해설 냉각관의 전열효과를 증대시키기 위하여 관표면에 핀을 부착하여 전열면적을 증가시킨다.

5. 다음 중 공기 냉동법에 속하는 것은?

① 정지 공기 동결(sharp freezing)
② 접촉식 동결(contact freezing)
③ 액화가스 동결(liquid nitrogen spray freezing)
④ 진공 동결(vacuum freezing)

6. 제빙용으로 브라인(brine)의 냉각에 적당한 증발기는 어느 것인가?

① 관코일 증발기
② 헤링본 증발기
③ 원통형 증발기
④ 평판상 증발기

7. 저비점 액체용 펌프의 사용상의 주의사항 중 옳은 것은?

① 펌프는 가급적 저조에서 멀리하고 배관의 구경을 굵게 한다.
② 펌프의 축 실은 거의 스태핑 박스 실을 채택하고 있다.
③ 저비점 액체용 펌프는 운전개시 전 충분히 예랭시킨 다음 운전한다.
④ 밸브와 펌프 사이에는 기화가스를 방출할 수 없게끔 한다.

8. 펌프의 축봉장치에서 스태핑 박스 내가 고진공이고 점성계수가 100 cP (센티 푸아즈)를 초과하는 액 등에 사용하는 실 방식은?

① 더블 실형
② 언밸런스 실형
③ 아웃사이드 실형
④ 밸런스 실형

9. 다음 중 액펌프 냉각 방식의 이점으로 옳은 것은?

① 리퀴드 백(liquid back)을 방지할 수 있다.
② 자동제상이 용이하지 않다.
③ 증발기의 열통과율은 타 증발기보다 양호하지 못하다.
④ 펌프의 캐비테이션 현상 방지를 위해 낙차를 크게 하고 있다.

[해설] 액펌프식 증발기의 특징
㉠ 전열이 타 방식에 비하여 20 % 정도 양호하다.
㉡ 고압가스 제상의 자동화가 용이하다.
㉢ 액압축의 우려가 없다.
㉣ 냉각기에 오일이 체류할 우려가 없다.
㉤ 액면과 펌프 사이에 낙차를 두어야 한다 (보통 1~2 m 정도).
㉥ 베이퍼 로크 현상 (캐비테이션 현상)의 우려가 있다.

10. 액펌프식 증발기에서 저압 수액기와 액펌프 사이에는 어느 정도의 낙차를 두어야 하는가?

① 10 cm   ② 30 cm
③ 60 cm   ④ 120 cm

[해설] 낙차는 이론적으로 1~2 m 높이를 두어야 하나 실제로는 1.2~1.6 m 높이로 한다.

11. R-12를 냉매로 사용할 때 흡입증기가 다음 중 어느 상태에 있을 때 성적계수가 가장 크게 나타나는가?

① 과열증기   ② 과냉각액
③ 습증기   ④ 건포화증기

[해설] R-12 장치에서 성적계수 향상을 위하여 흡입증기를 과열시킨다 (열교환기 이용).

12. 고온가스를 이용하는 제상장치 중 고온가스를 증발기에 보내기 위한 적합한 위치는 다음 중 어디인가?

① 압축기와 액분리기 사이
② 압축기와 유분리기 사이
③ 유분리기와 응축기 사이
④ 응축기 상단

[해설] 유분리기에서 분리된 고압가스를 증발기로 공급한다.

13. 증발기 코일에 적상이 생기는 직접적인 원인은 무엇인가?

① 냉매의 누설
② 압축기 능력 감퇴
③ 팽창밸브 개도 과다
④ 공기 중 수분 존재

[해설] 공기 중의 수분이 관 코일 표면에 응축결빙된 것이다.

14. 증발기에 냉매액의 균등한 공급을 위해 필요한 것은?

① 수액기 (receiver)
② 분배기 (distributor)
③ 액분리기 (accumulator)
④ 중간 냉각기 (inter cooler)

15. 어떤 브라인 냉각장치의 냉동능력이 20냉동톤이다. 브라인의 평균온도가 -7℃, 냉매 증발온도가 -15℃, 증발기의 냉각면적이 30 m²이라 할 때 증발기의 열통과율은 얼마인

가? (단, 1RT는 3.9 kW이다.)

① 1170 kJ/m²·h·K

② 1317 kJ/m²·h·K

③ 1573 kJ/m²·h·K

④ 1740 kJ/m²·h·K

해설 $K = \dfrac{Q_e}{F \cdot \Delta t_m} = \dfrac{20 \times 3.9 \times 3600}{30 \times \{(-7)-(-15)\}}$

$= 1170 \text{ kJ/m}^2 \cdot \text{h} \cdot \text{K}$

16. 냉장고가 외기온도 30℃에서 사용된다. 이 냉장고의 방열벽은 열통과율 0.84 kJ/m²·h·K, 벽면적 1000 m²이며, 증발기는 열통과율 105 kJ/m²·h·K이고, 전열면적은 10 m²이다. 고내(庫內) 온도가 0℃인 경우, 외기에서 방열벽을 통하여 침입하는 열량은 몇 kJ/h인가?

① 16750 kJ/h

② 18800 kJ/h

③ 25200 kJ/h

④ 27150 kJ/h

해설 $Q = K \cdot F \cdot \Delta t = 0.84 \times 1000 \times (30 - 0)$

$= 25200 \text{ kJ/h}$

17. 벽체의 구조가 두께 20 cm의 콘크리트이고 내면에 석고 플라스터 두께 0.5 cm를 대었다. 벽체의 면적 50 m²를 통하여 실내로 1시간당 침입하는 열량을 구하면 얼마인가? (단, 외기온도 35℃, 실내온도 26℃, 외기 및 실내공기의 열전달률은 각각 84 kJ/m²·h·K, 33.5 kJ/m²·h·K이고 석고 플라스터 및 콘크리트의 열전도율은 각각 2.1 kJ/m·h·K, 5.44 kJ/m·h·K이다.)

① 1839 kJ/h

② 3675 kJ/h

③ 4300 kJ/h

④ 5562 kJ/h

해설 ㉠ 열저항 R [m²·h·K/kJ]

$= \dfrac{1}{K} = \dfrac{1}{84} + \dfrac{0.2}{5.44} + \dfrac{0.005}{2.1} + \dfrac{1}{33.5}$

㉡ 열통과율 $K = \dfrac{1}{R} = 12.36 \text{ kJ/m}^2 \cdot \text{h} \cdot \text{K}$

㉢ 침입열량 $Q = KF\Delta t$

$= 12.36 \times 50 \times (35 - 26) = 5562 \text{ kJ/h}$

18. 15℃의 물로부터 −10℃의 얼음을 매시간 50 kg 만드는 냉동기의 냉동능력은 몇 냉동톤인가? (단, 얼음의 비열은 2.1 kJ/kg·K, 잠열은 334 kJ/kg, 1 RT는 3.9 kW, 물의 비열은 4.2 kJ/kg·K이다.)

① 1.5 RT

② 1.8 RT

③ 0.3 RT

④ 1.2 RT

해설 R

$= \dfrac{50 \times \{(4.2 \times 15) + 334 + (2.1 \times 10)\}}{3.9 \times 3600}$

$= 1.48 ≒ 1.5 \text{ RT}$

19. 제빙공장에서 냉동기를 가동하여 30℃의 물 2톤을 −9℃ 얼음으로 만들고자 한다. 이 냉동기에서 발휘해야 할 능력은 얼마인가? (단, 물의 응고잠열은 334 kJ/kg, 외부로부터의 침입열량은 210000 kJ이고, 1 RT는 3.9 kW, 물의 비열은 4.2 kJ/kg·K이다.)

① 2.9 RT

② 3.5 RT

③ 69 RT

④ 84 RT

해설 R

$= \dfrac{2000 \times \{(4.2 \times 30) + 334 + (2.1 \times 9)\} + 210000}{3.9 \times 3600}$

$= 83.2 \text{ RT}$

20. 어떤 냉동 사이클에서 냉동효과를 γ [kcal/kg], 흡입 건조 포화증기의 비체적을 v [m³/kg]로 표시하면 NH₃와 R-22에 대한 값은 다음과 같다. 사용 압축기의 피스톤 압출량은 NH₃와 R-22의 경우 동일하며, 체적효율도 75 %로 동일하다. 이 경우 NH₃ 압축기의 냉동능력을 R_N [RT], R-22 압축기의 냉동능력을 R_F [RT]로 표시하면 $\dfrac{R_N}{R_F}$의 값은

얼마인가?

냉매 상태	NH₃	R-22
γ [kcal/kg]	269.03	40.34
v [m³/kg]	0.509	0.077

① 0.6 ② 0.7
③ 1.0 ④ 1.5

해설
$$\frac{R_N}{R_F} = \frac{\dfrac{V}{0.509} \times 0.75 \times 269.03}{\dfrac{V}{0.077} \times 0.75 \times 40.34}$$
$$= \frac{0.077 \times 269.03}{0.509 \times 40.34} = 1.008$$

21. 다음과 같은 냉동기의 냉동능력을 구하면 얼마인가?(단, 응축기의 냉각수 입구온도 18℃, 응축기의 냉각수 출구온도 23℃, 응축기의 냉각수 수량 1500 L/min, 압축기 주전동기 축마력 80 PS이고 1 RT는 3.9 kW, 물의 비열은 4.2 kJ/kg·K이다.)

① 135 RT ② 120 RT
③ 150 RT ④ 125 RT

해설
$$R = \frac{Q_c - N}{3.9 \times 60} = \frac{Q_e}{3.9 \times 60}$$
$$= \frac{1500 \times 4.2 \times (23-18) - 80 \times \dfrac{75}{102} \times 60}{3.9 \times 60}$$
$$= 119.5 \text{ RT}$$

22. NH₃를 냉매로 하는 냉동장치에서 그 응축기의 냉각수 온도를 측정하였더니 입구수온은 23℃, 출구수온은 33℃이고, 수량은 150 L/min이었다. 이 냉동장치의 냉동능력은 몇 RT인가?(단, 1 RT는 3.9 kW, 물의 비열은 4.2 kJ/kg·K이다.)

① 21 RT ② 24 RT
③ 27 RT ④ 30 RT

해설
$$R = \frac{150 \times 4.2 \times (33-23)}{3.9 \times 60 \times 1.3}$$
$$= 20.7 \fallingdotseq 21 \text{ RT}$$

23. 증발기의 증발온도 −25℃, 냉장실 온도 −18℃, 열통과율 46.2 kJ/m²·h·K이고 냉각 면적이 50 m²일 때 냉동능력은 얼마인가?

① 16170 kJ/h ② 17760 kJ/h
③ 19150 kJ/h ④ 19820 kJ/h

해설
$$Q_e = 46.2 \times 50 \times \{(-18) - (-25)\}$$
$$= 16170 \text{ kJ/h}$$

24. 브라인 냉각기로서 유량 200 L/min의 브라인을 −16℃에서 −20℃까지 냉각할 경우, 이 브라인 냉각기에 필요한 냉동능력은 몇 kJ/h인가?(단, 브라인의 비중량은 1.25 kg/L, 비열 2.73 kJ/kg·K로서 열손실은 없는 것으로 본다.)

① 117600 kJ/h ② 163800 kJ/h
③ 189000 kJ/h ④ 231000 kJ/h

해설
$$Q_e = GC\Delta t$$
$$= 200 \times 60 \times 1.25 \times 2.73 \times \{(-16) - (-20)\}$$
$$= 163800 \text{ kJ/h}$$

5-4 ─○ 팽창밸브

1 팽창밸브의 역할

① 냉동부하의 변동에 의하여 증발기에 공급하는 냉매량을 제어한다.

② 고압 측과 저압 측 간에 소정의 압력차를 유지시켜 준다.

③ 밸브의 교축작용에 의하여 온도 압력이 낮아지며, 이때 플래시 가스가 발생한다.

④ 증발기의 형식, 크기, 냉매의 종류, 사용 조건에 따라 선택이 달라진다.

> **참고** 팽창밸브에서 냉매 공급량의 영향
>
> ① 냉매 공급이 부족하면 과열 운전이 된다.
> ② 냉매 공급이 지나치면 습압축이 된다.

2 팽창밸브의 종류

(1) 수동 팽창밸브(manual expansion valve)

① 구형 밸브라고 하며 암모니아 냉동장치에 사용한다.

② 일반 스톱밸브와 구조가 비슷하다.

③ 대형장치, 제빙장치에 사용한다.

④ 자동 팽창밸브의 바이패스 밸브(bypass valve)로 사용한다.

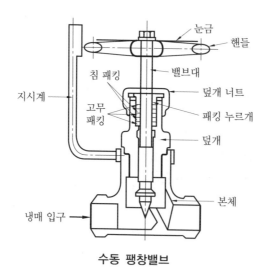

수동 팽창밸브

(2) 모세관(capillary tube)

① 전기냉장고, 윈도 쿨러, 소형 패키지에 많이 사용한다.

② 냉매 유량 조절을 위한 것이 아니고 응축기와 증발기 간의 압력비를 일정하게 유지해 준다.

③ 모세관이 길어지면 압력강하가 커진다.

④ 모세관 속의 압력강하는 안지름에 반비례한다.

⑤ 안지름이 작은 모세관 입구에는 필터가 필요하다.

⑥ 고압 측에 액이 고이는 부분(수액기 등)을 설치하지 않는 것이 좋다.

⑦ 압축기 정지 시에 저압부 냉매량이 최대가 되고 정상적인 운전이 되면 최소가 되므로 냉매충전량을 가능한 약간 부족하게 충전한다.

⑧ 과열 압축이 가능한 기종을 선정한다.

(3) 정압식 자동 팽창밸브(constant pressure expansion valve)

① 증발기 내의 냉매 증발압력을 항상 일정하게 해 준다.

② 냉동부하 변동이 심하지 않은 곳, 냉수 브라인의 동결 방지에 쓰인다.

③ 증발기 내 압력이 높아지면 벨로스가 밀어 올려져 밸브가 닫히고, 압력이 낮아지면 벨로스가 줄어들어 밸브가 열려져 냉매가 많이 들어온다.

④ 부하 변동에 민감하지 못하다는 결점이 있다.

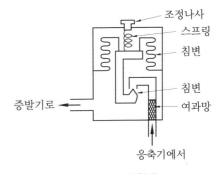

정압식 자동 팽창밸브

(4) 온도식(감온·조온) 팽창밸브(temperature expansion valve)

증발기 출구 냉매의 과열도를 일정하게 유지하도록 냉매 유량을 조절하는 밸브이다.

① 구조 및 작용

㈎ 벨로스와 다이어프램의 두 형이 있다.

㈏ 두 형의 작동 원리는 같다.

㈐ 감온통에는 냉동장치의 냉매와 같은 것을 충전한다.

㈑ 증발기 출구 냉매의 과열도가 증가하면 감온통 속의 냉매의 부피가 늘어나 다이어프램 상부 압력이 커지므로 밸브가 열려지게 된다.

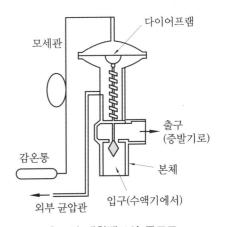

온도식 팽창밸브의 구조도

㈐ 증발기 출구 냉매의 온도가 정상보다 저하하면 반대 현상이 생긴다.

㈑ 증발기관에 압력강하가 작을 때는 내부균압형을, 압력강하가 클 때 (압력강하가 0.14 kg/cm² 이상일 때)는 외부균압형을 사용한다.

② 감온통 내의 충전 방법

㈎ 가스 충전(gas charging)

• 냉동장치에 냉매와 같은 가스를 충전한다.

• 가스 충전이란 감온통 속에 액을 넣어, 일정 이상 증발하면 감온통 내의 가스가 꽉 찬 상태를 의미한다.

• 이와 같은 것은 과열도가 커져도 감온통 속의 가스는 과열만 될 뿐 압력은 별로 상 승되지 않으므로 밸브가 닫혀져 있다.

• 이 원인으로 액압축은 방지된다.

• 감온통은 밸브의 온도보다 낮은 부분에 정착한다.

㈏ 액 충전(liquid charging)

• 동력부 내에서는 어떠한 경우라도 액체 상태의 냉매가 남아 있도록 많이 충전한다.

• 과열도에 민감하므로 압축기 가동 시에 부하가 장시간 걸린다.

㈐ 액 크로스 충전(liquid cross charging)

• 저온용 냉동장치에 잘 사용한다.

• 냉동장치의 냉매와 다른 가스를 충전한다.

• 액압축과 과부하가 방지된다.

③ 감온통 설치 방법

㈎ 증발기 출구에 가까운 압축기 흡입관 수평부에 밀착한다.

㈏ 녹이 슨 부분은 벗겨내고 정착한다.

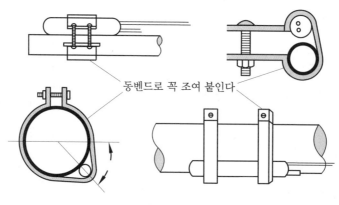

감온통의 부착

㈐ 흡입관의 바깥지름이 $20\,\mathrm{A}\left(\dfrac{7''}{8}\right)$ 이하이면 관상부, 흡입관의 바깥지름이 $20\,\mathrm{A}\left(\dfrac{7''}{8}\right)$를 초과하면 수평보다 $45°$ 아래에 정착한다.

㈑ 감온통이 정착된 주위에 공기에 의한 영향이 있을 때는 방열제로 피복한다.

㈒ 감온통을 흡입관 내에 정착해도 된다.

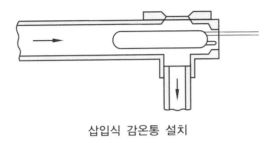

삽입식 감온통 설치

㈓ 감온통은 흡입 트랩에 부착을 피한다.

㈔ 흡입관이 입상한 경우에는 감온통 부착위치를 지나서 액 트랩을 만들어준다.

㈕ 2대 이상의 증발기에서 각각의 TEV를 사용한 경우 다음 그림과 같이 다른 TEV에 영향이 미치지 않도록 한다.

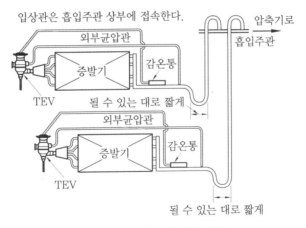

2대의 증발기로 설치한 경우

④ 외부균압의 배관

㈎ 감온통을 지나 압축기 쪽에 배관한다.

㈏ 관은 흡입관 상부에 연락한다.

㈐ 냉매 분류기가 정착되어 있을 때는 R–12를 기준하여 다음 압력강하의 위치를 넘지 않는 경우 분류기 여러 관 중 어느 하나에 연락한다.

 • 공기조화용 : $0.2\,\mathrm{kg/cm^2}$ (2.8 PSI)

- 저온동결용 : 0.04 kg/cm^2 (0.6 PSI)
- 냉장고 : 0.1 kg/cm^2 (1.4 PSI)

㈜ 압력강하가 ㈝의 2배를 초과하지 않으면 증발관 중앙에 설치한다.

㈐ 흡입관에 컨트롤 장치가 있을 때는 컨트롤 밸브에서 증발기 쪽에 설치한다.

㈑ 균압관은 공통관에 접촉하면 안 된다.

㈒ 외부균압형이 필요 없다고 캡이나 플러그로 막지 말고 내부균압형으로 바꾸어줘야 한다.

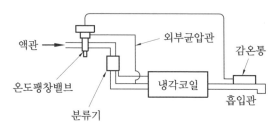

압력강하를 고려한 외부균압관 설치

⑤ 액 분류기(distributor)

㈎ 직접 팽창식 증발기에 사용한다.

㈏ 각 관에 액을 분배하여 공급한다.

㈐ 벤투리형, 압력강하형, 원심형 등의 3종이 있다.

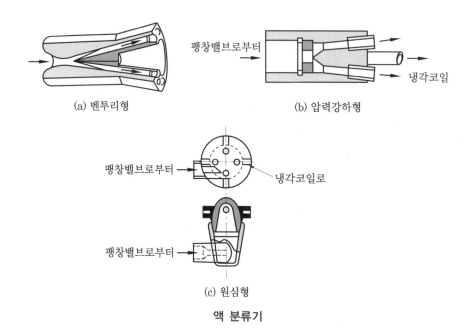

액 분류기

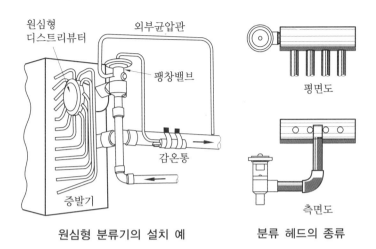

원심형 분류기의 설치 예 **분류 헤드의 종류**

⑥ 파일럿 밸브식 온도 자동 팽창밸브

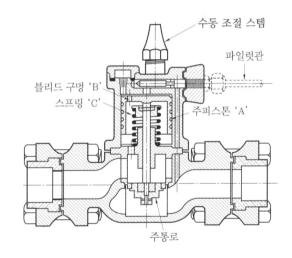

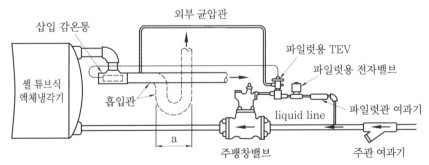

주 흡입관이 입상관인 경우에는 되도록 'a' 부분을 짧게 할 것

파일럿식 자동 팽창밸브의 배관도

㈎ 보통의 온도 자동 팽창밸브는 크기에 한도가 있어 대형에는 부적당하다.

㈏ 100~270 RT, R-12를 사용하는 냉동장치에는 파일럿 밸브식 팽창밸브가 잘 사용되며, 이는 주팽창밸브와 파일럿으로서 사용되는 소형 온도 자동 팽창밸브로 구성된다.

㈐ 파일럿은 증발기에서 나오는 냉매 과열도에 의해서 작동하고 이 작동에 의하여 주 팽창밸브가 열린다.

㈑ 대용량에 사용되며, 만액식에는 사용 불가능하다.

> **참고** **파일럿 밸브식 온도 자동 팽창밸브 (작동 설명)**
> ① 주피스톤 A에 압력이 걸리면 이것이 상·하부로 움직임으로써 밸브가 닫히고 열리게 되어 있으며, 피스톤 상부에는 오리피스 B가 뚫려 있어 출구로 통한다.
> ② 파일럿 팽창밸브가 흡입가스의 과열로 많이 열리면 파일럿 밸브의 파일럿관으로부터 많은 냉매가 흘러 들어와 피스톤 A 상부의 압력이 증가함에 따라 파일럿 밸브가 열리게 되어 냉매공급량이 증가하며, 반대로 흡입가스의 과열도가 감소하면 파일럿 팽창밸브는 닫히는 방향으로 움직여 주팽창밸브로 들어오는 냉매량이 감소하고 오리피스로부터 압력이 새어나가기 때문에 피스톤 A 상부의 압력이 작아져 피스톤도 닫히는 방향으로 움직여 냉매공급량을 감소시킨다.

(5) 고압 측 플로트 밸브 (high side float valve)

① 고압 측 냉매 액면에 의하여 작동된다.

② 응축기의 액냉매는 부자실로 들어와 액면이 높아지면 부자구가 들려서 밸브가 열려진다.

③ 증발기의 부하 변동에 민감하지 못하다.

④ 만액식 증발기에 적당하다.

⑤ 부자실 상부에 불응축가스가 모일 염려가 있다.

⑥ 주로 터보식(원심식) 냉동장치에 사용한다.

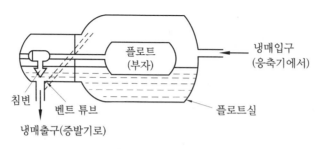

고압 측 플로트 밸브의 구조

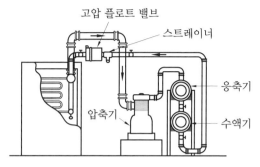

고압 측 플로트 밸브의 설치 예

(6) 저압 측 플로트 밸브(low side float valve)

① 저압 측에 정착되어 증발기 내 액면을 일정하게 해 준다.

② 암모니아, 프레온에 관계없이 잘 사용한다.

③ 증발기 내 액면이 상승하면 부자에 의하여 밸브가 닫히고, 액면이 내려가면 반대로 밸브가 열린다.

④ 증발기 내에 직접 부자를 띄우는 형식과 부자실을 따로 만드는 형이 있다.

⑤ 부자실 상·하부에 균압관이 연락되어 있다.

⑥ 증발온도가 일정하지 않을 때는 증발압력 조정밸브를 설치한다.

⑦ 주로 저온 동결장치에 사용한다.

참고 플래시 가스의 발생 원인과 대책

플래시 가스(flash gas)란 일반적으로 증발기가 아닌 곳에서 증발한 냉매가스를 말하며, 이러한 가스가 많이 발생하면 실제 증발기로 공급되는 액량이 적어 손실이 많다. 특히, 팽창밸브에서 팽창할 때 압력강하에 의하여 많이 발생한다.

(1) 발생 원인

　① 압력손실이 있는 경우
　　• 액관이 현저하게 수직상승된 경우
　　• 액관이 현저하게 지름이 가늘고 긴 경우
　　• 각종 밸브의 사이즈가 현저하게 작은 경우
　　• 여과기가 막힌 경우
　② 주위온도에 의하여 가열될 경우
　　• 액관이 보온되지 않았을 경우
　　• 수액기에 광선이 비쳤을 경우
　　• 너무 저온으로 응축되었을 경우

(2) 대책

　① 열교환기를 설치하여 액냉매액을 과냉각시킨다.
　② 액관의 압력손실을 작게 해 준다.
　③ 액관을 보온한다.

예상문제

1. 냉동장치의 단열 팽창 과정에서 팽창 후의 온도 변화는 어떠한가?

① 변하지 않는다. ② 상승한다.
③ 낮아진다.   ④ 일정하지 않다.

해설 팽창밸브의 역할 : 유량 제어, 압력과 온도 감소, 고압과 저압 분리

2. 냉동장치의 팽창밸브의 열림이 작을 때 발생하는 현상이 아닌 것은?

① 증발압력은 저하한다.
② 순환 냉매량은 감소한다.
③ 압축비는 감소한다.
④ 체적효율은 저하한다.

해설 팽창밸브의 개도가 작으면 압력이 감소하므로 압축비는 증가한다.

3. 냉매가 팽창밸브(expansion valve)를 통과할 때 변하는 것은? (단, 이론상의 표준 냉동 사이클)

① 엔탈피와 압력
② 온도와 엔탈피
③ 압력과 온도
④ 엔탈피와 비체적

해설 팽창밸브를 통과할 때 단열 변화이므로 외부와의 열출입이 없고 등엔탈피 변화이다.

4. 일반적인 냉동장치의 팽창밸브 작용에서 옳은 것은?

① 고압 측 냉매액은 팽창밸브를 통과할 때 모두 기화하여 버린다.
② 냉매액은 팽창밸브를 지나면 액체 상태로 감압되어 증발기에서 열을 받은 뒤에 가스가 된다.

③ 냉매액은 팽창밸브에서 저압이 되며 그 일부는 가스가 되어 증발기에 들어간다.
④ 냉매액은 팽창밸브 직전의 온도로 들어가서 가압된다.

해설 팽창밸브 통과 후 냉매는 습증기(기체+액체) 상태이다.

5. 감온식 팽창밸브(TEV)는 세 가지 압력에 의해 작동이 되는데 다음 중 맞는 것은?

① 증발기의 압력, 스프링 압력, 흡입관의 압력
② 증발기의 압력, 감온통의 압력, 응축 압력
③ 증발기의 압력, 스프링 압력, 냉각수의 압력
④ 증발기의 압력, 스프링 압력, 감온통의 압력

6. 냉동장치에서 교축작용(throttling)을 하는 부속기기는 어느 것인가?

① 다이어프램(diaphragm)
② 솔레노이드 밸브(solenoid valve)
③ 아이솔레이트 밸브(isolate valve)
④ 팽창밸브(expansion valve)

7. 냉동장치의 운전 중에 리퀴드 백 현상이 일어나는 원인 중 틀린 것은?

① 냉동부하의 급격한 변동이 있을 때
② 팽창밸브의 개도가 과소할 때
③ 액분리기, 열교환기의 기능이 불량일 때
④ 증발기, 냉각관에 과대한 서리가 있을 때

정답 1. ③ 2. ③ 3. ③ 4. ③ 5. ④ 6. ④ 7. ②

8. 냉동장치의 액관 중에 플래시 가스가 발생하면 냉각작용에 영향을 미치는데 가스의 발생 원인이 아닌 것은?

① 액관의 입상높이가 매우 작을 때
② 냉매순환량에 비해 액관이 너무 가늘 때
③ 배관에 설치된 스트레이너, 필터 등이 막혀 있을 때
④ 배관에 설치된 밸브류의 사이즈가 냉매순환량에 비해 너무 작을 때

해설 플래시 가스란 응축기에서 액화한 냉매가 증발기가 아닌 곳에서 기체로 변화된 가스를 말하며, 원인은 ②, ③, ④ 외에 액관의 입상높이가 너무 높을 때, 주위의 온도가 높을 때 등이다.

9. 프레온 냉동장치에 수분이 혼입했을 때 일어나는 현상이라고 볼 수 있는 것은?

① 프레온은 수분과 반응하는 양이 매우 적어 뚜렷한 영향을 나타내지 않는다.
② 프레온과 수분이 혼합하면 황산이 생성된다.
③ 프레온과 수분은 분리되어 장치의 저온부에서 수분이 동결한다.
④ 프레온은 수분과 화합하여 동 표면에 강 도금 현상이 나타난다.

해설 Freon 냉매는 수분과 분리되기 때문에 장치 저온부에서 동결하여 팽창밸브를 폐쇄하므로 운전 불능을 초래한다.

10. 팽창밸브에 대한 설명 중 틀린 것은?

① 고압의 냉매액을 저압·저온까지 단열 팽창시킨다.
② 부하에 따라 적당한 양의 냉매를 증발기로 공급한다.
③ 증발기 출구의 냉매가 적당한 과열도를 유지할 수 있도록 한다.
④ 증발기 입구 냉매가 적당한 건조도를 유지할 수 있도록 한다.

11. 플래시 가스 발생 원인이 아닌 것은?

① 액관이 직사광선에 노출될 때
② 액관, 전자밸브 등의 구경이 클 때
③ 액관이 현저히 입상할 때
④ 액관이 지나치게 길 때

해설 플래시 가스의 발생 원인
• 응축온도가 지나치게 낮을 때
• 수액기 주위온도가 높거나 직사일광이 비출 때
• 액관이 과도하게 높은 입상관일 때
• 액관 사이즈가 작을 때
• 배관 부속품에 의한 압력 손실
• 액관이 단열 없이 벽을 관통할 때
• 액관이 지나치게 길 때

12. 감압장치에 대한 설명 중 틀린 것은?

① 냉동기에서 감압장치는 압축기와 증발기 사이에 설치된다.
② 소형 밀폐형 압축기에서는 모세관을 사용한다.
③ 감압장치에는 보통 교축밸브를 사용한다.
④ 냉동기에서는 교축밸브를 보통 팽창밸브라고 한다.

해설 냉동기에서 감압장치는 응축기와 증발기 사이에 설치한다.

13. 다음 중 팽창밸브를 너무 닫았을 때에 일어나는 현상으로 옳지 않은 것은?

① 증발압력이 높아지고 증발기 온도가 상승한다.
② 압축기의 흡입가스가 과열된다.
③ 냉동능력이 감소한다.
④ 압축기의 토출가스 온도가 높아진다.

해설 팽창밸브를 닫으면 증발압력과 온도가 감소하고 흡입가스가 과열된다.

14. 모세관에 의한 감압 팽창은 어떠한 온도 범위에서의 자기 조정의 능력은 있지만 결점도 있다. 다음 사항에서 결점이라고 볼 수 없는 것은?

① 부하의 변동에 대한 바른 조정이 어렵다.
② 냉매의 충진량을 소량으로 해야 한다.
③ 밀폐형 냉동기 이외에는 사용하기 어렵다.
④ 압축기를 무부하 상태에서 운전을 시작할 수 있다.

해설 모세관은 냉동기 정지 시 고압과 저압이 균압이 되므로 무부하 기동을 할 수 있다.

15. 냉동설비 중 자동압력 팽창밸브는 다음 어느 것에 의하여 제어작용을 하는가?

① 증발기의 온도
② 증발기의 코일 과열도
③ 냉방의 응축속도
④ 증발기의 압력

해설 정압식 팽창밸브는 증발기 압력을 일정하게 유지하는 목적으로 사용한다.

16. 다음 설명 중 틀린 것은?

① 온도 자동 팽창밸브는 증발기를 나온 냉매의 과열도가 일정하도록 작동한다.
② 온도 자동 팽창밸브는 감온통의 냉매 압력으로 작동한다.
③ 온도 자동 팽창밸브의 감온통은 증발기의 입구 측에 부착한다.
④ 온도 자동 팽창밸브는 부하의 광범위한 변화에도 잘 적응한다.

해설 TEV의 감온통은 증발기 출구에 부착하여 과열도를 감지하여 개도를 조정한다.

17. 온도식 팽창밸브에 있어서 과열도란 무엇인가?

① 고압 측 압력이 너무 높아져 액냉매의 온도가 충분히 낮아지지 못할 때 그 온도 차이를 말한다.
② 팽창밸브가 너무 오랫동안 작용하면 밸브 시트가 뜨겁게 되어 오동작할 때 정상시와의 온도 차이를 말한다.
③ 증발기 내의 액체 냉매온도와 감온구 온도와의 차이를 말한다.
④ 감온구 온도는 증발기 속의 온도보다 1℃ 정도 높게 설정되어 있는데 이 온도를 말한다.

18. 다음 온도식 자동 팽창밸브에 관한 설명 중 잘못된 것은?

① 증발기 출구의 냉매온도에 대하여 자동적으로 개폐도를 조절한다.
② 온도식 자동 팽창밸브의 작동불량 원인은 주로 감온통이 흡입관에 너무 밀착되어 있기 때문이다.
③ 과열도를 설정하는 스프링 압력을 강하게 하면 작동 최고압력이 증가한다.
④ 온도식 자동 팽창밸브를 장치한 냉동장치는 부하에 대응하여 냉매유량을 제어할 수 있다.

19. 온도식 액면 제어면에 설치된 전열히터의 용도는 무엇인가?

① 감온통의 동파를 방지하기 위해 설치하는 것이다.
② 냉매와 히터가 직접 접촉하여 저항에 의해 작동한다.
③ 주로 소형 냉동기에 사용되는 팽창밸브이다.
④ 감온통 내에 충전된 가스를 민감하게

작동하도록 하기 위해 설치하는 것이다.

20. 증발기 내의 압력에 의해서 작동하는 팽창 밸브는?

① 저압 측 플로트 밸브
② 정압식 자동 팽창밸브
③ 온도식 자동 팽창밸브
④ 수동 팽창밸브

21. 다음 정압식 팽창밸브에 대한 설명 중 틀린 것은?

① 부하 변동에 따라 자동적으로 냉매 유량을 조절한다.
② 증발기 내의 압력을 일정하게 유지시켜 주는 냉매 유량 조절 밸브이다.
③ 단열 냉동장치에서 냉동부하의 변동이 작을 때 사용한다.
④ 냉수, 브라인 등의 동결을 방지할 때 사용한다.

해설 정압식 팽창밸브 : 냉매 유량 조정용이 아니고 증발기 압력을 균일하게 하는 감압 밸브이다.

22. 암모니아 냉동장치에 있어서 팽창밸브 직전의 액온이 25℃이고, 압축기 흡입가스가 −15℃의 건조포화증기일 때 냉매순환량 1 kg당의 냉동량은 269 kcal이다. 냉동능력 15 RT가 요구될 때 냉매순환량은 몇 kg/h를 필요로 하는가?

① 172 kg/h
② 168 kg/h
③ 212 kg/h
④ 185 kg/h

해설 $G = \dfrac{15 \times 3320}{269} = 185.13 \text{ kg/h}$

23. 팽창밸브 직후 냉매의 건도(quality)가 0.2이다. 이 냉매의 증발열을 450 kcal/kg이라 할 때 냉동효과는 얼마인가?

① 90 kcal/kg
② 150 kcal/kg
③ 360 kcal/kg
④ 400 kcal/kg

해설 습도 $y = 1 - 0.2 = \dfrac{q_e}{q}$

냉동효과 $q_e = q(1 - 0.2) = 450 \times (1 - 0.2)$
$= 360 \text{ kcal/kg}$

24. 교축작용과 관계가 적은 것은?

① 등엔탈피 변화
② 팽창밸브에서의 변화
③ 엔트로피의 증가
④ 등적 변화

25. 팽창밸브가 냉동 용량에 비하여 너무 작을 때 일어나는 현상은?

① 증발기 내의 압력 상승
② 리퀴드 백
③ 소요전류 증대
④ 압축기 흡입가스의 과열

26. 모세관에 의한 감압에 관한 기술 중 부적당한 것은 어느 것인가?

① 냉동부하가 일정한 경우에 적합하다.
② 증발온도와 응축온도가 아주 높을 때 적합하다.
③ 압축기 기동토크가 적은 경부하 기동일 때 이점이 있다.
④ 항상 일정량의 냉매가 흐르는 것으로 만족될 때 사용된다.

27. 다음 중 감온 팽창밸브의 작동에 영향을 미치는 것은?

① 고압 측 압력
② 감온 팽창밸브의 감온구
③ 흡입관(증발기 입구)
④ 응축기

5-5 ㅇ 부속장치

(1) 유분리기(oil separator)

① 설치 목적 : 토출되는 고압가스 중에 미립자의 윤활유가 혼입되면 윤활유를 냉매증기로 부터 분리시켜서 응축기와 증발기에서 유막을 형성하여 전열이 방해되는 것을 방지하는 역할을 한다. 또한 유분리기 속에서 유동속도가 급격히 감소하므로 일종의 소음방지기 역할도 하며, 왕복동식 압축기의 경우 순환냉매의 맥동을 감소시키기도 한다.

② 설치 위치 : 압축기와 응축기 사이의 토출 배관 중에 설치한다. NH₃ 장치는 응축기 가까이 설치하고 프레온(Freon) 장치는 압축기 가까이에 설치한다.

③ 배플형 유분리기(baffle type oil separator)는 방해판을 이용하여 방향을 변환시켜서 오일을 판에 부착하여 분리시키는 장치이며, 원심분리형 유분리기(centrifugal extractor oil separator)는 선회판을 붙여 가스에 회전운동을 줌으로써 오일을 분리시키는 장치로 철망형과 사이클론형이 있다.

④ 유분리기를 설치하는 경우는 다음과 같다.
   ㈎ NH₃ 냉동장치
   ㈏ 만액식 또는 액순환식 증발기를 사용하는 경우
   ㈐ 저온용의 냉동장치
   ㈑ 토출 배관이 길어지는 장치
   ㈒ 운전 중 다량의 유(oil)가 장치 내로 유출되는 장치

(2) 수액기(liquid receiver)

① 장치를 순환하는 냉매액을 일시 저장하여 증발기의 부하변동에 대응하고 냉매 공급을 원활하게 하며, 냉동기 정지 시에 냉매를 회수하여 안전한 운전을 하게 한다.

② 응축기와 팽창밸브 사이의 고압액관에 설치하며, 응축기에서 액화한 냉매가 지체 없이 흘러내리게 하기 위하여 균압관을 응축기 상부와 수액기 상부에 설치한다.

③ 냉동장치를 수리하거나, 장기간 정지시키는 경우에 장치 내의 냉매를 회수시킨다.

④ NH₃ 장치에서는 냉매충전량을 1 RT당 15 kg으로 하고 그 충전량의 $\frac{1}{2}$을 저장할 수 있는 것을 표준으로 한다.

⑤ 소용량의 프레온(Freon) 냉동장치에서는 응축기(횡형 수랭식)를 수액기 겸용으로 사용한다.

(3) 액분리기 (accumulator)

① 증발기와 압축기 사이의 흡입배관 중에 증발기보다 높은 위치에 설치하는데, 증발기 출구관을 증발기 최상부보다 150 mm 입상시켜서 설치하는 경우도 있다.

② 흡입가스 중의 액립을 분리하여 증기만 압축기에 흡입시켜서 액압축 (liquid hammer) 으로부터 위험을 방지한다.

③ 냉동부하 변동이 격심한 장치에 설치한다.

④ 액분리기의 구조와 작동원리는 유분리기와 비슷하며, 흡입가스를 용기에 도입하여 유속을 1 m/s 이하로 낮추어 액을 중력에 의하여 분리한다.

(4) 액 회수장치 (liquid return system)

① 열교환기 등을 이용하여 냉매액을 증발시켜서 압축기로 회수한다 (소형장치).

② 만액식 증발기나 액 순환식 증발기의 경우 증발기에 재사용한다.

③ 액 회수장치에서 고압으로 전환하여 수액기로 회수한다.

　㈎ 액 펌프를 설치하여 수액기에 밀어 넣는 방법

　㈏ 액받이에 받아서 고압으로 전환하여 회수하는 방법

　㈐ FS (플로트 스위치)와 전자밸브를 이용하여 자동 회수하는 방법

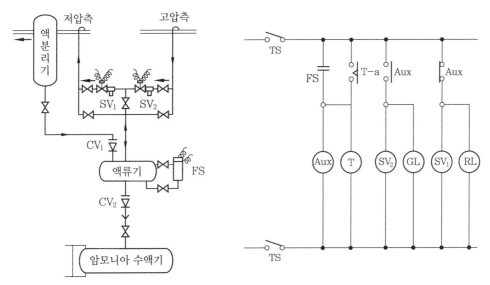

TS : 토글 스위치　　Aux : 보조계전기　　T : 한시계전기　　SV : 전자밸브
CV : 역지밸브　　　F : 퓨즈　　　　　G : 녹색표시등　　R : 적색표시등
FS : 플로트 스위치　W : 백색표시등

자동 액 회수장치와 전기동작회로

> **참고** 자동 액 회수장치의 작동원리
>
> ① 냉동장치가 정상운전을 하고 있을 때는 전자밸브 (1)이 열려 있고 (2)가 닫혀 있으며, 액받이는 저압이 되어 있어 액분리기 내에 고인 액은 액받이에 흘러내린다.
> ② 액받이의 액이 일정 레벨에 도달하면 플로트 스위치가 작용하며, 전자밸브 (1)이 닫히고 (2)가 열려 액받이 내가 저압에서 고압으로 변한다.
> ③ 이 때문에 역류방지 밸브 (1)이 닫히고 (2)가 열려 액받이 내의 액은 중력에 의하여 수액기에 흘러 떨어진다.
> ④ 사전에 액 회수에 필요한 시간을 정하고 타이머를 작동시켜, 전자밸브의 개폐를 변환하여 정상운전상태로 돌아가게 한다.

(5) 액 - 가스 열교환기 (liquid - gas heat exchanger)

① Freon 냉동장치에서 응축기에서 나온 냉매액과 압축기 흡입가스와 열교환한다.
② 액을 과냉각시켜 플래시 가스 발생량을 감소시킴으로써 냉동효과를 증가시킨다.
③ 흡입가스를 과열시켜서 액압축을 방지한다.
④ Freon-12 냉동장치에서는 흡입가스를 과열시켜서 응축능력을 향상시키고 성적계수를 향상시킨다.
⑤ 종류는 이중관식, 셸 앤드 튜브식, 배관접촉식 등이 있다.

(6) 중간냉각기 (inter - cooler)

① 저단압축기 토출가스 온도의 과열도를 제거함으로써 고단압축기가 과열압축하는 것을 방지하여 토출가스 온도 상승을 감소시킨다.
② 팽창밸브 직전의 액냉매를 과냉각시켜 플래시 가스 발생량을 감소시킴으로써 냉동효과를 증가시킨다.
③ 고단압축기 액압축을 방지한다.
④ 종류는 플래시형, 액냉각형, 직접팽창형 등이 있다.

(7) 여과기 (strainer or filter)

① 팽창밸브와 전자밸브 및 압축기 흡입 측에 여과기를 설치한다.
② 여과기는 냉매 배관, 윤활유 배관, 건조기 내부에 삽입, 팽창밸브나 감압밸브류 등 제어기 앞에 사용하는 것이 있다.
③ 윤활유용 여과기는 오일 속에 포함된 이물질을 제거하는 것으로 80~100 mesh 정도이다.
④ 냉매용 여과기는 보통 70~100 mesh로 팽창밸브에 삽입되거나 직전 배관에 설치되며 흡입 측에는 압축기에 내장되어 있다.

(8) 건조기 (dryer)

성분		실리카 겔 $(SiO_2 n H_2O)$	알루미나 겔 $(Al_2O_3 n H_2O)$	S / V 소바비드 (규소의 일종)	모레큐라시브스 합성제올라이트
외관	흡착 전	무색 반투명 가스질	백색	반투명 구상	미립결정체
	흡착 후	변화 없음	변화 없음	변화 없음	변화 없음
독성, 연소성, 위험성		없음	없음	없음	없음
미각, 후각		무미 / 무취	무미 / 무취	무미 / 무취	무미 / 무취
건조강도 (공기 중의 성분)		A형 0.3 mg/L B형은 A형보다 약함.	실리카 겔과 같음.	실리카 겔과 대략 같음.	실리카 겔보다 큼.
포화흡온량		A형은 약 40 % B형은 약 80 %	실리카 겔보다 작음.	실리카 겔과 대략 같음.	실리카 겔보다 큼.
건조제 충진용기		용기의 재질에 제한 없음.	용기의 재질에 제한 없음.	용기의 재질에 제한 없음.	용기의 재질에 제한 없음.
재생		약 150~200℃로 1~2시간 가열해서 재생한다. 재생 후 성질의 변화 없음.	대체적으로 실리카 겔과 같음.	200℃로 8시간 이내에 재생할 것.	가열에 의하여 재생 용이 약 200~250℃
수명		반영구적	반영구적	반영구적	반영구적

(9) 제상장치

① 살수 제상 (water spray defrost) : 증발기의 표면에 온수나 브라인을 위로부터 뿌려 물이나 브라인의 감열을 이용하여 제상하는 방법이다. 증발온도가 −10℃ 정도까지는 응축기 출구의 온수를 사용하고 그 이하의 온도에서는 브라인을 사용한다. 살수하는 물의 양은 보통 1 RT당 20 L/min 정도이며 약 5분간 살수한다. 분무수 온도는 10~30℃ 정도이다.

② 전열식 제상 (electric defrost) : 증발기 코일의 아래에 밀폐된 전열선을 설치하거나 전면에 전열기를 설치하여 제상하는 방법이다. 장치는 매우 간단하지만 전열량에 제한이 있어 제상시간이 고압가스 제상보다 길어진다.

③ 냉동기의 정지에 의한 제상 (off cycle defrost) : 냉장고 내의 온도가 0℃ 이상인 경우에는 냉동기를 정지시키면 자연히 서리가 녹으므로 제상이 된다. 이와 같은 방법은 저압 스위치 (low pressure switch)를 적당히 조정하여 흡입압력이 낮아지면 냉동기가 정지되고 증발기 내의 압력이 높아지면 냉동기가 시동되도록 전기회로를 형성하거나, 자동

타이머 스위치로 냉동기를 시동하거나 정지하도록 하는 방법이 쓰인다.

④ 고압가스 제상(hot gas defrost) : 유분리기와 응축기 사이의 고압가스 배관 상부로 과열 증기를 인출함으로써 증발기에 공급하여 제상하는 방식이다.

>>> 제5장 5-5 **예상문제**

1. 다음 설명 중 옳은 것은?

① 증발압력 조정 밸브의 능력은 밸브의 지름, 증발온도와 밸브 전후의 압력차에 의하여 결정된다.

② 플로트 밸브의 지름이 크면 클수록 조정하기가 쉽다.

③ 암모니아의 액관 중에 건조기를 설치하여 액 중의 수분을 제거하는 것이 꼭 필요하다.

④ R-12 만액식 증발기에는 냉동유 회수장치가 필요 없다.

해설 ② 플로트 밸브 지름은 적정한 것이 좋다.
③ 건조기는 Freon용 장치에 사용한다.
④ 만액식 증발기에는 유 회수장치가 있어야 한다.

2. 다음 중 축봉장치(shaft seal)의 역할로서 부적당한 것은?

① 냉매 누설 방지
② 오일 누설 방지
③ 외기 침입 방지
④ 전동기의 슬립 방지

3. 암모니아 냉동기에서 불응축가스 분리기의 작용에 대한 설명 중 틀린 것은?

① 냉각할 때 침입한 공기와 냉매를 분리시킨다.

② 분리된 냉매가스는 압축기에 흡입된다.
③ 분리된 액체 냉매는 수액기로 들어간다.
④ 분리된 공기는 대기로 방출된다.

해설 불응축가스는 분리하여 대기로 방출하고, 분리된 냉매액은 수액기로 공급하거나 자체 냉각 드럼을 냉각시킨 후 압축기로 회수된다.

4. 냉동장치 운전 중 수액기의 게이지 글라스에 기포가 생기는 이유로 가장 적합한 것은?

① 자동 폐지판이 충분히 작동하지 않는 경우

② 자동 폐지판이 전혀 작동하지 않을 경우
③ 증발기 내의 압력이 증가한 경우
④ 응축기에서 응축하는 액의 온도가 낮고 수액기의 온도가 높은 때에 수액기 속의 액의 일부가 증발할 경우

해설 수액기의 액면계에 기포가 발생되는 것은 플래시 가스가 발생되고 있기 때문이다.

5. 펌프의 축봉장치에서 아웃사이드 형식이 쓰이는 경우가 아닌 것은?

① 구조재, 스프링재가 액의 내식성에 문제가 있을 때

② 점성계수가 100 cP (센티 푸아즈)를 초과하는 고점도액일 때

③ 스태핑 박스 내가 고진공일 때
④ 고온 고점액일 때

정답 **1.** ① **2.** ④ **3.** ② **4.** ④ **5.** ①

6. 모듈 3, 잇수 10개, 기어의 폭이 12 mm인 기어 펌프를 1200 rpm으로 회전할 때 송출량은 얼마인가?

① 9027.9 cm³/s ② 11256.2 cm³/s
③ 12156.7 cm³/s ④ 13564.8 cm³/s

해설 $Q = 2\pi M^2 BZN$

$$= 2\pi \times 3^2 \times 1.2 \times 10 \times 1200 \times \frac{1}{60}$$
$$= 13564.8 \text{ cm}^3/s$$

7. 기화기에 성에가 끼는 것을 방지하기 위한 요소는 무엇인가?

① 로크아웃 릴레이 (lockout relay)
② 컴프레서 언로더 (compressor unloader)
③ 대시 포트 (dash pot)
④ 파일럿 밸브 (pilot valve)

8. 저온 냉동기 온도가 내려가 수분이 증발기에 얼어붙을 때 이를 제거하는 제어 방식이 아닌 것은?

① 냉동기의 고압가스를 직접 증발기로 보내 제상시킨다.
② 10℃ 이상의 온수를 분사하여 제상시킨다.
③ 증발기용 송풍기만 일정 시간 동안 정지시킨다.
④ 압축기만 일정 시간 동안 정지시킨다.

9. 다음 중 냉동설비를 시설할 때 작업의 순서가 옳게 연결된 것은?

> ㉠ 냉각운전
> ㉡ 냉매의 누설 확인
> ㉢ 누설시험
> ㉣ 진공운전
> ㉤ 배관의 방열공사

① ㉣ → ㉤ → ㉢ → ㉡ → ㉠
② ㉢ → ㉣ → ㉡ → ㉤ → ㉠

③ ㉢ → ㉤ → ㉣ → ㉡ → ㉠
④ ㉣ → ㉡ → ㉢ → ㉤ → ㉠

해설 냉동장치의 각종 시험 순서 : 내압시험 → 기밀시험 → 누설시험 → 진공시험 → 냉매충전 → 냉각시험 → 보랭시험 → 방열시공 → 시운전 → 해방시험 → 냉각운전

10. 다음 중 냉동장치의 운전 순서를 맞게 나타낸 것은?

> ㉠ 압축기를 시동한다.
> ㉡ 흡입측 스톱밸브를 서서히 연다 (액 흡입의 우려가 있다).
> ㉢ 냉각수 펌프를 운전한다.
> ㉣ 압축기를 손으로 돌려 자유롭게 되는지 확인한다.
> ㉤ 압축기의 유면을 확인한다.

① ㉠ → ㉡ → ㉢ → ㉣ → ㉤
② ㉤ → ㉣ → ㉢ → ㉡ → ㉠
③ ㉤ → ㉣ → ㉡ → ㉢ → ㉠
④ ㉤ → ㉣ → ㉢ → ㉠ → ㉡

11. 다음 중 냉동기를 정지할 때의 순서를 맞게 나열한 것은?

> ㉮ 전동기를 정지시킨다.
> ㉯ 팽창판 직전의 밸브를 닫는다.
> ㉰ 유분리기의 반유밸브를 닫는다.
> ㉱ 냉각수를 정지시킨다.
> ㉲ 압축기의 토출측 스톱밸브를 닫는다.

① ㉮ → ㉯ → ㉰ → ㉱ → ㉲
② ㉲ → ㉱ → ㉰ → ㉯ → ㉮
③ ㉯ → ㉮ → ㉲ → ㉰ → ㉱
④ ㉲ → ㉯ → ㉮ → ㉰ → ㉱

해설 정지 순서
㉠ 수액기 출구 스톱밸브 또는 팽창밸브를 닫는다.

ⓛ 저압이 $0 \, kg/cm^2 \cdot g$ 가까이 될 때 흡입 스톱 밸브를 닫는다.
ⓒ 냉동기를 정지한다.
ⓔ 압축기의 회전이 정지하면 토출 스톱밸브를 닫는다.
ⓜ 응축기의 입·출구 수온이 같을 때 냉각수 펌프를 정지한다.
ⓗ 장기 휴지 시 냉각수를 배출한다.
ⓢ 각종 부분을 누설검사한다.
ⓞ 압축기 축봉부의 글랜드 너트를 조인다.

12. 다음은 냉동장치의 운전 상태에 관한 설명이다. 옳은 것은?

① 증발기 내의 냉매액은 피냉각 물체로부터 열을 흡수하므로 흘러감에 따라 온도도 상승한다.
② 응축온도는 냉각수 입구온도보다는 약간 낮다.
③ 크랭크케이스 내의 유온의 흡입가스에 의하여 냉각되므로 증발온도보다 낮아지는 경우도 있다.
④ 압축기 토출 직후의 증기온도는 응축과정 중의 증기온도보다 높다.

13. 다음 중 암모니아 압축기의 운전을 시작할 때 마지막으로 행하는 것은?

① 수액기 출구 밸브를 연다.
② 바이패스 밸브를 연다.
③ 전동기 스위치를 넣는다.
④ 흡입압력이 규정압력까지 저하되면 팽창밸브를 연다.

14. 냉동장치를 장기에 걸쳐 운전을 정지할 경우의 주의사항 중 옳지 않은 것은?

① 냉동장치 전체의 누설을 조사한다.
② 밸브는 전부 글랜드 및 탭을 풀어 둔다.
③ 냉각수는 드레인 밸브 및 마개로부터 완전히 배출한다.

④ 냉매는 전부 수액기에 회수한다.
해설 밸브는 글랜드 및 탭을 잠근다.

15. 냉동장치의 운전을 정지시킬 때 가장 먼저 하여야 하는 것은?

① 팽창밸브를 닫는다.
② 전동기를 정지시킨다.
③ 압축기의 토출밸브를 닫는다.
④ 냉각수의 순환을 정지시킨다.

16. 냉동장치를 장기간 운전 휴지하고자 할 경우 주의하여야 할 사항이 아닌 것은?

① 냉매는 장치 내에 잔류시키고, 장치 내의 압력은 $0.1 \, kg/cm^2$ 이하로 유지한다.
② 밸브류는 전부 글랜드 및 캡을 꼭 조여 냉매누설을 조사하여 둔다.
③ 냉각수는 드레인 밸브 및 플러그에서 완전 배출한다.
④ 냉동장치 전체의 누설을 조사한다.
해설 저압 측의 압력은 정지 시 NH_3는 $0 \, kg/cm^2 \cdot g$ 가까이 하고, Freon은 $0.1 \, kg/cm^2 \cdot g$ 가까이 하며 대기압 이하가 되지 않도록 주의한다.

17. 다음 중 펌프 운전 시 주의사항으로 옳지 않은 것은?

① 원심 펌프의 정지는 토출밸브를 서서히 폐지하고 원동기를 정지하고 흡입밸브를 폐지하여 내부 가스를 빼 둔다.
② 왕복 펌프의 기동은 흡입밸브를 닫은 다음에 토출밸브를 열어 기동한다.
③ 원심 펌프의 기동은 토출밸브의 폐지를 확인한 후 흡입밸브를 열어 내부 가스를 빼고, 손으로 돌린 후 기동한다.
④ 왕복 펌프의 정지는 원동기를 정지하고, 토출밸브를 닫고 내부 가스를 빼 둔다.

정답 **12.** ④ **13.** ④ **14.** ② **15.** ① **16.** ① **17.** ③

18. 같은 강도이고 같은 두께의 재료로서 원통형 용기를 만드는 경우 원통 부분의 내압 성능에 관하여 다음 중 옳은 것은?

① 지름이 작을수록 강하다.
② 지름이 클수록 강하다.
③ 길이가 길수록 강하다.
④ 길이와 지름에 무관하다.

19. 냉동기가 정상적인 운전을 하고 있을 때의 설명 중 맞는 것은?

① 토출압력은 응축압력보다 약간 높다.
② 흡입압력은 증발압력보다 약간 높다.
③ 증발기 내의 가스의 온도는 흡입가스 온도보다 높다.
④ 팽창밸브를 통과한 냉매는 전부 기체 냉매이다.

20. 암모니아 압축기의 운전 중에 암모니아 누설 유무를 알 수 있는 방법 중 틀린 것은?

① 특유한 냄새로 발견한다.
② 페놀프탈레인 액이 파랗게 변한다.
③ 유황을 태우면 누설 개소에 흰 연기가 난다.
④ 브라인 중에 암모니아가 새고 있을 때는 네슬러 시약을 쓴다.

해설 페놀프탈레인 액은 홍색으로 변한다.

21. 다음 중 냉동장치에 관한 설명으로 옳지 않은 것은?

① 안전밸브가 작동하기 전에 고압 차단 스위치가 작동하도록 조정한다.
② 온도식 자동 팽창밸브의 감온통은 증발기의 입구측에 붙인다.
③ 가용전은 응축기의 보호를 위하여 사용한다.

④ 파열판은 주로 터보 냉동기의 저압측에 사용한다.

해설 TEV의 감온통은 증발기 출구에 부착하여 과열도를 감지한다.

22. 다음 냉동장치 운전 중 안전상 위험하다고 생각되지 않는 것은?

① 팽창밸브를 너무 열었을 경우
② 증발식 응축기의 송풍기를 극히 단시간 정지시킨 경우
③ 냉각수 펌프의 토출 스톱밸브를 닫은 경우
④ 수액기 액출구 밸브를 장시간 닫았을 경우

23. 다음의 설명 중 옳은 것은 어느 것인가?

① 냉장실의 온도는 열복사에 의해서 균일하게 된다.
② 냉장실의 방열벽에는 열전도율이 큰 재료를 사용한다.
③ 물은 얼음보다는 열전도율이 작으나 공기보다는 크다.
④ 수랭식 응축기에서 냉각관의 전열은 물 때의 영향을 받으며 냉각수의 유속과 관계가 있다.

24. 냉동장치의 운전상태를 점검할 때 그다지 중요하지 않은 것은?

① 온도, 압력 상승 여부
② 윤활유의 순환상태
③ 리퀴드 백의 여부
④ 전원의 주파수 변동

5-6 ┄o 제어용 부속기기

(1) 압력 제어

① 저압 스위치(low pressure cut out switch)

　(가) 냉동기 저압 측 압력이 저하했을 때 압축기를 정지시킨다.

　(나) 압축기를 직접 보호해 준다.

② 고압 스위치(high pressure cut out switch)

　(가) 냉동기 고압 측 압력이 이상적으로 높으면 압축기를 정지시킨다.

　(나) 고압 차단장치라고도 한다.

　(다) 작동압력은 정상고압+3~4 kg/cm^{2}이다.

③ 고저압 스위치(dual pressure cut out switch)

　(가) 고압 스위치와 저압 스위치를 한 곳에 모아 조립한 것이다.

　(나) 듀얼 스위치라고도 한다.

④ 유압 보호 스위치(oil protection switch)

　(가) 윤활유 압력이 일정 압력 이하가 되었을 경우 압축기를 정지한다.

　(나) 재 기동 시 리셋 버튼을 눌러야 한다.

　(다) 조작회로를 제어하는 접점이 차압으로 동작하는 회로와 별도로 있어서 일정 시간
　　(60~90초)이 지난 다음에 동작되는 타이머 기능을 갖는다.

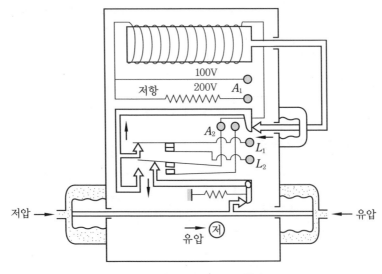

가스통식 유압 보호 스위치

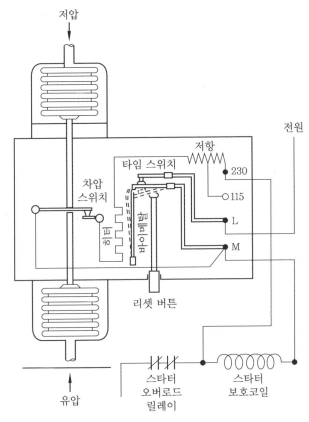

바이메탈식 유압 보호 스위치

(2) 냉매 유량 제어

① 증발압력 조정밸브 (evaporator pressure regulator) : 증발압력이 일정 압력 이하가 되는 것을 방지하고 흡입관 증발기 출구에 설치하며, 밸브 입구 압력에 의해서 작동되고 압력이 높으면 열리고 낮으면 닫힌다 (냉각기 동파 방지).

　㉮ 물, 브라인 등의 냉각기에서의 동파 방지용

　㉯ 야채 냉장고 등에서의 동결 방지용

　㉰ 과도한 제습을 요구하지 않는 저온장치

　㉱ 증발온도를 일정하게 유지하는 장치

　㉲ 증발압력이 다른 두 개 이상의 냉각기에서 압력이 높은 쪽 출구에 설치

② 흡입압력 조정밸브 (suction pressure regulator) : 흡입압력이 일정 압력 이상이 되는 것을 방지하고 흡입관 압축기 입구에 설치하며, 밸브 출구 압력에 의해서 작동되고 압력이 높으면 닫히고 낮으면 열린다 (전동기 과부하 방지).

　㉮ 높은 흡입압력으로 기동할 때 (과부하 방지)

(나) 흡입압력의 변동이 심할 때 압축기 운전을 안정시킨다.

(다) 고압가스 제상으로 흡입압력이 높을 때

(라) 높은 흡입압력으로 장시간 운전할 때

(마) 저전압으로 높은 흡입압력인 상태일 때

(3) 안전장치

① 안전밸브(relief valve)

(가) 기밀시험압력 이하에서 작동하여야 하며, 일반적으로 안전밸브의 분출압력은 상용 압력에 5 kg/cm² 를 더한 값이 적당하다. 즉, 정상고압 +4~5 kg/cm² 정도이다.

예 암모니아 : 16~18 kg/cm², R-12 : 15 kg/cm²

(나) 압축기에 설치하는 안전밸브의 최소지름(d_1)

$$d_1 = C_1 \sqrt{V}$$

여기서, d_1 : 안전밸브의 최소지름 (mm), V : 피스톤 압출량 (m³/h)
　　　C_1 : 상수 예 암모니아 : 6, 아황산가스 : 7, 프레온 12 : 10

> **참고** 기타 일반가스 상수 $C_1 = 43 \sqrt{\dfrac{G}{P\sqrt{M}}}$
>
> 여기서, P : 기밀시험압력 (kg/cm²)
> 　　　M : 분자량
> 　　　G : −15℃에 있어서의 건조포화가스의 비중량 (kg/m³)

(다) 압력용기 (수액기 및 응축기)에 설치하는 안전밸브의 최소지름(d_2)

$$d_2 = C_2 \sqrt{\left(\dfrac{D}{1000}\right) \cdot \left(\dfrac{L}{1000}\right)}$$

여기서, d_2 : 안전밸브의 최소지름 (mm), D : 용기의 바깥지름 (mm), L : 용기의 길이 (mm)
　　　C_2 : 상수 예 암모니아 : 6, 프레온 12 : 10

> **참고** 일반가스 상수 $C_2 = 35 \sqrt{\dfrac{1}{P}}$
>
> 여기서, P : 기밀시험압력(kg/cm²)

② 가용전(fusible plug)

(가) 토출가스의 영향을 받지 않는 곳으로서 안전밸브 대신 응축기, 수액기의 안전장치로 사용된다.

(나) Pb, Sn, Cd, Sb, Bi 등의 합금으로 되어 있다.

(다) 용융온도 : 75℃

㈣ 안전밸브 최소 구경의 $\frac{1}{2}$ 이상

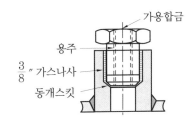 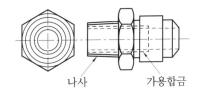

가용전

③ 파열판 (rupture disk)

㈎ 주로 터보 냉동기에 사용함으로써 화재 시 장치의 파괴를 방지한다.

㈏ 얇은 금속으로 용기의 구멍을 막는 구조로 되어 있다.

㈐ 파열판 선정 시 고려 사항

- 정상적인 운전압력과 파열압력
- 정상적인 운전온도
- 냉매의 종류 (특히 금속에 대한 부식성)
- 대기압력 이상인가, 진공상태가 생기는가 여부
- 지름의 크기에 따라 플랜지형 (12.7~1000 mm), 유니언형 (12.7~50 mm), 나사형 (6.4~ 12.7 mm)이 있다.

(4) 각종 제어장치

① 온도 조절기 (thermo control) : 냉장실, 브라인, 냉수 등의 온도를 일정하게 유지하기 위 하여 서모스탯을 사용한다.

㈎ 바이메탈식 온도 조절기

㈏ 증기 압력식 온도 조절기

㈐ 전기 저항식 온도 조절기

② 절수밸브 (water regulating valve) : 압력 작동식 급수밸브와 온도 작동식 급수밸브가 있다.

㈎ 응축기 냉각수 입구에 설치한다.

㈏ 압축기에서 토출압력에 의해 응축기에 공급하는 냉각수량을 증감시킨다.

㈐ 냉동기 정지 시 냉각수 공급도 정지한다.

㈑ 응축기 응축압력을 안정시키고 경제적인 운전이 된다.

③ 전자밸브 (solenoid valve)

　㈎ 냉매 배관 중에 냉매 흐름을 자동적으로 개폐하는 데 사용한다.

　㈏ 전자력으로 플런저를 끌어올려 밸브가 열리고 전기가 끊어지면 플런저가 무게로 떨어져 밸브를 닫는다.

　㈐ 작동 전자밸브와 파일럿 전자밸브가 있다.

④ 습도 제어 (humidity control) : 모발, 나일론, 리본 등의 습도에 따른 신축을 이용한 것으로서 간단한 장치에서는 일반적으로 모발이 사용되며, 이 신장 (伸張)이 상대습도에 의하여 신축하는 것을 이용한다.

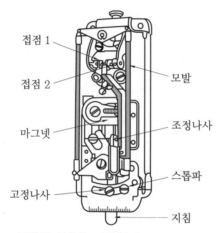

모발의 신축을 이용한 습도 제어장치

예상문제

1. 전밀폐형 압축기로 제작된 공조기의 보호장 치가 아닌 것은?

① 고압 압력 보호 스위치
② 유압 압력 보호 스위치
③ 저압 압력 보호 스위치
④ 과전류 계전기

2. 동력원에 의해 작동하는 긴급차단밸브의 분 류 방식에 속하지 않는 것은?

① 공기식
② 스프링식
③ 가용전식
④ 유압식

해설 가용전식은 가용합금으로서 온도에 의해 작 동한다.

3. 냉동기용 전동기의 시동 릴레이는 전동기의 정격속도의 얼마에 달할 때까지 시동권선에 전류를 흐르게 하는가?

① 1/2
② 2/3
③ 1/4
④ 1/5

4. 저압 차단 스위치(LPS)가 작동할 때의 점검 사항에 속하지 않는 것은?

① 냉각수 배관 계통의 막힘 점검
② 팽창밸브 개도 점검
③ 증발기의 적상 및 유막 점검
④ 액관 플래시 가스의 발생 유무 점검

해설 냉각수 배관은 고압 응축기에 연결된다.

5. 압축기가 1대일 경우 고압 차단 스위치 (HPS)의 압력 인출 위치는?

① 흡입 스톱밸브 직전
② 토출 스톱밸브 직전
③ 팽창밸브 직전

④ 수액기 직전

해설 HPS의 압력은 토출밸브 다음 토출 스톱밸 브 직전에서 인출하고, 공동으로 설치할 때는 토출가스 공동 헤드에 설치한다.

6. 다음 중 브라인의 동결 방지 목적으로 사용 하는 기기가 아닌 것은?

① 서모스탯
② 단수릴레이
③ 흡입압력 조절 밸브
④ 증발압력 조절 밸브

해설 흡입압력 조절 밸브는 압축기용 전동기의 과부하 방지용으로 사용한다.

7. 냉동배관 재료로서 갖추어야 할 조건으로 부 적당한 것은?

① 가공성이 좋아야 한다.
② 관내 마찰저항이 작아야 한다.
③ 내식성이 작아야 한다.
④ 저온에서 강도가 커야 한다.

8. 다음 안전장치의 설명 중 옳은 것은?

① 안전밸브의 최소구경은 실린더 지름과 피스톤 행정에 관여한다.
② 가용전은 압축기의 안전두 옆에 설치하 며 용융온도는 95℃ 이하이다.
③ 파열판은 터보 냉동기에는 사용하지 않 는다.
④ 가용전은 높은 온도에서도 녹지 않는 것이 좋다.

해설 안전밸브의 구지름
• 압축기 설치 시 $d_1 = C_1 \sqrt{V}$
• 수액기 설치 시 $d_2 = C_2 \sqrt{D \cdot L}$

9. 유압 압력 조절 밸브는 냉동장치의 어느 부분에 설치되는가?

① 오일펌프 출구
② 크랭크케이스 내부
③ 유 여과망과 오일 펌프 사이
④ 오일 쿨러 내부

10. 압축기 보호장치 중 고압 차단 스위치(HPS)는 정상적인 고압에 몇 kg/cm^2 정도 높게 조절하는가?

① 1 kg/cm^2 ② 4 kg/cm^2
③ 10 kg/cm^2 ④ 25 kg/cm^2

해설 • 안전두 : 정상고압 +2~3 kg/cm^2
• HPS : 정상고압 +3~4 kg/cm^2
• 안전밸브 : 정상고압 +4~5 kg/cm^2

11. 다음 중 압축기를 보호하는 기기는?

① EPR
② 유압 보호 스위치
③ SPR
④ 단수릴레이

12. 냉동장치에 이용되는 부속기기 중 직접 압축기의 보호 역할을 하는 것이 아닌 것은?

① 온도 자동 팽창밸브
② 안전 밸브
③ 액분리기
④ 유압 보호 스위치

13. 다음 중 전자밸브를 작동시키는 주 원리는 어느 것인가?

① 냉매의 압력
② 영구자석 철심의 힘
③ 전류에 의한 자기작용
④ 전자밸브 내의 소형 전동기

14. 다음 전자밸브의 용도 중 맞지 않는 것은 어느 것인가?

① 온도 조절
② 용량 조절
③ 리퀴드 백 방지 및 액면 조절
④ 프레온 만액식 유 회수장치

15. 액받이에서 수액기로 액이 흘러내리면서 격심한 소음이 발생하였다. 고저압 변환 배관에서의 원인은 무엇인가?

① 가늘기 때문에   ② 굵기 때문에
③ 길기 때문에   ④ 짧기 때문에

16. 프레온 냉동장치의 응축기나 수액기에 설치되는 가용전의 용융온도는?

① 0~35℃   ② 68~75℃
③ 110~130℃   ④ 140~210℃

해설 가용전
㉠ 프레온 냉동장치 고압 액관에 설치한다.
㉡ 설치 시 주의사항 : 토출가스의 영향을 받는 곳은 피한다.
㉢ 가용합금은 Pb, Sn, Sb, Cd, Bi 등으로 용융온도는 70~75℃ 정도이다.

17. 다음 장치도에서 증발압력 조정밸브(EPR)의 부착 위치는 어디인가?

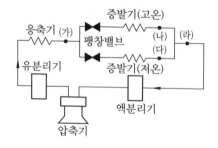

① (가)   ② (나)
③ (다)   ④ (라)

해설 (다)에는 역지 밸브를 설치한다.

06 냉동장치의 응용

6-1 ○ 제빙 및 동결장치

(1) 제빙

① 제빙장치의 일반적인 설명

(개) 현재 시장에 있는 얼음은 거의 인조빙으로서 냉동장치에 의하여 물을 얼게 한 것이다. 소위 천연빙이라고 하는 겨울에 추운 기후를 이용해서 (물을 얼게 하여) 만든 얼음을 잘라내어 저장한 것은 시장에는 거의 없다.

(나) 현재 쓰여지고 있는 얼음은 아연 도금을 한 강판제의 용기 중에 물을 채워 찬 브라인 속에 넣어서 만든 것이 많다.

② 관빙(罐氷) 제조법

(개) 제빙조(ice tank)는 강판제(강판의 두께 1/4인치, 소형에서는 3/16인치)의 대형 수조(깊이 1220 mm)로서 제빙실의 대부분을 점하고 있다. 이 탱크에 비중 1.18~1.2 정도(보메도 20~24)의 염화칼슘의 용액, 즉 브라인이 채워져 있다.

(나) 브라인 온도 −10℃ 이하로 유지되고 브라인 교반기의 작용에 의해 아이스 캔 주변으로 순환속도 7.6 m/min 이상(9~12 m/min)으로 순환시킨다.

(다) 제빙조는 외부로부터 열이 침입하는 것을 막기 위하여 외면에 방열재를 설치할 필요가 있다. 보통 저면은 100~125 mm의 코르크판을 설치하며 측면에는 같은 두께의 코르크판이나 25~35 cm 정도의 입상 코르크 등의 방열층을 설치한다.

③ 아이스 캔

(개) 제빙공장에서 얼음 무게는 135 kg, 내용적은 136~137 L 정도이다.

(나) 무게 135 kg, 두께 279 mm, −9℃의 투명빙 얼음의 결빙 시간은 약 48시간 정도이다.

(다) 결빙에 요하는 시간 $= \dfrac{0.56 \times t^2}{-(t_b)}$

여기서, t_b : 브라인의 온도(℃), t : 얼음의 두께(cm)

(2) 어선용 냉동장치

① 빙장(氷藏) : 얼음에 의한 냉장을 보조해서 얼음의 융해를 막는 동시에 어획어를 예랭 (豫冷)하는 목적으로 사용되는 것

② 빙장을 주로 하는 어창 : 잡은 생선을 부순 얼음 사이에 냉장하는 어창

③ 예랭조 또는 냉해수 제조조 : 열대의 따뜻한 바다에서 잡은 생선은 30℃에 가까운 온도 이기 때문에 이 생선을 빙장 또는 동결하기 전에 0~1℃의 냉해수에 채워서 예랭하는 장치이다.

④ 수빙에 의한 냉각 또는 빙장 : 물에 부순 얼음을 혼합하여 수온을 0℃ 가까이 낮게 해서 그중에 잡은 생선을 투입 냉각하는 방법(빙장에서 어창 $1\,m^3$당 $450\,kg$의 생선을 수용할 수 있다.)

⑤ 동결어창 : 동결된 생선을 $-20℃$ 정도의 저온으로 저장하기 위하여 천장, 옆벽, 격벽, 바닥 또는 해치의 주벽에 냉각판을 설치하고 있다. 동결어창에서는 $1\,m^3$당 $560\,kg$의 동 결어를 수용할 수 있다.

⑥ 동결창 : 250톤 이상의 대형 어선에서는 어장도 멀어지고 항해일수도 수개월에 걸치기 때문에 물 얼음이나 빙장으로는 선도가 유지되지 않으므로 선내동결이 행해지고 있다.

⑦ 예랭조(豫冷槽) : 예랭조에서 찬 해수제조장치가 같이 있는 것은 $4\,m^3$ 정도이다.

⑧ 어창의 온도

㈎ 냉각시험은 어창을 비어놓은 상태로 해서 12시간 이상 실시한다.

㈏ 어창 내의 동일한 층의 온도가 3℃ 이상 차가 없을 것

㈐ 동결창에서는 12시간 이내에 다음의 온도 이하가 될 것

  • 공기냉각식의 경우 : $-30℃$

  • 탱크식의 경우 : $-25℃$

㈑ 예랭조 또는 냉해수 제조조에서는 6시간 이내에 0℃가 될 것

⑨ 어창온도 상승률 $= 100\dfrac{\Delta t}{\delta_1 Z} = 100 U\dfrac{A\delta_1}{H} \cdot \dfrac{1}{\delta_1}\,[\%/h]$

여기서, Δt : 온도상승(℃), δ_1 : 초온도차(℃)
Z : 시간(h), U : 총괄열전달계수($kJ/m^2 \cdot h \cdot K$)
A : 전열면적(m^2), H : 열용량(kJ)

6-2 ○ 축열장치

(1) 축열

① 개요 : 비공조 시간에 열원기기를 운전하여 열을 에너지 형태로 저장한 후, 공조 시간에 부하 측에 공급하는 시스템(열원기기와 공조기기를 독립적으로 분리운전)

② 장점

  (개) 경제적 측면

    • 공조 시간 외에도 열원기기를 연속운전하므로 냉동기 등 열원설비 용량의 대폭 감소를 가져온다.

    • 펌프 등 부속설비의 축소

    • 설비비, 설치면적 감소, 수전설비 축소, 계약 전력 감소

    • 심야전력 이용으로 경비 절감이 가능(전기료 1/3 정도, 기본 요금은 거의 없음)

  (내) 기술적 측면

    • 고효율 정격 운전 가능(전부하 연속운전)

    • 열공급의 신뢰성 향상(축열조의 완충제 역할) → 특히 공조계통이 많고, 부하 변동이 크고, 운전시간대가 다른 경우

    • 열회수 시스템 채용 가능

    • 타열원(태양열, 폐열) 이용용이

    • 전력 부하 균형에 기여

    • 열원기기 고장에 대한 융통성

    • 열공급의 신뢰성 향상(안정된 열공급)

    • 저온 급기 및 송수 방식 적용 가능

  (대) 전력회사의 발전 측면

    • 전력 사정의 변화

    • 발전 설비의 가동률 증대

    • 전력 저장 기술개발 의욕 증대

  (래) 공조설비 회사의 측면 : 축열 공조 시스템의 보급

③ 단점

  (개) 축열조 및 단열공사 → 추가 비용 소요

  (내) 축열조 열손실

  (대) 축열조를 냉각, 가열하기 위한 배관계통 필요 → 배관 설비비, 반송 동력비 증가

㈔ 2차 측 배관계가 개회로이므로 실양정을 가산한 펌프가 필요하다.

㈕ 축열에 따른 혼합 열손실(에너지 손실은 없음)에 의해, 공조기의 코일 열수, 펌프 용량, 2차 측 배관계의 설비가 증가할 가능성이 있다.

㈖ 축열조의 효율적인 운전을 위하여 제어, 감시장치가 필요하며, 수처리가 필요한 것도 있다.

㈗ 야간에서의 열원기기 운전의 자동화나 소음에 대응하는 배려가 필요하다.

④ 축열체의 구비 조건

물성	단위체적당 축열량이 클 것
	열의 출입이 용이할 것
	상변화 온도가 작동하는 온도에 가까울 것
	취급이 용이할 것
경제성	취급이 용이할 것
	가격이 저렴할 것
	자원이 풍부해서 대량으로 구입 가능할 것
신뢰성	화학적으로 안정할 것
	부식성이 없을 것
	반복 사용해도 성능이 저하되지 않을 것
안전성	독성이 없을 것
	폭발성이 없을 것

(2) 냉수축열과 빙축열 비교

① 냉수축열과 빙축열 시스템의 비교

구분	장점	단점
냉수축열	• 설계, 시공, 취급이 간단 • 냉동기는 일반적인 제품이 사용 가능(용량에 맞는 기준을 자유롭게 선정 가능) • 높은 성적 계수(동력 감소) • 온수축열과 병용 용이 • 축열조 내 물을 소화용수로 사용 가능 • 수변전 설비용량 감소 • 부분 부하 시 대처 용이 • 열원 고장 시 대처 용이	• 대용량의 경우 이중 슬래브가 없는 건물에는 적용이 불가능 • 유용에너지 감소(혼합 열손실) • 배플 설치, 방수공사, 단열 공사 필요 • 수조의 표면적이 커짐으로써 열손실이 증가 (5~10 %) • 펌프 양정이 커짐(부하 측 순환회로는 개회로) • 동력 증가 • 배관 및 열교환기 부식(개회로) • 수조의 누설 가능성 • 수조가 크므로 유지가 어렵다. • 유지비 증가 • 온도차가 작으므로 대형 열교환기가 필요

빙 축 열	• 축열조의 용적이 감소(1/4~1/5) • 유용 에너지의 감소(혼합 열손실)가 거의 없음→ 열손실 감소(1~3 %) • 축열조의 가격이 저렴 • 펌프, 팬의 동력비 감소 • 배관 부식 문제가 작음(밀폐회로) • 강판재 또는 건물 내 이중 슬래브 이용 가능 • 옥상에 설치 가능 • 설비비 감소 • 부하 측 순환회로가 폐회로이므로 부식이 적음 • 저온급기 시스템 채용 가능 • 기존 건물의 냉방부하 증가 시 열원기기의 용량 증가 없이 대응 가능	• 설계 시공이 다소 복잡 • COP 감소(증발온도 낮음) • 냉동기의 능력 저하 • 온수축열과 병용 시 제약 • 직접 팽창형 열교환기 사용 시 고압가스 취급법이 적용됨 • 터보 냉동기 적용은 부적합 • 숙련자가 냉수축열보다 적다.

② 빙축열 시스템의 장단점

㉮ 장점

• 심야전력요금의 적용으로 운전 경비를 절감(심야 시간대는 기본요금이 거의 없으며 전기료는 주간 요금의 1/3 수준)할 수 있다.

• 공조 부하변동에 상관없이 열원기기의 효율적인 운전이 가능(항상 최대부하로 운전될 수 있음)하다.

• 공조 부하가 어느 정도 증가할 경우에도 열원의 증설 없이 대응이 가능(운전 시간과 운전 방법의 조절로 어느 정도의 증가부하를 담당할 수 있으며, 저온송수, 저온급기가 가능하므로 배관, 덕트 등 2차 설비의 변경 없이 대응이 가능)하다.

• 열원기기의 고장 시에도 축열 부분만큼의 냉방운전이 가능(빙축열조 단독으로도 60 % 이상 냉방부하를 담당 가능)하다.

• 지역 냉방을 위한 저온송수 방식, 저온 급기방식 등과 같은 2차 측 시스템의 적용이 가능(빙축열 시스템에서 증가되는 설치 공사비를, 빙축열조에서 생성되는 저온의 열매 공급에 의한 2차 측 설비비 감소로 상쇄시킬 수 있다)하다.

• 난방용으로 별도 보일러를 설치하므로 난방시스템 선택의 융통성이 크며, 특히 고층빌딩에 유리하다.

㉯ 단점

• 축열조, 별도 난방 열원기기 등의 설치공간이 증가(냉동용량 감소로 인한 설치공간 감소보다는 축열조의 추가 설치에 더 많은 공간이 필요)하다.

• 초기 투자비(빙축열조, 자동제어 공사비 등)가 고가이다.

• 축열조에 의한 에너지 손실이 발생한다.

• CFC 대체냉매에 대한 고려가 필요하다.

- 설계, 시공, 관리 등에 주의를 요한다(일반 시스템과는 달리 제빙, 해빙 과정이 반복되므로 성능 저하 방지를 위한 철저한 유지 관리가 요망되며, 경제적인 제빙량 예측이 쉽지 않다).
- 건물 특성에 맞는 시스템, 용량 및 운전 패턴 등의 선정에 주의를 요한다.

(3) 빙축열 시스템의 분류

① 제빙 형식에 따른 분류

㉮ 정적형 : 관외착빙형, 관내착빙형, 캡슐형 또는 용기형

㉯ 동적형 : 빙박리형, 액체식 빙생성형

② 운전 구성에 따른 분류

㉮ 전부하 축열 방식

㉯ 부분 부하 축열 방식

③ 브라인 회로 방식에 따른 분류

㉮ 밀폐형

㉯ 개방형

④ 운전 방식에 따른 분류

㉮ 냉동기 우선 방식

㉯ 축열조 우선 방식

⑤ 2차 측에의 열반송 방식에 따른 분류

㉮ 직송 방식

㉯ 열교환 방식

예상문제

1. 암모니아(NH_3)를 사용하는 흡수식 냉동기의 흡수제는 다음 중 어느 것인가?

① 질소   ② 프레온
③ 리튬브로마이드   ④ 물

해설 흡수식 냉동기의 사용냉매와 흡수제

냉매	용매(흡수제)
NH_3	H_2O
H_2O	LiBr

2. 제빙장치에서 브라인의 유속(m/min)은 얼마 이상인가?

① 3.5   ② 5.5
③ 7.6   ④ 15.5

해설 브라인의 유속은 7.6 m/min 이상(9~12 m/min) 의 순환속도이다.

3. 어선용 냉동장치에서 얼음에 의한 냉장을 보조해서 얼음의 융해를 막는 동시에 어획어를 예랭하는 목적으로 사용되는 것은 다음 중 어느 것인가?

① 빙장   ② 어창
③ 예랭조   ④ 냉해수 제조조

4. 다음 중 2중 효용 흡수식 냉동장치의 구성으로 옳은 것은?

① 압축기 2개   ② 증발기 2개
③ 응축기 2개   ④ 재생기 2개

해설 2중 효용 흡수식 냉동장치는 고온 재생기와 저온 재생기를 사용한다.

5. 빙축열 시스템을 제빙 형식에 따라 분류할 때 정적형의 종류가 아닌 것은?

① 관외착빙형
② 관내착빙형
③ 캡슐형
④ 빙박리형

해설 빙박리형과 액체식 빙생성형은 동적형이다.

6. 축열체의 구비 조건 중 경제성 조건이 아닌 것은?

① 취급이 용이할 것
② 가격이 저렴할 것
③ 독성이 없을 것
④ 대량으로 구입 가능할 것

해설 독성이 없을 것, 폭발성이 없을 것은 안전성의 구비 조건이다.

7. 빙축열 시스템에서 운전 구성에 따른 분류에 해당되는 것은?

① 전부하 축열 방식
② 밀폐형, 개방형 방식
③ 냉동기 우선 방식
④ 열교환 방식

해설 운전 구성에 따라 전부하 축열 방식과 부분 부하 축열 방식으로 분류한다.

정답   **1.** ④   **2.** ③   **3.** ①   **4.** ④   **5.** ④   **6.** ③   **7.** ①

공조냉동기계기능사

2 과목

공기조화

Chapter 01

공기조화의 기초

1-1 ─○ 공기조화의 개요

(1) 공기조화(air conditioning)의 정의

공기조화라 함은 실내의 온·습도, 기류, 박테리아, 먼지, 유독가스 등의 조건을 실내에 있는 사람 또는 물품에 대하여 가장 좋게 유지하는 것을 말한다.

ASHRAE에서는 공기조화를 다음과 같이 정의하고 있다.

"일정한 공간의 요구에 알맞은 온도, 습도, 청결도, 기류 분포 등을 동시에 조절하기 위한 공기 취급 과정이다."

(2) 공기조화의 종류

① 보건용 공조(comfort air conditioning) : 쾌감공조라 하고 실내인원에 대한 쾌적한 환경을 만드는 것을 목적으로 하며, 주택, 사무실, 백화점 등의 공기조화가 이에 속한다.

② 공업용 또는 산업용 공조(industrial air conditioning) : 실내에서 생산 또는 조립되는 물품, 또는 실내에서 운전되는 기계에 대하여 가장 적당한 실내조건을 유지하고, 부차적으로는 실내인원의 쾌적성 유지도 목적으로 한다. 각종 공장, 창고, 전화국, 실험실, 측정실 등의 공기조화가 이에 속한다.

(3) 공기조화의 효용

① 집무능력을 향상시킨다.

② 결근자의 수가 줄어든다.

③ 작업상의 과오가 줄어든다.

④ 세탁비, 세발비, 화장비 등 사원의 개인비용이 적게 든다.

⑤ 일상생활(근무 또는 퇴근 후)에 피로가 적다.

(4) 실내 공조 조건

① 실내·외의 온도차를 적게 하여 온도 쇼크를 방지해야 한다.

② 개인차에 따라 온·습도의 조건이 인체의 감각에 맞아야 한다.

③ 인체에 맞는 기류속도라야 한다. 즉, 정지공기에 가까운 기류이면 좋다.

> **참고** 정지공기라는 것은 실존할 수 없으며, 일반적으로 공기조화에서는 0.08~0.12 m/s 정도를 말한다.

④ 실내환경의 조건은 쾌적범위 내에 있어야 한다. 한국인의 쾌감도는 다음과 같다.

   ㈎ 하계 유효온도 : 20~25℃, 상대습도 : 60~70 %

   ㈏ 동계 유효온도 : 17~22℃, 상대습도 : 60~65 %

   ㈐ 중간계 유효온도 : 16~21℃, 상대습도 : 50~60 %

> **참고** 불쾌지수 : 0.72 (건구온도＋습구온도)＋40.6으로 단순히 기온 및 습도에 의한 것이므로 쾌적도에 대해서는 불충분하다.

(5) 인체의 열량

① 에너지 대사율(체내 발생열량)

$$R.M.R = \frac{\text{작업 시의 소비 에너지} - \text{안정 시의 소비 에너지}}{\text{기초대사량}}$$

② 체외 방출열량

$$M = \pm S \pm E \pm R \pm C$$

  여기서, M : 에너지 대사량 (kcal/h)

        S : 체내 축열량 (kcal/h)

        E : 증발에 의한 방출열량 (kcal/h)

        R : 복사에 의한 방출열량 (kcal/h)

        C : 대류에 의한 방출열량 (kcal/h)

(6) 소음 (noise)

① 실의 용도별 허용소음의 NC값

실명	NC 곡선	실명	NC 곡선
방송 스튜디오	15~20	주택	25~35
음악홀	20	영화관	30
극장 (500석 정도)	20~25	병원	30
교실	25	도서관	30
회의실	25	소형 사무실	30~35
아파트, 호텔	25~30	대형 사무실	45

② 진동의 일반 기준 (특정 공장)

구분	주간		야간	
구분 〱 기준 범위	최저 (dB)	최고 (dB)	최저 (dB)	최고 (dB)
주택 지역	60	65	55	60
상업 지역	65	70	60	65

➡ 주간, 야간의 구분이나 기준 범위는 지방에 따라 달라진다.

③ 클린룸 (clean room) : 공기 중의 부유분진, 유해가스, 미생물 등의 오염물질을 제어해야 하는 곳에 이용되는데 청정 대상이 주로 분진 (정밀 측정실, 전자산업, 필름공장 등)인 경우를 산업용 클린룸 (ICR : Industrial Clean Room)이라 하고, 분진의 미립자뿐만 아니라 세균, 미생물의 양까지 제한시킨 병원의 수술실, 제약공장의 특별한 공정, 유전공학 등에 응용되는 것을 바이오 클린룸 (BCR : Bio Clean Room)이라 한다 (우리나라에서는 미연방 규격을 준용한다).

참고 클래스 (class) 는 1 ft^3의 공기 체적 내에 있는 0.5μm 크기의 입자수를 말한다.

클린룸의 미연방 규격

클래스 (미터계)	0.5μ 이상인 입자의 최대수 (개/ft^3)	5μ 이상인 입자의 최대수 (개/ft^3)	온도 (℃)	관계습도 (%)	압력 (mmAq)	조도 (lx)	신선외기량 (m^3/h·인)
100 (3.5)	100 (3.5개/L)	<10 (0.35개/L)	권장치 22.2 (제어범위) • 중요한 작업 ±0.14 • 일반작업 ±0.28	권장치 40 (제어범위) ±5(상대습도 50 이상인 때에는 부품이 부식되고, 습도가 낮으면 정전기가 문제된다.)	문을 닫은 상태에서 1.27	1076 ~1615	송풍량의 5~20 % (50 m^3/ h·인)
1000 (35)	1000 (35개/L)	<10 (0.35개/L)					
10000 (350)	10000 (350개/L)	65 (2.3개/L)					
100000 (3500)	100000 (3500개/L)	700 (25개/L)					

1-2 ○ 공기의 성질과 상태

1 공기의 성질

(1) 건조공기 (dry air)

수분을 함유하지 않는 건조한 공기를 말하며, 실제로는 존재하지 않는다.

> **참고** 대기 중의 공기의 구성
> ① 조성 (vol %) : N_2 (78.1 %), O_2 (20.93 %), Ar(0.933 %), CO_2 (0.03 %), Ne (1.8×10^{-3} %),
> He (5.2×10^{-4} %)
> ② 평균분자량 $m_a = 28.964$
> ③ 기체상수 $R_a = 29.27$ kg·m/kg·K
> ④ 비중량 $\gamma_a = 1.293$ kg/m³ (20℃일 때 1.2 kg/m³)
> ⑤ 비체적 $v_a = 0.7733$ m³/kg (20℃일 때 0.83 m³/kg)

(2) 습공기 (moist air)

대기 중에 있는 공기에 수분이 함유된 것을 습공기라 한다.

(3) 포화공기 (saturated air)

공기 중에 포함된 수증기량은 공기 온도에 따라 한계가 있으며, 최대한도의 수증기를 포함한 공기를 포화공기라 한다.

(4) 무입공기 (fogged air)

안개 낀 공기라고도 하며 포화공기가 함유하는 수증기량, 즉 절대습도를 x [kg/kg′]로 표시할 때 함유 수증기량이 이 x 보다 큰 x' 로 되었다고 하며, $x' - x$ 의 여분의 수증기량은 일반적으로 수증기로서는 존재할 수 없고 미세한 물방울로서 존재하여 안개 모양으로 떠돌아다니는데, 이와 같이 안개가 혼입된 공기를 무입공기라 한다.

(5) 불포화공기 (unsaturated air)

포화점에 도달하지 못한 습공기로서 실제의 공기는 대부분의 경우 불포화공기이다. 포화공기를 가열하면 불포화공기로 되고, 냉각하면 과포화공기로 된다.

2 공기의 상태

(1) 건구온도 (dry bulb temperature : DB) t [℃]

보통 온도계가 지시하는 온도

(2) 습구온도 (wet bulb temperature : WB) t' [℃]

보통 온도계 수은 부분에 명주, 모슬린 등의 천을 달아서 일단을 물에 적신 다음 대기 중에 증발시켜 측정한 온도이다. 대기 중의 습도가 적을수록 물의 증발은 많아지고 따라서 습구온도는 낮아진다.

(3) 노점온도 (dew point temperature : DP) t'' [℃]

공기의 온도가 낮아지면 공기 중의 수분이 응축 결로되기 시작하는 온도를 노점온도라 한다. 즉, 습공기의 수증기 분압과 동일한 분압을 갖는 포화습공기의 온도를 말하며, 습공기 중에 함유하는 수증기를 응축하여 물방울의 형태로 제거해 주는 것을 캐리어 (carrier)에서 생각한 노점 조절법이다.

(4) 절대습도 (specific humidity : SH) x [kg/kg′]

건조공기 1 kg과 여기에 포함되어 있는 수증기량 (kg)을 합한 것에 대한 수증기량을 말하며, 절대습도를 내리려면 코일의 표면온도를 통과하는 공기를 노점온도 이하로 내려서 감습해 주어야 한다. 즉, 공기의 노점온도가 변하지 않는 이상 절대습도는 일정하다.

$$x = \frac{\gamma_w}{\gamma_a} = \frac{P_w/R_w T}{P_a/R_a T} = \frac{P_w/47.06}{(P-P_w)/29.27}$$

$$\therefore x = 0.622 \frac{P_w}{P-P_w}$$

여기서, P_w : 수증기의 분압 (kg/m²), P_a : 건조공기의 분압 (kg/m²)
P : 대기압 ($P_a + P_w$), T : 습공기의 절대온도 (K)
R_w : 수증기의 가스정수 (47.06 kg·m/kg·K)
R_a : 건조공기의 가스정수 (29.27 kg·m/kg·K)

(5) 상대습도 (relative humidity : RH) ϕ [%]

대기 중에 함유하는 수분은 기온에 따라 최대량이 정해져 있다. 즉, 대기 중에 존재할 수 있는 최대습기량과 현존하고 있는 습기량의 비율이다. 이 상대습도는 관계습도라고도 불리며 습공기 중에 함유되는 수분의 압력 (수증기 분압)과 동일온도에서 포화상태에 있는 습공기 중의 수분압력과의 비로 정의될 때도 있다.

$$\phi = \frac{\gamma_w}{\gamma_s} \times 100 \qquad\qquad \phi = \frac{P_w}{P_s} \times 100$$

여기서, γ_w : 습공기 $1\,\mathrm{m}^3$ 중에 함유된 수분의 중량

γ_s : 포화습공기 $1\,\mathrm{m}^3$ 중에 함유된 수분의 중량

P_w : 습공기의 수증기 분압

P_s : 동일온도의 포화습공기의 수증기 분압

※ $P_w = \phi P_s$ 이므로, $x = 0.622\,\dfrac{\phi P_s}{P - \phi P_s}$

$$\therefore\ \phi = \frac{xP}{P_s(0.622 + x)}$$

※ P_w에 대한 Apjohn의 실험식 $P_w = P_{ws} - \dfrac{P}{1500}(t - t')$

(6) 포화도 (saturation degree : SD) ψ [%] 또는 비교습도

습공기의 절대습도와 그와 동일온도의 포화습공기의 절대습도의 비

$$\psi = \frac{x}{x_s} \times 100$$

여기서, x : 습공기의 절대습도 (kg/kg$'$), x_s : 동일온도의 포화습공기의 절대습도 (kg/kg$'$)

$$\psi = \frac{0.622\phi P_s / P - \phi P_s}{0.622\,P_s / P - P_s} \quad (\because x_s\ \text{일 때}\ \phi = 1\text{이므로})$$

$$\psi = \phi\,\frac{P - P_s}{P - \phi P_s}$$

(7) 비체적 (specific volume : SV) $v\,[\mathrm{m}^3/\mathrm{kg}]$

$1\,\mathrm{kg}$의 무게를 가진 건조공기를 함유하는 습공기가 차지하는 체적을 비체적이라 한다.

※ 건조공기 $1\,\mathrm{kg}$에 함유된 수증기량을 $x\,[\mathrm{kg}]$라 하면,

① 건조공기 $1\,\mathrm{kg}$의 상태식 $P_a V = R_a T$

② 수증기 $x\,[\mathrm{kg}]$의 상태식 $P_w V = x R_w T$

③ $P = P_a + P_w$ 에서,

$$V(P_a + P_w) = V \cdot P = T(R_a + x R_w)$$

$$\therefore\ v = \frac{(R_a + x R_w)T}{P}$$

$$v = (29.27 + 47.06\,x)\,\frac{T}{P} = (0.622 + x)\,47.06\,\frac{T}{P}$$

여기서, T : 절대온도 (K), P : 압력(kg/m^2)

(8) 엔탈피 (enthalpy : TH) $i\,[\text{kcal}/\text{kg}]$

어떤 온도를 기준으로 해서 계측한 단위중량 중의 유체에 함유되는 열량을 말하며 i [kcal/kg] 로 표시한다. 건공기의 엔탈피(i_a)는 0℃의 건조공기를 0으로 하고, 수증기의 엔탈피(i_w)는 0℃의 물을 기준 (0)으로 한다.

① 온도 t [℃]인 건공기의 엔탈피

$$i_a = C_p t = 0.24t$$

여기서, C_p : 공기의 정압비열 (0.240 kcal/kg · ℃)

② 온도 t [℃]인 수증기의 엔탈피

$$i_w = \gamma + C_{pw} t = 597.3 + 0.44t$$

여기서, γ : 0℃ 수증기의 증발잠열 (597.3 kcal/kg)
$\quad\quad\quad C_{pw}$: 수증기의 정압비열 (0.44 kcal/kg · ℃)

③ 건공기 1 kg과 수증기 x [kg]이 혼합된 습공기의 엔탈피

$$i = i_a + x i_w = C_p t + x(R + C_{pw} t)$$
$$= (C_p + C_{pw} x)t + Rx = C_s t + Rx$$

여기서, $C_s = C_p + C_{pw} x$ 를 습비열(濕比熱)이라고 한다.

3 습공기 선도(psychrometric chart)

공기 선도는 외기와 환기의 혼합비율을 공기조화기에서 처리하는 과정에 따라 실내를 희망하는 상태로 할 수 있는가의 여부 또는 운전 중 실내의 변화와 공기조화 중 공기의 상태 변화 등을 일목요연하게 판별할 수 있도록 나타낸 것이다.

(1) $i-x$ 선도

엔탈피와 절대습도의 양을 사교 좌표로 취하여 그린 것으로 $i-x$ 선도의 구성 및 그래프는 다음과 같다.

$$\text{열수분비 } u = \frac{i_2 - i_1}{x_2 - x_1} = \frac{di}{dx}$$

여기서, i_1 : 상태 1인 공기의 엔탈피 (kcal/kg), i_2 : 상태 2인 공기의 엔탈피 (kcal/kg)
$\quad\quad x_1$: 상태 1인 공기의 절대습도 (kg/kg′), x_2 : 상태 2인 공기의 절대습도 (kg/kg′)

이 열수분비(u)를 이용하면 공기의 상태 변화가 선도 상에서 일정 방향으로 주어지게 된다. 즉, 수분비 u_1인 변화는 선도 상에서 u_2의 눈금과 ⊕표의 중점을 잇는 직선과 평행방향

으로 된다. 이 중심점은 u 눈금의 기준이 되어 있으므로 기준점 (reference point)이라 한다.

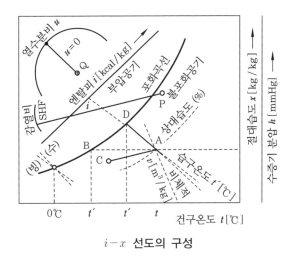

$i-x$ **선도의 구성**

(2) $t-x$ 선도

$i-x$ 선도와 비슷한 점이 많으나 실용상 편리하도록 간략하게 되어 있다.

$t-x$ 선도는 열수분비(u) 대신에 감열비 SHF (sensible heat factor)가 표시되어 상태 변화 방향을 표시하는 것이다.

$$SHF = \frac{q_s}{q_s + q_l}$$

여기서, q_s : 감열량, q_l : 잠열량

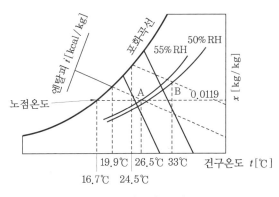

$t-x$ **선도의 구성**

(3) $t-i$ 선도

물과 공기가 접촉하면서의 변화 과정을 나타낸 것으로 공기 세정기 (air washer)나 냉각탑 (cooling tower) 등의 해석에 이용된다.

(4) 공기 선도의 기본 상태 변화의 판독

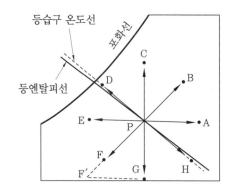

$\overrightarrow{PA}$: 가열 변화

$\overrightarrow{PB}$: 가열 가습 변화

$\overrightarrow{PC}$: 등온 가습 변화

$\overrightarrow{PD}$: 가습 냉각 변화(단열 가습)

$\overrightarrow{PE}$: 냉각 변화

$\overrightarrow{PF}$: 감습 냉각 변화

$\overrightarrow{PG}$: 등온 감습 변화

$\overrightarrow{PH}$: 가열 감습 변화

4 공기 선도의 실제 및 계산

(1) 건구온도 24℃, 습구온도 17℃가 주어진 경우 공기 선도를 사용하여 그 공기의 상대습도, 노점온도, 절대습도, 엔탈피, 비체적을 구하기로 한다.

① 상대습도 $\phi = 50\%$

② 엔탈피 $h = 11.4 \text{ kcal/kg}$

③ 노점온도 $t'' = 12.5℃$

④ 비체적 $v = 0.856 \text{ m}^3/\text{kg}$

⑤ 절대습도 $x = 0.0093 \text{ kg/kg}'$

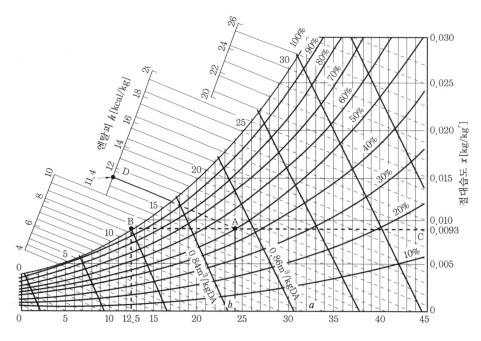

(2) 건구온도 30℃, 상대습도 40%를 주어 이 공기의 습구온도 및 노점온도를 구하기로 한다. 횡좌표상의 건구온도 30℃ 점에서 수선을 세워 40%의 상대습도 곡선과의 교점 A

가 이 공기의 상태점이 된다.

점 A에서 습구온도선을 따라 왼쪽 위로 올라가 포화곡선과의 교점을 B라 하면, B점에서 횡좌표에 수선을 내려서 눈금을 읽으면 습구온도 20℃를 얻을 수 있다. 다음 A점에서 수평선을 따라 왼편으로 가서 포화곡선과의 교점을 C라고 하면 횡좌표에 수선을 내려 노점온도 14.8℃를 얻는다.

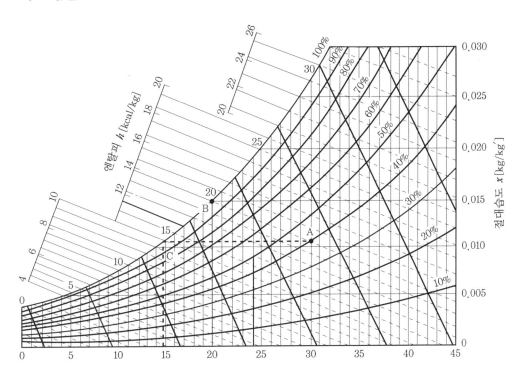

(3) 가열, 냉각

① 감열식

$$q_s = GC_p(t_2 - t_1) = G(h_2 - h_1) \text{ [kcal/h]}$$

여기서, G : 질량

C_p : 비열 (kcal/kg·℃) (공기 비열 0.24)

t_1, t_2 : 건구온도 (℃)

h_1, h_2 : 엔탈피 (kcal/kg)

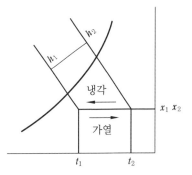

② 잠열식 : 절대습도의 변화가 없으므로 잠열이 없다.

(4) 혼합

실내환기를 1, 실내풍량을 Q_1, 외기를 2, 외기풍량을 Q_2라고 한다면 혼합공기 3의 온도, 습도 및 엔탈피는 다음과 같다.

$$t_3 = \frac{t_1 \cdot Q_1 + t_2 \cdot Q_2}{Q_1 + Q_2} \qquad x_3 = \frac{x_1 \cdot Q_1 + x_2 \cdot Q_2}{Q_1 + Q_2} \qquad i_3 = \frac{i_1 \cdot Q_1 + i_2 \cdot Q_2}{Q_1 + Q_2}$$

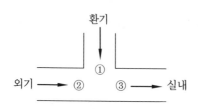 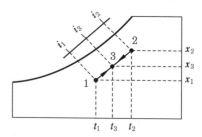

(5) 가습, 감습

① 수분량 : $L = G(x_2 - x_1)$ [kg/h]

② 잠열량 : $q = G(i_2 - i_1)$

$$= Q \times 1.2 \times 597.3(x_2 - x_1) \text{ [kcal/h]}$$

여기서, L : 가습량 (kg/h), G : 공기량 (kg/h)

Q : 풍량 (m^3/h), x : 절대습도 (kg/kg′)

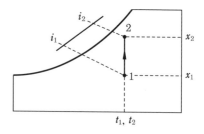

(6) 가열, 가습

$$q_t = q_s + q_l = G(i_2 - i_1) = G(i_3 - i_1) + G(i_2 - i_3)$$

$$= GC_p(t_2 - t_1) + GR(x_2 - x_1)$$

$$L = G(x_2 - x_1)$$

여기서, q_t : 전열량 (kcal/h), q_s : 감열량 (kcal/h)

q_l : 잠열량 (kcal/h), x : 절대습도 (kg/kg′)

G : 공기량 (kg/h), L : 가습량 (kg/h)

R : 물의 증발잠열 (kcal/kg) (※ 0℃ 물의 증발잠열 : 597.3 kcal/kg)

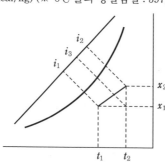

참고 현열비 (감열비) $SHF = \dfrac{q_s}{q_t} = \dfrac{q_s}{q_s + q_l}$

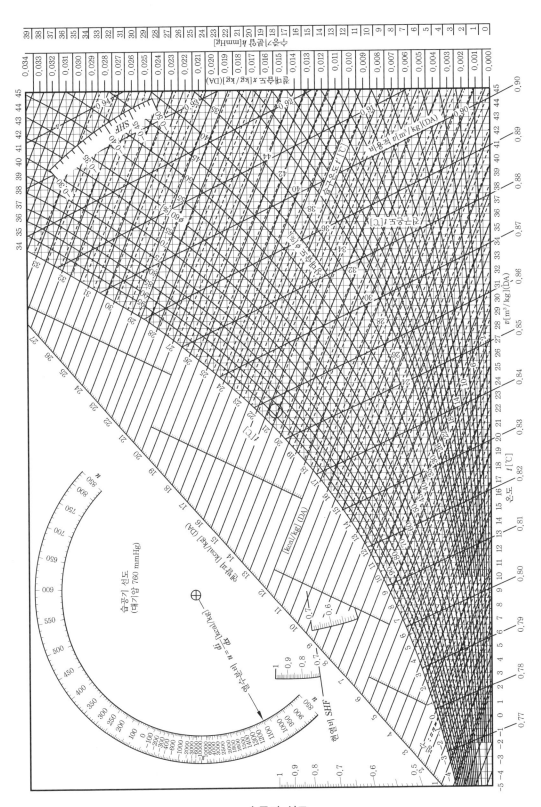

습공기 선도

예제 1. 절대습도 0.004 kg/kg′, 건구온도 10℃의 공기 100 kg/h를 26℃, 절대습도 0.0175 kg/kg′로 가열·가습할 때 필요한 열량 및 가습수량과 현열비를 계산하여라. (단, 공기의 비열은 1 kJ/kg·K, 0℃ 수분의 증발잠열은 2500 kJ/kg이다.)

해설 ① 현열량 $q_s = GC\Delta t = 100 \times 0.24 \times (26 - 10) = 1600 \text{ kJ/h}$

② 잠열량 $q_l = GR\Delta x = 100 \times 2500 \times (0.0175 - 0.004) = 3375 \text{ kJ/h}$

③ 전열량 $q_t = q_s + q_i = 1600 + 3375 = 4975 \text{ kJ/h}$

④ 가습수량 $L = G(x_2 - x_1) = 100 \times (0.0175 - 0.004) = 1.35 \text{ kg/h}$

⑤ 현열비 $SHF = \dfrac{q_s}{q_s + q_l} = \dfrac{1600}{1600 + 3375} = 0.32$

(7) 장치의 노점온도와 바이패스 팩터

점 A에서 B의 상태로 냉각하는 경우 냉각코일의 노점온도는 선분 AB의 연장선에서 포화곡선과 만나는 점 C가 되고, 여기서 BF는 B에서 C의 상태이고 CF(contact factor)는 A에서 B의 상태이다.

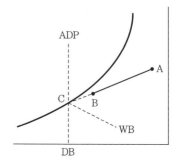

$$\text{BF} = \frac{\text{B} - \text{C}}{\text{A} - \text{C}}$$

$$\text{CF} = \frac{\text{A} - \text{B}}{\text{A} - \text{C}}$$

여기서, BF : 냉각 또는 가열코일과 접촉되지 않고 통과한 공기의 비율

CF : 냉각 또는 가열코일과 접촉하고 통과한 공기의 비율

(8) 장치에 따른 선도 변화

① 혼합 냉각

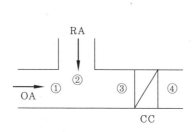

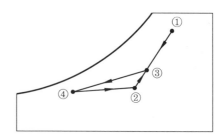

② 혼합 가열

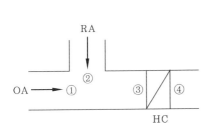 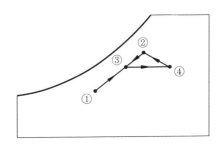

③ 혼합 → 세정(순환수 분무) → 가열

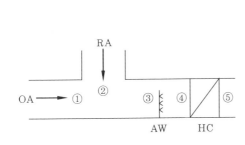 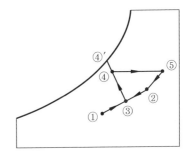

④ 혼합 → 예열 → 세정(순환수 분무) → 재열

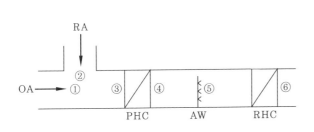 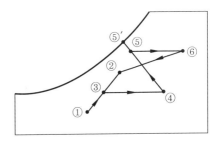

⑤ 혼합 → 증기 가습 → 가열

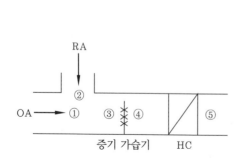
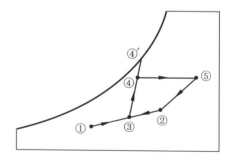

⑥ 외기예열 → 혼합 → 세정 → 재열

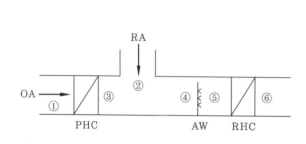
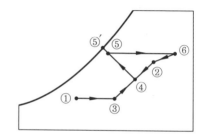

⑦ 외기예랭 → 혼합 → 냉각

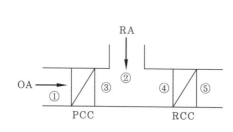
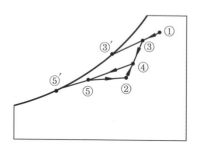

1-3 ○ 공기조화의 부하

1 냉방부하

(1) 외벽, 지붕에서의 태양복사 및 전도에 의한 부하(kJ/h)

면적(m^2)×열관류율$(kJ/m^2 \cdot h \cdot ℃)$×상당온도차$(℃)$

① 벽체의 구조

벽 구조와 K의 값

번호	구조	K	번호	구조	K
①	콘크리트 두께 5 cm	4.68	⑥	알루미늄 커튼 월	1.99
②	콘크리트 두께 10 cm	3.97	⑦	알루미늄 커튼 월 (보온재 5 cm)	0.550
③	콘크리트 두께 15 cm	3.44	⑧	목조벽 (보온재 3 cm)	0.842
④	콘크리트 두께 20 cm	3.04	⑨	ALC 판 (7.5 cm)	1.20
⑤	콘크리트 두께 25 cm	2.72	⑩	ALC 판 (12.5 cm)	0.858

㊕ 1 kcal를 4.187 kJ로 환산하면 SI 단위로 계산이 가능하다.

벽번호	구조	벽번호	구조
①~⑤	콘크리트 (두께 t[cm]) / 또는 / 콘크리트+모르타르 (두께 t[cm])	⑧	woodlath mortar 2.5cm / 공기 공간 3.5cm / 글라스 울 3cm / 합판 0.6cm
⑥	Al판 0.25cm / rockwool spray 1cm / 공기 공간 5cm / Al판 0.25cm	⑨	모르타르 2.5cm / ALC판 7.5cm / 공기 공간 2.5cm / 합판 0.6cm
⑦	공기 공간 5cm / 글라스 울 5cm / 다른 것은 ⑥과 동일	⑩	ALC판 12.5cm / 다른 것은 ⑨와 동일

② 상당 온도차 : 일사를 받는 외벽체를 통과하는 열량을 산출하기 위하여 실내·외 온도차에 축열계수를 곱한 것으로서 지역과 시간 및 방위(향)에 따라서 그 값이 다르다.

보정 상당 외기온도차 $\Delta t_e{'} = \Delta t_e + (t_o{'} - t_i{'}) - (t_o - t_i)$

여기서, $\Delta t_e{'}$: 보정 상당 온도차(℃), Δt_e : 상당 온도차(℃)

$t_i{'}$: 실제 실내온도, t_i : 설계 실내온도

$t_o{'}$: 실제 외기온도, t_o : 설계 외기온도

상당 온도차의 예(콘크리트벽, 설계 외기온도 31.7℃, 실내온도 26℃, 7월 하순)

벽	시각	Δt_e								
		수평	북	북동	동	남동	남	남서	서	북서
콘크리트두께 5 cm	8	14.2	6.6	21.4	24.2	15.5	2.6	2.8	3.0	2.5
	10	32.8	5.9	18.7	27.7	24.6	10.1	6.2	6.3	5.8
	12	43.5	8.2	8.6	17.1	20.4	16.6	9.4	8.5	8.0
	14	44.4	8.7	8.8	9.0	10.5	17.4	20.2	16.4	8.5
	16	36.2	8.1	8.2	8.4	8.4	12.8	26.5	29.1	19.8
콘크리트두께 10 cm	8	5.4	1.3	6.5	7.5	4.9	1.8	2.5	2.8	2.0
	10	20.1	4.8	19.8	24.6	18.8	4.5	4.6	4.8	4.2
	12	33.5	6.6	14.6	21.2	20.8	11.4	7.4	7.6	7.1
	14	40.7	7.8	8.2	11.3	15.8	15.6	11.2	8.6	8.2
	16	38.7	8.1	8.5	8.9	9.1	14.6	19.8	13.3	10.4
콘크리트두께 15 cm	8	6.5	1.7	3.1	4.7	3.8	2.5	3.7	4.2	2.9
	10	10.5	5.3	11.6	12.4	8.7	3.4	4.5	5.0	3.8
	12	23.7	4.7	15.5	19.9	17.6	6.6	6.3	6.4	5.6
	14	32.3	6.7	10.5	15.3	16.5	11.7	8.3	8.0	7.5
	16	35.6	7.3	8.0	8.9	11.6	13.6	13.2	9.1	8.1
콘크리트두께 20 cm	8	8.6	2.3	4.1	5.7	4.9	3.4	4.7	5.4	4.9
	10	8.6	2.3	4.0	5.7	4.8	3.3	4.7	5.3	4.8
	12	15.5	5.7	13.5	15.1	11.4	4.4	5.7	6.3	5.9
	14	25.3	5.3	12.3	16.4	15.4	8.0	7.2	7.7	7.5
	16	30.9	6.5	7.7	12.1	13.6	11.5	8.8	8.6	8.6
경량 콘크리트두께 10 cm	8	5.0	1.3	2.6	3.9	8.7	2.0	2.9	3.4	2.3
	10	14.9	5.9	16.9	18.8	13.3	3.6	4.3	4.9	3.8
	12	28.8	5.6	15.0	20.7	19.2	8.9	6.8	7.2	6.3
	14	37.0	7.2	7.9	14.0	16.5	13.4	9.0	8.6	7.8
	16	37.7	7.8	8.3	9.0	9.9	14.2	16.5	14.1	8.4
경량 콘크리트두께 15 cm	8	8.5	2.3	4.0	5.7	4.8	3.4	4.6	5.2	3.8
	10	8.4	2.2	3.9	5.7	4.8	3.3	4.6	5.1	3.8
	12	16.0	5.7	14.6	15.5	12.0	4.5	5.7	6.2	4.8
	14	25.8	5.4	12.4	16.2	15.4	8.4	7.3	7.7	6.6
	16	31.4	6.6	7.6	11.8	13.5	11.5	8.8	8.6	7.6

(2) 유리로 침입하는 열량

① 복사열량(일사량) : 면적(m^2)×최대 일사량($kJ/m^2 \cdot h$)×차폐계수

② 전도대류열량 : 창면적당 전도대류열량($kJ/m^2 \cdot h$)×면적(m^2)

③ 전도열량 : 면적(m^2)×유리 열관류율($kJ/m^2 \cdot h \cdot ℃$)×실내·외 온도차(℃)

※ 일사량과 전도대류열량 계산에서 1 kcal를 4.187 kJ로 환산하면 SI 단위로 계산이 가능하다.

차폐계수(k_s)

종류		k_s	참고값		
			흡수율	반사율	투과율
보통판유리		1.00	0.06	0.08	0.86
마판유리		0.94	0.15	0.08	0.77
내측 venetian blind	엷은색	0.56	0.37	0.51	0.12
	중간색	0.65	0.58	0.39	0.03
	진한색	0.75	0.72	0.29	0.01
외측 venetian blind	엷은색	0.56			
	중간색	0.65			
	진한색	0.75			

흡열유리를 통과하는 일사량 I_{gR}[kcal/m^2·h]

(그레이 페인 5 mm, 7월 하순)

시각	수평	NW	N	NE	E	SE	S	SW	W
6	30.1	8.9	33.9	133.2	144.8	63.1	8.9	8.9	8.9
7	110.0	11.9	24.6	222.0	278.9	146.8	11.9	11.9	11.9
8	216.0	13.2	13.2	183.2	308.8	216.0	15.0	13.2	13.2
9	301.9	18.5	18.5	113.0	247.1	201.3	30.7	18.5	18.5
10	362.3	24.2	24.2	52.5	163.3	164.7	55.6	24.2	24.2
11	413.7	24.6	24.6	24.6	72.8	113.6	78.6	24.6	24.6
12	426.3	24.6	24.6	24.6	24.6	55.0	85.0	55.0	24.6
13	413.7	24.6	24.6	24.6	24.6	24.6	78.6	113.6	72.8
14	362.3	52.5	24.2	24.2	24.2	24.2	55.6	164.7	163.3
15	301.9	113.0	18.5	18.5	18.5	18.5	30.7	201.3	247.1
16	216.0	183.2	13.2	13.2	13.2	13.2	15.0	216.0	308.8
17	110.0	222.0	24.6	11.9	11.9	11.9	11.9	146.8	278.9
18	30.1	133.2	33.9	8.9	8.9	8.9	8.9	63.1	144.8

(3) 틈새바람에 의한 열량

• 감열＝풍량 (m^3/h)×비중량 (1.2 kg/m^3)×비열 (1 kJ/kg·K)×실내·외 온도차 (K)

• 잠열＝풍량 (m^3/h)×비중량 (1.2 kg/m^3)×잠열 (2501 kJ/kg)

　　　×실내·외 절대습도차 (kg/kg$'$)

흡열유리를 통과하는 전도대류량 $I_g C$ [kcal/m² · h]

(그레이 페인 5 mm, 7월 하순)

시각	수평	NW	N	NE	E	SE	S	SW	W
6	9.6	1.9	11.1	27.0	28.3	16.7	1.9	1.9	1.9
7	37.7	9.4	17.5	55.0	62.0	43.5	9.4	9.4	9.4
8	67.7	18.8	18.8	61.9	79.8	67.1	20.9	18.8	18.8
9	89.5	27.9	27.9	58.3	80.2	73.4	36.6	27.9	27.9
10	103.8	35.4	35.4	49.3	73.4	73.8	50.3	35.4	35.4
11	115.0	39.0	39.0	39.0	58.3	67.6	59.2	39.2	39.0
12	118.2	41.3	41.3	41.3	41.3	56.2	63.9	56.2	41.3
13	118.5	42.4	42.4	42.4	42.4	42.6	62.6	71.0	61.8
14	118.7	56.1	42.3	42.3	42.3	42.3	57.2	80.7	80.3
15	102.6	71.5	41.1	41.1	41.1	41.1	49.3	86.5	93.3
16	84.2	78.5	35.4	35.4	35.4	35.4	37.4	83.7	96.3
17	58.8	76.2	38.6	30.6	30.6	30.6	30.6	64.7	83.1
18	31.4	48.6	32.9	23.6	23.6	23.6	23.6	38.4	50.0

① 환기 횟수에 의한 방법 : 이 방법은 주택이나 점포, 상가 등의 소규모 건물에 자주 사용되며, 다음 식에 의해 계산한다.

$$Q = n \cdot V$$

여기서, Q : 환기량 (m³/h)

n : 환기 횟수 (회/h)

V : 실체적 (m³)

환기 횟수는 건축구조에 따라 달라지며, 일반적으로 0.5~1.0회를 사용하는데, 정확한 계산법은 아니지만 간단하므로 자주 이용된다.

② crack 법 (극간길이에 의한 방법) : 창 둘레의 극간길이 L [m]에 극간길이 1 m 당 극간풍량을 곱하여 구한다. 이 방법은 외기의 풍속과 풍압을 고려하고, 창문의 형식에 따라 누기량이 정해진다.

③ 창면적에 의한 방법 : 창의 면적 또는 문의 면적을 구하여 극간용량을 계산하는 방법으로서 창의 크기 및 기밀성, 바람막이의 유무에 따라 극간풍이 달라진다.

$$Q \, [m^3/h] = A \, [m^2] \times g_f \, [m^3/h \cdot m^2]$$

여기서, A : 창문면적 (m²)

g_f : 면적당 극간풍량

④ 출입문의 극간풍 : 현관의 출입문은 사람에 의하여 개폐될 때마다 많은 풍량이 실내로 유입된다. 특히, 건물 자체의 연돌 효과로 인해 현관은 부압이 되며, 극간풍량은 증가한다.

⑤ 건물 내 개방문 : 건물 내의 실(室)과 복도, 실과 실 사이의 문으로서 양측의 온도차가 발생하여 극간풍이 발생한다.

극간풍에 의한 환기 횟수(n)   (회/h)

건축 구조	환기횟수(n)	
	난방 시	냉방 시
콘크리트조 (대규모 건축)	0~0.2	0
콘크리트조 (소규모 건축)	0.2~0.6	0.1~0.2
양식 목조	0.3~0.6	0.1~0.3
일식 목조	0.5~1.0	0.2~0.6

㊟ 창 새시는 전부 알루미늄 새시로 한다.

참고 극간풍을 방지하는 방법

① 에어 커튼 (air curtain)을 사용한다.
② 회전문을 설치한다.
③ 충분히 간격을 두고 이중문을 설치한다.
④ 이중문의 중간에 강제 대류 방열기(convector) 또는 팬코일 유닛(FCU)을 설치한다.
⑤ 실내를 가압하여 외부압력보다 높게 유지한다.
⑥ 건축의 건물 기밀성 유지와 현관의 방풍실 설치, 층간의 구획 등이 있다.

예제 2. Al 새시 두 짝 미닫이에서 창문 높이가 2 m이고 폭이 2 m일 때 crack에 의한 극간길이와 침입풍량이 10 m³/m·h일 때 극간풍량을 계산하여라.

해설 ① 극간길이=3×2+2×2=10 m
② 극간풍량=10×10=100 m³/h

(4) 내부에서 발생하는 열량

① 인체에서 발생하는 열량

현열＝재실인원수×1인당 발생현열량 (kJ/h)
잠열＝재실인원수×1인당 발생잠열량 (kJ//h)

② 전동기 (실내 운전 시) [kJ/h]＝전동기 입력(kVA)×3600

$$전동기 \ 입력(kVA)＝전동기 \ 정격출력(kW)×부하율×\frac{1}{전동기 \ 효율}$$

③ 조명부하

백열등 (kJ/h)＝kW×전등수×3600

형광등 (kJ/h)＝kW×전등수×1.25×3600

> **참고** 형광등 1 kW의 열량은 점등관 안전기 등의 열량을 합산하여 1×1.25×3600 kJ/h이다.

④ 실내기구 발생열(현열) [kJ/h]＝기구수×실내기구 발생현열량 (kJ/h)

인체에서 발생하는 열량 (kcal/h)

작업상태	예	발전열량	28℃ SH	28℃ LH	27℃ SH	27℃ LH	26℃ SH	26℃ LH	25℃ SH	25℃ LH	24℃ SH	24℃ LH	23℃ SH	23℃ LH	21℃ SH	21℃ LH
정좌	극장	88	44	44	49	39	53	35	56	33	58	30	60	28	65	23
경작업	학교	101	45	56	49	52	53	48	57	44	61	40	64	38	69	32
사무실 업무 가벼운 보행 서다	사무실, 호텔, 백화점	113	45	68	50	63	54	59	58	55	62	51	65	47	72	41
앉다 걷다	은행	126	45	81	50	76	55	71	60	67	64	62	67	59	73	53
좌업	레스토랑	139	48	91	56	83	62	77	67	73	71	68	74	64	81	58
착석작업	공장의 경작업	189	48	141	56	133	62	127	68	121	74	115	80	109	92	97
보통의 댄스 보행	댄스홀	125	56	159	62	153	69	146	76	140	82	133	88	126	101	114
(4.8 km/h)	공장 중작업	252	68	184	76	176	83	169	90	163	96	156	103	149	116	136
볼링	볼링	365	113	252	117	248	121	244	132	239	132	233	139	226	153	212

㊟ SH (Sensible Heat) : 현열, LH (Latent Heat) : 잠열

1 kcal를 4.187 kJ로 환산하면 SI 단위로 계산할 수 있다.

각종 기구의 발열량 (kcal/h)

기구	감열	잠열
전등전열기(kW 당)	860	0
형광등(kW 당)	1000	0
전동기(94~375 W)	1060	0
전동기(0.375~2.25 kW)	920	0
전동기(2.25~15 kW)	740	0

가스 커피포트(1.8 L)	100	25
가스 커피포트(11 L, 지름 38×높이 85 cm)	720	720
토스터(전열, 15×28×23 cm 높이)	610	110
분젠 버너(도시가스, 10 mmϕ)	240	60
가정용 가스 스토브	1800	200
가정용 가스 오븐	2000	1000
기구 소독기(전열 15×20×43 cm)	680	600
기구 소독기(전열 23×25×50 cm)	1300	1000
미장원 헤어드라이어(헬멧형 115 V, 6.5 A)	470	80
미장원 헤어드라이어(블로어형 115 V, 15 A)	600	100
퍼머넌트 웨이브기(25 W 히터 60개)	220	40

주 1 kcal를 4.187 kJ로 환산하면 SI 단위로 계산할 수 있다.

(5) 장치 내의 취득열량

① 급기덕트의 열 취득 : 실내 취득감열량×(1~3) %

② 급기덕트의 누설손실 : 시공오차로 인한 누설 (송풍량×5 % 정도)

③ 송풍기 동력에 의한 취득열량 : 송풍기에 의해 공기가 가압될 때 주어지는 에너지의 일부가 열로 변환된다.

④ 장치 내 취득열량의 합계가 일반적인 경우 취득감열의 10 %이고, 급기덕트가 없거나 짧은 경우에는 취득감열의 5 % 정도이다.

> **참고** 실내 전열취득량(q_r) = 실내 현열부하(q_s) + 실내 잠열부하(q_L)
> ① q_s = 실내 현열소계 + 여유율 + 장치 내 취득열량
> ② q_L = 실내 잠열소계 + 여유율 + (기타 부하)

(6) 외기부하

실내환기 또는 기계환기의 필요에 따라 외기를 도입하여 실내공기의 온·습도에 따라 조정해야 한다.

$$감열 \quad q_s = Q_o \gamma C_p (t_o - t_i) \ [\text{kJ/h}]$$

$$잠열 \quad q_L = GR(x_o - x_i) \ [\text{kJ/h}]$$

여기서, Q_0 : 외기도입량 (m³/h)

G : 외기도입 공기 질량 (kg/h)

γ : 비중량 (kg/m³)

C_p : 공기 비열 (kJ/kg·K)

R : 0℃ 물의 증발잠열 (2501 kJ/kg)

t_o, t_i : 실내·외 공기의 건구온도 (℃)

x_o, x_i : 실내·외 공기의 절대습도 (kg/kg′)

(7) 냉각부하

$$q_{cc} = \text{실내 취득열량} + \text{외기부하} + \text{재열부하} + \text{기기 취득열량 (kJ/h)}$$

2 난방부하

(1) 전도대류에 의한 열손실

구조체에 의한 열손실, 즉 벽, 지붕 및 천장, 바닥, 유리창, 문 등

(2) 극간풍(틈새바람)에 의한 열손실

침입공기에 의한 열손실

(3) 장치에 의한 열손실

실내 손실열량의 3~7 %로 본다.

(4) 외기부하

재실인원 또는 기계실에 필요한 환기에 의한 열손실 등이 있다.

참고 **전도대류 손실열량**

$q = $ 면적 $(m^2) \times$ 열관류율 $(kcal/m^2 \cdot h \cdot \text{℃}) \times$ 실내・외 온도차 $(\text{℃}) \times$ 방위계수

방위계수는 북・북서・서 등은 1.2, 북동・동・남서 등은 1.1, 남동・남 등은 1.0이 일반적이다.

예상문제

1. 실내공기의 상대습도를 정확하게 측정하기 위해 보통 쓰이는 계기로서 적당한 것은 어느 것인가?

① 비통풍식 건습계
② 모발 습도계
③ 노점온도계
④ 통풍식 건습계

해설 통풍식 건습계의 종류에는 슬립형과 아스만식이 있다.

2. 다음은 건공기의 성분비를 용적 비율로서 나타낸 것이다. 옳은 것은?

① 산소 21 %, 질소 78 %, 기타 1 %
② 산소 50 %, 질소 48 %, 기타 1 %
③ 산소 58 %, 질소 37 %, 기타 5 %
④ 산소 69 %, 질소 25 %, 기타 6 %

3. 건구온도와 습구온도는 어떤 특정한 공기 표본에 관해서 다음 중 어느 것을 결정할 수 있게 해 주는가?

① 건구온도는 공기가 포함하고 있는 열량을, 습구온도는 포함된 수분의 양을 결정해 준다.
② 습구온도는 이슬점을, 건구온도는 상대습도를 결정하게 한다.
③ 두 가지 온도로 열량, 수분의 양, 이슬점, 상대습도를 결정하게 해 준다.
④ 두 온도의 차이로 상대습도를 구할 수 있게 해 준다.

해설 건구온도와 습구온도의 교점으로 엔탈피, 절대습도, 노점온도, 수증기 분압, 상대습도, 비체적 등을 알 수 있다.

4. 다음 중 인체의 온열환경에 미치는 요소의 조합으로 적당한 것은?

① 온도, 습도, 복사열, 기류속도
② 온도, 습도, 청정도, 기류속도
③ 온도, 습도, 기압, 복사열
④ 온도, 청정도, 복사열, 기류속도

해설 인체의 온열환경은 유효온도(온도, 습도, 기류속도)에 복사열을 합한 것이다.

5. 절대습도에 관계있는 온도는?

① 건구온도   ② 노점온도
③ 습구온도   ④ 건·습구온도

해설 절대습도에 관계있는 것은 노점온도와 수증기 분압이다.

6. 다음 중 결로현상에 대한 설명으로 옳지 않은 것은?

① 건축 구조를 사이에 두고 양쪽에 수증기의 압력차가 생기면 수증기는 구조물을 통하여 흐르며, 포화온도, 포화압력 이하가 되면 응결하여 발생된다.
② 결로는 습공기의 온도가 노점온도까지 강하하면 공기 중의 수증기가 응결하여 시작된다.
③ 습공기가 노점온도까지 강하하면 응결이 시작되고, 응결이 발생되면 수증기의 압력이 상승한다.
④ 결로 방지를 위하여 방습층을 사용할 때는 반드시 수증기압이 높은 쪽의 구조물 표면에 두도록 한다.

해설 공기 중의 수분이 응결되면 수증기 분압은 감소한다.

정답   1. ④   2. ①   3. ③   4. ①   5. ②   6. ③

7. 다음 설명 중 맞지 않는 것은?

① 공기조화란 온도, 습도조정, 공기정화, 실내기류 조절의 4항목을 만족시키는 처리 과정이다.

② 전자계산실의 공기조화는 산업공조이다.

③ 보건용 공조는 실내인원에 대한 쾌적 환경을 만드는 것을 목적으로 한다.

④ 공조장치에 여유를 두어 여름에 외부 온도차를 크게 하여 실내를 시원하게 해 준다.

해설 하절기의 외기와의 온도차는 7℃ 이하로 한다.

8. 다음 설명 중 틀린 것은?

① 포화공기의 온도를 습공기의 노점온도라고 한다.

② 건공기 1kg당 고려할 때 습공기에 함유된 수증기의 질량이 바로 절대습도이다.

③ 노점온도는 절대습도에 의해 정해지며 포화공기 중의 절대습도가 클수록 낮아진다.

④ 관계습도란 1m³의 공기 중에 현재 포함되어 있는 수증기 분량과 포화상태의 수증기 분량과의 비를 말한다.

해설 노점온도와 절대습도의 수증기 분압은 비례한다.

9. 여름철에 실내에서 사무를 보고 있는 사람에게 쾌적감을 주는 가장 적당한 조건은 어느 것인가?

구분	기온 (℃)	상대습도 (%)	기류속도 (m/s)
①	26.0	45.0	0.2
②	23.0	55.0	2.0
③	24.5	80.0	1.0
④	20.5	60.0	0.5

해설 20~25℃ DB, 60~70 % RH,
기류속도 : 냉방 시 0.12~0.18 m/s, 난방 시 0.18~0.25 m/s

10. 냉한지에 대한 공기 가열 코일의 동결 방지에 대한 설명 중 옳지 않은 것은?

① 운전 정지 시에는 외기 댐퍼를 전부 열어서 송풍기와 인터로크한다.

② 온수 코일에 있어서는 약간의 운전 정지 중에 순환 펌프를 운전해서 코일 내의 물을 유동시킨다.

③ 외기와 환기를 충분히 혼합되도록 각 덕트의 개구부를 배치한다.

④ 증기코일의 압력은 0.5 ata 이상의 증기를 사용하도록 하고 코일관 내에 응축수가 괴지 않도록 배열한다.

해설 겨울철에 코일의 동결 방지를 위하여 외기 도입 댐퍼는 운전 정지 시 전부 닫아야 된다.

11. 습공기의 상태 변화에 관한 설명 중 틀린 것은?

① 습공기를 가열하면 건구온도와 상대습도가 상승한다.

② 습공기를 냉각하면 건구온도와 습구온도가 내려간다.

③ 습공기를 노점온도 이하로 냉각하면 절대습도가 내려간다.

④ 냉방할 때 실내로 송풍되는 공기는 일반적으로 실내공기보다 냉각 감습되어 있다.

해설 습공기를 가열하면 건구온도는 상승하고 상대습도는 감소한다.

12. 다음은 습공기의 성질에 관한 설명이다. 옳지 않은 것은?

① 절대습도는 습공기에 함유되어 있는 수분량과 건조공기량과의 중량비이다.

② 습공기 중의 수증기 중량은 습공기 중의 건조공기에 대해 $x/1\,[\text{kg/kg}']$이다.

③ 포화공기 중의 수증기 분압은 그 온도의 포화수증기 압력과 같다.

④ 비교습도는 수증기 분압과 그 온도에 있어서의 포화공기의 수증기 분압과의 비를 말한다.

해설 비교습도 $=\dfrac{x}{x_s}=\dfrac{\text{절대습도}}{\text{포화절대습도}}$

상대습도 $=\dfrac{P_w}{P_s}$

13. 압력 760 mmHg, 기온 15℃의 대기가 수증기 분압 9.5 mmHg를 나타낼 때 대기 1 kg 중에 포함되어 있는 수증기의 중량(kg/kg′)은 얼마인가?

① 0.00623 kg/kg′
② 0.00787 kg/kg′
③ 0.00821 kg/kg′
④ 0.00931 kg/kg′

해설 $x=0.622\times\dfrac{9.5}{760-9.5}=0.00787\ \text{kg/kg}'$

14. 대기압이 760 mmHg일 때 온도 30℃의 공기에 함유되어 있는 수증기 분압이 42.18 mmHg이었다. 이때 건공기의 분압(mmHg)은 얼마인가?

① 717.82 mmHg
② 727.46 mmHg
③ 745.35 mmHg
④ 760 mmHg

해설 $P_a=P-P_w=760-42.18$
$\qquad=717.82\,\text{mmHg}$

15. 온도 30℃, 압력 4 kg/cm² (abs)인 공기의 비체적은 얼마인가?

① 0.4 m³/kg
② 4.0 m³/kg
③ 2.2 m³/kg
④ 0.22 m³/kg

해설 $v=\dfrac{29.27\times(273+30)}{4\times10^4}=0.22\ \text{m}^3/\text{kg}$

16. 상대습도 50 %, 냉방의 현열부하가 7500 kcal/h, 잠열부하가 2500 kcal/h일 때 현열비(SHF)는 얼마인가?

① $SHF=0.25$
② $SHF=0.65$
③ $SHF=0.75$
④ $SHF=0.85$

해설 $SHF=\dfrac{7500}{7500+2500}=0.75$

17. 온도 20℃, 상대습도 65 %의 공기를 30℃로 가열하면 상대습도는 몇 %가 되는가? (단, 20℃의 포화수증기압은 0.024 kg/cm²이고, 30℃의 포화수증기압은 0.043 kg/cm²이다.)

① 33 %
② 36 %
③ 41 %
④ 44 %

해설 $\phi=\dfrac{P_w}{P_s}=\dfrac{0.65\times0.024}{0.043}$
$\qquad=0.3627=36.27\ \%$

18. 10×8×3.5 m 크기의 방에 10명이 거주할 때 실내의 탄산가스 서한도를 0.1 %로 하기 위해서는 외기도입량을 얼마로 하여야 하는가? (단, 외기의 탄산가스 함유량은 0.0005 m³/h, 1인당 탄산가스 발생량은 0.02 m³/h이다.)

① 100 m³/h
② 200 m³/h
③ 250 m³/h
④ 400 m³/h

해설 $Q=\dfrac{10\times0.02}{0.001-0.0005}=400\ \text{m}^3/\text{h}$

19. 다음 설명 중 잘못된 것은?

① 감열의 전열량(q_t)에 대한 비율을 감열비라고 한다.

---

② 공기에 온수나 증기를 분무하는 과정을 습공기 선도 상에 나타내는 데 편리한 것으로 수분비가 있다.

③ 공기조화에서 실내로의 송풍공기는 감열비를 나타내는 사선을 따르는 조건의 것이라야 한다.

④ 엔탈피 증가량의 절대습도 증가량에 대한 비율을 감열비라고 한다.

해설 ㉠ 감열비$(SHF) = \dfrac{감열량}{전열량}$

㉡ 열수분비$(u) = \dfrac{엔탈피\ 증가량}{절대습도\ 증가량}$

$= \dfrac{di}{dx}$ [kcal/kg]

20. 32℃의 외기와 24℃의 환기를 1 : 3의 비로 혼합하여 BF(bypass factor) 0.3인 코일로 냉각 제습하는 경우의 코일 출구온도는 몇 도인가? (단, 코일 표면의 온도는 10℃이다.)

① 12℃　　　　② 14.8℃

③ 16.3℃　　　④ 18.5℃

해설 ㉠ 혼합온도

$t_m = \dfrac{(1 \times 32) + (3 \times 24)}{1+3} = 26℃$

㉡ 코일 출구온도

$t_r = BF \cdot t_m + (1-BF) \cdot t_c$

$= 0.3 \times 26 + (1-0.3) \times 10 = 14.8℃$

21. 다음 중 바이패스 팩터(BF)가 증가하는 경우는 언제인가?

① ADP가 높을 때

② 냉수량이 적을 경우

③ 송풍량이 적을 때

④ 코일 튜브의 간격이 넓을 경우

해설 바이패스 팩터(BF)가 작아지는 경우 (CF가 커지는 경우)

• ADP가 높을 때

• 송풍량이 적을 때

• 전열면적이 클 때

• 냉수량이 적을 때

• 코일이 정방향에 가까울 때

• 코일의 간격이 좁을 때

• 코일 지름이 클 때

22. 풍량 10000 kg/h의 공기에 온수 58.3 kg/h를 분무하였더니 절대습도 0.00475 kg/kg′가 되었다. 입구의 절대습도는 얼마인가? (단, 가습효율은 30 %이다.)

① 0.0025 kg/kg′　② 0.0027 kg/kg′

③ 0.0030 kg/kg′　④ 0.0032 kg/kg′

해설 $x_1 = 0.00475 - \dfrac{58.3 \times 0.3}{1000}$

$= 0.0030$ kg/kg′

23. 다음 그림은 공기 선도를 표시한 것이다. 옳게 설명하고 있는 것은?

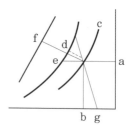

① a = 절대습도　　② b = 건구온도
　c = 상대습도　　　d = 습구온도
　f = 엔트로피　　　e = 노점온도

③ c = 상대습도　　④ b = 건구온도
　d = 습구온도　　　e = 노점온도
　g = 비열비　　　　g = 비열비

24. 다음과 같은 습공기 선도 상에서 틀린 것은?

① B-C : 현열 증가 - 가열
② A-B : 전열 감소 - 냉각 감습
③ C-A : 잠열 증가 - 가습
④ C-B : 잠열 감소 - 냉각

25. 다음과 같은 습공기 선도 상의 상태에서 외기부하를 나타내고 있는 것은?

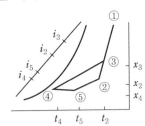

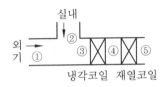

① $G(h_3 - h_4)$
② $G(h_5 - h_4)$
③ $G(h_3 - h_2)$
④ $G(h_2 - h_5)$

26. 다음의 공기 선도 상에서 상태점 A의 노점 온도는 몇 ℃인가?

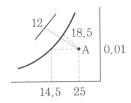

① 12℃
② 14.5℃
③ 18.5℃
④ 25℃

27. 다음은 냉각코일에서의 공기 상태 변화를 나타낸 것이다. 이때 코일의 BF(bypass factor)는 어느 것인가?

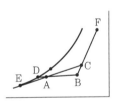

① $\dfrac{AB}{DB}$
② $\dfrac{DA}{BA}$
③ $\dfrac{EA}{EC}$
④ $\dfrac{EA}{AC}$

28. 다음 중 공기조화기의 풍량 결정과 관련이 없는 것은?

① 인체에서의 발생잠열
② 전등의 발생열
③ 태양 복사열
④ 외벽에서의 전도열

해설 풍량 결정은 실내 취득감열만 해당된다.

29. 다음은 건물의 열손실을 줄이기 위한 방안이다. 맞는 것은?

① 열전도율이 양호한 재료를 사용한다.
② 건물의 층고를 가급적 작게 한다.
③ 개구부를 크게 계획한다.
④ 환기량을 크게 한다.

해설 건물의 층고를 작게 하면 전열면적이 작아지므로 침입열량이 적다.

30. 다음 용어의 조합 중 틀린 것은?

① 인체의 발생열 - 현열, 잠열
② 극간풍에 의한 열량 - 현열, 잠열
③ 외기도입량 - 현열, 잠열
④ 조명부하 - 현열, 잠열

해설 조명부하는 현열뿐이다.

31. 다음 중 난방용 에너지 소비량을 평가할 수 있는 방법이 아닌 것은?

① 동적 열부하 계산법
② 디그리 데이법
③ 확장 디그리 데이법
④ 최대 열부하 계산법

해설 최대 열부하 계산은 보일러 정격출력 등을 계산하는 방법이다.

32. 다음 설명 중 틀린 것은?

① 벽을 통해 침입하는 열은 현열뿐이다.
② 유리창을 통해 실내로 들어오는 열은 현열뿐이다.
③ 여름에 인체로부터 발생하는 열은 현열과 잠열로 구성되어 있다.
④ 형광등이나 비등기와 같이 실내 발열기기가 발생하는 열은 모두 현열뿐이다.

해설 조명기구는 현열뿐이고 비등기에서 조리기구는 현열과 잠열이 있다.

33. 다음 설명 중에서 옳은 것은?

① 여름철에 실내의 인체에서 발생하는 열은 감열이다.
② 실내의 발열기구(사무기기, 형광등, 조리기구 등)에서 발생하는 열은 잠열이다.
③ 여름철에 실내의 인체에서 발생하는 열은 잠열뿐이다.
④ 외기로부터 도입되는 공기의 열은 잠열과 감열이다.

해설 ① 인체 발생열 : 감열과 잠열
② 조리기구 : 감열과 잠열

34. 사람 주위에 흐르는 기류의 쾌적한 속도는 얼마인가?

① 0.1~0.2 m/s   ② 0.3~0.4 m/s
③ 0.5~0.6 m/s   ④ 0.7~0.8 m/s

해설 설계 유속률
• 여름 : 0.11~0.18 m/s
• 겨울 : 0.18~0.25 m/s

35. 다음 그림은 냉수를 이용한 공기 냉각기이다. 냉각기의 열통과율이 $3780 \text{ kJ/m}^2 \cdot \text{h} \cdot \text{k}$, 1열의 전열면적을 2 m^2로 하면 냉각열량은 얼마가 되는가?

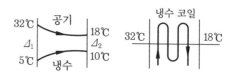

① 236447 kJ/h   ② 286910 kJ/h
③ 472349 kJ/h   ④ 152980 kJ/h

해설 $MTD = \dfrac{(32-5)-(18-10)}{\ln\dfrac{32-5}{18-10}} = 15.62\,℃$

$\therefore\ q_c = 3780 \times (2 \times 4) \times 15.62$
$= 472349 \text{ kJ/h}$

36. 열부하 계산 시 적용되는 열관류율(K)에 대한 설명 중 틀린 것은?

① 열전도와 열전달의 조합이다.
② 단위는 $kJ/m^2 \cdot h \cdot K$이다.
③ 열관류율이 커지면 열부하는 감소한다.
④ 고체벽을 사이에 두고 유체에서 유체로 열이 이동하는 비율을 말한다.

해설 $Q = K \cdot F \cdot \Delta t\,[kJ/h]$에서 열관류율이 크면 열부하가 증가한다.

37. 냉방을 행하기 위해 단위시간에 제거해야 할 열량을 냉방부하라고 한다. 이들 식 중 맞는 것은?

① 냉방부하=실내 취득열량+기기 내 취득열량−재열부하−신선공기부하
② 냉방부하=실내 취득열량−기기 내 취득열량−재열부하−신선공기부하

③ 냉방부하＝실내 취득열량＋기기 내 취득열량＋재열부하－신선공기부하

④ 냉방부하＝실내 취득열량＋기기 내 취득열량＋재열부하＋신선공기부하

38. 80℃의 물 10 kg이 60℃의 물로 변할 때 발산되는 현열량은 몇 kJ인가?

① 840 kJ   ② 600 kJ

③ 800 kJ   ④ 1000 kJ

해설 $q_s = G \cdot C \cdot \Delta t = 10 \times 4.2 \times (80 - 60)$
$\qquad = 840\,\text{kJ}$

39. 아래 그림과 같은 공기조화에서 전열량(q_r)의 표시가 바른 것은? (단, q_s : 실내의 현열 손실열량, q_L : 실내의 잠열손실열량, G_F : 외기량, $t_1 - t_6$: 각 상태점의 건구온도)

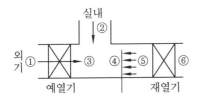

① $q_r = (q_s - q_L) - G_F\,(t_2 - t_4)$

② $q_r = (q_s + q_L) + G_F\,(t_2 - t_3)$

③ $q_r = (q_s - q_L) - G_F\,(t_3 - t_2)$

④ $q_r = (q_s - q_L) + G_F\,(t_2 - t_1)$

해설 $q_r = G(i_6 - i_5)$
$\qquad =$ 실내 손실 열량 ＋외기부하
$\qquad = (q_s + q_L) + G_F(t_2 - t_3)\,[\text{kJ}]$

40. 공조부하 계산법에 있어서 백열등의 1 W 당 발열량은 얼마인가?

① 6.4 kJ/h   ② 7.8 kJ/h

③ 3.6 kJ/h   ④ 9.8 kJ/h

해설 $1\,\text{W} = 3600\,\text{J/h} = 3.6\,\text{kJ/h}$

41. 40 W 짜리 형광등 10개를 조명용으로 사용하는 어떤 사무실이 있다. 이때 조명기구로부터의 취득열량은 얼마인가?

① 900 kJ/h   ② 1445kJ/h

③ 1800 kJ/h   ④ 2890 kJ/h

해설 $q = 40 \times 1.25 \times 10 = 500\,\text{J/s} = 1800\,\text{kJ/h}$
※ 형광등은 점등관과 안전기의 발열량을 25% 가산한다.

공기조화 방식

2-1 ○ 중앙 공기조화 방식

1 공조설비 구성

(1) 공조기

송풍기, 에어 필터, 공기냉각기, 공기가열기, 가습기 등으로 구성

(2) 열운반장치

팬, 덕트, 펌프, 배관 등으로 구성

(3) 열원장치

보일러, 냉동기 등을 운전하는 데 필요한 보조기기

(4) 자동제어장치

실내 온·습도를 조정하고 경제적인 운전을 한다.

> **참고** 실내환경의 쾌적함을 위한 외기도입량
>
> 외기도입량은 급기량의 25~30 % 정도이다.
>
> $$Q \geqq \frac{M}{C - C_a}$$
>
> 여기서, Q : 시간당 외기도입량 (m^3/h)
> C : 실내 유지를 위한 CO_2 함유량 (%)
> C_a : 외기 도입 공기 중의 CO_2 함유량 (%)

> **예제 3.** 1000명을 수용하는 강당에서 1인당 CO_2 발생량이 17 L/h일 때 CO_2가 0.05 %인 외기를 도입하여 실내 CO_2를 0.1 %로 유지하는 데 필요한 환기량은 얼마인가?
>
> **해설** $Q = \dfrac{M}{C - C_a} = \dfrac{1000 \times 0.017}{0.001 - 0.0005} = 34000 \ m^3/h$

2 공조 방식의 분류

구분	에너지 매체에 의한 분류	시스템명	세분류
중앙식	전공기 방식	정풍량 단일 덕트 방식	존 재열, 단말재열
		변풍량 단일 덕트 방식	
		2중 덕트 방식	멀티 존 방식
	수-공기 방식	팬 코일 유닛 방식 (덕트 병용)	2관식, 3관식, 4관식
		유인 유닛 방식	2관식, 3관식, 4관식
		복사 냉난방 방식 (패널에어 방식)	
	수방식	팬 코일 유닛 방식	2관식, 3관식, 4관식
개별식	냉매방식	룸 쿨러 패키지 유닛 방식 (중앙식) 패키지 유닛 방식 (터미널 유닛 방식)	

3 공조설비 방식

(1) 중앙 방식의 비교

① 전공기 방식의 특징

㈎ 장점

- 청정도가 높은 공조, 냄새 제어, 소음 제어에 적합하다.
- 중앙집중식이므로 운전·보수 관리가 용이하고 선택 폭이 크다.
- 공조하는 실에는 드레인 배관, 공기여과기 또는 전원이 필요 없다.
- 리턴 팬을 설치하면 중간기 및 동절기에 외기냉방이 가능하다.
- 폐열 회수장치를 이용하기 쉽다.
- 많은 배기량에도 적응성이 있다.
- 겨울철 가습하기가 용이하다.
- 실내에 흡입구, 취출구를 설치하면 되고 팬 코일 유닛과 같은 기구가 노출되지 않는다 (실내공간이 넓다).
- 건축 중 설계 변경 또는 완공 후 실내장치 변경에 융통성이 있다.
- 계절 변화에 따른 냉·난방 전환이 용이하다.

㈏ 단점

- 덕트 치수가 커지므로 설치공간이 크다.
- 존 (zone)별 공기 평형을 유지시키기 위한 기구가 없으면 공기 균형 유지가 어렵다.

- 송풍동력이 커서 다른 방식에 비하여 반송동력이 크게 된다.
- 대형의 공조기계실을 필요로 한다.
- 동절기 비사용 시간대에도 동파 방지를 위해 공조기를 운전해야 한다.
- 재열장치 사용 시 에너지 손실이 크다.
- 재순환공기에 의한 실내공기 오염의 우려가 있다.

㈐ 적용
  - 전공기방식을 요구하는 곳 (사무실, 학교, 실험실, 병원, 상가, 호텔, 선박 등)
  - 온·습도 및 양호한 청정 제어를 요하는 곳 (컴퓨터실, 병원 수술실, 방적공장, 담배 공장 등)
  - 1실 1계통 제어를 요하는 곳 (극장, 스튜디오, 백화점, 공장 등)

② 유닛 병용 (공기-수) 방식의 특징
㈎ 장점
  - 부하가 큰 방에 대해서도 환기공기만 보내므로 덕트의 치수가 작아질 수 있다.
  - 전공기 방식에 비하여 반송동력이 작다.
  - 유닛별로 제어하면 개별 제어가 가능하다.
  - 수동으로 개별 제어하면 경제적 운전이 가능하다.
  - 전공기 방식에 비해 중앙공조기가 작아진다.
  - 제습·가습이 중앙장치에서 행하여진다.
  - 동절기 동파 방지를 위한 공조기 가동이 불필요하다.
  - 환기가 양호하다.

㈏ 단점
  - 유닛에 고성능 필터를 사용할 수가 없다.
  - 필터의 보수, 기기의 점검이 증대하여 관리비가 증가한다 (기기 분산 설치로 유지 보수가 어렵다).
  - 실내기기를 바닥 위에 설치하는 경우 바닥 유효면적이 감소한다.
  - 외기냉방이 어렵다.
  - 습도 조절을 위하여 저온의 냉수가 필요하다.
  - 자동제어가 복잡하다.
  - 많은 양의 환기를 요하는 곳은 적용 불가능하다.

㈐ 적용 : 다수의 존 (zone)을 가지며, 현열 부하의 변동폭이 크고 고도의 습도 제어가 요구되지 않는 곳 (사무실, 병원, 호텔, 학교, 아파트, 실험실 등의 외주부)

③ 수 (물) 방식의 특징 : 실내에 설치된 유닛(fan coil unit, unit heater, convector 등)에 냉·온수를 순환하는 방식

(개) 장점

- 공조기계실 및 덕트 공간이 불필요하다.
- 사용하지 않는 실의 열원 공급을 중단시킬 수 있으므로 실별 제어가 용이하다.
- 재순환공기의 오염이 없다.
- 덕트가 없으므로 증설이 용이하다.
- 자동제어가 간단하다.
- 4관식의 경우 냉·난방을 동시에 할 수 있고 절환이 불필요하다.

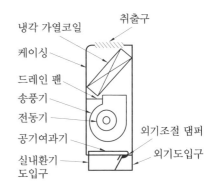

팬 코일 유닛

(내) 단점

- 기기 분산으로 유지관리 및 보수가 어렵다.
- 각 실 유닛에 필터 배관, 전기배선 설치가 필요하므로 정기적인 청소가 요구된다.
- 환기량이 건축물 설치방향, 풍향, 풍속 등에 좌우되므로 환기가 좋지 못하다 (자연환기를 시킨다).
- 습도 제어가 불가능하다.
- 코일에 박테리아, 곰팡이 등의 서식이 가능하다.
- 동력 소모가 크다 (소형 모터가 다수 설치됨).
- 유닛이 실내에 설치되므로 실공간이 작아진다.
- 외기냉방이 불가능하다.

(다) 적용

- 습도 제어가 필요 없다.
- 재순환공기의 오염이 우려되는 곳으로 개별 제어가 필요한 호텔, 아파트, 사무실 등

(2) 전공기식 단일 덕트 방식

① 정풍량 방식(constant air volume : CAV)

(개) 장점

- 공조기가 중앙식이므로 공기 조절이 용이하다.
- 공조기실을 별도로 설치하므로 유지관리가 확실하다.
- 공조기실과 공조 대상실을 분리할 수가 있어서 방음·방진이 용이하다.
- 송풍량과 환기량을 크게 계획할 수 있으며, 환기팬을 설치하면 외기냉방이 용이하다.
- 자동제어가 간단하므로 운전 및 유지관리가 용이하다.
- 급기량이 일정하므로 환기상태가 양호하고 쾌적하다.

(나) 단점
- 다실공조인 경우에는 각 실의 부하 변동에 대한 대응력이 약하다 (개별실 제어가 어렵다).
- 가변풍량 방식에 비하여 송풍기 동력이 커져서 에너지 소비가 증대한다.
- 최대 부하를 기준으로 공조기를 선정하므로 용량이 커진다.

(다) 적용
- 1실 1계통의 공조가 필요한 곳 (체육관, 극장, 강당, 백화점 등)
- 부하 변동이 일정한 사무실 등
- 온·습도 제어가 요구되는 항온 항습실 및 병원 수술실 등

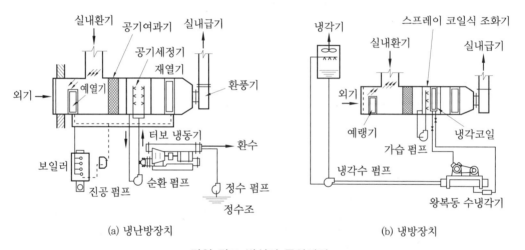

(a) 냉난방장치   (b) 냉방장치

단일 덕트 방식의 중앙장치

고속과 저속덕트의 비교 (개략치)

구분	주덕트 풍속 (m/s)	분기 덕트 풍속	송풍기 전압 (mmAq)	송풍기 동력 (kW)
저속덕트	8~15	4~6	50~75	30~37
고속덕트	20~25	10~12	150~250	75~100

참고 ① 말단재열기 : CAV 방식에서는 실별 제어가 불가능하기 때문에 각 실의 토출구 직전에 설치하여 취출온도를 희망하는 설정값으로 유지하는 방식이며 재열용 열매로 증기 또는 온수가 이용된다.
② 저속덕트와 고속덕트의 구분 : 풍속 15 m/s 이상을 고속덕트라 하고, 일반적으로 20~25 m/s가 채택되며 저속덕트는 8~15 m/s가 채용된다.

② 변풍량 방식 (variable air volume : VAV)
(가) 장점
- 개별실 제어가 용이하다.

- 다른 방식에 비해 에너지가 절약된다.

  ┌ 사용하지 않는 실의 급기 중단
  ├ 급기량을 부하에 따라 공급할 수 있다.
  └ 부분부하 시 팬(fan)의 소비전력이 절약된다.

- 동시부하율을 고려하여 공조기를 설정하므로 정풍량에 비해 20 % 정도 용량이 적어진다.
- 공기 조절이 용이하므로 부하 변동에 따른 유연성이 있다.
- 부하 변동에 따른 제어응답이 **빠르기** 때문에 거주성이 향상된다.
- 시운전 시 토출구의 풍량 조절이 간단하다.

(나) 단점

- 급기류가 변화하므로 불쾌감을 줄 우려가 있다.
- 최소 풍량 제어 시에 환기 부족 현상의 우려가 있고 소음이 발생한다.
- CAV에 비해 설비 시공비가 많다.
- 자동제어가 복잡하여 운전 및 유지관리가 어렵다.
- 실내환경의 청정화 유지가 어렵다.

(다) 적용 : 개별실 제어가 요구되는 일반 사무실 건물 등

③ 변풍량 유닛(VAV unit)의 종류

(가) 교축형 유닛(throttle type unit) : 두 개의 독립된 동작부를 갖고 있으며, 실내의 부하 변동에 대응하여 온도조절기의 지령으로 동작하는 기구와 덕트 내의 정압 변동을 조정하는, 즉 정압조절기라고 하는 정풍량 기구 등이 있다.

(나) 바이패스형 유닛(bypass type unit) : 실내의 부하 변동에 따라서 실내 토출풍량을 조절하여 바이패스시키는 것으로 실내의 부하 변동에 대해서도 송풍량이 변하지 않는다는 특징이 있다.

(다) 유인형 유닛(induction type unit) : 실내 온도조절기에 의하여 실내부하의 변동을 감지하고 부하가 최대일 때에는 유인 공기 측의 댐퍼를 닫고 1차 공기의 전량을 실내에 송풍한다. 한편 실내부하가 감소하면 2차 (유인) 공기 측의 댐퍼를 열고 1차 공기와 2차 공기의 혼합비를 조절하여 송풍온도를 높게 한다. 이 유닛은 1차 공기의 댐퍼 개도에 의하여 유인비가 변화하므로 제어하기가 어렵다.

(3) 전공기 이중 덕트 방식

① 정풍량 이중 덕트 방식(double duct constant air volume : DDCAV)

(가) 장점

- 실내부하에 따라 개별실 제어가 가능하다.

- 냉·온풍을 혼합하여 토출하므로 계절에 따라 냉·난방을 변환시킬 필요가 없다.
- 실내의 용도 변경에 대해서 유연성이 있다.
- 냉풍 및 온풍이 열매체이므로 부하 변동에 대한 응답이 **빠르다**.
- 조닝 (zoning)의 필요성이 크지 않다.
- 외기냉방이 가능하다.

(나) 단점

- 냉·온풍을 혼합하는 데 따른 에너지 손실 및 연간 일정한 풍량을 공급하기 위한 송풍동력으로 운전비가 상승한다.
- 2계통의 덕트가 설치되므로 설비비가 높다.
- 덕트의 설치공간이 커지므로 고속덕트 방식을 채택하게 된다.
- 혼합 상자에서 소음과 진동이 발생한다.
- 실내습도의 완전한 제어가 어렵다.
- 실온 유지를 위하여 하절기에도 난방의 필요성이 있다.

(다) 적용

- 냉·난방의 분포가 복잡하고 개별실 제어가 필요한 곳
- 사용목적이 불투명하고 변동이 많은 건물

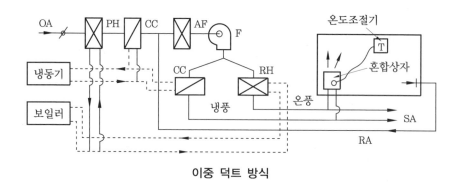

이중 덕트 방식

② 변풍량 이중 덕트 방식 (double duct variable air volume : DDVAV)

(가) 장점

- 같은 기능의 변풍량 재열식에 비해 에너지가 절감된다.
- 동시 사용률을 적용할 수가 있어서 주덕트에서 최대 부하 시보다 20~30 %의 풍량을 줄일 수 있으므로 설비용량을 적게 할 수 있다.
- 부분부하 시 송풍기 동력을 절감할 수가 있다.
- 빈방에 급기를 정지시킬 수 있어서 운전비를 줄일 수 있다.
- 부하 변동에 대하여 제어응답이 **빠르다**.

(나) 단점

- 2중 덕트를 사용하므로 설비비가 크다.
- 최소풍량 시 외기 도입이 어렵다.
- 실내공기의 분포가 나빠질 우려가 있으므로 토출구 선정 시 주의해야 한다.

③ 멀티 존 유닛 방식(multi zone unit system)

(가) 장점

- 소규모 건물의 이중 덕트 방식과 비교하여 초기 설비비가 저렴하다.
- 이중 덕트 방식의 덕트 공간을 천장 속에 확보할 수 없는 경우에 적합하다.
- 존 제어가 가능하므로 건물의 내부 존에 이용된다.

(나) 단점

- 이중 덕트 방식과 같은 혼합 손실이 있어서 에너지 소비량이 많다.
- 동일 존에 있어서 내주부 부하 변동과 외주부 부하 변동이 거의 균일해야 한다.
- 장차 존 혼합 댐퍼를 증설한다는 것은 경제적으로나 현실적으로 불가능하다.
- 이중 덕트 방식에 비하여 정풍량장치가 없으므로 각 실의 부하 변동이 심하게 달라지면 각 실에 대한 송풍량의 균형이 깨진다.
- 덕트 수가 많으므로 유닛을 건물 중앙에 두어 덕트 공간이 넓어지는 것을 방지한다.

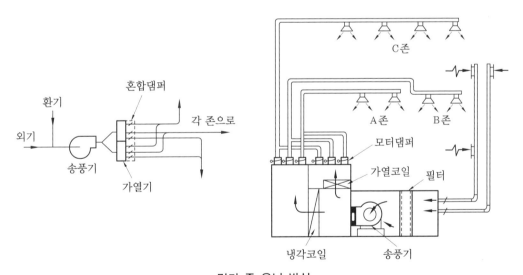

멀티 존 유닛 방식

(4) 덕트 병용 패키지 공조 방식

① 장점

(가) 설비비가 저렴하다.

(나) 운전에 전문 기술인이 필요 없다.

(다) 유닛에 냉동기를 내장하므로 부분 운전에 중앙 열원장치를 운전하지 않아도 된다.

② 단점

(가) 수명이 짧으므로 보수비용이 크다.

(나) 실온 제어가 2위치이므로 습도 제어가 곤란하고 편차가 크다.

(다) 소형장치(15 RT 이하)에 고급 필터를 설치할 때는 송풍기 정압이 낮으므로 부스터 팬(booster fan)을 설치해야 한다.

(5) 각층 유닛 방식

① 장점

(가) 송풍 덕트가 짧다.

(나) 시간차 운전에 적합하다.

(다) 각층 슬래브의 관통 덕트가 없으므로 방화상 유리하다.

(라) 층별 존 제어가 가능하다.

② 단점

(가) 공조기 수가 많으므로 설비비가 많이 든다.

(나) 보수관리가 복잡하다.

(다) 진동, 소음이 크다.

(라) 2차 공조용 기계실이 단일 덕트 공간보다 커진다.

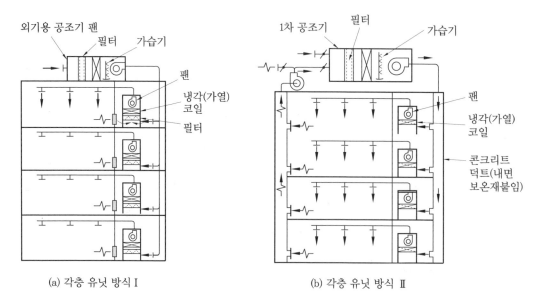

(a) 각층 유닛 방식 I   (b) 각층 유닛 방식 II

각층 유닛 방식

(6) 유닛 병용식(수 – 공기 방식)

① 팬 코일 유닛 방식(fan coil unit system)(덕트 병용)

　(가) 장점

　　• 각 유닛마다 조절할 수 있으므로 각 실 조절에 적합하다.

　　• 전공기식에 비해 덕트 면적이 적다.

　　• 장내의 부하 증가에 대하여 팬 코일 유닛의 증설관으로 용이하게 계획될 수 있다.

　(나) 단점

　　• 일반적으로 외기 공급을 위한 별도의 설비를 병용할 필요가 있다.

　　• 유닛이 실내에 설치되므로 건축계획상 지장을 받는 경우가 있다.

　　• 다수 유닛이 분산 설치되므로 보수관리가 어렵다.

　　• 전공기식에 비해 다량의 외기송풍량을 공급하기 곤란하므로 중간기나 겨울철의 효과적인 외기냉방을 하기가 힘들다.

　　• 수배관으로 인한 누수의 염려가 있다.

　　• 실내공기 청정도를 요구하기 힘들다.

② 유인 유닛 방식(induction unit system)

　(가) 장점

　　• 비교적 낮은 운전비로 개실 제어가 가능하다.

　　• 1차 공기와 2차 냉·온수를 별도로 공급함으로써 재실자의 기호에 알맞은 실온을 선정할 수 있다.

　　• 1차 공기를 고속덕트로 공급하고, 2차 측에 냉·온수를 공급하므로 열 반송에 필요한 덕트 공간을 최소화한다.

　　• 중앙공조기는 처리풍량이 적어서 소형으로 된다.

　　• 제습, 가습, 공기여과 등을 중앙기계실에서 행한다.

　　• 유닛에는 팬 등의 회전부분이 없으므로 내용연수가 길고, 일상점검은 온도 조절과 필터의 청소뿐이다.

　　• 송풍량은 일반적인 전공기 방식에 비하여 적고 실내부하의 대부분은 2차 냉수에 의하여 처리되므로 열 반송 동력이 작다.

　　• 조명이나 일사가 많은 방의 냉방에 효과적이고 계절에 구분 없이 쾌감도가 높다.

　(나) 단점

　　• 1차 공기량이 비교적 적어서 냉방에서 난방으로 전환할 때 운전 방법이 복잡하다.

　　• 송풍량이 적어서 외기냉방 효과가 작다.

　　• 자동제어가 전공기 방식에 비하여 복잡하다.

- 1차 공기로 가열하고 2차 냉수로 냉각 (또는 가열) 하는 등 가열, 냉각을 동시에 행하여 제어하므로 혼합손실이 발생하여 에너지가 낭비된다.
- 팬 코일 유닛과 같은 개별운전이 불가능하다.
- 설비비가 많이 든다.
- 직접난방 이외에는 사용이 곤란하고 중간기에 냉방운전이 필요하다.

> **참고** 1차 공기와 2차 공기(합계 공기) 와의 비는 일반적으로 $1:3\sim4$ 이고 더블 코일일 때에는 $1:6\sim7$ 정도이다.
>
> 유인비 $n = \dfrac{\text{합계 공기}}{\text{1차 공기}} = \dfrac{T_i}{P_s}$

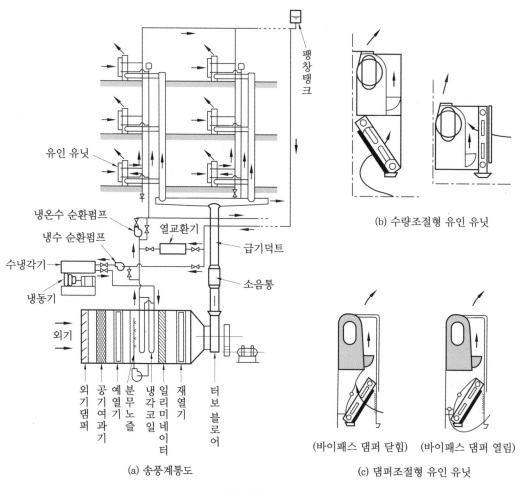

(a) 송풍계통도

(b) 수량조절형 유인 유닛

(바이패스 댐퍼 닫힘)　(바이패스 댐퍼 열림)

(c) 댐퍼조절형 유인 유닛

유인 유닛 방식

③ 복사 냉·난방 방식(panel air system)

  (개) 장점

- 복사열을 이용하므로 쾌감도가 제일 좋다.
- 천장이 높은 방에 온도 취출 차를 줄일 수 있다.
- 건물의 축열을 기대할 수 있다.
- 실내에 유닛이 없으므로 공간이 넓다.
- 냉방 시 일사 또는 조명부하를 쉽게 처리할 수 있다.

  (내) 단점

- 냉각 패널에 결로 우려가 있고 잠열이 많은 부하처리에 부적당하다.
- 실내 수배관이 필요하고 설비비가 많이 든다.
- 많은 환기량을 요하는 장소는 부적당하다.
- 실 건축구조 변경이 어렵다.

2-2 ○ 개별 공기조화 방식

(1) 개별 방식

① 장점

  (개) 각 유닛에 냉동기를 내장하고 있기 때문에 필요시간에 가동하므로 에너지 절약이 되고, 또 잔업 시의 운전 등으로 국소적인 운전을 할 수 있다.

  (내) 서모스탯을 내장하고 있어 개별 제어가 자유롭게 된다.

  (대) 취급이 간단하고 대형의 것도 누구든지 운전할 수 있다.

② 단점

  (개) 냉동기를 내장하고 있으므로 일반적으로 소음, 진동이 크다.

  (내) 열펌프 이외의 것은 난방용으로서 전열을 필요로 하며, 운전비가 높다.

  (대) 수명은 대형기기에 비하여 짧다.

  (래) 외기냉방을 할 수 없다.

(2) 열펌프(heat pump) 유닛 방식

① 장점

  (개) 유닛마다 제어기구가 있어서 개별 운전 제어가 가능하다.

  (내) 증설, 간벽 변경 등에 대한 대응이 용이하고 공조 방식에 융통성이 있다.

㈎ 냉·난방부하가 동시에 발생하는 건물에는 열 회수가 가능하다.

㈐ 천장 안에 기기를 설치하면 기계실 면적을 최소화할 수 있다.

㈑ 설치하기가 쉽고 운전이 단순하다.

② 단점

㈎ 외기냉방이 어렵다.

㈏ 기기의 발생 소음이 커서 기종 선정 시 주의를 요한다.

㈐ 환기능력에 제한이 있다.

㈑ 습도 제어가 어렵고 필터효율이 나쁘다.

㈒ 기기의 수명이 짧다.

>>> 제2장 **예상문제**

1. 다음 중 에너지 절약에 가장 효과적인 공기 조화 방식은 어느 것인가? (단, 설비비는 고려하지 않는다.)

① 각층 유닛 방식
② 2중 덕트 방식
③ 멀티 존 유닛 방식
④ 가변풍량 방식

2. 다음의 전공기식 공기조화에 관한 설명 중 옳지 않은 것은?

① 덕트가 소형으로 되므로 스페이스가 작게 된다.
② 송풍량이 충분하므로 실내공기의 오염이 적다.
③ 극장과 같이 대풍량을 필요로 하는 장소에 적합하다.
④ 병원의 수술실과 같이 높은 공기의 청정도를 요구하는 곳이 적합하다.

해설 전공기 방식은 덕트가 대형화된다.

3. 다음 전공기 공조 방식에 대하여 서술한 것 중 잘못 설명된 것은?

① 각층 유닛식도 이 방식에 속하며, 청정한 공기를 많이 취출하므로 실내공기의 오염이 적어진다.
② 1000 m^2 이하의 소규모 건축이나 중규모 이상의 외부 존에 많이 채택되는 방식이다.
③ 큰 건축 스페이스가 필요하며 열 반송을 위한 에너지가 커진다.
④ 공기의 청정도를 높게 유지해야 할 경우나 극장의 관객석과 같이 대용량의 풍량을 필요로 하는 곳에 적합하다.

4. 공기조화 설비에 관한 설명 중 틀린 것은?

① 공기조화 설비로서 패키지 유닛 방식을 이용하는 경우 센트럴 유닛 방식에 비해 일반적으로 공기조화설비 기계실의 면적은 작아진다.

정답 1. ④ 2. ① 3. ② 4. ③

② 2중 덕트 방식은 개별실 제어를 할 수 있는 이점이 있으나 일반적으로 설비비 및 운전비가 높아지기 쉽다.

③ 냉방부하를 산출하는 경우 형광등의 발열량은 1 kW당 약 3600 kJ/h로 보는 것이 보통이다.

④ 전관에 걸쳐 공기조화를 하는 임대사무실 건물 (연면적 10000 m²)의 공조 기계실에 필요한 바닥면적의 합계는 400 m² 정도이다.

해설 형광등의 발열량은 점등관 안전기 등의 열량 25 % 정도를 가산하여 1 kW당 $1 \times 3600 \times 1.25 = 4500$ kJ/h를 기준으로 한다.

5. 공조 방식의 특징 중 중앙공급 방식에 대한 각층 유닛 방식의 특징에 속하지 않는 것은 어느 것인가?

① 송풍 덕트의 길이가 짧아진다.
② 각층의 시간차 운전에 유리하다.
③ 방재상 유리하다.
④ 보수, 유지관리가 용이하다.

6. 다음의 공조 방식 중 공기-물 방식이 아닌 것은?

① 복사 냉·난방 방식
② 2중 덕트 방식
③ FCU 덕트 방식
④ 유인 유닛 방식

해설 공조 방식을 열의 운반 방법에 따라 분류하면 다음과 같다.
- 공기 방식 : 단일 덕트 방식, 2중 덕트 방식, 멀티 존 유닛 방식, 각층 유닛 방식
- 공기-수방식 : 유인 유닛 방식, 복사 냉·난방 방식, 팬 코일 유닛식 (외기 덕트 병용)
- 수 (물) 방식 : 팬 코일 유닛 방식
- 냉매 방식 : 패키지 유닛 방식

7. 다음 중 공기-물 공기조화 방식에 속하지 않는 것은?

① 유인 유닛 방식
② 팬 코일 유닛 방식
③ 패널 에어 방식
④ 멀티 존 유닛 방식

8. 다음은 2중 덕트 방식을 설명한 것이다. 관계없는 것은?

① 전공기 방식이다.
② 복열원 방식이다.
③ 개별실 제어가 가능하다.
④ 열손실이 거의 없다.

해설 2중 덕트 방식은 냉풍과 온풍의 혼합실에서 에너지 손실이 발생한다.

9. 다음 중 2중 덕트 방식의 이점이 아닌 것은 어느 것인가?

① 냉·난방의 요구에 따라 자유롭게 대응할 수 있다.
② 전공기 방식으로 실내에는 냉·온수 배관 또는 증기배관이 필요 없다.
③ 모든 공조기기를 1개소에 집중 설치할 수 있으므로 설비가 간단하고, 보수관리 운전이 편하다.
④ 각 실의 실온을 개별적으로 제어할 수가 있다.

10. VAV 공조 방식에 관한 다음 설명 중 옳지 않은 것은?

① 각 방의 온도를 개별적으로 제어할 수 있다.
② 동시부하율을 고려하여 용량을 결정하기 때문에 설비가 크다.
③ 연간 송풍동력이 정풍량 방식보다 작다.
④ 부하의 증가에 대해서 유연성이 있다.

해설 동시부하율을 고려해서 정풍량의 80 % 정도이다.

11. 다음은 VAV (가변풍량 방식) 공기조화 방식에 사용 가능한 송풍기의 풍량 제어 방식이다. 동력 절감량과 제어범위상 가장 우수한 특성을 지닌 것은?

① 가변 피치 제어
② 흡입 베인 제어
③ 회전수 제어
④ 댐퍼 제어

12. 변풍량 단일 덕트 방식(VAV single duct system)은 전공기식 중앙식이므로 정풍량 단일 덕트 방식의 경우와 같은 이점이 있는 것 외에 다음과 같은 이점이 있다. 적당하지 않은 것은?

① 운전비의 절약이 가능하다.
② 동시부하율을 고려하여 기기용량을 결정하므로 설비용량을 적게 할 수 있다.
③ 시운전 시 각 토출구의 풍량 조정이 복잡하다.
④ 부하 변동에 대하여 제어응답이 빠르기 때문에 거주성이 향상된다.

해설 풍량 조정은 간단하나 자동이므로 제어장치가 복잡하다.

13. 각층 유닛(unit) 방식의 설명 중 바르게 설명된 것은?

① 물-공기 방식이며 부분부하 운전이 가능하다.
② 설비비가 적으며, 관리도 용이하다.
③ 덕트 스페이스가 크고 시간차 운전이 불가능하다.
④ 전공기 방식이며 구역별 제어가 가능하다.

해설 각층 유닛 방식은 단일 덕트 방식의 변형이다.

14. 팬 코일 유닛 방식은 배관 방식에 따라 2관식, 3관식, 4관식이 있다. 다음의 설명 중 적당하지 않은 것은?

① 3관식과 4관식은 냉수배관, 온수배관을 설치하여 각 계통마다 동시에 냉·난방을 자유롭게 할 수 있다.
② 4관식 중 2코일식은 냉수계와 온수계가 완전 분리되므로 냉·온수 간의 밸런스 문제가 복잡하고 열손실이 많다.
③ 3관은 환수관에서 냉·온수가 혼합되므로 열손실이 생긴다.
④ 환경 제어 성능이나 열손실면에서 4관식이 가장 좋으나 설비비나 설치면적이 큰 것이 단점이다.

15. 다음 중 감습 또는 제습에 사용되는 물질이 아닌 것은?

① 활성탄
② 활성 알루미나
③ 실리카 겔
④ 에드졸

16. 다음 중 습공기로부터 습기를 제거하는 방법을 고르면?

㉠ 온도를 낮추어서 응축시킨다.
㉡ 가열하여 건조시킨다.
㉢ 화학약품을 사용한다.
㉣ 초음파로 분해한다.

① ㉠, ㉣　　　　② ㉠, ㉢
③ ㉡, ㉣　　　　④ ㉢, ㉣

03 공기조화기기

| 3-1 | 송풍기 및 에어 필터 |

1 송풍기

송풍기는 압력 상승이 $0.1\,kg/cm^2$ 이하는 팬 (fan)이라 하고, $0.1 \sim 1.0\,kg/cm^2$의 것은 블로어 (blower)라 한다.

(1) 송풍기에 관한 공식

① 소요동력 : $L[kW] = \dfrac{P_t \cdot Q}{102\eta_t \times 3600}$ $P_t = P_v + P_s$

여기서, P_t : 전압 (kg/m^2), Q : 풍량 (m^3/h), η_t : 전압효율, P_v : 동압 (kg/m^2), P_s : 정압 (kg/m^2)

② 다익 송풍기 번호 (No.)$= \dfrac{\text{날개의 지름(mm)}}{150\,mm}$

③ 축류형 송풍기 번호 (No.)$= \dfrac{\text{날개의 지름(mm)}}{100\,mm}$

(2) 송풍기의 법칙

공기 비중이 일정하고 같은 덕트장치일 때	$N \to N_1$ (비중=일정)	$Q_1 = \dfrac{N_1}{N}\,Q$
		$P_1 = \left(\dfrac{N_1}{N}\right)^2 P$
		$HP_1 = \left(\dfrac{N_1}{N}\right)^3 HP$
	$d \to d_1$ (N=일정)	$Q_1 = \left(\dfrac{d_1}{d}\right)^3 Q$
		$P_1 = \left(\dfrac{d_1}{d}\right)^2 P$
		$HP_1 = \left(\dfrac{d_1}{d}\right)^5 HP$

필요압력이 일정할 때	$\gamma \rightarrow \gamma_1$	$N_1 = N\sqrt{\dfrac{\gamma}{\gamma_1}}$ $Q_1 = Q\sqrt{\dfrac{\gamma}{\gamma_1}}$ $HP_1 = HP\sqrt{\dfrac{\gamma}{\gamma_1}}$
송풍량이 일정할 때	$\gamma \rightarrow \gamma_1$	$P_1 = \dfrac{\gamma_1}{\gamma}P$ $HP_1 = \dfrac{\gamma_1}{\gamma}HP$
송풍 공기 질량이 일정할 때	$\gamma \rightarrow \gamma_1$	$Q_1 = \dfrac{\gamma}{\gamma_1}Q$ $N_1 = \dfrac{\gamma}{\gamma_1}N$ $P_1 = \dfrac{\gamma}{\gamma_1}P$ $HP_1 = \left(\dfrac{\gamma}{\gamma_1}\right)^2 HP$
	$\begin{aligned} t &\rightarrow t_1 \\ P &\rightarrow P_1 \end{aligned}$	$Q_1 = \sqrt{\dfrac{P_1}{P} \cdot \dfrac{(t_1+273)}{(t+273)}}\,Q$ $N_1 = N\sqrt{\dfrac{P_1}{P} \cdot \dfrac{(t_1+273)}{(t+273)}}$ $HP_1 = HP\sqrt{\left(\dfrac{P_1}{P}\right)^3 \left(\dfrac{(t_1+273)}{(t+273)}\right)}$

㋈ Q : 공기량 (m^3/h), P : 정압 $(mmAq)$, N : 회전수 (rpm)

γ : 비중량 (kg/m^3), t : 공기온도 $(℃)$, d : 송풍기 임펠러 지름 (mm)

2 펌프 (pump)

(1) 펌프의 양정 (lift) : mAq

$$H = h_a + h_p + h_f + h_v + h_t$$

여기서, H : 펌프의 소요양정(mAq)

$\quad h_v$: 속도수두차 (흡입유속이 2 m/s 이하일 때는 무시)

$\quad h_a$: 실양정 (토출 흡입면의 고저차 : mAq)

$\quad h_f$: 배관 마찰손실수두 (mAq)

$\quad h_p$: 압력수두차 (양면이 대기개방일 때는 0) $= \dfrac{P_1 - P_2}{\gamma}$

$\quad h_t$: 국부 손실수두 (mAq) (밸브, 엘보, 응축기, 쿨링 타워 등의 기내 손실수두)

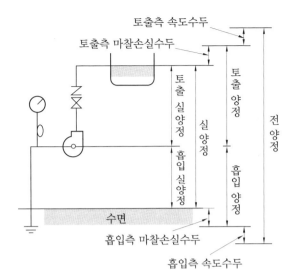

(2) 펌프의 종류

형식	종류	소분류
터보형	원심 펌프 사류 펌프 축류 펌프	벌류트 펌프, 터빈 펌프
용적형	회전식 펌프 왕복식 펌프	기어 펌프
특수형	와류 펌프, 수봉식(水封式) 진공 펌프	

(3) 운전동력

① 수동력 : $L[\mathrm{PS}] = \dfrac{\gamma \cdot Q \cdot H}{75}$, $L[\mathrm{kW}] = \dfrac{\gamma \cdot Q \cdot H}{102}$

② 축동력 : $L_a = \dfrac{수동력}{\eta}$

(4) 상사법칙

$$Q_2 = \frac{N_2}{N_1} \cdot Q_1, \quad H_2 = \left(\frac{N_2}{N_1}\right)^2 \cdot H_1, \quad P_2 = \left(\frac{N_2}{N_1}\right)^3 \cdot P_1, \quad \eta_2 = \eta_1$$

여기서, N_1, N_2 : 회전수, H_1, H_2 : 양정, η_1, η_2 : 효율, Q_1, Q_2 : 수량, P_1, P_2 : 축동력

참고 상사법칙은 회전수 변화가 20 % 이내일 때 성립한다.

(5) 비교회전도 (비속도 : specific speed)

$$N_s = \frac{N \cdot \sqrt{Q}}{\left(\dfrac{H}{n}\right)^{\frac{3}{4}}}$$

여기서, N_s : 비속도, Q : 송출유량 (m^3/min), H : 양정 (m)
N : 회전수(rpm), n : 펌프단의 수

(6) 공동현상 (cavitation)

흡입 배관이 가늘거나 흡입양정이 높거나 펌프의 회전수가 빠를 때 임펠러 입구에 국부적으로 고진공현상이 생겨 물이 증발되는 현상으로 소음과 진동 및 임펠러 침식이 생기고 심하면 운전 불능이 된다.

> **참고** 공동현상 방지책
> ① 흡입관지름을 유량에 맞추어서 설계 시공한다.
> ② 회전차를 수중에 잠기게 하고 흡입양정을 낮춘다.
> ③ 펌프의 회전수를 낮추어 흡입 비교회전도를 작게 한다.
> ④ 양흡입 펌프를 사용한다.
> ⑤ 펌프를 직렬 또는 병렬 연결하여 사용한다.
> ※ 펌프를 직렬연결하면 양정은 증가하고 송수량은 일정하며, 또 펌프를 병렬연결하면 양정은 일정하고 송수량은 증가한다.

3 에어 필터(air filter)

공기 중의 먼지에는 $1\mu\text{m}$ 이하의 증기, 연소에 의한 연기 등이 있고 눈에 보이는 것은 $10\mu\text{m}$ 이상이다. 사람의 폐 등으로 침입하는 것은 $5\mu\text{m}$ 이하이고, 이것이 먼지 중의 $85\,\%$ 이상을 차지하므로 공기 여과를 시켜야 한다.

(1) 에어 필터

① 여과효율 $\eta_f\,[\%]$

$$\eta_f = \frac{C_1 - C_2}{C_1} \times 100$$

여기서, C_1 : 필터 입구 공기 중의 먼지량, C_2 : 필터 출구 공기 중의 먼지량

② 효율의 측정법

  (개) 중량법 : 비교적 큰 입자를 대상으로 측정하는 방법으로 필터에서 제거되는 먼지의 중량으로 효율을 결정한다.

  (내) 비색법(변색도법) : 비교적 작은 입자를 대상으로 하며, 필터의 상류와 하류에서 포

집한 공기를 각각 여과지에 통과시켜 그 오염도를 광전관으로 측정한다.

　㈐ 계수법(DOP 법 : Di-Octyl-Phthalate) : 고성능의 필터를 측정하는 방법으로 일정한 크기($0.3\mu m$)의 시험입자를 사용하여 먼지의 수를 계측한다.

③ 공기저항 : 필터에 먼지가 퇴적함에 따라 공기저항은 증가하고 포집효과는 커진다.

④ 분진보유용량 : 필터의 공기저항이 최초의 1.5배로 될 때까지 필터면에서 포집된 먼지의 양 (g/m^2, g/1대)으로, 고성능일수록 적어진다.

(2) 에어 필터의 성능별 분류

성능별 분류	형상	적응 분진 입경	적응 분진 농도	압력 손실 (mmAq)	분진 포집률 (%)			분진 보유 용량 (g/m^2)	비고
					중량법	비색법	DOP법		
조진용 (저성능) 에어 필터	• 자동갱신용 롤러 필터(건식여재) • 멀티패널용 필터 (자동세정) • 여재교환형 패널 필터(동상) • 정기세정형 패널 필터(충돌점착식 필터)	$5\mu m$ 이상	중~대	3~20	70~90	15~40	5~10	500~ 2000	고성능 에어 필터, 정전기식 공기청정장치 등의 필터로 사용한다.
중성능 에어 필터	• 여재절입형 필터 • 디프베드 필터 • 취류형 필터	$1\mu m$ 이상	중	8~25	90~96	50~80	15~50	300~ 800	여재절입형 중성능 필터의 여재면적은 필터 페이스 면적의 10~20배의 것이 많다.
고성능 에어 필터	• 여재절입형 필터 • 디프베드 필터 • 취류형 필터	$1\mu m$ 이하	소	15~35	99 이상	80~95	50~90	70~ 250	여재절입형 고성능 필터의 여재면적은 필터 페이스 면적의 20~40배의 것이 많다.
초고 성능 에어 필터	• 여재절입형 필터	$1\mu m$ 이하	소	25~50	-	-	95~ 99.99	50~ 70	여재절입형 초고성능 필터의 여재면적은 필터 페이스 면적의 50~60배의 것이 많다.
정전기식 공기 청정 장치	• 2단 하전식 전기 청정형 • 2단 하전식 여재 집진형 • 1단 하전식 여재 유전형	$1\mu m$ 이하	소	8~10 / 10~20 / 10~20	99 이상	80~95 / 75~90 / 70~90	60~75	- / 600~ 1400	

(3) 에어 필터의 형식에 따른 분류

형식		내용	대상 먼지	포집효율 (%)	세균	공기저항 (mmAq)	가격
전기집진기		먼지를 포함하는 공기를 전리부에서 전기장을 통해 먼지를 대전시키고, 대전한 먼지를 집진부의 전극판에 부착시켜 제거한다.	소	80~90 (비색법)	○	3~20	대
유닛형	건식 여과식	체처럼 필터의 눈보다 큰 먼지를 여과해서 제거하는 글라스 파이버, 비닐 스펀지, 부직포와 같은 여과재를 사용한다.	중	50~80 (중량법) 대기먼지는 10~50	×	3~15	소
	점착식	필터 안을 통과하는 기류가 여과재 섬유를 피하면서 지그재그로 진행하는 동안에 먼지가 여과재 표면(기름 도포)에 부착되어 제거된다.	중	30~50 (중량법) 대기먼지는 10~30	×	3~15	소
	고성능	방사성 물질을 취급하는 시설이나 클린룸과 같이 높은 방진율이 요구될 경우 미세한 글라스 파이버로 제거한다.	소	99.9 ↑ (계수법)	○	25~200	대
연속형	건식 권취형	롤형의 글라스 파이버와 같은 여과재를 조금씩 감아 빼서 장시간 사용할 수 있게 한 것으로 롤 1개는 반년~1년간 사용할 수 있다.	중	50~85 (중량법) 대기먼지는 10~50	×	5~15	중
	습식 회전형	망형의 패널이 하부의 기름통을 통과하면서 기름을 적셔 일정 속도로 연속적으로 회전하여 사용하는 것으로, 부착한 먼지가 기름통에서 세정되고 통 안에 고인다.	중	30~50 (중량법) 대기먼지는 20~30	×	5~15	중

3-2 ─○ 공기 냉각 및 가열 코일

(1) 공기 냉각 코일의 설계

① 공기와 물의 흐름은 대향류로 하고 대수 평균온도차(MTD)는 되도록 크게 한다.

$$MTD = \frac{\Delta_1 - \Delta_2}{2.3 \log \dfrac{\Delta_1}{\Delta_2}} ≒ \frac{\Delta_1 - \Delta_2}{\ln \dfrac{\Delta_1}{\Delta_2}}$$

여기서, Δ_1 : 공기 입구 측에서의 온도차 (℃), Δ_2 : 공기 출구 측에서의 온도차 (℃)

대향류 : $\Delta_1 = t_1 - t_{w_2}$, $\Delta_2 = t_2 - t_{w_1}$, 병류 : $\Delta_1 = t_1 - t_{w_1}$, $\Delta_2 = t_2 - t_{w_2}$

② $t_2 - t_{w_1}$을 5℃ 이상으로 하며, 그 이하이면 코일의 열수가 많아진다.

③ 보편적으로 공기 냉각용 코일의 열수는 4~8열이다(t_2가 12℃ 이하 또는 MTD가 작을 때는 8열 이상이 될 때도 있다).

④ 코일을 통과하는 유속은 2~3 m/s가 적당하다.

⑤ 수속은 1 m/s 전후이고 2.3 m/s를 넘게 되면 저항이 증가하여 부식을 촉진시킬 우려가 있다.

⑥ 물의 입·출구 온도차는 5℃ 전후로 한다.

$$냉수코일의 \ 전열량 \ q = G(i_1 - i_2) = G_w \cdot C_w \cdot \Delta t = K \cdot F \cdot MTD \cdot N \cdot C_m$$

여기서, N : 코일의 오행 열수, C_m : 습면계수

K : 코일의 열관류율 (kJ/m^2·h·K), C : 물의 비열(kJ/kg·K)

MTD : 대수 평균온도차 (℃), $i_1,\ i_2$: 공기 엔탈피(kJ/kg)

G_w : 냉수량 (kg/h), Δt : 냉수 입·출구 온도차 (℃)

G : 송풍량(kg/h)

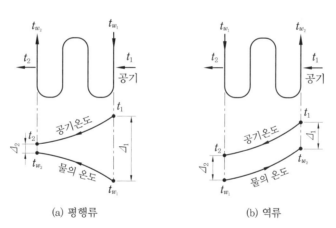

(a) 평행류   (b) 역류

코일의 평균온도차

(2) 증기 코일의 설계

$$q_r = KF\left(t_s - \frac{t_1 + t_2}{2}\right)N \qquad G_s = \frac{q_r}{R} = \frac{0.24}{R}G(t_2 - t_1)$$

여기서, G : 풍량 (kg/h)

G_s : 증기량 (kg/h)

t_s : 증기온도 (℃)

$t_1,\ t_2$: 공기 입·출구 온도 (℃)

q_r : 가열량 (kJ/h)

R : 증발잠열(kJ/kg)

3-3 ○ 가습 · 감습 및 정화장치

(1) 가습

① 순환수 분무 가습 (단열 가습, 세정) : 순환수를 단열하여 공기 세정기 (air washer)에서 분무할 경우 입구공기 A는 선도에서 점 A를 통과하는 습구온도 선상을 포화곡선을 향하여 이동한다. 여기서 열 출입은 일정하며$(i_A = i_B)$, 이것을 단열 변화 (단열 가습)라 한다. 공기 세정기의 효율이 100 %가 되면 통과공기는 최종적으로 포화공기가 되어 점 B의 상태로 되나, 실제로는 효율 100 % 이하이기 때문에 선도에서 C의 상태가 되고, 일반적으로 공기 세정기의 효율은 분무노즐의 열수가 1열인 경우 65~80 %, 2열인 경우 80~98 %이다.

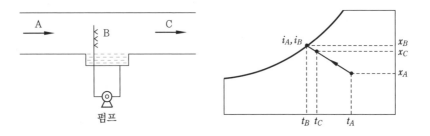

참고 공기세정기(AW)의 효율 $= \dfrac{A-C}{A-B} \times 100$

② 온수 분무 가습 : 공기의 상태변화는 단열가습선보다 위쪽으로 변화한 AB선으로 통과공기의 온도변화는 분무수의 온도와 수량에 의해서 결정되지만 건구온도는 낮아지고 습구온도와 절대습도, 엔탈피 등은 상승된다. AC선은 증기 가습이고 가습기 출구는 상대습도 100 %인 포화습공기까지는 불가능하므로 실제 변화는 D와 E 상태가 된다.

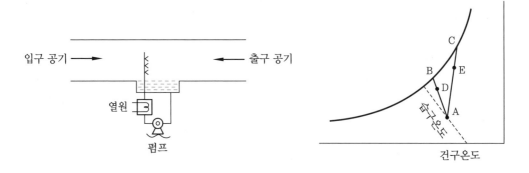

③ 증기 가습 : 포화증기를 공기에 직접 분무하는 것으로 가습효율은 100 %에 해당된다.

> **예제 4.** 건구온도 20℃, 습구온도 10℃의 공기 10000 kg/h를 향하여 압력 1 kg/cm^2·g의 포화증기(650 kcal/kg) 60 kg/h를 분무할 때 공기 출구의 상태를 계산하여라.

해설 ① 건조공기 1 kg에 분무되는 포화증기량

$$\Delta x = \frac{L}{G} = \frac{60}{10000} = 0.006 \text{ kg/kg}'$$
$$\therefore x_2 = x_1 + \Delta x = 0.0036 + 0.006$$
$$= 0.0096 \text{ kg/kg}'$$

② 출구 엔탈피
$$i_2 = i_1 + \Delta i = i_1 + (u \cdot \Delta x)$$
$$= 6.9 + (650 \times 0.006)$$
$$= 10.8 \text{ kcal/kg}$$

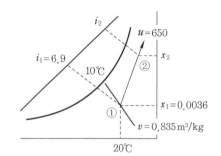

(2) 에어 와셔(air washer)

단열 가습은 분무수를 순환 사용하여 외부와 열 교환이 없을 때 행하여지며 공기는 습구온도 선상에서 가습된다. 노즐의 분무압은 1~2 kg/cm^{2}를 사용한다.

① 수공기비

$$\text{수공기비} = \frac{\text{수량}}{\text{공기량}} = \frac{L[\text{kg/h}]}{G[\text{kg/h}]}$$

$$\text{감습 냉각 시} \begin{cases} 2 \text{ bank } L/G = 0.8 \sim 1.2 \\ 3 \text{ bank } L/G = 1.2 \sim 2.0 \end{cases}$$

$$\text{가습 시 } 1 \text{ bank } L/G = 0.2 \sim 0.6$$

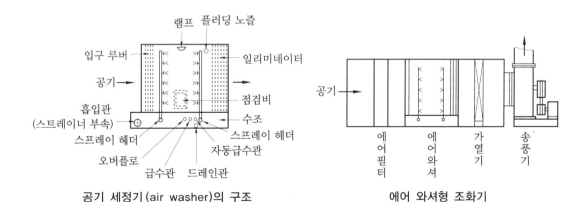

공기 세정기(air washer)의 구조   에어 와셔형 조화기

② CF (Contact Factor) 단열 포화효율

$$\eta_s = \frac{t_1 - t_2}{t_1 - t_2{'}}$$

③ 와셔의 단면적

$$A = \frac{Q_a}{3600\,V_a} \fallingdotseq \frac{G}{4300\,V_a}$$

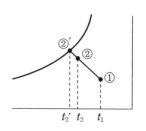

여기서, Q_a : 풍량 (m^3/h), G : 풍량 (kg/h), V_a : 풍속 (m/s)

> **참고** V_a 는 2~3 m/s로 하며, 일반적으로 2.5 m/s를 사용한다.

3-4 ○ 열교환기 (heat exchanger)

넓은 의미에서는 공기 냉각 코일, 가열 코일을 비롯하여 냉동기의 증발기, 응축기 등도 포함되나, 공조기에서는 증기와 물, 물과 물, 공기와 공기의 것을 말하고, 종류는 원통 다관식, 플레이트형, 스파이럴형의 3종류가 있다.

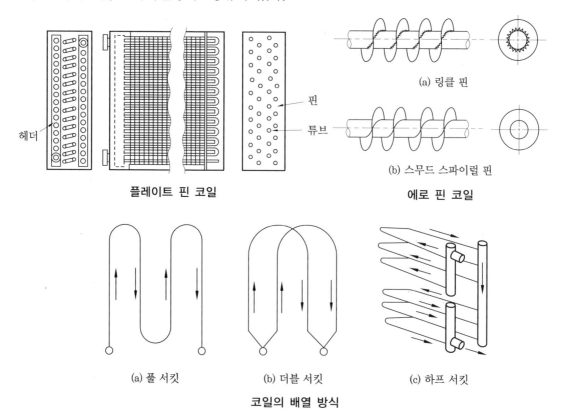

플레이트 핀 코일

(a) 링클 핀

(b) 스무드 스파이럴 핀

에로 핀 코일

(a) 풀 서킷   (b) 더블 서킷   (c) 하프 서킷

코일의 배열 방식

(1) 열교환기의 용량과 전열면적

$$q_h = W \cdot C \cdot (t_2 - t_1) = K \cdot F \cdot MTD$$

$$F = \frac{q_h}{K \cdot MTD} = \frac{W \cdot C \cdot (t_2 - t_1)}{K \cdot MTD}$$

여기서, q_h : 열교환량 (kJ/h), W : 물순환량 (kg/h)

C : 물의 비열 (kJ/kg·℃), t_1, t_2 : 물의 입·출구 온도 (℃)

F : 전열면적 (m^2), MTD : 평균온도차 (℃)

(2) 평균온도차

$$MTD = \frac{(t_s - t_1) - (t_s - t_2)}{\ln \dfrac{(t_s - t_1)}{(t_s - t_2)}} \quad \text{또는} \quad \Delta t_m = t_s - \frac{(t_1 + t_2)}{2}$$

여기서, t_s : 가열 증기온도 (℃)

(3) 열전달계수 (kJ/m^2·h·℃)

$$\frac{1}{K} = \frac{1}{\alpha_L} + \frac{1}{\alpha_a} + \frac{1}{\alpha_o} + \frac{1}{\alpha_d}$$

여기서, α_L : 관내측 열전달률 (kJ/m^2·h·℃),　$\dfrac{1}{\alpha_a}$: 관내측 스케일 열저항 (m^2·h·℃/kJ)

α_o : 관외측 열전달률 (kJ/m^2·h·℃),　$\dfrac{1}{\alpha_d}$: 관외측 스케일 열저항 (m^2·h·℃/kJ)

단, 동체측은 증기, 관내측은 온수로 하고 증기측의 스케일 열저항＝0.0001 m^2·h·℃/kcal, 온수측의 스케일 열저항＝0.004 m^2·h·℃/kcal로 했을 경우이다.

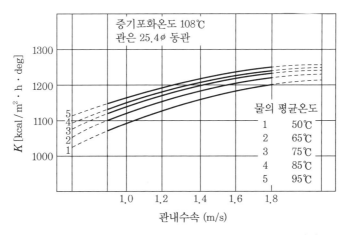

증기-온수 열교환기의 전열계수(1 kcal를 4.187 kJ로 환산)

> **예제 5.** U자형 다관 온수 열교환기에서 온수의 입·출구온도가 50℃, 80℃이고 온수량 1000 L/min, 수속 1 m/s, 사용 증기압력 0.3 kg/cm²일 때 증기량(kg/h)을 계산하여라. (단, 증기온도 106℃에서 $R = 2238$ kJ/kg이고 코일은 25ϕ, 표면적은 0.087 m²/m이고 유량은 35 L/min이다.)

해설 $q_h = 1000 \times 60 \times 4.187 \times (80 - 50) = 7536600$ kJ/h

① 평균온도차 $\Delta t_m = t_s - \dfrac{t_1 + t_2}{2} = 106 - \dfrac{50 + 80}{2} = 41℃$

② 전열계수 K는 위의 그림에서 약 1121×4.187 kJ/m²·h·K

③ 전열면적 $A = \dfrac{7536600}{1121 \times 4.187 \times 41} = 39.163 ≒ 39.16$ m²

④ 필요 파이프 길이 $l = \dfrac{39.16}{0.087} = 450.11$ m

⑤ 25ϕ, 수속 1 m/s의 1가닥의 유량은 35 L/min이므로 파이프 가닥수 $= \dfrac{1000}{35} = 28.6 ≒ 30$가닥

⑥ 1가닥 파이프 길이 $= \dfrac{450.11}{30} = 15$ m

⑦ 증기량 $G_s = \dfrac{7536600}{2238} = 3367.5603 ≒ 3367.56$ kg/h

3-5 ○ 공기조화 부속기기

(1) 공기조화 설비용 기기

구분	방식, 열원	기기 종류, 형식, 기능
공기조화기	중앙식	단일 덕트형 멀티 존형 이중 덕트형
	개별식	팬 코일 유닛 인덕션 유닛(유인 유닛) 패키지형 공기조화기
열원기기	냉열원	냉동기-냉각탑 열펌프 흡수식 냉·온수기
	온열원	보일러-버너(기름, 가스), 급수펌프 온풍난방기 열교환기(온수가열기)

	공기	송풍기-덕트-토출구, 흡입구
반송계통	냉·온수	펌프-배관-팽창수조, 축열조
	증기	배관-트랩-환수조 (응축수)
	냉매	배관-팽창밸브 (냉매펌프)
	가스 연료	가스배관
	오일 연료	기름탱크-기름펌프-배관
공기정화장치	-	공기여과기, 전기집진기 활성탄 필터, 화학흡착제
제어장치	자동제어장치 중앙관제장치	온·습도조절기, 압력조절기, 조작밸브 중앙감시, 원격 제어, 기록, 집계

(2) 에어 핸들링 유닛(Air Handling Unit : AHU)

일반적으로 공기냉각기는 냉수코일, 공기가열기는 증기 또는 온수코일이 사용되며 냉수와 온수를 겸한 냉·온수코일도 이용된다. 그 외에도 공기여과기, 가습기, 송풍기 등을 포함하여 공장 등에 주로 사용한다.

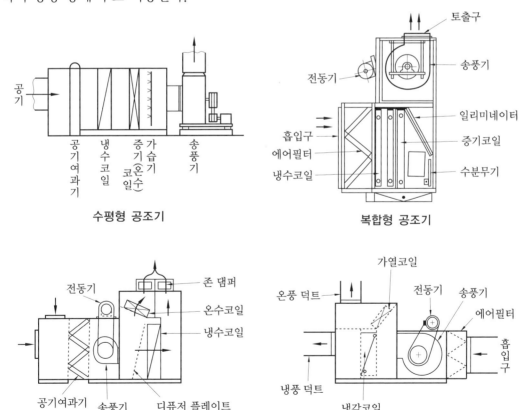

수평형 공조기

복합형 공조기

멀티 존형 공조기

이중 덕트형 공조기

예상문제

1. 동일 송풍기에서 회전수가 일정하고 지름이 d_1에서 d_2로 커졌을 때 동력 kW_2는 다음 식 중 어느 것인가? (단, d_1일 때의 동력은 kW_1이다.)

① $kW_2 = (d_2/d_1)^2 \cdot kW_1$

② $kW_2 = (d_2/d_1)^3 \cdot kW_1$

③ $kW_2 = (d_2/d_1)^4 \cdot kW_1$

④ $kW_2 = (d_2/d_1)^5 \cdot kW_1$

해설 송풍기의 상사법칙

㉠ 회전수가 변할 때

- 송풍량 $Q_2 = \dfrac{N_2}{N_1} \cdot Q_1$

- 전압 $P_2 = \left(\dfrac{N_2}{N_1}\right)^2 \cdot P_1$

- 축동력 $L_2 = \left(\dfrac{N_2}{N_1}\right)^3 \cdot L_1$

㉡ 지름이 변할 때

- 송풍량 $Q_2 = \left(\dfrac{d_2}{d_1}\right)^3 \cdot Q_1$

- 전압 $P_2 = \left(\dfrac{d_2}{d_1}\right)^2 \cdot P_1$

- 축동력 $L_2 = \left(\dfrac{d_2}{d_1}\right)^5 \cdot L_1$

2. 급수 순환 펌프로 사용되는 원심 펌프에서 회전수가 20 % 증가하면 양정은 어떻게 되는가?

① 20 % 증가한다. ② 44 % 증가한다.

③ 73 % 증가한다. ④ 50 % 증가한다.

3. 급수 순환 펌프로 사용되는 원심 펌프에서 회전수가 15 % 증가하면 동력은 어떻게 되는가?

① 15 % 증가한다. ② 30 % 증가한다.

③ 44 % 증가한다. ④ 52 % 증가한다.

4. 풍량 500 m³/min, 정압 50 mmAq, 회전수 400 rpm의 특성을 갖는 송풍기의 회전수를 500 rpm으로 하면 동력은 몇 kW가 되는가? (단, 정압효율은 50 %이다.)

① 12 kW ② 16 kW

③ 20 kW ④ 24 kW

해설 $L_1 = \dfrac{50 \times 500}{102 \times 60 \times 0.5} = 8.17 \, \text{kW}$

$\therefore L_2 = \left(\dfrac{500}{400}\right)^3 \times 8.17 = 15.95 \, \text{kW}$

5. 어떤 송풍기가 300 m³/min, 정압 25 mmAq에서 500 rpm 전동기 6 PS로 운전될 때 이 장치가 600 m³/min의 송풍을 하려면 필요한 회전수는 얼마인가?

① 250 rpm ② 360 rpm

③ 800 rpm ④ 1000 rpm

해설 $Q_2 = \dfrac{N_2}{N_1} \cdot Q_1$ 에서,

$\therefore N_2 = \dfrac{Q_2}{Q_1} \cdot N_1 = \dfrac{600}{300} \times 500 = 1000 \, \text{rpm}$

6. 동일 송풍기에서 회전수를 2배로 했을 경우의 성능의 변화량에 대하여 옳은 것은?

	(정압)	(풍량)	(동력)
①	2배	4배	8배
②	8배	4배	2배
③	4배	8배	2배
④	4배	2배	8배

정답 **1.** ④ **2.** ② **3.** ④ **4.** ② **5.** ④ **6.** ④

7. 다음 손실수두 공식 중 관내 마찰손실수두를 구하는 식은 어느 것인가? (단, d : 관의 안지름, l : 관의 길이, g : 중력가속도, v : 유속, f : 마찰계수)

① $h = f \dfrac{l}{d} \cdot \dfrac{v^2}{2g}$　② $h = f \dfrac{v^2}{2g}$

③ $h = \dfrac{(v_1 - v_2)^2}{2g}$　④ $h = \left(\dfrac{1}{f} - 1\right)^2 \dfrac{v^2}{2g}$

8. 시간당 10000 m³의 공기가 지름 100 cm의 원형 덕트 내를 흐를 때 풍속은?

① 1.5 m/s　　② 2.5 m/s
③ 3.5 m/s　　④ 4 m/s

해설 $v = \dfrac{Q}{A} = \dfrac{4Q}{\pi D^2} = \dfrac{4 \times 10000}{\pi \times 1^2 \times 3600}$
$\qquad = 3.5 \text{ m/s}$

9. 유체의 속도가 10 m/s일 때 이 유체의 속도수두는 얼마인가? (단, 지구의 중력가속도는 9.8 m/s²이다.)

① 2.26 m　　② 3.19 m
③ 5.10 m　　④ 10.2 m

해설 $H_v = \dfrac{v^2}{2g} = \dfrac{10^2}{2 \times 9.8} = 5.102 \text{ m}$

10. 다음은 냉수코일의 설계 기준을 설명한 것이다. 이 중 옳은 것을 모두 고르면?

> ㉮ 공기와 물의 흐름은 대향류로 한다.
> ㉯ MTD는 작게 취한다.
> ㉰ 코일 통과 기준풍속은 2.5 m/s로 한다.
> ㉱ 수속의 기준 설계값은 1 m/s이다.
> ㉲ 공기 냉각용 코일의 열수는 2~6열이 많이 사용된다.
> ㉳ 냉수 입출구 온도차는 5℃로 한다.
> ㉴ 코일은 정방형으로 한다.

① ㉮, ㉯, ㉰, ㉳, ㉴

② ㉯, ㉰, ㉱, ㉲, ㉴
③ ㉮, ㉰, ㉱, ㉲, ㉳
④ ㉮, ㉰, ㉱, ㉳

해설 냉수코일의 설계 기준
　㉠ 코일 통과 기준풍속은 2.5 m/s이다.
　㉡ 수속은 1 m/s가 기준값이다.
　㉢ 공기 냉각코일의 열수는 4~8로 하고 열수는 계산값보다 5~10 % 크게 한다.
　㉣ 냉수 입·출구 온도차는 5℃ 정도이고 설계값은 5~10℃ 정도이다.
　㉤ 공기와 물의 흐름은 대향류로 한다.
　㉥ 가능한 한 대수 평균온도차를 크게 한다.
　㉦ 습코일을 경사 또는 수직으로 설치하여 수막으로 인한 공기저항을 최소화한다.

11. 원심 송풍기의 풍량 제어 방법 중 풍량 제어에 의한 소요동력을 가장 경제적으로 할 수 있는 방법은?

① 회전수 제어
② 베인 제어
③ 스크롤 댐퍼 제어
④ 댐퍼 제어

12. 다음 그림은 송풍기의 풍량 제어에 의한 소요동력을 나타낸 것이다. 옳은 것은 어느 것인가?

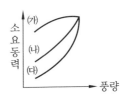

① ㉮ 댐퍼 제어, ㉯ 베인 제어
② ㉮ 베인 제어, ㉯ 댐퍼 제어
③ ㉯ 회전수 제어, ㉰ 베인 제어
④ ㉮ 베인 제어, ㉰ 회전수 제어

해설 ㉮ 댐퍼 제어, ㉯ 베인 제어, ㉰ 회전수 제어

13. 다음 가습장치 중 효율이 가장 좋은 가습 방법은?

① 에어 와셔에 의한 단열 가습하는 방법
② 에어 와셔 내에 온수를 분무하는 방법
③ 증기를 분무하는 방법
④ 소량의 물 또는 온수를 분무하는 방법

[해설] 증기분무 가습효율은 100 %에 가깝다.

14. 다음은 공기 세정기에 대한 설명이다. 옳지 않은 것은?

① 공기 세정기의 통과풍속은 일반적으로 2~3 m/s이다.
② 공기 세정기의 가습기는 노즐에서 물을 분무하여 공기에 충분히 접촉시켜 세정과 급습하는 것이다.
③ 공기 세정기의 구조는 순환펌프로 물을 순환분무시켜 단열 변화로 물을 증발시켜 가습하는 것이다.
④ 공기 세정기의 분무 수압은 노즐 성능상 0.2~0.5 kg/cm²이다.

[해설] 분무노즐 압력은 $1\sim2 \text{ kg/cm}^2 \cdot \text{g}$ 정도이다.

15. 공기 중의 악취 제거를 위한 공기정화장치로서 적합한 것은?

① 세정 가능한 유닛형 에어 필터
② 여재 교환형 패널 에어 필터
③ 활성탄 필터
④ 초고성능 에어 필터

16. 에어 와셔에서 분무수의 온도가 입구공기의 습구온도와 같을 때 포화효율(E)은? (단, t_1 : 입구공기의 건구온도(℃), t_2 : 출구공기의 건구온도(℃), t' : 입구공기의 습구온도(℃))

① $E = \dfrac{t_1 - t_2}{t_1 - t'} \times 100$

② $E = \dfrac{t_2 - t'}{t_1 - t_2} \times 100$

③ $E = \dfrac{t_2 - t'}{t_1 - t'} \times 100$

④ $E = \dfrac{t_1 - t'}{t_1 - t_2} \times 100$

17. 다음 그림은 에어 와셔에서의 공기상태를 습공기 선도에 나타낸 것이다. 에어 와셔 내의 물을 가열이나 냉각을 하지 않고 순환 스프레이할 경우 출구공기의 상태점은? (단, P 점은 입구공기의 상태점이다.)

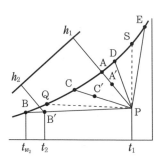

① A′　　　　② C
③ Q　　　　④ B′

18. 공기의 감습장치가 아닌 것은?

① 냉각 감습장치
② 압축 감습장치

③ 흡수식 감습장치

④ 강제식 감습장치

해설 감습장치의 종류

- 냉각 감습장치
- 압축 감습장치
- 흡수 감습 (액체 제습)장치
- 흡착 감습 (고체 제습)장치

19. 여과기 효율 측정법이 아닌 것은?

① 중량법   ② 전압법

③ DOP 법   ④ 비색법

해설 여과기 효율 측정법

① 중량법 $= \dfrac{C_1 - C_2}{C_1} \times 100$

C_1 : 필터 입구 공기 중의 먼지량

C_2 : 필터 출구 공기 중의 먼지량

③ 계수법 (DOP 법) : 고성능 필터를 측정하는 방법으로 일정한 크기 $(0.3 \mu \mathrm{m})$의 시험 입자를 사용하여 먼지수를 계측한다.

④ 비색법 (변색도법) : 필터의 상류와 하류에서 포집한 공기를 각각 여과지에 통과시켜 오염도를 광전관으로 측정한다.

20. 분진 보유용량이란 무엇인가?

① 필터가 1시간 반 동안에 필터면에 포집된 먼지의 양

② 필터면에 포집된 먼지의 양을 나타내며 g/1대로만 나타낸다.

③ 필터의 공기저항이 최초의 1.5배가 될 때까지 필터면에 포집된 먼지의 양

④ 필터의 공기저항이 최초의 1.3배가 될 때까지 필터면에 포집된 먼지의 양

해설 분진 보유용량 : 필터의 공기저항이 최초의 1.5배로 될 때까지 필터면에서 포집된 먼지의 양 $(\mathrm{g/m}^2, \mathrm{g/1대})$으로서 고성능일수록 적다.

21. 공중위생 관리상 실내에 일정량의 신선외기가 필수적으로 도입되어야 한다. 이때 배

기 열량을 잠열, 현열로 모두 회수할 수 있는 방식이나 열교환기는?

① 런 어라운드 코일 방식

② 전 열교환기

③ 히트 파이프

④ 콘덴서 리히트 방식

22. 공기조화기의 구성요소가 아닌 것은?

① 공기여과기   ② 냉각코일

③ 송풍기   ④ 공기압축기

23. 다음 중 공조기 코일이 아닌 것은?

① 솔레노이드 코일

② 증기코일

③ 냉매코일

④ 온수코일

24. 다음의 기기는 일반 공기조화장치에서 이용 가능한 폐열회수 장치이다. 일반 공기조화의 폐열회수에 응용할 경우 에너지 회수율이 가장 높은 것은?

① 회전식 전열 교환기

② 고정식 현열 교환기

③ 히트 파이프 (heat pipe)

④ 런 어라운드 코일 (run-around coil)

25. 어떠한 실내에 15 kW의 전동기에 의하여 10대의 기계가 효율 90 %로 구동될 때 전력에 의한 취득열량은? (단, 소요동력/정격출력은 0.80, 전동기의 가동률은 90 %)

① 113000 kJ/h   ② 129000 kJ/h

③ 114666 kJ/h   ④ 432000 kJ/h

해설 $q = 10 \times 15 \times \dfrac{1}{0.9} \times 0.8 \times 0.9 \times 3600$

$= 432000 \ \mathrm{kJ/h}$

4-1 ─○ 덕트 및 덕트의 부속품

1 토출구와 흡입구

(1) 축류형 취출구

① 노즐형(nozzle diffuser) : 분기 덕트에 접속하여 급기하는 것으로 도달거리가 길고 구조가 간단하며, 또한 소음이 적고 토출풍속 5 m/s 이상으로도 사용된다. 실내공간이 넓은 경우 벽에 부착하여 횡방향으로 토출하고 천장이 높은 경우 천장에 부착하여 하향 토출할 때도 있다.

② 펑커 루버(punka louver) : 선박 환기용으로 제작된 것으로 목을 움직여서 토출 기류의 방향을 바꿀 수 있으며, 토출구에 달혀 있는 댐퍼로 풍량 조절도 쉽게 할 수 있다.

③ 베인(vane) 격자형 : 각형의 몸체(frame)에 폭 20~25 mm 정도의 얇은 날개(vane)를 토출면에 수평 또는 수직으로 설치하여 날개 방향 조절로 풍향을 바꿀 수 있다.

  ㈎ 고정베인형 : 날개가 고정된 것

  ㈏ 가로베인형(유니버설형) : 베인을 움직일 수 있게 한 것으로 벽면에 설치하지만 천장에 설치한 것을 로 보이형(low-boy-type), 팬 코일 유닛과 같이 창 밑에 설치하는 경우도 있다.

  ㈐ 그릴(grille) : 토출구 흡입구에 셔터(shutter)가 없는 것

  ㈑ 레지스터(register) : 토출구 흡입구에 셔터가 있는 것

④ 라인(line)형 토출구

  ㈎ 브리즈 라인형(breeze line) : 토출 부분에 있는 홈(slot)의 종횡비(aspect ratio)가 커서 선의 개념을 통한 실내디자인에 조화시키기 쉽고 외주부의 천장 또는 창틀 위에 설치하여 출입구의 에어 커튼(air curtain) 및 외주부 존(perimeter zone)의 냉·난방부하를 처리하도록 하며, 토출구 내에 있는 블레이드(blade)의 조절로 토출 기류의 방향을 바꿀 수가 있다.

  ㈏ 캄 라인형(calm line) : 종횡비가 큰 토출구로서 토출구 내에 디플렉터(deflector)가

있어서 정류작용을 하며 흡입용으로 이용 시 디플렉터를 제거하여야 한다.

㈐ T-line형 : 천장이나 구조체에 T-bar를 고정시키고 그 홈 사이에 토출구를 설치한 것으로 내실부 또는 외주부의 어디서나 사용할 수 있고, 흡입구로 사용할 때는 토출구 속의 베인을 제거해야 한다.

㈑ 슬롯 (slot)형 : 종횡비가 대단히 크고 폭이 좁으며, 길이가 1 m 이상 되는 것으로 평면 분류형의 기류를 토출한다. 트로퍼 (troffer)형은 슬롯형 토출구를 조명기구와 조합한 것으로 조명등의 외관으로 토출구의 역할까지 겸하고 있어 더블 셀 타입 조명기구라 한다.

㈒ 다공판 (multi vent)형 토출구 : 천장에 설치하여 작은 구멍을 개공률 10 % 정도 뚫어서 토출구로 만든 것이다 (천장판의 일부 또는 전면에 걸쳐서 개공률 3~4 % 정도로 지름 1 mm 이하의 많은 구멍을 뚫어서 토출구로 만든 통기 흡음판도 이 기구의 일종이다).

(2) 복류형 취출구

① 팬 (pan) 형 : 천장의 덕트 개구단의 아래쪽에 원형 또는 원추형의 판을 달아서 토출풍량을 부딪히게 하여 천장면에 따라서 수평으로 공기를 보내는 것이다 (팬의 위치를 상하로 이동시켜 조정이 가능하고 유인비 및 발생 소음이 적다).

② 아네모스탯 (anemostat) 형 : 팬형의 결점을 보강한 것으로 천장 디퓨저라 한다 (확산 반경이 크고 도달거리가 짧다).

(3) 흡입구

① 벽과 천장 설치형으로 격자형 (고정 베인형)이 가장 많이 사용되고 있으며, 그 외에 천장에 T-라인을 사용하고 천장 속에 리턴 체임버로 하여 직접 천장 속으로 흡인시킨다.

② 바닥 설치형으로 버섯 모양의 머시룸 (mushroom)형 흡입구로서 바닥면의 오염공기를 흡입하도록 되어 있고, 바닥 먼지도 함께 흡입하기 때문에 필터와 냉각코일을 더럽히므로 먼지를 침전시킬 수 있는 저속 기류의 세틀링 체임버 (settling chamber)를 갖추어야 한다.

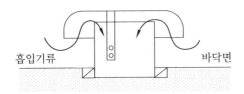

머시룸(mushroom)형 흡입구

2 실내공기 분포

(1) 토출기류의 성질과 토출풍속

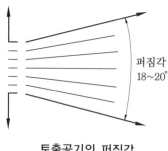

토출공기의 퍼짐각

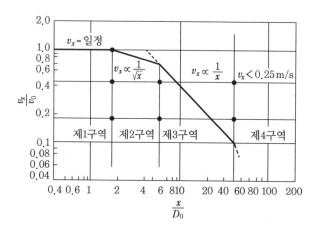

토출기류의 4구역

$$Q_1 V_1 = (Q_1 + Q_2) V_2$$

여기서, Q_1 : 토출공기량 (m³/s), Q_2 : 유인공기량 (m³/s)

V_1 : 토출풍속 (m/s), V_2 : 혼합공기의 풍속 (m/s)

앞의 그림에서 v_0는 토출풍속이고, v_x는 토출구에서의 거리 x [m]에 있어서 토출기류의 중심풍속 (m/s)이며, D_0는 토출구의 지름 (m)이다.

① 제1구역 : 중심풍속이 토출풍속과 같은$(v_x = v_0)$ 영역으로 토출구에서 D_0의 2~4배 $\left(\dfrac{x}{D_0} = 2 \sim 4\right)$ 정도의 범위이다.

② 제2구역 : 중심풍속이 토출구에서의 거리 x의 평방근에 역비례하는 $\left(v_x \propto \dfrac{1}{\sqrt{x}}\right)$ 범위이다.

③ 제3구역 : 중심풍속이 토출구에서의 거리 x에 역비례하는 $\left(v_x \propto \dfrac{1}{x}\right)$ 영역으로서 공기

조화에서 일반적으로 이용되는 것은 이 영역의 기류이다.

$$x = (10 \sim 100)\,D_0$$

④ 제4구역 : 중심풍속이 벽체나 실내의 일반 기류에서 영향을 받는 부분으로 기류의 최대풍속은 급격히 저하하여 정체한다.

⑤ 도달거리 (throw) : 토출구에서 토출기류의 풍속이 0.25 m/s로 되는 위치까지의 거리이다.

⑥ 최대강하거리 : 냉풍 및 온풍을 토출할 때 토출구에서 도달거리에 도달하는 동안 일어나는 기류의 강하 및 상승을 말하며, 이를 강하도 (drop) 및 최대상승거리 또는 상승도 (rise)라 한다.

⑦ 유인비 (entrainment ratio) : 토출공기 (1차 공기)량에 대한 혼합공기 (1차 공기+2차 공기)량의 비 $\dfrac{Q_1 + Q_2}{Q_1}$ 이다.

⑧ 토출구의 허용 토출풍속

실의 용도		허용 토출풍속 (m/s)
방송국		1.5~2.5
주택, 아파트, 교회, 극장, 호텔, 고급 사무실		2.5~3.75
개인 사무실		4.0
영화관		5.0
일반 사무실		5.0~6.25
상점	2층 이상	7.0
	1층	10.0

(2) 흡입기류의 성질

① 흡입구의 설치위치는 실내의 천장, 벽면 등이 많으나 출입문, 벽면에 그릴 또는 언더컷 (undercut)을 설치하여 복도를 걸쳐 흡입하는 경우도 있다.

② 실내의 흡입구를 거주구역 가까이 설치할 때는 흡입구에서 소음 문제가 발생하며, 풍속이 너무 빠르면 드래프트를 느끼게 되므로 흡입풍속을 너무 크지 않도록 한다.

③ 바닥에 설치하는 머시룸 등은 바닥 먼지류를 함께 흡입하므로 공기를 환기로 재이용하는 경우에는 바람직하지 못하다.

④ 흡입구의 허용 흡입풍속

흡입구의 위치		허용 흡입풍속 (m/s)
거주구역보다 윗부분		4 이상
거주구역 내	부근에 좌석이 없는 경우	3~4
	좌석이 있는 경우	2~3
출입문에 설치한 그릴		1~1.5
출입문의 언더컷		1~1.5

(3) 실내기류 분포

① 실내기류와 쾌적감 : 공기조화를 행하고 있는 실내에서 거주자의 쾌적감은 실내공기의 온도, 습도 및 기류에 의하여 좌우되며, 일반적으로 바닥면에서 높이 1.8 m 정도까지의 거주구역의 상태가 쾌적감을 좌우한다.

② 드래프트 (draft) : 습도와 복사가 일정한 경우에 실내기류와 온도에 따라서 인체의 어떤 부위에 차가움이나 과도한 뜨거움을 느끼는 것

③ 콜드 드래프트 (cold draft) : 겨울철 외기 또는 외벽면을 따라서 존재하는 냉기가 토출기류에 의해 밀려 내려와서 바닥을 따라 거주구역으로 흘러 들어오는 것으로 다음과 같은 원인이 현상을 더 크게 한다.

  ⑺ 인체 주위의 공기온도가 너무 낮을 때

  ⑻ 인체 주위의 기류속도가 클 때

  ⑼ 주위 공기의 습도가 낮을 때

  ⑽ 주위 벽면의 온도가 낮을 때

  ⑾ 겨울철 창문의 틈새를 통한 극간풍이 많을 때

④ ASHRAE에서는 거주구역 내의 인체에 대한 쾌적한 상태를 나타내는 데 바닥 위 750 mm, 기류 0.15 m/s일 때 공기온도 24℃를 기준으로 다음 식과 같이 유효 드래프트 온도 (effective draft temperature)를 정의하고 있다.

$$EDT = (t_x - t_c) - 8(V_x - 0.15)$$

  여기서, EDT : 유효 드래프트 온도 (℃)

        t_c, t_x : 실내 평균온도 및 실내의 어떤 국부온도 (℃)

        V_x : 실내의 어떤 장소 x에서의 미풍속 (m/s)

> **참고** EDT 가 −1.7~1.1℃의 범위에서 기류속도가 0.35 m/s 이내이면 앉아 있는 거주자가 쾌적감을 느낀다고 한다.

⑤ 공기확산 성능계수 (air diffusion performance index : ADPI) : 쾌적감을 주는 범위 내에

있는 측정점수를 전 측정점수에 대한 비로 나타낸다.

⑥ 실내 기류속도와 반응

기류속도 (m/s)	반응	적용 장소
0.0008 이하	기류가 침체되어 불쾌	–
0.13	이상적인 상태 (쾌적)	업무용 쾌적공조
0.13~0.25	약간 불만족	업무용 쾌적공조
0.33	불만족 (종이가 날림)	음식점
0.38	보행자에게 만족	소매점, 백화점
0.38~1.5	공장용 공조에서 양호	국부공조에 적합

⑦ 토출구의 형식과 ADPI 와의 관계

토출구의 종류	열부하 (kcal/m²·h)	최대 ADPI		허용 ADPI		L를 구하는 방법
		ADPI	T/L	ADPI	T/L	
벽면설치 격자날개형	56	85	1.5	80	1.0~1.9	마주보는 벽면까지의 거리
	108	78	1.6	70	1.2~2.3	
	164	72	1.8	70	1.5~2.2	
원형 천장 디퓨저	56	93	0.8	90	0.7~1.3	벽 또는 인근 토출구에서의 기류의 말단까지의 거리
	108	88	0.8	80	0.5~1.5	
	164	83	0.8	80	0.7~1.2	
천장 슬롯형	56	92	0.3	80	0.3~1.5	두 개의 토출구의 중심까지의 거리에 천장에서 거주구역 상한까지의 거리를 더한 것
	108	91	0.3	80	0.3~1.1	
	164	88	0.3	80	0.3~0.8	
천장 다공판 천장 루버형	30~138	96	2.0	90	1.4~2.7	벽 또는 두 개의 토출구의 중심까지의 거리
				80	1.0~3.4	

3 덕트의 설계

(1) 동압 (dynamic pressure)과 정압 (static pressure)

덕트 내의 공기가 흐를 때 에너지 보존의 법칙에 의한 베르누이 (Bernoulli)의 정리가 성립된다 (p는 정압이고 $\dfrac{v^2}{2g}\gamma$을 동압, $p+\dfrac{v^2}{2g}\gamma$을 전압이라 한다).

$$p_1 + \frac{v_1{}^2}{2g}\gamma = p_2 + \frac{v_2{}^2}{2g}\gamma + \Delta p$$

여기서, γ : 공기의 비중량 (kg/m³)

g : 중력가속도 (m/s²)

p, v : 덕트 내의 임의의 점에 있어서의 압력 (kg/m² 또는 mmAq) 및 공기의 속도 (m/s)로서 첨자 1, 2는 각 점을 나타낸다.

Δp : 공기가 2점 간을 흐르는 동안에 생기는 압력손실 (kg/m^2)

(정압(p_s), 동압$(p_v) = \dfrac{v^2}{2g}\gamma$, 전압$(p_t) = p_s + \dfrac{v^2}{2g}\gamma$)

(2) 덕트의 연속법칙

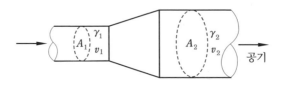

$$A_1 \cdot v_1 \cdot \gamma_1 = A_2 \cdot v_2 \cdot \gamma_2$$

여기서, A : 관 단면적 (m^2)
γ : 유체의 비중량 (kg/m^3)
v : 유속 (m/s)

즉, 각 단면을 흐르는 유체의 질량은 동일하다.

(3) 마찰저항과 국부저항

① 직관형 덕트의 마찰저항

$$\Delta p_f = \lambda \cdot \frac{l}{d} \cdot \frac{v^2}{2g} \cdot \gamma$$

여기서, λ : 마찰계수, l : 덕트 길이 (m), d : 덕트 지름 (m)
γ : 공기 비중량 (kg/m^3), v : 풍속 (m/s)

② 장방형 덕트에서 원형 덕트 지름으로의 환산식

$$d_e = 1.3 \left[\frac{(a \cdot b)^5}{(a+b)^2} \right]^{\frac{1}{8}}$$

여기서, d_e : 장방형 덕트의 상당지름(원형 덕트 지름), a : 장변, b : 단변

> **참고** 애스펙트비 $\left(\dfrac{a}{b}\right)$는 최대 10 : 1 이상 되지 않도록 하며, 가능하면 6 : 1 이하로 제한한다.

③ 국부저항에 의한 전압력 손실 : Δp_t [mmAq]

$$\Delta p_t = \zeta_T \frac{\gamma}{2g} v_1^{\,2} = \zeta_T \frac{\gamma}{2g} v_2^{\,2}$$

④ 국부저항에 의한 정압 손실 : Δp_s [mmAq]

$$\Delta p_s = \zeta_s \frac{\gamma}{2g} v_1^2 = \zeta_s \frac{\gamma}{2g} v_2^2$$

⑤ 덕트의 국부저항계수

덕트의 국부저항계수

명칭	그림	계산식	저항계수				
(1) 장방형 엘보 (90°)		$\Delta p_t = \lambda \dfrac{l_e}{d} \dfrac{v^2}{2g} \gamma$	H/W	$\gamma/W = 0.5$	0.75	1.0	1.5
			0.25	$l_e/W = 25$	12	7	3.5
			0.5	33	16	9	4
			1.0	45	19	11	4.5
			4.0	90	35	17	6
(2) 장방형 엘보 (90°)		$\Delta p_t = \lambda \dfrac{l_e}{d} \dfrac{v^2}{2g} \gamma$	$H/W = 0.25$		$l_e/W = 25$		
			0.5		49		
			1.0		75		
			4.0		110		
(3) 베인이 있는 장방형 엘보 (2매 베인)		$\Delta p_t = \zeta_T \dfrac{v^2}{2g} \gamma$	R/W	R_1/W	R_2/W	ζ_T	
			0.5	0.2	0.4	0.45	
			0.75	0.4	0.7	0.12	
			1.0	0.7	1.0	0.10	
			1.5	1.3	1.6	0.15	
(4) 베인이 있는 장방형 엘보 (소형 베인)		$\Delta p_t = \zeta_T \dfrac{v^2}{2g} \gamma$	1매판의 베인 $\zeta_T = 0.35$ 성형된 베인 $\zeta_T = 0.10$				
(5) 원형 덕트의 엘보 (성형)		$\Delta p_t = \lambda \dfrac{l_e}{d} \dfrac{v^2}{2g} \gamma$	$R/d = 0.75$		$l_e/d = 23$		
			1.0		17		
			1.5		12		
			2.0		10		

명칭	그림	계산식	저항계수				

(6) 원형 덕트의 엘보 (새우이음) — 계산식: $\Delta p_t = \lambda \dfrac{l_e}{d} \dfrac{v^2}{2g} \gamma$

R/d	0.5	1.0	1.5	2.0
2쪽	$l_e/d = 65$	65	65	65
3쪽			21	17	17
4쪽	49	19	14	12
5쪽		17	12	9.7

(7) 확대부 — 계산식: $\Delta p_t = \zeta_T \dfrac{\gamma}{2g} (v_1 - v_2)^2$

$\theta\,[°] = 5$	10	20	30	40
$\zeta_T = 0.17$	0.28	0.45	0.59	0.73

(8) 축소부 — 계산식: $\Delta p_t = \zeta_T \dfrac{v_2^2}{2g} \gamma$

$\theta\,[°] = 30$	45	60
$\zeta_T = 0.02$	0.04	0.07

(9) 원형 덕트의 분류

직통관 (1→2): $\Delta p_t = \zeta_1 \dfrac{v_1^2}{2g} \gamma$

v_2/v_1	0.3	0.5	0.8	0.9
ζ_1	0.09	0.075	0.03	0

분기관 (1→3): $\Delta p_t = \zeta_B \dfrac{v_3^2}{2g} \gamma$

v_3/v_1	0.2	0.4	0.6	0.8	1.0	1.2
ζ_B	28.0	7.50	3.7	2.4	1.8	1.5

(10) 분류 (원추형 토출)

직통관 (1→2): (9)의 직통관과 동일

분기관 (1→3): $\Delta p_t = \zeta_B \dfrac{v_3^2}{2g} \gamma$

v_3/v_1	0.6	0.7	0.8	1.0	1.2
ζ_B	1.96	1.27	0.97	0.50	0.37

위의 값은 $A_1/A_3 = 8.2$일 때이며 $A_1/A_3 = 2$이면 위의 값에서 약 30% 증가시킨다.

(11) 분류 (경사 토출) $\theta = 45°$

직통관 (1→2): $\Delta p_t = \zeta_1 \dfrac{v_1^2}{2g} \gamma$ — $\zeta_1 = 0.05 \sim 0.06$ (대개 무시한다)

분기관 (1→3): $\Delta p_t = \zeta_B \dfrac{v_3^2}{2g} \gamma$

v_3/v_1	0.4	0.6	0.8	1.0	1.2
$A_1/A_3 = 1$	3.2	1.02	0.52	0.47	−
3.0	3.7	1.4	0.75	0.51	0.42
8.2		0.79	0.57	0.47	

명칭	그림	계산식	저항계수					
(12) 장방형 덕트의 분기		직통관 $(1 \to 2)$ $\Delta p_t = \zeta_T \dfrac{v_1^2}{2g}\gamma$	$v_2/v_1 < 1.0$인 때에는 대개 무시한다. $v_2/v_1 \geqq 1.0$인 때 $\zeta_T = 0.46 - 1.24\,x + 0.93\,x^2$ $x = \left(\dfrac{v_3}{v_1}\right) \times \left(\dfrac{a}{b}\right)^{\frac{1}{4}}$					
		분기관 $\Delta p_t = \zeta_B \dfrac{v_1^2}{2g}\gamma$						
(13) 장방형 덕트의 합류		직통관 $(1 \to 3)$ $\Delta p_t = \zeta_T \dfrac{v_3^2}{2g}\gamma$	v_1/v_3	0.4	0.6	0.8	1.0	1.2	1.5
			$A_1/A_3 = 0.75$	-1.2	-0.3	0.35	0.8	1.1	
			0.67	-1.7	-0.9	-0.3	0.1	0.45	0.7
			0.60	-2.1	-1.3	-0.8	0.4	0.1	0.2
		합류관 $(2 \to 3)$ $\Delta p_t = \zeta_B \dfrac{v_3^2}{2g}\gamma$	v_2/v_3	0.4	0.6	0.8	1.0	1.2	1.5
			ζ_B	-1.30	-0.90	-0.5	0.1	0.55	1.4

㊟ 국부저항손실은 같은 저항을 갖는 직관형 덕트 길이(l_e)로 치환하여 계산할 수도 있다.

(4) 덕트 설계법

① 덕트 설계의 순서

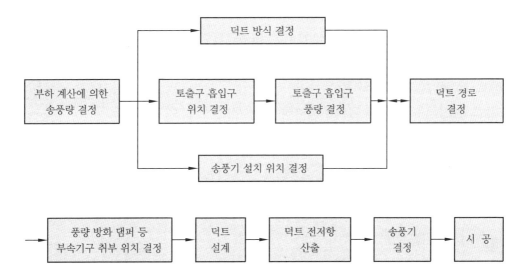

② 저속덕트의 허용풍속

구분	권장 속도 (m/s)			최대 풍속 (m/s)		
	주택	일반 건물	공장	주택	일반 건물	공장
주덕트	3.5~4.5	5~6.5	6~9	4~6	5.5~8	6.5~11
분기덕트	3.0	3~4.5	4~5	3.5~5	4~6.5	5~9
분기수직덕트	2.5	3~3.5	4	3.25~4	4~6	5~8
외기 도입구	2.5	2.5	2.5	4	4.5	6
송풍기 토출구	5~8	6.5~10	8~12	8.5	7.5~11	8.5~14

③ 고속덕트의 허용풍속

통과풍량 (m^3/h)	최대풍속 (m/s)
5000~10000	12.5
10000~17000	17.5
17000~25000	20
25000~40000	22.5
40000~70000	25
70000~100000	30

(5) 덕트 설계 시 주의사항

① 덕트 풍속은 15 m/s 이하, 정압 50 mmAq 이하의 저속덕트를 이용하여 소음을 줄인다.

② 재료는 아연도금철판, 알루미늄판 등을 이용하여 마찰저항손실을 줄인다.

③ 종횡비 (aspect ratio)는 최대 10 : 1 이하로 하고 가능한 한 6 : 1 이하로 하며, 또한 일반적으로 3 : 2이고 한 변의 최소길이는 15 cm 정도로 억제한다.

④ 압력손실이 작은 덕트를 이용하고 확대각도는 20° 이하 (최대 30°), 축소각도는 45° 이하로 할 것

⑤ 덕트 분기되는 지점은 댐퍼를 설치하여 압력 평형을 유지시킨다.

(6) 등마찰손실법 (등압법)

덕트 1 m 당 마찰손실과 동일값을 사용하여 덕트 치수를 결정한 것으로 선도 또는 덕트 설계용으로 개발한 계산으로 결정할 수 있다.

> **참고** 1 m당 마찰저항손실이 저속덕트에서 급기덕트의 경우 0.1~0.12 mmAq/m, 환기덕트의 경우 0.08~0.1 mmAq/m 정도이고, 고속덕트에서는 1 mmAq/m 정도이며, 주택 또는 음악 감상실은 0.07 mmAq/m, 일반 건축은 0.1 mmAq/m, 공장과 같이 소음 제한이 없는 곳은 0.15 mmAq/m 이다.

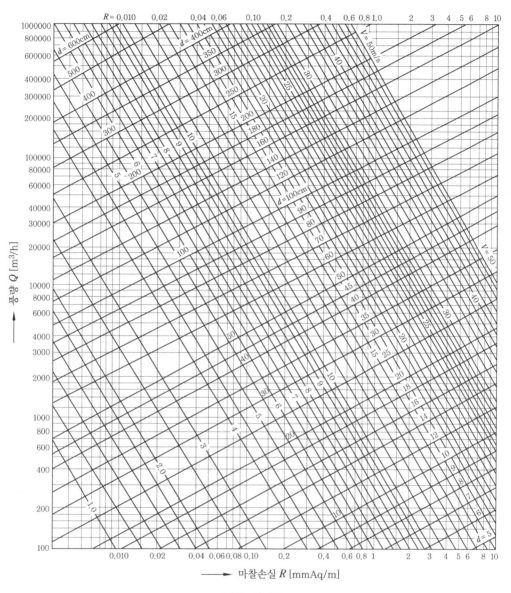

덕트 설계도

(7) 정압 재취득법

급기덕트에서는 일반적으로 주덕트에서 말단으로 감에 따라서 분기부를 지나면 차츰 덕트 내 풍속은 줄어든다. 베르누이의 정리에 의하여 풍속이 감소하면 그 동압의 차만큼 정압이 상승하기 때문에 이 정압 상승분을 다음 구간의 덕트의 압력손실에 이용하면 덕트의 각 분기부에서 정압이 거의 같아지고 토출풍량이 균형을 유지한다. 이와 같이 분기덕트를 따낸 다음의 주덕트에서의 정압 상승분을 거기에 이어지는 덕트의 압력손실로 이용하는 방법을 정압 재취득법이라고 한다.

$$\Delta p = k \left(\frac{v_1^2}{2g} \gamma - \frac{v_2^2}{2g} \gamma \right)$$

여기서, 정압 재취득계수 k 의 값은 일반적으로 1이지만, 실험에 의하면 0.5~0.9 정도이고 단면 변화가 없는 경우 0.8 정도로 한다.

(8) 전압법

① 정압법에서는 덕트 내에서의 풍속 변화에 따른 정압의 상승, 강하 등을 고려하지 않고 있기 때문에 급기덕트의 하류 측에서 정압 재취득에 의한 정압이 상승하여 상류측보다 하류 측에서의 토출풍량이 설계치보다 많아지는 경우가 있다. 이와 같은 불합리한 상태를 없애기 위하여 각 토출구에서의 전압이 같아지도록 덕트를 설계하는 방법을 전압법이라고 한다.

② 전압법은 가장 합리적인 덕트 설계법이지만 일반적으로 정압법에 의하여 설계한 덕트계를 검토하는 데 이용되고 있으며, 전압법을 사용하게 되면 정압 재취득법은 필요가 없게 된다.

(9) 등속법

① 덕트 주관이나 분기관의 풍속을 다음 표에 제시한 권장풍속 내의 임의의 값으로 선정하여 덕트 치수를 결정하는 방법이다.

② 등속법은 정확한 풍량 분배가 이루어지지 않기 때문에 일반 공조에서는 이용하지 않으며 주로 공장의 환기용이나 분체 수송용 덕트 등에 사용되고 있다.

③ 송풍기 용량을 구하기 위해서 덕트 전체 구간의 압력손실을 구해야 된다.

④ 덕트 내에서 분진이 침적되지 않는 풍속

분진의 종류	항목	풍속 (m/s)
매우 가벼운 분진	가스, 증기, 연기, 차고 등의 배기가스 배출	10
중간 정도 비중의 건조분진	목재, 섬유, 곡물 등의 취급 시 발생한 먼지 배출	15
일반 공업용 분진	연마, 연삭, 스프레이 도장, 분체작업장 등의 먼지 배출	20
무거운 분진	납, 주조작업, 절삭작업장 등에서 발생한 먼지 배출	25
기 타	미분탄의 수송 및 시멘트 분말의 수송	20~35

(10) 덕트 시공법

① 덕트 재료

㈎ 아연도금판 (KS D 3506)이 사용되며 표준 판두께는 0.5, 0.6, 0.8, 1.0, 1.2 mm가 사

용된다.

㈏ 온도가 높은 공기에 사용하는 덕트, 방화 댐퍼, 보일러용 연도, 후드 등에 열간 또는 냉간 압연 강판을 이용한다.

㈐ 다습한 공기가 통하는 덕트에는 동판, Al 판, STS 판, PVC 판 등을 이용한다.

㈑ 단열 및 흡음을 겸한 글라스 파이버판으로 만든 글라스 울 덕트(fiber glass duct)를 이용한다.

② 덕트의 판두께

아연도금판 덕트의 판두께와 치수

판두께 (mm)	저속덕트 (15 m/s 이하)			고속덕트 (15 m/s 이상)		
	장방형 덕트의 장변치수 (mm)	원형 덕트지름 (mm)	나선형 덕트 지름 (mm)	장방형 덕트의 장변치수 (mm)	원형 덕트지름 (mm)	나선형 덕트 지름 (mm)
0.5	450 이하	450 이하	450 이하	–	200 이하	200 이하
0.6	450~750	450~750	450~750	–	200~600	200~600
0.8	750~1500	750~1000	750~1000	450 이하	600~800	600~800
1.0	1500~2250	1000 이상	1000 이상	450~1200	800~1000	800~1000
1.2	2250 이상	–	–	1200~2250	–	–

③ 덕트의 조립 방법

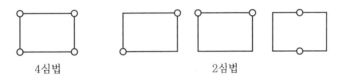

4심법   2심법

(11) 댐퍼

① 풍량조절 댐퍼(VD : Volume Damper)

㈎ 버터플라이 댐퍼(butterfly damper) : 소형덕트 개폐용 또는 풍량조절용

㈏ 루버 댐퍼(louver damper)

• 평형익형 : 대형덕트 개폐용(날개가 많다)

• 대향익형 : 풍량조절용(날개가 많다)

㈐ 스플릿 댐퍼(split damper) : 분기부 풍향조절용

② 방화 댐퍼(FD : Fire Damper) : 화재 시 연소공기 온도 약 70℃에 덕트를 폐쇄시키도록 되어 있다.

③ 방연 댐퍼(SD : Smoke Damper) : 실내의 연기감지기 또는 화재 초기의 발생연기를 감지하여 덕트를 폐쇄시킨다.

4-2 ○ 급·배기설비

(1) 필요환기량

① 환기량 : $q = Q_o \times 1.2 \times C_p (t_r - t_o)$ 에서,

$$Q_o = \frac{q}{1.2 \, C_p (t_r - t_o)}$$

여기서, q : 실내열량 (kJ/h), t_r : 실내온도 (℃)

t_o : 외기온도 (℃), Q_o : 환기량 (m³/h)

γ : 공기비중 (kg/m³), C_p : 공기정압비열 (kJ/kg·K)

② 변압기 열량

$$q_T = (1 - \eta_T) \times \phi \times KVA \times 3600 \, [\text{kJ/h}]$$

여기서, ϕ : 역률, KVA : 용량, η_T : 변압기 효율

③ 오염물질에 따른 외기도입량

$$Q = \frac{M}{K - K_o}$$

여기서, Q : 외기도입량 (m³/h)

M : 오염가스 발생량 (m³/h 또는 mg/h)

K : 실내 오염물질의 농도 (m³/m³ 또는 mg/m³) 또는 오염가스 서한량

K_o : 외기의 오염가스 함유량 (m³/m³ 또는 mg/m³)

(2) 자연환기량

① 온도차에 의한 환기

$$Q = \varepsilon \cdot A \cdot v \, [\text{m}^3/\text{h}]$$

여기서, ε : 환기계수 = 0.65 = ε_{v1} (속도 환기계수) × ε_{v2} (수축 환기계수)

A : 유입 또는 유출면적 (m²)

v : 기류속도 (m/h) = $\sqrt{\dfrac{2gh(t_r - t_o)}{273 + \dfrac{(t_r + t_o)}{2}}}$

g : 중력가속도 (9.8 m/s²)

h : 중성대에서 유출 입구 중심까지의 높이 (m)

② 동력에 의한 환기

$$Q = f_p \cdot A \cdot v$$

여기서, f_p : 동압계수

(3) 환기 방법

① 병용식 (combined system) : 제1종 환기법으로 송풍기와 배풍기를 설치하여 강제 급·배기하는 방식

② 압입식 (forced system) : 제2종 환기법으로 송풍기만을 설치하여 강제 급기하는 방식

③ 흡출식 (exhaust system) : 제3종 환기법으로 배풍기만 설치하여 강제 배기하는 방식 (부엌, 흡연실, 변소 등에 설치)

④ 자연식 : 제4종 환기법으로 급·배기가 자연풍에 의해서 환기되는 방식

>>> 제4장   **예상문제**

1. 다음 중 용어와 단위가 잘못 연결된 것은 어느 것인가?

① 열수분비 – %
② 음의 강도 – watt/m²
③ 비열 – kJ/kg·K
④ 일사강도 – kJ/m²·h

해설 열수분비 단위는 kJ/kg이다.

2. 흡인 유닛의 분출속도로 맞는 것은?

① 5~7 m/s   ② 10~12 m/s
③ 15~20 m/s   ④ 30~35 m/s

3. 고속덕트와 저속덕트는 주덕트 내에서 최대 풍속 몇 m/s를 경계로 하여 구별되는가?

① 5 m/s   ② 10 m/s
③ 15 m/s   ④ 30 m/s

4. 다음 중 고속덕트의 풍속은 일반적으로 얼마인가?

① 5~7 m/s   ② 9~11 m/s
③ 12~14 m/s   ④ 20~25 m/s

5. 공장의 저속덕트 방식에 있어서 주덕트 내에

서의 최적풍속은 얼마인가?

① 23~27 m/s   ② 17~22 m/s
③ 12~15 m/s   ④ 6~9 m/s

6. 덕트의 분기점에서 풍량을 조절하기 위하여 설치하는 댐퍼는 어느 것인가?

① 방화 댐퍼   ② 스플릿 댐퍼
③ 볼륨 댐퍼   ④ 터닝 베인

7. 덕트의 재료로서 현재 가장 많이 이용되는 것은?

① 아연도금강판   ② 알루미늄판
③ 염화비닐판   ④ 스테인리스강판

8. 다음 중 공기조화 덕트의 부속품이 아닌 것은 어느 것인가?

① 가이드 베인   ② 방화 댐퍼
③ 풍량 조절 댐퍼   ④ 노즐

9. 다음은 덕트의 시공 시 주의점을 설명한 것이다. 잘못된 것은?

① 굽힘 직후에 코일을 설치할 경우에는 확관을 할 수 있고 이때에는 가이드 베

인을 설치한다.

② 굽힘 부분은 큰 곡률 반지름을 취한다.

③ 덕트의 확대각도는 20° 이하, 축소각도
는 45° 이내로 한다.

④ 덕트의 장변이 1010 mm 이상 시에는
앵글에 의한 보강을 해 주어야 한다.

10. 취출구의 방향을 좌우상하로 바꿀 수 있으며, 주방 등의 스폿(spot) 냉방에 적합한 공기취출구는 어느 것인가?

① T 라인형　　　② 펑커 루버형

③ 아네모스탯형　④ 팬형

11. 다음 덕트의 풍량 조절 댐퍼 중 2개 이상의 날개를 가진 것으로 대형 덕트에 사용되며, 일명 루버 댐퍼라고 하는 것은 무엇인가?

① 다익 댐퍼　　② 스플릿 댐퍼

③ 단익 댐퍼　　④ 크로스 댐퍼

12. 다음은 2중 덕트 방식의 특징을 나열한 것이다. 맞지 않는 것은?

① 덕트는 냉풍용과 온풍용을 필요로 하므로 덕트 스페이스 문제로 저속덕트를 많이 사용한다.

② 온도의 제어성은 좋지만, 습도는 평균적인 제어밖에 할 수 없다.

③ 조화기가 집중되어 있기 때문에 보수관리가 용이하다.

④ 동시에 냉방, 난방을 하기가 용이하다.

13. 건축의 평면도를 일정한 크기의 격자로 나누어서 이 격자의 구획 내에 취출구, 흡입구, 조명, 스프링클러 등 모든 필요한 설비요소를 배치하는 방식은?

① 모듈 (module)

② 셔터 (shutter)

③ 펑커 루버 (punkah louver)

④ 클래스 (class)

14. 다음 중 서로 관계가 없는 것은?

① 마노미터 – 압력계

② 아르키메데스의 원리 – 부력

③ 사이펀 작용 원리 – 유량 측정

④ 파스칼의 원리 – 수압기

15. 오전 중에 냉방부하가 최대가 되는 조닝(zoning)은 어느 방향인가?

① 동　　　　　② 서

③ 남　　　　　④ 북

16. 다음 방법들은 극간풍의 풍량을 계산하는 방법이다. 옳지 않은 것은?

① 환기 횟수에 의한 방법

② 극간 길이에 의한 방법

③ 창 면적에 의한 방법

④ 재실 인원수에 의한 방법

17. 덕트의 설계법을 순서대로 바르게 연결한 것은?

① 송풍량 결정 – 덕트 경로 결정 – 덕트의 치수 결정 – 취출구 및 흡입구의 위치 결정 – 송풍기 선정 – 설계도 작성

② 송풍량 결정 – 덕트의 치수 결정 – 덕트 경로 결정 – 취출구 및 흡입구의 위치 결정 – 송풍기 선정 – 설계도 작성

③ 덕트의 치수 결정 – 덕트 경로 결정 – 송풍량 결정 – 취출구 및 흡입구의 위치결정 – 송풍기 선정 – 설계도 작성

④ 송풍량 결정 – 취출구 및 흡입구의 위치 결정 – 덕트 경로 결정 – 덕트의 치수 결정 – 송풍기 선정 – 설계도 작성

18. 등속법에 대한 설명이 아닌 것은?

① 이 방식은 덕트 내의 풍속을 일정하게 유지할 수 있도록 덕트치수를 결정하는 방법이다.

② 덕트를 통해 먼지나 산업용 분말을 이송시키는 데 적합하지 않다.

③ 이 방식은 각 구간마다 압력손실이 다르다.

④ 송풍기 용량을 구하기 위해서는 전체 구간의 압력손실을 구해야 하는 번거로움이 있다.

19. 덕트 설계도를 그리는 과정에서 주의할 사항 중 틀린 것은?

① 곡부분(曲部分)은 될 수 있는 대로 곡률반지름을 크게 한다.

② 확대부분의 각도는 가능한 한 20° 이하로 한다.

③ 축소부분의 각도는 가능한 한 45° 이내로 한다.

④ 덕트 단면의 aspect ratio는 가능한 한 6 보다 크게 한다.

20. 시간당 7000 m³의 공기가 지름 50 cm의 원형 덕트 내를 흐를 때 풍속은 얼마인가?

① 3.2 m/s   ② 4.5 m/s
③ 6.4 m/s   ④ 9.9 m/s

해설 $v = \dfrac{Q}{A} = \dfrac{4Q}{\pi D^2} = \dfrac{4 \times 7000}{\pi \times 0.5^2 \times 3600}$

$= 9.902 \text{ m/s}$

21. 지름 0.6 m, 길이 15 m인 원형 덕트 내에 흐르는 공기의 속도가 10 m/s였다면 이때의 마찰손실저항은 얼마인가? (단, 공기의 비중량 γ =1.2 kg/m³, 마찰저항계수 λ =0.3, 중력가속도 g =9.8 m/s²이다.)

① 21.5 mmAq   ② 36.7 mmAq
③ 45.9 mmAq   ④ 56.8 mmAq

해설 $\Delta P = \lambda \cdot \dfrac{l}{d} \cdot \dfrac{v^2}{2g} \cdot \gamma$

$= 0.3 \times \dfrac{15}{0.6} \times \dfrac{10^2}{2 \times 9.8} \times 1.2$

$= 45.9 \text{ mmAq}$

22. 인체에 해가 되지 않는 탄산가스의 한계오염 농도는 얼마인가?

① 500 ppm (0.05 %)
② 1000 ppm (0.1 %)
③ 1500 ppm (1.15 %)
④ 2000 ppm (0.2 %)

23. 다음 중 실내 필요 환기량을 구하는 식은? (단, Q : 필요 환기량, M : 오염물 발생량, K_p : 실내오염 허용치, K_o : 오염발생 전의 실내농도)

① $Q = \dfrac{K_p - K_o}{M}$

② $Q = \dfrac{M}{K_p - K_o}$

③ $Q = M(K_p - K_o)$

④ $Q = M + (K_p - K_o)$

24. 1500명을 수용할 수 있는 강당에 전등에 의해 매시간 5200 kJ의 열이 발생하고 있다. 실내의 온도를 24℃로 유지하기 위하여 시간당 필요한 환기량은 얼마인가? (단, 외기의 온도는 12℃이며, 1인당 발열량은 230 kJ/h이다.)

① 24320 m³/h   ② 26400 m³/h
③ 27400 m³/h   ④ 28400 m³/h

해설 $Q = \dfrac{5200 + 1500 \times 230}{1.2 \times 1 \times (24 - 12)} = 24319 \text{ m}^3/\text{h}$

정답 **18.** ② **19.** ④ **20.** ④ **21.** ③ **22.** ② **23.** ② **24.** ①

25. 10인이 재실하는 어떤 실내공간의 CO_2 농도를 외기와 환기시켜 1000 ppm 이하로 유지하고자 한다. CO_2 발생은 인체 이외에는 없으며, 1인당 CO_2 발생량을 0.022 m^3/h이라 할 때 필요한 환기량은 얼마인가? (단, 외기의 CO_2 농도는 300 ppm이다.)

① 125 m^3/h   ② 215 m^3/h
③ 285 m^3/h   ④ 315 m^3/h

해설 $Q = \dfrac{10 \times 0.022}{0.001 - 0.0003} = 314.28 \ m^3/h$

26. 다음 중 국소 환기설비가 아닌 것은 어느 것인가?

① 후드
② 드래프트 체임버
③ 에어 커튼
④ 송풍기

27. 다음은 환기설비의 모식도이다. 그 설명으로 맞는 것은?

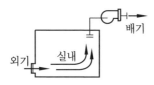

① 제1종 환기설비로서 배출이 가장 확실하다.
② 제2종 환기설비이며 실내의 압력이 상승한다.
③ 자연 환기설비이며 배출이 확실하다.
④ 제3종 환기설비로서 실내압력이 낮아진다.

해설 • 제1종 환기설비 : 강제 급·배기 방식
• 제2종 환기설비 : 강제 급기 자연 배기 방식
• 제3종 환기설비 : 강제 배기 자연 급기 방식
• 제4종 환기설비 : 자연 급·배기 방식

28. 다음 환기와 배연에 관한 설명 중 틀린 것은 어느 것인가?

① 환기란 실내의 공기를 차거나 따뜻하게 만들기 위한 것이다.
② 환기는 급기 또는 배기를 통하여 이루어진다.
③ 환기는 자연적인 방법, 기계적인 방법이 있다.
④ 배연설비란 화재 초기에 발생하는 연기를 제거하기 위한 설비이다.

29. 다음 그림과 같은 장방형 덕트의 분기부에 있어서 $v_1 = 7.0$ m/s, $v_3 = 8.7$ m/s일 때, 분기부의 국부저항은 얼마인가? (단, 공기의 비중량은 1.2 kg/m^3이고, 중력 가속도는 9.8 m/s^2이다.)

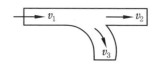

속도비 (v_3/v_1)	국부저항계수
0.25	0.3
0.5	0.2
0.75	0.3
1.0	0.4
1.25	0.65

① 1.15 mmAq   ② 1.95 mmAq
③ 2.45 mmAq   ④ 2.93 mmAq

해설 $\dfrac{v_3}{v_1} = \dfrac{8.7}{7} = 1.248$에서 국부저항계수는 0.65이다.

$$국부저항 = 0.65 \times \dfrac{7^2}{2 \times 9.8} \times 1.2$$
$$= 1.95 \ mmAq$$

급·배수 통기설비 설치

5-1 ○ 급수설비

(1) 급수량 (사용수량 = L/cd : litre per capita per day)

① 평균 사용 수량을 기준으로 하면 여름에는 20 % 증가하고 겨울에는 20 % 감소한다.

② 도시의 1인당 평균사용수량 (건축물의 사용수량) = 거주인명수×(200~400) L/cd

③ 매시 평균 예상 급수량 $Q_h = \dfrac{Q_d}{T}$ [L/h]로 1일의 총급수량을 건물의 사용시간으로 나눈 것이다.

④ 매시 최대 예상 급수량 $Q_m = (1.5 \sim 2)Q_h$ [L/h]

⑤ 순간 최대 예상 급수량 $Q_p = \dfrac{(3 \sim 4)Q_h}{60}$ [L/min]

(2) 급수량의 산정 방법

① 건물 사용 인원에 의한 산정 방법

$$Q_d = q \cdot N \text{ [L/day]}$$

여기서, Q_d : 그 건물의 1일 사용수량 (L/day)

　　　　 q : 건물별 1인 1일당 급수량 (L/h)

　　　　 N : 급수 대상인원 (인)

② 건물 면적에 의한 산정법

$$Q_d = A \cdot K \cdot N \cdot q = Q \cdot N \text{ [L/day]}$$

$$A' = A \cdot \dfrac{K}{100}$$

$$N = A' \times a$$

여기서, A' : 건물의 유효면적 (m²)

　　　　 a : 유효면적당 비율

　　　　 A : 건물의 연면적 (m²)

　　　　 N : 유효면적당 인원 (인/m²)

K : 건물의 연면적에 대한 유효면적 비율

q : 건물 종류별 1인 1일당 급수량 (L/cd)

③ 사용기구에 의한 산정 방법

$$Q_d = Q_f \cdot F \cdot P \,[\text{L/day}]$$

$$q_m = \frac{Q_d}{H} \cdot m \,[\text{L/day}]$$

여기서, Q_d : 1인당 급수량 (L/day), q_m : 시간당 최대 급수량 (L/h)

Q_f : 기구의 사용수량 (L/day), m : 계수 (1.5~2)

F : 기구수 (개), H : 사용시간, P : 동시사용률

(3) 급수 방법

① 직결 급수법 (direct supply system)

㉮ 우물 직결 급수법 ㉯ 수도 직결 급수법

② 고가탱크식 급수법 (elevated tank system) : 탱크의 크기는 1일 사용 수량의 1~2시간분 이상의 양 (소규모 건축물은 2~3시간분)을 저수할 수 있어야 하며 설치높이는 샤워실 플러시 밸브의 경우 7 m 이상, 보통 수전은 3 m 이상이 되도록 한다.

③ 압력탱크식 급수법 (pressure tank system) : 지상에 압력탱크를 설치하여 높은 곳에 물을 공급하는 방식으로 압력 탱크는 압력계·수면계·안전밸브 등으로 구성된다.

> **참고** 옥상탱크식과 비교한 압력탱크의 결점
> - 압력탱크는 기밀을 요하며, 높은 압력에 견딜 수 있어야 되므로 제작비가 고가이다.
> - 양정이 높은 펌프가 필요하다.
> - 급수압이 일정하지 않고 압력차가 크다.
> - 정전 시 단수된다.
> - 소규모를 제외하고 압축기로 공기를 공급해야 된다.
> - 고장이 많고 취급이 어렵다.

④ 가압 펌프식 : 압력탱크 대신에 소형의 서지탱크 (surge tank)를 설치하여 연속 운전되는 펌프 한 대 외에 보조 펌프를 여러 대 작동시켜서 운전한다.

(4) 급수 배관과 펌프 설비

① 급수 배관

㉮ 배관의 구배

- $\frac{1}{250}$ 끝올림 구배 (단, 옥상탱크식에서 수평주관은 내림 구배, 각층의 수평지관은 올림 구배)

- 공기빼기 밸브의 부설 : 조거형 (ㄷ자형) 배관이 되어 공기가 괼 염려가 있을 때 부설한다.
- 배니 밸브 설치 : 급수관의 최하부와 같이 물이 괼 만한 곳에 설치한다.

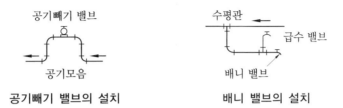

공기빼기 밸브의 설치   **배니 밸브의 설치**

(나) 수격작용 : 세정 밸브 (flush valve)나 급속개폐식 수전 사용 시 유속의 불규칙한 변화로, 유속을 m/s로 표시한 값의 14배의 이상 압력과 소음을 동반하는 현상이다. 그 방지책으로는 급속개폐식 수전 근방에 공기실 (air chamber)을 설치한다.

(다) 급수관의 매설 (hammer head) 깊이

- 보통 평지 : 450 mm 이상
- 차량 통로 : 760 mm 이상
- 중차량 통로, 냉한 지대 : 1 m 이상

(라) 분수전 (corporation valve) 설치 : 각 분수전의 간격은 300 mm 이상, 1개소당 4개 이내로 설치하며 급수관 지름이 150 mm 이상일 때는 25 mm의 분수전을 직결하고, 100 mm 이하일 때 50 mm의 급수관을 접속하려면 T자관이나 포금제 리듀서를 사용한다.

(마) 급수 배관의 지지 : 서포트 곡부 또는 분기부를 지지하며 급수 배관 중 수직관에는 각 층마다 센터 레스트 (center rest)를 장치한다.

수평관의 지지간격

관지름	지지간격	관지름	지지간격
20 A 이하	1.8 m	90~150 A	4.0 m
25~40 A	2.0 m	200~300 A	5.0 m
50~80 A	3.0 m	—	—

② 펌프 설치

(가) 펌프와 모터 축심을 일직선으로 맞추고 설치 위치는 되도록 낮춘다.

(나) 흡입관의 수평부 : $\dfrac{1}{50} \sim \dfrac{1}{100}$ 의 끝올림 구배를 주며, 관지름을 바꿀 때는 편심 이음쇠를 사용한다.

㈐ 풋 밸브(foot valve)의 장치 : 동수위면에서 관지름의 2배 이상 물속에 장치한다.

㈑ 토출관 : 펌프 출구에서 1 m 이상 위로 올려 수평관에 접속한다. 토출양정이 18 m 이상될 때는 펌프의 토출구와 토출 밸브 사이에 역지 밸브를 설치한다.

5-2 ○ 배수설비

배수설비라 하면 건물 내부에서 사용되는 각종 위생기구로부터 사용하고 남은 폐수와 그 폐수 중 특히 대, 소변기 등에서 나오는 오수를 합친 설비를 말한다.

(1) 배수 배관 방법

① 각 기구의 각개 통기관을 수직 통기관에 접속할 때 : 기구의 오버플로 선보다 150 mm 이 상 높게 접속한다.

② 회로 통기식의 기구 배수관 : 배수 수평 분기관의 옆에 접속하고 가장 높은 곳의 기구 배수관 밑에 통기관을 접속한다.

③ 각 기구의 오버플로관 : 기구 트랩의 유입구 측에 연결하고 기구 배수관에 이중 트랩을 만들지 않는다.

④ 통기 수직관 : 최하위의 배수 수평 분기관보다 낮은 곳에서 45° Y자 부속을 사용하여 배수 수평관에 연결한다.

⑤ 냉장고의 배수관 : 간접 배관하고 통기관도 단독 배관한다.

⑥ 얼거나 강설 등으로 통기관 개구부가 막힐 염려가 있을 때 : 일반 통기 수직관보다 개구부 를 크게 한다.

⑦ 연관의 곡부에는 다른 배수관을 접속하지 않는다.

(2) 배수관의 지지

관의 종류	수직관	수평관	분기관 접촉 시
주철관일 때	각층마다	1.6 m마다 1개소	1.2 m마다 1개소
연관일 때	1.0 m마다 1개소 수직관은 새들을 달아서 지지, 바닥 위 1.5 m까지 강판으로 보호	1.0 m마다 1개소 수평관이 1 m를 넘을 때는 관을 아연제 반원 홈통에 올려놓고 2군데 이상 지지	0.6 m 이내에 1개소

5-3	○ 통기설비

1 통기설비의 개요

통기설비는 배수관에서 발생하는 유취, 유해 가스의 옥내 침입 방지를 위해 설치하는 배관으로 공기의 체류 없이 배수물질이 잘 흘러내리게 하는 설비를 말한다.

(1) 트랩의 구비 조건

① 구조가 간단할 것
② 봉수가 유실되지 않는 구조일 것
③ 트랩 자신이 세정 작용을 할 수 있을 것
④ 재료의 내식성이 풍부할 것
⑤ 유수면이 평활하여 오수가 머무르지 않는 구조일 것

(2) 트랩의 봉수 유실 원인

① 자기 사이펀 작용 : 배수 시에 트랩 및 배수관은 사이펀관을 형성하여 기구에 만수된 물이 일시에 흐르게 되면 트랩 내의 물이 자기 사이펀 작용에 의해 모두 배수관 쪽으로 흡인되어 배출하게 된다. 이 현상은 S트랩의 경우에 특히 심하다.

② 흡출 작용 : 수직관 가까이에 기구가 설치되어 있을 때 수직관 위로부터 일시에 다량의 물이 낙하하면 그 수직관과 수평관의 연결부에 순간적으로 진공이 생기고 그 결과 트랩의 봉수가 흡입 배출된다.

③ 분출 작용 : 트랩에 이어진 기구 배수관이 배수 수평 지관을 경유 또는 직접 배수 수직관에 연결되어 있을 때, 이 수평 지관 또는 수직관 내를 일시에 다량의 배수가 흘러내리는 경우 그 물덩어리가 일종의 피스톤 작용을 일으켜 하류 또는 하층 기구의 트랩 속 봉수를 공기의 압력에 의해 역으로 실내 쪽으로 역류시키기도 한다.

④ 모세관 현상 : 트랩의 오버플로관 부분에 머리카락·걸레 등이 걸려 아래로 늘어뜨려져 있으면 모세관 작용으로 봉수가 서서히 흘러내려 마침내 말라버리게 된다.

⑤ 증발 : 위생 기구를 오래도록 사용하지 않는 경우 또는 사용도가 적고 사용하는 시간 간격이 긴 기구에서는 수분이 자연 증발하여 마침내 봉수가 없어지게 된다. 특히 바닥을 청소하는 일이 드문 바닥 트랩에서는 물의 보급을 게을리하면 이 현상이 자주 일어난다.

⑥ 운동량에 의한 관성 : 보통은 일어나지 않는 현상이나 위생 기구의 물을 갑자기 배수하는 경우 또는 강풍 기타의 원인으로 배관 중에 급격한 압력변화가 일어났을 경우 트랩

U자형의 양 봉수면에 상하 번갈아 동요가 일어나 봉수가 감소하며 결국은 봉수가 전부 없어지는 경우가 있다.

2 통기설비 배관

(1) 통기관 시공법

① 각 기구의 각개 통기관은 기구의 오버플로선보다 150 mm 이상 높게 세운 다음 수직 통기관에 접속한다.

② 바닥에 설치하는 각개 통기관에는 수평부를 만들어서는 안 된다.

③ 회로 통기관은 최상층 기구의 앞쪽에 수평 배수관에 연결한다.

④ 통기 수직관을 배수 수직관에 접속할 때는 최하위 배수 수평 분기관보다 낮은 위치에 45° Y 조인트로 접속한다.

⑤ 통기관의 출구는 그대로 옥상까지 수직으로 뽑아 올리거나 배수 신정 통기관에 연결한다.

⑥ 차고 및 냉장고의 배수관, 통기관은 단독으로 수직 배관을 하여 안전한 곳에서 대기 속에 배기 구멍을 내며, 다른 통기관에 연결하여서는 안 된다.

⑦ 추운 지방에서 얼거나 강설 등으로 통기관 개구부가 막힐 염려가 있을 때에는 일반 통기 수직관보다 개구부를 크게 한다.

⑧ 간접 특수 배수 수직관의 신정 통기관은 다른 일반 배수 수직관의 신정 통기관 또는 통기 수직관에 연결시켜서는 안 되며, 단독으로 옥외로 뽑아 대기 중에 배기시킨다.

⑨ 배수 수평관에서 통기관을 뽑아 올릴 때는 배수관 윗면에서 수직으로 뽑아 올리거나 45°보다 작게 기울여 뽑아 올린다.

(2) 청소구의 설치

① 실내 청소구(clean out) : 크기는 배관의 지름과 같게 하고 배수 관경이 100 mm 이상일 때는 100 mm로 하여도 무관하다. 설치 간격도 관경 100 mm 미만은 수평관 직선거리 15 m마다, 관경 100 mm 이상의 관은 30 m마다 1개소씩 설치한다.

> **참고** 실내 청소구 설치 장소
> - 가옥 배수관이 부지 하수관에 연결되는 곳
> - 배수 수직관의 가장 낮은 곳
> - 배수 수평관의 가장 위쪽의 끝
> - 가옥 배수 수평 지관의 시작점
> - 각종 트랩의 하부

② 실외 청소구(box seat : man hole) : 배수관의 크기, 암거(pit)의 크기, 매설 깊이 등에 따라 검사나 청소에 지장이 없는 크기로 하며 직진부에서는 관경의 120배 이내마다 1개 소씩 설치한다.

> **참고** **실외 청소구 설치 장소**
> • 암거의 기점, 합류점, 곡부
> • 배수관의 경우에는 지름이나 종류가 다른 암거의 접속점

제5장 >>>   **예상문제**

1. 급수 배관법을 배관 방식에 따라 분류한 것이 아닌 것은?

① 직결식
② 옥상 탱크식
③ 압력 탱크식
④ 기압 탱크식

> **해설** 급수 배관 방식에 따른 분류에는 직결식, 옥상 탱크(고가 탱크)식, 압력 탱크식, 가압 펌프식이 있다.

2. 상수도 시설이 되어 있는 1, 2층 정도의 가정용 건축물에 이용하는 급수 방식은 어느 것인가?

① 우물 직결식
② 수도 직결식
③ 옥상 탱크식
④ 압력 탱크식

3. 높이 8 m, 배관의 길이 16 m, 지름 40 mm의 배관에 플러시 밸브 1개를 설치한 2층 화장실에 급수하려면 수도 본관의 수압은 얼마가 필요한가? (단, 마찰저항손실은 0.324 kg/cm²

이다.)

① 1.624 kg/cm²
② 1.824 kg/cm²
③ 3.2 kg/cm²
④ 4.5 kg/cm²

> **해설** $P = P_1 + P_2 + P_3$
> 여기서, P_1 : 최고 높이까지의 필요수압
> P_2 : 마찰저항손실
> P_3 : 수전에서의 필요수압
> $P_1 = 0.1H = 0.1 \times 8 = 0.8 \, \text{kg/cm}^2$
> $P_2 = 0.324 \, \text{kg/cm}^2$
> $P_3 = 0.7 \, \text{kg/cm}^2$
> ∴ $P = 0.8 + 0.324 + 0.7 = 1.824 \, \text{kg/cm}^2$

4. 플러시 밸브(flush valve)에 필요한 최저 수압은?

① 0.1 kg/cm²
② 0.3 kg/cm²
③ 0.7 kg/cm²
④ 0.9 kg/cm²

> **해설** 보통 밸브류 1개에 필요한 최저 수압은 0.3 kg/cm²이고 플러시 밸브에 필요한 최저 수압은 0.7 kg/cm²이다.

정답 **1.** ④ **2.** ② **3.** ② **4.** ③

5. 옥상 탱크와 최상층 급수전 사이의 거리로 보통 밸브류일 경우에 몇 m 이상 되게 설치해야 하는가?

① 3 m   ② 4 m
③ 5 m   ④ 6 m

해설 보통 밸브류 1개에 필요한 최저 수압은 0.3 kg/cm^2이므로 $H = 10P$의 공식에 의해 $P = 0.3$ kg/cm^2을 대입해서 구하면 $H = 10 \times 0.3 = 3\,\text{m}$

6. 다음은 옥상 탱크식 급수법을 이용하는 경우를 열거한 것이다. 아닌 것은?

① 수도 본관의 수압이 낮을 경우
② 수압이 너무 높아 부속품의 파손 염려가 있을 경우
③ 국부적인 고압수를 필요로 할 경우
④ 급수의 단절이 심할 경우

해설 ③항은 압력 탱크식 급수법을 이용하는 경우에 해당한다. 압력 탱크식은 옥상 탱크식에 비해 불리한 점이 너무 많아 잘 사용하지는 않지만 고가 시설 등이 필요 없이 외관상 좋고 특별한 사정으로 국부적인 고압수를 필요로 할 경우 채택된다.

7. 다음 급수법 중 유일한 하향 급수법은?

① 우물 직결식   ② 수도 직결식
③ 압력 탱크식   ④ 옥상 탱크식

해설 하향 급수법이란 최상층의 천장 또는 옥상에 수평 주관을 시공한 후 이 관에 하향 수직관을 내려 각 층으로 분기, 수평 지관을 뽑아내 각 급수 기구로 배관하는 방식을 말한다.

8. 다음 급수법에 관한 설명 중 틀린 것은?

① 일반 가정용은 수도 직결식이다.
② 대규모 건물의 급수법은 옥상 탱크식이 좋다.
③ 옥상 탱크식에서 양수 펌프를 사용하려면 보어홀 펌프가 좋다.

④ 급수압의 변동이 커서 물 사용이 불편한 것은 압력 탱크식이다.

해설 옥상 탱크식에서 양수 펌프로 쓰이는 것은 주로 센트리퓨걸 펌프(centrifugal pump) 또는 터빈 펌프(turbine pump)이다.

9. 배수 계통의 분류 중 수세식 변소 등으로부터 나오는 배수는 어느 계통에 속하는가?

① 특수 배수 계통
② 오수 계통
③ 빗물 계통
④ 잡·배수 계통

10. 다음 중 봉수의 유실 원인이 아닌 것은?

① 흡출 작용
② 모세관 현상
③ 자기 사이펀 작용
④ 과잉 온도차

해설 트랩의 봉수가 없어지는 원인은 ①, ②, ③항 외에 분출 작용, 운동량에 의한 관성 등이 있다.

11. 다음 중 배수 통기 배관 계통도에 관한 설명으로 맞는 것은?

① 배수의 구배는 크면 클수록 좋다.
② 루프 통기식으로 통기 가능한 기구의 수는 10개 이내이다.
③ 배수관내 역압 방지책으로 5층마다 결합 통기관을 설치한다.
④ 루프 통기관을 배부 통기 배관이라고도 한다.

해설 배관의 구배는 관경에 따라 적당하게 주어야 하며, 급경사를 주면 유속은 빠르나 수심이 너무 얕아진다. 루프 통기, 즉 회로 통기식으로 통기 가능한 기구의 수는 8개 이내이며 각개 통기식을 통기관이 항상 벽체 내에 세워진다 하여 배부 통기식(back vent system)이라고도 한다.

12. 다음 배수관에 관한 설명 중 잘못된 것은?

① 유속이 느리면 고형물이 잘 흐른다.
② 수심이 얕으면 고형물을 뜨게 할 수 없다.
③ 배관 구배가 크면 유속은 빠르나 수심이 얕아진다.
④ 배관 구배가 작으면 유속은 느려지나 수심은 깊어진다.

해설 유속이 느리면 고형물(찌꺼기)을 흐르게 할 수 없다. 이와 같은 이유로 배수관내 유수의 속도와 배관 구배는 중요하다.

13. 배수관경이 100 mm일 때의 표준 구배는?

① $\dfrac{1}{400}$　　　② $\dfrac{1}{50}$

③ $\dfrac{1}{75}$　　　④ $\dfrac{1}{60}$

14. 배관구배를 $\dfrac{1}{100}$로 하려면 이때 쓰이는 배수관경은?

① 100 mm　　　② 150 mm
③ 200 mm　　　④ 250 mm 이상

15. 대변기의 기구 배수 관경은?

① 50 mm　　　② 75 mm
③ 100 mm　　　④ 125 mm

해설 주요 위생 기구의 기구 배수 관경 및 트랩 관경은 다음과 같다.
소변기 : 50 mm, 비데 : 50 mm, 목욕수채 : 40 mm, 세면기 : 50 mm, 음료수기 : 40 mm, 주방수채 : 40 mm

06 난방설비 설치

6-1 ○ 난방의 종류

(1) 개별난방법

가스, 석탄, 석유, 전기 등의 스토브 또는 온돌, 벽난로에서 발생되는 열기구의 대류 및 복사에 의한 난방법

(2) 중앙난방법

일정한 장소에 열원(보일러 등)을 설치하여 열매를 난방하고자 하는 특정 장소에 공급하여 공조하는 방식

① 직접난방 : 실내에 방열기를 두고 여기에 열매를 공급하는 방법
② 간접난방 : 일정 장소에서 공기를 가열하여 덕트를 통하여 공급하는 방법
③ 복사난방 : 실내 바닥, 벽, 천장 등에 온도를 상승시켜 복사열에 의한 방법

(3) 지역난방법

특정한 곳에서 열원을 두고 한정된 지역으로 열매를 공급하는 방법

> **참고** 증기난방과 온수난방
>
> 공조설비 난방에는 열매로 포화증기를 이용한 증기난방과 온수를 이용한 온수난방의 두 종류가 있다.

6-2 ○ 보일러

밀폐된 용기의 물을 가열하여 온수 또는 증기를 발생시키는 열매 공급장치

(1) 보일러 구성

① 기관본체 : 원통형 보일러 (shell)와 수관식 보일러 (drum)가 있다.

② 연소장치 : 연료를 연소시키는 장치로 연소실, 버너, 연도, 연통으로 구성된다.

  ㉮ 외분 연소실의 특징

- 연소실의 크기를 자유롭게 할 수 있다.
- 완전연소가 가능하고, 저질연료도 연소가 용이하다.
- 연소율을 높일 수 있다.
- 설치에 많은 장소가 필요하다.
- 복사열의 흡수가 작다.

  ㉯ 내분 연소실의 특징

- 설치하는 데 장소가 적게 든다.
- 복사열의 흡수가 크다.
- 연소실의 크기가 보일러 본체에 제한을 받는다.
- 완전연소가 어렵다.
- 역화의 위험성이 크다.

③ 부속설비

  ㉮ 지시기구 : 압력계, 수면계, 수고계, 온도계, 유면계, 통풍계, 급수량계, 급유량계, CO 미터기 등

  ㉯ 안전장치 : 안전밸브, 방출관, 가용마개, 방폭문, 저수위제한기, 화염검출기, 전자밸브 등

  ㉰ 급수장치 : 급수탱크, 급수배관, 급수펌프, 정지밸브와 역지밸브, 급수내관 등

  ㉱ 송기장치 : 비수방지관, 기수분리기, 주증기관, 주증기밸브, 증기헤더, 신축장치, 증기트랩, 감압밸브 등

  ㉲ 분출장치 : 분출관, 분출밸브와 분출콕 등

  ㉳ 여열장치 : 과열기, 재열기, 절탄기, 공기예열기 등

  ㉴ 통풍장치 : 송풍기, 댐퍼, 통풍계, 연통 등

  ㉵ 처리장치 : 급수처리장치, 집진장치, 재처리장치, 배풍기, 스트레이너 등

(2) 주철제 보일러

주철제 보일러는 섹션 (section) 조립한 것으로 사용압력이 증기용은 1 atg 이하이고 온수용은 5 atg 이하의 저압용으로 분할이 가능하므로 반입 시 유리하다.

① 장점

  ㉮ 복잡한 구조도 주형으로 제작이 가능하다.

  ㉯ 파열 시 저압이므로 피해가 적다.

  ㉰ 조립식이므로 좁은 장소에 설치 가능하다.

㈑ 섹션의 증감으로 용량 조절이 가능하다.

㈒ 내식, 내열성이 좋다.

② 단점

㈎ 인장 및 충격에 약하다.

㈏ 열에 의한 팽창으로 균열이 생긴다.

㈐ 내부 청소 및 검사가 용이하지 못하다.

㈑ 고압 대용량에 부적합하다.

㈒ 보일러 효율이 낮다.

(3) 수관 보일러

동의 지름이 작은 드럼과 수관, 그리고 수랭벽 등으로 구성된 보일러를 수관식 보일러라 한다.

① 장점

㈎ 구조상 고압 및 대용량에 적합하다.

㈏ 보유수량이 적기 때문에 무게가 가볍고 파열 시 재해가 적다.

㈐ 전열면적이 작기 때문에 증발량이 많고 증기 발생에 소요시간이 매우 짧다.

㈑ 보일러수의 순환이 좋고 효율이 가장 높다.

㈒ 전열면적을 임의로 설계할 수 있다.

② 단점

㈎ 스케일로 인하여 수관이 과열되기 쉬우므로 수 관리를 철저히 하여야 한다.

㈏ 전열면적에 비해 보유수량이 적기 때문에 부하 변동에 대해서 압력 변화가 크다.

㈐ 수위 변동이 매우 심하여 수위 조절이 다소 곤란하다.

㈑ 구조가 복잡하여 청소, 보수 등이 곤란하다.

㈒ 취급이 어려워 기술에 숙련을 요한다.

㈓ 제작에 손이 많이 가므로 가격이 비싸다.

(4) 보일러 용량

① 상당 증발량(equivalent evaporation) : 발생증기의 압력, 온도를 병기하는 대신에 어떤 기준의 증기량으로 환산한 것

$$q = G(h_2 - h_1) \, [\text{kJ/h}]$$

$$G_e = \frac{G(h_2 - h_1)}{2256} \, [\text{kg/h}]$$

여기서, G : 실제 증발량 (kg/h), G_e : 상당 증발량 (kg/h)

h_1 : 급수 엔탈피 (kJ/kg), h_2 : 발생증기 엔탈피 (kJ/kg)

> **참고** 1 atm, 100℃ 물의 증발잠열은 2256 kJ/kg이다.

② 보일러 마력 (boiler horsepower) : 급수온도가 100°F (약 37.78℃)이고 보일러 증기의 계기압력이 70 PSI (약 4.92 atg)일 때 한 시간당 34.51 LB/h (약 15.65 kg/h)가 증발하는 능력을 1 보일러 마력 (BHP)이라 한다.

> **참고** **보일러 마력(BHP)과 상당방열면적(EDR)**
> • 1 BHP = 15.65×539 = 8435.35 ≒ 8436 kcal/h
> • EDR = $\dfrac{8436}{650}$ ≒ 13 m^2

(5) 보일러 부하

$$q = q_1 + q_2 + q_3 + q_4$$

여기서, q : 보일러의 전부하 (kcal/h), q_1 : 난방부하 (kcal/h)

q_2 : 급탕, 급기부하 (kcal/h), q_3 : 배관부하 (kcal/h), q_4 : 예열부하 (kcal/h)

① 난방부하(q_1) : 증기난방인 경우는 1 m^2 EDR당 650 kcal/h, 또는 증기응축량 1.21 kg/m^2 ·h로 계산하고, 온수난방인 경우는 수온에 의한 환산치를 사용하여 계산한다.

② 급탕, 급기부하(q_2)

(가) 급탕부하 : 급탕량 1 L당 약 60 kcal/h로 계산한다.

(나) 급기부하 : 세탁설비, 부엌 등이 급기를 필요로 할 경우 그 증기량의 환산열량으로 계산한다.

③ 배관부하(q_3) : 난방용 배관에서 발생하는 손실열량으로 $(q_1 + q_2)$의 20 % 정도로 계산한다.

④ 예열부하(q_4) : $q_1 + q_2 + q_3$에 대한 예열계수를 적용한 것

> **참고** **보일러 관련 공식**
> ① 보일러 효율 (efficiency of boiler : η_B)
> $$\eta_B = \frac{G(h_2 - h_1)}{G_f \cdot H_l} = \eta_c \cdot \eta_h = 0.85 \sim 0.98$$
> 여기서, η_c : 절탄기, 공기예열기가 없는 것($\eta_c = 0.60 \sim 0.80$)
> η_h : 절탄기, 공기예열기가 있는 것($\eta_h = 0.85 \sim 0.90$)

② 보일러 출력 표시법
- 정격출력 : $q_1 + q_2 + q_3 + q_4$
- 상용출력 : $q_1 + q_2 + q_3$
- 방열기 용량 : $q_1 + q_2$
- 보일러 마력(BHP) : $\dfrac{정격출력(\text{kcal/h})}{8436} = \dfrac{정격출력(\text{kJ/h})}{35322}$

③ 보일러용 굴뚝의 결정

$$G \leq \left(147A - 27\sqrt{A}\,\right)\sqrt{H}$$

여기서, G : 고체연료의 소비량 (kg/h), A : 굴뚝의 최소단면적 (m^2)
H : 굴뚝의 높이 (보일러 화상면에서 굴뚝의 선단까지) (m)

6-3 ──o 방열기

(1) 방열기의 종류

① 주형 방열기(column radiator) : 1절 (section)당 표면적으로 방열면적을 나타내며, 2주, 3주, 3세주형, 5세주형의 4종류가 있다.

② 벽걸이형 방열기(wall radiator) : 가로형과 세로형의 2가지로서 주철 방열기이다.

③ 길드형 방열기(gilled radiator) : 방열면적을 증가시키기 위해 파이프에 핀이 부착되어 있다.

④ 대류형 방열기(convector) : 강판제 캐비닛 속에 컨벡터 (주철 또는 강판제) 또는 핀 튜브의 가열기를 장착하여 대류작용으로 난방을 하는 것으로 효율이 좋다.

(2) 방열량 계산

① 표준 방열량

(개) 증기 : 열매온도 102℃ (증기압 1.1 ata), 실내온도 18.5℃일 때의 방열량

$$Q = K(t_s - t_i) = 8 \times (102 - 18.5) ≒ 650 \text{ kcal/m}^2 \cdot \text{h}$$

여기서, K : 방열계수(증기 : $8\text{ kcal/m}^2 \cdot \text{h}$, 온수 : $7.2\text{ kcal/m}^2 \cdot \text{h}$)
t_s : 증기온도 (℃), t_i : 실내온도 (℃)

(내) 온수 : 열매온도 80℃, 실내온도 18.5℃일 때의 방열량

$$Q = K(t_w - t_i) = 7.2\,(80 - 18.5) ≒ 450 \text{ kcal/m}^2 \cdot \text{h}$$

여기서, K : 방열계수, t_w : 열매온도 (℃), t_i : 실내온도 (℃)

② 표준 방열량의 보정

$$Q' = \frac{Q}{C}$$

$$C = \left(\frac{102 - 18.5}{t_s - t_i} \right)^n : 증기난방, \quad C = \left(\frac{80 - 18.5}{t_w - t_i} \right)^n : 온수난방$$

여기서, Q' : 실제상태의 방열량 $(\text{kcal/m}^2 \cdot \text{h})$

Q : 표준 방열량 $(\text{kcal/m}^2 \cdot \text{h})$, C : 보정계수

n : 보정지수 (주철·강판제 방열기 : 1.3, 대류형 방열기 : 1.4, 파이프 방열기 : 1.25)

(3) 방열기 호칭

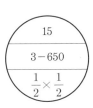

- 섹션수 : 15
- 높이 : 650 mm
- 유입관과 유출관의

  관지름 : $\frac{1}{2}$ 인치

3세주형 방열기

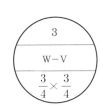

- 섹션수 : 3
- 유입관과 유출관의

  관지름 : $\frac{3}{4}$ 인치
- W : 벽걸이형
- H : 횡형 (가로)
- V : 종형 (세로)

벽걸이 세로형 방열기

(4) 방열기 내의 증기 응축량

$$G_w = \frac{q}{R}$$

여기서, G_w : 증기 응축량 $(\text{kg/m}^2 \cdot \text{h})$, q : 방열기의 방열량 $(\text{kJ/m}^2 \cdot \text{h})$

R : 그 증발압력에서의 증발잠열 (kJ/kg)

6-4 ○ 온수난방

(1) 온수난방의 분류

① 온수의 순환 방법

  (가) 중력순환식 온수난방법 (gravity circulation system)

  (나) 강제순환식 온수난방법 (forced circulation system)

② 배관 방식에 의한 분류

  (가) 단관식   (나) 복관식

③ 온수를 보내는 방식에 의한 분류

  (가) 하향식 온수난방   (나) 상향식 온수난방

④ 사용하는 온수의 압력 및 온도에 따른 분류

㉮ 고압 온수난방 : 물의 온도 100~150℃, 압력 10~70 ata

㉯ 중압 온수난방 : 물의 온도 120℃, 압력 2 ata

㉰ 저압 온수난방 : 물의 온도 85~90℃, 압력 1 ata

(2) 온수난방의 특징

① 장점

㉮ 난방부하의 변동에 따른 온도 조절이 용이하다.

㉯ 현열을 이용한 난방이므로 쾌감도가 높다.

㉰ 방열기 표면온도가 낮으므로 표면에 부착한 먼지가 타서 냄새나는 일이 적다.

㉱ 배관과 방열기의 냉방으로의 사용이 가능하다.

㉲ 예열시간은 길지만 잘 식지 않으므로 환수관의 동결 우려가 적다.

㉳ 열용량이 증기보다 크고 실온 변동이 적다.

㉴ 관내의 온도차가 증기보다 작고 또 증기의 경우와 같이 응축손실도 없으므로 배관 열손실이 적다.

㉵ 워터 해머(water hammer)가 생기지 않으므로 소음이 없다.

㉶ 연료소비량이 적다.

㉷ 보일러 취급이 용이하고 안전하다.

② 단점

㉮ 증기난방에 비해 방열면적과 배관의 관지름이 커야 하므로 설비비가 약간 (20~30 %) 비싸다.

㉯ 예열시간이 길다.

㉰ 공기의 정체에 따른 순환 저해의 원인이 생기는 수가 있다.

㉱ 열용량이 크기 때문에 온수 순환시간이 길다.

㉲ 야간에 난방을 휴지할 때는 동결할 염려가 있다.

㉳ 보일러의 허용수두가 50 mH₂O 이하이므로 높은 건물에 사용할 수 없다.

(3) 팽창탱크 (expansion tank)

① 온수의 팽창량

$$\Delta v = \left(\frac{1}{\rho_2} - \frac{1}{\rho_1} \right) v \text{ [L]}$$

여기서, Δv : 온수의 팽창량 (L), ρ_2 : 가열한 온수의 밀도 (kg/L)

ρ_1 : 불을 때기 시작할 때의 물의 밀도 (kg/L), v : 난방장치 내에 함유되는 전수량 (L)

② 팽창탱크의 용량

(가) 개방식 팽창탱크(open type expansion tank)

$$V = \alpha \cdot \Delta v = \alpha \left(\frac{1}{\rho_2} - \frac{1}{\rho_1} \right) v \, [\text{L}]$$

여기서, V : 팽창탱크의 용량(L)

α : 2~2.5 (팽창탱크의 용량은 온수 팽창량의 2~2.5배)

(나) 밀폐식 팽창탱크(closed type expansion tank)

• 공기층의 필요압력

$$P = h + h_s + \frac{h_p}{2} + 2\text{mAq}$$

여기서, P : 밀폐식 팽창탱크의 필요압력(게이지압)에 상당하는 수두(mAq)

h : 밀폐식 팽창탱크 내 수면에서 장치의 최고점까지의 거리(m)

h_s : 소요온도에 대한 포화증기압(게이지압)에 상당하는 수두(mAq)

h_p : 순환펌프의 양정(m)

• 밀폐식 팽창탱크의 체적

$$V = \frac{\Delta v}{\dfrac{P_o}{P_o + 0.1h} - \dfrac{P_o}{P_a}} \, [\text{L}]$$

여기서, V : 밀폐식 팽창탱크의 체적(L), Δv : 온수의 팽창량(개방식과 같다)(L)

P_o : 대기압(=$1\,\text{kg/cm}^2$), P_a : 최대 허용압력(절대압력)(kg/cm^2)

h : 밀폐탱크 내 수면에서 장치의 최고점까지의 거리(m)

6-5 o 증기난방

(1) 증기난방의 분류

① 증기압력에 의한 분류(순환 방법에 의한 분류)

(가) 저압 증기난방 : 증기압력이 보통 $0.15~0.35\,\text{kg/cm}^2$ 정도

(나) 고압 증기난방 : 증기압력 $1\,\text{kg/cm}^2$ 이상

② 응축수의 환수 방법에 의한 분류

(가) 중력환수식(소규모 난방에 사용)

• 단관식 : 급기와 환수를 동일관에 겸하게 하는 방식

- 복관식 : 급기관과 환수관을 별개로 배관하는 방식

(내) 기계환수식 (대규모 난방에 사용) : 응축수를 탱크에 모아 펌프로 보일러에 급수하는 방식

(대) 진공환수식 (대규모 난방에 사용) : 환수관의 끝 보일러 직전에 진공 컴프레션을 접속하여 난방하는 방식

③ 환수관의 배관 방법에 의한 분류

(개) 습식 환수관 : 환수주관이 보일러 수면보다 낮은 곳에 배관되어 환수관 속은 응축수가 항상 만수 상태로 흐르고 있다 (환수관의 지름을 가늘게 할 수 있으나 겨울철 동결의 염려가 있다).

(내) 건식 환수관 : 환수주관이 보일러 수면보다 높이 배관되어 응축수는 관의 밑부분에만 흐르고 있다 (환수관에 증기가 침입하는 것을 방지하기 위해 증기트랩을 장치한다).

④ 증기공급의 배관 방법에 의한 분류

(개) 상향식 : 단관식, 복관식

(내) 하향식 : 단관식, 복관식

(2) 증기난방의 특징

① 장점

(개) 열의 운반능력이 크다.

(내) 예열시간이 온수난방에 비해 짧고 증기 순환이 빠르다.

(대) 방열면적을 온수난방보다 작게 할 수 있으며 관지름이 가늘어도 된다.

(래) 설비비와 유지비가 싸다 (20~30 % 정도 절감).

(매) 보일러의 연소율 조정으로 부분난방을 대처할 수 있다.

② 단점

(개) 방열기의 표면온도가 높아 화상의 우려가 있으며 먼지 등의 상승으로 불쾌감을 준다.

(내) 소음이 난다 (steam hammering).

(대) 배관 수두손실이 커져 배관저항이 증가한다.

(래) 환수관의 부식이 우려된다.

(매) 방입구까지의 배관길이가 8 m 이상일 때 관지름이 큰 것을 사용한다.

(배) 초기 통기 시 주관 내 응축수를 배수할 때 열손실이 일어난다.

6-6 ─○ 복사난방

(1) 복사난방의 종류

① 저온 복사난방 : 바닥이나 천장 전체를 30~50℃의 방열면으로 하는 복사난방

② 고온 복사난방 : 건축 구조체와는 별도로 패널 코일 (panel coil)을 장치한 복사 패널에 고온이나 증기를 통하여 표면온도를 100℃ 이상으로 하는 복사난방

③ 연소식 고온 복사난방 : 가스의 연소열에 의한 난방

④ 전열식 고온 복사난방 : 전열기 발생열량에 의한 난방

(2) 설치위치에 따른 패널의 종류

① 바닥 패널 : 실내 바닥면을 가열면으로 한 것으로 가열 표면의 온도를 30℃ 이상 올리는 것은 좋지 않으며, 열량손실이 큰 실내에서는 바닥면만으로는 방열량이 부족하다. 또한 바닥면에서 설치하므로 시공이 용이하여 많이 이용된다.

② 천장 패널 : 실내 천장을 가열면으로 하기 때문에 시공이 곤란하고 가열면의 온도는 50℃ 정도까지 올릴 수 있다. 또 패널 면적이 작아도 되며, 열손실이 큰 실내에는 적합하나 천장이 높은 강당이나 극장 등에는 부적합하다.

③ 벽 패널 : 실내 벽면을 가열면으로 한 것으로 바닥 및 천장 패널의 보조로 사용된다. 시공 시 열손실 방지를 위하여 단열 시공이 필요하며 실내가구 등의 장식물에 의하여 방열이 방해되는 수가 많다.

(3) 열매체에 따른 분류

① 건축 구조체에 관을 매설하여 온수를 통과시키는 방식

② 콘크리트 또는 토관으로 덕트를 만들어 여기에 온풍이나 고온의 열가스를 통과시키는 방식 (우리나라 온돌에 해당)

③ 니크롬선 등의 저항선을 매설하여 전류를 통하게 하는 방식

(4) 복사난방의 특징

① 장점

㈎ 실내온도 분포가 균일하여 쾌감도가 높다.

㈏ 방열기 설치가 불필요하므로 바닥면의 이용도가 높다.

㈐ 실내공기의 대류가 적어 공기의 오염도가 적어진다.

㈑ 동일 방열량에 대해 손실열량이 대체로 적다.

    (마) 실내가 개방상태에서도 난방효과가 좋다.

    (바) 인체가 방열면에서 직접 열복사를 받는다.

    (사) 실의 천장이 높아도 난방이 가능하다.

② 단점

    (가) 방열체의 열용량이 크기 때문에 온도 변화에 따른 방열량의 조절이 어렵다.

    (나) 일시적인 난방에는 비경제적이다.

    (다) 가열코일을 매설하므로 시공, 수리 및 설비비가 비싸다.

    (라) 벽에 균열이 생기기 쉽고 매설 배관이므로 고장의 발견이 어렵다.

    (마) 방열벽 배면으로부터 열이 손실되는 것을 방지하기 위하여 단열시공이 필요하다.

(5) 복사난방 설계상 주의사항

① 가열면 표면온도 : 가열면의 온도가 높을수록 복사방열은 크지만, 주거 환경을 고려하여 적절한 온도가 되도록 한다.

패널의 표면온도

종류		패널의 표면온도 (℃)	
		보통	최고
바닥 패널		27	35
벽 패널	플라스터 마감	32	43
	철판 (온수)	71	–
	철판 (증기)	81	–
천장 패널 (플라스터 마감)		40	54
전선 매설 패널		93	–

② 매설 배관의 관지름 : 일반적으로 바닥 매설 배관은 20~40 A의 가스관, 3/8~5/8 B의 동관, 천장의 경우는 이보다 작은 관지름의 가스관을 쓴다. 보통 바닥 매설은 25 A, 천장 매설은 15 A의 가스관을 많이 사용한다.

③ 배관 피치 : 방열량을 고르게 할 경우 피치는 작게, 매설 깊이는 깊게 하는 것이 온도 분포가 고르게 되어 바람직하지만, 경제적인 면에서는 20~30 cm 정도가 적당하다.

④ 매설 깊이 : 표면온도의 분포와 열응력으로 인한 바닥 균열 등을 고려하여, 적어도 관위에서 표면까지의 두께를 관지름의 1.5~2.0배 이상으로 한다.

⑤ 온수온도와 온도차 : 온수온도는 콘크리트에 매설한 경우 최고 60℃ 이하로 평균 50℃ 정도가 많이 쓰이고 있다. 공기층일 경우 일반 온수난방과 같이 평균 80℃까지 써도 된다. 순환온수의 온도차는 가열면의 온도 분포를 균일하게 한다는 점에서 5~6℃ 이내로 한다.

6-7 ─o 지역난방

지역난방은 1개소 또는 수 개소의 보일러실에서 지역 내 공장, 아파트, 병원, 학교 등 다수의 건물에 증기 또는 온수를 배관으로 공급하여 난방을 하는 방식이다.

(1) 지역난방용 열매체

① 증기 : 1~15 kg/cm^{2}의 증기를 사용

② 온수 : 100℃ 이상의 고온수를 사용

(2) 증기 및 온수 사용 시 특징

① 증기

㈎ 증기트랩이 필요하다.

㈏ 난방부하에 따른 조절이 어렵다.

㈐ 예열부하가 적다.

㈑ 열매공급관의 마찰저항이 작다.

㈒ 넓은 구역의 난방에 적합하다.

㈓ 배관설비비가 싸다.

㈔ 열량의 계량이 쉽다.

② 온수

㈎ 순환펌프가 필요하다.

㈏ 난방부하에 따른 조절이 쉽다.

㈐ 예열부하가 크다.

㈑ 열매공급관의 마찰저항이 크다.

㈒ 좁은 구역의 난방에 적합하다.

㈓ 배관설비비가 비싸다.

㈔ 열량의 계량이 어렵다.

(3) 지역난방의 특징

① 장점

㈎ 열효율이 좋고 연료비가 절감되며, 또 인건비도 절감된다.

㈏ 개별 건물의 보일러실 및 굴뚝이 불필요하므로 건물 이용의 효용이 높다.

㈐ 설비의 고도합리화로 대기오염이 적다.

㈑ 적절하고 합리적인 난방운전으로 열의 손실이 적다.

② 단점

   ㈎ 외기온도의 변화에 따른 예열부하 손실이 크다.

   ㈏ 온수난방의 경우 관 저항손실이 크다.

   ㈐ 증기난방의 경우 순환배관에 부착된 기기가 많으므로 보수관리 경비가 많다.

   ㈑ 온수의 경우 급열량 계량이 어렵다(증기의 경우 쉽다).

   ㈒ 온수의 경우 반드시 환수관이 필요하다(증기의 경우 불필요).

6-8 　o 온풍로난방

(1) 열풍로 배치법

① 덕트 배관을 짧게 하고 가장 편안한 위치를 선정한다.

② 굴뚝의 위치가 되도록 가까워야 한다.

③ 열풍로의 전면(버너 쪽)은 1.2~1.5 m 띄운다.

④ 열풍로의 후면(방문 쪽)은 0.6 m 이상 띄운다.

⑤ 열풍로 측면이 한쪽 면은 후방으로의 통로로서 충분한 폭을 띄운다.

⑥ 서비스 탱크나 냉동기는 버너나 방문의 정면에서 멀리 떨어진 위치에 설치해야 한다.

⑦ 습기와 먼지가 적은 장소를 선정한다.

(2) 온풍로의 특징

① 장점

   ㈎ 열효율이 높고 연소비가 절약된다.

   ㈏ 직접난방에 비하여 설비비가 싸다.

   ㈐ 설치면적이 작고 설치장소도 자유로이 택할 수 있다.

   ㈑ 설치공사가 간단하고 보수관리도 용이하다.

   ㈒ 환기가 병용으로 되며, 공기 중의 먼지가 제거되고 가습도 할 수 있다.

   ㈓ 예열부하가 작으므로 장치는 소형이 되며 설비비와 경상비도 절감된다.

   ㈔ 운전은 자동식이 많고 압력부분도 없으므로 보일러와 같이 유자격자를 필요로 하지 않으며, 미경험자도 안전운전이 될 수 있어 인건비가 절감된다.

② 단점

   ㈎ 취출풍량이 적으므로 실내 상하의 온도차가 크다.

   ㈏ 덕트 보온에 주의하지 않으면 온도강하 때문에 끝방의 난방이 불충분하다.

㈐ 소음이 생기기 쉽다.

㈑ 온기로 여러 대를 설치하는 것은 설비비 상승으로 불리하다.

6-9 ○ 급탕설비

(1) 급탕 배관

① 배관 구배 : 중력 순환식은 $\dfrac{1}{150}$, 강제 순환식은 $\dfrac{1}{200}$의 구배로 하고, 상향 공급식은 급탕관을 끝올림 구배, 복귀관을 끝내림 구배로 하며 하향 공급식은 급탕관, 복귀관 모두 끝내림 구배로 한다.

② 팽창탱크와 팽창관의 설치 : 팽창탱크의 높이는 최고층 급탕 콕보다 5 m 이상 높은 곳에 설치하며 팽창관 도중에 절대로 밸브류 장치를 해서는 안 된다.

③ 저장탱크와 급탕관

　㈎ 급탕관은 보일러나 저탕탱크에 직결하지 말고 일단 팽창탱크에 연결한 후 급탕한다.

　㈏ 복귀관은 저장탱크 하부에 연결하며 급탕 출구로부터 가장 먼 거리를 택한다.

　㈐ 저장탱크와 보일러의 배수는 일반 배수관에 직결하지 말고 일단 물받이 (route)로 받아 간접 배수한다.

④ 관의 신축 대책

　㈎ 배관의 곡부 : 스위블 조인트를 설치한다.

　㈏ 벽 관통부 배관 : 강관제 슬리브를 사용한다.

　㈐ 신축 조인트 : 루프형 또는 슬리브형을 택하고 강관일 때 직관 30 m마다 1개씩 설치한다.

　㈑ 마룻바닥 통과 시에는 콘크리트 홈을 만들어 그 속에 배관한다.

⑤ 복귀탕의 역류 방지 : 각 복귀관을 복귀주관에 연결하기 전에 역지 밸브를 설치한다. 45° 경사의 스윙식 역지 밸브를 장치하며 저항을 작게 하기 위하여 1개 이상 설치하지 않는다.

⑥ 관지름 결정 : 다음 계산식에 의해 산출한 순환수두에서 급탕관의 마찰손실수두를 뺀 나머지 값을 복귀관의 허용 마찰손실로 하여 산정하고, 보통 복귀관을 급탕관보다 1~2 구경 작게 한다.

(2) 급탕설비 계산법

① 자연순환식 (중력순환식)의 순환수두 계산법

$$H = 1000(\rho_r - \rho_f)h \text{ [mmAq]}$$

여기서, h : 탕비기에서의 복귀관 중심에서 급탕 최고위치까지의 높이 (m)

ρ_r : 탕비기에서의 복귀 탕수의 밀도 (kg/L)

ρ_f : 탕비기 출구의 열탕의 밀도 (kg/L)

② 강제순환식의 펌프 전양정

$$H = 0.01\left(\frac{L}{2} + l\right) \text{ [mAq]}$$

여기서, L : 급탕관의 전 길이 (m)

l : 복귀관의 전 길이 (m)

③ 온수 순환펌프의 수량

$$W = \frac{60\,Q\rho\,C\Delta t}{1000} \text{ [kg/h]} \qquad Q = \frac{W}{60 \times 4.187\Delta t} \text{ [L/min]}$$

여기서, Q : 순환수량 (L/min)

ρ : 탕의 밀도 (kg/m^3)

C : 탕의 비열 (kJ/kg · ℃)

Δt : 급탕관의 온도차 (℃) [강제순환식일 때 5~10℃]

>>> 제6장

예상문제

1. 다음 중 난방부하를 줄일 수 있는 요인이 아닌 것은?

① 극간풍에 의한 잠열
② 태양열에 의한 복사열
③ 인체의 발생열
④ 기계의 발생열

2. 난방 방식에 대한 설명 중 틀린 것은?

① 증기난방에서 응축수는 보일러로 순환시켜 사용하는 건식과 습식이 있다.
② 온수난방의 배관에는 반드시 팽창탱크를 설치하는 개방식과 밀폐식이 있다.
③ 패널난방은 천장이 높은 경우 다른 난방에 비해 불리한 방법이다.
④ 온풍난방은 배관 도중에 습도를 가감할 수 있는 장치를 설치할 수 있다.

해설 방열 패널의 열복사는 상당히 높은 천장에서 바닥까지 도달하므로, 보통 난방으로 불가능한 천장이 높은 실의 난방이 가능하다.

3. 난방하는 방의 실내온도로 적당한 것은 어느 것인가?

① 15~17℃ ② 18~22℃
③ 25~27℃ ④ 30~33℃

해설 • 노동하는 장소 : 16℃
• 사무실 : 20℃
• 주택, 호텔 : 18℃
• 일반 설계 기준온도 : 22℃

4. 다음 중 보일러수로서 적당한 것은 어느 것인가?

① pH 7 ② pH 10
③ pH 12 ④ pH 14

해설 보일러수의 pH값은 11~12 정도이다.

5. 다음 중 주철 보일러의 단점이 아닌 것은?

① 고압증기를 얻을 수 없다.
② 효율이 노통연관 보일러보다 약간 낮다.
③ 대형이므로 반입 시에 단점이 많다.
④ 대능력의 것이 많다.

해설 주철제 보일러는 반입이 용이하다.

6. 다음 중 보일러의 정격출력은 어느 것인가?

① 난방부하+급탕부하+배관부하
② 난방부하+급탕부하+배관부하+예열부하
③ 난방부하+배관부하+예열부하-급탕부하
④ 난방부하+급탕, 급기부하+배관부하-예열부하

7. 다음 보일러의 장치 중 급수를 예열하기 위한 것은?

① 공기예열기 ② 절탄기
③ 통풍장치 ④ 과열기

8. 수관 보일러에 관한 다음 설명 중 틀린 것은 어느 것인가?

① 보일러의 물 순환이 빠르기 때문에 증발량이 많다.
② 고압에 적당하다.
③ 비교적 자유롭게 전열면적을 증대시킬 수 있다.
④ 구조가 간단하여 내부 청소를 하기 쉽다.

해설 수관 보일러는 구조가 복잡하고 청소, 보수 등이 곤란하다.

정답 1. ① 2. ③ 3. ② 4. ③ 5. ③ 6. ② 7. ② 8. ④

9. 다음 난방 방식 중에서 직접난방법이 아닌 것은?

① 온풍난방
② 고온수 난방
③ 저압 증기난방
④ 복사난방

해설 직접난방 : 실내에 방열기 등의 발열체를 놓고 여기에 열매를 공급하여 대류 또는 복사에 의하여 실내공기 또는 인체를 따뜻하게 하는 방식

10. 1기압 100℃의 포화수 5 kg을 100℃의 건조포화증기로 만들기 위해서는 몇 kJ의 열량이 필요한가? (단, 100℃ 물의 증발잠열은 2256 kJ/kg이다.)

① 11280 kJ
② 14700 kJ
③ 15750 kJ
④ 16800 kJ

해설 $5 \times 2256 = 11280$ kJ

11. 보일러 마력 2.5 HP로서 증기압력 15 kg/cm^2, 온도 400℃의 증기를 30 kg/h 발생시키기 위한 급수의 엔탈피는? (단, 15 kg/cm^2, 400℃의 증기 엔탈피는 3140 kJ/kg이다.)

① 196.5 kJ/kg
② 151.4 kJ/kg
③ 218.4 kJ/kg
④ 235.2 kJ/kg

해설 $2.5 \times 8436 \times 4.187 = 30 \times (3140 - h_1)$

$\therefore h_1 = 196.53$ kJ/kg

12. 매 시간마다 40 ton의 석탄을 연소시켜서 80 kg/cm^2, 온도 400℃의 증기를 매시간 250 ton 발생시키는 보일러의 효율은 얼마인가? (단, 급수 엔탈피는 504 kJ/kg, 발생증기 엔탈피는 3360 kJ/kg, 석탄의 저발열량은 23100 kJ/kg이다.)

① 68 %
② 77 %
③ 86 %
④ 92 %

해설 $\eta = \dfrac{250000 \times (3360 - 504)}{40000 \times 23100} \times 100$

$= 77.27 \%$

13. 다음과 같은 사무실에서 방열기의 설치위치로 가장 적당한 곳은?

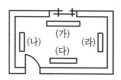

① (가)
② (나)
③ (다)
④ (라)

14. 온수를 사용하는 주철제 방열기의 표준 방열량은 얼마인가?

① 400 kcal/m$^2 \cdot$ h
② 450 kcal/m$^2 \cdot$ h
③ 600 kcal/m$^2 \cdot$ h
④ 650 kcal/m$^2 \cdot$ h

15. 증기를 사용하는 주철제 방열기의 표준 방열량은 얼마인가?

① 400 kcal/m$^2 \cdot$ h
② 450 kcal/m$^2 \cdot$ h
③ 600 kcal/m$^2 \cdot$ h
④ 650 kcal/m$^2 \cdot$ h

16. 방열기의 표준 방열량이 2730 kJ/m$^2 \cdot$ h이고 증발잠열이 2263.8 kJ/kg일 때 방열면적 1 m^{2}당 응축수량은 얼마인가?

① 1.21 kg/h
② 2.21 kg/h
③ 5.39 kg/h
④ 6.50 kg/h

해설 $G = \dfrac{2730}{2263.8} = 1.205$ kg/h

17. 어느 실내의 온도 22℃, 온수 방열기의 방열면적이 10 m² EDR인 실내의 방열량은 얼마인가?

① 62.2 kcal/h ② 124.4 kcal/h
③ 2200 kcal/h ④ 4500 kcal/h

해설 $Q = 10 \times 450 = 4500$ kcal/h

18. 방열기에 0.5 kg/cm², 80.8℃의 포화증기를 사용했을 때 1 m²당 방열량을 구하면? (단, 실온은 18℃, 대류형 방열기의 표준 방열량은 650 kcal/m²·h이다.)

① 436 kcal/m²·h ② 532 kcal/m²·h
③ 650 kcal/m²·h ④ 720 kcal/m²·h

해설 $Q = \dfrac{650}{\left(\dfrac{102 - 18.5}{80.8 - 18}\right)^{1.4}} = 436$ kcal/m²·h

19. A, B 두 방의 열손실은 각각 3500 kcal/h이다. 높이 600 mm인 주철제 5세주 방열기를 사용하여 실내온도를 모두 18.5℃로 유지시키고자 한다. A실은 102℃의 증기를 사용하며, B실은 평균 80℃의 온수를 사용할 때 두 방에 필요한 방열기의 절수는 몇 개인가? (단, 방열기 1절의 상당 방열면적은 0.23 m²이다.)

① 23개 ② 34개
③ 42개 ④ 58개

해설 절수 $= \left(\dfrac{3500}{650} + \dfrac{3500}{450}\right) \times \dfrac{1}{0.23}$
$= 57.22 \fallingdotseq 58$개

20. 열매온도 및 실내온도가 표준상태와 다른 경우에 강판제 패널형 증기난방 방열기의 상당 방열면적을 구하면? (단, 방열기의 전방열량은 2200 kcal/h이고, 실온이 20℃, 증기온도 104℃, 증기의 표준방열량은 650 kcal/

m²·h이다.)

① 2.0 m² ② 2.5 m²
③ 3.4 m² ④ 4.0 m²

해설 $Q' = \dfrac{650}{\left(\dfrac{102 - 18.5}{104 - 20}\right)^{1.3}} = 655$ kcal/cm²

$\therefore EDR = \dfrac{2200}{655} = 3.36$ m²

21. 온수난방에서 공기분리기의 부착 요령 중 옳지 않은 것은?

① 관내의 온도가 가장 낮은 보일러의 입구 측에 부착한다.
② 반드시 수평으로 접속한다.
③ 공기분리기 본체의 →표 방향과 온수 진행방향과 같게 부착한다.
④ 개방 시스템의 경우 보일러와 펌프 사이에 부착한다.

해설 공기분리기는 관내의 온도가 가장 높은 부분, 즉 보일러 출구 가까운 본관에 수평으로 부착한다.

22. 다음 고온수 난방의 특징 중 틀린 것은 어느 것인가 ?

① 온수난방의 장점에 증기난방의 장점을 갖춘 것과 같다.
② 보통 온수난방에 비해 방열면적이 작아도 된다.
③ 보통 온수난방보다 안전하다.
④ 강판제 방열기를 써야 한다.

해설 고온수 난방은 취급 관리가 곤란하므로 숙련된 기술을 요한다.

23. 밀폐식 팽창탱크에 대한 다음 설명 중 옳지 않은 것은?

① 밀폐식 팽창탱크는 고온수식 난방용 배관에 적합하다.

② 고온수의 경우에는 물이 증발하지 않는 압력을 유지한다.

③ 팽창량은 장치 내의 전수량에 비례하고 물용적의 증가량에 비례한다.

④ 장치로부터 배수할 때는 진공방지기가 필요하다.

해설 장치로부터 배수할 때는 진공방지기가 필요 없다.

24. 온수난방을 시설한 건물이 설계 열손실이 420000 kJ/h이고, 도중 배관손실이 42000 kJ/h이다. 보일러 출구 및 환수온도를 각각 85℃, 70℃로 하여 펌프에 의한 강제순환을 할 때 펌프 용량을 구하면? (단, 물의 비열은 4.2 kJ/kg·K이다.)

① 3.65 L/s   ② 2.76 L/s

③ 2.04 L/s   ④ 3.05 L/s

해설 $W = \dfrac{420000 + 42000}{(85 - 70) \times 4.2 \times 3600} = 2.04 \, \text{L/s}$

25. 증기난방 설비에서 일반적으로 사용 증기압이 어느 정도부터 고압식이라고 하는가?

① 0.1 kg/cm^2 ② 0.5 kg/cm^2

③ 1 kg/cm^2 ④ 5 kg/cm^2

해설 • 저압식 : 0.1~0.35 kg/cm^2
• 고압식 : 1 kg/cm^2 이상

26. 다음 중 증기 보일러에서 보일러로부터 증발 이외의 방법으로 물이 나가지 않게 하기 위하여 보일러의 안전장치로 사용되는 것은 어느 것인가?

① 순환펌프 (line pump)

② 하트포드 루프 (hartford loop)

③ 점프 업 (jump-up)

④ 서모스탯 트랩 (thermostat trap)

27. 다음의 증기난방 분류 중에 적당하지 않은 것은?

① 고압식, 저압식

② 단관식, 복관식

③ 건식환수법, 습식환수법

④ 개방식, 밀폐식

28. 다음에 열거된 난방 방식 중 다른 방식에 비해 낮은 실온에서도 균등한 쾌적감을 얻을 수 있는 방식은?

① 복사난방

② 대류난방

③ 증기난방

④ 온풍로난방

29. 다음 중 복사난방의 특징과 관계없는 것은 어느 것인가?

① 복사에 의한 방열이 크므로 대류난방에 비해 난방효과가 좋다.

② 실내에 방열기를 두지 않기 때문에 바닥면적의 이용도가 높다.

③ 예열시간이 짧으므로 일시적으로 쓰는 방에도 적합하다.

④ 비교적 개방된 방에서도 난방효과가 있다.

해설 예열시간이 길어 일시적으로 사용하는 곳은 불리하다.

30. 다음 중 패널 히팅(panel heating)에 관한 설명으로 옳지 않은 것은?

① 방바닥의 유효 이용면적이 크다.

② 앉는 일이 많은 온돌방에 적합하다.

③ 실내 기류가 적기 때문에 공기가 깨끗하다.

④ 소음이 많다.

31. 다음 중 패널 히팅(panel heating)에 사용되는 4방 밸브의 이점이 아닌 것은?

① 난방계통의 온수온도 조절을 자유로이 할 수 있다.
② 연료가 많이 든다.
③ 보일러 사용연한을 연장시킨다.
④ 외기온도에 따라 난방이 가능하다.

32. 다음 중 직접난방 방식이 아닌 것은?

① 증기난방 ② 온수난방
③ 복사난방 ④ 열펌프난방

33. 다음 중 온풍난방으로 적당한 건물은 어느 것인가?

① 학교 ② 극장
③ 아파트 ④ 주택

34. 다음 중 온풍로 난방의 특징이 아닌 것은?

① 열효율이 80 % 이상으로 높다.
② 보수 취급이 간단하고 취급에 자격자를 필요로 하지 않는다.
③ 설치면적이 작아 설치장소에 제한을 받지 않는다.
④ 열용량이 크므로 착화 시 즉시 난방이 가능하지 못하다.

35. 다음 중 온풍난방 장치와 거리가 먼 것은?

① 후드 ② 레지스터
③ 스택 ④ 트랩

36. 다음 중 온풍난방 장치의 종류가 아닌 것은 어느 것인가?

① 중력식 온풍난방
② 열순환식 온풍난방
③ 강제순환식 온풍난방
④ 진공순환식 온풍난방

37. 보일러 효율의 최고점에서의 증발량을 무엇이라 하는가?

① 최대연속 증발량
② 경제 증발량
③ 실제 증발량
④ 환산 증발량

공조냉동기계기능사

3 과목

자동제어 및 안전관리

Chapter 01

관련 법규 파악

1-1 o 냉동기 검사

(1) 냉동장치의 각종 시험

① 내압시험 : 압축기 압력용기 등과 같이 냉동장치의 각종 기기의 강도를 확인하기 위하여 액체(물 또는 기름)로 가압하는 것이다.

② 기밀시험 : 압축기, 압력용기 등과 같이 냉동장치의 각종 기기의 제작 시 접합부 주위의 누설 유무를 판단하기 위하여 기체압력(공기, CO_2, N_2 등)으로 실시한다.

③ 누설시험 : 냉매 배관 공사가 완료된 후 배관 연결부 및 기기와 접속부 등의 전 계통에 걸쳐 완전한 기밀을 유지하기 위한 시험으로 기체압력(공기, CO_2, N_2 등)으로 실시한다.

④ 진공시험 : 냉매배관 연결부의 강도와 공기 누입 여부를 시험하고 장치 내부의 불순물을 배출하며 진공건조시킨다.

⑤ 냉매충전 : 진공건조 후 적정량의 냉매를 충전한다.

⑥ 냉각시험 : 냉동장치의 각종 상태를 확인하고 냉각기가 정상적으로 규정온도를 얻을 수 있는가 확인한다.

⑦ 보랭시험 : 규정된 온도로 낮추어진 냉장실 방열벽의 보랭상태를 점검한다.

⑧ 방열시공 : 저온배관부 및 액관의 외부 열량 침입 우려가 있는 부분의 단열과 부식 방지 처리를 한다.

⑨ 시운전 : 일정 부하가 있는 장치에 냉동장치의 각종 기기를 정상적으로 운전할 수 있는가를 점검한다.

⑩ 해방시험 : 운전하기 전에 각종 시험으로 인하여 마모된 부위 및 압축기의 전반적인 상태를 점검하여 정비한다.

⑪ 정상운전 : 냉동·냉장 설비에 정상적인 부하가 있는 상태에서 냉동장치를 가동하여 운전한다.

(2) 제어장치

다음의 조건을 갖추고 있는 장치는 자동제어장치를 구비한 것으로 한다.

① 압축기의 고압측 압력이 상용압력을 초과할 때에 압축기의 운전을 정지하는 장치를 고압차단장치라 한다.

② 개방형 압축기인 경우는 저압측 압력이 상용압력보다 이상 저하할 때 압축기의 운전을 정지하는 장치를 저압차단장치라 한다.

③ 강제윤활 장치를 갖는 개방형 압축기인 경우는 윤활유 압력이 운전에 지장을 주는 상태에 이르는 압력까지 저하할 때 압축기를 정지하는 장치 (다만, 작용하는 유압이 $1\,kg/cm^2$ 이하의 경우는 생략할 수 있다.)

④ 압축기를 구동하는 동력장치의 과부하보호장치

⑤ 쉘형 액체 냉각기인 경우는 액체의 동결방지장치

⑥ 수랭식 응축기인 경우는 냉각수 단수보호장치(냉각수 펌프가 운전되지 않으면 압축기가 운전되지 않도록 하는 기계적 또는 전기적 연동기구를 갖는 장치를 포함한다.)

⑦ 공랭식 응축기 및 증발식 응축기인 경우는 당해 응축기용 송풍기가 운전되지 않는 한 압축기가 운전되지 않도록 하는 연동기구 (다만, 응축온도 제어기구를 갖는 경우에는 당해 장치가 상용압력 이하의 상태를 유지하는 범위 내에서 연동기구를 해제하는 기구인 것은 그러하지 아니한다.)

⑧ 난방용 전열기를 내장한 에어컨 또는 이와 유사한 전열기를 내장한 냉동설비에서의 과열방지장치

(3) 압력계

① 냉동능력 20 ton 이상의 냉동설비의 압력계는 다음 각 호의 기준에 의하여 부착할 것

㉮ 냉매설비에는 압축기의 토출압력 및 흡입압력을 표시하는 압력계를 보기 쉬운 위치에 부착할 것

㉯ 압축기가 강제윤활 방식인 경우에는 윤활유 압력을 표시하는 압력계를 부착할 것 (다만, 윤활유 압력에 대한 보호장치가 있는 경우에는 그러하지 아니하다.)

㉰ 발생기에는 냉매가스의 압력을 표시하는 압력계를 부착할 것

② 압력계는 다음 각 호의 기준에 적합한 것일 것

㉮ 압력계는 KS B 5305(부르동관 압력계) 또는 이와 동등 이상의 성능을 갖는 것을 사용하고, 냉매가스, 흡수용액 및 윤활유의 화학작용에 견디는 것일 것

㉯ 압력계 눈금판의 최고 눈금 수치는 당해 압력계의 설치 장소에 따른 시설의 기밀시

험 압력 이상이고 그 압력의 2배 이하(다만, 정밀한 측정 범위를 갖춘 압력계에 대하여는 그러하지 아니하다.)일 것. 또한 진공부의 눈금이 있는 경우에는 그 최저 눈금이 76 cmHg일 것

(대) 이동식 냉동설비에 사용하는 압력계는 진동에 견디는 것일 것

(라) 압력계는 현저한 맥동, 진동 등에 의하여 눈금을 읽는 데 지장이 발생하지 아니하도록 부착할 것

1-2 ─○ 고압가스안전관리법

(1) 냉동능력 합산기준

① 냉매가스가 배관에 의하여 공통으로 되어 있는 냉동설비

② 냉매 계통을 달리하는 2개 이상의 설비가 1개의 규격품으로 인정되는 설비 내에 조립되어 있는 것(유닛형의 것)

③ 2원($元$) 이상의 냉동방식에 의한 냉동설비

④ 모터 등 압축기의 동력 설비를 공통으로 하고 있는 냉동설비

⑤ 브라인(brine)을 공통으로 하고 있는 둘 이상의 냉동 설비(브라인 중 물과 공기는 포함하지 않는다.)

(2) 누설된 냉매가스가 체류하지 않는 구조

① 시설기준

(가) 당해 기계실에는 냉동능력/톤당 0.05 m² 의 비율로 계산한 면적의 통풍구(창 또는 문)를 설치하도록 하고 그 통풍구는 직접 외기에 접하도록 한다.

(나) 당해 냉동설비의 냉동능력에 대한 통풍구를 갖지 아니한 경우에는 그 부족한 통풍구 면적분에 대하여 냉동능력 1톤당 2 m³/min 이상의 환기능력을 갖는 기계적 통풍장치를 설치할 것

② 다음의 경우 기계적인 강제 통풍장치를 설치한다.

(가) 지하실 등 통풍구부의 외측이 직접 외기와 통하고 있지 않는 경우

(나) 해풍 등에 의한 바람이 불었을 때 통풍구로부터 역풍이 예상되는 경우 등과 같이 환기가 충분하지 않거나 부적합한 경우는 기계적 환기장치를 설치할 것

㈐ 개구부의 외측 주변에 다른 건물의 통풍구가 있거나 왕래가 빈번한 도로 등이 있어 누설된 가스의 배출이 적합하지 않을 때

㈑ 통풍구의 외측 주변 가까운 곳에 건물 등이 있는 경우

㈒ 넓은 건물 내의 중간에 냉동시설이 설치되어 있는 경우 등으로 작업장으로 누설된 가스가 확산될 우려가 있는 경우

(3) 냉매설비와 화기설비의 이격거리 기준

① 화기설비의 종류

화기설비의 종류	기준 화력
제1종 화기설비	• 전열면적이 14 m²를 초과하는 온수보일러 • 정격열출력이 500000 kcal/h를 초과하는 화기설비
제2종 화기설비	• 전열면적이 8 m²를 초과하는 온수 보일러 • 정격열출력이 300000 kcal/h 초과 500000 kcal/h 이하인 화기설비
제3종 화기설비	• 전열면적이 8 m²를 초과하는 온수보일러 • 정격열출력이 300000 kcal/h 이하인 화기 설비

② 냉매가스, 흡수용액 또는 2차 냉매(이하 "냉매가스등"이라 한다.)가 가연성가스인 경우

화기설비의 종류	조건	이격거리(m)	
		당해 냉매설비의 냉동능력이 20톤 이상인 경우	당해 냉매설비의 냉동능력이 20톤 미만인 경우
제1종 화기설비 제2종 화기설비 제3종 화기설비	내화방열벽을 설치하지 아니한 경우	8	4
	내화방열벽을 설치한 경우	4	2
그 밖의 발열기구	내화방열벽을 설치하지 아니한 경우	8	2
	내화방열벽을 설치한 경우	4	1

「비고」 1. 내화방열벽은 다음의 기준에 따른다.
  • 다음에 열거한 것 중 1에 해당하는 구조일 것
    – 두께 1.5 mm 이상의 강판
    – 가로, 세로 20 mm 이상인 강재골조 양면에 두께 0.6 mm 이상의 강판을 용접할 패널 구조
    – 두께 10 mm 이상인 경질의 불연재료로 강도가 큰 구조
  • 내화방열벽의 냉매설비를 화기로부터 충분히 격리할 수 있는 높이 및 너비일 것
  • 내화방열벽에 출입문을 설치하는 경우에는 방화구조의 것으로 자동폐쇄식 문일 것
2. 그 밖의 발연기구란 스토브 등 표면온도가 400℃ 이상인 발연체를 말한다.

③ 냉매가스 등이 불연성가스인 경우

화기설비의 종류	조건	이격거리 (m)	
		당해 냉매설비의 냉동능력이 20톤 이상인 경우	당해 냉매설비의 냉동능력이 20톤 미만인 경우
제1종 화기설비	내화방열벽을 설치하지 아니한 경우	5	1.5
	내화방열벽을 설치한 경우 또는 온도과상승 방지조치를 한 경우	2	0.8
제2종 화기설비	내화방열벽을 설치하지 아니한 경우	4	1
	내화방열벽을 설치한 경우 또는 온도과상승 방지조치를 한 경우	2	0.5
제3종 화기설비	내화방열벽을 설치하지 아니한 경우	1	–

「비고」 온도과상승 방지조치란 내구성이 있는 불연재료로 간극없이 피복함으로써 화기의 영향을 감소시켜 그 표면의 온도가 화기가 없는 경우의 온도보다 10℃ 이상 상승하지 아니하도록 하는 조치이다.

(4) 방류둑

① 다음의 경우에는 방류둑을 설치한 것으로 본다.

㈎ 저장탱크 등의 저부가 지하에 있고 주위가 피트선 구조로 되어 있는 것으로서 그 용량이 규정된 용량 이상인 것(빗물의 고임 등으로 인하여 용량이 감소되지 아니하는 것에 한한다.)이어야 한다.

㈏ 지하에 묻은 저장탱크 등으로서 그 저장탱크 내의 액화가스가 전부 유출된 경우에 그 액면이 지면보다 낮도록 된 구조로 한다.

㈐ 저장탱크 등의 주위에 충분한 안전용 공지를 확보한 경우에는 저장탱크 등으로부터 유출된 액화가스가 체류하지 아니하도록 지면을 경사시킨 안전한 유도구에 의해 유출한 액화가스를 유도해서 고이도록 구축한 피트상의 구조물(피트상 구조물에 체류된 액화가스를 펌프 등의 이송설비에 의하여 안전한 위치에 이송할 수 있는 조치를 강구한 것에 한한다.)이어야 한다.

㈑ 동 법의 적용을 받는 시설에 설치된 2중 구조의 저장탱크 등으로서 외조가 내조의 상용온도에서 동등 이상의 내압 강도를 가지고 있고, 외피와 내피 사이의 가스를 흡인하여 누출된 가스를 검지할 수 있는 것으로서 긴급차단장치를 내장한 것

② 수액기의 방류둑 용량

㈎ 방류둑의 용량은 당해 방류둑 내에 설치된 수액기 내용적의 90 % 이상의 용적(저장능력상당용적)일 것. 이 경우 암모니아에 있어서는 그 압력이 다음 표의 위칸의 압력구분에 해당하는 것에는 수액기 내의 압력구분에 따라서 기화하는 액화냉매가스의 용적을 감하여 산출한 용적(저장능력상당용적에 다음 표에 기재한 수액기 내의 압력에 대한 비율을 곱하여 얻는 용적으로 한다.)으로 할 수 있다. 다만, 당해 수액기 내의 압력의 수치에 폭이 있는 경우는 다음 표 중 낮은 쪽의 압력구분에 대한 수치로 한다.

수액기 내의 압력(kg/cm^2)	7.0 이상 21.0 미만	21.0 이상
압력에 따른 비율(%)	90	80

㈏ 2기 이상의 수액기가 동일 방류둑 내에 설치된 경우의 용량은 당해 수액기 중 내용적이 최대인 내용적에 다른 수액기의 내용적 합계의 10 %를 더한 것으로 할 수 있다. 이 경우 동일 방류둑 내에 설치된 수액기의 내용적 합계에 대하여 하나의 수액기의 내용적 비율을 곱하여 얻은 용량에 따라 수액기 마다 칸막이를 설치한다. 그리고 칸막이의 높이는 방류둑 본체의 높이보다 10 cm 낮게 한다.

③ 방류둑의 구조

㈎ 방류둑의 재료는 철근콘크리트, 철골·철근콘크리트, 금속, 흙 또는 이들을 혼합하여야 한다.

㈏ 철근콘크리트, 철골·철근콘크리트는 수밀성 콘크리트를 사용하고 균열발생을 방지하도록 배근, 리베팅이음, 신축이음 및 신축이음의 간격, 배치 등을 정하여야 한다.

㈐ 금속은 당해 가스에 침식되지 아니하는 것 또는 부식방지·녹방지 조치를 강구한 것이어야 하고 대기압하에서 액화가스의 기화 온도에 충분히 견디는 것이어야 한다.

㈑ 성토는 수평에 대하여 45° 이하의 기울기로 하여 쉽게 허물어지지 아니하도록 충분히 다져 쌓고, 강우 등에 의하여 유실되지 아니하도록 그 표면에 콘크리트 등으로 보호하고, 성토 윗 부분의 폭은 30 cm 이상으로 하여야 한다.

㈒ 방류둑은 액밀한 것이어야 한다.

㈓ 독성가스 저장탱크 등에 대한 방류둑의 높이는 방류둑 내의 저장탱크 등의 안전거리 및 방재 활동에 지장이 없는 범위에서 방류둑 내에 체류한 액의 표면적이 될 수 있는 한 적게 되도록 하여야 한다.

㈔ 방류둑은 그 높이에 상당하는 당해 액화가스의 액두압에 견딜 수 있는 것이어야 한다.

㈗ 방류둑에는 계단, 사다리 또는 토사를 높이 쌓아 올림 등에 의한 출입구를 둘레 50 m마다 1개 이상씩 두되, 그 둘레가 50 m 미만일 경우에는 2개 이상을 분산하여 설치하여야 한다.

㈘ 배관관통부는 내진성을 고려하여 틈새로부터의 누출 방지 및 부식 방지를 위한 조치를 하여야 한다.

㈙ 방류둑 내에 고인 물을 외부로 배출할 수 있는 조치를 하여야 한다. 이 경우 배수조치는 방류둑 밖에서 배수 및 차단조작을 할 수 있어야 하며, 배수할 때 이외에는 반드시 닫혀 있도록 하여야 한다.

㈚ 집합 방류둑 내에는 가연성가스 또는 조연성가스 또는 가연성가스와 독성가스의 저장탱크를 혼합하여 배치하지 아니할 것. 다만, 가스가 가연성가스이고 또한 독성가스인 것으로서 집합 방류둑 내에 동일한 가스의 저장탱크가 있을 경우에는 그러하지 아니한다.

㈛ 저장탱크 등을 건축물 내에 설치한 경우에 있어서는 그 건축물 구조가 방류둑의 기능도 갖도록 하는 구조로 하여 유출된 가스가 건축물 외부로 흘러나가지 않는 구조로 하여야 한다.

(5) 제독설비

① 제독제의 보유량 : 제독제는 독성가스의 종류에 따라 다음 표 중 적합한 흡수·중화제 1가지 이상의 것 또는 이와 동등 이상의 제독효과가 있는 것으로서 다음 보유량의 수량 (용기 보관실에는 그의 1/2로 하고, 가성소다수용액 또는 탄산소다수용액은 가성소다 또는 탄산소다를 100 %로 환산한 수량을 표시한다.) 이상 보유하여야 한다.

가스별	제독제	보유량
염소	가성소다수용액	670 kg (저장탱크 등이 2개 이상 있을 경우 저장탱크에 관계되는 저장탱크의 수의 제곱근의 수치. 그 밖의 제조설비와 관계되는 저장설비 및 처리설비(내용적이 5 m^3 이상의 것에 한한다.) 수의 제곱근의 수치를 곱하여 얻은 수량·이하 염소에 있어서는 탄산소다수용액 및 소석회에 대하여도 같다.)
	탄산소다수용액	870 kg
	소석회	620 kg

	가성소다수용액	390 kg
황화수소	소석회	360 kg
	가성소다수용액	1140 kg
	탄산소다수용액	1500 kg
시안화수소	가성소다수용액	250 kg
아황산수소	가성소다수용액	530 kg
	탄산소다수용액	700 kg
	물	다량
암모니아 산화아틸렌 염화메탄	물	다량

② 보호구의 종류와 수량 : 독성가스의 종류에 따라 다음의 것 및 그 밖에 필요한 보호구를 구비할 것. 이 경우 ㈎ 또는 ㈐의 보호구는 긴급작업에 종사하는 작업원에 적절한 예비 개수를 더한 수 또는 상시 작업에 종사하는 작업원 10인당 3개의 비율로 계산한 개수(2개수가 3개 미만인 경우 3개로 한다.) 중 많은 개수 이상을 구비하여야 하며, ㈎의 보호구를 상시 작업에 종사하는 작업원 수에 상당하는 개수를 갖춘 경우에는 ㈏의 보호구를 구비하지 아니하는 것으로 한다. 그리고 ㈏ 또는 ㈐의 보호구는 독성가스를 취급하는 전 종업원 수의 수량을 구비한다.

㈎ 공기 호흡기 또는 송기식 마스크(전면형)

㈏ 격리식 방독마스크(농도에 따라 전면 고농도형, 중농도형, 저농도형 등)

㈐ 보호장갑 및 보호장화(고무 또는 비닐제품)

㈑ 보호복(고무 또는 비닐제품)

③ 보호구의 보관 및 장착훈련

㈎ 보관장소 : 독성가스가 누출할 우려가 있는 장소에 가까우면서 관리하기가 쉽고 긴급 시 독성가스에 접하지 아니하고 반출할 수 있는 장소에 보관하여야 한다.

㈏ 보관방법 : 항상 청결하고 그 기능이 양호한 상태로 보관하여야 하며 정화통 등의 소모품은 정기적 또는 사용 후에 점검하고, 교환 및 보충하여야 한다.

㈐ 장착훈련 : 작업원에게 3개월마다 1회 이상 사용훈련을 실시하고 사용방법을 숙지시킬 것

㈑ 기록의 보관 : 보호구의 점검 및 변동사항 또는 보호구의 장착훈련 실적을 기록·보존할 것

④ NH₃ 상해에 의한 구급법

   (가) 피부에 묻었을 때 : 물로서 깨끗이 닦은 후 피크린산 용액을 바른다.

   (나) 눈에 들어갔을 때 : 2 % 붕산액 점안 후 청결한 물로 15분 이상 세안한다.

   (다) NH₃ 가스에 질식한 사람은 안전한 곳으로 이동하여 몸은 따뜻하게 하고 안정시켜 식초와 올리브유를 같은 양으로 혼합한 것을 마시게 한다.

⑤ 프레온(freon) 상해에 의한 구급법 : 약한 붕산수 또는 2 % 식염수로서 눈 피부를 씻는다.

(6) 방폭 성능 기준

① 내압(耐壓) 방폭구조 : 방폭전기 기기의 용기 내부에서 가연성가스의 폭발이 발생할 경우 그 용기가 폭발압력에 견디고, 접합면, 개구부 등을 통하여 외부의 가연성가스에 인화되지 아니하도록 한 구조를 말한다.

② 유입(油入) 방폭구조 : 용기 내부에 절연유를 주입하여 불꽃·아크 또는 고온발생부분이 기름 속에 잠기게 함으로써 기름면 위에 존재하는 가연성가스에 인화되지 아니하도록 한 구조를 말한다.

③ 압력(壓力) 방폭구조 : 용기 내부에 보호가스(신선한 공기 또는 불활성가스)를 압입하여 내부 압력을 유지함으로써 가연성가스가 용기 내부로 유입되지 아니하도록 한 구조를 말한다.

④ 안전증 방폭구조 : 정상운전 중에 가연성가스의 점화원이 될 전기불꽃·아크 또는 고온부분 등의 발생을 방지하기 위하여 기계적·전기적 구조상 또는 온도상승에 대하여 특히 안전도를 증가시킨 구조를 말한다.

⑤ 본질안전 방폭구조 : 정상시 및 사고(단선, 단락, 지락 등)시에 발생하는 전기불꽃·아크 또는 고온부에 의하여 가연성가스가 점화되지 아니하는 것이 점화시험, 기타방법에 의하여 확인된 구조를 말한다.

⑥ 특수 방폭구조 : ①~⑤에서 규정한 구조 이외의 방폭구조로서 가연성가스에 점화를 방지할 수 있다는 것이 시험, 기타방법에 의하여 확인된 구조를 말한다.

방폭전기 기기의 구조별 표시방법

방폭전기 기기의 구조	표시방법
내압 방폭구조	d
유입 방폭구조	o
압력 방폭구조	p
안전증 방폭구조	e
본질안전 방폭구조	ia 또는 ib
특수 방폭구조	s

1 인적 사고 원인

(1) 심리적 원인

① 무지 : 기계의 취급방법, 취급품의 성질 등을 모르는데서 재해의 원인이 된다.

② 미숙련 : 기능의 미숙으로 망치로 손을 때리거나, 기계의 조작을 잘못하여 일으킨 재해

③ 과실 : 부주의로 인하여 물건을 떨어뜨리거나, 취급이나 조작을 잘못하여 일어나는 재해

④ 난폭 흥분 : 물건을 취급하는데 난폭하였거나, 매사에 흥분하였거나, 서둘러서 재해를 유발한다.

⑤ 고의성 : 고의로 위험한 일을 하거나, 경솔하게 작업명령이나 안전수칙을 지키지 않아서 발생되는 재해

(2) 생리적 원인

① 체력의 부적응 : 체력이 충분치 못한데 무거운 물건을 운반한다든가, 무리하게 힘겨운 작업을 하여 재해를 일으키는 것

② 신체의 결함 : 손이 부자유스럽다든가 귀가 잘 들리지 않는 것이 원인이 되어서 재해를 일으키는 것

③ 질병 : 병중이거나 병후 충분히 회복하지 않은데서 일어나는 작업 중에 졸든가, 졸려서 주의력이 없어짐으로써 생기는 것

④ 음주 : 술을 과음하여 일어나는 것

⑤ 과로 : 장시간 동안 작업을 하였거나 더운 장소에서의 작업 등으로 피로해서 생기는 것

(3) 기타의 원인

① 복장 : 작업에 적합하지 않은 복장, 보안경 등 보호구의 착용을 태만히 함으로써 일어나는 것

② 공동작업 : 공동작업자의 기능 수준이 평준화되어 있지 않았거나 신호방법 불량, 취급방법 혼동 등에 의한 사고

2 물적 사고 원인

(1) 건물

구조, 환기, 조명의 불안전, 작업장 통로의 불량 등

(2) 시설

안전 장치가 없거나 고장, 불안전한 기계, 시설, 불량한 공구나 도구, 부적당한 시설 등.

(3) 취급품

불안전한 재료, 가공품, 제품

(4) 기타

정리정돈의 불량, 작업계획의 불비 등

3 사고 및 재해

(1) 사고의 경향

① 재해와 계절 : 1년 중 여름에 사고가 제일 많이 발생한다는 통계이다. 기온이 높아져 피로가 많아지면서 수면 부족, 식욕 감퇴 등으로 인한 체력의 허약과 정신적 이완 등이 이유이다.

② 작업시간 : 하루 중에서 하오 3시가 가장 피로가 많이 오는 시간이고 사고도 많다.

③ 사고와 휴일 : 휴일 다음 날이 많이 발생한다.

④ 재해와 숙련도 : 기능 미숙련자보다 일반적으로 경험이 1년 미만의 근로자가 사고가 많다.

⑤ 위험 작업 : 기계 프레스, 절단, 단조, 연삭, 제재, 중량물 운반 위험 독극물 등을 위험 작업이라 하며 안전장치와 기타 특수장비 및 용구를 준비하여 위험요소를 최소한 줄이 도록 해야 한다.

(2) 안전교육의 필요성

① 산업에 종사하는 사람들의 생명을 보호한다.

② 사고나 재해를 없애고, 안전하게 일하는 수단과 방법을 연구한다.

(3) 안전사고의 연쇄성

① 사회적 환경과 유전적 요소

② 성격상 결함

③ 불안전한 행위와 불안전한 환경 및 조건

④ 안전사고

⑤ 인명의 피해와 재산의 손실

(4) 규율과 작업태도

① 작업자의 명령에 복종한다.

② 안전 작업법을 준수한다.

③ 작업 중 장난을 하지 않는다.

④ 작업장의 환경조성을 위해서 적극 노력한다.

⑤ 작업에 임해서는 보다 좋은 방법을 연구한다.

⑥ 자신의 안전은 물론 타인의 안전도 고려한다.

(5) 재해 발생률

① 연천인율 $= \dfrac{\text{산업재해 건수}}{\text{근로자 수}} \times 1000$

② 도수율 $= \dfrac{\text{재해발생 건수}}{\text{연근로 시간 수}} \times 1000000$

③ 강도율 $= \dfrac{\text{노동손실 일 수}}{\text{연근로 시간 수}} \times 1000$

④ 연천인율과 도수율과의 관계

$$\text{연천인율} = \text{도수율} \times 2.4 \qquad \text{도수율} = \dfrac{\text{연천인율}}{2.4}$$

(6) 재해 빈도

① 계절 : 여름

② 시간 : 오전 10시~11시, 오후 2시~3시

③ 요일 : 월요일

4 작업환경

(1) 보건관리인

100인 이상의 근로자를 사용하는 사업장의 사용자는 보건관리인 1인을 두어야 한다.

(2) 조명

① 초정밀 작업 : 750 lx(럭스) 이상   ② 정밀 작업 : 300 lx 이상
③ 보통 작업 : 150 lx 이상   ④ 기타(일반)작업 : 75 lx 이상

(3) 옥내의 기적(氣籍)

지면으로부터 4 m 이상의 높이를 제외하고 1인당 10 m³ 이상

(4) 습도

작업하기 가장 적당한 습도는 50~68 %이다.

(5) 작업온도

① 법정온도
  ㈎ 가벼운 작업 : 34℃
  ㈏ 보통 작업 : 32℃
  ㈐ 중(重) 작업 : 30℃
② 표준온도
  ㈎ 가벼운 작업 : 20~22℃
  ㈏ 보통 작업 : 15~20℃
  ㈐ 중(重)작업 : 18℃
③ 쾌적온도(감각온도)
  ㈎ 지적작업 : 15.6~18.3 ET
  ㈏ 경 작업 : 12.6~18.3 ET
  ㈐ 근육 작업 : 10~16.7 ET

(6) 탄산가스 함유량과 인체

① 1~4 % : 호흡이 가빠지며 쉽게 피로한 현상
② 5~10 % : 기절
③ 11~13 % : 신체장애
④ 14~15 % : 절명

(7) 채광 및 환기

① 채광 : 창문의 크기 ─ 바닥 면적의 1/5 이상
② 환기 : 창문의 크기 ─ 바닥 면적의 1/25 이상

(8) 작업환경의 측정 단위

① 조명 : lx(럭스)

② 오염도 : ppm(피피엠)

③ 소음 : db, phone(데시벨, 폰)

④ 분진 : mg/m^3(밀리그램)

5 사고 및 재해의 예방

(1) 사고 예방 대책의 기본

① 안전관리 조직 : 안전 활동 방침 및 계획을 수립하고 전문적 기술을 가진 조직을 통한 안전 활동을 전개한다.

② 사실의 발견 : 현장 작업분석, 점검검사, 사고 기록 검토와 조사, 안전에 관한 토의·연구 등을 통하여 불안전 요소를 발견한다.

③ 분석평가 : 사실 발견을 토대로 자료분석, 작업환경적 조건분석, 작업공정 분석 등을 분석하여 안전 수칙 등을 교육 및 훈련하여 사고의 직접 및 간접 원인을 찾아낸다.

④ 시정 방법 선정 : 분석을 통하여 색출된 원인을 토대로 효과적인 개선 방법을 선정한다.

⑤ 시정책의 적용 : 시정 방법을 반드시 적용해서 목표를 설정함으로써 결과를 얻을 수 있다.

(2) 재해 예방의 원칙

① 예방 가능의 원칙 : 천재지변을 제외한 모든 인재는 예방이 가능하다.

② 손실 우연의 원칙 : 사고의 결과 손실의 유무 또는 대소는 사고 당시의 조건에 따라 우연적으로 방생한다.

③ 원인 연계의 원칙 : 사고에는 반드시 원인이 있고 대부분 복합적 연계 원인이다.

④ 대책 선정의 원칙 : 기술적, 교육적, 규제적 대책을 선정하여 실시한다.

1-4 ○ 기계설비법

(1) 통행

① 통로

㈎ 통로는 충분한 너비를 확보하는 동시에 옥내의 주요한 통로에 대해서는 이것을 흰 선 등으로 표시할 것

⒩ 기계와 기계 사이, 기계와 다른 설비와의 통로는 그 너비를 80 cm 이상으로 할 것

⒟ 통로 바닥은 미끄럽지 않게 하며, 바닥의 높이 차이, 바닥 재료의 손상, 앵커 볼트의 돌출, 배선이나 배관의 노출, 뚜껑이 없는 홈, 칩의 방치, 기름의 넘침 등에 유의한다.

⒭ 재료, 제품, 작업용구 등은 정리정돈을 철저히 할 것

⒨ 발이 빠지거나 중량물의 낙하 등에 의해 발을 부상당할 위험이 있는 작업에 있어서는 안전화 사용

⒝ 작업장의 벽은 백색의 칠이 가장 안전하다.

⒧ 공장의 출입문은 밖여닫이 문이 적당하다.

⒜ 50인 이상의 근로자가 있을시는 비상통로를 2개 이상 설치해야 한다.

⒥ 추락의 위험이 있는 장소에는 75 cm 이상의 난간을 설치해야 한다.

② 통행의 우선 순위 : 기중기 → 적재차량 → 빈차 → 보행자

③ 작업장 통행로의 폭 : 차폭 + 2 ft(80 cm)

(2) 취급 및 운반

① 취급에 의한 재해는 전 재해의 약 20 %를 차지하고 있다.

② 취급 운반사고의 원인

⒢ 적절한 공구를 쓰지 않았다.

⒩ 작업 장소의 정리정돈이 불충분했다.

⒟ 작업 장소가 좁았다.

⒭ 바닥면, 발 밑이 나빴다.

⒨ 작업자가 기본동작을 지키지 않았다.

⒝ 공동작업에서 호흡이 맞지 않았다.

⒧ 잡기 힘든 것을 무리하게 잡았다.

⒜ 작업자의 체력이 불충분했다.

⒥ 취급물의 위험성, 유해성에 대한 지식이 없다.

⒞ 취급 운반작업에 대한 훈련이 부족했다.

③ 운반작업

⒢ 사다리의 안전각도는 15°이다.

⒩ 로프의 점검은 월 2회이다.

⒟ 운반차량의 적당한 구내 속도는 8 km/h이다.

⒭ 정차 중 또는 운반 중 앞차와의 간격은 5 m이다.

㉤ 로프의 안전하중은 파단력의 $\dfrac{1}{16}$이다.

㉥ 와이어 로프로 물건을 달아 올릴 때 로프가 10 % 끊어질 때까지 사용할 수 있다.

㉦ 기중기 운반 시 줄걸기 작업은 발생되는 재해의 10 %를 차지한다.

㉧ 로프로 물건을 달아 올릴 때 힘이 가장 적게 걸리는 로프의 각도는 30°이다.

㉨ 로프로 물건을 운반할 때에는 90° 이하로 하는 것이 좋다.

㉩ 운반 물품 무게는 자기 몸무게의 35~40 %가 좋다.

㉪ 운반차는 규정 속도 이상으로 달리지 말 것

㉫ 승용석이 없는 운반차에는 타지 말 것

㉬ 긴 물건에는 끝에 표시를 단 후 운반할 것

㉭ 통로 계단은 근로안전관계 규칙 제 49 조에 의거 설치

- 견고한 구조로 할 것
- 경사는 심하지 않을 것
- 각 답면(踏面)의 간격과 너비는 동일하게 할 것
- 높이 5 m를 초과할 때에는 높이 5 m 이내마다 적당한 계단실을 설치할 것
- 적어도 한쪽에는 손잡이를 설치할 것

(3) 공동작업

① 여러 사람이 공동으로 작업을 할 때는 지휘자를 정해 놓을 것

② 작업을 시작하기 전에 각자에게 분담되어 맡겨진 작업에 대하여 작업 방법을 잘 알도록 할 것

③ 기계 운전을 시작할 때 또는 통전, 가스, 증기, 압축공기 등을 보내기 시작할 때에는 관계자에게 신호하고 안전을 확인한 다음에 할 것

④ 신호는 미리 관계자가 잘 이해하도록 해 놓을 것

⑤ 기계, 전기 설비 등을 보수하는 도중에 부주의로 송전, 시동 등이 되지 않도록 스위치, 밸브 등에 표시하고 관계자에게 연락해 놓을 것

(4) 높은 곳(고소)에서의 작업

① 가급적 안전성이 있는 발판을 사용할 것

② 가벼운 복장을 착용하고 신발은 미끄럽지 않은 것을 신는다.

③ 특히 높은 곳에서의 작업은 숙련공 이외는 하지 말 것

④ 가급적 안전모 및 로프를 사용할 것

⑤ 짧은 사다리를 이어서 사용하지 말 것

⑥ 사다리는 미끄러지지 않도록 세울 것(사다리는 평면과의 각도가 75° 정도)

⑦ 옥상에서의 작업은 숙련자 이외는 하지 말 것

(5) 중량물의 취급

① 용구를 사용하지 않을 때

  ㈎ 다리를 안정하게 하고 무리가 없는 자세로서 취급을 할 것

  ㈏ 들어 올릴 때, 가급적 허리를 내리고 등을 펴서 천천히 올릴 것

  ㈐ 물건을 내릴 때는 바닥이나 먼저 내린 물건과의 사이에 손가락이 끼워지지 않도록 정신을 써야 하며 특히 무거운 물건일 때는 다른 사람의 도움을 받도록 한다.

  ㈑ 안정하지 못한 곳에 내려놓지 말고, 높은 곳에 무리하게 올려놓지 말 것

  ㈒ 자신의 힘에겨운 물건은 기중기나 운반차 등을 이용할 것

② 손으로 달아 올리는 기구나 운반차에 의할 때

  ㈎ 사용 전에 훅, 체인블록, 운반차 등을 세밀하게 점검할 것

  ㈏ 매다는 용구나 운반차 등은 제한 하중을 명시해 놓고 이것을 초과해서 사용하지 말 것

  ㈐ 올릴 때 화물이 경사진다든가, 동요한다든가, 내릴 때 움직이는 일이 있으므로 부근에 주의할 것

  ㈑ 필요 이상으로 높이 달지 말고, 중량물을 매달은 채로 두지 말 것

  ㈒ 운반차에 실을 때는 무게 중심을 아래로 할 것

  ㈓ 차 밖으로 가능하면 튀어나오지 않도록 할 것. 부득이한 경우 빨간 헝겊으로 위험표시를 할 것

예상문제

1. 기업의 모든 영역에는 물론 종업원들의 생활로부터 노동 조합의 태도에까지도 관계를 가지게 되는 기업 전체의 활동은?

① 생산   ② 안전
③ 품질   ④ 임금

해설 안전 제일의 이념으로 기업을 운영하고, 사회적, 인도적 측면에서도 안전은 선행되어야 한다.

2. 안전관리의 목적은 근로자의 안전 유지와 다음 어느 것을 향상 유지하는 데 있는가?

① 생산 능률   ② 생산량
③ 생산 과정   ④ 생산 경제

해설 안전관리의 주목적은 안전 확보와 생산 능률 향상에 있다.

3. 안전관리의 목적을 바르게 설명한 것은 어느 것인가?

① 사회적 안정
② 경영 관리의 혁신 도모
③ 좋은 물건의 대량 생산
④ 안전과 능률 향상

해설 안전이 확보되면, ① 근로자의 사기 진작, ② 생산 능률 향상, ③ 여론 개선, ④ 비용 절감 등이 이루어져 기업은 활성화된다.

4. 안전관리의 중요성과 거리가 먼 것은?

① 사회적 책임 완수
② 인도주의 실현
③ 생산성 향상
④ 준법 정신 함양

해설 사회적 책임, 인도주의, 생산성 향상 측면에서 안전관리는 매우 중요한 일이다.

5. 안전관리의 목적에 대한 설명으로 거리가 먼 것은?

① 노동력 손실의 방지
② 재해자의 복지 향상
③ 근로자의 재해 예방
④ 기업이윤의 증대

6. 안전 표지에서 안전 위생 표식은?

① 흑색   ② 녹색
③ 백색   ④ 적색

7. 안전 업무의 중요성이 아닌 것은?

① 기업의 경영에 기여함이 크다.
② 생산 능률을 향상시킬 수 있다.
③ 경비를 절약할 수 있다.
④ 근로자의 작업 안전에는 크게 영향을 주지 않는다.

8. 다음 중 안전 사고가 아닌 것은?

① 교통 사고   ② 화재 사고
③ 전기 사고   ④ 낙뢰 사고

해설 낙뢰는 천재 지변이며, 안전 사고는 인위적으로 예방 가능한 사고를 말한다.

9. 산업 재해의 상해 정도별 분류(I.L.O)에 해당되지 않는 것은?

① 영구 전노동 불능 상해
② 영구 일부 노동 불능 상해
③ 사망
④ 중상

해설 중상은 통계적 분류 방법이다(근로 손실 8일 이상).

정답   1. ②   2. ①   3. ④   4. ④   5. ②   6. ②   7. ④   8. ④   9. ④

10. 다음 중 안전 사고 시 정의에 모순이 되는 것은?

① 작업 능률을 저하시킨다.
② 불안전한 행동과 조건이 선행된다.
③ 고의가 개재된 사고이다.
④ 재산의 손실을 가져올 수 있다.

해설 고의가 개재되면 사고가 아닌 사건이다.

11. 근로자수가 200명인 어떤 직장에서 1년에 4건의 사상자가 발생했다면 연천인율은 얼마인가?

① 12   ② 15
③ 20   ④ 25

해설 연천인율 $= \dfrac{\text{근로 재해 건수}}{\text{평균 근로자수}} \times 1000$

$= \dfrac{4}{200} \times 1000 = 20$

12. 다음 응급처치의 일반적 주의사항 중 틀린 것은?

① 부상자는 따뜻하게 하여 체온보존이 되도록 한다.
② 의식 불명자에게는 찬물을 먹인다.
③ 극히 필요한 경우가 아니면 가급적 환자를 움직이게 하지 않는다.
④ 환자를 안정시킨다.

13. 머리의 부상이 심할 때의 응급치료에 있어서 좋은 방법은 무엇인가?

① 머리를 아주 높게 해 준다.
② 머리를 낮게 해 준다.
③ 수평상태로 둔다.
④ 머리를 약간 높이 들어준다.

14. 다음 중 화상을 당했을 때 응급처치로 적당한 것은?

① 곧바로 잉크를 바른다.
② 곧바로 머큐롬을 바른다.
③ 곧바로 찬물에 담갔다가 아연화연고를 바른다.
④ 곧바로 위생붕대로 환부를 감고 찬물을 살포한다.

15. 사고 방지를 위해 가장 먼저 조치하여야 할 사항은?

① 안전 조치   ② 안전 계획
③ 사고 조사   ④ 안전 교육

해설 사고 방지 5단계 중 첫 단계가 안전 조직이다. 종합적인 생산 관리를 합리적으로 조정, 통제하기 위해서는 조직적인 생산 관리가 필요한 것처럼 생산 활동에서 재해 사고 방지를 위해서는 안전관리 조직의 중요성이 강조된다.

16. 공구의 안전한 취급 방법이 아닌 것은?

① 손잡이에 묻은 기름, 그리스 등을 닦아낸다.
② 측정공구는 부드러운 헝겊 위에 올려놓는다.
③ 높은 곳에서 작업 시 간단한 공구는 던져서 신속하게 전달한다.
④ 날카로운 공구는 공구함에 넣어서 운반한다.

17. 다음 중 단순 골절일 때의 주의사항으로 틀린 것은?

① 골절부를 움직여 뼈를 맞춘다.
② 피해자를 움직이지 않도록 한다.
③ 빨리 의사를 부른다.
④ 부목 처리부는 30분마다 검사한다.

Chapter 02

안전관리

2-1 ○ 안전보호구

1 보호구 일반

고열작업(용접, 용해, 단조 등)과 먼지가 발생하는 작업장에서는 보호구를 사용해야 한다. 보호구에는 보호복, 보호 에이프런, 보호 장갑, 보호 장화, 안전화, 신발커버, 안전모, 방진 두건, 방독 마스크, 귀마개, 보호 안경 등이 있다.

(1) 보호구의 종류

① 안전 보호구 : 안전대, 안전모, 안전화, 안전장갑 등이다.
② 위생 보호구 : 마스크 (방진, 방독, 호흡용), 보호의, 보안경(차광, 방진), 방음 보호구 (귀마개, 귀덮개), 특수복 등이 있다.

(2) 보호구 선택 시 유의사항

① 사용 목적에 알맞은 보호구를 선택(작업에 알맞은 보호구 선정)할 것
② 산업 규격에 합격하고 보호 성능이 보장되는 것을 선택할 것
③ 작업 행동에 방해되지 않는 것은 선택할 것
④ 착용이 용이하고 크기 등 사용자에게 편리한 것을 선택할 것
⑤ 필요한 수량을 준비할 것
⑥ 보호구의 올바른 사용법을 익힐 것
⑦ 관리를 철저히 할 것

(3) 보호구의 관리

① 정기적인 점검 관리(적어도 한 달에 1회 이상 책임 있는 감독자가 점검)
② 청결하고 습기가 없는 곳에 보관할 것
③ 항상 깨끗이 보관하고 사용 후 세척하여 둘 것
④ 세척한 후에는 완전히 건조시켜 보관할 것

⑤ 개인 보호구는 관리자 등에 일괄 보관하지 말 것

(4) 보호구 사용을 기피하는 이유

① 필요한 개수를 갖추지 않았을 때(지급 기피)
② 보호구의 올바른 사용법을 모를 때(사용방법 미숙)
③ 보호구 사용 의의를 모를 때(이해 부족)
④ 보호구의 성능이 나쁠 때(불량품)
⑤ 보호구의 관리 상태가 나쁠 때(비위생적)

2 안전모

(1) 사용 목적에 따른 분류

① 일반 안전모 : 추락, 충돌, 물체의 비래 또는 낙하로 인한 머리 보호
② 전기 안전모 : 감전 방지

(2) 안전모의 종류

종류 (기호)	사용 구분	모체의 재질	내전압성
A	물체의 낙하 및 비래에 의한 위험을 방지하거나 경감시키기 위해 사용	합성수지 알루미늄	비내전압성
B	추락에 의한 위험을 방지하거나 경감시키기 위해 사용	합성수지	비내전압성
AB	물체의 낙하 및 비래와 추락에 의한 위험을 방지하거나 경감시키기 위해 사용	합성수지	비내전압성
AE	물체의 낙하 및 비래와 머리 부위 감전의 위험을 방지하거나 경감시키기 위해 사용	합성수지	내전압성
ABE	물체의 낙하 및 비래와 추락, 머리 부분의 감전 위험을 방지하거나 경감하기 위해 사용	합성수지	내전압성

(3) 안전모의 각 부품에 사용하는 재료의 구비 조건

① 쉽게 부식하지 않는 것
② 피부에 해로운 영향을 주지 않는 것
③ 사용 목적에 따라 내열성, 내한성 및 내수성을 가질 것
④ 충분한 강도를 가질 것
⑤ 모체의 표면 색은 밝고 선명할 것(빛의 반사율이 가장 큰 백색이 가장 좋으나 청결 유지 등의 문제점이 있어 황색이 많이 쓰임)

⑥ 안전모의 모체, 충격 흡수 라이너 및 착장체의 무게는 0.44 kg을 초과하지 않을 것

(4) 안전모 착용

① 기계 주위에서 작업하는 경우에는 작업모를 쓸 것
② 여자와 장발자의 경우에는 머리를 완전히 덮을 것
③ 모자 차양을 너무 길게 하여 시야를 가리지 말 것
④ 안전모는 작업에 적합한 것을 사용할 것(전기공사에는 절연성이 있는 것 사용)
⑤ 머리 상부와 안전모 내부의 상단과는 25 mm 이상 유지하도록 조절하여 쓸 것
⑥ 모자 턱 조리개는 반드시 졸라 맬 것
⑦ 안전모는 각 개인 전용으로 할 것

3 안전화

(1) 안전화의 종류

① 가죽제 발 보호 안전화
② 고무제 발 보호 안전화
③ 정전기 대전 방지용 안전화
④ 발등 보호 안전화
⑤ 절연화
⑥ 절연 장화

(2) 강제 선심

발의 보호 성능을 높이기 위하여 경강(탄소 함량 0.6 % 정도로 망간 함량이 다소 많은 것)으로 된 선심을 넣는데, 땀이나 수분 등에 의하여 부식되면 선심과의 접촉면 가죽이나 헝겊이 상함은 물론 선심 자체의 강도가 저하하여 안전화의 수명을 짧게 한다.

(3) 안전화 사용상의 주의사항

① 창에 징을 박는 것은 위험하다 (못에 의한 감전 재해 또는 걸을 때 징에서 발생하는 불꽃에 의한 화재 폭발 위험).
② 고열물 접촉이나 열원에 주의한다 (꿰맨 실이 끊어진다).
③ 가죽의 손상을 방지하기 위한 주의사항
　㈎ '탄닌' 무두질 가죽에는 산화철(녹)의 접촉을 피한다.
　㈏ 가성소다의 침투를 방지한다 (가성소다 함유 절삭유 등).

㈐ 땀에 젖은 안전화는 즉시 말린다(땀 속의 염분과 황산 등이 가죽에 악영향).

㈑ 젖은 안전화는 그늘에서 말리고 완전히 마르기 전에 구두약을 칠해 둔다.

④ 샌들 사용을 금한다.

⑤ 맨발은 절대로 금한다.

⑥ 기계 공장에서는 안전화를 사용한다.

⑦ 감전의 위험에 대비하여 바닥은 고무로 된 것을 사용한다.

(4) 안전화의 성능 조건

① 내마모성   ② 내열성

③ 내유성   ④ 내약품성

4 보안경

(1) 보안경의 종류

① 유리 보호 안경(미분, chip 기타 비산물)

② 플라스틱 보호 안경(미분, chip 기타 비산물)

③ 도수 렌즈 보호 안경(근시, 원시 또는 난시 근로자가 비산물, 기타 유해 물질로부터 눈을 보호하고 동시에 시력을 교정한다.)

④ 방진 안경 : 철분, 모래 등이 날리는 작업(연삭, 선반, 셰이퍼, 목공기계 등) 시 사용

⑤ 차광 안경 : 용접작업과 같이 불티나 유해광선이 나오는 작업에 사용되는데, 전기용접에는 헬멧이나 핸드실드를 사용하며 차광렌즈를 끼워 사용한다.

(2) 차광 안경의 종류

① 안경형

② 헬멧형(helmet type)

③ 실드형(shield type)

(3) 차광 렌즈 및 플레이트의 광학적 특성

① 가시광선을 적당히 투과할 것 : 아크의 주변 상황을 식별하고 피로가 적으며, 신경을 자극하지 않는 색상을 사용할 것(이상적인 색은 순도가 높지 않은 녹색과 자색, 즉 청색이 가미된 색이다.)

② 자외선을 허용치 이하로 약화시킬 것

③ 적외선을 허용치 이하로 약화시킬 것

5 호흡용 보호구

(1) 호흡용 보호구 사용 시 유의사항

① 호흡용 장비 사용자에게 요구되는 능력을 먼저 표로 만들어 파악할 것
② 유지 보존 조건을 파악할 것
③ 작업 위험 방지에 적합한 성능이 있는 것을 사용할 것
④ 주용도 이외에 사용하지 말 것

(2) 방진 마스크의 여과 효율 및 통기 저항에 따른 등급

구분	특급	1급	2급	비고
여과 효율	99.5 % 이상	95 % 이상	85 % 이상	일반적인 검정품은 70 % 이상 성능 보유
흡·배기 저항	8 mmH$_2$O 이하	6 mmH$_2$O 이하	6 mmH$_2$O 이하	

(3) 방진 마스크의 종류

① 구조 형식에 따라 : 직결식, 격리식
② 사용 용도에 따라 : 고농도 분진용($H_1 \sim H_4$), 저농도 분진용($L_1 \sim L_4$)

(4) 방진 마스크의 구비 조건

① 여과 효율이 좋을 것
② 흡·배기 저항이 낮을 것
③ 사용적이 적을 것
④ 중량이 가벼울 것(직결식 120 g 이하)
⑤ 시야가 넓을 것(하방 시야 50° 이상)
⑥ 안면 밀착성이 좋을 것
⑦ 피부 접촉 부위의 고무질이 좋을 것

6 방독 마스크

(1) 방독 마스크의 종류

연결관의 유무에 따라 직결식과 격리식으로 나누며, 모양에 따라 전면식, 반면식, 구명기식(구편형)이 있다.

(2) 방독 마스크 사용시 주의사항

① 방독 마스크를 과신하지 말 것

② 수명이 지난 것은 절대로 사용하지 말 것
③ 산소 결핍(일반적으로 16 %를 기준) 장소에서는 사용하지 말 것
④ 가스의 종류에 따라 용도 이외의 것을 사용하지 말 것

(3) 방독 마스크에 사용하는 흡수제

① 활성탄
② 실리카 겔(silica gel)
③ 소다라임(sodalime)
④ 홉카라이트(hopcalite)
⑤ 큐프라마이트(kuperamite)

7 보호복과 귀마개 및 장갑

(1) 보호복

① 고열작업, 불꽃을 받는 작업에는 석면재, 기타 내화성 장갑을 산, 알칼리, 화학약품, 가스에 의하여 피부를 상하게 할 경우에는 고무, 비닐 등으로 된 보호복, 보호구를 착용할 것
② 작업복의 구비 조건
  ㈎ 몸에 맞는 경쾌한 것
  ㈏ 상의와 소맷부리와 하의의 옷자락을 조이고, 또 상의의 끝을 내지 말고 바지 속에 넣을 것
  ㈐ 찢어지거나 꿰맨 자리가 터질 때에는 곧 기울 것
  ㈑ 항상 청결하게 유지할 것. 특히 기름이 밴 작업복은 화재의 위험이 크므로 사용하지 말 것
  ㈒ 더운 시기나 더운 장소에서도 옷을 벗어 살을 드러내고 작업해선 절대 안 된다.
  ㈓ 착용자의 직종, 연령, 성별 등을 고려하여 적절한 것을 선정할 것
  ㈔ 반바지 착용을 금한다.
  ㈕ 넥타이를 하지 말 것
  ㈖ 반지를 끼지 말 것
  ㈗ 전기를 취급하는 작업에서는 젖은 작업복을 착용하지 않는다(감전 위험).

(2) 귀마개

① 소음이 심한 작업장에서 사용한다.
② 귓구멍에 적합하고 오랜 시간 사용하여도 압박감이 없을 것
③ 피부에 자극을 주지 않을 것

(3) 장갑

① 날물, 공구, 가공품 등 회전하는 기계작업, 목공작업 등을 할 때는 장갑을 끼지 말 것. 특히 손가락으로 하는 작업(드릴링 머신, 프레스, 목공용 수동대패, 기계대패, 수평형 둥근톱, 대톱)에서는 장갑을 끼는 것이 재해의 원인이 된다.

② 손이나 손가락이 상하기 쉬운 작업을 할 때에는 작업에 대하여 적당한 장갑, 토시 ,손가락 없는 장갑을 사용할 것

③ 용접 작업 시는 가죽장갑을 착용한다.

2-2 ─o 보일러 안전

1 안전관리 개요

(1) 안전관리의 정의

생산성 증대와 열 손실의 최소화를 기하기 위해 사고를 미연에 방지하고, 또한 재해로부터 생명과 재산을 보호하기 위한 활동을 말한다.

(2) 안전수칙에 포함되어야 할 사항

① 작업 인원들의 복장 상태

② 작업 방법

③ 보호장비 착용 방법, 시기

④ 작업장 주위의 청결 및 정리 정돈 사항

⑤ 가연성 가스, 유독성 가스, 위험물 취급 요령

⑥ 각종 기계류의 조작 방법 및 작동 요령

⑦ 결함이 있는 기계 및 장비 사용 금지

⑧ 각종 기계류의 작동 원리, 작동 순서

(3) 보일러 사고의 구분

① 파열 사고 : 압력 초과, 저수위 사고, 과열, 부식 등의 취급상의 원인과 제작 시 결함으로 생기는 제작상의 원인 등으로 파열 사고가 일어날 수 있다.

② 미연소가스 폭발 사고 : 연소 계통에 미연소가스가 충만한 상태로 점화했을 경우, 순간적인 연소에 의하여 큰 사고를 발생시킬 수 있다.

(4) 보일러 사고의 원인

① 제작상의 원인 : 재료 불량, 강도 부족, 설계 불량, 구조 불량, 부속 기기 설비의 미비, 용접 불량 등

② 취급상의 원인 : 압력 초과, 저수위, 급수처리 불량, 부식, 과열, 미연소가스 폭발 사고, 부속기기의 정비 불량 및 점검 불충분 (취급상의 원인이 제작상의 원인보다 4~5배 많다.)

2 보일러의 취급

(1) 보일러의 점화 전 준비사항

① 수면계의 수위 및 수면계를 점검한다.

② 압력계의 이상 유무, 각종 계기와 자동 제어 장치를 확인한다.

③ 연료계통, 급수계통 등을 확인 점검한다.

④ 연료 예열기(oil preheater)를 작동시켜 연료를 예열시킬 수 있도록 한다.

⑤ 각 밸브의 개폐 상태를 확인한다.

⑥ 댐퍼를 개방하고 프리퍼지를 행한다.

> **참고** ① 프리퍼지(pre-purge) : 점화 전 댐퍼를 열고 노내와 연도에 체류하고 있는 가연성 가스를 송풍기로 취출시키는 것을 말한다 (30~40초 정도이나 대용량에서는 3분까지도 행한다).
> ② 포스트퍼지(post-purge) : 보일러 운전이 끝난 후 노내와 연도에 체류하고 있는 가연성 가스를 송풍기로 취출시키는 것을 말한다 (30~40초 정도이나 대용량에서는 3분까지도 행한다).
> ③ 보일러 점화 시에는 점화 순서에 의하여 행하여야 하며, 연소 가스 폭발 및 역화(back fire)에 극히 주의를 해야 한다.

(2) 석탄 보일러 점화

① 수동 화격자 (수분)

② 기계식 연소 보일러의 점화

③ 미분탄 연소의 점화

(3) 유류 보일러의 점화

① 자동 점화 순서 : 노내 환기 → 버너 동작 → 노내압 조정 → 파일럿 버너(점화 버너) 작동 → 화염 검출 → 전자 밸브 열림 → 공기 댐퍼 작동 → 저연소 → 고연소

② 수동 점화 : 점화 후 5초 이내에 착화하지 않을 경우에는 연료 밸브를 닫고 노내를 환기시킨 후 착화와 연소 불량의 원인을 조사하고 난 후에 재점화한다.

(4) 가스 보일러의 점화

① 배관 계통에 비눗물을 사용하여 누설 여부를 면밀히 검사한다.
② 연소실 내의 용적 4배 이상의 공기로 충분한 사전 환기(프리퍼지)를 행한다.
③ 댐퍼는 완전히 열고 행하여야 한다.
④ 점화는 1회로 착화될 수 있도록 하여야 하며 불씨는 화력이 큰 것을 사용한다.
⑤ 갑작스런 실화 시에는 연료 공급을 즉시 차단하고 그 원인을 조사한다.
⑥ 긴급 연료 차단 밸브의 작동이 불량하면 점화시의 역화 또는 가스 폭발의 원인이 되므로 점검을 철저히 행한다.
⑦ 점화용 버너의 스파크는 정상인가 확인하며 카본(탄화물) 부착시에는 청소를 하여야 한다.
⑧ 점화용 연료와 주 버너에 공급될 연료 가스의 압력이 적당한가를 확인한다.

(5) 수면계 유리관의 파손 원인

① 외부에 충격을 받았을 때
② 유리관을 너무 오래 사용하였을 때
③ 유리관 자체의 재질이 나쁠 때
④ 상하의 너트를 너무 조였을 경우
⑤ 상하의 바탕쇠 중심선이 일치하지 않을 경우

3 보일러 사고 원인 및 대책

(1) 보일러 파열의 원인

① 이상 감수
② 제한 압력 초과
③ 보일러 구조상 결함(설계 불량, 공작 불량, 재료 불량)

(2) 보일러 과열의 원인

① 보일러 이상 감수 시
② 동 내면에 스케일(scale) 생성 시
③ 보일러수가 농축되어 있을 때
④ 보일러수의 순환이 불량할 때
⑤ 전열면에 국부적인 열을 받았을 때

(3) 보일러의 과열 방지책

① 보일러 수위를 너무 낮게 하지 말 것
② 보일러 동 내면에 스케일 고착을 방지할 것
③ 보일러수를 농축시키지 말 것
④ 보일러수의 순환을 좋게 할 것
⑤ 전열면에 국부적인 과열을 피할 것

(4) 역화(back fire)의 원인

① 점화 시에 착화가 늦을 경우(착화는 5초 이내에 신속히)
② 점화 시에 공기보다 연료를 먼저 노내에 공급했을 경우
③ 압입 통풍이 너무 강할 경우
④ 실화 시 노내의 여열로 재점화할 경우
⑤ 연료 밸브를 급개하여 과다한 양을 노내에 공급했을 경우
⑥ 흡입 통풍이 부족한 경우
⑦ 노내에 미연소가스가 충만해 있을 때 점화하였을 경우(프리퍼지 부족)

(5) 역화(back fire)의 방지대책

① 점화 방법이 좋아야 한다(점화 시 착화는 신속하게).
② 공기를 노내에 먼저 공급하고 다음에 연료를 공급할 것
③ 노 및 연도 내에 미연소가스가 발생하지 않도록 취급에 유의할 것
④ 점화 시 댐퍼를 열고 미연소가스를 배출시킨 뒤 점화할 것
⑤ 실화 시 재점화할 경우 노내를 충분히 환기시킨다.
⑥ 통풍량을 적절히 유지시킨다.

(6) 포밍(forming), 프라이밍(priming), 캐리오버(carry over)

① 포밍(forming : 물거품 솟음) : 유지분, 부유물 등에 의하여 보일러수의 비등과 함께 수면부에 거품을 발생시키는 현상
② 프라이밍(priming : 비수현상) : 관수의 격렬한 비등에 의하여 기포가 수면을 파괴하고 교란시키며 수직이 비산하는 현상
③ 캐리오버(carry over : 기수공발) : 용수 중의 용해물이나 고형물, 유지분 등에 의하여 수적이 증기에 혼입되어 운반되는 현상을 말하며 포밍, 프라이밍에 의하여 발생한다.

(7) 환기 및 배기

① 제1종 환기법 : 흡입은 송풍기로 하고 배출은 배풍기로 통하여 환기하는 방법
② 제2종 환기법 : 흡입은 송풍기로 하고 배출은 자연적으로 환기하는 방법
③ 제3종 환기법 : 흡입은 자연적으로 하고 배출은 배풍기를 통하여 환기하는 방법
④ 제4종 환기법 : 흡입 및 배출을 자연적으로 환기하는 방법

(8) 보일러의 파열 원인

① 구조상 결함 : 보일러 재료 및 설계 불합리와 제작 불량
② 취급 부주의 : 압력 초과와 이상 감수 및 과열과 부식에 의한 영향

2-3 ○ 화재 안전

(1) 폭발성 물질과 발화성 물질

① 폭발성 물질 : 가연성인 동시에 산소공급물질로서 매우 폭발하기 쉬운 물질, 질산 에텔, 니트로화합물, 유기과산화물 등
② 발화성 물질 : 정상 상태에 있어서도 발화하기 쉬운 물질로서 물(수분)과 접촉하여 가연성가스를 생성, 발열, 발화한다. 카바이드, 금속나트륨, 황린 등

(2) 화재 및 폭발의 방지

① 석유류와 같은 도전성이 나쁜 액체의 취급이나 수송에 있어서는 정전기가 발생하기 쉬우므로 배관이나 취급기구에 피어스나 본드를 붙이는 등 정전기 방전을 꾀할 것
② 가연성 증기가 누설될 염려가 있는 장소에는 부근에 점화원이 존재하지 않도록 할 것
③ 용기류의 설계에 있어서는 압력, 최대사용압력, 최대폭발압력을 기초로 하여 생각할 것
④ 정전 중의 위험을 방지하기 위하여 예비전원을 설치할 것
⑤ 가스용기의 취급사항
  ㈎ 운반이나 이동에 있어서는 밸브를 완전히 조이고 또 캡을 완전히 고정시킬 것
  ㈏ 끌거나 넘어뜨리지 말고 조심히 다룰 것
  ㈐ 용기의 온도는 40℃ 이하를 유지할 것
  ㈑ 사용 후 저장 할 때에는 통풍, 환기가 잘 되는 곳을 택할 것
  ㈒ 빈용기는 "사용필", "공" 등으로 표시하고 충전된 용기와 명백히 구별해 둘 것

㈐ 용기와 화기(점화원)와의 안전거리는 5 m 이상

㈑ 연소의 3 요소 : 가연물, 산소, 점화열

(3) 소화기

① 눈에 잘 띄는 곳에 보관하고, 이용하기 쉬운 위치를 선택

② 실외에 설치할 때에는 상자에 넣어둔다.

③ 위험물이라 타기 쉬운 물질 가까이에 두지 않는다.

④ 정기적으로 검사하고 언제나 유효하도록 유지한다.

⑤ 소화기의 종류와 사용도

㈎ 소화기에는 소화에 적합한 표식, 예를 들면 A화재용은 보통화재로서 종이나 목재 등의 화재시 사용하며, B용은 오일화재용, C는 전기화재용으로 쓴다.

㈏ 소화기는 눈에 잘 띄는 곳에 배치하며 소화기는 정기적으로 점검하고 언제나 유효 하도록 유지한다.

㈐ 소화기는 방사 성능이 온도 20℃에서 10초 이상의 유효방사거리를 가져야 한다.

㈑ 충전소화재는 90 % 이상의 양이 방사되어야 한다.

㈒ 소화기의 색깔 표시 : A급(백색), B급(황색), C급(청색)

종류 소화기	A : 보통화재	B : 기름화재	C : 전기화재
포말소화기	적합	적합	부적합
분말소화기	양호	적합	양호
CO_2소화기	양호	양호	적합

2-4 ○ 공구 취급 안전

1 수공구에 관한 안전사항

(1) 사고의 원인

① 사용하는 수공구의 선정 미숙   ② 사용 전의 점검, 정비의 불충분

③ 이용방법이 익숙하지 못했다.   ④ 사용방법을 그르쳤다.

(2) 수공구의 관리

① 정리정돈이 잘 되어 있어야 한다.

② 공구는 다른 공구의 대용이 되어서는 안 된다.

③ 안전관리 담당자들은 정기적으로 공구를 점검해야 한다.

(3) 사용상 유의사항

① 사용 전의 주의사항

㈎ 결함 유무를 확인한다.

㈏ 그 성능을 충분히 파악한 다음 사용할 것

㈐ 손이나 공구에 묻은 기름은 깨끗하게 닦을 것

㈑ 주위 환경에 주의해서 작업을 시작할 것

㈒ 정 작업 시는 칸막이를 준비할 것

② 사용 중의 주의사항

㈎ 좋은 공구를 사용할 것

• 해머에 쐐기가 없는 것, 자루가 빠지려고 하는 것은 사용하지 말 것

• 스패너는 너트에 잘 맞는 것을 사용할 것

• 드라이버는 구부러진 것이나 끝이 둥글게 된 것은 사용하지 말 것

• 날물류는 잘 연마하여 예리하게 만들고 잘 깎이는 것을 사용할 것

㈏ 수공구는 그 목적 이외의 용도에는 사용하지 말 것(본래의 용도에만 사용할 것)

③ 사용 후의 주의사항

㈎ 사용한 공구의 정리정돈을 잘해 둘 것

㈏ 공구는 기계나 재료 등의 위에 놓지 말 것

㈐ 사용 후 반드시 점검하여 보관 및 관리할 것

㈑ 반드시 지정된 장소에 갖다 놓는다.

(4) 수공구류의 안전 수칙

① 해머 작업

㈎ 해머는 장갑을 낀 채로 사용하지 말 것

㈏ 해머는 처음부터 힘을 주어 치지 말 것

㈐ 녹이 슨 공작물을 칠 때는 보호 안경을 착용할 것

㈑ 해머 대용으로 다른 것을 사용하지 말 것

㈒ 좁은 장소에서 사용하지 말 것

㈓ 큰 해머 사용 시 작업자의 힘을 생각하여 무리하지 말 것

② 정 작업

㈎ 정 작업을 할 때는 보호 안경을 사용할 것

   (나) 담금질된 재료를 깎아내지 말 것

   (다) 자르기 시작할 때와 끝날 무렵에는 세게 치지 말 것

   (라) 절단 시 조각이 튀는 방향에 주의할 것

   (마) 정을 잡은 손은 힘을 뺄 것

③ 스패너 작업

   (가) 스패너에 무리한 힘을 가하지 말 것

   (나) 만약 벗겨져도 안전하도록 주위를 살필 것

   (다) 넘어지지 않도록 몸을 가눌 것

   (라) 스패너의 손잡이에 파이프를 끼워서 사용하거나, 해머로 두들겨서 사용하지 말 것

   (마) 스패너와 너트 사이에는 절대로 다른 물건을 끼우지 말 것

   (바) 스패너의 고정된 자루에 힘이 걸리도록 하여 앞으로 당길 것

④ 그라인더 작업

   (가) 그라인더 작업은 정면을 피해서 작업을 할 것

   (나) 받침대가 3 mm 이상 열렸을 때는 사용하지 말 것

   (다) 그라인더 작업 시 반드시 보호 안경을 쓸 것

   (라) 숫돌의 옆면은 압력에 약하므로 절대 측면을 사용하지 말 것

   (마) 안전 덮개를 반드시 부착 후 사용할 것

⑤ 줄, 드라이버, 바이스 및 기타 작업

   (가) 줄을 망치 대용으로 쓰지 말 것

   (나) 줄은 반드시 자루에 끼워서 사용할 것

   (다) 줄질 후 쇳가루를 입으로 불어내지 말 것

   (라) 드라이버의 끝이 상하지 않은 것을 사용할 것

   (마) 드라이버는 홈에 잘 맞는 것을 사용할 것

   (바) 바이스에 물건을 물릴 때 확실하게 물릴 것

   (사) 바이스에 공구, 재료 등을 올려 놓지 말 것

   (아) 서피스 게이지는 사용 후, 즉시 뾰족한 끝이 아래로 향하게 할 것

(5) 산업 안전 색채

① 적색 : 방화, 정지, 금지, 방향, 위험물 표시

② 녹색 : 진행, 구호, 구급, 안전지도 표시, 응급처치용 장비

③ 백색 : 통로, 정리, 정돈(보조용)

④ 주황색 : 위험

⑤ 황색 : 조심, 주의, 위험 표시

⑥ 흑색 : 보조용(다른 색을 돕는다.)

⑦ 청색 : 출입금지, 수리 중, 송전 중

2 용접

(1) 전기 용접 작업 시 안전수칙

① 용접 헬멧과 용접 장갑은 반드시 착용해야 하며, 아크 발생 시 나오는 적외선이 피부를 상하게 하므로 피부 노출이 없도록 한다.

② 용접기를 함부로 분해하지 말 것

③ 접지선은 큰 것을 사용하고 단단히 고정할 것

④ 폭발성 또는 가연성 물건 근처에서는 작업을 하지 말 것

⑤ 심신에 이상이 있을 때는 작업을 하지 않는 것이 좋다.

⑥ 작업복은 습기가 없어야 하며, 불꽃에 잘 견디는 목면 작업복을 입어야 한다.

⑦ 용접봉은 습기가 없는 곳에 보관하여야 하며, 오래 보관한 용접봉은 재건조하여 사용하는 것이 좋다.(용접봉이 건조했을 때에는 용접봉끼리 두드리면 맑은 소리가 나지만, 습기가 많으면 둔한 소리가 난다.)

⑧ 환기가 잘되게 할 것

⑨ 작업 중 앞치마나 작업복에 불이 붙어있지 않은가 주의할 것

⑩ 좁은 장소에서 용접봉을 갈아 끼울 때는 감전에 주의할 것

⑪ 작업을 멈출 때는 반드시 전원 스위치를 끈다.

⑫ 코드 피복이 벗겨졌으면 곧 수리한다.

⑬ 스위치의 개폐는 지정한 방법으로 하고, 절대로 젖은 손으로 개폐하지 않는다.

⑭ 무부하 전압이 필요(90 V) 이상으로 높은 용접기를 쓰지 말 것

⑮ 홀더(holder)의 절연 커버가 파손되었을 때는 즉시 교환할 것

⑯ 습기가 있는 장갑, 옷, 신발, 등을 착용하지 말 것(특히 비 오는 날에 주의할 것)

⑰ 홀더에 용접봉을 꽂은 채로 방치하지 말 것

⑱ 전격에 의해 인체에 미치는 전류

전류	인체의 피해
10 mA	견디기 어려운 정도의 고통
20 mA	근육의 수축
50 mA	상당히 위험하고 사망의 우려가 있다.
100 mA	치명적이다.

(2) 전기용접 작업 시 재해 및 방지책

재해 종류	발생 원인	방지책
전격 (감전)	충전부가 노출된 홀더를 사용했다.	• 절연형 홀더를 사용한다.
	용접봉의 심선에 손이 접촉되었다.	• 전격 방지 장치를 설치한다. • 절연성이 있는 가죽 장갑, 안전화를 착용한다. • 맨손으로 용접봉을 접촉하지 않는다.
	용접용 케이블의 접속 단자(2차)에 접촉되었다.	• 절연 테이프로 단자부를 감아서 접속부분이 노출되지 않도록 한다.
	케이블의 피복이 나쁜 곳에 접촉되었다.	• 피복이 손상한 케이블을 교환한다. • 손상한 곳을 알면 절연 테이프로 보수한다.
눈의 장애	차광성능이 나쁜 렌즈를 사용했다.	• 아크 전류의 크기에 적당한 차광번호 렌즈를 사용한다.
	제3자의 눈에 아크 광선이 들어간다.	• 차광막을 사용한다. • 제3자는 용접장에 불필요한 출입을 금한다.
가스 중독	유해한 가스(CO, CO_2)를 흡입했다.	• 환기, 통풍을 잘한다. • 보호 마스크를 사용한다. • 아연, 납 등의 모재를 특히 주의한다.
화상	스패터가 비산한다.	• 내열 보호의를 착용한다.
	적열된 모재에 접촉했다.	• 정리정돈을 잘하고 주의한다.
폭발	빈 기름통을 용접하다가 폭발했다.	• 내부에 잔류 기름기가 남아 있는가를 확인하고 잘 닦아낸 후 용접한다(증기세척).
화재	케이블이 과열되어 부근의 가연물에 인화하여 화재가 발생했다.	• 전류 용량의 크기에 적당한 굵기의 케이블을 사용한다.
	스패너가 페인트 통에 비산했다.	• 용접 현장 부근에는 가연물을 두지 않는다.

(3) 가스용접 및 절단작업 안전수칙

① 아세틸렌 발생기

㈎ 발생기 근처에서 화기를 취급하지 말 것

㈏ 발생기에 충격이나 진동을 주지 말 것

㈐ 발생기 안의 물이 얼었을 때는 절대로 화기를 사용하지 말고 증기로 녹일 것

㈑ 발생기 수리시는 내부의 아세틸렌과 카바이드를 완전히 제거 후 할 것

㈒ 카바이드 찌꺼기는 지정된 장소에만 버릴 것

② 안전기

㈎ 수위는 매일 1회 이상 살펴서 물이 모자라지 않도록 주의할 것

㈏ 토치는 안전기를 사용할 것

③ 산소용기

㈎ 용기를 운반할 때는 반드시 캡을 씌울 것

㈏ 운반 중에 충격을 주지 말 것

㈐ 연소 할 염려가 있는 기름이나 먼지를 피할 것

㈑ 직사광선을 피하고 그늘진 곳에 둘 것(40℃ 이하에서 보관)

㈒ 산소가 새는 것을 조사할 때는 비눗물을 사용할 것

㈓ 화기로부터 5 m 이상 거리를 둘 것

㈔ 여름철 직사광선을 오랫동안 받는 곳에서는 산소병을 덮어 씌워 둘 것

㈕ 겨울철에 마개(cock)나 감압 밸브가 얼었을 때는 불을 사용하지 말고 뜨거운 물이나 증기를 사용할 것

④ 압력 조정기

㈎ 압력 조정기는 신중히 다룰 것

㈏ 압력 조정기 설치기구나 조정기의 각 부분에는 기름이나 그리스 등을 묻히지 말 것

㈐ 산소의 누설 시는 즉시 밸브를 닫고 다시 죄어서 사용할 것

⑤ 토치

㈎ 토치를 함부로 분해하지 말 것

㈏ 팁은 항상 깨끗하게 청소해 놓을 것

㈐ 토치의 가열 시 산소만 조금 열고 물에 식힐 것(아세틸렌 밸브는 잠근다.)

㈑ 팁을 바꿀 때는 반드시 가스 밸브를 잠그고 할 것

㈒ 점화는 용접용 점화 라이터를 이용할 것

⑥ 카바이드 용기

㈎ 카바이드는 밀폐하여 저장할 것

㈏ 카바이드 통은 항상 건조하고 비를 맞지 않는 장소에 저장할 것

㈐ 카바이드 통의 저장 장소에 화기 접근을 금할 것

㈑ 카바이드 통과 가연 물질을 함께 저장하지 말 것

㈒ 카바이드 통을 열 때는 반드시 가위를 사용할 것(불꽃, 정, 해머 등의 사용 금지)

⑦ 가스용접 작업

㈎ 작업하기 전에 안전기와 산소 조정기의 상태를 살필 것

㈏ 보호 안경을 쓸 것

㈐ 절단된 재료가 발등에 떨어지지 않도록 할 것

㈑ 신체의 노출 부분이 불꽃이나 과열된 재료에 닿지 않도록 할 것

㈒ 밀폐된 장소에선 환기를 잘 시킬 것

㈓ 작업장 주위에 가연물, 폭발물 등이 없도록 할 것

㈔ 작업 후 가스 누설 유무를 확인할 것

㈕ 폭발 위험지역 또는 특수 인화성 물체 근방에서 용접 작업을 하지 말 것

㉯ 부득이 가연성 물체 가까이에서 용접할 경우에는 화재 발생 방지 조치를 충분히 할
것(반드시 소화기를 비치할 것)

㉰ 탱크 안 등 좁은 장소에서 작업할 때에는 반드시 2인 이상이 교대로 작업하되 해로
운 가스가 발생하므로 통풍을 잘하고 때때로 바깥 공기와 접촉할 것

㉱ 역화 및 인화 현상이 있을 때는 토치를 점검한 후 작업한다.

(4) 가스용접 및 절단 작업의 재해 및 방지책

재해 종류	발생 원인	방지책
화재	절단 불꽃의 비산	• 불꽃받이나 방염 시트를 사용한다. • 불꽃이 비산하는 구역 내의 가연물의 제거 및 청소 • 소화기를 비치해 둔다.
	열을 받은 용접부분의 뒷면에 둔 가연물	• 용접부의 뒷면 점검 • 작업 종료 후의 점검 • 피난 대책의 수립
	점화용 불붙이개의 방치	• 반드시 점화 라이터를 사용하고 불붙이개를 사용하지 않는다(성냥, 가스라이터 사용 금지).
폭발	토치나 호스에서 가스 누설	• 가스 누설이 없는 토치나 호스를 사용한다(연결부 너트를 조이거나 새 것으로 교환). • 좁은 지역에서 작업할 때에는 휴식시간에 토치를 공기의 유통이 좋은 장소에 내어 둔다. • 호스의 접촉에 실수가 없도록 호스에 명찰을 붙인다.
	드럼통이나 탱크를 용접, 절단할 때 남아 있는 가연성 가스 증기의 폭발	• 내부에 가스나 증기가 없는 것을 확인 후, 작업한다.(잔류 가연성 가스가 있을 때 증기로 세척한 후 작업한다.)
	역화 및 인화	• 정비된 토치와 호스를 사용한다. • 가스의 위험성을 교육한다.
화상	토치나 호스에서의 산소 누설	• 산소 누설이 없는 토치나 호스를 사용한다.
	산소를 공기 대신으로 환기나 압력 시험용으로 사용	• 좁은 구역에서 작업할 때는 휴식시간에 토치를 공기 유통이 좋은 장소에 내어 둔다. • 난연성 작업복을 입는다. • 산소의 위험성을 교육한다. • 소화기를 비치해 둔다.
가스 중독	플라스틱, 도료가 칠해진 구리판의 절단이나 가열	• 플라스틱, 도료를 제거한다.
	아연도금 구리판의 절단이나 가열	• 환기를 하고, 경우에 따라서는 호흡 보호구를 착용한다.

1. 용기의 재검사 기간의 설명이 바른 것은?

① 용기의 경과년수가 15년 미만이며, 500 L 이상인 용접용기는 7년

② 용기의 경과년수가 15년 미만이며, 500 L 미만인 용접용기는 5년

③ 용기의 경과년수가 15년 이상에서 20년 미만이며, 500 L 이상인 용접용기는 3년

④ 용기의 경과년수가 20년 이상이며, 500 L 이상인 용접용기는 1년

해설 ㉠ 용접용기 500 L 이상 15년 미만인 경우는 5년마다, 15년 이상 20년 미만인 경우는 2년마다, 20년 이상은 1년마다 실시한다.

㉡ 용접용기 500 L 미만 15년 미만인 경우는 3년마다, 15년 이상 20년 미만인 경우는 2년마다, 20년 이상은 1년마다 실시한다.

㉢ 이음매 없는 용기로 500 L 이상인 경우는 5년마다, 500 L 미만인 경우 10년 이하인 경우 5년마다, 10년을 초과한 경우 3년마다 실시한다.

2. 고압가스 저장실(가연성가스) 주위에는 화기 또는 인화성 물질을 두어서는 안 된다. 이때 유지하여야 할 적당한 거리는?

① 1 m   ② 3 m

③ 7 m   ④ 8 m

해설 가연성가스 저장소는 화기와 8 m 이상의 우회거리를 둔다.

3. 방류둑에 대한 설명으로 옳은 것은?

① 기화 가스가 누설된 경우 저장 탱크 주위에서 다른 곳으로의 유출을 방지한다.

② 지하 저장 탱크 내의 액화 가스가 전부 유출되어도 액면이 지면보다 낮을 경우에는 방류둑을 설치하지 않을 수도 있다.

③ 저장 탱크 주위에 충분한 안전용 공지가 확보되고 유도구가 있는 경우에 방류둑을 설치한다.

④ 비독성가스를 저장하는 저장 탱크 주위에는 방류둑을 설치하지 않아도 무방하다.

해설 지하 저장 탱크의 액이 전부 유출되어도 액면이 지면보다 낮으면 방류둑을 설치할 필요가 없다.

4. 냉동제조의 시설 및 기술기준으로 적당하지 못한 것은?

① 냉동제조설비 중 특정설비는 검사에 합격한 것일 것

② 냉동제조시설 중 냉매설비에는 자동제어 장치를 설치할 것

③ 제조설비는 진동, 충격, 부식 등으로 냉매가스가 누설되지 아니할 것

④ 압축기 최종단에 설치한 안전 장치는 2년에 1회 이상 작동시험을 할 것

해설 압축기를 설치한 안전밸브는 1년에 1회 이상 시험한다.

5. 냉동제조시설에 설치된 밸브 등을 조작하는 장소의 조도는 몇 lx 이상인가?

① 50   ② 10

③ 150   ④ 200

해설 • 기타 작업 : 75 lx

• 보통 작업 : 150 lx

• 정밀 작업 : 300 lx

• 초정밀 작업 : 750 lx

6. 독성가스를 냉매로 사용할 때 수액기 내용적이 몇 L 이상이면 방류둑을 설치하는가?

① 10000 ② 8000
③ 6000 ④ 4000

해설 독성가스 방류둑은 내용적 10000 L 이상, 저장 능력 5000 kg 이상일 때 설치한다.

7. 산소용기는 고압가스법에 어떤 색으로 표시하도록 되어 있는가? (단, 일반용)

① 녹색 ② 갈색
③ 청색 ④ 황색

해설 공업용(일반용) 용기의 도색
- 암모니아 : 백색 · 산소 : 녹색
- 탄산가스 : 청색 · 수소 : 주황색
- 아세틸렌 : 황색 · 염소 : 갈색
- 기타 가스 : 회색

8. 다음 가연성 또는 독성가스를 냉매로 사용하는 냉매설비의 통풍구로서 적당한 것은?

① 냉동능력 1 ton당 0.05 m² 이상 면적의 통풍구
② 냉동능력 1 ton당 0.5 m² 이상 면적의 통풍구
③ 냉동능력 1 ton당 1 m² 이상 면적의 통풍구
④ 냉동능력 1 ton당 1.2 m² 이상 면적의 통풍구

해설 냉동능력 1 ton당 통풍구 면적 0.05 m² 이상 환기능력 2 m³/min 이상일 것

9. 암모니아 냉동장치 중 냉매를 모을 수 있는 수액기의 보편적 크기는?

① 순환 냉매량 전량
② 순환 냉매량의 1/2
③ 순환 냉매량의 1/3
④ 순환 냉매량의 1/4

해설 ㉠ 대형장치는 순환하는 최저 냉매순환량의 1/2 이상 저장능력일 것

㉡ 소형장치는 장치 내부의 전냉매를 저장하는 능력일 것

10. NH₃의 누설검사와 관계 없는 것은?

① 붉은 리트머스 시험지를 물에 적셔 누설 개소에 대면 청색으로 변한다.
② 유황초에 불을 붙여 누설 개소에 대면 백색 연기가 발생한다.
③ 브라인에 NH₃ 누설 시에는 네슬러 시약을 사용하면 다량 누설 시 자색으로 변한다.
④ 페놀프탈레인지를 물에 적셔 누설 개소에 대면 청색으로 변한다.

해설 페놀프탈레인지는 NH₃와 접촉하면 홍색으로 변한다.

11. R-12를 사용하는 밀폐식 냉동기의 전동기가 타서 냉매가 수백도의 고온에 노출되었을 경우 발생하는 유독 기체는?

① 일산화탄소 ② 사염화탄소
③ 포스겐 ④ 염소

해설 프레온 냉매는 600℃ 이상일 때 유독성 가스를 발생하고 R-12 냉매에서 제일 많이 발생되는 가스는 포스겐($COCl_2$)이다.

12. 프레온 냉매의 누설 검사 방법 중 할라이드 토치를 이용하여 누설 검지를 하였다. 할라이드 토치의 불꽃색이 녹색이면 어떤 상태인가?

① 정상이다.
② 소량 누설되고 있다.
③ 다량 누설되고 있다.
④ 누설 양에 상관없이 항상 녹색이다.

해설 할라이드 불꽃색은 소량 누설 시 녹색이고, 다량 누설하면 꺼진다.

13. 다음 중 냉동장치 내압시험의 설명으로 적당한 것은?

① 물을 사용한다.
② 공기를 사용한다.
③ 질소를 사용한다.
④ 산소를 사용한다.

해설 내압시험은 물 또는 오일과 같은 액체압력으로 주 기기 및 부속 또는 보조 기기의 강도를 시험한다.

14. 채광에 대한 설명 중 옳지 않은 것은?

① 채광에는 창의 모양이 가로로 넓은 것보다 세로로 긴 것이 좋다.
② 지붕창은 환기에는 좋으나 채광에는 좋지 않다.
③ 북향의 창은 직사 일광은 들어오지 않으나 연중 평균 밝기를 얻는다.
④ 자연 채광은 인공 조명보다 평균 밝기의 유지가 어렵다.

해설 지붕창이 보통창보다 3배의 채광 효과가 있다.

15. 다음 중 조명 방법에 해당되지 않는 것은?

① 국부 조명   ② 직접 조명
③ 근접 조명   ④ 전반 확산 조명

해설 ②, ③, ④ 이외에도 반직접 조명, 간접 조명, 반간접 조명 등이 있다.

16. 광원으로부터의 발산 광속의 40~60 %가 위로 향하게 하는 조명 방식은?

① 간접 조명   ② 직접 조명
③ 반간접 조명   ④ 전반 확산 조명

해설 • 직접 조명 : 90~100 %가 아래로
• 반직접 조명 : 60~90 %가 아래로
• 간접 조명 : 90~100 %가 위로
• 반간접 조명 : 60~90 %가 위로

17. 우리 나라 산업 안전 보건법상의 조명 기준에 맞지 않는 것은?

① 초정밀 작업 : 750 lx 이상
② 정밀 작업 : 200 lx 이상
③ 보통 작업 : 150 lx 작업
④ 기타 작업 : 75 lx 이상

해설 정밀 작업 : 300 lx 이상

18. 색을 식별하는 작업장의 조명색으로 가장 적절한 것은?

① 황색   ② 황적색
③ 황녹색   ④ 주광색

해설 물건을 정확하게 보기 위해서는 ①, ②, ③의 광원색이 좋으나, 색의 식별을 위해서는 주광색이 좋다.

19. 다음 중 감각 온도(ET)를 결정하는 요소가 아닌 것은?

① 기온   ② 습도
③ 기압   ④ 기류

해설 감각 온도는 기압과 직접 관련이 없다.

20. 감전된 부상자의 인공호흡에 가장 적당한 응급조치는?

① 인공호흡을 시킬 필요는 없고 안정을 시킨다.
② 심장과 호흡이 정지되었을 때 인공호흡을 시킨다.
③ 심장은 정상이고 호흡이 정지되었을 때 인공호흡을 시킨다.
④ 호흡이 정상이고 심장이 정상이어도 인공호흡을 시킨다.

21. 체열의 방산에 영향을 주는 4가지 외적 조건이 아닌 것은?

① 기온   ② 습도

③ 채광　　　　　④ 기류

해설 온열 조건 : 기온, 습도, 기류, 복사열

22. 작업장 벽에는 무슨 색을 칠하는 것이 좋은가?

① 흑색　　　　　② 적색
③ 회색　　　　　④ 백색

해설 작업장의 색을 선택할 때에는 반드시 반사율을 고려할 필요가 있다. 벽, 바닥 순으로 반사율이 높은 색을 택한다.

23. 작업자의 통로 구획 표시에 쓰이는 색깔은 무엇인가?

① 흑색　② 녹색　③ 적색　④ 백색

해설 통로 구획은 백색 실선으로 표시한다. 황색을 쓰는 경우도 있다.

24. 공사 중이거나 번잡한 곳의 출구를 표시한 안전등의 빛깔은 무엇인가?

① 빨강　　　　　② 노랑
③ 초록　　　　　④ 자주색

해설 노랑이 주의를 잘 끈다.

25. 보호구의 사용을 기피하는 이유에 해당되지 않는 것은?

① 지급 기피　　　② 이해 부족
③ 위생품　　　　④ 사용 방법 미숙

해설 비위생적이거나 불량품인 경우에도 사용을 기피하게 된다.

26. 다음 중 검정 대상 보호구가 아닌 것은?

① 안전대　　　　② 안전모
③ 산소 마스크　　④ 안전화

해설 검정 대상 보호구에는 안전대, 안전모, 방진 마스크, 안전화, 귀마개, 보안경, 보안면, 안전 장갑, 방독 마스크 등이 있다.

27. 안전모가 내전압성을 가졌다는 말은 몇 볼트의 전압에 견디는 것을 말하는가?

① 600 V　　　　② 720 V
③ 1000 V　　　　④ 7000 V

28. 안전모를 쓸 때 모자와 머리끝 부분과의 간격은 몇 mm 이상 되도록 조절해야 하는가?

① 20 mm　　　　② 22 mm
③ 25 mm　　　　④ 30 mm

해설 모체와 정부의 접촉으로 인한 충격 전달을 예방하기 위하여 안전 공극이 25 mm 이상 되도록 조절하여 쓴다.

29. 다음 중 안전 보호구가 아닌 것은?

① 안전대　　　　② 안전모
③ 안전화　　　　④ 보호의

해설 보호의는 위생 보호구이다.

30. 다음 중 보호구의 선택 시 유의 사항이 아닌 것은?

① 사용 목적에 알맞는 보호구를 선택한다.
② 검정에 합격된 것이면 좋다.
③ 작업 행동에 방해되지 않는 것을 선택한다.
④ 착용이 용이하고 크기 등 사용자에게 편리한 것을 선택한다.

해설 KS나 검정에 합격되었다 하여도 전수 검사를 받은 것이 아니고, 또한 제품의 변질을 고려하여 선택 시 보호 성능이 보장된 것을 선택한다.

31. 고소 작업 시 추락 방지를 위한 구명줄 사용상의 안전 수칙이 아닌 것은?

① 구명줄의 설치를 확실히 한다.
② 한 번 큰 낙하 충격을 받은 구명줄은 사용하지 않는다.

③ 구명줄은 낙하 거리가 2.5 m 이상 되지 않게 한다.

④ 끊어지기 쉬운 예리한 모서리에 접촉을 피한다.

해설 구명줄은 낙하 거리가 2 m 이상 되지 않게 한다.

32. 다음 중 안전대용 로프의 구비 조건에 맞지 않는 것은?

① 부드럽고 되도록 매끄럽지 않을 것
② 충분한 강도를 가질 것
③ 완충성이 높을 것
④ 마모성이 클 것

해설 내마모성이 크고, 습기나 약품에 잘 견디며, 내열성도 높아야 한다.

33. 방진 안경에서 빛의 투과율은 얼마가 좋은가?

① 70 % 이상　② 75 % 이상
③ 80 % 이상　④ 90 % 이상

해설 렌즈의 구비 조건
- 줄이나 홈, 기포, 비틀어짐이 없을 것
- 빛의 투과율은 90 % 이상이 좋고 70 % 이하가 아닐 것
- 광학적 질이 좋아 두통을 일으키지 않을 것
- 렌즈의 양면은 매끈하고 평행일 것

34. 전기 용접에서 아크 발생 시 주로 나오는 유해 광선은?

① 알파선　　② 베타선
③ 자외선　　④ 적외선

해설 전기 용접 시에는 유해한 다량의 자외선과 강력한 가시광선이 발생하여 매우 위험하므로 차광 안경을 써야 한다.

35. 안전화의 가죽 손상을 방지하기 위한 주의 사항이 아닌 것은?

① 탄닌 무두질 가죽에는 산화철의 접촉을 피한다.

② 가성소다 함유 절삭유 등이 묻지 않도록 한다.

③ 땀에 젖은 안전화는 즉시 말린다.

④ 젖은 안전화는 양지 바른 곳에서 말려서 구두약칠을 해 둔다.

해설 가죽이 땀 속의 염분과 황산 등에 의해 악영향을 받으므로 즉시 그늘에서 말리고 완전히 마르기 전에 구두약을 칠해 둔다.

36. 다음 중 고무 장화를 사용하여야 할 작업장은 어디인가?

① 열처리 공장　② 화학약품 공장
③ 조선 공장　　④ 기계 공장

해설 화학약품 공장에서는 고무 장화를 착용함으로써 약품이 선반 속으로 스며드는 것을 막아주어야 한다.

37. 다음 중 방진 마스크 선택상의 유의사항으로서 옳지 못한 것은?

① 여과 효율이 높을 것
② 흡기, 배기 저항이 낮을 것
③ 시야가 넓을 것
④ 흡기 저항 상승률이 높을 것

해설 방진 마스크를 사용함에 따라 흡배기 저항이 커지며, 따라서 호흡이 곤란해지므로 흡기 저항 상승률이 낮을수록 좋다.

방진 마스크 선택 시 유의사항
㉠ 여과 효율(분진 포집률)이 좋을 것
㉡ 중량이 작은 것(직결식의 경우 120 g 이하)
㉢ 안면의 밀착성이 좋은 것
㉣ 안면에 압박감이 되도록 적은 것
㉤ 사용 후 손질이 용이한 것
㉥ 사용적(死容積)이 적은 것
㉦ 시야가 넓은 것(하방 시야 50° 이상)

38. 인체에 침입하여 전신 중독을 일으키는 물질은?

① 산소 ② 납
③ 석회석 ④ 일산화탄소

해설 중금속 물질인 납(Pb), 구리(Cu), 수은 (Hg), 크롬(Cr) 등은 인체에 많은 해를 미친다.

39. 보일러에 전열량을 많게 하는 방법으로 맞지 않는 것은?

① 보일러수의 순환을 잘 시킨다.
② 연료를 완전 연소시킨다.
③ 전열면에 스케일을 제거시킨다.
④ 열가스의 유통을 느리게 한다.

해설 열가스의 흐름을 빠르게 하여야 한다.

40. 보일러에 점화하기 전에 역화와 폭발을 방지하기 위해 가장 먼저 필요한 조치는?

① 댐퍼를 열고 가스를 배출시킨다.
② 연료의 점화가 빨리 고르게 전파하게 된다.
③ 점화 시에는 언제나 방화수를 준비한다.
④ 점화 시에는 화력의 상승속도를 빠르게 한다.

해설 점화 전에 연소가스 폭발이나 역화를 방지하기 위하여 프리퍼지를 해야 한다.

41. 제일 처음 보일러 연소 시는 어떻게 해야 되는가?

① 공기빼기 밸브를 만수 상태까지 열어 둔다.
② 공기빼기 밸브를 증기 발생 시까지 열어둔다.
③ 공기빼기 밸브를 안전 저수위까지 급수 될 때까지 열어둔다.
④ 공기빼기 밸브를 수위가 수위계의 2 / 3 될 때까지 열어둔다.

해설 처음 보일러 연소 시는 증기가 발생하여 관내의 공기가 배출될 때까지 공기빼기 밸브를 열어둔다.

42. 매연 발생의 원인과 관계없는 것은?

① 통풍력이 부족하거나 과대할 때
② 연소실 온도가 높을 때
③ 연소실 용적이 작을 때
④ 공급된 연료와 공기가 잘 혼합이 안 될 때

해설 연소실의 온도가 높을 경우에는 완전연소가 잘 되어 매연이 발생하지 않는다.

43. 기수 공발(carry over)이란 무엇인가?

① 수면에서 많은 거품이 생기는 현상
② 증기와 함께 물방울이 수면에서 튀어오르는 현상
③ 증기에 물방울이 혼입되어 운반되는 현상
④ 응축수가 증기의 유속으로 관내벽을 치는 현상

해설 ① 포밍, ② 프라이밍, ④ 수격작용(워터 해머)

44. 수면계가 파손되면 어떻게 대응하는가?

① 물 콕을 먼저 닫는다.
② 증기 콕을 먼저 닫는다.
③ 기름 밸브를 먼저 닫는다.
④ 급수 밸브를 먼저 닫는다.

해설 수면계 파손 시 안전상 물 콕을 먼저 닫은 다음 증기 콕을 닫는다.

45. 보일러 점화 전에 프리퍼지를 해야 하는 이유는?

① 통풍력을 조절하기 위하여
② 가스 폭발을 방지하기 위하여
③ 연소 효율을 좋게 하기 위하여
④ 점화를 용이하게 하기 위하여

해설 프리퍼지는 점화하기 전에 노내에 공기를 공급하여 미연소가스 등을 불어내어 환기하는 작업이다.

정답 39. ④ 40. ① 41. ② 42. ② 43. ③ 44. ① 45. ②

03 배관

3-1 ○ 배관 재료

1 강관

(1) 강관의 규격 표시

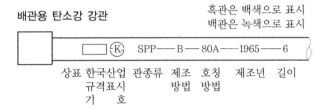

(2) 스케줄 번호 (SCH)

$$\mathrm{SCH} = 10 \times \frac{P}{S}$$

여기서, P : 사용압력 (kg/cm²)

S : 허용응력 (kg/mm² : 인장강도/안전율)

$$t = \left(\frac{PD}{175\sigma_w} \right) + 2.54$$

여기서, t : 관의 살두께 (mm), σ_w : 허용 인장응력 (kg/mm^2)

P : 사용압력 (kg/cm^2), D : 관의 바깥지름 (mm)

(3) 강관의 종류와 용도

	종류	KS 규격 기호	주요 용도와 기타 사항
배 관 용	배관용 탄소강 강관	SPP	사용압력이 비교적 낮은 (10 kg/cm^2 이하) 증기, 물, 기름, 가스 및 공기 등의 배관용으로서 흑관과 백관이 있다. 호칭지름 6~500 A
	압력 배관용 탄소강 강관	SPPS	350℃ 이하의 온도에서 압력이 10~100 kg/cm^{2}까지의 배관에 사용하며, 호칭은 호칭지름과 두께(스케줄 번호)에 의한다. 호칭지름 6~500 A
	고압 배관용 탄소강 강관	SPPH	350℃ 이하의 온도에서 압력 100 kg/cm^2 이상의 배관에 사용하며, 호칭은 SPPS 관과 동일하다. 호칭지름 6~500 A
	고온 배관용 탄소강 강관	SPHT	350℃ 이상의 온도에서 사용하는 배관용으로 호칭은 SPPS 관과 동일하다. 호칭지름 6~500 A
	배관용 합금 강관	SPA	주로 고온도의 배관에 사용하며, 두께는 스케줄 번호에 따른다. 호칭지름 6~500 A
	배관용 스테인리스 강관	STS×TP	내식용, 내열용 및 고온 배관용, 저온 배관용에 사용하며, 두께는 스케줄 번호에 따른다. 호칭지름 6~300 A
	저온 배관용 강관	SPLT	빙점 이하의 특히 저온도 배관에 사용하며, 두께는 스케줄 번호에 따른다. 호칭지름 6~500 A
수 도 용	수도용 아연도금 강관	SPPW	SPP 관에 아연도금을 실시한 관으로 정수두 100 m 이하의 수도에서 주로 급수 배관에 사용한다. 호칭지름 6~500 A
	수도용 도복장 강관	STPW	SPP 관 또는 아크 용접 탄소강 강관에 피복한 관으로 정수두 100 m 이하의 수도용에 사용한다. 호칭지름 80~1500 A
열 전 달 용	보일러 열교환기용 탄소강 강관	STH	관의 내외에서 열의 교환을 목적으로 하는 곳에 사용한다. 보일러의 수관, 연관, 과열관, 공기 예열관, 화학공업이나 석유공업의 열교환기, 콘덴서관, 촉매관, 가열로관 등에 사용한다. 관지름 15.9~139.8 mm, 두께 1.2~12.5 mm
	보일러 열교환기용 합금 강관	STHA	
	보일러 열교환기용 스테인리스 강관	STS×TB	
	저온 열교환기용 강관	STLT	빙점 이하의 특히 낮은 온도에 있어서 열교환을 목적으로 하는 관, 열교환기관, 증발기 코일관에 사용한다.

구 조 용	일반 구조용 탄소강 강관	SPS	토목, 건축, 철탑, 발판, 지주, 비계, 말뚝, 기타의 구조 물에 사용한다. 관지름 21.7~1016 mm, 관두께 1.9~16.0 mm
	기계 구조용 탄소강 강관	STM	기계, 항공기, 자동차, 자전거, 가구, 기구 등의 기계 부 품에 사용한다.
	구조용 합금 강관	STA	항공기, 자동차, 기타의 구조물에 사용한다.

2 주철관(cast iron pipe)

급수관, 배수관, 통기관, 케이블 매설관, 오수관 등에 사용되며, 일반 주철관, 고급 주철
관, 구상 흑연 주철관 등이 있다.

> **참고** 주철관의 성질
> ① 고급 주철관 : 흑연의 함량을 적게 하고 강성을 첨가하여 금속 조직을 개선하며, 기계적 성질이
> 좋고 강도가 크다.
> ② 구상 흑연 주철관 (덕타일) : 양질의 선철 (cast iron) 을 강에 배합하며, 주철 중에 흑연을 구상화시
> 켜서 질이 균일하고 치밀하며 강도가 크다.

(1) 특징 및 개선 내용

① 내구력이 크다.

② 내식성이 강해 지중 매설용으로 적합하다.

③ 재래식에서 덕타일 (ductile) 주철관으로 전환한다.

④ 납 (Pb) 코킹 이음에서 기계적 접합으로 전환한다.

⑤ 내식성을 주기 위한 모르타르 라이닝을 채용한다.

⑥ 두께가 얇은 관 및 대형 관 (지름 2400 mm) 제작이 가능하다.

(2) 주철관의 종류

① 수도용 원심력 사형 주철관 (cast iron pipe centrifugally cast in sand lined molds for
water works)

② 수도용 수직형 (입형) 주철관 (cast iron pit cast pipe for water works)

③ 수도용 원심력 금형 주철관 (cast iron pipe centrifugally cast in metal molds for
water works)

④ 원심력 모르타르 라이닝 주철관 (centrifugally mortar lining cast iron pipe) : 시멘트와 모
래의 혼합비를 1 : 1.5~2 (중량비)로 하여 라이닝한다. 모르타르를 전부 제거한 다음 다
습한 곳에서 7~14일 양생하여 수증기로 양생 건조시킨다.

⑤ 배수용 주철관(cast iron pipe for drainage) : 관두께에 따라서 두꺼운 것은 1종 (⊘), 얇은 것은 2종 (⊘), 이형관은 ⊗ 표로 나타낸다.

⑥ 수도용 원심력 구상 흑연 주철관의 특징

㉮ 보통 회주철관보다 관의 수명이 길다.

㉯ 강관과 같이 높은 강도와 인성이 있다.

㉰ 변형에 대한 높은 가용성 및 가공성이 있다.

㉱ 보통 주철관과 같이 내식성이 풍부하다.

3 비철금속관

(1) 동 및 동합금관(copper pipes and copper alloy pipe)

동은 전기 및 열의 전도율이 좋고 내식성이 뛰어나며, 전성과 연성이 풍부하여 가공도 용이하다. 또한, 판, 봉, 관 등으로 제조되어 전기 재료, 열교환기, 급수관 등에 사용되고 있다. 동 및 동합금관의 특징은 다음과 같다.

① 담수에 내식성은 크나 연수에는 부식된다.

② 경수에는 아연화동, 탄산칼슘의 보호피막이 생성되므로 동의 용해가 방지된다.

③ 상온공기 속에서는 변하지 않으나 탄산가스를 포함한 공기 중에는 푸른 녹이 생긴다.

④ 아세톤, 에테르, 프레온가스, 휘발유 등 유기약품에는 침식되지 않는다.

⑤ 가성소다, 가성칼리 등 알칼리성에 내식성이 강하다.

⑥ 암모니아수, 습한 암모니아가스, 초산, 진한 황산에는 심하게 침식된다.

> **참고** 동관의 분류
>
> (1) 두께별 분류
>   ① K type : 가장 두껍다.   ② L type : 두껍다.
>   ③ M type : 보통 두께이다.   ④ N type : 얇은 두께 (KS 규격에 없음) 이다.
> (2) 용도별 분류
>   ① K type : 의료용
>   ② L, M type : 의료, 급·배수, 냉·난방, 급탕, 가스 배관

(2) 스테인리스 강관(austenitic stainless pipe)의 특징

① 내식성이 우수하며 계속 사용 시 안지름의 축소, 저항 증대 현상이 없다.

② 위생적이어서 적수, 백수, 청수의 염려가 없다.

③ 강관에 비해 기계적 성질이 우수하고 두께가 얇아 운반 및 시공이 쉽다.

④ 저온 충격성이 크고 한랭지 배관이 가능하며 동결에 대한 저항은 크다.

⑤ 나사식, 용접식, 몰코이음 (molco joint), 플랜지 이음법 등의 특수 시공법으로 시공이 간단하다.

(3) 연관 (lead pipe)

수도의 인입 분기관, 기구 배수관, 가스 배관, 화학 배관용에 사용되며, 1종 (화학공업용), 2종 (일반용), 3종 (가스용), 4종 (통신용)으로 나뉜다.

① 장점
  ㉮ 부식성이 적다 (내산성).
  ㉯ 굴곡이 용이하다.
  ㉰ 신축에 견딘다.
② 단점
  ㉮ 중량이 크다.
  ㉯ 횡주배관에서 휘어 늘어지기 쉽다.
  ㉰ 가격이 비싸다 (가스관의 약 3배).
  ㉱ 산에 강하나 알칼리에 부식된다.

(4) 알루미늄관 (aluminium pipe)

① 비중이 2.7로 금속 중에서 Na, Mg, Ba 다음으로 가볍다.
② 알루미늄의 순도가 99.0 % 이상인 관은 인장강도가 9~11 kg/mm^{2}이다.
③ 구리, 규소, 철, 망간 등의 원소를 넣은 알루미늄관은 기계적 성질이 우수하여 항공기 등에 많이 쓰인다.
④ 열전도율이 높으며 전연성이 풍부하고 가공성도 좋으며 내식성이 뛰어나 열교환기, 선박, 차량 등 특수 용도에 사용된다.
⑤ 공기, 물, 증기에 강하고 아세톤, 아세틸렌, 유류에는 침식되지 않으나 알칼리에 약하고, 특히 해수, 염산, 황산, 가성소다 등에 약하다.

(5) 주석관 (tin pipe)

주석관은 연관과 마찬가지로 냉간 압출 방법에 의하여 제조한다.
① 주석은 상온에서 물, 공기, 묽은 산에는 전혀 침식되지 않는다.
② 비중은 7.3이고 용융온도는 232℃로서 납보다 낮은 온도에서 녹는다.
③ 양조공장, 화학공장에서 알코올, 맥주 및 병원 제약 공장의 증류수 (극연수), 소독액 등의 수송관에 사용된다.

4 비금속관

(1) 합성수지관 (plastic pipe)

합성수지관은 석유, 석탄, 천연가스 등으로부터 얻어지는 에틸렌, 프로필렌, 아세틸렌, 벤젠 등을 원료로 만들어지며, 경질 염화비닐관과 폴리에틸렌관으로 나누어진다.

① 경질 염화비닐관

㉮ 장점

- 내식성이 크고 산, 알칼리 등의 부식성 약품에 대해 거의 부식되지 않는다.
- 비중은 1.43으로 알루미늄의 약 1/2, 철의 1/5, 납의 1/8 정도로 대단히 가볍고 운반과 취급에 편리하다. 인장력은 20℃에서 500~550 kg/cm²로 기계적 강도도 비교적 크고 튼튼하다.
- 전기절연성이 크고 금속관과 같은 전식(電蝕) 작용을 일으키지 않으며 열의 불량 도체로 열전도율은 철의 1/350 정도이다.
- 가공이 용이하다 (절단, 벤딩, 이음, 용접 등).
- 다른 종류의 관에 비하여 값이 싸다.

㉯ 단점

- 열에 약하고 온도 상승에 따라 기계적 강도가 약해지며 약 75℃에서 연화한다.
- 저온에 약하며 한랭지에서는 외부로부터 조금만 충격을 주어도 파괴되기 쉽다.
- 열팽창률이 크기 때문에 (강관의 7~8배) 온도 변화에 신축이 심하다.
- 용제에 약하고, 특히 방부제 (크레오소트 액)와 아세톤에 약하며, 또 파이프 접착제에도 침식된다.
- 50℃ 이상의 고온 또는 −10℃ 이하 저온 장소에 배관하는 것은 부적당하다. 온도 변화가 심한 노출부의 직선 배관에는 10~20 m 마다 신축 조인트를 만들어야 한다.

② 폴리에틸렌관 : 전기적, 화학적 성질이 염화비닐관보다 우수하고 비중이 0.92~0.96 (염화비닐의 약 2/3배)이며, 90℃에서 연화하고 저온 (−60℃)에 강하므로 한랭지 배관으로 우수하다.

(2) 콘크리트관 (concrete pipe)

① 원심력 철근 콘크리트관 : 오스트레일리아인 흄 (Hume) 형제에 의해 발명되었고, 주로 상·하수도용으로 사용된다.

② 철근 콘크리트관 : 철근을 넣은 수제 콘크리트관이며, 주로 옥외 배수용으로 사용된다.

(3) 석면 시멘트관(asbestos cement pipe)

이탈리아의 Eternit 회사가 제작한 것으로 eternit pipe라고도 하며, 석면과 시멘트를 1 : 5~6의 중량비로 배합하고 물을 혼입하여 풀 형상으로 된 것을 윤전기에 의해 얇은 층을 만들고 고압(5~9 kg/cm^2)을 가하여 성형한다.

(4) 도관(vitrified-clay pipe)

점토를 주원료로 하여 잘 반죽한 재료를 제관기에 걸어 직관 또는 이형관으로 성형하여 자연건조하거나 가마 안에 넣고 소성하여 식염가스화에 의하여 표면에 규산나트륨의 유리 피막을 입힌다.

(5) 유리관(glass pipe)

붕규산 유리로 만들어져 배수관으로 사용되며, 일반적으로 관지름 40~150 mm, 길이 1.5~3 m의 것이 시판되고 있다.

3-2 ○ 배관 도시법

(1) 관의 도시법

관은 하나의 실선으로 표시하고, 동일 도면 내의 관을 표시할 때 그 크기는 같은 굵기의 선으로 하는 것을 원칙으로 한다.

① 유체의 종류, 상태, 목적 : 관내를 흐르는 유체의 종류, 상태, 목적을 표시하는 경우는 문자 기호에 의해 인출선을 사용하여 도시하는 것을 원칙으로 한다. 단, 유체의 종류를 표시하는 문자 기호는 필요에 따라 관을 표시하는 선을 인출선 사이에 넣을 수 있다. 또 유체의 종류 중 공기, 가스, 기름, 증기 및 물을 표시할 때는 표에 표시한 기호를 사용한다.

② 유체의 흐르는 방향은 화살표로 표시한다.

유체의 종류와 문자 기호

유체의 종류	공기	가스	유류	수증기	증기	물
문자 기호	A	G	O	S	V	W

유체의 종류에 따른 배관 도색

유체의 종류	도색	유체의 종류	도색
공기	백색	물	청색
가스	황색	증기	암적색
유류	암황적색	전기	미황적색
수증기	암황색	산알칼리	회자색

(2) 관의 연결 방법과 도시 기호

이음 종류	연결 방법	도시 기호	예	이음 종류	연결 방법	도시 기호
관 이 음	나사식			신 축 이 음	루프형	
	용접식				슬리브형	
	플랜지식				벨로스형	
	턱걸이식				스위블형	
	유니언식					

(3) 관의 접속 상태

접속 상태	도시 기호
접속하고 있을 때	
분기하고 있을 때	
접속하지 않을 때	

(4) 관의 입체적 표시

관이 도면에 직각으로 앞쪽을 향해 구부러져 있을 때	
관이 앞쪽에서 도면 직각으로 구부러져 있을 때	
관 A가 앞쪽에서 도면 직각으로 구부러져 관 B에 접속할 때	

(5) 밸브 및 계기의 표시

종류	기호	종류	기호
옥형 밸브 (글로브 밸브)		일반 조작 밸브	
사절 밸브 (슬루스 밸브)		전자 밸브	
앵글 밸브		전동 밸브	
역지 밸브 (체크 밸브)		도출 밸브	
안전밸브 (스프링식)		공기빼기 밸브	
안전밸브 (추식)		닫혀 있는 일반 밸브	
일반 콕		닫혀 있는 일반 콕	
삼방 콕		온도계·압력계	

(6) 배관 도면의 종류

① 평면 배관도 : 위에서 아래로 보면서 그린 그림

② 입면 배관도 : 측면에서 본 그림

③ 입체 배관도 : 입체적 형상을 평면에 나타낸 그림

④ 부분 조립도 : 배관 일부를 인출하여 그린 그림

> **참고** **공업 배관 제도**
>
> ① 계통도 (flow diagram) : 기기장치 모양의 배관 기호로 도시하고 주요 밸브, 온도, 유량, 압력 등을 기입한 대표적인 도면이다.
>
> ② PID (Piping and Instrument Diagram) : 가격 산출, 관 장치의 설계, 제작, 시공, 운전, 조작, 공정 수정 등에 큰 도움을 주기 위해서 모든 주 계통의 라인, 계기, 제어기 및 장치기기 등에서 필요한 모든 자료를 도시한 도면이다.
>
> ③ 관장치도 (배관도) : 실제 공장에서 제작, 설치, 시공할 수 있도록 PID를 기본 도면으로 하여 그린 도면이다.

(7) 치수 기입법

① 치수 표시 : 숫자로 나타내되, mm로 기입한다 (A : mm, B : in).

② 높이 표시

  ⑺ EL : 관의 중심을 기준으로 배관의 높이를 표시한다.

  ⑷ BOP (Bottom Of Pipe) : 지름이 다른 관의 높이를 나타낼 때 적용되며 관 바깥지름의 아랫면까지를 기준으로 하여 표시한다.

  ⑺ TOP (Top Of Pipe) : BOP와 같은 목적으로 사용되나 관 윗면을 기준으로 하여 표시한다.

  ⑷ GL (Ground Line) : 포장된 지표면을 기준으로 하여 배관장치의 높이를 표시할 때 적용된다.

  ⑼ FL (Floor Line) : 1층의 바닥면을 기준으로 하여 높이를 표시한다.

3-3 ○ 배관 시공

(1) 나사 접합

소구경관의 접합 (50 A 이하)으로 테이퍼 나사 (PT)와 평행 나사 (PF)가 있다.

① 절단 : 수동공구, 동력기계, 가스절단

② 나사 절삭 : 오스터, 동력기계

③ 패킹 : 페인트, 흑연, 일산화연, 액상수지

④ 관용 테이퍼 나사 : 테이퍼 1/16, 나사산 $55°$

⑤ 조립 : 관과 소켓 사용

⑥ 관 이음쇠의 사용 목적에 따른 분류

  ⑺ 관의 방향을 바꿀 때 : 엘보 (elbow), 벤드 (bend) 등

  ⑷ 배관을 분기할 때 : 티 (tee), 와이 (Y), 크로스 (cross) 등

⒟ 동경의 관을 직선 연결할 때 : 소켓 (socket), 유니언 (union), 플랜지 (flange), 니플 (nipple) 등

⒠ 이경관을 연결할 때 : 이경엘보, 이경소켓, 이경티, 부싱 (bushing) 등

⒡ 관의 끝을 막을 때 : 캡 (cap), 플러그 (plug)

⒢ 관의 분해 수리 교체가 필요할 때 : 유니언, 플랜지 등

⑦ 이음쇠는 제조 후 $25\,kg/cm^2$의 수압 시험과 $5\,kg/cm^2$ 공기압 시험을 실시하여 누설이나 기타 이상이 없어야 한다. 이음쇠의 크기를 표시하는 방법은 다음 그림과 같다.

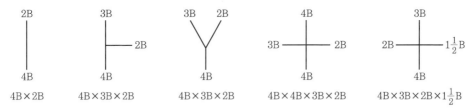

이음쇠의 크기 표시의 종류

㈎ 지름이 같은 경우에는 호칭지름으로 표시한다.

㈏ 지름이 2개인 경우에는 지름이 큰 것을 첫 번째, 지름이 작은 것을 두 번째 순서로 기입한다.

㈐ 지름이 3개인 경우에는 동일 중심선 또는 평행 중심선상에 있는 지름이 큰 것을 첫 번째, 작은 것을 두 번째, 세 번째로 기입한다. 단, $90° Y$인 경우에는 지름이 큰 것을 첫 번째, 작은 것을 두 번째, 세 번째로 기입한다.

㈑ 지름이 4개인 경우에는 가장 큰 것을 첫 번째, 이것과 동일 중심선상에 있는 것을 두 번째, 나머지 2개 중에서 지름이 큰 것을 세 번째, 작은 것을 네 번째로 기입한다.

(2) 용접 접합

① 방법 : 가스 용접, 전기 용접

② 종류 : 맞대기 이음, 슬리브 이음, 플랜지 용접 이음

③ 누수가 없고 관지름의 변화도 없다.

④ 용접봉 : 고산화티탄계, 일미나이트계

⑤ 장점

㈎ 유체의 저항 손실이 적다.

㈏ 접합부의 강도가 강하며 누수의 염려도 없다.

㈐ 보온 피복 시공이 용이하다.

㈑ 중량이 가볍다.

⒨ 시설유지 보수비가 절감된다.

⒝ 일미나이트계, 고산화티탄계 ϕ 3~5 mm 사용

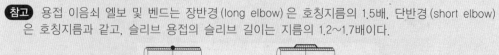

> **참고** 용접 이음쇠 엘보 및 벤드는 장반경 (long elbow) 은 호칭지름의 1.5배, 단반경 (short elbow) 은 호칭지름과 같고, 슬리브 용접의 슬리브 길이는 지름의 1.2~1.7배이다.

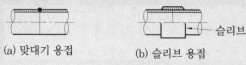

(a) 맞대기 용접   (b) 슬리브 용접

(3) 플랜지 (flange) 접합

① 설치하는 경우

⒜ 압력이 높은 경우

⒝ 분해할 필요성이 있는 경우

⒞ 관지름이 큰 경우 (65 mm 이상)

⒟ 밸브, 펌프, 열교환기, 압축기 등의 각종 기기 접속

② 부착 방법 : 용접식, 나사식(볼트, 너트는 대각선으로 균일한 압력으로 조일 것)

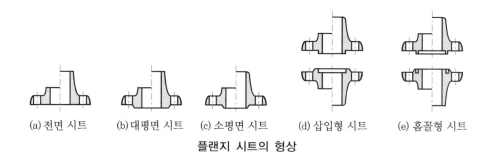

(a) 전면 시트   (b) 대평면 시트   (c) 소평면 시트   (d) 삽입형 시트   (e) 홈꼴형 시트

플랜지 시트의 형상

플랜지의 종류	호칭압력 (kg/cm^2)	용도
전면 시트	16 이하	주철제 및 구리합금제 플랜지
대평면 시트	63 이하	부드러운 패킹을 사용하는 플랜지
소평면 시트	16 이상	경질의 패킹을 사용하는 플랜지
삽입형 시트	16 이상	기밀을 요하는 경우
홈꼴형 시트	16 이상	위험성 유체 배관 및 기밀 유지

(4) 벤딩

① 곡률 반지름 : 관지름의 3~6배 이상으로 하며, 6 이상 시에는 마찰저항이 적다.

② 벤딩의 산출길이

$$L = l_1 + l_2 + l$$

여기서, $l = \pi D \dfrac{\theta}{360} = 2\pi R \dfrac{\theta}{360}$

③ 직선길이의 산출

$$L = l + 2(A - a), \ \ l = L - 2(A - a), \ \ l' = L - (A - a)$$

④ 빗변길이의 산출

$$L = \sqrt{{l_1}^2 + {l_2}^2}$$

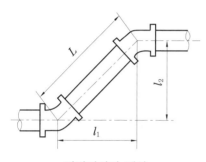

빗변길이의 계산

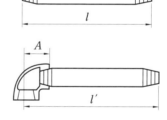

나사 이음 시 치수(직선)

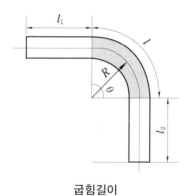

굽힘길이

3-4 ─○ 배관 공작

1 신축 이음(expansion joint)

(1) 슬리브형 (sleeve type expansion joint)

① 설치 공간을 넓게 차지하지 않는다.

② 고압 배관에는 부적당하다 ($8\,\mathrm{kg/cm^2}$ 이하).

③ 자체 응력 및 누설이 없다.

④ 50 A 이하는 청동제의 나사형 이음쇠이고, 65 A 이상은 본체의 일부 또는 전부가 주철 제이고 슬리브관은 청동제이다.

⑤ 신축량은 50~300 mm 정도이다.

(2) 벨로스형 신축 이음쇠 (bellows type joint)

① 설치 공간을 넓게 차지하지 않는다.

② 고압 배관에는 부적당하다.

③ 자체 응력 및 누설이 없다.

④ 벨로스는 부식되지 않는 스테인리스 제품을 사용한다.

⑤ 신축량은 6~30 mm 정도이다.

(3) 루프형 신축 이음쇠 (loop type expansion joint)

① 설치 공간을 많이 차지한다.

② 신축에 따른 자체 응력이 생긴다.

③ 고온·고압의 옥외 배관에 많이 사용된다.

④ 관의 곡률 반지름은 6배 이상으로 한다 (관을 주름잡을 때는 곡률 반지름을 2~3배로 한다).

(4) 스위블형 신축 이음쇠 (swivel type expansion joint)

① 증기 및 온수난방용 배관에 많이 사용된다. 2개 이상의 엘보를 사용하여 이음부의 나 사 회전을 이용해서 배관의 신축을 이 부분에서 흡수한다.

② 신축의 크기는 회전관의 길이에 따라 정해지며, 직관의 길이 30 m에 대하여 회전관 1.5 m 정도 조립한다.

(5) 볼 조인트

① 평면상의 변위뿐만 아니라 입체적인 변위까지도 안전하게 흡수하여 볼 이음쇠를 2개 이상 사용하면 회전과 기울임이 동시에 가능하다.

② 축방향의 힘과 굽힌부분에 작용하는 회전력을 동시에 처리할 수 있으므로 온수 배관 등에 많이 사용된다.

③ 어떠한 형태의 신축에도 배관이 안전하며 다른 신축 이음에 비하여 앵커, 가이드, 스폿에도 극히 간단히 설치할 수 있으며, 면적이 적게 소요된다.

④ 증기, 물, 기름 등 30 kg/cm^{2}에서 220℃까지 사용된다.

2 주철관의 접합

(1) 소켓 접합 (socket joint)

관의 소켓부에 납과 얀 (yarn)을 넣는 접합 방식이다.

> **참고** ① 석면 얀 : 석면 실을 꼬아서 만든 것
> ② 얀 : 마 (麻)를 가늘게 여러 가닥 합쳐 20 mm 정도 되도록 꼬아서 만든 것

① 접합부 주위는 깨끗하게 유지한다. 만일 물이 있으면 납이 비산하여 작업자에게 해를 준다.

② 얀 (누수 방지용)과 납 (얀의 이탈 방지용)의 양은 다음과 같다.

　㈎ 급수관일 때 : 깊이의 약 1/3을 얀, 2/3를 납으로 한다.

　㈏ 배수관일 때 : 깊이의 약 2/3를 얀, 1/3을 납으로 한다.

③ 납은 충분히 가열한 후 산화납을 제거하고 접합부 1개소에 필요한 양을 단 한번에 부어 준다.

④ 납이 굳은 후 코킹 (다지기) 작업을 한다.

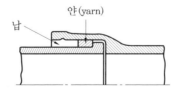

소켓 접합

(2) 기계적 접합 (mechanical joint)

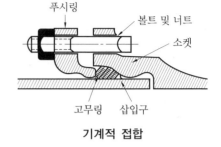

기계적 접합

150 mm 이하의 수도관용으로 소켓 접합과 플랜지 접합의 장점을 취한 방법이다.

① 지진, 기타 외압에 대한 가요성이 풍부하여 다소의 굴곡에도 누수되지 않는다.

② 작업이 간단하며 수중작업도 용이하다.

③ 기밀성이 좋다.

④ 간단한 공구로서 신속하게 이음이 되며 숙련공이 필요하지 않다.

⑤ 고압에 대한 저항이 크다.

(3) 빅토릭 접합 (victoric joint)

가스 배관용으로 빅토릭형 주철관을 고무링과 칼라 (누름판)를 사용하여 접합한다. 압력이 증가할 때마다 고무링이 더욱더 관벽에 밀착되어 누수를 방지하게 된다.

(4) 타이톤 접합 (tyton joint)

이 방법은 미국 US 파이프 회사에서 개발한 세계 특허품으로서 현재 널리 이용되고 있는 새로운 이음 방법이다.

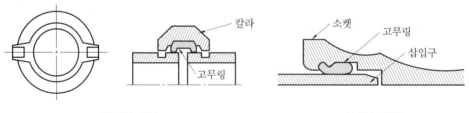

| 빅토릭 접합 | 타이톤 접합 |

(5) 플랜지 접합 (flanged joint)

고압의 배관, 펌프 등의 기계 주위에 이용된다. 시공 시에는 플랜지를 죄는 볼트를 균등하게 대각선상으로 조인다. 패킹제로는 고무, 석면, 마, 납판 등이 사용된다.

3 동관 접합

땜 접합 (납땜, 황동납땜, 은납땜)에 쓰이는 슬리브식 이음재와 관 끝을 나팔 모양으로 넓혀 플레어 너트 (flare nut)로 죄어서 접속하는 이음 방법이 있다.

(1) 순동 이음재

① 용접 가열시간이 짧아 공수가 절감된다.

② 벽 두께가 균일하므로 취약부분이 적다.

③ 재료가 순동이므로 내식성이 좋아 부식에 의한 누수 우려가 없다.

④ 내면이 동관과 같아 압력 손실이 적다.

⑤ 외형이 크지 않는 구조이므로 배관 공간이 적어도 된다.

⑥ 다른 이음쇠에 의한 배관에 비해 공사비용을 절감할 수 있다.

(2) 동합금 이음재(bronze fitting)

나팔관식 접합용과 한쪽은 나사식, 다른 한쪽은 연납땜(soldering)이나 경납땜(brazing) 접합용의 이음재로 대별한다.

3-5 ○ 공조 배관

1 공기조화 배관 방식

(1) 수배관

① 통수 방식에 의한 분류

㈎ 개방류 방식 : 한 번 사용한 물을 재순환시키지 않고 배수하는 방식

㈏ 재순환 방식 : 한 번 사용한 물을 환수시켜 재사용하는 방식

② 회로 방식에 의한 분류

㈎ 개방회로(open circuit) 방식 : 냉각탑이나 축열조를 사용하는 냉수 배관과 같이 순환수가 대기와 개방되어 접촉하는 방식

㈏ 밀폐회로(closed circuit) 방식 : 열교환기와 방열기를 연결하는 배관과 같이 순환수를 대기와 접촉시키지 않으므로 물의 체적 팽창을 흡수하기 위한 팽창탱크를 설치한다.

③ 환수 방식에 의한 분류

㈎ 다이렉트 리턴(직접 환수회로) 방식 : 방열기 전체의 수저항이 배관의 마찰손실에 비하여 큰 경우 또는 방열기 수저항이 다른 경우에 채용한다.

㈏ 리버스 리턴 방식 : 공급관과 환수관의 이상적인 수량의 배분과 입상관에서 정수두의 영향이 없게 하기 위하여 채용한다.

(다) 다이렉트 리턴과 리버스 리턴 병용식 : 경제성 수량 밸런스의 난이, 시공의 난이 등을 고려하기 위하여 채용한다.

④ 제어 방식에 의한 분류

(가) 정유량 방식 : 3방 밸브를 사용하는 방식이며 부하 변동에 대하여 순환수의 온도차를 이용하는 방식

(나) 변유량 방식 : 2방 밸브를 사용하는 방식이며 부하 변동에 대하여 순환수량을 변경시켜 대응하는 방식

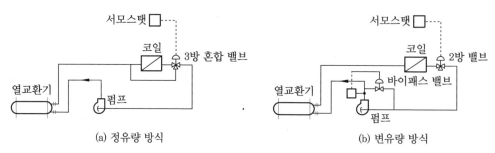

제어 방식에 의한 분류

⑤ 배관 개수에 의한 분류

(가) 1관식 : 공급관과 환수관의 역할을 함께 하며 소규모의 온수난방에 사용한다. 결점으로 실온 개별 제어가 곤란하고 실온의 언밸런스가 생긴다. 바이패스 방식과 루프 방식이 있다.

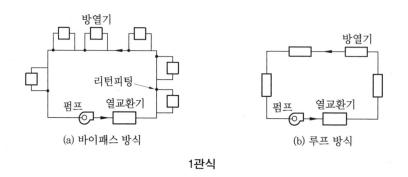

1관식

(나) 2관식 : 공급관과 환수관이 1개씩이며 가장 일반적으로 사용된다.

(다) 3관식 : 2개의 공급관과 1개의 공통 환수관을 접속하여 냉수 또는 온수를 공급하는 방식으로, 배관공사는 2관식보다 복잡하나 완전 개별 제어를 할 수 있어 부하 변동에 대한 응답이 신속하다. 결점으로 환수관이 1개이므로 냉·온수의 혼합 열손실이 있다.

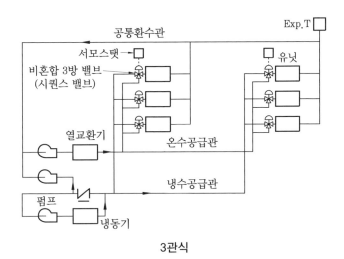

3관식

㈑ 4관식 : 공급관 2개, 환수관 2개를 접속하므로 배관공사는 복잡하나 3관식과 같은
장점이 있으며 혼합 열손실도 없다. 4관식 유닛은 코일이 1개인 원코일 유닛과 코일
이 2개로 분할된 유닛이 있다.

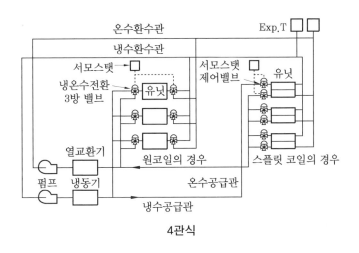

4관식

(2) 증기 배관

① 사용 증기압에 의한 분류

㈎ 저압식 증기난방 압력은 $0.15 \sim 0.35 \, \text{kg/cm}^2$

㈏ 고압식 증기난방 압력은 $1 \, \text{kg/cm}^2$ 이상

② 응축수 환수 방법에 의한 분류

㈎ 중력 환수 방식 : 방열기가 보일러 수위보다 높은 위치에 설치되어야 하고 증기주관
의 관말에서 환수주관과의 높이가 150 mm 정도의 여유를 두어야 한다.

(내) 기계 환수 방식 : 콘덴세이션 펌프 또는 진공급수 펌프 등을 이용하며 전자는 응축수를 대기압 이상으로 압송하는 방식이고, 후자는 환수관의 진공을 보통 100~250 mmHg vac 정도 유지하여 환수한다.

2 배관의 설계

(1) 수배관의 관지름 결정

① 유량

(가) 증발기의 냉수량 (L/min)

$$L_e = \frac{RT \cdot 3320}{C \cdot \Delta t_e \cdot 60}$$

여기서, RT : 냉동능력, C : 비열 (1 kcal/kg·℃)

Δt_e : 냉수 입·출구 온도차 (℃) (일반적으로 5℃ 정도)

(내) 응축기 냉각수량 (L/min)

$$L_c = \frac{RT \cdot 3320 \cdot k}{C \cdot \Delta t_c \cdot 60}$$

여기서, k : 방열계수 (냉방 : 1.2, 냉동 : 1.3)

Δt_c : 냉각수 입·출구 온도차 (℃) (일반적으로 5℃ 정도)

> **참고** ① 터보 냉동기와 왕복동이 우물물을 사용하는 경우 : $k=1.25$, $\Delta t_c=8℃$, $L_c=8RT$
> ② 터보 냉동기와 왕복동이 냉각탑의 조합일 경우 : $k=1.3$, $\Delta t_c=5℃$, $L_c=13RT$
> ③ 보통 흡수식 냉동기와 냉각탑의 조합일 때 : $k=2.5$, $\Delta t_c=8℃$, $L_c=16RT$
> ④ 2중 효용 흡수식 냉동기와 냉각탑의 조합일 때 : $k=2$, $\Delta t_c=6.3℃$, $L_c=16RT$

(대) 온수 순환량 (L/min)

$$L_H = \frac{H_b}{C \cdot \Delta t_H \cdot 60}$$

여기서, H_b : 보일러 용량 (kcal/h)

Δt_H : 보일러 입·출구 온도차 (℃)

(라) 냉각 코일의 냉수량 (L/min)

$$L = \frac{H_e}{C \cdot 60 \cdot \Delta t} \qquad h = \frac{H_e}{300}$$

여기서, H_e : 코일의 냉각능력 (kcal/h)

Δt : 코일의 입·출구 온도차 (5℃)

(마) 온수 방열기 온수량 (L/min)

$$L_r = \frac{EDR \cdot 450}{C \cdot 60 \cdot \Delta t_r}$$

$$L_r = 0.7 EDR$$

여기서, EDR : 상당 방열면적

Δt_r : 방열기 입·출구 온도차 (11℃)

② 유속

(가) 유속을 적당한 값으로 유지하는 것은 배관 지름을 결정할 수 있으므로 일반적인 기준은 다음과 같다.

사용 장소	유속 (m/s)	사용 장소	유속 (m/s)
펌프 토출관	2.4~3.6	입상관	0.9~3.0
펌프 흡입관	1.2~2.1	일반 배관	1.5~3.0
배수관	1.2~2.1	상수관	0.9~2.1

(나) 유속을 빠르게 하면 소음이 발생하거나 배관 내면의 침식을 증대시키는 일이 있다. 배관 침식을 억제하기 위한 최대유속은 다음과 같다.

연간 운전시간 (h)	유속 (m/s)	연간 운전시간 (h)	유속 (m/s)
1500	3.6	4000	3.0
2000	3.5	6000	2.7
3000	3.3	8000	2.4

(다) 실험에 의하면 이 유속의 최저한도는 0.6 m/s 정도로 되어 있다.

③ 마찰손실

(가) 마찰손실의 크기는 유속, 수온, 배관의 안지름, 배관 내면의 조도, 배관길이와 관계가 있다.

(나) $\Delta P = \lambda \cdot \dfrac{l}{d} \cdot \dfrac{V^2}{2g} \cdot r \,[\text{mmAq}]$

(다) 곡관부분의 마찰손실 (국부저항, 밸브 이음쇠 등)

$$\Delta P' = \psi \, \frac{V^2}{2g} \cdot r$$

여기서, V : 관내 수속 (m/s)

> **참고** **곡관의 직관 상당길이** : 곡관과 동일한 마찰손실이 생기는 같은 지름의 직관길이

㈎ 배관 전체의 마찰손실

(직관길이＋상당길이)×단위길이당 마찰손실 L 또는 $\Delta P + \Delta P'$

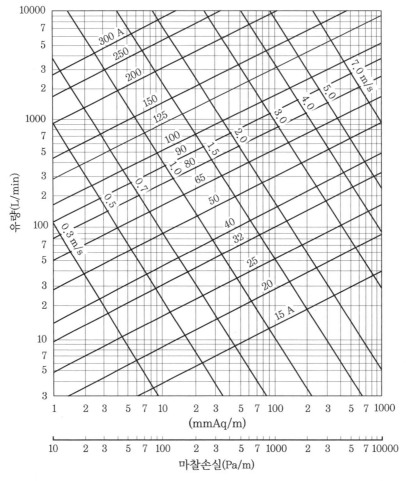

수배관의 마찰손실표

(2) 증기 배관의 관지름 결정

증기관의 관지름을 결정하는 요소는 증기와 환수의 유량, 증기속도, 초기 증기압력과 허용압력강하, 배관의 길이, 증기와 환수(응축수)의 흐름방향이다.

① 증기량

㈎ 방열기 용량 q [kcal/h]가 주어졌을 때

$$X = \frac{q}{i_1 - i_2}$$

여기서, X : 필요 증기량 (kg/h)

i_1 : 입구 증기 엔탈피(kJ/kg)

i_2 ; 출구 증기 엔탈피(kJ/kg)

(나) 방열기의 상당 방열면적 $EDR\,[\mathrm{m}^2]$이 주어졌을 때

$$X = \frac{650 \cdot EDR}{i_1 - i_2}$$

(다) 가열 코일의 입구 공기온도 $t_1\,[\text{℃}]$, 출구 공기온도 $t_2\,[\text{℃}]$ 및 풍량 $Q\,[\mathrm{m}^3/\mathrm{h}]$ 가 주어

졌을 때

$$X = \frac{Q \times 1.2 \times 0.24\,(t_2 - t_1)}{i_1 - i_2}$$

(라) 물－증기 열교환기의 입구수온 $t_{w_1}\,[\text{℃}]$, 출구수온 $t_{w_2}\,[\text{℃}]$ 및 수량 $L\,[\mathrm{m}^3/\mathrm{min}]$ 가 주

어졌을 때

$$X = \frac{L \times 1000 \times 60 \times (t_{w2} - t_{w1})}{i_1 - i_2}$$

(마) 단일 효용 흡수식 냉동기의 증기량 (kg/h)

$$X = 8.5 \times RT$$

(바) 2중 효용 흡수식 냉동기의 증기량

$$X = 5.5 \times RT$$

② 증기유속(m/s)의 결정 요소

(가) 증기관 내에서 발생하는 응축수량

(나) 상향 급기입관, 역구배 횡주관 등으로 구분

(다) 배관 내 응축수가 고이게 되는 개소의 유·무

③ 증기압력과 허용압력강하

(가) 증기관의 전압력강하 : 초기압력 $\frac{1}{2} \sim \frac{1}{3}$ 이하로 하고 저압 2관식의 경우 초기압력의

$\frac{1}{4}$ 이하로 한다.

(나) 압력강하는 증기속도가 지나치게 빠르지 않도록 결정한다.

(다) 습식 환수 방식 : 증기관과 환수관의 합계 마찰손실 수두분만큼 관말에 있어서의 응
축수위가 보일러 수위보다 높아지게 되는데, 수위가 상승하여도 증기주관에 응축수
가 고이지 않도록 증기관 및 환수관의 압력강하를 결정하여야 한다.

④ 증기 배관의 전압력강하 : 배관 전체 상당길이×단위길이당 압력강하

⑤ 고압 2관식 증기 배관 지름의 결정

　(가) 등마찰손실법

　(나) 속도법에 의한 설계 : 증기속도를 30~45 m/s의 범위로 하여 선정한다.

　(다) 증기측과 환수측의 차압 $1 \, kg/cm^2$ 당 5 m 정도 응축수의 압상 높이로 한다.

3 난방 배관

(1) 증기난방 배관

① 배관 구배

　(가) 단관 중력 환수식 : 상향 공급식, 하향 공급식 모두 끝내림 구배를 주며, 표준 구배는

　　• 하향 공급식 (순류관)일 때 : 1/100~1/200

　　• 상향 공급식 (역류관)일 때 : 1/50~1/100

　(나) 복관 중력 환수식

　　• 건식 환수관 : 1/200의 끝내림 구배로 배관하며 환수관은 보일러 수면보다 높게 설치해 준다. 증기관 내 응축수를 환수관에 배출할 때는 응축수의 체류가 쉬운 곳에 반드시 트랩을 설치하여야 한다.

　　• 습식 환수관 : 증기관 내 응축수 배출시 트랩장치를 하지 않아도 되며 환수관이 보일러 수면보다 낮아지면 된다. 증기주관도 환수관의 수면보다 약 400 mm 이상 높게 설치한다.

　(다) 진공 환수식 : 증기주관은 1/200~1/300의 끝내림 구배를 주며 건식 환수관을 사용한다. 리프트 피팅 (lift fitting)은 환수주관보다 지름이 1~2 정도 작은 치수를 사용하고 1단의 흡상 높이는 1.5 m 이내로 하며, 그 사용 개수를 가능한 한 적게 하고 급수펌프의 근처에서 1개소만 설치해 준다.

② 배관 시공 방법

　(가) 분기관 취출 : 주관에 대해 45° 이상으로 지관을 상향 취출하고 열팽창을 고려해 스위블 이음을 해 준다. 분기관의 수평관은 끝올림 구배, 하향 공급관을 위로 취출한 경우에는 끝내림 구배를 준다.

　(나) 매설 배관 : 콘크리트 매설 배관은 가급적 피하고 부득이할 때는 표면에 내산 도료를 바르거나 연관제 슬리브 등을 사용해 매설한다.

　(다) 암거 내 배관 : 기기는 맨홀 근처에 집결시키고 습기에 의한 관 부식에 주의한다.

　(라) 벽, 마루 등의 관통 배관 : 강관제 슬리브를 미리 끼워 그 속에 관통시켜 배관 신축에 적응하며, 나중에 관 교체, 수리 등을 편리하게 해 준다.

㈜ 편심 조인트 : 관지름이 다른 증기관 접합 시공 시 사용하며 응축수 고임을 방지한다.

㈃ 루프형 배관 : 환수관이 문 또는 보와 교체할 때 이용되는 배관 형식으로 위로는 공기, 아래로는 응축수를 유통시킨다.

㈅ 증기관의 지지법

• 고정 지지물 : 신축 이음이 있을 때에는 배관의 양끝을, 없을 때는 중앙부를 고정한다. 또한 주관에 분기관이 접속되었을 때는 그 분기점을 고정한다.

• 지지간격 : 증기 배관의 수평관과 수직관의 지지간격은 다음 표와 같다.

증기 배관(강관)의 지지간격

수평 주관			수직관
호칭지름(A)	최대 지지간격(m)	행어의 지름(mm)	
20 이하	1.8	9	
25~40	2.0	9	
50~80	3.0	9	각 층마다 1개소를 고정하되, 관의 신축을 허용하도록 고정한다.
90~150	4.0	13	
200	5.0	16	
250	5.0	19	
300	5.0	25	

③ 기기 주위 배관

㈎ 보일러 주변 배관 : 저압 증기난방 장치에서 환수주관을 보일러 밑에 접속하여 생기는 나쁜 결과를 막기 위해 증기관과 환수관 사이에 표준 수면에서 50 mm 아래에 균형관을 연결한다 (하트포드 연결법 : hartford connection).

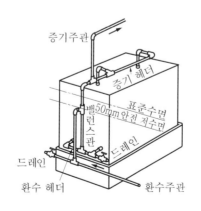

하트포드 연결법

㈏ 방열기 주변 배관 : 방열기 지관은 스위블 이음을 이용해 따내고 지관의 구배는 증기관은 끝올림, 환수관은 끝내림으로 한다. 주형 방열기는 벽에서 50~60 mm 떼어서

설치하고 벽걸이형은 바닥에서 150 mm 높게 설치하며, 베이스보드 히터는 바닥면에서 최대 90 mm 정도의 높이로 설치한다.

(대) 증기주관 관말 트랩 배관

• 드레인 포켓과 냉각관 (cooling leg)의 설치 : 증기주관에서 응축수를 건식 환수관에 배출하려면 주관과 같은 지름으로 100 mm 이상 내리고 하부로 150 mm 이상 연장해 드레인 포켓 (drain pocket)을 만들어 준다. 냉각관은 트랩 앞에서 1.5 m 이상 떨어진 곳까지 나관 배관한다.

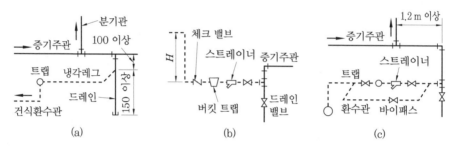

트랩 주위 배관

• 바이패스관 설치 : 트랩이나 스트레이너 등의 고장, 수리, 교환 등에 대비하기 위해 설치해 준다.

• 증기주관 도중의 입상 개소에 있어서의 트랩 배관 : 드레인 포켓을 설치해 준다. 건식 환수관일 때는 반드시 트랩을 경유시킨다.

• 증기주관에서의 입하관 분기 배관 : T 이음은 상향 또는 45° 상향으로 세워 스위블 이음을 경유하여 입하 배관한다.

• 감압 밸브 주변 배관 : 고압증기를 저압증기로 바꿀 때 감압 밸브를 설치한다. 파일럿 라인은 보통 감압 밸브에서 3 m 이상 떨어진 곳의 유체를 출구측에 접속한다.

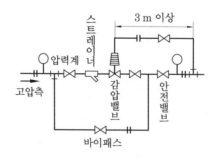

감압 밸브의 설치 배관도

(라) 증발탱크 주변 배관 : 고압증기의 환수관을 그대로 저압증기의 환수관에 직결해서

생기는 증발을 막기 위해 증발탱크를 설치하며, 이때 증발탱크의 크기는 보통 지름 100~300 mm, 길이 900~1800 mm 정도이다.

(2) 온수난방 배관

① 배관 구배 : 공기빼기 밸브 (air vent valve)나 팽창탱크를 향해 1/250 이상 끝올림 구배를 준다.

㈎ 단관 중력 순환식 : 온수주관은 끝내림 구배를 주며 관내 공기를 팽창탱크로 유인한다.

㈏ 복관 중력 순환식 : 상향 공급식에서는 온수 공급관은 끝올림, 복귀관은 끝내림 구배를 주나, 하향 공급식에서는 온수 공급관, 복귀관 모두 끝내림 구배를 준다.

㈐ 강제 순환식 : 끝올림 구배이든 끝내림 구배이든 무관하다.

② 일반 배관법

㈎ 편심 조인트 : 수평 배관에서 관지름을 바꿀 때 사용한다. 끝올림 구배 배관시에는 윗면을, 내림 구배 배관시에는 아랫면을 일치시켜 배관한다.

㈏ 지관의 접속 : 지관이 주관 아래로 분기될 때는 45° 이상 끝올림 구배로 배관한다.

㈐ 배관의 분류와 합류 : 직접 티를 사용하지 말고 엘보를 사용하여 신축을 흡수한다.

㈑ 공기 배출 : 배관 중 에어 포켓(air pocket)의 발생 우려가 있는 곳에 사절 밸브 (sluice valve)로 된 공기빼기 밸브를 설치한다.

㈒ 배수 밸브의 설치 : 배관을 장기간 사용하지 않을 때 관내 물을 완전히 배출시키기 위해 설치한다.

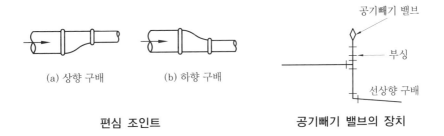

(a) 상향 구배　　(b) 하향 구배	공기빼기 밸브 / 부싱 / 선상향 구배
편심 조인트	**공기빼기 밸브의 장치**

③ 온수난방 기기 주위의 배관

㈎ 온수 순환수두 계산법 : 다음 식은 중력 순환식에 적용되며 강제 순환식은 사용 순환 펌프의 양정을 그대로 적용한다.

$$H_W = 1000\,(\rho_1 - \rho_2)\,h$$

여기서, H_W : 순환수두 (mmAq), h : 보일러 중심에서 방열기 중심까지의 높이 (m)
ρ_1 : 방열기 출구 밀도 (kg /L), ρ_2 : 방열기 입구 밀도 (kg/L)

(내) 팽창탱크의 설치와 주위 배관 : 보일러 등 밀폐기기로 물을 가열할 때 생기는 체적 팽창을 도피시키고 장치 내의 공기를 대기로 배제하기 위해 설비하며 팽창관을 접속 한다. 팽창탱크에는 개방식과 밀폐식이 있으며 개방식에는 팽창관, 안전관, 일수관 (over flow pipe), 배기관 등을 부설하고, 밀폐식에는 수위계, 안전밸브, 압력계, 압 축 공기 공급관 등을 부설한다. 밀폐식은 설치 위치에 제한을 받지 않으나 개방식은 최고 높은 곳의 온수관이나 방열기보다 1 m 이상 높은 곳에 설치한다.

(대) 공기가열기 주위 배관 : 온수용 공기가열기 (unit heater)는 공기의 흐름 방향과 코 일 내 온수의 흐름 방향이 거꾸로 되게 접합 시공하며 1대마다 공기빼기 밸브를 부착 한다.

(3) 방사 난방 배관

패널은 그 방사 위치에 따라 바닥 패널·천장 패널·벽 패널 등으로 나뉘며, 주로 강관, 동관, 폴리에틸렌관 등을 사용한다. 열전도율은 동관 > 강관 > 폴리에틸렌관의 순으로 작 아지며, 어떤 패널이든 한 조당 40~60 m의 코일 길이로 하고 마찰손실 수두가 코일 연장 100 m당 2~3 mAq 정도가 되도록 관지름을 선택한다.

4 공기조화 배관

(1) 배관 시공법

① 냉·온수 배관 : 복관 강제 순환식 온수난방법에 준하여 시공한다. 배관 구배는 자유롭 게 하되 공기가 괴지 않도록 주의한다. 배관의 벽, 천장 등의 관통 시에는 슬리브를 사 용한다.

② 냉매 배관

(개) 토출관 (압축기와 응축기 사이의 배관)의 배관 : 응축기는 압축기와 같은 높이이거나 낮은 위치에 설치하는 것이 좋으나 응축기가 압축기보다 높은 곳에 있을 때에는 그 높이가 2.5 m 이하이면 다음 그림 (b)와 같이, 그보다 높으면 (c)와 같이 트랩장치를 해 주며, 시공 시 수평관도 (b), (c) 모두 끝내림 구배로 배관한다. 수직관이 너무 높 으면 10 m마다 트랩을 1개씩 설치한다.

(내) 액관 (응축기와 증발기 사이의 배관)의 배관 : 그림과 같이 증발기가 응축기보다 아 래에 있을 때에는 2 m 이상의 역루프 배관으로 시공한다. 단, 전자 밸브의 장착 시에 는 루프 배관은 불필요하다.

(대) 흡입관 (증발기와 압축기 사이의 배관)의 배관 : 수평관의 구배는 끝내림 구배로 하

며 오일 트랩을 설치한다. 증발기와 압축기의 높이가 같을 경우에는 흡입관을 수직 입상시키고 $\dfrac{1}{200}$ 의 끝내림 구배를 주며, 증발기가 압축기보다 위에 있을 때에는 흡입관을 증발기 윗면까지 끌어올린다.

윤활유를 압축기로 복귀시키기 위하여 수평관은 3.75 m/s, 수직관은 7.5 m/s 이상의 속도이어야 된다.

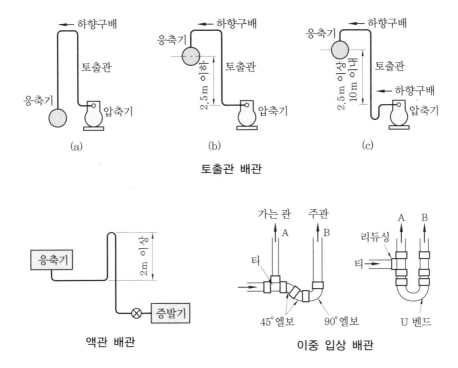

토출관 배관

액관 배관   이중 입상 배관

(2) 기기 설치 배관

① 플렉시블 이음 (flexible joint)의 설치 : 압축기의 진동이 배관에 전해지는 것을 방지하기 위해 압축기 근처에 설치한다. 이때 압축기의 진동방향에 직각으로 취부해 준다.

② 팽창밸브 (expansion valve)의 설치 : 감온통 설치가 가장 중요하며 감온통은 증발기 출구 근처의 흡입관에 설치해 준다. 수평관에 달 때는 관지름 25 mm 이상 시에는 45° 경사 아래에, 25 mm 미만 시에는 흡입관 바로 위에 설치한다. 감온통을 잘못 설치하면 액 해머 또는 고장의 원인이 된다.

③ 기타 계기류의 설치 : 다음 그림 (a)는 공기 세척기 주위에서 스프레이 노즐의 분무압력을 측정하기 위해 압력계를 부착한 예이고, 그림 (b)는 펌프를 통과하는 물의 온도를 측정하기 위해 온도계를 부착한 예이다.

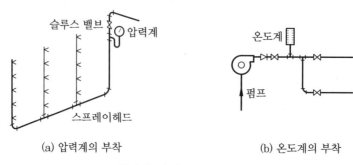

(a) 압력계의 부착   (b) 온도계의 부착

압력계 및 온도계의 부착

5 배관의 피복공사

(1) 급수 배관의 피복

① 방로 피복 : 우모 펠트가 좋으며 10 mm 미만의 관에는 1단, 그 이상일 때는 2단으로 시공한다.

　㈎ 방로 피복을 하지 않는 곳

　　• 땅속과 콘크리트 바닥 속 배관

　　• 급수기구의 부속품

　　• 그 밖의 불필요한 부분

　㈏ 피복 순서 : 보온재 피복 → 면포, 마포, 비닐테이프로 감는다. → 철사로 동여맨다.

② 방식 피복 : 녹 방지용 도료를 칠해 준다. 특히, 콘크리트 속이나 지중 매설 시에는 제트 아스팔트를 감아 준다.

(2) 급탕 배관의 보온 피복

저탕탱크나 보일러 주위에는 아스베스토스 또는 시멘트와 규조토를 섞어 물로 반죽하여 2~3회에 걸쳐 50 mm 정도 두껍게 바른다. 중간부에는 철망으로 보강하고 배관계에는 반원 통형 규조토를 사용해 주는 것이 좋다. 곡부 보온 시 생기는 규조토의 균열을 방지하기 위해 석면 로프를 감아주며 보온재 위에는 모두 마포나 면포를 감고 페인팅하여 마무리한다.

(3) 난방 배관의 보온 피복

① 증기난방 배관 : 천장 속 배관, 난방하는 방 등에 설치된 배관을 제외하고 전 배관에 보온피복하며 환수관은 보온 피복을 하지 않는 것이 보통이다.

② 온수난방 배관 : 보온 방법은 증기난방에 준하며 환수관도 보온 피복해 준다.

> **참고** 보온 피복을 하지 않는 곳 : 실내 또는 암거 내 배관에 장치된 밸브, 플랜지 접합부

(4) 배관시설의 기능시험

① 급수, 급탕배관의 급수관은 $10.5 \, kg/cm^2$ 이상의 수압으로 10분간 유지한다.

② 위생설비의 배수 통기관의 수압시험은 3 m 이상의 수두압으로 기밀시험은 0.35 kg/cm^2의 압력으로 15분간 유지시키고 최종 단계 시험으로 연기시험과 박하시험이 있다.

③ 냉동장치의 누설과 진공시험은 해당 압력으로 24시간 방치하여 시험한다.

>>> 제3장 **예상문제**

1. 다음 파이프의 도시 기호에서 접속하지 않고 있는 상태는?

> **해설** ①은 접속하고 있을 때, ③은 관의 앞쪽에서 도면 직각으로 구부러져 있을 때, ④는 도면 직각으로 앞쪽으로 구부러져 있을 때의 도시 기호이다.

2. 다음 도시 기호 중에 오는 T의 기호는 어느 것인가?

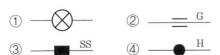

3. 관 지지용 앵커의 도시 기호는?

① —⊗— ② $\equiv$ G

③ ▬ SS ④ —● H

> **해설** ②는 가이드(guide), ③은 스프링지지, ④는 행어(hanger)이다.

4. 유량 조절용으로 가장 적합한 밸브에 대한 도시 기호로 맞는 것은?

> **해설** 유량 조절용으로 가장 적합한 것은 옥형 밸브이다.

5. 다음 중 스프링 안전 밸브(spring type safety valve)의 도시 기호는?

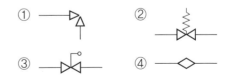

> **해설** ①은 앵글 밸브, ③은 추 안전 밸브, ④는 일반 콕이다.

정답 1. ② 2. ④ 3. ① 4. ② 5. ②

6. 다음 도시 기호 중 다이어프램 밸브는 어느 것인가?

① —⊣N⊢— ② (밸브 기호)

③ (밸브 기호) ④ —▷◁—

(해설) ②는 다이어프램 밸브, ③은 봉함 밸브이다.

7. 모든 관 계통의 계기, 제어기 및 장치기기 등에서 필요한 모든 자료를 도시한 공장 배관 도면을 무엇이라 하는가?

① 계통도 ② PID
③ 관 장치도 ④ 입체도

(해설) PID는 Piping and Instrument Diagram의 약어이다.

8. 소켓 용접용 스트레이너의 바른 도시 기호는 어느 것인가?

① (기호) ② (기호)
③ (기호) ④ (기호)

(해설) ①은 맞대기 용접용, ③은 플랜지용, ④는 나사용 기호이다.

9. 그림과 같이 관 규격 20 A로 이음 중심간의 길이를 300 mm로 할 때 직관길이 l 은 얼마로 하면 좋은가? (단, 20 A의 90° 엘보는 중심선에서 단면까지의 거리가 32 mm이고 나사가 물리는 최소길이가 13 mm이다.)

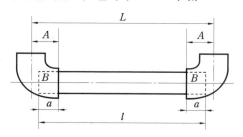

① 282 mm ② 272 mm
③ 262 mm ④ 252 mm

(해설) 배관의 중심선 길이를 L, 관의 실제 길이를 l, 부속의 끝 단면에서 중심선까지의 치수를 A, 나사가 물리는 길이를 a 라 하면,
$$L = l + 2(A - a)$$
∴ 실제 절단길이 $l = L - 2(A - a)$
식에 대입하여 풀면,
∴ $l = 300 - 2(32 - 13) = 262$ mm

10. 관용 나사 테이퍼는 얼마인가?

① $\frac{1}{16}$ ② $\frac{1}{32}$ ③ $\frac{1}{64}$ ④ $\frac{1}{50}$

(해설) 관용 나사는 주로 테이퍼 나사를 많이 이용하며, 테이퍼는 $\frac{1}{16}$ 이고 나사산의 각도는 55°이다.

11. 다음 중 용도가 다른 공구는?

① 벤드벤 ② 사이징 툴
③ 익스팬더 ④ 튜브 벤더

(해설) ①은 연관용 공구이고, ②, ③, ④는 모두 동관용 공구이다.

12. 호칭지름 20 A의 강관을 180°로 100 mm 반지름으로 구부릴 때 곡선의 길이는?

① 약 280 mm ② 약 158 mm
③ 약 315 mm ④ 약 400 mm

(해설) $l = \pi D \cdot \frac{\theta}{360} = 2\pi r \frac{\theta}{360}$
$= 2 \times \pi \times 100 \times \frac{180}{360} = 315$ mm

13. 다음 중 관의 용접 접합 시의 이점이 아닌 것은?

① 돌기부가 없어서 시공이 용이하다.
② 접합부의 강도가 커서 배관 용적을 축소할 수 있다.

(정답) **6.** ② **7.** ② **8.** ② **9.** ③ **10.** ① **11.** ① **12.** ③ **13.** ②

③ 관 단면의 변화가 적다.

④ 누설의 염려가 없고 시설 유지비가 절감된다.

해설 용접 접합의 이점은 위의 ①, ③, ④ 외에 유체의 저항 손실 감소, 보온 피복 시공 용이, 중량이 가벼운 점 등을 들 수 있다.

② 배관 내용적은 축소할 수 없다.

14. 주철관의 접합 방법 중 옳은 것은?

① 관의 삽입구를 수구에 맞대어 놓는다.

② 얀은 급수관이면 틈새의 1/3, 배수관이면 2/3 정도로 한다.

③ 접합부에 클립을 달고 2차에 걸쳐 용연을 부어 넣는다.

④ 코킹 시 끌의 끝이 무딘 것부터 차례로 사용한다.

해설 ① 관의 삽입구를 수구에 끼워 놓는다.

③ 1차에 걸쳐 용연(녹은 납)을 부어 넣는다.

④ 코킹 시 끌의 끝이 얇은 것부터 차례로 사용한다.

15. 다음은 주철관의 빅토릭 접합에 관한 설명이다. 틀린 것은?

① 고무링과 금속제 칼라가 필요하다.

② 칼라는 관지름 350 mm 이하이면 2개의 볼트로 죄어 준다.

③ 관지름이 400 mm 이상일 때는 칼라를 4등분하여 볼트를 죈다.

④ 압력의 증가에 따라 더 심하게 누수되는 결점을 지니고 있다.

해설 빅토릭 접합은 압력이 증가함에 따라 고무링이 더욱더 관벽에 밀착하여 누수를 막는 작용을 한다.

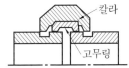

16. 주철관의 플랜지 접합 시 사용되는 패킹제에 해당되지 않는 것은?

① 고무   ② 석면

③ 마, 납   ④ 파이버

해설 고온의 증기가 통하는 배관에는 아스베스토스, 연동판, 슈퍼 히트 패킹 등이 주철관 플랜지 이음에 사용된다.

17. 다음은 경질 염화비닐관 접합에 관한 설명이다. 틀린 것은?

① 나사 접합 시 나사가 외부에 나오지 않도록 한다.

② 냉간 삽입 접속 시 관의 삽입길이는 바깥지름의 길이와 같게 한다.

③ 열간법 중 일단법은 50 mm 이하의 소구경관용이다.

④ PVC 관의 모떼기 작업은 보통 45° 각도로 한다.

해설 경질 염화비닐관의 나사 접합 시에는 나사의 길이를 강관보다 1~2산 짧게 하고 접합부 밖으로 나사산이 전혀 나오지 않게 삽입한다. 열간법은 일단법과 이단법이 있으며 이단법은 65 mm 이상의 대구경관용이다. 열간 접합법 시공 시 관 단부에 해 주는 모떼기 작업의 각도는 보통 30°로 한다.

18. 주철관의 이음 방법 중에서 타이톤 이음 (tyton joint)의 특징을 설명한 것으로 틀린 것은?

① 이음에 필요한 부품은 고무링 하나뿐이다.

② 이음 과정이 간단하며, 관 부설을 신속히 할 수 있다.

③ 비가 올 때나 물기가 있는 곳에서는 이음이 불가능하다.

④ 고무링에 의한 이음이므로 온도 변화에 따른 신축이 자유롭다.

해설 타이톤 접합은 원형의 고무링 하나만으로 접합하는 방법이다. 소켓 안쪽의 홈은 고무링을 고정시키도록 되어 있고, 삽입구의 끝은 고무링을 쉽게 끼울 수 있도록 테이퍼져 있다.

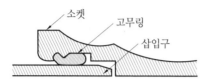

19. 25 mm 강관의 용접 이음용 롱 엘보의 중심선의 반지름은 얼마 정도로 하면 되는가?

① 25 mm　　　② 32 mm
③ 38 mm　　　④ 50 mm

해설 롱 엘보(long elbow)의 굽힘 반지름은 강관 호칭지름의 1.5배, 쇼트 엘보(short elbow)는 강관의 호칭지름과 같다.

20. 다음 배관용 연결 부속 중 분해 조립이 가능하도록 하려면 무엇을 설치하면 되는가?

① 엘보, 티
② 리듀서, 부싱
③ 유니언, 플랜지
④ 캡, 플러그

해설 유니언은 후일 배관 도중에서 분기 증설할 때나 배관의 일부를 수리할 때 분해 조립이 가능해 편리하며, 주로 관지름 50 A 이하의 소구경관에 사용하고 그 이상의 대구경관에는 플랜지를 사용한다.

21. 강관 신축 이음은 직관 몇 m마다 설치해 주는 것이 좋은가?

① 10 m　　　② 20 m
③ 30 m　　　④ 40 m

해설 강관 신축 이음은 직관 30 m마다 1개소씩 설치하고, 경질 염화비닐관은 10~20 m마다 1개소씩 설치한다.

22. 급수 배관 시공 시 중요한 배관 구배에 관한 다음 설명 중 잘못된 것은?

① 배관은 공기가 체류되지 않도록 시공한다.
② 급수관의 배관 구배는 모두 끝내림 구배로 한다.
③ 급수관의 표준 구배는 1/250 정도이다.
④ 급수관의 최하부에는 배니 밸브를 설치하여 물을 빼줄 수 있도록 한다.

해설 급수관의 배관 구배는 모두 끝올림 구배로 하나 옥상 탱크식과 같은 하향 급수 배관법에서 수평주관은 내림 구배, 각층의 수평지관은 올림 구배로 한다.

23. 플러시 밸브 또는 급속 개폐식 수전 사용 시 급수의 유속이 불규칙하게 변해 생기는 작용은 무엇인가?

① 수격작용　　　② 수밀작용
③ 파동작용　　　④ 맥동작용

해설 수격작용(water hammering)은 수추작용이라고도 하며, 평시 유속의 14배에 준하는 이상 압력이 발생되고 이상 소음까지도 동반하여 심하면 배관이 파손되기도 한다.

24. 급속 폐쇄식 수전을 닫았을 때 생기는 수격작용에 의한 수압은 약 얼마인가? (단, 유속은 2 m/s이다.)

① 16 kg/cm^2　　　② 24 kg/cm^2
③ 28 kg/cm^2　　　④ 34 kg/cm^2

해설 수격작용이 발생되면 유속의 14배에 준하는 이상 압력이 생기므로 $2 \times 14 = 28$ kg/cm^{2}이다.

25. 급수 배관에서 수격작용의 방지를 위해 설치하는 것은?

정답　**19.** ③　**20.** ③　**21.** ③　**22.** ②　**23.** ①　**24.** ③　**25.** ①

① 공기실　　　② 신축 이음
③ 스톱 밸브　　④ 체크 밸브

해설 수격작용 방지법
- 유속을 낮춘다.
- 플라이휠(flywheel)을 설치한다.
- 공급 배관 중에 공기실을 설치한다.
- 밸브를 토출구 가까이 설치한다.

26. 펌프의 흡입 배관에 관한 설명 중 맞지 않는 것은?

① 흡입관은 가급적 길이를 짧게 한다.
② 흡입관은 토출관보다 관 지름을 1~2배 굵게 한다.
③ 흡입 수평관에 리듀서를 다는 경우는 동심 리듀서를 사용한다.
④ 흡입 수평관이 긴 경우는 $\frac{1}{50} \sim \frac{1}{100}$의 상향 구배를 준다.

해설 수평관의 지름을 바꿀 때에는 편심 리듀서(eccentric reducer)를 사용한다.

27. 다음 급탕 배관 시공법을 열거한 것 중 잘못된 것은?

① 벽, 마루 등을 관통할 때는 슬리브를 넣는다.
② 긴 배관에는 10 m 이내마다 신축 조인트를 장치한다.
③ 마찰저항을 적게 하기 위해 가급적 사절 밸브를 사용한다.
④ 팽창탱크 도중에는 절대로 밸브류를 장치하지 않는다.

해설 급탕 배관이므로 강관이 주로 사용된다. 강관제 신축 조인트는 30 m마다 1개소씩 설치해 준다.

28. 급탕 배관 중 관의 신축에 대한 대책을 열

거한 것 중 틀린 것은?

① 배관의 곡부에는 슬리브 신축 이음을 설치한다.
② 마룻바닥 통과 시에는 콘크리트 홈을 만들어 그 속에 배관한다.
③ 벽 관통부 배관에는 강제 슬리브를 박아 준 후 그 속에 배관한다.
④ 직관 배관에는 도중에 신축곡관 등을 설치한다.

해설 배관의 곡부에는 스위블 이음을 이용하여 신축을 흡수한다.

29. 다음은 통기관의 시공법을 설명한 것이다. 잘못된 것은?

① 각 기구의 통기관은 기구의 일수선(overflow line)보다 100 mm 이상 높게 세운다.
② 회로 통기관은 최상층 기구의 앞쪽 수평 배수관에 연결한다.
③ 통기관 출구는 옥상으로 뽑아 올리거나 배수 신정 통기관에 연결한다.
④ 얼거나 눈으로 인해 개구부 폐쇄가 염려될 때에는 일반 통기 수직관보다 개구부를 크게 한다.

해설 각 기구의 통기관은 기구의 일수선보다 150 mm 이상 높게 세운 다음 수직 통기관에 연결한다. 그 외의 시공법을 열거하면 다음과 같다.
㉠ 배수 수평관에서 통기관 입상 시 배수관 윗면에서 수직으로 올리거나 45° 보다 낮게 기울여 뽑아 올린다.
㉡ 통기 수직관을 배수 수직관에 연결할 때는 최하위 배수 수평 분기관보다 낮은 위치에서 45° Y로 연결한다.
㉢ 차고 및 냉장고의 통기관은 단독 수직 입상 배관한다.
㉣ 바닥용 각개 통기관에서 수평부를 만들어서는 안 된다.

30. 다음은 중력 환수식 증기난방 시공법에 관한 설명이다. 잘못된 것은?

① 단관식은 상향식이든 하향식이든 끝내림 구배를 준다.

② 복관식은 증기주관을 증기 흐름방향으로 1/200의 끝올림 구배를 준다.

③ 단관식에서 순류관일 때는 1/100～1/200의 구배를 준다.

④ 단관식에서 역류관일 때는 1/50～1/100의 구배를 준다.

해설 단관식에서 배관 구배는 되도록 크게 하며, ③의 순류관이란 증기와 응축수가 평행으로 흐르는 하향 공급식을 말하고, ④의 역류관이란 증기와 응축수가 거꾸로 흐르는 상향 공급식을 일컫는다. 복관식은 습·건식 모두 1/200의 끝내림 구배를 준다.

31. 복관 중력 환수식 증기난방법 중 건식 환수관의 배관은?

① 1/200의 끝올림 구배로 배관한다.

② 보일러의 수면에서 최고 증기압력에 상당하는 수두와 응축수의 마찰손실수두를 합한 것보다 높게 설치한다.

③ 환수관 끝의 수면이 보일러 수면보다 응축수의 마찰손실수두만큼만 높아지면 된다.

④ 트랩장치를 하지 않아도 응축수를 환수관에 직접 배출할 수 있다.

해설 ①은 "1/200의 끝내림 구배로 배관한다"로 고친다. ③, ④는 습식 환수관에 관한 설명이다.

32. 증기난방 배관 시공법 중 환수관이 출입구나 보와 교체할 때의 배관으로 맞는 것은?

① 루프형 배관으로 위로는 공기를, 아래로는 응축수를 흐르게 한다.

② 루프형 배관으로 위로는 응축수를, 아래로는 공기를 흐르게 한다.

③ 사다리꼴형으로 배관한다.

④ 냉각 레그(cooling leg)를 설치한다.

해설 환수관이 출입구나 보(beam)와 마주칠 때는 다음 배관도와 같이 연결하는 것이 이상적이다. 응축수 출구는 입구보다 25 mm 이상 낮은 위치에 배관한다.

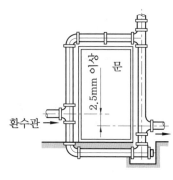

루프형 배관

33. 진공 환수식 증기난방법에서 저압 증기 환수관이 진공펌프의 흡입구보다 저 위치에 있을 때 응축수를 끌어올리기 위해 설치하는 시설을 무엇이라 하는가?

① 리프트 피팅

② 진공펌프 배관

③ 배큐엄(vacuum) 브레이커

④ 역압 방지기

해설 리프트 피팅(lift fitting)의 원리는 이음부에 응축수가 고이면 진공펌프의 작동에 따라 이음부 앞뒤의 압력차가 생겨 물을 끌어 올릴 수 있게 되는 것이다.

34. 파이프 지지의 구조와 위치를 정하는 데 꼭 고려해야 할 것은 다음 중 어느 것인가?

① 중량과 지지간격 ② 유속 및 온도

③ 압력 및 유속   ④ 배출구

해설 배관의 지지 목적은 배관의 자체 중량을 지지하고 배관의 신축에 의한 응력을 억제하는 데 있다.

35. 다음은 증기 배관의 최대 지지간격을 호칭 지름별로 연결한 것이다. 틀린 것은?

① 호칭지름 20A 이하 −1.8 m
② 호칭지름 50~80A−3 m
③ 호칭지름 200A−5 m
④ 호칭지름 300A−6 m

해설 수평주관은 25~40 A일 때는 2 m 마다, 90 ~150 A 이하일 때는 4 m마다 지지하고, 200 A 이상의 관일 때는 5 m마다 지지해 주도록 한다.

36. 저압 증기난방 장치에서 증기관과 환수관 사이에 설치하는 균형관은 표준 수면에서 몇 mm 아래에 설치하는가?

① 30 mm   ② 40 mm
③ 50 mm   ④ 60 mm

해설 저압 증기난방 장치에서 환수주관을 보일러 하단에 직결하면 보일러 내의 증기압력에 의해 보일러 내 수면이 안전 저수위 이하로 떨어지는 경우가 있다. 또한, 환수관의 일부가 파손되어 보일러 내 물이 유출되어 수면이 안전 저수위 이하로 내려가는 경우도 있다. 이러한 위험을 방지하기 위해서 균형관 (balancing pipe)을 설치한다.

37. 다음 중 하트포드 접속법(hartford connection)이란?

① 방열기 주위의 연결 배관법이다.
② 보일러 주위에서 증기관과 환수관 사이에 균형관을 연결하는 배관 방법이다.
③ 고압 증기난방 장치에서 밀폐식 팽창 탱크를 설치하는 연결법이다.
④ 공기 가열기 주변의 트랩 부근 접속법이다.

해설 하트포드 접속법은 저압 증기난방 장치에서 보일러 주변 배관에 적용된다. 이 접속법은 증기압과 환수압과의 균형을 유지시키며 환수주

관 내에 침적된 찌꺼기를 보일러에 유입시키지 않는 특징도 있다.

38. 보일러의 화상면적이 2.4 m^{2}일 때 균형관의 지름은 몇 mm인가?

① 40 mm   ② 50 mm
③ 65 mm   ④ 100 mm

해설 균형관의 지름은 보일러의 크기에 따라 결정되는데, 보일러의 화상면적이 0.37 m^2 미만일 때는 40 mm의 관으로, 0.37~1.4 m^{2}일 때는 65 mm의 관으로, 1.4 m^{2}보다 클 때는 100 mm의 관으로 균형관을 설치한다.

39. 다음 방열기 설치 시공에 관한 설명 중 틀린 것은?

① 방열기 지관은 신축 흡수를 위해 스위블 이음을 한다.
② 지관의 구배는 증기관은 상향, 환수관은 하향으로 한다.
③ 방열기는 응축수 체류를 막기 위해 약간의 구배를 주어 설치한다.
④ 공기의 체류를 방지하기 위해 중력 환수식이든 진공 환수식이든 공기빼기 밸브를 설치한다.

해설 방열기에는 공기의 체류를 방지하기 위해 진공 환수식을 제외하고 공기빼기 밸브를 설치해 준다.

40. 증기주관에서 입하관을 분기할 때의 배관도로 적당한 것은?

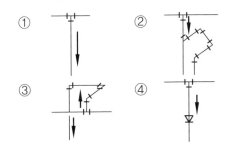

41. 증기주관의 관말 트랩 배관 시공법 중 잘못 설명된 것은?

① 증기주관에서 응축수를 건식 환수관에 배출하려면 250 mm 이상 연장해서 드레인 포켓을 설치한다.

② 냉각관은 트랩 앞에서 2 mm 이상 떨어진 곳까지 설치한다.

③ 증기주관이 길어져 응축수가 과다할 때는 플로트식 열동 트랩을 설치해 주면 좋다.

④ 고압증기를 저압증기로 바꿀 때는 감압밸브를 설치한다.

해설 냉각관 (cooling leg)은 고온의 응축수가 트랩을 통과하여 환수관에 들어가면 압력강하로 인해 관내에서 재증발하여 트랩 기능을 저하시킬 염려를 없애기 위해 트랩 앞에서 1.5 m 이상 떨어진 곳까지 나관으로 설치하는 관이다. 드레인 포켓은 쇠 부스러기나 찌꺼기가 트랩에 유입되는 일을 방지한다.

42. 다음 중 바이패스관 설치 시 필요하지 않은 부속은 어느 것인가?

① 엘보　　　　② 사절 밸브
③ 유니언　　　　④ 안전밸브

해설 증기 관말 트랩의 바이패스관은 보통 다음 그림과 같이 제작한다. 그러므로 ①, ②, ③ 외에 스트레이너, 트랩, 티 등의 부속이 더 필요하다.

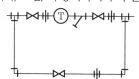

43. 다음 그림은 온수난방의 분류, 합류를 나타낸 것이다. 틀린 것은?

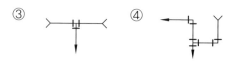

해설 온수난방 배관의 분류와 합류 시 직접 티를 사용하지 말고, ①, ②, ④와 같이 엘보를 사용하여 배관 내 신축을 흡수한다.

44. 다음 중 개방식 팽창탱크의 부속설비로 잘못 열거된 것은?

① 안전관　　　　② 안전밸브
③ 배기관　　　　④ 오버플로관

해설 팽창탱크 (expansion tank)의 종류에는 보통 온수난방용의 개방식과 고온수난방용의 밀폐식이 있다.

45. 방사난방에서 패널 (panel)에 쓰이는 관이 아닌 것은?

① 강관　　　　② 동관
③ 폴리에틸렌관　　　　④ 주철관

해설 열전도도는 동관 > 강관 > 폴리에틸렌관 등의 순서로 작아진다.

46. 파일럿 라인 (pilot line)은 감압 밸브에서 몇 m 이상 떨어진 곳까지 설치해 주는가?

① 1 m　　　　② 2 m 이상
③ 3 m 이상　　　　④ 5 m 이상

해설 파일럿 라인이란 감압 밸브 설치 시 저압측 압력을 감압 밸브 본체의 벨로스나 다이어프램에 전하는 관을 말한다.

47. 다음 온수난방 배관 시공 시 배관의 구배에 관한 설명 중 틀린 것은?

① 배관의 구배는 1/250 이상으로 한다.

② 단관 중력 환수식의 온수주관은 하향구배를 준다.

③ 상향 복관 환수식에서는 온수 공급관,

복귀관 모두 하향구배를 준다.

④ 강제 순환식은 배관의 구배를 자유로 한다.

해설 상향식에서는 온수공급관을 상향구배로, 복귀관을 하향구배로 배관하며, 하향식에서는 온수공급관, 복귀관 모두 하향구배를 준다.

48. 냉매 배관 중 토출관 배관 시공에 관한 설명으로 잘못된 것은?

① 응축기가 압축기보다 높은 곳에 있을 때는 2.5 m보다 높으면 트랩을 장치한다.

② 수평관은 모두 끝내림 구배로 배관한다.

③ 수직관이 너무 높으면 3 m마다 트랩을 1개씩 설치한다.

④ 유분리기는 응축기보다 온도가 낮지 않은 곳에 취부한다.

해설 수직관이 너무 높으면 10 m마다 트랩을 1개씩 설치한다.

49. 압축기의 진동이 배관에 전해짐을 방지하기 위해 압축기 근처에 설치해 주는 것은?

① 팽창밸브

② 안전밸브

③ 수수 탱크

④ 플렉시블 조인트

50. 급수 배관의 수압시험은 소정의 압력이 될 때까지 압력수를 관내에 보내어 누설여부를 검사하는 데 몇 분간 물을 보내야 하는가?

① 10분간　　② 20분간

③ 30분간　　④ 50분간

51. 동관의 바깥지름이 20 mm 이하일 때의 냉매 배관의 최대 지지간격은?

① 2 m　　② 2.5 m

③ 3 m　　④ 4.5 m

해설 배관의 지지간격

동관의 바깥지름(mm)	최대 지지간격(m)
20 이하	2
21~40	2.5
41~60	3
61~80	3.5
81~100	4
101~120	4.5
121~140	5
141~160	5.5

52. 공기조화 배관 시공 중 펌프를 통과하는 물의 온도를 측정하기 위해 다음 배관도에 온도계를 부착하고자 한다. 어느 곳에 부착해야 적당한가?

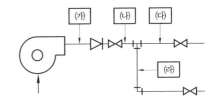

① (가)　　　　② (나)

③ (다)　　　　④ (라)

전기

---

1 전위

(1) 전위

무한 원점을 영전위로 하고 무한 원점에서 단위 점전하를 어떤 임의의 점 P까지 이동시키는 데 필요한 일을 임의의 점 P의 전위 V_P로 나타낸다.

$$V_P = -\int_{\infty}^{P} E \cdot dr = \int_{P}^{\infty} E \cdot dr = \frac{Q}{4\pi\varepsilon_0 r} \text{ [V]}$$

(2) A, B 2점 사이의 전위차

$$V_{AB} = V_A - V_B = -\int_{B}^{A} E \cdot dr \text{ [V]}$$

(3) 전하 Q를 점 A에서 점 B까지 이동시킬 때 두 점 간의 전위차

$$V_{AB} = -\int_{B}^{A} E \cdot dl = \frac{W}{Q} \text{ [V]}$$

(4) 정전계는 보존적이므로 $\oint E \cdot dl = 0$이 성립한다. 즉, 폐회로를 따라 단위 정전하를 일주시킬 때 전계가 하는 일은 항상 0이 된다.

2 전류 및 전류밀도

(1) 전류

① 전류는 전하의 이동 (흐름)을 말한다.
② 전류의 방향은 양전하의 이동방향이다.

(2) 전류의 세기

전류의 세기는 도체 내의 임의의 단면을 단위시간에 통과하는 전하로 정의한다. 즉, 시간 t 초 동안에 통과한 전하량이 Q[C]라 하면 그 때의 전류의 세기는

$$I = \frac{Q}{t} \text{ [A]} \quad \text{또는} \quad I = \frac{dQ}{dt} \text{ [A]}$$

전하 Q를 구할 때, $Q = \int_0^t i \, dt$ [C]이다.

(3) 전류밀도

① ΔI[A]가 흐르고 있는 도체의 단면적을 ΔS[m^2]라 하면 전류밀도 i는

$$i = \frac{\Delta I}{\Delta S} \text{ [A/m}^2\text{]}$$

② 전류밀도의 발산

$$\text{div} i = -\frac{\partial \rho}{\partial t}$$

3 옴의 법칙

(1) 저항 (electric resistance)

회로에 전류가 흐를 때 전류의 흐름을 방해하는 것을 전기저항이라 한다.

(2) 옴의 법칙 (Ohm's law)

도체에 흐르는 전류는 전압에 비례하고, 저항에 반비례한다.

$$I = \frac{V}{R} \text{ [A]}, \quad V = IR \text{ [V]}, \quad R = \frac{V}{I} \text{ [}\Omega\text{]}$$

(3) 컨덕턴스 (conductance)

저항의 역수로서 전류의 흐르는 정도를 말하며, 기호는 G, 단위는 ℧(mho) 또는 Ω^{-1}을 사용한다.

4 전기저항

(1) 고유저항과 도전율

도체의 단면적을 S[m^2], 도체의 길이를 l[m]이라 할 때, 도체의 저항 R은

$$R = \rho \frac{l}{S} \ [\Omega]$$

여기서, ρ : 고유저항

이는 단위체적당 저항을 뜻한다. 즉, 고유저항 ρ는

$$\rho = R \frac{S}{l} \ [\Omega \cdot \text{m}]$$

또한, 고유저항의 역수 $k = \dfrac{1}{\rho} \ [\mho/\text{m}]$를 도전율이라 한다.

(2) 저항과 정전용량과의 관계

$$RC = \rho = \frac{\varepsilon}{R} \quad \text{또는} \quad \frac{C}{G} = \frac{\varepsilon}{R}$$

(3) 저항과 온도계수와의 관계

온도가 $t_1 \ [\text{℃}]$에서 $t_2 \ [\text{℃}]$까지 변화할 때의 저항을 각각 R_{t_1}, R_{t_2}라 하면

$$R_{t_2} = R_{t_1}\{1 + \alpha_t(t_2 - t_1)\}$$

α_t는 $t_1 \ [\text{℃}]$에서의 온도계수로서

$$\alpha_t = \frac{\alpha_0}{1 + \alpha_0 t}$$

(4) 저항의 직렬 접속

① 합성저항 $R = r_1 + r_2 + r_3$

② 같은 저항 n개를 직렬 접속하면 합성저항 $R = n \cdot r$이 된다.

③ 저항이 직렬로 접속된 회로의 전류는 저항의 대소에 관계없이 일정하게 흐른다.

④ 분배되는 전압의 합은 공급 전압과 같다.

예제 6. 다음 직렬 회로의 전류와 각 저항에 걸리는 전압을 구하여라.

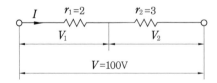

해설 ① 합성저항 $R = r_1 + r_2 = 2 + 3 = 5 \ \Omega$

② 전류 $I = \dfrac{V}{R} = \dfrac{100}{5} = 20 \ \text{A}$

③ 전압 $V_1 = I \cdot r_1 = 20 \times 2 = 40$ V, $V_2 = I \cdot r_2 = 20 \times 3 = 60$ V

참고 저항의 직렬 접속 시 각 저항에 걸리는 전압

① $V_1 = I \cdot r_1 = \dfrac{V}{R} \cdot r_1 = V \cdot \dfrac{r_1}{r_1 + r_2}$ [V]

② $V_2 = I \cdot r_2 = \dfrac{V}{R} \cdot r_2 = V \cdot \dfrac{r_2}{r_1 + r_2}$ [V]

(5) 저항의 병렬 접속

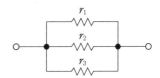

① 합성저항 $R = \dfrac{1}{\dfrac{1}{r_1} + \dfrac{1}{r_2} + \dfrac{1}{r_3}}$

② 같은 저항 n개를 연결할 때 합성저항 : $R = \dfrac{r}{n}$

③ 두 개의 저항을 병렬 접속하면 합성저항 R은 다음과 같다.

$$\frac{1}{R} = \frac{1}{r_1} + \frac{1}{r_2} = \frac{r_2}{r_1 \cdot r_2} + \frac{r_1}{r_1 \cdot r_2} = \frac{r_1 + r_2}{r_1 \cdot r_2}$$

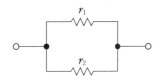

$$R = \frac{r_1 \cdot r_2}{r_1 + r_2}$$

예제 7. 다음 병렬 회로의 각 저항에 흐르는 전류를 계산하여라.

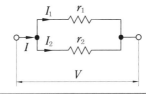

해설 ① 합성저항 $R = \dfrac{r_1 \cdot r_2}{r_1 + r_2}$ [Ω]

② 전전류 $I = I_1 + I_2 = \dfrac{V}{R}$ [A]

③ r_1에 흐르는 전류 $I_1 = \dfrac{V}{r_1} = I \cdot \dfrac{r_1 \cdot r_2}{r_1 + r_2} \cdot \dfrac{1}{r_1} = I \cdot \dfrac{r_2}{r_1 + r_2}$ [A]

④ r_2에 흐르는 전류 $I_2 = \dfrac{V}{r_2} = I \cdot \dfrac{r_1 \cdot r_2}{r_1 + r_2} \cdot \dfrac{1}{r_2} = I \cdot \dfrac{r_1}{r_1 + r_2}$ [A]

⑤ 병렬 회로의 각 저항의 전압은 일정하다.

(6) 저항의 직·병렬 접속

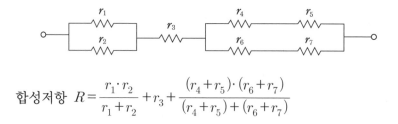

합성저항 $R = \dfrac{r_1 \cdot r_2}{r_1 + r_2} + r_3 + \dfrac{(r_4 + r_5) \cdot (r_6 + r_7)}{(r_4 + r_5) + (r_6 + r_7)}$

(7) 저항의 $\Delta \to Y$ 접속 변환

① $\Delta \to Y$

$$R_a = \frac{R_{ab} \cdot R_{ca}}{R_{ab} + R_{bc} + R_{ca}}$$

$$R_b = \frac{R_{ab} \cdot R_{bc}}{R_{ab} + R_{bc} + R_{ca}}$$

$$R_c = \frac{R_{bc} \cdot R_{ca}}{R_{ab} + R_{bc} + R_{ca}}$$

② $Y \to \Delta$

$$R_{ab} = \frac{R_a R_b + R_b R_c + R_c R_a}{R_c}$$

$$R_{bc} = \frac{R_a R_b + R_b R_c + R_c R_a}{R_a}$$

$$R_{ca} = \frac{R_a R_b + R_b R_c + R_c R_a}{R_b}$$

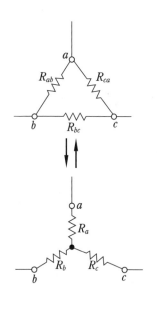

5 키르히호프의 법칙(Kirchhoff's law)

(1) 제1법칙 (전류의 법칙)

어떤 회로에서 회로망의 임의의 접속점에 유입·유출하는 전류의 대수합은 0이다.

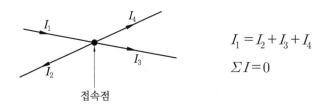

접속점

$I_1 = I_2 + I_3 + I_4$

$\Sigma I = 0$

(2) 제2법칙 (전압의 법칙)

폐회로(closed circuit) 중의 기전력의 대수합과 전압강하의 대수합은 같다.

① 그림 (a)에서,

$\Sigma V = \Sigma I \cdot R$

$V_1 - V_2 = IR_1 + IR_2 = I(R_1 + R_2)$

② 그림 (b)에서 제1법칙과 제2법칙을 적용하여,

a점의 전류 $I_3 = I_1 + I_2$

폐회로 ①에서, $V_1 = I_1 R_1 + I_3 R_3$

폐회로 ②에서, $V_2 = I_2 R_2 + I_3 R_3$

폐회로 ③에서, $V_1 - V_2 = I_1 R_1 - I_2 R_2$

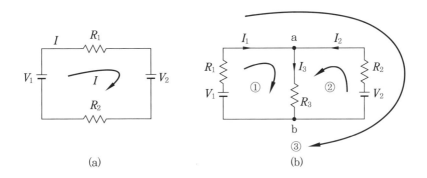

(a)　　　　　　　　　(b)

6 줄(Joule) 열과 전력

(1) 전력

$$P = VI = I^2 R = \frac{V^2}{R} \ [\text{W}] \ (\text{Joule의 법칙})$$

(2) 전력량

$W = Pt \ [\text{W} \cdot \text{s}] \ 또는 \ [\text{J}]$

$1 \, \text{W} \cdot \text{s} = 1 \, \text{J}의 \ 일$

$1 \, \text{Wh} = 3600 \, \text{J}$

$1 \, \text{kWh} = 3.6 \times 10^6 \, \text{W} \cdot \text{s} = 3.6 \times 10^6 \, \text{J}$

(3) Joule의 법칙

$H = I^2 R t \ [\text{J}]$

(4) 열의 일당량

$$1\,\mathrm{cal} = 4.185\,\mathrm{J}$$

$$H = \frac{I^2 Rt}{4.185} \fallingdotseq 0.24\,I^2 Rt\ [\mathrm{cal}]$$

7 계측기 결선

(1) 전류계

① 전류계는 회로의 부하와 직렬 결선한다.

② 전류계에 병렬로 접속한 저항을 분류기라 한다.

$$I_a = I \cdot \frac{R}{R_a + R}$$

$$I_a(R_a + R) = IR$$

$$\frac{I_a}{I} = \frac{R}{R_a + R}$$

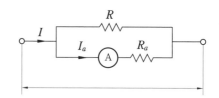

(2) 전압계

① 전압계는 부하에 병렬 결선한다.

② 전압계에 직렬로 접속한 저항을 배율기라 한다.

$$V_m = V \cdot \frac{R_m}{R + R_m}$$

$$V_m(R + R_m) = V \cdot R_m$$

$$\frac{V}{V_m} = \frac{R + R_m}{R_m}$$

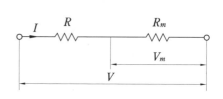

(3) 휘트스톤 브리지 (Wheatstone bridge)

저항 P, Q, R, X와 검류계 (galvanometer)를 접속한 회로를 휘트스톤 브리지 회로라 한다.

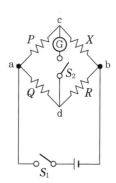

① 평형조건 : $PR = QX$

② 미지저항 : $X = \dfrac{P}{Q} \cdot R$

③ 평형조건이 만족된 때는 a~c 및 a~d 간의 전압강하가 같아 c~d 간의 전위차가 0 V가 된다. 따라서 검류계에는 전류가 흐르지 않게 된다.

8 정전용량(electrostatic capacity)

(1) 한 도체의 정전용량

$$Q = CV \text{ 또는 } C = \frac{Q}{V} \text{ [F]}$$

여기서, C : 정전용량

(2) 두 도체 간의 정전용량

$$Q = CV_{AB} \text{ 또는 } C = \frac{Q}{V_{AB}} \text{ [F]}$$

여기서, C : 도체 간의 정전용량

단위는 [C/V]나 [F]로 쓰고 있다.

정전용량의 역수를 엘라스턴스(elastance) 또는 역용량이라 한다.

$$\text{elastance} = \frac{V}{Q} \left[\frac{1}{F} \right]$$

9 정전용량의 접속

(1) 직렬 접속

① 콘덴서의 각 단자 사이의 전위차를 V_1, V_2 라 하면

$$V_1 = \frac{Q}{C_1}$$

$$V_2 = \frac{Q}{C_2}$$

② $V = V_1 + V_2$이므로, 단자 a, b 사이의 합성 정전용량 C는

$$C = \frac{Q}{V} = \frac{Q}{V_1 + V_2} = \frac{Q}{\dfrac{Q}{C_1} + \dfrac{Q}{C_2}} = \frac{1}{\dfrac{1}{C_1} + \dfrac{1}{C_2}} \text{ [F]}$$

$$\frac{1}{C} = \frac{1}{C_1} + \frac{1}{C_2} \text{ [1/F]}$$

$$\therefore \quad C = \frac{C_1 C_2}{C_1 + C_2} \text{ [F]}$$

③ 그림과 같이 용량 두 개가 직렬 접속인 경우

$$\frac{V_1}{V_2} = \frac{C_2}{C_1}$$

$$V_1 = \frac{C_2}{C_1 + C_2} V, \quad V_2 = \frac{C_1}{C_1 + C_2} V$$

(2) 병렬 접속

① $Q_1 = C_1 V, \quad Q_2 = C_2 V$

② a, b 사이의 합성 정전용량 C는

$$C = \frac{Q}{V} = \frac{Q_1 + Q_2}{V} = \frac{C_1 V + C_2 V}{V} = C_1 + C_2 \ [\text{F}]$$

③ 그림과 같이 용량 두 개가 병렬 접속인 경우

$$\frac{Q_1}{Q_2} = \frac{C_1}{C_2}, \quad Q_1 = \frac{C_1}{C_1 + C_2} Q, \quad Q_2 = \frac{C_2}{C_1 + C_2} Q$$

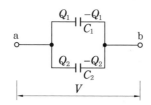

(3) 접속 변환의 정전용량

① $Y \rightarrow \Delta$ 변환

$$C_a = \frac{Y}{C_2}, \quad C_b = \frac{Y}{C_3}, \quad C_c = \frac{Y}{C_1}$$

(단, $Y = C_1 C_2 + C_2 C_3 + C_3 C_1$)

② $\Delta \rightarrow Y$ 변환

$$C_1 = \frac{C_a C_b}{\Delta}, \quad C_2 = \frac{C_b C_c}{\Delta}, \quad C_3 = \frac{C_a C_c}{\Delta}$$

(단, $\Delta = C_a + C_b + C_c$)

🔟 도체계의 에너지

(1) 한 개의 도체가 가진 에너지

$$W = \frac{1}{2}QV = \frac{1}{2}CV^2 = \frac{Q^2}{2C} \text{ [J]}$$

(2) n개의 도체계가 가진 에너지

$$W = \frac{1}{2}\sum_{i=1}^{n} Q_i V_i = \frac{1}{2}Q_1 V_1 + \frac{1}{2}Q_2 V_2 + \cdots\cdots + \frac{1}{2}Q_n V_n \text{ [J]}$$

(3) 인덕턴스의 접속

① 직렬 접속

$$L = L_1 + L_2 + 2M \text{ [H]}$$

화동 접속

$$L = L_1 + L_2 - 2M \text{ [H]}$$

차동 접속

② 병렬 접속

$$L = \frac{L_1 L_2 - M^2}{L_1 + L_2 + 2M} \text{ [H]}$$

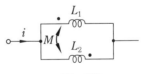

화동 결합

$$L = \frac{L_1 L_2 - M^2}{L_1 + L_2 - 2M} \text{ [H]}$$

차동 결합

4-2 ○ 교류회로

1 정현파 교류

(1) 사인파 교류 (sinusoidal wave AC)

시간의 변화에 따라서 크기와 방향이 주기적으로 변화하는 전류, 전압을 교류라 하며, 변화하는 파형이 사인파의 형태를 가지므로 사인파 교류라 한다.

$$i = I_m \sin\omega t \ [\text{A}]$$

$$v = V_m \sin\omega t \ [\text{A}]$$

여기서, I_m, V_m : 최댓값

ω : 각 주파수($= 2\pi f$)

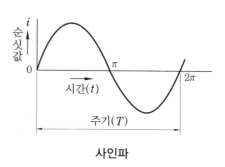

사인파

(2) 주기와 주파수

① 주기 : 1사이클의 변화에 요하는 시간을 주기 (period)라 한다. 기호는 T, 단위는 s (sec)로 나타낸다.

$$T = \frac{1}{f} \ [\text{s}]$$

여기서, T : 주기 (s), f : 주파수 (Hz)

② 주파수 : 1초 동안에 반복되는 사이클의 수를 주파수 (frequency)라 한다.

$$f = \frac{1}{T} \ [\text{Hz}]$$

③ 각속도 : 도체가 1회전하여 1Hz의 변화를 할 때 1s 동안의 각도의 변화율

$$\omega = \frac{2\pi}{T} = 2\pi f \ [\text{rad/s}]$$

(3) 위상 (phase)

2개 이상의 동일한 교류의 시간적인 차를 위상이라 한다.

$$v_1 = V_{m_1} \sin(\omega t + \theta_1) \ [\text{V}]$$

$$v_2 = V_{m_2} \sin(\omega t + \theta_2) \ [\text{V}]$$일 때

위상차 $\theta = \theta_1 - \theta_2 \ [\text{rad}]$

(4) 교류의 값

① 순싯값(instantaneous value) : 교류의 임의의 시간에 있어서 전압 또는 전류의 값을 순싯값이라 한다.

$$v = V_m \sin\omega t = \sqrt{2}\, V \sin\omega t \text{ [V]}$$

$$i = I_m \sin\omega t = \sqrt{2}\, I \sin\omega t \text{ [A]}$$

여기서, v : 전압의 순싯값 (V), V_m : 전압의 최댓값 (V)

ω : 각주파수 (rad/s), t : 시간 (s)

V : 실횻값 (V), i : 전류의 순싯값 (A)

I_m : 전류의 최댓값 (A)

② 최댓값(maximum value) : 순싯값 중에서 가장 큰 값을 최댓값이라 한다.

$$V_m = \sqrt{2}\, V \text{ [V]}$$

$$I_m = \sqrt{2}\, I \text{ [A]}$$

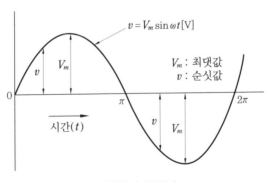

순싯값과 최댓값

③ 평균값 : 교류의 순싯값이 0이 되는 시점부터 다음의 0으로 되기까지의 양 (+)의 반주기에 대한 순싯값의 평균을 의미하며, 정현파에서 전압에 대한 평균값 V_a와 전압의 최댓값 V_m 사이에는

$$V_a = \frac{2}{\pi} V_m \fallingdotseq 0.637\, V_m (전파정류일 \text{ 때})$$

> **참고** 반파정류일 때 $V_a = \dfrac{V_m}{\pi}$

④ 실횻값 : 교류의 크기를 직류의 크기로 바꿔놓은 값을 실횻값이라 한다.

$$실횻값 = \sqrt{(순싯값)^2의 \ 합의 \ 평균}$$

일반적으로 표시되는 전압 및 전류는 실횻값을 나타내며, 정현파 교류에서 전압에 대한 실횻값 V와 최댓값 V_m 사이는 다음과 같이 나타낼 수 있다.

$$V = \frac{1}{\sqrt{2}} V_m = 0.707 V_m$$

참고 평균값 및 실효값(전류일 때)

① 평균값 : $I_{av} = \frac{2}{T} \int_0^{T/2} I_m \sin\omega t \, d(\omega t) = \frac{1}{\pi} \int_0^{\pi} I_m \sin\omega t \, d(\omega t) = \frac{2}{\pi} I_m = 0.637 I_m$

② 실횻값 : $I = \sqrt{\frac{1}{T} \int_0^T (I_m \sin\omega t)^2 \, d(\omega t)} = \sqrt{\frac{1}{2\pi} \int_0^{2\pi} (I_m \sin\omega t)^2 \, d(\omega t)} = \frac{I_m}{\sqrt{2}} = 0.707 I_m$

---

⑤ 파고율 및 파형률

㈎ 파고율 : 교류의 최댓값과 실횻값과의 비

$$파고율 = \frac{최댓값}{실횻값} = \frac{V_m}{V} = V_m \div \frac{V_m}{\sqrt{2}} = \sqrt{2} = 1.414$$

㈏ 파형률 : 실효값과 평균값과의 비

$$파형률 = \frac{실횻값}{최댓값} = \frac{V_m}{\sqrt{2}} \div \frac{2}{\pi} V_m = \frac{\pi}{2\sqrt{2}} = 1.111$$

2 교류전력

(1) 단상 교류전력

$v = \sqrt{2} \, V\sin\omega t \, [\text{V}]$, $i = \sqrt{2} \, I\sin(\omega t - \theta) \, [\text{A}]$라 하면,

① 순시전력 : $P = vi = VI\cos\theta - VI(2\omega t - \theta)$

② 유효전력 : $P = VI\cos\theta = I^2 R \, [\text{W}]$ (=소비전력=평균전력)

③ 무효전력 : $P_r = VI\sin\theta = I^2 X \, [\text{Var}]$

④ 피상전력 : $P_a = VI = \sqrt{P^2 + P_r^2} = I^2 Z \, [\text{VA}]$

(2) 3상 전력

① 유효전력 : $P = 3V_p I_p \cos\theta = \sqrt{3} \, V_l I_l \cos\theta = 3I_p^2 R \, [\text{W}]$

② 무효전력 : $P_r = 3V_p I_p \sin\theta = \sqrt{3} \, V_l I_l \sin\theta = 3I_p^2 X \, [\text{Var}]$

③ 피상전력 : $P_a = 3V_p I_p = \sqrt{3} \, V_l I_l = \sqrt{P^2 + P_r^2} = 3I_p^2 Z \, [\text{VA}]$

예상문제

1. e [C]의 전하가 V [V]의 전위차를 가진 두 점 사이를 이동할 때 전자가 얻는 에너지 W [J]는?

① $W = \dfrac{V}{e}$ ② $W = \dfrac{e}{V}$

③ $W = eV$ ④ $W = \dfrac{1}{eV}$

2. 다음 중 옴의 법칙에 대한 옳은 설명은 어느 것인가?

① 전압은 전류에 비례한다.
② 전압은 저항에 반비례한다.
③ 전압은 전류의 2승에 비례한다.
④ 전압은 전류에 반비례한다.

3. 다음 그림에서 저항 R [Ω]은?

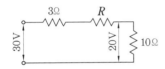

① 5   ② 3
③ 2   ④ 1

해설 ㉠ 전류 $I = \dfrac{V}{R} = \dfrac{20}{10} = 2$ A

즉, 10 Ω에 흐르는 전류는 전전류가 된다.
㉡ $V_3 = IR_3 = 2 \times 3 = 6$ V
㉢ R 양단의 전압강하 $V_R = 10 - 6 = 4$ V
㉣ $R = \dfrac{V}{I} = \dfrac{4}{2} = 2$ Ω

4. 다음과 같은 회로에서 a~b 간에 48 V의 전압을 가했을 때 c~d 간의 전위차는 몇 V 인가?

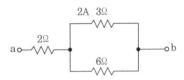

① 0 V   ② 4 V
③ 8 V   ④ 12 V

해설 ㉠ c점 전압

$$V_c = \frac{R_2}{R_1 + R_2} \cdot V = \frac{6}{2+6} \times 48 = 36 \text{ V}$$

㉡ d점 전압

$$V_d = \frac{R_4}{R_3 + R_4} \cdot V = \frac{8}{4+8} \times 48 = 32 \text{ V}$$

㉢ c~d점 전위차

$$V_{dc} = V_c - V_d = 36 - 32 = 4 \text{ V}$$

5. 그림과 같은 저항 회로에서 3 Ω의 저항의 회로에 흐르는 전류가 2 A이다. 단자 a~b 간의 전압강하는?

① 8 V   ② 10 V
③ 12 V   ④ 14 V

해설 ㉠ 3 Ω 양단 전압강하
$V = IR = 2 \times 3 = 6$ V
㉡ 6 Ω에 흐르는 전류

$$I = \frac{V}{R} = \frac{6}{6} = 1 \text{ A}$$

㉢ 전전류
$I_0 = 2 + 1 = 3$ A
㉣ 2 Ω 양단 전압강하

정답   **1.** ③   **2.** ①   **3.** ③   **4.** ②   **5.** ③

$$V = IR = 3 \times 2 = 6 \text{ V}$$
ⓓ $V_{ab} = 6 + 6 = 12 \text{ V}$

6. 최대눈금 100 mV, 저항 20 Ω 의 직류 전압계에 10 kΩ 의 배율기를 접속하면 몇 V까지 측정이 가능한가?

① 50 V　　　　② 60 V
③ 500 V　　　④ 600 V

해설 $V_0 = V \left(\dfrac{R}{R_m} + 1 \right)$

$$= 100 \times 10^{-3} \left(\dfrac{10 \times 10^3}{20} + 1 \right)$$

$$= 50 \text{ V}$$

7. 상호 유도계수 M을 두 코일의 자기 유도계수 L_1, L_2로 표시하면? (단, 결합계수는 k 라고 한다.)

① $k \sqrt{L_1 L_2}$　　② $2k \sqrt{L_1 L_2}$
③ $3k \sqrt{L_1 L_2}$　　④ $k L_1 L_2$

해설 $k = \dfrac{M}{\sqrt{L_1 L_2}}$ 에서, $M = k \sqrt{L_1 L_2}$

8. 자기 인덕턴스 10 mH의 코일에 직류 10 A를 흘릴 때 축적되는 에너지는?

① 0.5 J　　　　② 1.5 J
③ 3.5 J　　　　④ 4.5 J

해설 $W = \dfrac{1}{2} LI^2 = \dfrac{1}{2} \times 10 \times 10^{-3} \times 10^2 = 0.5$

9. 다음 그림에서 a~b 간의 합성 정전용량은 얼마인가?

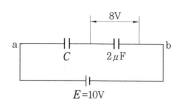

① 1.6 μF　　　　② 2.4 μF
③ 3.2 μF　　　　④ 6.3 μF

해설 $V_{C_1} = \dfrac{C_2}{C_1 + C_2} V$ 에서,

$$C = \dfrac{16}{10 - 8} = 8 \,\mu\text{F}$$

∴ 합성용량 $C = \dfrac{8 \times 2}{8 + 2} = 1.6 \,\mu\text{F}$

10. 그림과 같은 회로에 1 C의 전하를 충전시키려 한다. 이때 양쪽 단자 a~b 사이에 몇 V를 인가해야 하는가?

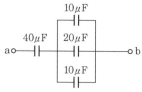

① 5×10^6 V　　② 5×10^4 V
③ 3×10^3 V　　④ 3×10^2 V

해설 합성용량 $C = \dfrac{40 \times 40}{40 + 40} = 20 \,\mu\text{F}$

∴ 전압 $V = \dfrac{Q}{C} = \dfrac{1}{20 \times 10^{-6}} = 5 \times 10^4$ V

11. 3 μF의 콘덴서를 4 kV로 충전하면 저장되는 에너지는 몇 J인가?

① 4 J　　　　② 8 J
③ 16 J　　　④ 24 J

해설 $W = \dfrac{1}{2} CV^2 = \dfrac{1}{2} \times 3 \times 10^{-6} \times 4000^2$

$$= 24 \text{ J}$$

12. 주기 $T = 0.002$ s의 교류 사인파에서 주파수 f [Hz]는 얼마인가?

① 400 Hz　　　② 500 Hz
③ 600 Hz　　　④ 700 Hz

해설 $f = \dfrac{1}{T} = \dfrac{1}{0.002} = 500$ Hz

13. $i = 50 \sin 314t$ 의 주기는 얼마인가?

① 0.2 s ② 0.02 s
③ 0.4 s ④ 0.04 s

해설 $T = \dfrac{1}{f} = \dfrac{1}{\dfrac{\omega}{2\pi}} = \dfrac{2\pi}{\omega} = \dfrac{6.28}{314} = 0.02$ s

※ $\omega = 2\pi f$ 에서, $f = \dfrac{\omega}{2\pi}$ [Hz]

14. 60 Hz의 각속도는 얼마인가?

① 314 rad/s ② 377 rad/s
③ 412 rad/s ④ 427 rad/s

해설 $\omega = 2\pi f = 2 \times \pi \times 60 = 120\pi = 377$ rad/s

15. 다음 그림의 사인파 순싯값을 나타낸 것은 어느 것인가?

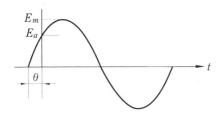

① $e = E_m \sin(\omega t - \theta)$
② $e = E_m \sin(\omega t + \theta)$
③ $e = E_a \sin(\omega t - \theta)$
④ $e = E_a \sin(\omega t + \theta)$

해설 θ 만큼 위상이 빠르기 때문에,
$\theta = E_m \sin(\omega t + \theta)$ [V]

16. 어떤 정현파 전압의 평균값이 191 V 이면 최댓값은 몇 V인가?

① 100 V ② 200 V
③ 300 V ④ 450 V

해설 $\text{Var} = \dfrac{2V_m}{\pi}$ 에서, $191 = \dfrac{2V_m}{3.14}$
∴ $V_m = 300$ V

17. 파고율을 바르게 나타낸 식은?

① $\dfrac{\text{최댓값}}{\text{실횻값}}$ ② $\dfrac{\text{실횻값}}{\text{최댓값}}$
③ $\dfrac{\text{실횻값}}{\text{평균값}}$ ④ $\dfrac{\text{평균값}}{\text{실횻값}}$

18. 역률 0.8, 소비전력 800 W인 단상 부하에서 30분간의 무효전력량은 몇 Varh인가?

① 100 Varh ② 200 Var
③ 300 Varh ④ 400 Varh

해설 $P_r = VI\sin\theta = \dfrac{800}{0.8} \times 0.6 \times \dfrac{30}{60}$
$= 300$ Varh

19. $V_m \sin\omega t$ [V]로서 표현되는 교류전압을 가하면 전력 P [W]를 소비하는 저항이 있다. 이 저항의 값(Ω)은 얼마인가?

① $\dfrac{V_m{}^2}{2P}$ ② $\dfrac{V_m{}^2}{P}$
③ $\dfrac{2V_m{}^2}{P}$ ④ $\dfrac{4V_m{}^2}{P}$

해설 $P = \dfrac{V^2}{R}$ 에서,

$R = \dfrac{V^2}{P} = \dfrac{(V_e)^2}{P} = \dfrac{\left(\dfrac{V_m}{\sqrt{2}}\right)^2}{P} = \dfrac{V_m{}^2}{2P}$

Chapter 05

자동제어설비

5-1 ○ 자동 제어계의 요소

(1) 제어계의 종류

① 개루프 제어계 : 가장 간편한 장치로서 제어 동작이 출력과 관계없이 신호의 통로가 열려 있는 제어 계통을 개루프 제어계라 한다.

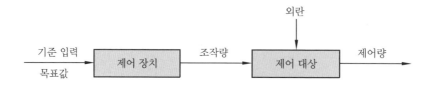

개회로 제어계의 기본 블록 선도

② 폐루프 제어계 : 출력의 일부를 입력방향으로 피드백시켜 목표값과 비교되도록 폐루프를 형성하는 제어계로서 피드백 제어계라 한다.

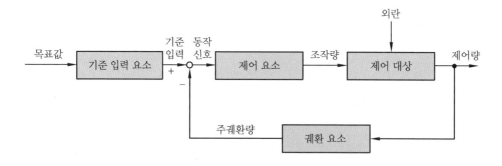

폐회로 제어계의 기본 블록 선도

(2) 자동 제어계의 특징

① 장점

㉮ 정확도, 정밀도가 높아진다.

㈏ 대량 생산으로 생산성이 향상된다.

㈐ 신뢰성이 향상된다.

② 단점

㈎ 공장 자동화로 인한 실업률이 증가된다.

㈏ 시설 투자비가 많이 든다.

㈐ 설비의 일부가 고장 시 전 라인 (line)에 영향을 미친다.

(3) 제어량의 성질에 의한 분류

① 프로세스 제어 : 온도, 유량, 압력, 액위, 농도, 밀도 등의 플랜트나 생산 공정 중의 상태량을 제어량으로 하는 제어로서 외란의 억제를 주목적으로 한다 (온도, 압력 제어장치 등).

② 서보 기구 : 물체의 위치, 방위, 자세 등의 기계적 변위를 제어량으로 해서 목표값이 임의의 변화에 추종하도록 구성된 제어계 (비행기 및 선박의 방향 제어계, 미사일 발사대의 자동 위치 제어계, 추적용 레이더, 자동 평형 기록계 등)이다.

③ 자동조정 : 전압, 전류, 주파수, 회전속도, 힘 등 전기적·기계적 양을 주로 제어하는 것으로서 응답속도가 대단히 빨라야 하는 것이 특징이다 (전전압장치, 발전기의 조속기 제어 등).

(4) 제어 목적에 의한 분류

① 정치 제어 : 제어량을 어떤 일정한 목표값으로 유지하는 것을 목적으로 하는 제어법

② 프로그램 제어 : 미리 정해진 프로그램에 따라 제어량을 변화시키는 것을 목적으로 하는 제어법

③ 추종 제어 : 미지의 임의 시간적 변화를 하는 목표값에 제어량을 추종시키는 것을 목적으로 하는 제어법

④ 비율 제어 : 목표값이 다른 것과 일정 비율 관계를 가지고 변화하는 경우의 추종 제어

(5) 제어 동작에 의한 분류

① ON–OFF 동작 : 설정값에 의하여 조작부를 개폐하여 운전한다. 제어 결과가 사이클링 (cycling) 또는 오프셋(offset)을 일으키며 응답속도가 빨라야 되는 제어계는 사용 불가능이다.

② 비례 제어(P 동작) : 검출값 편차의 크기에 비례하여 조작부를 제어하는 것으로 정상오차를 수반한다. 사이클링은 없으나 오프셋을 일으킨다.

③ 적분 제어(I 동작) : 적분값의 크기에 비례하여 조작부를 제어하는 것으로 오프셋을 소멸시키지만 진동이 발생한다.

④ 비례 적분 동작(PI 동작, 비례 reset 동작) : 오프셋을 소멸시키기 위하여 적분 동작을 부가시킨 제어 동작으로서 제어 결과가 진동적으로 되기 쉽다.

⑤ 미분 동작(D 동작, rate 동작) : 제어 오차가 검출될 때 오차가 변화하는 속도에 비례하여 조작량을 가감하는 동작

⑥ 비례 미분 동작(PD 동작) : 제어 결과에 속응성이 있도록 미분 동작을 부가한 것

⑦ 비례 적분 미분 동작(PID 동작) : 제어 결과의 단점을 보완시킨 제어로서 온도, 농도 제어 등에 사용된다.

5-2 ○ 시퀀스 제어 회로

(1) 조합 회로

회로 요소 또는 회로 중에서 시간 지연이 없는 것 또는 무시할 수 있을 때 그 출력 신호가 현재 입력 신호의 값만으로 결정되는 논리 회로를 조합 회로라 한다. 특징은 기억을 포함하지 않는 것이다.

(2) 순서 회로

시간 지연을 갖고 그 지연이 적극적인 역할을 하는 논리 회로를 순서 회로라 하며, 조합 회로보다 복잡하다. 특징은 기억을 가지고 있는 것이며, 시퀀스 제어 회로에서 대단히 유용한 역할을 한다.

(3) 명령 처리부 구성

시퀀스 제어 회로는 다음 그림에 나타나는 바와 같이 명령 처리부를 가지며, 이는 순서 제어 회로와 조작 회로의 2개 부분으로 나눈다. 순서 제어 회로는 조합 회로와 순서 회로로 되어 있고, 그 중의 조합 회로는 내부 상태의 제어에 사용되고 순서 회로는 보통 전력 수준이 높은 회로 요소로 되어 있다.

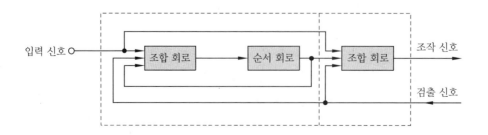

(4) 시퀀스 제어계의 구성

시퀀스 제어계는 일반적으로 다음 그림과 같이 각 블록 제어의 각 단계를 순차로 진행시킬 수 있게 되어 있으며, 그 체계를 만들기 위하여 필요한 신호가 블록 간을 연결하고 있다. 그림의 명령 처리부는 푸시버튼 등 기타의 입력장치로부터 오는 p개의 신호 및 제어 대상에 붙여진 검출단으로부터 오는 r개의 신호로 구성되는 $(p + r)$개의 입력 변수를 가지고 있다. 그 출력 변수로서는 조작단에 보내는 q개의 조작 신호가 있다.

제어 대상은 조작 신호를 입력 변수로 하고 제어 대상의 실제 상태를 출력 변수로 한다. 이 출력 변수는 각 검출단을 거쳐서 명령 처리부에 피드백이 된다.

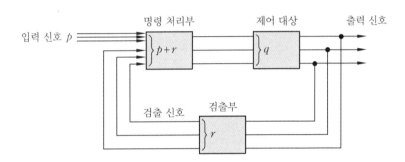

(5) 시퀀스 제어의 특징

① 입력 신호에서 출력 신호까지 정해진 순서에 따라 일방적으로 제어 명령이 정해진다.
② 어떠한 조건을 만족하여도 제어 신호가 전달된다.
③ 제어 결과에 따라 조작을 자동적으로 이행한다.

(6) 시퀀스 제어의 접점 도시 기호

명칭	그림 기호		적요
	a 접점	b 접점	
접점 (일반) 또는 수동 조작	(a) (b)	(a) (b)	• a 접점 : 평시에 열려 있는 접점 (NO) • b 접점 : 평시에 닫혀 있는 접점 (NC) • c 접점 : 전환 접점
수동 조작 자동 복귀 접점	(a) (b)	(a) (b)	손을 떼면 복귀하는 접점이고, 누름형, 당김형, 비틈형으로 공통이며, 버튼 스위치, 조작 스위치 등의 접점에 사용된다.

기계적 접점	(a) (b)	(a) (b)	리밋 스위치와 같이 접점의 개폐가 전기적 이외의 원인에 의하여 이루어지는 것에 사용된다.
조작 스위치 잔류 접점	(a) (b)	(a) (b)	
전기 접점 또는 보조 스위치 접점	(a) (b)	(a) (b)	
한시 동작 접점	(a) (b)	(a) (b)	특히, 한시 접점이라는 것을 표시할 필요가 있는 경우에 사용한다.
한시 복귀 접점	(a) (b)	(a) (b)	
수동 복귀 접점	(a) (b)	(a) (b)	인위적으로 복귀시키는 것인데, 전자식으로 복귀시키는 것도 포함된다. 예를 들면, 수동 복귀의 열전 계전기 접점, 전자 복귀식 벨 계전기 접점 등이 있다.
전자접촉기 접점	(a)　　　(c) (b)　　　(d)	(a)　　　(c) (b)　　　(d)	잘못이 생길 염려가 없을 때에는 계전 접점 또는 보조 스위치 접점과 똑같은 그림 기호를 사용해도 된다.
제어기 접점 (드럼형 또는 캠형)			그림은 하나의 접점을 가리킨다.

5-3 ㅇ 논리 시퀀스 회로

(1) 논리적 회로(AND gate)

2개의 입력 A와 B가 모두 '1'일 때만 출력이 '1'이 되는 회로로서 AND 회로의 논리식은 $X = A \cdot B$로 표시한다.

(2) 논리합 회로(OR gate)

입력 A 또는 B의 어느 한쪽이든가, 양자가 '1'일 때 출력이 '1'이 되는 회로로서 OR 회로의 논리식은 $X = A + B$로 표시한다.

(3) 논리 부정 회로(NOT gate)

입력이 '0'일 때 출력은 '1', 입력이 '1'일 때 출력은 '0'이 되는 회로로서 입력 신호에 대해서 부정(NOT)의 출력이 나오는 것이다. NOT 회로의 논리식은 $X = \overline{A}$로 표시한다.

(4) NAND 회로(NAND gate)

AND 회로에 NOT 회로를 접속한 AND-NOT 회로로서 논리식은 $X = \overline{A \cdot B}$가 된다.

(5) NOR(NOR gate)

OR 회로에 NOT 회로를 접속한 OR-NOT 회로로서 논리식은 $X = \overline{A + B}$가 된다.

(6) 배타적 논리합 회로(exclusive - OR gate)

입력 A, B가 서로 같지 않을 때만 출력이 '1'이 되는 회로이며, A, B가 모두 '1'이어서는 안 된다는 의미가 있다. 논리식은 $X = \overline{A} \cdot B + A \cdot \overline{B} = A \oplus B$로 표시된다.

(7) 한시 회로

① 한시 동작 회로 : 입력 신호가 0에서 1로 변할 때에만 출력 신호의 변화가 뒤지는 회로
② 한시 복귀 회로 : 입력 신호가 1에서 0으로 변할 때 출력 신호의 변화가 뒤지는 회로
③ 뒤진 회로 : 어느 때나 출력 신호의 변화가 뒤지는 회로

유무 접점 계전기와 논리 기호

회로	유접점	무접점	논리 기호	진리값표
AND 회로			 $X = A \cdot B$	A B X' 0 0 0 0 1 0 1 0 0 1 1 1
OR 회로			 $X = A + B$	A B X' 0 0 0 0 1 1 1 0 1 1 1 1
NOT 회로			 $X = \overline{A}$	A X' 0 1 1 0
NAND 회로			 $X = \overline{A \cdot B}$ $= \overline{A} + \overline{B}$	A B X' 0 0 1 0 1 1 1 0 1 1 1 0
NOR 회로			 $X = \overline{A + B}$ $= \overline{A} \cdot \overline{B}$	A B X' 0 0 1 0 1 0 1 0 0 1 1 0
exclusive −OR 회로			 $X = \overline{A} \cdot B + A \cdot \overline{B}$ $= A \oplus B$	A B X' 0 0 0 0 1 1 1 0 1 1 1 0

5-4 o 피드백 제어계

출력 신호를 입력 신호로 되돌려서 제어량의 목표값과 비교하여 정확한 제어가 가능하도록 한 제어계를 피드백 제어계 (feedback system) 또는 폐루프 제어계 (closed loop system)라 한다.

- 자동 제어 (automatic control) : 제어장치에 의해 자동적으로 행해지는 제어
- 제어 (control) : 기계나 설비 등을 사용 목적에 알맞도록 조절하는 것

(1) 피드백 제어계의 특징
① 정확성의 증가
② 계의 특성 변화에 대한 입력 대 출력비의 감도 감소
③ 비선형성과 외형에 대한 효과의 감소
④ 감대폭의 증가
⑤ 발진을 일으키고 불안정한 상태로 되어 가는 경향성
⑥ 구조가 복잡하고 시설비가 증가

(2) 제어계의 구성 및 용어 해설
① 제어 대상 (controlled system) : 제어하려고 하는 기계의 전체 또는 그 일부분이다.
② 제어 장치 (control device) : 제어를 하기 위해 제어 대상에 부착되는 장치이고, 조절부, 설정부, 검출부 등이 이에 해당된다.
③ 제어 요소 (control element) : 동작 신호를 조작량으로 변환시키는 요소이고, 조절부와 조작부로 이루어진다.
④ 제어량 (controlled value) : 제어 대상에 속하는 양으로, 제어 대상을 제어하는 것을 목적으로 하는 물리적인 양을 말한다.
⑤ 목표값 (desired value) : 제어량이 어떤 값을 목표로 정하도록 외부에서 주어지는 값이다.
⑥ 기준 입력 (reference input) : 제어계를 동작시키는 기준으로 직접 제어계에 가해지는 신호를 말한다.
⑦ 기준 입력요소 (reference input element) : 목표값을 제어할 수 있는 신호로 변환하는 요소이며 설정부라고 한다.
⑧ 외란 (disturbance) : 제어량의 변화를 일으키는 신호로 변환하는 장치이다.
⑨ 검출부 (detecting element) : 제어 대상으로부터 제어에 필요한 신호를 인출하는 부분이다.

⑩ 조절기(blind type controller) : 설정부, 조절부 및 비교부를 합친 것이다.

⑪ 조절부(controlling units) : 제어계가 작용을 하는 데 필요한 신호를 만들어 조작부에 보내는 부분이다.

⑫ 비교부(comparator) : 목표값과 제어량의 신호를 비교하여 제어 동작에 필요한 신호를 만들어 내는 부분이다.

⑬ 조작량(manipulated value) : 제어 요소가 제어 대상에 주는 양이다.

⑭ 편차 검출기(error detector) : 궤환 요소가 변환기로 구성되고 입력에도 변환기가 필요할 때에 제어계의 일부를 편차 검출기라 한다.

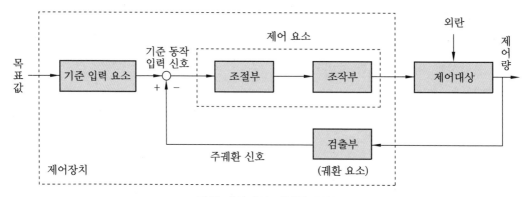

자동 제어계의 기본적 구성

예상문제

1. 피드백 제어에서 반드시 필요한 장치는 어느 것인가?

① 구동장치
② 응답속도를 빠르게 하는 장치
③ 안정도를 좋게 하는 장치
④ 입력과 출력을 비교하는 장치

해설 제어계의 구성 : 비교부, 증폭부, 조작부, 검출부, 피드백 회로

2. 다음 중 피드백 제어계에서 제어 요소에 대한 설명으로 옳은 것은?

① 목표값에 비례하는 신호를 발생하는 요소이다.
② 조작부와 검출부로 구성되어 있다.
③ 조절부와 검출부로 구성되어 있다.
④ 동작 신호를 조작량으로 변화시키는 요소이다.

해설 제어 요소 (control element) : 제어 동작 신호를 조작량으로 변환시키는 요소로서 조절부와 조작부가 있다.

3. 목표값이 미리 정해진 시간적 변화를 하는 경우 제어량을 그것에 추종시키기 위한 제어는 무엇인가?

① 프로그램 제어 ② 정치 제어
③ 추종 제어 ④ 비율 제어

해설 목표값이 미리 정해진 시간적 변화를 하는 추치 제어를 프로그램 제어라 하며, 열차의 무인 운전, 열처리로의 온도 제어 등이 이에 속한다.

4. 인공위성을 추적하는 레이더(radar) 의 제어 방식은?

① 정치 제어 ② 비율 제어

③ 추종 제어 ④ 프로그램 제어

해설 추종 제어 : 목적물의 변화에 추종하여 목표값이 변화할 경우(예를 들면 대공포 포신 제어, 레이더의 제어 등)

5. 자동 제어 분류에서 제어량의 종류에 의한 분류가 아닌 것은?

① 서보 기구 ② 프로세스 제어
③ 자동 조정 ④ 정치 제어

해설 • 제어량의 종류에 의한 분류 : 서보 기구, 프로세스 제어, 자동 조정
• 목표값에 의한 분류 : 정치 제어, 추치 제어

6. 다음 중 추치(追値) 제어에 속하지 않는 것은 어느 것인가?

① 프로그램 제어 ② 추종 제어
③ 비율 제어 ④ 위치 제어

해설 추치 제어 : 목푯값이 시간에 따라 변화할 경우로 자동추미 (自動追尾)라고도 하며 추종 제어, 프로그램 제어, 비율 제어 3가지가 있다.

7. 제어계가 부정확하고 신뢰성은 없으나 설치비가 저렴한 제어계는?

① 폐회로 제어계 ② 개회로 제어계
③ 자동 제어계 ④ 궤환 제어계

해설 개회로 제어계 : 신호의 흐름이 열려 있는 경우로 출력이 입력에 전혀 영향을 주지 못하며, 부정확하고 신뢰성은 없으나 설치비가 저렴한 제어계

8. 다음 시퀀스 제어에 관한 설명 중 옳지 않은 것은?

① 조합 논리 회로도 사용한다.
② 기계적 계전기도 사용된다.

③ 전체 계통에 연결된 스위치가 일시에 동작할 수도 있다.

④ 시간 지연 요소도 사용된다.

해설 시퀀스 제어 : 미리 정해 놓은 순서 또는 일정한 논리에 의하여 정해진 순서에 따라 제어의 각 단계를 순서적으로 진행하는 제어

9. 사이클링(cycling)을 일으키는 제어는 어느 것인가?

① 비례 제어　　② 미분 제어

③ ON-OFF 제어　④ 연속 제어

해설 ON-OFF 동작 : 제어량이 설정값에서 어긋나면 조작부를 전폐하여 운전을 정지하거나, 반대로 전개하여 운동을 시동하는 것으로서 제어 결과가 사이클링을 일으키며 오프셋(offset)을 일으키는 결점이 있다.

10. 제어량이 온도, 유량 및 액면 등과 같은 일반 공업량일 때의 제어는 어느 것인가?

① 프로세스 제어　② 자동 조정

③ 프로그램 제어　④ 추종 제어

해설 프로세스 제어 : 압력, 온도, 유량, 액위, 농도, 점도 등의 공업 프로세스의 상태량을 제어량으로 하는 제어계

11. 전압, 속도, 주파수, 장력 등을 제어량으로 하여 이것을 일정하게 유지하는 것을 목적으로 하는 제어는 어느 것인가?

① 정치 제어　　② 추치 제어

③ 자동 조정　　④ 추종 제어

해설 자동 조정(automatic regulation) : 전압, 속도, 주파수, 장력 등을 제어량으로 하여 이것을 일정하게 유지하는 것을 목적으로 하는 제어

12. 시한 제어(時限制御)란 다음 중 어떤 제어를 말하는가?

① 동작 명령의 순서가 미리 프로그램으로

짜여져 있는 제어

② 앞 단계의 동작이 끝나고 일정 시간이 경과한 후 다음 단계로 이동하는 제어

③ 각 시점에서의 조건을 논리적으로 판단하여 행하는 제어

④ 목적물의 변화에 따라 제어 동작이 행하여지는 제어

해설 시한 제어 : 네온사인의 점멸과 같이 일정 시간이 경과한 후에 어떤 동작이 일어나는 제어

13. PI 제어 동작은 프로세스 제어계의 정상 특성 개선에 흔히 쓰인다. 이것에 대응하는 보상 요소는 무엇인가?

① 지상 보상 요소

② 진상 보상 요소

③ 지진상 보상 요소

④ 동상 보상 요소

해설 PI 제어 동작은 정상 특성, 즉 제어의 정도를 개선하는 지상 요소이다. 따라서, 지상 보상의 특징은 다음과 같다.

① 주어진 안정도에 대하여 속도 편차 상수 K_V 가 증가한다.

② 시간 응답이 일반적으로 늦다.

③ 이득 여유가 증가하고 공진값 M_P가 감소한다.

④ 이득 교점 주파수가 낮아지며 대역폭은 감소한다.

※ 여기서, PI 동작은 지상 요소, PD 동작은 진상 요소에 대응된다.

14. 다음 중 offset 을 제거하기 위한 제어법은 어느 것인가?

① 비례 제어　　② 적분 제어

③ ON-OFF 제어　④ 미분 제어

해설 적분 제어(I 동작)는 잔류 편차(offset : 정상 상태에서의 오차)를 제거할 목적으로 사용된다.

15. 다음 제어계에서 적분 요소는?

① 물탱크에 일정 유량의 물을 공급하여 수위를 올린다.

② 트랜지스터에 저항을 접속하여 전압증폭을 한다.

③ 마찰계수, 질량이 있는 스프링에 힘을 가하여 그 변위를 구한다.

④ 물탱크에 열을 공급하여 물의 온도를 올린다.

해설 ② 비례 요소, ③ 2차 뒤진 요소, ④ 1차 뒤진 요소

16. 다음 그림과 같은 논리 회로는?

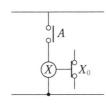

① OR 회로　　② AND 회로
③ NOT 회로　　④ NAND 회로

17. 다음 그림과 같은 논리 회로는?

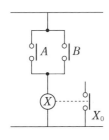

① OR 회로　　② AND 회로
③ NOT 회로　　④ NOR 회로

해설 A, B 중 어느 한 개가 ON 되면 X_0 이 ON 되므로 OR 회로이다.

18. 다음 그림과 같은 계전기 접점 회로의 논리식은?

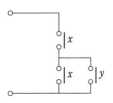

① $x \cdot (x-y)$　　② $x+x \cdot y$
③ $x+(x+y)$　　④ $x \cdot (x+y)$

19. 그림과 같은 회로는 어떤 회로를 조합한 것인가?

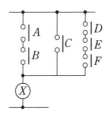

① OR 회로와 NOR 회로
② OR 회로와 NOT 회로
③ AND 회로와 NOT 회로
④ AND 회로와 OR 회로

20. 그림과 같이 2개의 인버터(inverter)를 연결했을 때의 출력은?

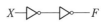

① $F = X$　　② $F = \overline{X}$
③ $F = 0$　　④ $F = X^2$

21. 그림과 같은 논리 회로의 출력 Y는?

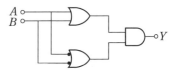

① $A+B$　　　　② AB

③ $A\oplus B$　　　　④ $\overline{AB}$

[해설] $y=(A+B)\cdot(\overline{A}+\overline{B})$
$$=A\overline{A}+A\overline{B}+\overline{A}B+B\overline{B}$$
$$=A\overline{B}+\overline{A}B=A\oplus B$$

22. 다음 논리식 중 옳지 않은 것은?

① $A+A=A$　　② $A\cdot A=A$

③ $A+\overline{A}=1$　　④ $A\cdot\overline{A}=1$

[해설] 보원의 법칙에 의하여,
$$A+\overline{A}=1,\ A\cdot\overline{A}=0$$

23. 다음 중 전자접촉기의 보조 a 접점에 해당되는 것은?

① 　　　　②

③ 　　　　④

[해설] 접점에 대해서는 a 접점은 ⌐⌐, ⌐│로 표시하며 b 접점은 ᵕᵕ, ┟로 표시한다.

24. 다음 중 계전기 전자코일의 그림 기호가 아닌 것은?

① ———┤├——　　② ———/\/\/\———

③ ———⌒⌒⌒———　　④ ———◯———

25. 다음 그림의 회로는 어느 게이트 (gate) 에 해당되는가?

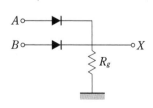

① OR　　　　② AND

③ NOT　　　　④ NOR

[해설] 입력 신호 A, B 중 어느 하나라도 1이면 출력 신호 X가 1이 되는 OR gate이다.

26. 그림과 같은 회로의 전달함수는?

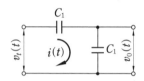

① C_1+C_2　　　② $\dfrac{C_2}{C_1}$

③ $\dfrac{C_1}{C_1+C_2}$　　　④ $\dfrac{C_2}{C_1+C_2}$

[해설] $G(s)=\dfrac{V_0(s)}{V_t(s)}=\dfrac{\dfrac{1}{C_2\,s}}{\dfrac{1}{C_1\,s}+\dfrac{1}{C_2\,s}}$

$$=\dfrac{\dfrac{1}{C_2\,s}}{\dfrac{1}{s}\left(\dfrac{C_1+C_2}{C_1C_2}\right)}=\dfrac{C_1}{C_1+C_2}$$

27. 다음 사항 중 옳게 표현된 것은?

① 비례 요소의 전달함수는 $\dfrac{1}{Ts}$ 이다.

② 미분 요소의 전달함수는 K 이다.

③ 적분 요소의 전달함수는 Ts 이다.

④ 1차 지연 요소의 전달함수는 $\dfrac{K}{Ts+1}$ 이다.

[해설] ① 비례 요소의 전달함수 : K
　② 미분 요소의 전달함수 : Ks
　③ 적분 요소의 전달함수 : $\dfrac{K}{s}$

공조제어설비

(1) 증폭기기의 종류

전기식, 공기식, 유압식 등

구분	전기계	기계계
정지기	진공관, 트랜지스터 사이리스터 (SCR, 사이러트론, 자기 증폭기)	공기식 (노즐 플래퍼, 벨로스) 유압식 (안내 밸브) 지렛대
회전기	앰플리다인, 로토트롤	

(2) 조절기기

검출부에서 측정된 제어량을 기준입력과 비교하여 2차의 동작 신호를 증폭하여 조작량으로 변환하여 조작부에 보내는 곳이다.

① 연속 동작 : 동작 신호를 x_i, 조작량을 x_0이라 하면

㈎ 비례 동작 (P 동작) : $x_0 = K_p\, x_i$ [단, K_p : 비례이득 (비례감도)]

㈏ 적분 동작 (I 동작) : $x_0 = \dfrac{1}{T_1} \displaystyle\int x_i\, dt$ (단, T_1 : 적분시간)

㈐ 미분 동작 (D 동작) : $x_0 = T_D \dfrac{dx_i}{dt}$ (단, T_D : 미분시간)

㈑ 비례＋적분 동작 (PI 동작) : $x_0 = K_p\left(x_i + \dfrac{1}{T_I}\displaystyle\int x_i\, dt\right)$

㈒ 비례＋미분 동작 (PD 동작) : $x_0 = K_p\left(x_i + T_D \dfrac{dx_i}{dt}\right)$

㈓ 비례＋적분＋미분 동작 (PID 동작) : $x_0 = K_p\left(x_i + \dfrac{1}{T_I}\displaystyle\int x_i\, dt + T_D \dfrac{dx_i}{dt}\right)$

② 불연속 동작 (non－continuous－data control) : 제어량과 목표값을 비교하여 편차가 어느 값 이상일 때 조작 동작을 하는 경우로서 릴레이형 (일명 개폐형 : ON-OFF type) 제

어계가 이에 속하며, 열, 온도, 수위면 조정 등에 사용된다 (예 냉동기, 전기다리미, 난방용 보일러 등).

③ 샘플값 제어 (sampled-data control) : 제어 신호가 계속적으로 측정한 샘플값 제어라 한다. 제어계의 일부에서 반드시 펄스 (pulse) 열로 전송된다 (예 주사 레이더 (radar tracking).

(3) 전기식 증폭기기의 특징

구분	전자관	트랜지스터	사이러트론	SCR	계전기	자기 증폭기	앰플리다인
입력신호	DC, AC		DC, AC 펄스		DC, AC	DC, AC	DC
출력신호	DC, AC		사인파의 일부		ON-OFF 신호	사인파의 일부	DC
시정수	수 μs		수 $100\,\mu s$	$10 \sim 20\,\mu s$	수 ms	전원 반주기 이상	$5 \sim 50$ ms
전달함수	K		$\dfrac{K}{1+sT}$	K	K	$\dfrac{K}{1+sT}$	$\dfrac{K}{s(1+sT_1)(1+sT_2)}$
출력	10 W	2~10 W	100~500 W	10~104 W		5~10 W	0.5~5 W
에너지원	DC		AC		DC, AC	AC	토크

(4) 조작기기

① 종류

㉮ 전기계 : 전자밸브, 2상 서보 전동기, 직류 서보 전동기, 펄스 전동기

㉯ 기계계 : 클러치, 다이어프램 밸브, 밸브 포지셔너, 유압식 조작기(조작 실린더, 조작 피스톤 등)

② 특성

구분	전기식	공기식	유압식
적응성	대단히 넓고, 특성의 변경이 쉽다.	PID 동작을 만들기 쉽다.	관성이 적고, 큰 출력을 얻기가 쉽다.
속응성	늦다.	장거리에서는 어렵다.	빠르다.
전성	장거리의 전송이 가능하고, 지연이 적다.	장거리가 되면 지연이 크다.	지연은 적으나, 배관에서 장거리 전송은 어렵다.
부피, 무게에 대한 출력	감속장치가 필요하고, 출력은 작다.	출력은 크지 않다.	저속이고, 큰 출력을 얻을 수 있다.
안전성	방폭형이 필요하다.	안전하다.	인화성이 있다.

(5) 검출기의 종류

① 자동 조정용

㈎ 전압 검출기 : 전자관 및 트랜지스터 증폭기, 자기 증폭기

㈏ 속도 검출기 : 회전계 발전기, 주파수 검출법, 스피더

② 서보 기구용

㈎ 전위차계 : 권선형 저항을 이용하여 변위, 변각을 측정

㈏ 차동 변압기 : 변위를 자기 저항의 불균형으로 변환

㈐ 싱크로 : 변각을 검출

㈑ 마이크로 신 : 변각을 검출

(6) 공정 제어용

압력계	① 기계식 압력계 (벨로스, 다이어프램, 부르동관) ② 전기식 압력계 (전기저항 압력계, 피라니 진공계, 전리 진공계)
유량계	① 조리개 유량계 ② 넓이식 유량계 ③ 전자 유량계
액면계	① 차압식 액면계 (노즐, 오리피스, 벤투리관) ② 플로트식 액면계
온도계	① 저항 온도계 (백금, 니켈, 구리, 서미스터) ② 열전 온도계 (백금−백금 로듐, 크로멜−알루멜, 철−콘스탄탄, 동−콘스탄탄) ③ 압력형 온도계 (부르동관) ④ 바이메탈 온도계 ⑤ 방사 온도계 ⑥ 광온도계
가스 성분계	① 열전도식 가스 성분계 ② 연소식 가스 성분계 ③ 자기 산소계 ④ 적외선 가스 성분계
습도계	① 전기식 건·습구 습도계 ② 광전관식 노점 습도계
액체 성분계	① pH계 ② 액체 농도계

(7) 변환 요소의 종류

변환량	변환 요소
압력 → 변위	벨로스, 다이어프램, 스프링
변위 → 압력	노즐 플래퍼, 유압 분사관, 스프링
변위 → 임피던스	가변 저항기, 용량형 변환기, 가변 저항 스프링
변위 → 전압	퍼텐쇼미터, 차동 변압기, 전위차계
전압 → 변위	전자석, 전자코일
광 ↗ 임피던스	광전관, 광전도 셀, 광전 트랜지스터
광 ↘ 전압	광전지, 광전 다이오드
방사선 → 임피던스	GM관, 전리함
온도 → 임피던스	측온 저항 (열선, 서미스터, 백금, 니켈)
온도 → 전압	열전대 (백금−백금 로듐, 철−콘스탄탄, 구리−콘스탄탄, 크로멜−알루멜)

6-2 ─ㅇ 서보 전동기

(1) DC 서보 전동기

제어용의 전기적 동력으로는 주로 DC 서보 전동기가 사용된다. 이 전동기에는 분권식, 직권식 및 복권식 등이 있다. 분권식은 분권 권선에 흐르는 전류를 가감하여 그 속도를 제어할 수 있고 직권식은 전기자에 흐르는 전류에 의하여 속도 제어를 한다.

구분	전기자 제어	계자 제어
운전 조건	일정 계자	정전류 전원 또는 고저항 등으로 일정 전류 공급
제어 압력	전기자에 가한다.	계자에 가한다.
증폭기 용량	큰 것이 필요	작다.
댐핑	내부 댐핑	외부 댐핑
출력	크다.	작다.

(2) AC 서보 전동기

AC 서보 전동기는 그다지 큰 토크가 요구되지 않는 계에 사용되는 전동기이다. 이 전동기에는 기준 권선과 제어 권선의 두 가지 권선이 있으며 90° 위상차가 있는 2상 전압을 인가하여 회전 자계를 만들어 회전시키는 유도전동기이다.

다음은 일반용 단상 유도전동기와의 차이점이다.
① 기동, 정지 및 역전의 동작을 자주 반복한다.
② 속응성이 충분히 높다 (시정수가 작다).
③ v_c =0일 때는 기동해서는 안 되고 v_c =0이 되었을 때 곧 정지해야 한다.
④ 적당한 내부 제동 특성을 가져야 한다.
⑤ 전류를 흘리고 있으면서 정지하고 있는 시간이 길기 때문에 발열이 크다. 따라서, 강제 냉각을 채용하여야 한다.
⑥ 회전방향에 따라 특성의 차가 작아야 한다.
⑦ 과부하에 견디도록 충분한 기계적 강도가 필요하다.
⑧ 높은 신뢰도가 필요하다.

(3) DC 서보 전동기와 AC 서보 전동기의 비교

DC 서보 전동기	AC 서보 전동기
브러시의 마찰에 의한 부동작 시간(지연 시간)이 있다.	마찰이 적다(베어링 마찰뿐이다).
정류자와 브러시의 손질이 필요하다.	튼튼하고 보수가 쉽다.
직류 전원이 필요하고, 또한 회로의 독립이 곤란하다.	회로는 절연변압기에 의해 쉽게 독립시킬 수 있다.
직류 서보 증폭기는 드리프트에 문제가 있다.	비교적 제어가 용이하다.
기동토크는 AC 식보다 월등히 크다.	토크는 DC 식에 비하여 뒤떨어진다.
회전속도를 임의로 선정할 수 있다.	극수와 주파수로 회전수가 결정된다.
회전 증폭기, 제어 발전기의 조합으로 대용량의 것을 만들 수 있다.	대용량의 것은 2차 동손 때문에 온도 상승에 대한 특별한 고려를 해야 한다.
전기자 및 계자에 의해서 제어할 수 있다.	전압 및 위상 제어를 할 수 있다.
계자에 여러 종류의 제어 권선을 병용할 수 있다.	제어 전압의 임피던스가 특성에 영향을 미친다.

6-3 ─o 정류기

(1) 정류 회로의 기초

① 맥동률(ripple factor)

$$\nu = \frac{\text{출력전압(전류에 포함된 맥동분)}}{\text{출력전압(전류의 직류분)}} \times 100\,\%$$

$$= \frac{E_{rms}}{E_{do}} \times 100\,\% = \frac{I_{rms}}{I_{do}} \times 100\,\%$$

여기서, E_{rms} : 직류 출력전압 교류분(V), E_{do} : 직류 출력전압(V)
I_{rms} : 직류 출력전류 교류분(A), I_{do} : 직류 출력전류(A)

② 정류 효율(efficiency of rectification)

$$\eta_R = \frac{\text{직류 출력}}{\text{교류 입력}} \times 100\,\% = \frac{P_{dc}}{P_{ac}} \times 100\,\%$$

③ 최대 역전압(peak inverse voltage) : 다이오드에 걸리는 역방향 최대전압

(2) 단상 정류 회로

파형	최댓값	실횟값	평균값	파형률	파고율	일그러짐률
사인파	V_m	$\dfrac{V_m}{\sqrt{2}}$	$\dfrac{2V_m}{\pi}$	$\dfrac{\pi}{2\sqrt{2}}=1.11$	$\sqrt{2}=1.414$	0
구형파	V_m	V_m	V_m	1	1	0.4834
전파정류	V_m	$\dfrac{V_m}{\sqrt{2}}$	$\dfrac{2V_m}{\pi}$	$\dfrac{\pi}{2\sqrt{2}}=1.11$	$\sqrt{2}=1.414$	0.2273
반파정류	V_m	$\dfrac{V_m}{2}$	$\dfrac{V_m}{\pi}$	$\dfrac{\pi}{2}=1.571$	2	0.4352
삼각파	V_m	$\dfrac{V_m}{\sqrt{3}}$	$\dfrac{V_m}{2}$	$\dfrac{2}{\sqrt{3}}=1.155$	$\sqrt{3}=1.732$	0.1212

(3) 회전 변류기

① 전압비

$$\frac{E_l}{E_d}=\frac{1}{\sqrt{2}}\sin\frac{\pi}{m}$$

여기서, E_l : 슬립 링 사이의 전압 (V), E_d : 직류 전압 (V)

② 전류비

$$\frac{I_l}{I_d}=\frac{2\sqrt{2}}{m\cos\theta}$$

여기서, I_l : 교류측 선전류 (A), I_d : 직류측 전류 (A)

(4) 수은 정류기

① 음극 강하 : 약 10 V 정도

② 양극 강하 : 약 4~7 V 정도

③ 음극과 양극의 강하 (양광주 강하) : 약 0.05~0.3V/cm × 아크 길이

이상의 3가지 강하를 합한 아크 전압은 16~30 V 정도이다.

6-4 ○ 사이리스터

(1) 역저지 3단자 사이리스터 (SCR)

① 일반적으로 사이리스터라고 하면 이것을 말한다. 이것의 기본 특성은 그림과 같다.

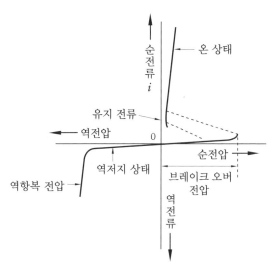

사이리스터의 전압 − 전류 특성

② 일반적인 사이리스터 (SCR)는 그림과 같은 특성이 있고 브레이크 오버 전압과 항복 전압 사이에서 사용된다. 그러나 사용 중에 외부로부터 침입하는 서지 전압 등을 고려하여 사용 전압은 일반 정격의 $\dfrac{1}{1.5} \sim \dfrac{1}{2.5}$ 정도로 한다.

정상적인 사용법은 사이리스터에 순전압을 가하여 게이트 전류를 줌으로써 ON 상태 (turn−ON)로 하여, 일단 ON 상태가 되면 어떤 값의 전류 (유지 전류)가 흐르게 되어 게이트를 OFF 하여도 전류는 계속 흐른다. 다음에 ON 상태에서 OFF 상태 (turn−OFF) 로 하려면 애노드와 캐소드 사이에 역전압을 가하거나 사이리스터에 흐르는 유지 전류 이하로 한다.

사이리스터의 그림 기호

SCR	GTO	LASCR	TRIAC	사이리스터(KS 규격)
A⫤K G	A⫤K G	A⫤K		

(2) 게이트 턴오프 사이리스터(GTO)

역저지 3단자 사이리스터에 속하지만, 게이트에 정(+)의 펄스 게이트 전류를 통하게 함으로써 ON 상태로 트리거할 수 있게 함과 동시에, 게이트에 부(−)의 펄스 게이트 전류를 통하게 함으로써 turn − OFF 하는 능력을 가질 수 있게 한 것이다.

(3) 광 트리거 사이리스터(LASCR)

사이리스터의 게이트 트리거 전류를 입사광으로 치환한 것으로 빛을 조사하여 점호시키는 것이다.

(4) 트라이액(TRIAC)

순·역 어느 방향으로도 게이트 전류에 의해 도통할 수 있는 소위 AC 스위치이다.

(5) 반도체 소자의 부호

명칭	특성	부호
정류용 다이오드	주로 실리콘 다이오드가 사용된다.	원은 혼동할 우려가 없을 때는 생략해도 된다.
제너 다이오드(zener diode)	주로 정전압 전원 회로에 사용된다.	
발광 다이오드(LED)	화합물 반도체로 만든 다이오드로 응답속도가 빠르고 정류에 대한 광출력이 직선성을 가진다.	
TRIAC	양방향성 스위칭 소자로서 SCR 2개를 역병렬로 접속한 것과 같다.	T_2 T_1 G
DIAC	네온관과 같은 성질을 가진 것으로서 주로 SCR, TRIAC 등의 트리거 소자로 이용된다.	T_2 T_1
배리스터	주로 서지 전압에 대한 회로 보호용으로 사용된다.	
SCR	단방향 대전류 스위칭 소자로서 제어를 할 수 있는 정류 소자이다.	A K G
PUT	SCR과 유사한 특성으로 게이트(G) 레벨보다 애노드(A) 레벨이 높아지면 스위칭하는 기능을 가진 소자이다.	A K G

CDS	광 – 저항 변환 소자로서 감도가 특히 높고, 값이 싸며 취급이 용이하다.	
서미스터	부온도 특성을 가진 저항기의 일종으로서 주로 온도 보상용으로 쓰인다.	
UJT (단일 접합 트랜지스터)	증폭기로는 사용이 불가능하고, 톱니파나 펄스 발생기로 작용하며 SCR의 트리거 소자로 쓰인다.	

>>> 제6장　　　　　예상문제

1. 다음 중 변위→ 전압 변환 장치는 어느 것인가?

① 벨로스　　　　　② 노즐 플래퍼
③ 서미스터　　　　④ 차동 변압기

해설　① 벨로스 : 압력→ 변위
　　② 노즐 플래퍼 : 변위→ 압력
　　③ 서미스터 : 온도→ 전압
　　④ 차동 변압기 : 변위→ 전압

2. 백열전등의 점등 스위치는 다음 중 어떤 스위치인가?

① 복귀형 a 접점 스위치
② 복귀형 b 접점 스위치
③ 유지형 스위치
④ 검출 스위치

해설　한 번 조작을 하면 반대의 조작을 할 때까지 접점의 개폐 상태가 그대로 지속되므로 유지형 스위치이다.

3. 회전 운동계의 각속도를 전기적 요소로 전환시키면 상대적 관계는?

① 전압　　　　　　② 전류

③ 정전용량　　　　④ 인덕턴스

해설　• 전압 : 토크
　• 전류 : 각속도
　• 저항 : 회전마찰
　• 정전용량 : 비틀림 강도
　• 인덕턴스 : 관성모멘트
　• 전하 : 각도

4. 다음의 제어 스위치 중 조작 스위치에 해당되지 않는 것은?

① push button 스위치
② rotary 스위치
③ toggle 스위치
④ limit 스위치

5. 다음 중 검출용 스위치의 작용에 이용되지 않는 것은?

① 리밋 스위치　　② 광전 스위치
③ 온도 스위치　　④ 푸시버튼 스위치

6. 다음 중 온도 조절 모터 제어기의 사용에 가장 기본적인 것이 아닌 것은?

정답　1. ④　2. ③　3. ②　4. ④　5. ④　6. ②

① 바이메탈　　② 센싱 밸브
③ 인덕턴스　　④ 서미스터

7. 스텝 컨트롤러(step controller)에 의하여 제어되는 기기는 어느 것인가?

① 직팽식 냉각코일
② 증기용 가열코일
③ 전기식 가열코일
④ 냉수용 냉각코일

8. 팬 릴레이(fan relay)에 관한 설명 중 틀린 것은?

① 겨울에 팬 제어를 한다.
② 팬 모터를 작동시킨다.
③ 접점은 팬 모터에 흐르는 전류에 견딜 수 있는 용량을 가져야 한다.
④ 릴레이는 정상폐쇄 접점만을 가진다.

9. 다음 과도응답에 관한 설명 중 옳지 않은 것은 어느 것인가?

① 오버슈트는 응답 중에 생기는 입력과 출력 사이의 오차량을 말한다.
② 지연시간(delay time)이란 응답이 최초로 희망값의 10 % 진행되는 데 요하는 시간을 말한다.
③ 감쇠비 = $\dfrac{제2의 오버슈트}{최대 오버슈트}$
④ 입상시간(rise time)이란 응답이 희망값의 10 %에서 90 %까지 도달하는 데 요하는 시간을 말한다

해설 지연시간(delay time)은 응답이 최초로 희망값의 50 % 진행되는 데 요하는 시간이다.

10. 다음 그림은 펄스파를 확대한 것이다. a 는 무엇이라 하는가?

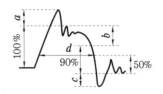

① 오버슈트　　② 언더슈트
③ 스파이크　　④ 새그

해설 • a : 오버슈트(overshoot)
　• b : 새그(sag)
　• c : 언더슈트(undershoot)

11. 제어계의 전향 경로 이득이 증가할수록 일반적으로 어떻게 되는가?

① 최대 초과량은 증가한다.
② 정상 시간이 짧아진다.
③ 상승 시간이 늦어진다.
④ 오차가 증가한다.

해설 제어계의 전향 경로 이득이 증가할수록 상승 시간은 빨라지며 정상 상태에서의 오차를 감소시킬 수 있다. 그러나 이득이 클수록 오버슈트는 증가되고, 이득이 지나치게 크면 정상 상태에 도달하기까지의 진동 시간이 길어지게 되며 제어계는 불안정해지기 쉽다.

12. 파워 파일 시스템에 관한 설명 중 틀린 것은 어느 것인가?

① 250~750 mV까지 발생 가능하다.
② 단순한 열전대들로 이루어졌다.
③ 밀리볼트 제어 회로에는 전동작 전류를 발생시키는 데 사용한다.
④ 30 mV 정도의 제어장치에도 사용 가능하다.

13. 오차의 크기와 오차가 발생하고 있는 시간에 둘러싸인 면적의 크기에 비례하여 조작부를 제어하는 것으로 offset 을 소멸시켜 주는

동작은 무엇인가?

① 적분 동작   ② 미분 동작

③ 비례 동작   ④ ON-OFF 동작

14. 다음 제어 방법에 대한 설명 중에서 틀린 것은?

① 2위치 동작 : ON-OFF 동작이라고도 하며, 편차의 +, -에 따라 조작부를 전폐 또는 전개하는 것이다.

② 비례 동작 : 편차의 크기에 비례한 조작 신호를 낸다.

③ 적분 동작 : 편차의 적분치(積分値)에 비례한 조작신호를 낸다.

④ 미분 동작 : 편차의 미분치(微分値)에 비례한 조작신호를 낸다.

15. 가정용 전기냉장고의 제어동작에 해당되는 것은 어느 것인가?

① 시퀀스 제어

② 서보 기구 제어

③ 불연속 제어

④ 프로세스 제어

16. 직류 서보모터와 교류 2상 서보모터의 비교에서 잘못된 것은?

① 교류식은 회전 부분이 마찰이 크다.

② 기동토크는 직류식이 월등히 크다.

③ 회로의 독립은 교류식이 용이하다.

④ 대용량의 제작은 직류식이 용이하다.

해설 교류식은 베어링 마찰뿐으로 마찰이 작다.

17. 자동 제어장치에 쓰이는 서보모터의 특성을 나타낸 것 중 옳지 않은 것은?

① 빈번한 기동, 정지, 역전 등에 고장이 적고 큰 돌입전류에 견딜 수 있는 구조일 것

② 기동토크는 크나, 회전부의 관성모멘트가 작고 전기적 시정수가 짧을 것

③ 발생토크는 입력 신호에 비례하고 그 비가 클 것

④ 직류 서보모터에 비하여 교류 서보모터의 기동토크가 매우 클 것

해설 기동토크는 직류식이 교류식보다 월등히 크다.

18. 다음 서보모터의 특성 중 옳지 않은 것은?

① 기동토크가 클 것

② 회전자의 관성모멘트가 작을 것

③ 제어 권선 전압 v_c가 0일 때 기동할 것

④ 제어 권선 전압 v_c가 0일 때 속히 정지할 것

해설 $v_c = 0$일 때 기동해서는 안 되고 곧 정지해야 한다.

19. 제어계에 가장 많이 사용되는 전자 요소는 무엇인가?

① 증폭기   ② 변조기

③ 주파수 변환기   ④ 가산기

20. 서보 전동기는 서보 기구에서 주로 어느 부위 기능을 맡는가?

① 검출부   ② 제어부

③ 비교부   ④ 조작부

21. 회전형 증폭기기는 어느 것인가?

① 자기 증폭기   ② 앰플리다인

③ 사이리스터   ④ 사이러트론

22. 제어용 증폭기기로서 요망되는 조건이 아닌 것은?

① 수명이 길 것   ② 늦은 응답일 것

③ 큰 출력일 것   ④ 안정성이 높을 것

정답   14. ④   15. ③   16. ①   17. ④   18. ③   19. ①   20. ④   21. ②   22. ②

해설 제어용 증폭기기는 안정, 빠른 응답, 큰 출력, 간단한 보수, 튼튼하고 수명이 긴 것이 요망된다.

23. 자기 증폭기의 장점이 아닌 것은?

① 정지기기로 수명이 길다.
② 한 단당의 전력 증폭도가 큰 직류 증폭기이다.
③ 소전력에서 대전력까지 임의로 사용할 수 있다.
④ 응답속도가 빠르다.

해설 자기 증폭기는 다른 증폭기에 비하여 ①, ②, ③과 같은 장점이 있으나 응답속도가 늦은 (0.01~0.1 s) 결점이 있다.

24. AC 서보전동기(AC servomotor)의 설명 중 옳지 않은 것은?

① AC 서보전동기는 그다지 큰 회전력이 요구되지 않는 계에 사용되는 전동기이다.
② 이 전동기에는 기준권선과 제어권선의 두 고정자 권선이 있으며, 90° 위상차가 있는 2상 전압을 인가하여 회전 자계를 만든다.
③ 고정자의 기준권선에는 정전압을 인가하며 제어권선에는 제어용 전압을 인가한다.
④ 이 전동기의 속도 회전력 특성을 선형화하고, 제어 전압의 입력으로 회전자의 회전각을 출력해 보았을 때 이 전동기의 전달함수는 미분 요소와 2차 요소의 직렬 결합으로 볼 수 있다.

해설 AC 서보전동기의 전달함수는 적분 요소와 2차 요소의 직렬 결합으로 취급된다.

25. 사이리스터에서 래칭 전류에 관한 설명으로 옳은 것은?

① 게이트를 개방한 상태에서 사이리스터가 도통 상태를 유지하기 위한 최소의 순전류
② 게이트 전압을 인가한 후에 급히 제거한 상태에서 도통 상태가 유지되는 최소의 순전류
③ 사이리스터의 게이트를 개방한 상태에서 전압을 상승하면 급히 증가하게 되는 순전류
④ 사이리스터가 턴 온하기 시작하는 순전류

해설 ㉠ 유지 전류(holding current) : 게이트의 개방 상태에서 SCR이 도통되고 있을 때 그 상태를 유지하기 위한 최소의 순전류
㉡ 래칭 전류(latching current) : 턴 온(turn – ON)할 때 유지전류 이상의 순전류가 필요로 하는 최소의 순전류

26. 배리스터의 주된 용도는 무엇인가?

① 서지 전압에 대한 회로 보호용
② 온도 보상
③ 출력 전류 조절
④ 전압 증폭

해설 배리스터 : SiC 분말과 점토를 혼합해서 소결시켜 만든 것으로서, 비직선적인 전압, 전류 특성을 갖는 2단자 반도체 소자로 서지 전압에 대한 회로 보호용으로 쓰인다.

27. 다음 중 SCR에 관한 설명으로 적당하지 않은 것은?

① PNPN 소자이다.
② 직류, 교류, 전력 제어용으로 사용된다.
③ 스위칭 소자이다.
④ 쌍방향성 사이리스터이다.

해설 SCR은 제어 정류 소자이므로 단일 방향성이다.

28. 다음 중 SCR의 심벌은?

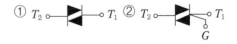

해설 ① DIAC, ② TRIAC, ③ 배리스터, ④ SCR

29. SCR을 사용할 경우 올바른 전압 공급 방법은 어느 것인가?

① 애노드 ⊖ 전압, 캐소드 ⊕ 전압, 게이트 ⊕ 전압
② 애노드 ⊖ 전압, 캐소드 ⊕ 전압, 게이트 ⊕ 전압
③ 애노드 ⊕ 전압, 캐소드 ⊖ 전압, 게이트 ⊕ 전압
④ 애노드 ⊕ 전압, 캐소드 ⊖ 전압, 게이트 ⊖ 전압

해설

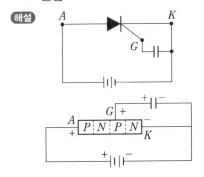

30. 다음 중 실리콘 제어 정류 소자(silicon controlled rectifier)의 성질이 아닌 것은?

① PNPN의 구조를 하고 있다.
② 게이트 전류에 의하여 방전 개시 전압을 제어할 수 있다.
③ 특성 곡선에 부저항(negative resistance) 부분이 있다.
④ 온도가 상승하면 피크 전류(peak current)도 증가한다.

해설 온도가 상승하여 고온이 되면 누설 전류가 증가한다.

31. 다음 중 PUT의 심벌은?

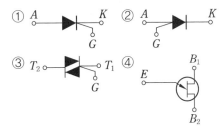

해설 ① SCR, ② PUT, ③ TRIAC, ④ UJT

공조냉동기계기능사

부록

출제 예상문제

출제 예상문제 (1)

1. 냉동장치에서 안전상 운전 중에 점검해야 할 중요 사항에 해당되지 않는 것은?

① 냉매의 각부 압력 및 온도
② 윤활유의 압력과 온도
③ 냉각수 온도
④ 전동기의 회전 방향

해설 시공 시 전동기 결선할 때 회전 방향을 확인한다.

2. 가스보일러 점화 시 주의사항 중 맞지 않는 것은 어느 것인가?

① 연소실 내의 용적 4배 이상의 공기로 충분히 환기를 행할 것
② 점화는 3~4회로 착화될 수 있도록 할 것
③ 착화 실패나 갑작스런 실화 시에는 연료 공급을 중단하고 환기 후 그 원인을 조사할 것
④ 점화 버너의 스파크 상태가 정상인가 확인할 것

해설 점화는 1회에 착화될 수 있도록 할 것

3. 다음 중 재해의 직접적 원인이 아닌 것은?

① 보호구의 잘못 사용
② 불안전한 조작
③ 안전지식 부족
④ 안전장치의 기능 제거

해설 안전지식 부족은 재해의 간접적인 원인에 해당된다.

4. 근로자가 보호구를 선택 및 사용하기 위해 알아 두어야 할 사항으로 거리가 먼 것은?

① 올바른 관리 및 보관 방법
② 보호구의 가격과 구입 방법
③ 보호구의 종류와 성능
④ 올바른 사용(착용) 방법

해설 ②는 구매자가 선택할 사항이다.

5. 전기용접기 사용상의 준수사항으로 적합하지 않은 것은?

① 용접기 설치장소는 습기나 먼지 등이 많은 곳은 피하고 환기가 잘 되는 곳을 선택한다.
② 용접기의 1차측에는 용접기 근처에 규정값보다 1.5배 큰 퓨즈(fuse)를 붙인 안전 스위치를 설치한다.
③ 2차측 단자의 한쪽과 용접기 케이스는 접지(earth)를 확실히 해 둔다.
④ 용접 케이블 등의 파손된 부분은 즉시 절연 테이프로 감아야 한다.

해설 전기용접기에는 규정 전류보다 1.2~1.5배 높을 때 작동되는 NFB를 설치한다.

6. 다음 중 보안경을 사용하는 이유로 적합하지 않은 것은?

① 중량물의 낙하 시 얼굴을 보호하기 위해서
② 유해약물로부터 눈을 보호하기 위해서
③ 칩의 비산으로부터 눈을 보호하기 위해서
④ 유해 광선으로부터 눈을 보호하기 위해서

해설 ①은 안전모를 사용하는 이유이다.

정답 1. ④ 2. ② 3. ③ 4. ② 5. ② 6. ①

7. 일반 공구 사용 시 주의사항으로 적합하지 않은 것은?

① 공구는 사용 전보다 사용 후에 점검해야 한다.

② 본래의 용도 이외에는 절대로 사용하지 않는다.

③ 항상 작업 주위 환경에 주의를 기울이면서 작업한다.

④ 공구는 항상 일정한 장소에 비치하여 놓는다.

해설 공구는 사용 전에 결함 유무를 정기적으로 점검해야 하고 사용 후 정리 정돈을 잘 해야 한다.

8. 가연성 가스의 화재, 폭발을 방지하기 위한 대책으로 틀린 것은?

① 가연성 가스를 사용하는 장치를 청소하고자 할 때는 가연성 가스로 한다.

② 가스가 발생할 누출될 우려가 있는 실내에서는 환기를 충분히 시킨다.

③ 가연성 가스가 존재할 우려가 있는 장소에서는 화기를 엄금한다.

④ 가스를 연료로 하는 연소 설비에서는 점화하기 전에 누출 유무를 반드시 확인한다.

해설 가연성 가스를 사용하는 장치를 청소하고자 할 때는 불연성 가스(CCl_4 등)로 한다.

9. 다음 중 고압가스 안전관리법에서 규정한 용어를 바르게 설명한 것은?

① "저장소"라 함은 산업통상자원부령이 정하는 일정량 이상의 고압가스를 용기나 저장탱크로 저장하는 일정한 장소를 말한다.

② "용기"라 함은 고압가스를 운반하기 위한 것(부속품을 포함하지 않음)으로서 이동할 수 있는 것을 말한다.

③ "냉동기"라 함은 고압가스를 사용하여 냉동을 하기 위한 모든 기기를 말한다.

④ "특정설비"라 함은 저장탱크와 모든 고압가스 관계 설비를 말한다.

해설 ② "용기"란 고압가스를 충전하기위한 것(부속품을 포함한다)으로서 이동할 수 있는 것을 말한다.

③ "냉동기"란 고압가스를 사용하여 냉동을 위한 기기로서 산업통상자원부령으로 정하는 냉동 능력 이상인 것을 말한다.

④ "특정설비"란 저장탱크와 산업통상자원부령으로 정하는 고압가스 관련 설비를 말한다.

10. 공기조화용으로 사용되는 교류 3상 220V의 전동기가 있다. 전동기의 외함 및 철대에 제3종 접지 공사를 하는 목적에 해당되지 않는 것은 어느 것인가?

① 감전사고의 방지

② 성능을 좋게 하기 위해서

③ 누전 화재의 방지

④ 기기, 배관 등의 파괴 방지

해설 접지는 누전 시 감전, 화재, 기기 파손을 방지할 목적으로 한다.

11. 압축기 토출 압력이 정상보다 너무 높게 나타나는 경우 그 원인에 해당하지 않는 것은?

① 냉각 수량이 부족한 경우

② 냉매 계통에 공기가 혼입되어 있는 경우

③ 냉각수 온도가 낮은 경우

④ 응축기 수 배관에 물때가 낀 경우

해설 냉각수 온도가 높거나 유량이 부족한 경우 또는 배관에 물때가 끼어 있을 때 압축기 토출 압력이 상승한다.

12. 보일러에서 폭발구(방폭문)를 설치하는 이유는 무엇인가?

① 연소의 촉진을 도모하기 위하여

② 연료의 절약을 하기 위하여

③ 연소실의 화염을 검출하기 위하여

④ 폭발가스의 외부 배기를 위하여

13. 전기로 인한 화재 발생 시의 소화제로서 가장 알맞은 것은?

① 모래   ② 포말
③ 물   ④ 탄산가스

해설 전기 화재는 C급 화재로 분말소화기와 CO_2 소화기를 사용한다.

14. 가스 용접에서 토치의 취급상 주의사항으로서 적합하지 않은 것은?

① 토치나 팁은 작업장 바닥이나 흙 속에 방치하지 않는다.
② 팁을 바꿀 때에는 반드시 가스 밸브를 잠그고 한다.
③ 토치를 망치 등 다른 용도로 사용해서는 안 된다.
④ 토치에 기름이나 그리스를 주입하여 관리한다.

해설 토치에 유지류 등을 제거하고 사용한다.

15. 재해예방의 4가지 기본 원칙에 해당되지 않는 것은?

① 대책선정의 원칙
② 손실우연의 원칙
③ 예방가능의 원칙
④ 재해통계의 원칙

해설 재해예방의 4가지 기본 원칙은 대책선정의 원칙, 손실우연의 원칙, 예방가능의 원칙, 원인연계의 원칙이다.

16. 다음 중 냉동의 원리에 이용되는 열의 종류가 아닌 것은?

① 증발열   ② 승화열
③ 융해열   ④ 전기 저항열

해설 전기 저항열은 난방열의 종류이다.

17. 다음 중 압축기에 관한 설명으로 옳은 것은 어느 것인가?

① 토출가스 온도는 압축기의 흡입가스 과열도가 클수록 높아진다.
② 프레온 12를 사용하는 압축기에는 토출 온도가 낮아 워터 재킷(water jacket)을 부착한다.
③ 톱 클리어런스(top clearance)가 클수록 체적 효율이 커진다.
④ 토출가스 온도가 상승하여도 체적 효율은 변하지 않는다.

해설 ② 워터 재킷은 암모니아 장치에 사용한다.
③ 톱 클리어런스가 클수록 체적 효율이 감소한다.
④ 토출가스 온도가 상승하면 체적 효율이 감소한다.

18. 증발식 응축기의 일리미네이터에 대한 설명으로 맞는 것은?

① 물의 증발을 양호하게 한다.
② 공기를 흡수하는 장치이다.
③ 물이 과냉각되는 것을 방지한다.
④ 냉각관에 분사되는 냉각수가 대기 중에 비산되는 것을 막아주는 장치다.

해설 일리미네이터는 냉각수가 공기를 따라 대기로 방출되는 것을 방지한다.

19. 다음 설명 중 내용이 맞는 것은?

① 1 BTU는 물 1 lb를 1℃ 높이는 데 필요한 열량이다.
② 절대압력은 대기압의 상태를 0으로 기준하여 측정한 압력이다.
③ 이상기체를 단열팽창시켰을 때 온도는 내려간다.
④ 보일-샤를의 법칙이란 기체의 부피는 절대압력에 비례하고 절대온도에 반비례한다.

해설 이상기체를 단열팽창시키면 온도와 압력이 감소한다.

20. 정현파 교류 전류에서 크기를 나타내는 실횻값을 바르게 나타낸 것은? (단, I_m은 전류의 최댓값이다.)

① $I_m \sin \omega t$ ② $0.636\,I_m$

③ $\sqrt{2}$ ④ $0.707\,I_m$

해설 $I = \dfrac{I_m}{\sqrt{2}} = 0.707\,I_m$

21. 흡수식 냉동장치의 적용대상이 아닌 것은?

① 백화점 공조용 ② 산업 공조용
③ 제빙공장용 ④ 냉난방장치용

해설 흡수식 냉동장치는 주로 공기조화용으로 사용한다.

22. 다음 그림의 기호가 나타내는 밸브로 맞는 것은?

① 슬루스 밸브 ② 글로브 밸브
③ 다이어프램 밸브 ④ 감압 밸브

23. 탄성이 부족하여 석면, 고무, 금속 등과 조합하여 사용되며 내열 범위는 −260~260℃ 정도로 기름에 침식되지 않는 패킹은?

① 고무 패킹 ② 석면 조인트 시트
③ 합성수지 패킹 ④ 오일 시트 패킹

해설 합성수지 중 테플론의 사용온도는 −260~260℃ 정도이다.

24. 증발기에 대한 제상방식이 아닌 것은?

① 전열 제상 ② 핫 가스 제상
③ 살수 제상 ④ 피냉제거 제상

해설 제상방식에는 전열 제상, 핫 가스 제상, 살수 제상, 냉동기 정지 제상 등이 있다.

25. 사용압력이 비교적 낮은(10 kgf/cm² 이하) 증기, 물, 기름 가스 및 공기 등의 각종 유체를 수송하는 관으로, 일명 가스관이라고도 하는 관은?

① 배관용 탄소 강관
② 압력 배관 탄소 강관
③ 고압 배관용 탄소 강관
④ 고온 배관용 탄소 강관

해설 SPP (배관용 탄소 강관)
  ㉠ 사용압력 10 kgf/cm² 이하
  ㉡ 사용온도 350℃ 이하
  ㉢ 일명 가스관

26. 다음 중 OR 회로를 나타내는 논리 기호로 맞는 것은?

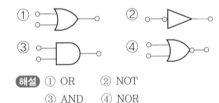

해설 ① OR ② NOT
  ③ AND ④ NOR

27. 암모니아 냉동기에 사용되는 수랭 응축기의 전열계수(열통과율)가 3360 kJ/m²·h·K이며, 응축온도와 냉각수 입출구의 평균 온도차가 8℃일 때 1냉동톤당의 응축기 전열면적은 얼마인가? (단, 방열계수는 1.3으로 하고 1 RT는 3.9 kW이다.)

① $0.52\,\mathrm{m}^2$ ② $0.68\,\mathrm{m}^2$
③ $0.97\,\mathrm{m}^2$ ④ $1.7\,\mathrm{m}^2$

해설 $F = \dfrac{1 \times 1.3 \times 3.9 \times 3600}{3360 \times 8}$
  $= 0.679 ≒ 0.68\,\mathrm{m}^2$

28. 다음 중 2차 냉매의 열전달 방법은?

① 상태 변화에 의한다.
② 온도 변화에 의하지 않는다.

정답 **20.** ④ **21.** ③ **22.** ③ **23.** ③ **24.** ④ **25.** ① **26.** ① **27.** ② **28.** ④

③ 잠열로 전달한다.

④ 감열로 전달한다.

해설 2차 냉매인 브라인(brine)은 현열(감열)로 열을 운반한다.

29. 프레온 냉매 중 냉동능력이 가장 좋은 것은 어느 것인가?

① R-113　　　　② R-11

③ R-12　　　　④ R-22

해설 냉동효과

① R-113 : 129.4 kJ/kg

② R-11 : 161.6 kJ/kg

③ R-12 : 123.9 kJ/kg

④ R-22 : 168.3 kJ/kg

30. 응축온도 및 증발온도가 냉동기의 성능에 미치는 영향에 관한 사항 중 옳은 것은?

① 응축온도가 일정하고 증발온도가 낮아지면 압축비가 증가한다.

② 증발온도가 일정하고 응축온도가 높아지면 압축비는 감소한다.

③ 응축온도가 일정하고 증발온도가 높아지면 토출가스 온도는 상승한다.

④ 응축온도가 일정하고 증발온도가 낮아지면 냉동능력은 증가한다.

해설 응축온도가 일정하고 증발온도가 낮아지면 압축비, 토출가스 온도, 플래시 가스 발생 등은 증가하고, 냉동효과, 성적계수 등은 감소한다.

31. 왕복동 압축기의 용량 제어 방법으로 적합하지 않은 것은?

① 흡입밸브 조정에 의한 방법

② 회전수 가감법

③ 안전스프링의 강도 조정법

④ 바이패스 방법

해설 용량 제어법으로 ①, ②, ④ 이외에 클리어런스를 증감시키는 방법이 있다.

32. 냉동 사이클에서 액관 여과기의 규격은 보통 몇 메시(mesh) 정도인가?

① 40~60　　　② 80~100

③ 150~220　　④ 250~350

해설 ㉠ 흡입관 여과기 : 40 mesh

㉡ 액관 여과기 : 80~100 mesh

㉢ 오일 여과기 : 80~100 mesh

33. 역률에 대한 설명 중 잘못된 것은?

① 유효전력과 피상전력과의 비이다.

② 저항만이 있는 교류 회로에서는 1이다.

③ 유효전류와 전전류의 비이다.

④ 값이 0인 경우는 없다.

해설 무효전력만 있는 경우에 역률 값이 0이 된다.

34. 압력 표시에서 1 atm과 값이 다른 것은?

① 1.01325 bar　　② 1.10325 MPa

③ 760 mmHg　　④ 1.03227 kgf/cm^2

해설 1 atm = 101325 N/m^2 (Pa)

= 0.101325 MPa

35. 2단 압축 2단 팽창 냉동 사이클을 몰리에르 선도에 표시한 것이다. 옳은 것은?

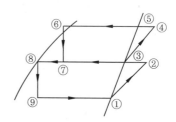

① 중간 냉각기의 냉동효과 : ③ - ⑦

② 증발기의 냉동효과 : ② - ⑨

③ 팽창변 통과 직후의 냉매 위치 : ④ - ⑤

④ 응축기의 방출열량 : ⑧ - ②

해설 ② 증발기의 냉동효과 : ① - ⑨

③ 팽창변 통과 직후의 냉매 위치 : ⑦과 ⑨

④ 응축기의 방출열량 : ④ - ⑥

36. 터보냉동기의 운전 중에서 서징(surging) 현상이 발생하였다. 다음 중 그 원인으로 맞지 않는 것은?

① 흡입가이드 베인을 너무 조일 때
② 가스 유량이 감소될 때
③ 냉각 수온이 너무 낮을 때
④ 어떤 한계치 이하의 가스 유량으로 운전할 때

해설 냉각수온이 높으면 응축압력이 상승하여 서징 현상의 우려가 있다.

37. 회전식 압축기의 피스톤 압출량(V)을 구하는 공식은 어느 것인가? (단, D = 실린더 안지름(m), d = 회전 피스톤의 바깥지름(m), t = 실린더의 두께(m), R = 회전수(rpm), n = 기통수, L = 실린더 길이이다.)

① $V = 60 \times 0.785 \times (D^2 - d^2)tnR\,[\text{m}^3/\text{h}]$
② $V = 60 \times 0.785 \times D^2 tnR\,[\text{m}^3/\text{h}]$
③ $V = 60 \times \dfrac{\pi D^2}{4} LnR\,[\text{m}^3/\text{h}]$
④ $V = \dfrac{\pi DR}{4}\,[\text{m}^3/\text{h}]$

38. 다음 그림에서 습압축 냉동 사이클은 어느 것인가?

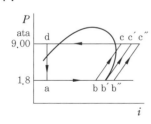

① ab'c'da
② bb"c"cb
③ ab"c"da
④ abcda

해설 흡입가스 상태
  ㉠ b : 습압축
  ㉡ b′ : 표준(건조공기) 압축

㉢ b″ : 과열증기 압축

39. 어떤 냉동기에서 0℃의 물로 0℃의 얼음 2톤(ton)을 만드는 데 40 kWh의 일이 소요된다면 이 냉동기의 성적계수는 얼마인가? (단, 얼음의 융해 잠열은 335 kJ/kg이다.)

① 2.72
② 3.04
③ 4.04
④ 4.65

해설 $COP = \dfrac{2000 \times 335}{40 \times 3600} = 4.652$

40. 동관 굽힘 가공에 대한 설명으로 옳지 않은 것은?

① 열간 굽힘 시 큰 지름으로 관 두께가 두꺼운 경우에는 관내에 모래를 넣어 굽힘한다.
② 열간 굽힘 시 가열온도는 100℃ 정도로 한다.
③ 굽힘 가공성이 강관에 비해 좋다.
④ 연질관은 핸드 벤더(hand bender)를 사용하여 쉽게 굽힐 수 있다.

해설 열간 굽힘 시 가열온도는 700~800℃ 정도로 한다.

41. 어느 제빙공장의 냉동능력은 6 RT이다. 응축기 방열량은 얼마인가? (단, 방열계수는 1.3이고 1 RT는 3.9 kW이다.)

① 12.7 kW
② 13 kW
③ 18.5 kW
④ 30.42 kW

해설 $Q_c = 6 \times 3.9 \times 1.3 = 30.42\ \text{kW}$

42. 다음 중 2원 냉동장치 냉매로 많이 사용되는 R-290은 어느 것인가?

① 프로판
② 에틸렌
③ 에탄
④ 부탄

해설 ① R-290 : C_3H_8(프로판)

② R-1150 : C_2H_4(에틸렌)

③ R-170 : C_2H_6(에탄)

④ R-600 : C_4H_{10}(부탄)

43. $P-h$ 선도상의 각 번호에 대한 명칭 중 맞는 것은?

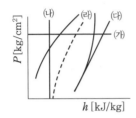

① (가) : 등비체적선
② (나) : 등엔트로피선
③ (다) : 등엔탈피선
④ (라) : 등건조도선

해설 (가) : 등압력선(kg/cm^2a)
(나) : 등엔탈피선(kJ/kg)
(다) : 등엔트로피선($kJ/kg·K$)
(라) : 등건조도선(%)

44. 분해 조립이 필요한 부분에 사용하는 배관 연결 부속은?

① 부싱, 티
② 플러그, 캡
③ 소켓, 엘보
④ 플랜지, 유니언

45. 인버터 구동 가변 용량형 공기조화장치나 증발온도가 낮은 냉동장치에서는 냉매 유량 조절의 특성 향상과 유량 제어 범위의 확대 등이 중요하다. 이러한 목적으로 사용되는 팽창밸브로 적당한 것은?

① 온도식 자동팽창밸브
② 정압식 자동 팽창밸브
③ 열전식 팽창밸브
④ 전자식 팽창밸브

46. 다음 중 온수 난방 방식의 분류로 적당하지 않은 것은?

① 강제순환식   ② 복관식
③ 상향공급식   ④ 진공환수식

해설 진공환수식은 증기 난방 방식의 분류이다.

47. 공조 방식 중 패키지 유닛 방식의 특징으로 틀린 것은?

① 공조기로의 외기 도입이 용이하다.
② 각 층을 독립적으로 운전할 수 있으므로 에너지 절감효과가 크다.
③ 실내에 설치하는 경우 급기를 위한 덕트 샤프트가 없다.
④ 송풍기 정압이 낮으므로 제진 효율이 떨어진다.

해설 패키지는 실내 설치하는 개별 방식이므로 외기 도입이 어렵다.

48. 다음 중 가변 풍량 단일 덕트 방식의 특징이 아닌 것은?

① 송풍기의 동력을 절약할 수 있다.
② 실내 공기의 청정도가 떨어진다.
③ 일사량 변화가 심한 존에 적합하다.
④ 각 실이나 존(zone)의 온도를 개별 제어하기 어렵다.

해설 가변 풍량 단일 덕트 방식은 개별실 제어를 할 수 있다.

49. 송풍기 선정 시 고려해야 할 사항 중 옳은 것은?

① 소요 송풍량과 풍량 조절 댐퍼 유무
② 필요 유효 정압과 전동기 모양
③ 송풍기 크기와 공기 분출 방향
④ 소요 송풍량과 필요 정압

정답 43. ④   44. ④   45. ④   46. ④   47. ①   48. ④   49. ④

50. 다음 중 감습장치에 대한 설명으로 옳은 것은 어느 것인가?

① 냉각식 감습장치는 감습만을 목적으로 사용하는 경우 경제적이다.

② 압축식 감습장치는 감습만을 목적으로 하면 소요동력이 커서 비경제적이다.

③ 흡착식 감습법은 액체에 의한 감습법보다 효율이 좋으나 낮은 노점까지 감습이 어려워 주로 큰 용량의 것에 적합하다.

④ 흡수식 감습장치는 흡착식에 비해 감습 효율이 떨어져 소규모 용량에만 적합하다.

51. 실내의 취득 열량을 구하였더니 현열이 32.6 kW, 잠열이 14 kW였다. 실내를 21℃, 60 %(RH)로 유지하기 위해 취출온도차 10℃로 송풍할 때, 현열비는 얼마인가?

① 0.7   ② 1.8

③ 1.4   ④ 0.4

해설 $SHF = \dfrac{32.6}{32.6 + 14} = 0.69 ≒ 0.7$

52. 공조용 급기 덕트에서 취출된 공기가 어느 일정 거리만큼 진행했을 때의 기류 중심선과 취출구 중심과의 거리를 무엇이라고 하는가?

① 도달거리   ② 1차 공기거리

③ 2차 공기거리   ④ 강하거리

53. 다음 공기의 성질에 대한 설명 중 틀린 것은 어느 것인가?

① 최대한도의 수증기를 포함한 공기를 포화공기라 한다.

② 습공기의 온도를 낮추면 물방울이 맺히기 시작하는 온도를 그 공기의 노점온도라고 한다.

③ 건공기 1 kg에 혼합된 수증기의 질량비를 절대습도라 한다.

④ 우리 주변에 있는 공기는 대부분의 경우 건공기이다.

해설 대기 상태의 공기는 습공기로 수분 + 건조 공기이다.

54. 공조부하 계산 시 잠열과 현열을 동시에 발생시키는 요소는?

① 벽체로부터의 취득 열량

② 송풍기에 의한 취득 열량

③ 극간풍에 의한 취득 열량

④ 유리로부터의 취득 열량

55. 다익형 송풍기의 임펠러 지름이 600 mm일 때 송풍기 번호는 얼마인가?

① No 2   ② No 3

③ No 4   ④ No 6

해설 송풍기 No는 축류형은 100의 배수이고 다익형은 150의 배수이다.

$No = \dfrac{600}{150} = 4$

56. 공연장 건물에서 관람객이 500명이고, 1인당 CO_2 발생량이 0.05 m³/h일 때 환기량 (m³/h)은 얼마인가? (단, 실내 허용 CO_2 농도는 600 ppm이고, 외기 CO2 농도는 100 ppm이다.)

① 30000   ② 35000

③ 40000   ④ 50000

해설 $Q = \dfrac{500 \times 0.05}{6 \times 10^{-4} - 1 \times 10^{-4}} = 50000 \, \text{m}^3/\text{h}$

57. 증기 가열코일의 설계 시 증기코일의 열수가 적은 점을 고려하여 코일의 전면풍속은 어느 정도가 가장 적당한가?

① 0.1 m/s   ② 1~2 m/s

③ 3~5 m/s   ④ 7~9 m/s

정답   **50.** ②   **51.** ①   **52.** ④   **53.** ④   **54.** ③   **55.** ③   **56.** ④   **57.** ③

58. 난방방식 중 방열체가 필요 없는 것은 어느 것인가?

① 온수난방   ② 증기난방
③ 복사난방   ④ 온풍난방

59. 중앙식 공조기에서 외기 측에 설치되는 기기는 어느 것인가?

① 공기예열기   ② 일리미네이터
③ 가습기   ④ 송풍기

60. 보일러에서의 상용출력이란?

① 난방부하
② 난방부하 + 급탕부하
③ 난방부하 + 급탕부하 + 배관부하
④ 난방부하 + 급탕부하 + 배관부하 + 예열부하

해설 ㉠ 필요출력＝난방부하 + 급탕부하
㉡ 상용출력＝난방부하 + 급탕부하 + 배관부하
㉢ 정격출력＝난방부하 + 급탕부하 + 배관부하 + 예열부하

출제 예상문제 (2)

1. 다음 중 재해 조사 시 유의할 사항이 아닌 것은 어느 것인가?

① 조사자는 주관적이고 공정한 입장을 취한다.
② 조사 목적에 무관한 조사는 피한다.
③ 목격자나 현장 책임자의 진술을 듣는다.
④ 조사는 현장이 변경되기 전에 실시한다.

해설 조사자는 객관적이고 통계에 의한 공정한 입장을 취한다.

2. 다음 중 보일러의 부식 원인과 가장 관계가 적은 것은?

① 온수에 불순물이 포함될 때
② 부적당한 급수 처리 시
③ 더러운 물을 사용 시
④ 증기 발생량이 적을 때

해설 증기의 온도가 높고 발생량이 많을 때 부식이 발생한다.

3. 보일러 취급 부주의로 작업자가 화상을 입었을 때 응급처치 방법으로 적당하지 않은 것은 어느 것인가?

① 냉수를 이용하여 화상부의 화기를 빼도록 한다.
② 물집이 생겼으면 터뜨리지 말고 그냥 둔다.
③ 기계유나 변압기유를 바른다.
④ 상처 부위를 깨끗이 소독한 다음 상처를 보호한다.

해설 화상을 입었을 때 ①, ②, ④ 외에 의사의 진료에 따라 치료한다.

4. 전기 용접 작업 시 주의사항 중 맞지 않는 것은 어느 것인가?

① 눈 및 피부를 노출시키지 말 것
② 우천 시 옥외 작업을 하지 말 것
③ 용접이 끝나고 슬래그 제거 작업 시 보안경과 장갑은 벗고 작업할 것
④ 홀더가 가열되면 자연적으로 열이 제거될 수 있도록 할 것

해설 슬래그 제거 작업 시에도 보안경과 장갑을 착용한다.

5. 다음 중 연삭작업 시의 주의사항으로 옳지 않은 것은?

① 숫돌은 장착하기 전에 균열이 없는가를 확인한다.
② 작업 시에는 반드시 보호안경을 착용한다.
③ 숫돌은 작업 개시 전 1분 이상, 숫돌 교환 후 3분 이상 시운전한다.
④ 소형 숫돌은 측압에 강하므로 측면을 사용하여 연삭한다.

해설 연삭작업 시 숫돌의 측면 사용을 금지해야 한다.

6. 안전관리자가 수행하여야 할 직무에 해당되는 내용이 아닌 것은?

① 사업장 생산 활동을 위한 노무 배치 및 관리
② 사업장 순회점검·지도 및 조치의 건의
③ 산업재해 발생의 원인 조사
④ 해당 사업장의 안전교육계획의 수립 및 실시

정답 1. ① 2. ④ 3. ③ 4. ③ 5. ④ 6. ①

7. 전동공구 작업 시 감전의 위험성을 방지하기 위해 해야 하는 조치는 ?

① 단전　　　　② 감지
③ 단락　　　　④ 접지

8. 줄 작업 시 안전수칙에 대한 내용으로 잘못된 것은 ?

① 줄 손잡이가 빠졌을 때에는 조심하여 끼운다.
② 줄의 칩은 브러시로 제거한다.
③ 줄 작업 시 공작물의 높이는 작업자의 어깨 높이 이상으로 하는 것이 좋다.
④ 줄은 경도가 높고 취성이 커서 잘 부러지므로 충격을 주지 않는다.

해설 공작물의 높이는 작업자의 허리 높이 정도로 한다.

9. 산소 용접 토치 취급법에 대한 설명 중 잘못된 것은 ?

① 용접 팁을 흙바닥에 놓아서는 안 된다.
② 작업 목적에 따라서 팁을 선정한다.
③ 토치는 기름으로 닦아 보관해 두어야 한다.
④ 점화 전에 토치의 이상 유무를 검사한다.

해설 토치와 팁은 항상 깨끗하게 청소한다.(기름 사용 금지)

10. 신규 검사에 합격된 냉동용 특정 설비의 각인 사항과 그 기호의 연결이 올바르게 된 것은 어느 것인가?

① 용기의 질량 : TM
② 내용적 : TV
③ 최고 사용 압력 : FT
④ 내압 시험 압력 : TP

해설 ① 용기의 질량 : W
② 내용적 : V

③ 최고 사용 압력 : FP

11. 방진 마스크가 갖추어야 할 조건으로 적당한 것은?

① 안면에 밀착성이 좋아야 한다.
② 여과 효율은 불량해야 한다.
③ 흡기, 배기 저항이 커야 한다.
④ 시야는 가능한 한 좁아야 한다.

해설 방진 마스크 구비 조건
㉠ 여과 효율이 좋을 것
㉡ 흡·배기 저항이 낮을 것
㉢ 사용적이 적을 것
㉣ 중량 120 g 이하로 가벼울 것
㉤ 시야가 하방 50°이상으로 넓을 것
㉥ 안면 밀착이 좋을 것
㉦ 피부 접촉 부위의 고무질이 좋을 것

12. 물을 소화제로 사용하는 가장 큰 이유는?

① 연소하지 않는다.
② 산소를 잘 흡수한다.
③ 기화잠열이 크다.
④ 취급하기가 편리하다.

13. 진공시험의 목적을 설명한 것으로 옳지 않은 것은?

① 장치의 누설 여부를 확인
② 장치 내 이물질이나 수분 제거
③ 냉매를 충전하기 전에 불응축가스 배출
④ 장치 내 냉매의 온도 변화 측정

14. 고온 액체, 산, 알칼리 화학약품 등의 취급 작업을 할 때 필요 없는 개인 보호구는?

① 모자　　　　② 토시
③ 장갑　　　　④ 귀마개

해설 귀마개는 소음이 심한 작업장에서 사용한다.

15. 보일러 사고 원인 중 취급상의 원인이 아닌 것은?

① 저수위   ② 압력 초과
③ 구조 불량   ④ 역화

해설 구조 불량은 제작상의 원인이다.

16. 420000 kJ의 열로 0℃의 얼음 약 몇 kg을 융해시킬 수 있는가? (단, 0℃ 얼음의 융해 잠열은 335 kJ/kg이다.)

① 1000 kg   ② 1050 kg
③ 1150 kg   ④ 1254 kg

해설 얼음의 융해 잠열이 335 kJ/kg이므로
$$G = \frac{420000}{335} = 1253.7 ≒ 1254 \text{ kg이다.}$$

17. 다음 그림과 같은 회로에서의 합성저항은 얼마인가?

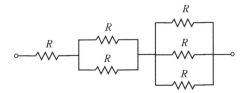

① $6R$ ② $\frac{2}{3}R$

③ $\frac{8}{5}R$ ④ $\frac{11}{6}R$

해설 합성저항 $= R + \dfrac{R}{2} + \dfrac{R}{3}$
$$= \frac{6R}{6} + \frac{3R}{6} + \frac{2R}{6} = \frac{11}{6}R$$

18. 다음 중 공비 혼합 냉매가 아닌 것은 어느 것인가?

① 프레온 500   ② 프레온 501
③ 프레온 502   ④ 프레온 152a

해설 공비 혼합 냉매는 500번 계열이고, 100번 계열은 C_2H_6 계열이다.

19. 냉동 사이클의 변화에서 증발온도가 일정할 때 응축온도가 상승할 경우의 영향으로 맞는 것은?

① 성적계수 증대
② 압축일량 감소
③ 토출가스 온도 저하
④ 플래시(flash)가스 발생량 증가

해설 응축온도가 상승하면 압축비의 증가로 압축일량이 증가하고 성적계수가 감소하며 토출가스 온도 상승, 실린더 과열이 발생한다. 또한 플래시가스와 불응축가스 발생량이 증가한다.

20. 온도가 일정할 때 가스 압력과 체적은 어떤 관계가 있는가?

① 체적은 압력에 반비례한다.
② 체적은 압력에 비례한다.
③ 체적은 압력과 무관하다.
④ 체적은 압력과 제곱 비례한다.

해설 보일의 법칙에 따라 온도가 일정할 때 압력과 체적은 반비례한다.

21. 몰리에르(Mollier) 선도에서 등온선과 등압선이 서로 평행한 구역은?

① 액체 구역
② 습증기 구역
③ 건증기 구역
④ 평행인 구역은 없다.

해설 잠열 구역, 즉 습증기 구역에서 등온선과 등압선이 서로 평행하다.

22. 냉동 사이클에서 응축온도를 일정하게 하고, 압축기 흡입가스의 상태를 건포화 증기로 할 때 증발온도를 상승시키면 어떤 결과가 나타나는가?

① 압축비 증가   ② 냉동효과 감소
③ 성적계수 상승   ④ 압축일량 증가

해설 증발온도가 높아지면 압축비 감소로 체적 효율이 증가하므로 냉동효과, 성적계수 등이 상승하고 압축일량, 토출가스 온도가 감소한다.

23. 자동제어장치의 구성에서 동작신호를 만드는 부분으로 맞는 것은?

① 조절부　　② 조작부
③ 검출부　　④ 제어부

24. 2단 압축방식을 채용하는 이유로서 맞지 않는 것은?

① 압축기의 체적 효율과 압축 효율 증가를 위해
② 압축비를 감소시켜서 냉동능력을 감소하기 위해
③ 압축비를 감소시켜서 압축기의 과열을 방지하기 위해
④ 냉동기유의 변질과 압축기 수명 단축 예방을 위해

해설 2단 압축방식은 압축비 감소로 냉동능력이 증가한다.

25. 다음 그림과 같은 강관 이음부(A)에 적합하게 사용될 이음쇠로 맞는 것은?

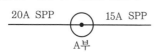

① 동경 소켓　　② 이경 소켓
③ 니플　　④ 유니언

26. 드라이아이스(고체 CO_2)는 어떤 열을 이용하여 냉동효과를 얻는가?

① 승화 잠열　　② 응축 잠열
③ 증발 잠열　　④ 융해 잠열

해설 드라이아이스(고체 CO_2)는 −78.5℃에서 137 kcal/kg의 잠열을 흡수하여 승화한다.

27. 관의 결합방식 표시방법에서 결합방식의 종류와 그림 기호가 틀린 것은?

① 일반 : ──┼──
② 플랜지식 : ──╫──
③ 용접식 : ──●──
④ 소켓식 : ──┼D──

해설 소켓 이음 : ────┤

28. 냉매에 관한 설명 중 올바른 것은?

① 암모니아 냉매는 증발 잠열이 크고, 냉동효과가 좋으나 구리와 그 합금을 부식시킨다.
② 일반적으로 특정 냉매용으로 설계된 장치에도 다른 냉매를 그대로 사용할 수 있다.
③ 프레온 냉매의 누설 시 리트머스 시험지가 청색으로 변한다.
④ 암모니아 냉매의 누설검사는 할라이드 토치를 이용하여 검사한다.

해설 ② 다른 냉매를 사용할 수 없다.
③ 암모니아(NH_3) 냉매의 누설 시 리트머스 시험지가 청색으로 변한다.
④ 프레온 냉매의 누설검사는 할라이드 토치를 이용하여 검사한다.

29. 동관의 분기이음 시 주관에는 지관보다 얼마 정도의 큰 구멍을 뚫고 이음하는가?

① 8~9 mm　　② 6~7 mm
③ 3~5 mm　　④ 1~2 mm

30. 냉동기의 냉동능력이 100800 kJ/h, 압축일 21 kJ/kg, 응축열량이 147 kJ/kg일 경우 냉매 순환량은 얼마인가?

① 600 kg/h　　② 800 kg/h
③ 700 kg/h　　④ 4000 kg/h

해설 냉매 순환량 $= \dfrac{100800}{147-21} = 800$ kg/h

정답 23. ①　24. ②　25. ②　26. ①　27. ④　28. ①　29. ④　30. ②

31. 다음의 몰리에르(Mollier) 선도를 참고로 했을 때 3냉동톤(RT)의 냉동기 냉매 순환량은 얼마인가? (단, 1 RT는 3.9 kW이다.)

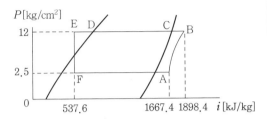

① 37.3 kg/h　　② 51.3 kg/h
③ 49.4 kg/h　　④ 67.7 kg/h

해설 $G = \dfrac{3 \times 3.9 \times 3600}{1667.4 - 537.6} = 37.28 \text{ kg/h}$

32. 교류 전압계의 일반적인 지시값은?

① 실횻값　　　② 최대값
③ 평균값　　　④ 순시값

33. 압축기 보호장치에 해당되는 것은?

① 냉각수 조절 밸브
② 유압보호 스위치
③ 증발압력 조절 밸브
④ 응축기용 팬 컨트롤

해설 유압보호 스위치(OPS)는 유압이 규정압력 이하이면 60~90초 이내에 압축기를 정지시킨다.

34. 냉동장치에 관한 설명 중 올바른 것은?

① 응축기에서 방출하는 열량은 증발기에서 흡수하는 열량과 같다.
② 응축기의 냉각수 출구 온도는 응축온도보다 낮다.
③ 증발기에서 방출하는 열량은 응축기에서 흡수하는 열량보다 크다.
④ 증발기의 냉각수 출구 온도는 응축온도보다 높다.

35. 만액식 냉각기에 있어서 냉매 측의 열전달률을 좋게 하기 위한 방법이 아닌 것은?

① 냉각관이 액 냉매에 접촉하거나 잠겨 있을 것
② 관 간격이 좁을 것
③ 유막이 존재하지 않을 것
④ 관면이 매끄러울 것

해설 관면은 거칠고 깨끗해야 한다.

36. 다음 그림은 8핀 타이머의 내부 회로도이다. ⑤-⑧ 접점을 옳게 표시한 것은?

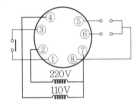

① ⑤——○△○——⑧

② ⑤——○ ○——⑧

③ ⑤——○ ○——⑧

④ ⑤——○ ○——⑧

37. 압력계의 지침이 9.80 cmHgv였다면 절대압력은 약 몇 kgf/cm²a인가?

① 0.9　　　② 1.3
③ 2.1　　　④ 3.5

해설 $P = \dfrac{76 - 9.8}{76} \times 1.033 = 0.899 \text{ kgf/cm}^2\text{a}$

38. 물-LiBr계 흡수식 냉동기의 순환 과정이 옳은 것은?

① 발생기 → 응축기 → 흡수기 → 증발기
② 발생기 → 응축기 → 증발기 → 흡수기
③ 흡수기 → 응축기 → 증발기 → 발생기
④ 흡수기 → 응축기 → 발생기 → 증발기

해설 ㉠ 냉매 순환 경로 : 발생기 → 응축기 → 증발기 → 흡수기

ⓒ 흡수제 순환 경로 : 발생기 → 열교환기 → 흡수기

39. 다음 그림은 냉동용 그림 기호(KS B 0063)에서 무엇을 표시하는가?

① 리듀서　　　② 디스트리뷰터
③ 줄임 플랜지　　④ 플러그

해설 그림은 동심 리듀서 나사 이음 표시이다.

40. 다음 중 글랜드 패킹의 종류가 아닌 것은 어느 것인가?

① 바운드 패킹
② 석면 각형 패킹
③ 아마존 패킹
④ 몰드 패킹

해설 글랜드 패킹에는 석면 각형, 석면얀, 아마존, 몰드 패킹 등이 있다.

41. 프레온 냉동장치에서 오일이 압력과 온도에 상당하는 양의 냉매를 용해하고 있다가 압축기 기동 시 오일과 냉매가 급격히 분리되어 크랭크 케이스 내의 유면이 약동하고 심하게 거품이 일어나는 현상은?

① 오일 해머　　　② 동 부착
③ 에멀션　　　　④ 오일 포밍

42. 저압 수액기와 액펌프의 설치 위치로 가장 적당한 것은?

① 저압 수액기 위치를 액펌프보다 약 1.2 m 정도 높게 한다.
② 응축기 높이와 일정하게 한다.
③ 액펌프와 저압 수액기 위치를 같게 한다.
④ 저압 수액기를 액펌프보다 최소한 5 m 낮게 한다.

해설 액펌프와 저압 수액기 액면 높이 차이는 1~2 m이고 실제 1.2~1.6 m 정도를 많이 이용한다.

43. 강관의 전기 용접 접합 시의 특징(가스 용접에 비해)으로 맞는 것은?

① 유해 광선의 발생이 적다.
② 용접속도가 빠르고 변형이 적다.
③ 박판 용접에 적당하다.
④ 열량 조절이 비교적 자유롭다

44. 압축기의 과열 원인이 아닌 것은?

① 냉매 부족　　　② 밸브 누설
③ 윤활 불량　　　④ 냉각수 과랭

해설 냉각수온이 낮으면 응축 온도와 압력이 낮아져 압축비가 작아지므로 압축기는 정상 운전된다.

45. 다음 중 브라인의 구비 조건으로 틀린 것은 어느 것인가?

① 비열이 클 것
② 점성이 클 것
③ 전열작용이 좋을 것
④ 응고점이 낮을 것

해설 냉매와 브라인(brine)은 점성이 작아야 한다.

46. 공조방식을 개별식과 중앙식으로 구분하였을 때 중앙식에 해당되는 것은?

① 패키지 유닛 방식
② 멀티 유닛형 룸쿨러 방식
③ 팬 코일 유닛 방식(덕트 병용)
④ 룸쿨러 방식

해설 팬 코일 유닛 방식은 냉온수를 한곳에 만들어 공급한다.

47. 환기횟수를 시간당 0.6회로 할 경우에 체적이 2000 m³인 실의 환기량은 얼마인가?

① 800 m³/h　　　② 1000 m³/h

정답　39. ①　40. ①　41. ④　42. ①　43. ②　44. ④　45. ②　46. ③　47. ③

③ 1200 m³/h   ④ 1440 m³/h

해설 $Q = 0.6 \times 2000 = 1200 \, \text{m}^3/\text{h}$

48. 송풍기의 축동력 산출 시 필요한 값이 아닌 것은?

① 송풍량   ② 덕트의 길이
③ 전압 효율   ④ 전압

해설 축동력 $N = \dfrac{PQ}{102\eta} \, [\text{kW}]$

P : 압력(kg/m²), Q : 풍량(m³/s), η : 효율

49. 5℃인 350 kg/h의 공기를 65℃가 될 때까지 가열하는 경우 필요한 열량은 몇 kJ/h인가? (단, 공기의 비열은 1 kJ/kg·℃이다.)

① 187488   ② 21000
③ 27476   ④ 27678

해설 $q = 350 \times 1 \times (65 - 5) = 21000 \, \text{kJ/h}$

50. 펌프에서 흡입양정이 크거나 회전수가 고속일 경우 흡입관의 마찰저항 증가에 따른 압력강하로 수중에 다수의 기포가 발생되고 소음 및 진동이 일어나는 현상은?

① 플라이밍 현상
② 캐비테이션 현상
③ 수격 현상
④ 포밍 현상

51. 설치가 쉽고 설치 면적도 작으며 소규모 난방에 많이 사용되는 보일러는?

① 입형 보일러   ② 노통 보일러
③ 연관 보일러   ④ 수관 보일러

52. 수조 내의 물이 진동자의 진동에 의해 수면에서 작은 물방울이 발생되어 가습되는 가습기의 종류는?

① 초음파식   ② 원심식

③ 전극식   ④ 증발식

53. 다음 중 덕트 설계 시 고려사항으로 거리가 먼 것은?

① 송풍량
② 덕트 방식과 경로
③ 덕트 내 공기의 엔탈피
④ 취출구 및 흡입구 수량

해설 덕트 내의 공기 엔탈피는 공조 부하 계산 시 고려해야 하는 사항이다.

54. 다음 중 보건용 공기조화가 적용되는 장소가 아닌 것은?

① 병원   ② 극장
③ 전산실   ④ 호텔

해설 전산실에는 공업용(산업용) 공기조화가 적용된다.

55. 밀폐식 수열원 히트 펌프 유닛 방식의 설명으로 옳지 않은 것은?

① 유닛마다 제어기구가 있어 개별 운전이 가능하다.
② 냉난방부하를 동시에 발생하는 건물에서 열 회수가 용이하다.
③ 외기 냉방이 가능하다.
④ 중앙 기계실에 냉동기가 필요하지 않아 설치면적상 유리하다.

해설 외기 냉방은 전공기 방식에서 가능하다.

56. 증기난방의 환수관 배관 방식에서 환수주관을 보일러의 수면보다 높은 위치에 배관하는 것은?

① 진공 환수식   ② 강제 환수식
③ 습식 환수식   ④ 건식 환수식

해설 환수주관이 보일러 수면보다 높으면 건식이고 낮으면 습식이다.

57. 공기를 냉각하였을 때 증가되는 것은?

① 습구 온도　　② 상대 습도
③ 건구 온도　　④ 엔탈피

해설 상대 습도는 공기 온도가 낮으면 증가하고 높으면 감소한다.

58. 회전식 전열교환기의 특징 설명으로 옳지 않은 것은?

① 로터의 상부에 외기 공기를 통과하고 하부에 실내 공기가 통과한다.
② 배기 공기는 오염 물질이 포함되지 않으므로 필터를 설치할 필요가 없다.
③ 일반적으로 효율은 로터 회전수가 5 rpm 이상에서는 대체로 일정하고 10 rpm 전후 회전수가 사용된다.
④ 로터를 회전시키면서 실내 공기의 배기 공기와 외기 공기를 열교환한다.

59. 다음 중 온풍난방에 대한 설명으로 옳지 않은 것은?

① 예열 시간이 짧고 간헐 운전이 가능하다.
② 실내 온도 분포가 균일하여 쾌적성이 좋다.
③ 방열기나 배관 등의 시설이 필요 없어 설비비가 비교적 싸다.
④ 송풍기로 인한 소음이 발생할 수 있다.

해설 온풍난방은 상하의 온도차가 크고 쾌적성이 나쁘며 소음 발생의 우려가 있다.

60. 다음 용어 중 환기를 계획할 때 실내 허용 오염도의 한계를 의미하는 것은?

① 불쾌지수　　② 유효온도
③ 쾌감온도　　④ 서한도

출제 예상문제 (3)

1. 다음 중 연삭기 숫돌의 파괴 원인에 해당되지 않는 것은?

① 숫돌의 회전속도가 너무 느릴 때
② 숫돌의 측면을 사용하여 작업할 때
③ 숫돌의 치수가 부적당할 때
④ 숫돌 자체에 균열이 있을 때

해설 숫돌의 회전속도가 빠를 때 연삭기 숫돌이 파괴된다.

2. 근로자의 안전을 위해 지급되는 보호구를 설명한 것이다. 이 중 작업 조건에 맞는 보호구로 올바른 것은?

① 용접 시 불꽃 또는 물체가 날아 흩어질 위험이 있는 작업 : 보안면
② 물체가 떨어지거나 날아올 위험 또는 근로자가 감전되거나 추락할 위험이 있는 작업 : 안전대
③ 감전의 위험이 있는 작업 : 보안경
④ 고열에 의한 화상 등의 위험이 있는 작업 : 방한복

해설 ②는 안전모, ③은 전기안전모, 전기장갑, ④는 보호복을 착용해야 하는 작업 조건이다.

3. 방폭 전기설비를 선정할 경우 중요하지 않은 것은?

① 대상가스의 종류
② 방호벽의 종류
③ 폭발성 가스의 폭발 등급
④ 발화도

해설 방호벽(방류둑)은 액체의 유출을 방지하는 장치이다.

4. 산업안전보건기준에 관한 규칙에서 정한 가스 장치실을 설치하는 경우 설치 구조에 대한 내용에 해당되지 않는 것은?

① 벽에는 불연성 재료를 사용할 것
② 지붕과 천장에는 가벼운 불연성 재료를 사용할 것
③ 가스가 누출된 경우에는 그 가스가 정체되지 않도록 할 것
④ 방음장치를 설치할 것

해설 ④에서 가연성 가스 저장실은 방호벽 구조로 한다.

5. 산소가 충전되어 있는 용기의 취급상 주의사항으로 틀린 것은?

① 용기밸브는 녹이 생겼을 때 잘 열리지 않으므로 그리스 등 기름을 발라둔다.
② 용기밸브의 개폐는 천천히 하며, 산소누출 여부 검사는 비눗물을 사용한다.
③ 용기밸브가 얼어서 녹일 경우에는 약 40℃ 정도의 따뜻한 물로 녹여야 한다.
④ 산소 용기는 눕혀두거나 굴리는 등 충격을 주지 말아야 한다.

해설 산소 용기는 유지류(기름 등) 사용을 금한다.

6. 다음 중 정 작업 시 안전수칙으로 옳지 않은 것은?

① 작업 시 보호구를 착용한다.
② 열처리 한 것은 정 작업을 하지 않는다.
③ 공구의 사용 전 이상 유무를 반드시 확인한다.
④ 정의 머리 부분에는 기름을 칠해 사용한다.

해설 정의 머리 부분에는 미끄러질 우려가 있는 물질 사용을 금지한다.

7. 발화온도가 낮아지는 조건을 나열한 것으로 옳은 것은?

① 발열량이 높을수록
② 압력이 낮을수록
③ 산소 농도가 낮을수록
④ 열전도도가 낮을수록

해설 발열량이 클수록, 압력이 높을수록, 산소 농도가 높을수록 발화온도가 낮아진다.

8. 안전사고 예방을 위한 기술적 대책이 될 수 없는 것은?

① 안전기준의 설정
② 정신교육의 강화
③ 작업공정의 개선
④ 환경설비의 개선

해설 안전사고 예방을 위한 기술적 대책은 안전교육의 강화이다.

9. 사고 발생의 원인 중 정신적 요인에 해당되는 항목으로 맞는 것은?

① 불안과 초조
② 수면 부족 및 피로
③ 이해 부족 및 훈련 미숙
④ 안전수칙의 미제정

해설 ①은 산업재해의 간접 원인인 정신적 원인에 해당된다.

10. 다음 중 안전모를 착용하는 목적과 관계가 없는 것은?

① 감전의 위험 방지
② 추락에 의한 위험 경감
③ 물체의 낙하에 의한 위험 방지
④ 분진에 의한 재해 방지

해설 분진에 의한 재해를 방지하기 위해서는 호흡용 보호구를 사용한다.

11. 다음 중 정전기의 예방 대책으로 적합하지 않은 것은?

① 설비 주변에 적외선을 쪼인다.
② 적정 습도를 유지해 준다.
③ 설비의 금속 부분을 접지한다.
④ 대전 방지제를 사용한다.

해설 정전기 방지책으로 햇빛을 차단한다.

12. 다음 중 냉동기의 기동 전 유의사항으로 틀린 것은?

① 토출 밸브는 완전히 닫고 기동한다.
② 압축기의 유면을 확인한다.
③ 액관 중에 있는 전자 밸브의 작동을 확인한다.
④ 냉각수 펌프의 작동 유·무를 확인한다.

해설 토출 밸브는 열고 기동한다.

13. 재해 발생 중 사람이 건축물, 비계, 사다리, 계단 등에서 떨어지는 것을 무엇이라 하는가?

① 도괴   ② 낙하
③ 비래   ④ 추락

해설 ① 도괴, 붕괴 : 적재물, 비계, 접촉물이 무너진 경우
② 낙하, 비래 : 물건이 주체가 되어 사람이 맞은 경우
③ 추락 : 사람이 건축물, 비계, 기계, 사다리, 계단, 경사면, 나무 등에서 떨어지는 경우

14. 보일러 압력계의 최고 눈금은 보일러의 최고 사용압력의 몇 배 이상 지시할 수 있는 것이어야 하는가?

① 0.5배   ② 0.75배
③ 1.0배   ④ 1.5배

정답 **7.** ① **8.** ② **9.** ① **10.** ④ **11.** ① **12.** ① **13.** ④ **14.** ④

해설 보일러 압력계의 최고 눈금은 보일러의 최고 사용압력의 1.5~2배이다.

15. 고압 전선이 단선된 것을 발견하였을 때 어떠한 조치가 가장 안전한 것인가?

① 위험 표시를 하고 돌아온다.
② 사고사항을 기록하고 다음 장소의 순찰을 계속한다.
③ 발견 즉시 회사로 돌아와 보고한다.
④ 통행의 접근을 막는 조치를 한다.

해설 고압 전선이 단선된 것을 발견하였을 때 통행의 접근을 막고 담당자에게 연락을 한다.

16. 다음 중 프레온 냉매의 일반적인 특성으로 틀린 것은?

① 누설되어 식품 등과 접촉하면 품질을 떨어뜨린다.
② 화학적으로 안정되고 연소되지 않는다.
③ 전기절연성이 양호하다.
④ 비열비가 작아 압축기를 공랭식으로 할 수 있다.

해설 프레온은 무색, 무독, 무취, 비폭발성으로 인체에 피해가 없다.

17. 다음 그림과 같은 회로는 무슨 회로인가?

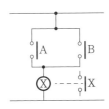

① AND 회로
② OR 회로
③ NOT 회로
④ NAND 회로

해설 신호 A 또는 B가 들어올 때 출력이 나오는 OR 회로이다.

18. 흡입관 지름이 20 mm(7/8″) 이하일 때 감온통의 부착 위치로 적당한 것은?(단, ● 표시가 감온통임)

해설 흡입관 지름이 20 mm 이하일 때는 ①과 같이 감온구를 배관 상부에 부착하고, 흡입관 지름이 25 mm 이상일 때는 ②와 같이 부착한다.

19. 다음 그림 기호 중 정압식 자동 팽창 밸브를 나타내는 것은?

해설 ① : 팽창 밸브 (수동)
② : 정압식 자동 팽창 밸브
③ : 온도식 자동 팽창 밸브
④ : 부자식 팽창 밸브

20. 다음 중 프레온 냉동장치에서 오일 포밍(oil foaming) 현상과 관계없는 것은?

① 오일 해머(oil hammer)의 우려가 있다.
② 응축기, 증발기 등에 오일이 유입되어 전열 효과를 증가시킨다.
③ 크랭크 케이스 내에 오일 부족 현상을 초래한다.
④ 오일 포밍을 방지하기 위해 크랭크 케이스 내에 히터를 설치한다.

해설 오일 포밍 : 프레온 냉동장치 정지 중에 냉매가 윤활유 속에 용해되어 있다가 압축기 가동 시 오일이 분리되면서 거품이 발생하는 현상으로 심하면 오일 해머의 우려가 있으며, 방지법으로 오일 히터를 설치한다.

정답 **15.** ④ **16.** ① **17.** ② **18.** ① **19.** ② **20.** ②

21. 서로 친화력을 가진 두 물질의 용해 및 유리 작용을 이용하여 압축 효과를 얻는 냉동법은 어느 것인가?

① 증기압축식 냉동법
② 흡수식 냉동법
③ 증기분사식 냉동법
④ 전자냉동법

해설 흡수식 냉동법은 저온에서 용해되고 고온에서 분리되는 친화력을 가진 두 물질을 이용한 것이다.

22. 회전식 압축기에서 회전식 베인형의 베인은 어떻게 회전하는가?

① 무게에 의하여 실린더에 밀착되어 회전한다.
② 고압에 의하여 실린더에 밀착되어 회전한다.
③ 스프링 힘에 의하여 실린더에 밀착되어 회전한다.
④ 원심력에 의하여 실린더에 밀착되어 회전한다.

해설 • 회전형 : 원심력에 의해서 실린더 벽에 밀착되어 회전한다.
• 고정형 : 스프링에 의해서 회전자에 밀착되어 회전한다.

23. 냉동능력이 40냉동톤인 냉동장치의 수직형 셸 앤드 튜브 응축기에 필요한 냉각수량은 약 얼마인가? (단, 응축기 입구 온도는 23℃, 응축기 출구 온도는 28℃이고 1RT는 3.9kW, 물의 비열은 4.2kJ/kg·K이다.)

① 51870 L/h
② 43200 L/h
③ 38844 L/h
④ 34766 L/h

해설 $G_w = \dfrac{40 \times 3.9 \times 3600 \times 1.3}{4.2 \times (28-23)}$
$= 34765.7 = 34766 \text{L/h}$

24. 동결점이 최저로 되는 용액의 농도를 공융농도라 하고 이때의 온도를 공융온도라 하는데, 다음 브라인 중 공융온도가 가장 낮은 것은?

① 염화칼슘
② 염화나트륨
③ 염화마그네슘
④ 에틸렌글리콜

해설 공융온도 (공정점)
① 염화칼슘 : -55℃
② 염화나트륨 : -21.2℃
③ 염화마그네슘 : -33.6℃
④ 에틸렌글리콜 : -12.6℃

25. 1대의 압축기를 이용해 저온의 증발 온도를 얻으려 할 경우 여러 문제점이 발생되어 2단 압축 방식을 택한다. 1단 압축으로 발생되는 문제점으로 틀린 것은?

① 압축기의 과열
② 냉동능력 증가
③ 체적 효율 감소
④ 성적계수 저하

해설 2단 압축의 목적
㉠ 압축일량 감소
㉡ 토출가스의 온도 상승 방지
㉢ 각종 이용 효율 증가
㉣ 냉동능력 향상

26. 다음 중 할로겐화탄화수소 냉매가 아닌 것은 어느 것인가?

① R-114
② R-115
③ R-134a
④ R-717

해설 $R-717 : NH_3$

27. 다음 냉동 사이클에서 이론적 성적계수가 5.0일 때 압축기 토출가스의 엔탈피는 얼마인가?

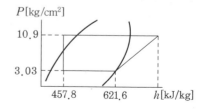

① 17.8 kJ/kg   ② 138.9 kJ/kg
③ 19.5 kJ/kg   ④ 654.3 kJ/kg

해설 $COP = \dfrac{621.6 - 457.8}{h - 621.6} = 5$

$\therefore\ h = 621.6 + \dfrac{621.6 - 457.8}{5} = 654.3\ \text{kJ/kg}$

28. 다음 중 고속다기통 압축기의 장점으로 틀린 것은?

① 동적(動的)평형이 양호하여 진동이 적고 운전이 정숙하다.
② 압축비가 증가하여도 체적 효율이 감소하지 않는다.
③ 냉동능력에 비해 압축기가 작아져 설치 면적이 작아진다.
④ 부품의 교환이 간단하고 수리가 용이하다.

해설 고속다기통 압축기는 압축비 증가에 따른 체적 효율 감소가 크다.

29. 만액식 증발기의 전열을 좋게 하기 위한 것이 아닌 것은?

① 냉각관이 냉매액에 잠겨 있거나 접촉해 있을 것
② 증발기 관에 핀(fin)을 부착할 것
③ 평균 온도차가 작고 유속이 빠를 것
④ 유막이 없을 것

해설 평균 온도차가 크고 오일 회수를 위하여 유속은 일정 속도 이상일 것

30. 증발기에 대한 설명 중 틀린 것은?

① 건식 증발기는 냉매액의 순환량이 많아 액분리가 필요하다.
② 프레온을 사용하는 만액식 증발기에서 증발기내 오일이 체류할 수 있으므로 유 회수 장치가 필요하다.
③ 반 만액식 증발기는 냉매액이 건식보다 많아 전열이 양호하다.

④ 건식 증발기는 주로 공기 냉각용으로 많이 사용한다.

해설 건식 증발기는 냉매 순환량이 적고 증발기 출구가 일반적으로 건조포화증기이므로 액분리기의 필요성이 적다.

31. 열펌프에 대한 설명 중 옳은 것은?

① 저온부에서 열을 흡수하여 고온부에서 열을 방출한다.
② 성적계수는 냉동기 성적계수보다 압축소요동력만큼 낮다.
③ 제빙용으로 사용이 가능하다.
④ 성적계수는 증발온도가 높고, 응축온도가 낮을수록 작다.

해설 ① 저온부에서 열을 흡수하고 고온부측 응축기 방열량을 이용하여 난방한다.
② 성적계수는 냉동기 성적계수보다 1이 크다.
③ 열펌프는 공기조화용이다.
④ 압축일량이 작고 응축열량이 클수록 크다.

32. 무기질 단열재에 해당되지 않는 것은?

① 코르크   ② 유리섬유
③ 암면   ④ 규조토

해설 펠트, 코르크, 기포성수지, 텍스 등은 유기질 단열재에 속한다.

33. 냉동장치에 사용하는 냉동기유의 구비조건으로 잘못된 것은?

① 적당한 점도를 가지며, 유막 형성 능력이 뛰어날 것
② 인화점이 충분히 높아 고온에서도 변하지 않을 것
③ 밀폐형에 사용하는 것은 전기절연도가 클 것
④ 냉매와 접촉하여도 화학 반응을 하지 않고, 냉매와의 분리가 어려울 것

해설 냉매와 오일은 분리할 것

정답   28. ②   29. ③   30. ①   31. ①   32. ①   33. ④

34. 냉동장치의 흡입관 시공 시 흡입관의 입상이 매우 길 때에는 약 몇 m 마다 중간에 트랩을 설치하는가?

① 5 m　　　　　② 10 m
③ 15 m　　　　④ 20 m

해설 입상관 10 m 마다 트랩을 설치한다.

35. 압축기 보호장치 중 고압 차단 스위치(HPS)의 작동압력은 정상적인 고압에 몇 kgf/cm^2 정도 높게 설정하는가?

① 1　　　　　② 4
③ 10　　　　④ 25

해설 고압 차단 스위치의 작동압력은 정상 고압보다 3~4 kgf/cm^2 정도 높게 설정한다.

36. 브라인을 사용할 때 금속의 부식 방지법으로 맞지 않는 것은?

① 브라인 pH를 7.5~8.2 정도로 유지한다.
② 방청제를 첨가한다.
③ 산성이 강하면 가성소다로 중화시킨다.
④ 공기와 접촉시키고, 산소를 용입시킨다.

해설 금속의 부식을 방지하려면 공기와 접촉을 피하여 산소 유입을 차단한다.

37. 냉동 관련 설명에 대한 내용 중에서 잘못된 것은?

① 1 BTU란 물 1 lb를 1℉ 높이는 데 필요한 열량이다.
② 1 kcal란 물 1 kg을 1℃ 높이는 데 필요한 열량이다.
③ 1 BTU는 3.968 kcal에 해당된다.
④ 기체에서 정압 비열은 정적 비열보다 크다.

해설 1 BTU는 $\dfrac{1}{3.968}$ (=0.252) kcal이다.

38. 100 V 교류 전원에 1 kW 배연용 송풍기를 접속하였더니 15 A의 전류가 흘렀다. 이 송풍기의 역률은 약 얼마인가?

① 0.57　　　　② 0.67
③ 0.77　　　　④ 0.87

해설 $\eta = \dfrac{1000}{100 \times 15} = 0.667$

39. 핀 튜브에 관한 설명 중 틀린 것은?

① 관내에 냉각수, 관 외부에 프레온 냉매가 흐를 때 관 외측에 부착한다.
② 증발기에 핀 튜브를 사용하는 것은 전열 효과를 크게 하기 위함이다.
③ 핀은 열 전달이 나쁜 유체 쪽에 부착한다.
④ 관내에 냉각수, 관 외부에 프레온 냉매가 흐를 때 관 내측에 부착한다.

해설 ④ 관내에 냉각수, 관 외부에 프레온 냉매가 흐를 때 관 외측에 핀을 부착한다.

40. 냉동 사이클의 구성 순서가 바른 것은?

① 증발 → 응축 → 팽창 → 압축
② 압축 → 응축 → 증발 → 팽창
③ 압축 → 응축 → 팽창 → 증발
④ 팽창 → 압축 → 증발 → 응축

해설 역 카르노 사이클은 증발→압축→응축→팽창 순이며 이것이 냉동 사이클이다.

41. 물이 얼음으로 변할 때의 동결 잠열은 얼마인가?

① 79.68 kJ/kg　　② 632 kJ/kg
③ 333.62 kJ/kg　④ 0.5 kJ/kg

해설 $q = 79.68 \times 4.187 = 333.62 \ kJ/kg$

42. 압축기의 축봉장치에서 슬립 링형 축봉장치의 종류에 속하는 것은?

① 소프트 패킹식　　② 메탈릭 패킹식

③ 스터핑 박스식   ④ 금속 벨로스식

43. 동관 작업에 필요하지 않는 공구는?

① 튜브 벤더   ② 사이징 툴
③ 플레어링 툴   ④ 클립

해설 클립은 주철관의 턱걸이 이음에서 납물을 삽입하여 가락지를 만드는 장치이다.

44. 다음 중 냉동능력의 단위로 옳은 것은?

① kcal/kg·m²   ② kJ/h
③ m³/h   ④ kcal/kg·℃

해설 냉동능력의 단위 : kcal/h 또는 kJ/h

45. 냉동기의 정상적인 운전 상태를 파악하기 위하여 운전관리상 검토해야 할 사항으로 틀린 것은?

① 윤활유의 압력, 온도 및 청정도
② 냉각수 온도 또는 냉각공기 온도
③ 정지 중의 소음 및 진동
④ 압축기용 전동기의 전압 및 전류

해설 소음 및 진동은 운전 중에 점검한다.

46. 실내에 있는 사람이 느끼는 더위, 추위의 체감에 영향을 미치는 수정 유효온도의 주요 요소는?

① 기온, 습도, 기류, 복사열
② 기온, 기류, 불쾌지수, 복사열
③ 기온, 사람의 체온, 기류, 복사열
④ 기온, 주위의 벽면온도, 기류, 복사열

해설 ㉠ 유효온도 : 기온, 습도, 기류분포도
㉡ 수정 유효온도 : 유효온도에 복사열을 포함한 것

47. 다음 중 송풍기의 법칙에 대한 내용으로 잘못된 것은?

① 동력은 회전속도비의 2제곱에 비례하여

변화한다.
② 풍량은 회전속도비에 비례하여 변화한다.
③ 압력은 회전속도비의 2제곱에 비례하여 변화한다.
④ 풍량은 송풍기 크기비의 3제곱에 비례하여 변화한다.

해설 동력은 회전속도비의 3제곱에 비례한다.

48. 실내 냉방 시 현열부하가 33600 kJ/h인 실내를 26℃로 냉방하는 경우 20℃의 냉풍으로 송풍하면 필요한 송풍량은 약 몇 m³/h인가? (단, 공기의 비열은 1 kJ/kg·℃이며, 비중량은 1.2 kg/m³이다.)

① 2893   ② 4670
③ 5787   ④ 9260

해설 $Q = \dfrac{33600}{1.2 \times 1 \times (26-20)}$
$= 4666.7 \text{ m}^3/\text{h}$

49. 유체의 역류 방지용으로 가장 적당한 밸브는 어느 것인가?

① 게이트 밸브(gate valve)
② 글로브 밸브(globe valve)
③ 앵글 밸브(angle valve)
④ 체크 밸브(check valve)

해설 체크 밸브는 유체를 한쪽 방향으로만 흐르게 하여 역류를 방지한다.

50. 냉방부하를 줄이기 위한 방법으로 적당하지 않은 것은?

① 외벽 부분의 단열화
② 유리창 면적의 증대
③ 틈새바람의 차단
④ 조명기구 설치 축소

해설 냉방부하를 줄이기 위해서는 유리창 면적을 작게 한다.

51. 다음 덕트 시공에 대한 내용 중 잘못된 것은 어느 것인가?

① 덕트의 단면적비가 75 % 이하의 축소 부분은 압력 손실을 적게 하기 위해 30° 이하(고속 덕트에서는 15° 이하)로 한다.

② 덕트의 단면 변화 시 정해진 각도를 넘을 경우에는 가이드 베인을 설치한다.

③ 덕트의 단면적비가 75 % 이하의 확대 부분은 압력 손실을 적게 하기 위해 15° 이하(고속 덕트에서는 8° 이하)로 한다.

④ 덕트의 경로는 될 수 있는 한 최장거리로 한다.

해설 덕트의 경로는 최단거리로 한다.

52. 공기조화기의 열원장치에 사용되는 온수보일러의 개방형 팽창탱크에 설치되지 않는 부속설비는?

① 통기관　　　　② 수위계
③ 팽창관　　　　④ 배수관

해설 팽창탱크에는 통기관, 팽창관, 안전관, 배수관 등이 설치된다.

53. 환기방식 중 환기의 효과가 가장 낮은 환기법은?

① 제1종 환기　　　② 제2종 환기
③ 제3종 환기　　　④ 제4종 환기

해설 환기방식
- 제1종 환기(병용식) : 기계 급배기
- 제2종 환기(압입식) : 기계 급기, 자연 배기
- 제3종 환기(흡출식) : 자연 급기, 기계 배기
- 제4종 환기(자연식) : 자연 급배기

54. 건구온도 20℃, 절대습도 0.008 kg/kg(DA)인 공기의 비엔탈피는 약 얼마인가? (단, 공기의 정압 비열(C_P)은 1 kJ/kg·K, 수증기의 정압 비열(C_P)은 1.85 kJ/kg·K이고 0℃ 물의 증발잠열은 2500 kJ/kg이다.)

① 29.4 kJ/kg (DA)
② 35 kJ/kg (DA)
③ 40.3 kJ/kg (DA)
④ 46.2 kJ/kg (DA)

해설 비엔탈피(h)
$$h = 1 \times 20 + 0.008 \times (2500 + 1.85 \times 20)$$
$$= 40.3 \text{ kJ/kg}$$

55. 다음 중 개별 공조 방식의 특징으로 틀린 것은 어느 것인가?

① 개별 제어가 가능하다.
② 실내 유닛이 분리되어 있지 않는 경우는 소음과 진동이 크다.
③ 취급이 용이하며, 국소 운전이 가능하다.
④ 외기 냉방이 용이하다.

해설 외기 냉방은 전공기 덕트 방식에서 유리하다.

56. 역환수(reverse return) 방식을 채택하는 이유로 가장 적합한 것은?

① 환수량을 늘리기 위하여
② 배관으로 인한 마찰저항이 균등해지도록 하기 위하여
③ 온수 귀환관을 가장 짧은 거리로 배관하기 위하여
④ 열손실을 줄이기 위하여

해설 역환수 방식은 배관의 마찰저항을 균일하게 하여 발열량을 같게 한다.

57. 보일러의 종류에 따른 전열면적당 증발량으로 틀린 것은?

① 노통 보일러 : 45～65 kgf/m²·h 정도
② 연관 보일러 : 30～65 kgf/m²·h 정도
③ 입형 보일러 : 15～20 kgf/m²·h 정도
④ 노통연관 보일러 : 30～60 kgf/m²·h 정도

정답 　51. ④　52. ②　53. ④　54. ③　55. ④　56. ②　57. ①

해설 ㉠ 전열면적당 증발량($kgf/m^2 \cdot h$)

$$= \frac{\text{매시증발량}(kg/h)}{\text{전열면적}(m^2)}$$

㉡ 노통 보일러 : $20 \sim 35 \, kgf/m^2 \cdot h$

㉢ 수관 보일러(대형) : $50 \sim 100 \, kgf/m^2 \cdot h$

58. 팬형 가습기(증발식)에 대한 설명으로 틀린 것은?

① 팬 속의 물을 강제적으로 증발시켜 가습한다.

② 가습장치 중 효율이 가장 우수하며, 가습량을 자유로이 변화시킬 수 있다.

③ 가습의 응답속도가 느리다.

④ 패키지형의 소형 공조기에 많이 사용한다.

해설 가습장치 중 효율이 가장 우수한 것은 증기 분무가습기이다.

59. 공기 가열 코일의 종류에 해당되지 않는 것은?

① 전열 코일 　② 습 코일

③ 증기 코일 　④ 온수 코일

해설 습 코일은 냉각용 증발기 코일이다.

60. 이중 덕트 공기 조화 방식의 특징이라고 할 수 없는 것은?

① 열매체가 공기이므로 실온의 응답이 빠르다.

② 혼합으로 인한 에너지 손실이 없으므로 운전비가 적게 든다.

③ 실내습도의 제어가 어렵다.

④ 실내부하에 따라 개별 제어가 가능하다.

해설 이중 덕트 공기 조화 방식은 혼합으로 인한 에너지 손실이 크다.

출제 예상문제 (4)

1. 산업재해 원인 분류 중 직접 원인에 해당되지 않는 것은?

① 불안전한 행동
② 안전보호장치 결함
③ 작업자의 사기 의욕 저하
④ 불안전한 환경

해설 ㉠ 직접 원인
• 인적 원인(불안전한 행동)
• 물적 원인(불안전한 상태)
㉡ 간접 원인
• 기술적 원인   • 교육적 원인
• 신체적 원인   • 정신적 원인
• 관리적 원인

2. 다음 중 전기 화재의 소화에 사용하기에 부적당한 것은?

① 분말 소화기   ② 포말 소화기
③ CO_2 소화기   ④ 할로겐 소화기

해설 전기 화재 소화기로 분말, CO_2, 할로겐은 적합하고, 포말은 부적합하다.

3. 전기설비의 방폭성능 기준 중 용기 내부에 보호구조를 압입하여 내부 압력을 유지함으로써 가연성 가스가 용기 내부로 유입되지 아니하도록 한 구조를 말하는 것은?

① 내압방폭구조   ② 유입방폭구조
③ 압력방폭구조   ④ 안전증방폭구조

해설 압력방폭구조는 용기 내부에 보호가스를 압입하여 내부 압력을 유지함으로써 가연성 가스가 유입되지 않도록 한 구조이다.

4. 산업 현장에서 위험이 잠재한 곳이나 현존하는 곳에 안전표지를 부착하는 목적으로 적당한 것은?

① 작업자의 생산 능률을 저하시키기 위함
② 예상되는 재해를 방지하기 위함
③ 작업장의 환경 미화를 위함
④ 작업자의 피로를 경감시키기 위함

해설 안전표지는 산업 현장, 공장, 광산, 건설 현장, 차량, 선박 등의 안전을 유지하기 위하여 사용한다. 안전표지의 종류에는 금지, 경고, 지시, 안내 표지가 있다.

5. 다음 중 산업재해의 발생 원인별 순서로 맞는 것은?

① 불안전한 상태>불안전한 행동>불가항력
② 불안전한 행동>불가항력>불안전한 상태
③ 불안전한 상태>불가항력>불안전한 행동
④ 불안전한 행동>불안전한 상태>불가항력

6. 다음 중 전기의 접지 목적에 해당되지 않는 것은 어느 것인가?

① 화재 방지   ② 설비 증설 방지
③ 감전 방지   ④ 기기 손상 방지

해설 전기의 접지 목적은 감전 방지, 기기 손상 방지, 화재 예방 등이다.

7. 냉동제조의 시설 및 기술기준으로 적당하지 못한 것은?

① 냉매설비에는 긴급 상태가 발생하는 것을 방지하기 위하여 자동제어 장치를 설치할 것
② 압축기 최종단에 설치한 안전장치는 3년에 1회 이상 압력 시험을 할 것

③ 제조설비는 진동, 충격, 부식 등으로 냉매 가스가 누설되지 않을 것
④ 가연성 가스의 냉동설비 부근에는 작업에 필요한 양 이상의 연소하기 쉬운 물질을 두지 않을 것

해설 압축기 최종단의 안전밸브는 1년에 1회 이상 시험한다.

8. 산업안전보건기준에 관한 규칙에 의거 사다리식 통로 등을 설치하는 경우에 대한 내용으로 잘못된 것은?

① 견고한 구조로 할 것
② 발판과 벽과의 사이는 15 cm 이상의 간격을 유지할 것
③ 폭은 55 cm 이상으로 할 것
④ 발판의 간격은 일정하게 할 것

해설 사다리식 통로 폭은 1 m 이상으로 할 것

9. 냉동장치의 운전 관리에서 운전 준비사항으로 잘못된 것은?

① 압축기의 유면을 점검한다.
② 응축기의 냉매량을 확인한다.
③ 응축기, 압축기의 흡입측 밸브를 닫는다.
④ 전기결선, 조작회로를 점검하고, 절연저항을 측정한다.

해설 운전 정지 시에는 압축기 흡입 밸브를 닫고, 운전 시 압축기, 응축기 밸브는 개방 상태이다.

10. 다음 중 드라이버 작업 시 유의사항으로 올바른 것은?

① 드라이버를 정이나 지렛대 대용으로 사용한다.
② 작은 공작물은 바이스에 물리지 말고 손으로 잡고 사용한다.
③ 드라이버의 날 끝이 홈의 폭과 길이가 같은 것을 사용한다.

④ 전기작업 시 금속 부분이 자루 밖으로 나와 있어 전기가 잘 통하는 드라이버를 사용한다.

해설 드라이버는 다른 용도로 사용하지 말고 규격에 맞는 것을 사용한다.

11. 안전모가 내전압성을 가졌다는 말은 최대 몇 볼트의 전압에 견디는 것을 말하는가?

① 600 V　　　　② 720 V
③ 1000 V　　　　④ 7000 V

해설 안전모, 안전장갑 등은 저압(7000 V 이하) 전기작업에 사용한다.

12. 수공구에 의한 재해를 방지하기 위한 내용 중 적당하지 않은 것은?

① 결함이 없는 공구를 사용할 것
② 작업에 꼭 알맞은 공구가 없을 시에는 유사한 것을 대용할 것
③ 사용 전에 충분한 사용법을 숙지하고 익히도록 할 것
④ 공구는 사용 후 일정한 장소에 정비·보관할 것

해설 공구는 다른 목적으로 사용하지 말고 규격에 맞는 것을 사용한다.

13. 다음 보기 내용의 (　　)에 알맞은 것은?

┤보기├

사업주는 아세틸렌 용접장치를 사용하여 금속의 용접·용단 또는 가열작업을 하는 경우에는 게이지압력이 (　　)킬로파스칼을 초과하는 압력의 아세틸렌을 발생시켜 사용해서는 아니 된다.

① 12.7　　　　② 20.5
③ 127　　　　④ 205

해설 압력 1.5 kg/cm² · g (127 kPa · g)를 초과하는 아세틸렌 발생설비는 사용하지 말 것

정답 　8. ③　9. ③　10. ③　11. ④　12. ②　13. ③

14. 액화가스의 저장탱크에는 그 저장탱크 내용적의 몇 %를 초과하여 충전하면 안 되는가?

① 90 %　　　　② 80 %

③ 75 %　　　　④ 60 %

해설 가스 충전 시 용기는 85 % 이하, 탱크는 90 % 이하로 충전할 것

15. 보일러의 사고 원인을 열거하였다. 이 중 취급자의 부주의로 인한 것은?

① 구조의 불량

② 판 두께의 부족

③ 보일러수의 부족

④ 재료의 강도 부족

해설 보일러의 저수위는 안전관리자 (취급자)의 부주의로 인한 사고 원인이다.

16. 암모니아 냉동기에서 일반적으로 압축비가 얼마 이상일 때 2단 압축을 하는가?

① 2　　　② 3　　　③ 4　　　④ 6

해설 ㉠ NH_3 : 압축비 6 이상

　　㉡ 프레온 : 압축비 9 이상

17. 공정점이 − 55℃이고 저온용 브라인으로서 일반적으로 제빙, 냉장 및 공업용으로 많이 사용되고 있는 것은?

① 염화칼슘　　　② 염화나트륨

③ 염화마그네슘　④ 프로필렌글리콜

해설 공정점

　　① 염화칼슘 : −55℃

　　② 염화나트륨 : −21.2℃

　　③ 염화마그네슘 : −33.6℃

　　④ 프로필렌글리콜 : −59.5℃

18. 다음 중 자연적인 냉동 방법이 아닌 것은?

① 증기분사식을 이용하는 방법

② 융해열을 이용하는 방법

③ 증발잠열을 이용하는 방법

④ 승화열을 이용하는 방법

해설 증기분사식은 노즐로 증기를 운동 (속력) 에너지로 바꾸고 디퓨저에 의해서 압력 에너지로 바꾸는 기계적 냉동장치이다.

19. 프레온 냉동장치에서 오일 포밍 현상이 일어나면 실린더 내로 다량의 오일이 올라가 오일을 압축하여 실린더 헤드부에서 이상 음이 발생하게 되는 현상은?

① 에멀션 현상　　② 동부착 현상

③ 오일 포밍 현상　④ 오일 해머 현상

해설 오일 포밍의 발생이 심하면 오일이 실린더로 다량 흡입되어 오일 해머링이 발생되며, 방지법으로 오일 히터를 설치한다.

20. 정상적으로 운전되고 있는 증발기에 있어서, 냉매 상태의 변화에 관한 사항 중 옳은 것은 어느 것인가? (단, 증발기는 건식증발기이다.)

① 증기의 건조도가 감소한다.

② 증기의 건조도가 증대한다.

③ 포화액이 과냉각액으로 된다.

④ 과냉각액이 포화액으로 된다.

해설 팽창밸브를 통과한 습증기 냉매가 외부의 열을 흡수하여 증발되므로 건조도는 증가하고 습도는 감소한다.

21. 구조에 따라 증발기를 분류하여 그 명칭들과 동시에 그들의 주 용도를 나타내었다. 다음 중 틀린 것은?

① 핀 튜브형 : 주로 0℃ 이상의 물 냉각용

② 탱크식 : 제빙용 브라인 냉각용

③ 판냉각형 : 가정용 냉장고의 냉각용

④ 보데로 (Baudelot)식 : 우유, 각종 기름류 등의 냉각용

해설 핀 튜브형은 주로 공기 냉각용이다.

정답　**14.** ①　**15.** ③　**16.** ④　**17.** ①　**18.** ①　**19.** ④　**20.** ②　**21.** ①

22. 실린더 안지름 20 cm, 피스톤 행정 20 cm, 기통수 2개, 회전수 300 rpm인 압축기의 피스톤 배출량은 약 얼마인가?

① 182 m³/h ② 201 m³/h
③ 226 m³/h ④ 263 m³/h

해설 압출량(V)

$$V = \frac{\pi}{4} \times 0.2^2 \times 0.2 \times 2 \times 300 \times 60$$
$$= 226.08 \text{ m}^3/\text{h}$$

23. 저장품을 동결하기 위한 동결 부하 계산에 속하지 않는 것은?

① 동결 전 부하 ② 동결 후 부하
③ 동결 잠열 ④ 환기 부하

해설 환기 부하는 공조 부하이다.

24. 관을 절단하는 데 사용하는 공구는?

① 파이프 리머 ② 파이프 커터
③ 오스터 ④ 드레서

해설 ① 파이프 리머 : 거스러미 제거
② 파이프 커터 : 배관 절단
③ 오스터 : 배관 수나사를 내는 공구
④ 드레서 : 연삭 숫돌을 뾰족하게 하는 것

25. 다음 중 입력 신호가 모두 1일 때만 출력 신호가 0인 논리 게이트는?

① AND 게이트 ② OR 게이트
③ NOR 게이트 ④ NAND 게이트

해설 ① AND : 입력 신호가 모두 1일 때 출력 신호가 1
② OR : 입력 신호가 하나만 1일 때 출력 신호 1
③ NOR : 입력 신호가 모두 1일 때 출력 신호 0

26. 다음 중 냉동기유의 구비 조건으로 맞지 않는 것은?

① 냉매와 접하여도 화학적 작용을 하지 않을 것

② 왁스 성분이 많을 것
③ 유성이 좋을 것
④ 인화점이 높을 것

해설 냉동기유는 왁스 성분이 적어야 한다.

27. 압축기에서 보통 안전 밸브의 작동압력으로 옳은 것은?

① 저압 차단 스위치 작동압력과 같게 한다.
② 고압 차단 스위치 작동압력보다 다소 높게 한다.
③ 유압 보호 스위치 작동압력과 같게 한다.
④ 고·저압 차단 스위치 작동압력보다 낮게 한다.

해설 안전 밸브는 고압 차단 스위치 작동압력보다 1 kg/cm² 정도 높게 한다.

28. 다음 몰리에르 선도에서의 성적계수는 약 얼마인가?

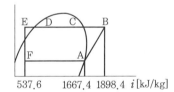

① 2.4 ② 4.9 ③ 5.4 ④ 6.3

해설 $COP = \dfrac{1667.4 - 537.6}{1898.4 - 1667.4} = 4.89$

29. 다음 기호 중 콕의 도시 기호는?

① ②
③ ④

해설 ① : 체크 밸브, ② : 게이트(슬루스) 밸브
③ : 체크 밸브

30. 흡수식 냉동기에서 냉매 순환 과정을 바르게 나타낸 것은?

① 재생(발생)기 → 응축기 → 냉각 (증발)기 → 흡수기

② 재생(발생)기 → 냉각 (증발)기 → 흡수기 → 응축기

③ 응축기 → 재생(발생)기 → 냉각 (증발)기 → 흡수기

④ 냉각 (증발)기 → 응축기 → 흡수기 → 재생(발생)기

해설 ① 냉매 순환 경로 : 재생기 → 응축기 → 증발기 → 흡수기 → 열교환기
② 흡수제 순환 경로 : 재생기 → 열교환기 → 흡수기 → 열교환기

31. 온도 자동 팽창 밸브에서 감온통의 부착 위치는?

① 팽창 밸브 출구 ② 증발기 입구
③ 증발기 출구   ④ 수액기 출구

해설 온도 자동 팽창 밸브는 증발기 출구 과열도에 의해서 작동된다.

32. 응축기 중 외기 습도가 응축기 능력을 좌우하는 것은?

① 횡형 셸 앤드 튜브식 응축기
② 이중관식 응축기
③ 7통로식 응축기
④ 증발식 응축기

해설 ①, ②, ③은 냉각수온의 영향을 받고 증발식 응축기는 물의 증발잠열을 이용하므로 대기 습구 온도의 영향을 받는다.

33. 다음 중 관 또는 용기 안의 압력을 항상 일정한 수준으로 유지하여 주는 밸브는 어느 것인가?

① 릴리프 밸브   ② 체크 밸브
③ 온도 조정 밸브 ④ 감압 밸브

해설 안전 밸브 (릴리프 밸브)는 장치 내부 압력을 규정값 이하로 유지시킨다.

34. 시트 모양에 따라 삽입형, 홈꼴형, 랩형 등으로 구분되는 배관의 이음 방법은?

① 나사 이음   ② 플레어 이음
③ 플랜지 이음   ④ 납땜 이음

해설 플랜지 이음은 시트 모양에 따라 전면, 대평면, 소평면, 삽입형, 홈꼴형 등으로 구분된다.

35. 불응축 가스의 침입을 방지하기 위해 액순환식 증발기와 액펌프 사이에 부착하는 것은 무엇인가?

① 감압 밸브   ② 여과기
③ 역지 밸브   ④ 건조기

해설 체크(역류 방지) 밸브는 증발기의 압력 상승으로 인해 냉매가 펌프 쪽으로 역류하는 것을 방지한다.

36. 어떤 물질의 산성, 알칼리성 여부를 측정하는 단위는?

① CHU   ② RT
③ pH   ④ B.T.U

해설 산성도를 측정한 것을 pH 값이라 한다.

37. 0℃의 물 1 kg을 0℃의 얼음으로 만드는 데 필요한 응고잠열은 대략 얼마 정도인가?

① 333.6 kJ/kg   ② 2260 kJ/kg
③ 418 kJ/kg   ④ 209 kJ/kg

해설 0℃ 물의 응고잠열은 333.6 kJ/kg이다.

38. 냉동장치의 온도 관계에 대한 사항 중 올바르게 표현한 것은? (단, 표준 냉동 사이클을 기준으로 할 것)

① 응축온도는 냉각수 온도보다 낮다.
② 응축온도는 압축기 토출가스 온도와 같다.
③ 팽창 밸브 직후의 냉매 온도는 증발온도보다 낮다.
④ 압축기 흡입가스 온도는 증발온도와 같다.

정답 31. ③ 32. ④ 33. ① 34. ③ 35. ③ 36. ③ 37. ① 38. ④

해설 ① 응축온도는 냉각수 온도보다 높다.

② 토출가스 온도는 응축온도보다 높다.

③ 증발온도와 팽창 밸브 직후의 냉매 온도는 같다.

④ 흡입가스 온도는 증발온도와 같거나 높다 (표준 사이클에서는 같다).

39. "회로 내의 임의의 점에서 들어오는 전류와 나가는 전류의 총합은 0이다"라는 법칙으로 맞는 것은?

① 키르히호프의 제1법칙

② 키르히호프의 제2법칙

③ 줄의 법칙

④ 앙페르의 오른나사법칙

해설 ㉠ 키르히호프의 제1법칙 : 전류 법칙

㉡ 키르히호프의 제2법칙 : 전압 법칙

40. 다음 중 옴의 법칙에 대한 설명으로 적절한 것은?

① 도체에 흐르는 전류(I)는 전압(V)에 비례한다.

② 도체에 흐르는 전류(I)는 저항(R)에 비례한다.

③ 도체에 흐르는 전압(V)은 저항(R)의 값과는 상관없다.

④ 도체에 흐르는 전류 $I = \dfrac{R}{V}$ [A]이다.

해설 옴의 법칙 : $I = \dfrac{V}{R}$ [A]

여기서, I : 전류, V : 전압, R : 저항

41. 용적형 압축기에 대한 설명으로 맞지 않는 것은?

① 압축실 내의 체적을 감소시켜 냉매의 압력을 증가시킨다.

② 압축기의 성능은 냉동능력, 소비동력, 소음, 진동값 및 수명 등 종합적인 평가가 요구된다.

③ 압축기의 성능을 측정하는 데 유용한 두 가지 방법은 성능계수와 단위 냉동능력당 소비동력을 측정하는 것이다.

④ 개방형 압축기의 성능계수는 전동기와 압축기의 운전효율을 포함하는 반면, 밀폐형 압축기의 성능계수에는 전동기 효율이 포함되지 않는다.

해설 압축기의 종류와 관계없이 성능계수에는 효율이 포함된다.

42. 터보 냉동기의 구조에서 불응축 가스 퍼지, 진공 작업, 냉매 재생 등의 기능을 갖추고 있는 장치는?

① 플로트 체임버 장치

② 추기회수 장치

③ 엘리미네이터 장치

④ 전동 장치

해설 터보(원심식) 냉동장치의 추기회수 장치는 불응축 가스 퍼지 외에 냉매 충전, 숙청 및 각종 압력시험을 한다.

43. 고체에서 기체로 상태가 변화할 때 필요로 하는 열을 무엇이라 하는가?

① 증발열

② 융해열

③ 기화열

④ 승화열

해설 고체에서 기체로 변화할 때 승화열을 흡수하고, 기체에서 고체로 변화할 때 승화열을 방출한다.

44. 스윙(swing)형 체크 밸브에 관한 설명으로 틀린 것은?

① 호칭치수가 큰 관에 사용된다.

② 유체의 저항이 리프트(lift)형보다 적다.

③ 수평 배관에만 사용할 수 있다.

④ 핀을 축으로 하여 회전시켜 개폐한다.

해설 스윙형은 수직·수평 배관에 사용한다.

45. 냉동장치 내에 냉매가 부족할 때 일어나는 현상으로 옳은 것은?

① 흡입관에 서리가 보다 많이 붙는다.
② 토출압력이 높아진다.
③ 냉동능력이 증가한다.
④ 흡입압력이 낮아진다.

해설 냉매가 부족하면 냉매순환량이 적어지므로 흡입가스는 과열되고 압력은 낮아진다.

46. 온풍난방의 특징을 바르게 설명한 것은?

① 예열시간이 짧다.
② 조작이 복잡하다.
③ 설비비가 많이 든다.
④ 소음이 생기지 않는다.

해설 온풍(공기)은 비열이 $0.24\ kcal/kg \cdot ℃$로 예열시간이 제일 짧다.

47. 겨울철 창면을 따라서 존재하는 냉기에 의해 외기와 접한 창면에 접해 있는 사람은 더욱 추위를 느끼게 되는 현상을 콜드 드래프트라 한다. 이 콜드 드래프트의 원인으로 볼 수 없는 것은?

① 인체 주위의 온도가 너무 낮을 때
② 주위 벽면의 온도가 너무 낮을 때
③ 창문의 틈새가 많을 때
④ 인체 주위 기류속도가 너무 느릴 때

해설 인체 주위 기류속도가 빠를 때 콜드 드래프트가 일어난다.

48. 일반적으로 덕트의 종횡비(aspect ratio)는 얼마를 표준으로 하는가?

① 2:1   ② 6:1
③ 8:1   ④ 10:1

해설 덕트의 종횡비 표준은 3:2이고 일반적으로 4:1 이하로 하며 최대 8:1 이하로 한다. 이 문제에서는 2:1이 정답이다.

49. 다음 중 복사난방의 특징이 아닌 것은?

① 외기온도의 급 변화에 따른 온도 조절이 곤란하다.
② 배관 시공이나 수리가 비교적 곤란하고 설비 비용이 비싸다.
③ 공기의 대류가 많아 쾌감도가 나쁘다.
④ 방열기가 불필요하다.

해설 복사난방은 온기류가 바닥에 있으므로 공기의 대류작용이 적어서 쾌감도가 높다.

50. 공기 조화 방식의 중앙식 공조 방식에서 수-공기 방식에 해당되지 않는 것은?

① 이중 덕트 방식
② 팬 코일 유닛 방식(덕트 병용)
③ 유인 유닛 방식
④ 복사 냉난방 방식(덕트 병용)

해설 이중 덕트 방식은 전공기 방식이다.

51. 다음 중 난방 방식에 대한 설명으로 틀린 것은 어느 것인가?

① 온풍난방은 습도를 가습 또는 감습할 수 있는 장치를 설치할 수 있다.
② 증기난방의 응축수 환수관 연결 방식은 습식과 건식이 있다.
③ 온수난방의 배관에는 팽창탱크를 설치하여야 하며 밀폐식과 개방식이 있다.
④ 복사난방은 천장이 높은 실(室)에는 부적합하다.

해설 복사난방은 온기류가 바닥에 있으므로 천장이 높은 방에 유리하다.

52. 다음 중 공기 상태에 관한 내용으로 틀린 것은 어느 것인가?

① 포화습공기의 상대습도는 100%이며 건조공기의 상대습도는 0%가 된다.
② 공기를 가습, 감습하지 않으면 노점온도

이하가 되어도 절대습도는 변함이 없다.

③ 습공기 중의 수분 중량과 포화습공기 중의 수분의 비를 상대습도라 한다.

④ 공기 중의 수증기가 분리되어 물방울이 되기 시작하는 온도를 노점온도라 한다.

[해설] 노점온도 이하가 되면 감습되므로 절대습도는 낮아진다.

53. 수조 내의 물에 초음파를 가하여 작은 물방울을 발생시켜 가습을 행하는 초음파 가습장치는 어떤 방식에 해당하는가?

① 수분무식
② 증기 발생식
③ 증발식
④ 에어와셔식

54. 다음 중 개별식 공기 조화 방식으로 볼 수 있는 것은?

① 사무실 내에 패키지형 공조기를 설치하고, 여기에서 조화된 공기는 패키지 상부에 있는 취출구로 실내에 송풍한다.

② 사무실 내에 유인 유닛형 공조기를 설치하고, 외부의 공기조화기로부터 유인유닛에 공기를 공급한다.

③ 사무실 내에 팬코일 유닛형 공조기를 설치하고, 외부의 열원기기로부터 팬코일 유닛에 냉·온수를 공급한다.

④ 사무실 내에는 덕트만 설치하고, 외부의 공기조화기로부터 덕트 내에 공기를 공급한다.

[해설] 패키지는 개별식 냉매 방식이지만 덕트를 설치하여 공급하면 중앙식이 된다.

55. 유체의 속도가 20 m/s일 때 이 유체의 속도수두는 얼마인가?

① 5.1 m
② 10.2 m
③ 15.5 m
④ 20.4 m

[해설] 속도수두$(H) = \dfrac{20^2}{2 \times 9.8} = 20.41\,\text{m}$

56. 어떤 보일러에서 발생되는 실제 증발량을 1000 kg/h, 발생 증기의 엔탈피를 2578.8 kJ/kg, 급수의 엔탈피를 84 kJ/kg이라 할 때, 상당증발량은 얼마인가? (단, 증발잠열은 2268 kJ/kg으로 한다.)

① 847 kg/h
② 1100 kg/h
③ 1250 kg/h
④ 1450 kg/h

[해설] 상당증발량 $= \dfrac{1000 \times (2578.8 - 84)}{2268}$
$= 1100\ \text{kg/h}$

57. 다음 중 풍량 조절용으로 사용되지 않는 댐퍼는?

① 방화 댐퍼
② 버터플라이 댐퍼
③ 루버 댐퍼
④ 스플릿 댐퍼

[해설] 방화 댐퍼는 화재 초기에 작동하여 전파되는 것을 차단한다.

58. 열이 이동되는 3가지 기본 현상(형식)이 아닌 것은?

① 전도
② 관류
③ 대류
④ 복사

[해설] 열 이동 3요소는 전도, 대류, 복사이다.

59. 실내 필요 환기량을 결정하는 조건과 거리가 먼 것은?

정답 53. ① 54. ① 55. ④ 56. ② 57. ① 58. ② 59. ②

① 실의 종류

② 실의 위치

③ 재실자의 수

④ 실내에서 발생하는 오염물질 정도

해설 자연 환기량은 실의 종류(형태), 방향에 의해서 결정되고 외기 도입량은 재실자와 오염물질에 의해서 결정된다.

60. 다음 중 송풍기의 특성 곡선에 나타나 있지 않는 것은?

① 효율　　　　② 축동력

③ 전압　　　　④ 풍속

해설 송풍기의 특성 곡선으로 압력(전압력), 동력, 양정, 효율을 알 수 있다.

출제 예상문제 (5)

1. 보일러의 점화 직전 운전원이 반드시 제일 먼저 점검해야 할 사항은?

① 공기온도 측정
② 보일러 수위 확인
③ 연료의 발열량 측정
④ 연소실의 잔류가스 측정

해설 운전 전에 수면 (수위)을 확인하고 프리 퍼지 시킨 다음 점화한다.

2. 소화 효과의 원리가 아닌 것은?

① 질식 효과
② 제거 효과
③ 희석 효과
④ 단열 효과

해설 단열은 열의 이동을 차단하는 것으로 소화와 관계없다.

3. 드릴 작업 시 주의사항으로 틀린 것은?

① 드릴 회전 중에는 칩을 입으로 불어서는 안 된다.
② 작업에 임할 때는 복장을 단정히 한다.
③ 가공 중 드릴 끝이 마모되어 이상한 소리가 나면 즉시 바꾸어 사용한다.
④ 이송레버에 파이프를 끼워 걸고 재빨리 돌린다.

해설 드릴 작업 시 다른 물체를 끼워서 작업해서는 안 된다.

4. 안전관리 관리 감독자의 업무가 아닌 것은?

① 안전작업에 관한 교육훈련
② 작업 전·후 안전점검 실시
③ 작업의 감독 및 지시
④ 재해 보고서 작성

해설 작업 전·후의 안전점검은 작업자가 시행한다.

5. 물체가 떨어지거나 날아올 위험 또는 근로자가 추락할 위험이 있는 작업 시에 착용할 보호구로 적당한 것은?

① 안전모
② 안전벨트
③ 방열복
④ 보안면

해설 ① 안전모 : 머리를 보호하기 위하여 전선작업, 보수작업 등에서 물체가 떨어질 위험이 있는 곳에 착용한다.
② 안전벨트 (안전대) : 추락에 의한 재해를 방지하는 것이다.
③ 방열복 : 고열 작업 시 인체를 보호하는 의복이다.
④ 보안면 : 유해 광선으로부터 눈을 보호하고 파편에 의한 화상의 위험으로부터 안면부를 보호하기 위하여 착용한다.

6. 전기 사고 중 감전의 위험 인자에 대한 설명으로 옳지 않은 것은?

① 전류량이 클수록 위험하다.
② 통전시간이 길수록 위험하다.
③ 심장에 가까운 곳에서 통전되면 위험하다.
④ 인체에 습기가 없으면 저항이 감소하여 위험하다.

해설 인체는 수분이 많으므로 표면에 습기가 없어도 감전에 대한 위험 요소는 여전하다.

7. 산소 용기 취급 시 주의사항으로 옳지 않은 것은 어느 것인가?

① 용기를 운반 시 밸브를 닫고 캡을 씌워서 이동할 것
② 용기는 전도, 충돌, 충격을 주지 말 것
③ 용기는 통풍이 안 되고 직사광선이 드는

곳에 보관할 것

④ 용기는 기름이 묻은 손으로 취급하지 말
것

해설 용기는 40℃ 이하의 통풍이 잘되는 음지에
보관한다.

8. 다음 중 용기의 파열사고 원인에 해당되지
않는 것은?

① 용기의 용접 불량
② 용기 내부압력의 상승
③ 용기 내에서 폭발성 혼합가스에 의한 발화
④ 안전밸브의 작동

해설 안전밸브는 압력이 높을 때 작동하여 장치를
안전한 압력으로 유지시킨다.

9. 다음 중 냉동 시스템에서 액 해머링의 원인이
아닌 것은?

① 부하가 감소했을 때
② 팽창밸브의 열림이 너무 작을 때
③ 만액식 증발기의 경우 부하 변동이 심할 때
④ 증발기 코일에 유막이나 서리(霜)가 끼었
을 때

해설 팽창밸브가 작게 열리면 냉매 순환량이 적으
므로 흡입가스가 과열된다.

10. 냉동설비의 설치공사 후 기밀시험 시 사용되
는 가스로 적합하지 않은 것은?

① 공기   ② 산소
③ 질소   ④ 아르곤

해설 산소는 지연성(조연성)이므로 압축하면 폭발
의 위험성이 있다.

11. 교류 용접기의 규격란에 AW 200이라고 표
시되어 있을 때 200이 나타내는 값은?

① 정격 1차 전류값
② 정격 2차 전류값

③ 1차 전류 최댓값
④ 2차 전류 최댓값

해설 AW 200은 교류 아크 용접기(arc welder)의
정격 2차 전류값이 200 A라는 뜻이다.

12. 가스 용접 작업 중에 발생되는 재해가 아닌
것은?

① 전격   ② 화재
③ 가스 폭발   ④ 가스 중독

해설 전격은 전기 용접 시 발생되는 재해이다.

13. 크레인(crane)의 방호 장치에 해당되지 않
는 것은?

① 권과 방지 장치 ② 과부하 방지 장치
③ 비상 정지 장치 ④ 과속 방지 장치

해설 크레인은 정해진 속도 이하로 이동하고 속도
제어는 수작업으로 한다.

14. 해머 작업 시 지켜야할 사항 중 적절하지 못
한 것은?

① 녹슨 것을 때릴 때 주의하도록 한다.
② 해머는 처음부터 힘을 주어 때리도록
한다.
③ 작업 시에는 타격하려는 곳에 눈을 집중
시킨다.
④ 열처리 된 것은 해머로 때리지 않도록
한다.

해설 해머와 정 작업 시 처음과 맨 마지막은 약하
게 타격한다.

15. 산소가 결핍되어 있는 장소에서 사용되는 마
스크는?

① 송기 마스크
② 방진 마스크
③ 방독 마스크
④ 전안면 방독 마스크

해설 산소가 결핍되는 (O_2 16 % 이하) 장소에서는 공기를 공급하는 송기 마스크를 사용한다.

16. 다음 그림이 나타내는 관의 결합방식으로 맞는 것은?

① 용접식　　　② 플랜지식
③ 소켓식　　　④ 유니언식

해설 ① 용접식 : ——✕——
② 플랜지식 : ——‖——
④ 유니언식 : ——‖——

17. 다음 중 냉매와 화학 분자식이 옳게 짝지어진 것은?

① R113 : CCl_3F_3
② R114 : CCl_2F_4
③ R500 : $CCl_2F_2 + CH_2CHF_2$
④ R502 : $CHClF_2 + C_2ClF_5$

해설 ① R-113 : $C_2Cl_3F_3$
② R-114 : $C_2Cl_2F_4$
③ R-500 : R-152+R-12 = $C_2H_4F_2 + CCl_2F_2$
④ R-502 : R-22+R-115 = $CHClF_2 + C_2ClF_5$

18. 탄산마그네슘 보온재에 대한 설명 중 옳지 않은 것은?

① 열전도율이 작고 300~320℃ 정도에서 열분해한다.
② 방습 가공한 것은 습기가 많은 옥외 배관에 적합하다.
③ 250℃ 이하의 파이프, 탱크의 보랭용으로 사용된다.
④ 유기질 보온재의 일종이다.

해설 탄산마그네슘 ($MgCO_3$)은 무기질 보온재이다.

19. 냉매 R-22의 분자식으로 옳은 것은?

① CCl_4　　　② CCl_3F

③ $CHCl_2F$　　　④ $CHClF_2$

해설 ① R-10 : CCl_4, ② R-11 : CCl_3F
③ R-21 : $CHCl_2F$, ④ R-22 : $CHClF_2$

20. 다음 중 브라인(brine)의 구비조건으로 옳지 않은 것은?

① 응고점이 낮을 것
② 전열이 좋을 것
③ 열용량이 작을 것
④ 점성이 작을 것

해설 브라인은 비열이 크고 열용량이 커야 한다.

21. 암모니아 냉매의 성질에서 압력이 상승할 때 성질 변화에 대한 것으로 맞는 것은?

① 증발잠열은 커지고 증기의 비체적은 작아진다.
② 증발잠열은 작아지고 증기의 비체적은 커진다.
③ 증발잠열은 작아지고 증기의 비체적도 작아진다.
④ 증발잠열은 커지고 증기의 비체적도 커진다.

해설 압력이 상승하면 온도와 비중량은 커지고 증발잠열과 비체적은 작아진다.

22. 동력나사 절삭기의 종류가 아닌 것은?

① 오스터식　　　② 다이 헤드식
③ 로터리식　　　④ 호브 (hob)식

해설 로터리식은 수동 벤더기의 일종이다.

23. 저온을 얻기 위해 2단 압축을 했을 때의 장점은?

① 성적계수가 향상된다.
② 설비비가 적게 된다.
③ 체적효율이 저하한다.
④ 증발압력이 높아진다.

정답　16. ③　17. ④　18. ④　19. ④　20. ③　21. ③　22. ③　23. ①

해설 2단 압축을 하면 냉동효과가 커지므로 성적계수는 1단 압축보다 증가한다.

24. 지수식 응축기라고도 하며 나선 모양의 관에 냉매를 통과시키고 이 나선관을 구형 또는 원형의 수조에 담고 순환시켜 냉매를 응축시키는 응축기는?

① 셀 앤드 코일식 응축기
② 증발식 응축기
③ 공랭식 응축기
④ 대기식 응축기

25. 유분리기의 종류에 해당되지 않는 것은?

① 배플형   ② 어큐뮬레이터형
③ 원심분리형   ④ 철망형

해설 ㉠ 유분리기는 토출 배관 중에 설치하여 냉매가스 중의 오일(윤활유)을 분리시킬 것으로 종류는 배플형, 원심분리형, 철망형이 있다.
㉡ 액분리기(accumulator)는 흡입배관에 설치하여 냉매액을 분리시켜서 액압축으로부터 위험을 방지하는 것으로 종류는 유분리기와 같다.

26. 기체의 비열에 관한 설명 중 옳지 않은 것은 어느 것인가?

① 비열은 보통 압력에 따라 다르다.
② 비열이 큰 물질일수록 가열이나 냉각하기가 어렵다.
③ 일반적으로 기체의 정적비열은 정압비열보다 크다.
④ 비열에 따라 물체를 가열, 냉각하는 데 필요한 열량을 계산할 수 있다.

해설 정압비열이 정적비열보다 크다.

27. 다음 냉매 중 대기압하에서 냉동력이 가장 큰 냉매는?

① R-11   ② R-12

③ R-21   ④ R-717

해설 냉동 효과 (기준 사이클)
① R-11 : 38.6 kcal/kg
② R-12 : 29.6 kcal/kg
③ R-21 : 50.9 kcal/kg
④ R-717 (NH_3) : 269 kcal/kg

28. 냉동장치 배관 설치 시 주의사항으로 틀린 것은?

① 냉매의 종류, 온도 등에 따라 배관 재료를 선택한다.
② 온도 변화에 의한 배관 신축을 고려한다.
③ 기기 조작, 보수, 점검에 지장이 없도록 한다.
④ 굴곡부는 가능한 한 적게 하고 곡률 반지름을 작게 한다.

해설 굴곡부는 가능한 한 적게 하고 곡률 반지름을 크게 한다.

29. 1초 동안에 76 kgf·m의 일을 할 경우 시간당 발생하는 열량은 약 몇 kJ/h인가?

① 2682.4 kJ/h   ② 2763.6 kJ/h
③ 2827 kJ/h   ④ 2877 kJ/h

해설 $q = \dfrac{76}{102} \times 3600 = 2682.35 ≒ 2682.4 \, kJ/h$

30. 다음 중 증기를 단열 압축할 때 엔트로피의 변화는?

① 감소한다.
② 증가한다.
③ 일정하다.
④ 감소하다가 증가한다.

31. 냉동장치의 계통도에서 팽창 밸브에 대한 설명으로 옳은 것은?

① 압축 증대장치로 압력을 높이고 냉각시킨다.

② 액봉이 쉽게 일어나고 있는 곳이다.

③ 냉동부하에 따른 냉매액의 유량을 조절한다.

④ 플래시 가스가 발생하지 않는 곳이며, 일명 냉각 장치라 부른다.

해설 팽창 밸브의 역할 : 감압 작용, 유량 조절, 고 · 저압 분리

32. 브롬화리튬(LiBr) 수용액이 필요한 냉동장치는?

① 증기 압축식 냉동장치

② 흡수식 냉동장치

③ 증기 분사식 냉동장치

④ 전자 냉동장치

해설 흡수식 냉동장치에서 냉매가 H_2O일 때 흡수제는 LiBr 또는 LiCl이다.

33. 표준 사이클을 유지하고 암모니아의 순환량을 186 kg/h로 운전했을 때의 소요동력(kW)은 약 얼마인가? (단, NH_3 1 kg을 압축하는 데 필요한 열량은 몰리에르 선도상에서는 234.5 kJ/ kg이라 한다.)

① 12.1 ② 24.2

③ 28.6 ④ 36.4

해설 동력 $= \dfrac{186 \times 234.5}{3600} = 12.12 \text{ kW}$

34. 강관의 이음에서 지름이 서로 다른 관을 연결하는 데 사용하는 이음쇠는?

① 캡(cap) ② 유니언 (union)

③ 리듀서(reducer) ④ 플러그 (plug)

해설 ㉠ 관 끝을 막을 때 : 캡, 플러그

㉡ 관을 분해 수리할 때 : 유니언, 플랜지

㉢ 지름이 다른 관을 연결할 때 : 리듀서, 부싱

35. 압축기의 흡입 및 토출밸브의 구비조건으로 적당하지 않은 것은?

① 밸브의 작동이 확실하고, 개폐하는 데 큰 압력이 필요하지 않을 것

② 밸브의 관성력이 크고, 냉매의 유동에 저항을 많이 주는 구조일 것

③ 밸브가 닫혔을 때 냉매의 누설이 없을 것

④ 밸브가 마모와 파손에 강할 것

해설 밸브의 탄성력이 크고 유동 저항이 작아야 한다.

36. 전자밸브에 대한 설명 중 틀린 것은?

① 전자코일에 전류가 흐르면 밸브는 닫힌다.

② 밸브의 전자코일을 상부로 하고 수직으로 설치한다.

③ 일반적으로 소용량에는 직동식, 대용량에는 파일럿 전자밸브를 사용한다.

④ 전압과 용량에 맞게 설치한다.

해설 전자밸브는 전류의 자기작용에 의해서 개폐하므로 전류가 흐르면 밸브는 열린다.

37. 온수난방의 배관 시공 시 적당한 구배로 맞는 것은?

① $\dfrac{1}{100}$ 이상 ② $\dfrac{1}{150}$ 이상

③ $\dfrac{1}{200}$ 이상 ④ $\dfrac{1}{250}$ 이상

해설 온수난방의 배관 시 공기빼기 밸브나 팽창탱크를 향해 $\dfrac{1}{250}$ 이상 올림 구배를 한다.

38. 냉동장치에 사용하는 브라인(brine)의 산성도(pH)로 가장 적당한 것은?

① 9.2~9.5 ② 7.5~8.2

③ 6.5~7.0 ④ 5.5~6.0

해설 냉동장치의 브라인의 산성도는 7.5~8.2 정도 (중성)가 좋다.

39. 가용전(fusible plug)에 대한 설명으로 틀린 것은?

① 불의의 사고 (화재 등) 시 일정 온도에서 녹아 냉동장치의 파손을 방지하는 역할을 한다.

② 용융점은 냉동기에서 68~75℃ 이하로 한다.

③ 구성 성분은 주석, 구리, 납으로 되어 있다.

④ 토출가스의 영향을 직접 받지 않는 곳에 설치해야 한다.

> **해설** 가용전은 Pb (납), Sn (주석), Cd (카드뮴), Sb (안티몬), Bi (비스무트)로 구성된다.

40. 다음 중 압축기 용량 제어의 목적이 아닌 것은 어느 것인가?

① 경제적 운전을 하기 위하여

② 일정한 증발온도를 유지하기 위하여

③ 경부하 운전을 하기 위하여

④ 응축압력을 일정하게 유지하기 위하여

> **해설** 용량 제어는 냉동능력을 효과적으로 제어하는 것으로 응축기와는 관계없다.

41. 다음 중 전력의 단위로 맞는 것은?

① C   ② A   ③ V   ④ W

> **해설** ① 전기량 (C), ② 전류 (A)
> ③ 전압 (V), ④ 전력 (W)

42. 증발 온도가 낮을 때 미치는 영향 중 틀린 것은?

① 냉동능력 감소

② 소요동력 증대

③ 압축비 증대로 인한 실린더 과열

④ 성적계수 증가

> **해설** 증발 온도가 낮으면 냉동효과 (q_e)가 감소하고 압축일량 (AW)이 증가하므로, 성적계수 $\left(= \dfrac{q_e}{AW}\right)$는 감소한다.

43. 1분간에 25℃의 순수한 물 100 L를 3℃로 냉각하기 위하여 필요한 냉동기의 냉동톤은 약 얼마인가? (단, 물의 비열은 4.19 kJ/kg · K이고 1 RT는 3.9 kW이다.)

① 0.66 RT   ② 39.39 RT

③ 37.67 RT   ④ 45.18 RT

> **해설** $\dfrac{100 \times 4.19 \times (25-3)}{3.9 \times 60} = 39.393\ \text{RT}$

44. 다음 $P-h$ 선도는 NH_3를 냉매로 하는 냉동장치의 운전 상태를 냉동 사이클로 표시한 것이다. 이 냉동장치의 부하가 189000 kJ/h일 때 NH_3의 냉매 순환량은 약 얼마인가?

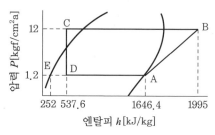

① 189.4 kg/h   ② 602.4 kg/h

③ 170.5 kg/h   ④ 120.5 kg/h

> **해설** $G = \dfrac{189000}{1646.4 - 537.6} = 170.45\ \text{kg/h}$

45. 냉동 부속 장치 중 응축기와 팽창 밸브 사이의 고압관에 설치하며 증발기의 부하 변동에 대응하여 냉매 공급을 원활하게 하는 것은?

① 유분리기   ② 수액기

③ 액분리기   ④ 중간 냉각기

> **해설** 수액기는 액관 (응축기와 수액기 사이) 중에 설치하여 냉매를 일시 저장함으로써 부하 변동에 따른 수급량을 조절한다.

46. 다음 중 개별 제어 방식이 아닌 것은?

① 유인 유닛 방식

② 패키지 유닛 방식

③ 단일 덕트 정풍량 방식

④ 단일 덕트 변풍량 방식

해설 단일 덕트 일정 풍량 방식은 공조기 개별 제어와 개실 제어를 할 수 없다.

47. 공조방식의 분류에서 2중 덕트 방식은 어느 방식에 속하는가?

① 물-공기 방식   ② 전수 방식

③ 전공기 방식   ④ 냉매 방식

해설 2중 덕트 방식은 냉·온풍을 공급하는 전공기 방식이다.

48. 공기가 노점온도보다 낮은 냉각 코일을 통과하였을 때의 상태를 기술한 것 중 틀린 것은?

① 상대습도 감소   ② 절대습도 감소

③ 비체적 감소   ④ 건구온도 저하

해설 공기가 노점온도보다 낮은 냉각 코일을 통과하면 절대습도, 비체적, 온도, 엔탈피는 감소하고 상대습도는 증가한다.

49. 덕트 설계 시 주의사항으로 올바르지 않은 것은?

① 고속 덕트를 이용하여 소음을 줄인다.

② 덕트 재료는 가능하면 압력 손실이 적은 것을 사용한다.

③ 덕트 단면은 장방형이 좋으나 그것이 어려울 경우 공기 이동이 원활하고 덕트 재료도 적게 들도록 한다.

④ 각 덕트가 분기되는 지점에 댐퍼를 설치하여 압력이 평형을 유지할 수 있도록 한다.

해설 고속 덕트는 저속 덕트보다 소음이 크다.

50. 난방부하에서 손실 열량의 요인으로 볼 수 없는 것은?

① 조명기구의 발열

② 벽 및 천장의 전도열

③ 문틈의 틈새바람

④ 환기용 도입외기

해설 실내에서의 발열은 냉방부하에 해당된다.

51. 공기 조화 설비의 구성 요소 중에서 열원장치에 속하지 않는 것은?

① 보일러   ② 냉동기

③ 공기 여과기   ④ 열펌프

해설 열원장치는 냉온열을 만드는 장치로 보일러, 냉동기, 열펌프와 이에 사용되는 부속기기가 해당되며, 공기 여과기는 수송장치의 이물질을 제거한다.

52. 실내 냉방부하 중에서 현열부하가 10500 kJ/h, 잠열부하가 2100 kJ/h일 때 현열비는 약 얼마인가?

① 0.21   ② 0.83

③ 1.2   ④ 1.85

해설 $SHF = \dfrac{10500}{10500 + 2100} = 0.833$

53. 송풍기의 풍량을 증가시키기 위해 회전속도를 변화시킬 때 송풍기의 법칙에 대한 설명 중 옳은 것은?

① 축동력은 회전수의 제곱에 반비례하여 변화한다.

② 축동력은 회전수의 3제곱에 비례하여 변화한다.

③ 압력은 회전수의 3제곱에 비례하여 변화한다.

④ 압력은 회전수의 제곱에 반비례하여 변화한다.

해설 ㉠ 송풍량은 회전수에 비례하여 변화한다.

㉡ 압력은 회전수의 제곱에 비례하여 변화한다.

㉢ 축동력은 회전수의 3제곱에 비례하여 변화한다.

54. 1보일러 마력은 약 몇 kJ/h의 증발량에 상당하는가? (단, 100℃ 물의 증발잠열은 2257 kJ/kg이다.)

① 30261 kJ/h   ② 35322 kJ/h
③ 40320 kJ/h   ④ 45360 kJ/h

해설 1 BHP = $15.65 \times 2257 = 35322$ kJ/h

55. 겨울철 창문의 창면을 따라서 존재하는 냉기가 토출기류에 의하여 밀려 내려와서 바닥을 따라 거주구역으로 흘러 들어와 인체의 과도한 차가움을 느끼는 현상을 무엇이라 하는가?

① 쇼크 현상   ② 콜드 드래프트
③ 도달 거리   ④ 확산 반경

56. 다음 중 증기배관 설계 시 고려사항으로 잘못된 것은?

① 증기의 압력은 기기에서 요구되는 온도 조건에 따라 결정하도록 한다.
② 배관 관경, 부속 기기는 부분부하나 예열 부하 시의 과열부하도 고려해야 한다.
③ 배관에는 적당한 구배를 주어 응축수가 고이지 않도록 해야 한다.
④ 증기배관은 가동 시나 정지 시 온도 차이가 없으므로 온도 변화에 따른 열응력을 고려할 필요가 없다.

해설 모든 배관은 온도 차이에 따른 신축을 고려할 필요가 있다.

57. 다음 중 팬코일 유닛 방식의 특징으로 옳지 않은 것은?

① 외기 송풍량을 크게 할 수 없다.
② 수 배관으로 인한 누수의 염려가 있다.
③ 유닛별로 단독운전이 불가능하므로 개별 제어도 불가능하다.
④ 부분적인 팬코일 유닛만의 운전으로 에너지 소비가 적은 운전이 가능하다.

해설 팬코일 유닛 방식은 유닛별 개별 제어가 가능하다.

58. 보일러의 부속장치에서 댐퍼의 설치 목적으로 틀린 것은?

① 통풍력을 조절한다.
② 연료의 분무를 조절한다.
③ 주연도와 부연도가 있을 경우 가스 흐름을 전환한다.
④ 배기가스의 흐름을 조절한다.

해설 댐퍼는 덕트에서 공기의 흐름을 제어한다.

59. 코일의 열수 계산 시 계산항목에 해당되지 않는 것은?

① 코일의 열관류율
② 코일의 정면면적
③ 대수평균온도차
④ 코일 내를 흐르는 유체의 유속

해설 코일 내를 흐르는 유체의 유속은 풍량과 코일의 단면적에 관여된다.

60. 방열기의 EDR이란 무엇을 뜻하는가?

① 최대방열면적
② 표준방열면적
③ 상당방열면적
④ 최소방열면적

해설 상당방열면적은 방열기의 기준이 되는 방열면적의 크기를 표시하는 것으로, 기호로는 EDR (equivalent direct radiation)을 사용하며 단위는 m^2이다. 표준방열량 q를 정하여 이것을 기준단위로 하고 있다. 증기의 $q = 650$ kcal/h · m^2, 온수의 $q = 450$ kcal/h · m^2이며 전방열량을 Q [kcal/h]로 하면 다음 식이 성립된다.

$$EDR = \frac{Q}{q} \ [m^2]$$

출제 예상문제 (6)

1. 수공구인 망치(hammer)의 안전 작업수칙으로 올바르지 못한 것은?

① 작업 중 해머 상태를 확인할 것
② 담금질한 것은 처음부터 힘을 주어 두들길 것
③ 장갑이나 기름 묻은 손으로 자루를 잡지 않는다.
④ 해머의 공동 작업 시에는 서로 호흡을 맞출 것

해설 망치는 처음과 마지막에 힘을 빼고 약하게 두들긴다.

2. 산소의 저장설비 주위 몇 m 이내에는 화기를 취급해서는 안 되는가?

① 5 m   ② 6 m
③ 7 m   ④ 8 m

해설 산소의 저장설비는 우회 거리 8 m 이내에서 화기를 취급해서는 안 된다.

3. 다음 중 안전사고 발생의 심리적 요인에 해당되는 것은?

① 감정
② 극도의 피로감
③ 육체적 능력의 초과
④ 신경계통의 이상

해설 심리적 요인 : 무지, 미숙련, 과실, 난폭·흥분(감정), 고의성

4. 아세틸렌 용접기에서 가스가 새어 나올 경우 적당한 검사 방법은?

① 촛불로 검사한다.
② 기름을 칠해본다.
③ 성냥불로 검사한다.
④ 비눗물을 칠해 검사한다.

해설 아세틸렌은 가연성 가스이므로 비눗물을 이용하여 기포 발생 유무로 누설 검사한다.

5. 안전사고 예방을 위하여 신는 작업용 안전화의 설명으로 틀린 것은?

① 중량물을 취급하는 작업장에서는 앞 발가락 부분이 고무로 된 신발을 착용한다.
② 용접공은 구두창에 쇠붙이가 없는 부도체의 안전화를 신어야 한다.
③ 부식성 약품 사용 시에는 고무제품 장화를 착용한다.
④ 작거나 헐거운 안전화는 신지 말아야 한다.

해설 안전화는 발등을 보호하기 위하여 경강(탄소 함량 0.6 % 정도로 망간 함량이 다소 많은 것)으로 된 선심을 넣는다.

6. 다음 중 C급 화재에 적합한 소화기는 어느 것인가?

① 건조사
② 포말 소화기
③ 물 소화기
④ 분말 소화기와 CO_2 소화기

해설 C급은 전기 화재이므로 분말 또는 CO_2 소화기를 사용한다.

7. 보일러 휴지 시 보존 방법에 관한 내용 중 틀린 것은?

① 휴지기간이 6개월 이상인 경우에는 건조 보존법을 택한다.

정답 1. ② 2. ④ 3. ① 4. ④ 5. ① 6. ④ 7. ③

② 휴지기간이 3개월 이내인 경우에는 만수
보존법을 택한다.

③ 만수 보존 시의 pH값은 4~5 정도로 유
지하는 것이 좋다.

④ 건조 보존 시에는 보일러를 청소하고 완
전히 건조시킨다.

해설 만수 보존 시 pH값은 11~12이다.

8. 연삭기의 받침대와 숫돌차의 중심 높이에 대한 내용으로 적합한 것은?

① 서로 같게 한다.

② 받침대를 높게 한다.

③ 받침대를 낮게 한다.

④ 받침대가 높든 낮든 관계없다.

해설 숫돌과 받침대 간격은 3 mm 이하로 유지하고 숫돌차의 중심과 받침대의 높이는 같게 한다.

9. 와이어로프를 양중기에 사용해서는 아니 되는 기준으로 잘못된 것은?

① 열과 전기 충격에 의해 손상된 것

② 지름의 감소가 공칭지름의 7%를 초과하는 것

③ 심하게 변형 또는 부식된 것

④ 이음매가 없는 것

해설 ① 열과 전기 충격에 손상되지 말 것
② 로프는 10% 끊어질 때까지 사용할 수 있다.
③ 이음매가 없는 것을 사용하고 변형되거나 부식되지 말 것

10. 전기기계·기구의 퓨즈 사용 목적으로 가장 적합한 것은?

① 기동전류 차단

② 과전류 차단

③ 과전압 차단

④ 누설전류 차단

해설 퓨즈는 과전류가 흐를 때 녹아서 전기선로를 차단한다.

11. 응축압력이 높을 때의 대책이라 볼 수 없는 것은?

① 가스퍼저(gas purger)를 점검하고 불응축가스를 배출시킬 것

② 설계 수량을 검토하고 막힌 곳이 없는가를 조사 후 수리할 것

③ 냉매를 과충전하여 부하를 감소시킬 것

④ 냉각면적에 대한 설계계산을 검토하여 냉각면적을 추가할 것

해설 냉매는 규정에 맞게 적절하게 충전하며 과충전하면 응축압력이 상승된다.

12. 다음 중 안전 표시를 하는 목적이 아닌 것은 어느 것인가?

① 작업환경을 통제하여 예상되는 재해를 사전에 예방한다.

② 시각적 자극으로 주의력을 키운다.

③ 불안전한 행동을 배제하고 재해를 예방한다.

④ 사업장의 경계를 구분하기 위해 실시한다.

해설 ④는 경계 표시의 목적이다.

13. 상용주파수(60 Hz)에서 전류의 흐름을 느낄 수 있는 최소 전류값으로 옳은 것은?

① 1 mA

② 5 mA

③ 10 mA

④ 20 mA

해설 ① 1 mA : 전류 흐름을 느낀다.
② 5 mA : 충격이 있다.
③ 10 mA : 견디기 어렵다.
④ 20 mA : 근육 수축

14. 동력에 의해 운전되는 컨베이어 등에 근로자의 신체의 일부가 말려드는 등 근로자에게 위험을 미칠 우려가 있을 때 설치해야 할 장치는 무엇인가?

① 권과방지장치

② 비상정지장치

③ 해지장치

④ 이탈 및 역주행 방지장치

해설 비상정지장치 : 장치에 위험한 요소가 있으면 긴급히 정지시키는 장치

15. 보일러에 사용하는 안전밸브의 필요 조건이 아닌 것은?

① 분출압력에 대한 작동이 정확할 것

② 안전밸브의 크기는 보일러의 정격용량 이상을 분출할 것

③ 밸브의 개폐동작이 완만할 것

④ 분출 전·후에 증기가 새지 않을 것

해설 안전밸브는 이상 고압이 발생하여 규정 압력을 초과하면 신속하게 개폐되어야 한다.

16. 15℃의 1 ton의 물을 0℃의 얼음으로 만드는데 제거해야 할 열량은 얼마인가? (단, 물의 비열은 4.2 kJ/kg·K, 응고잠열은 334 kJ/kg이다.)

① 63000 kJ ② 271600 kJ

③ 334000 kJ ④ 397000 kJ

해설 $q = 1000 \times \{(4.2 \times 15) + 334\} = 397000$ kJ

17. 최댓값이 I_m인 사인파 교류전류가 있다. 이 전류의 파고율은?

① 1.11 ② 1.414

③ 1.71 ④ 3.14

해설 파고율 $= \dfrac{최댓값}{실횻값} = \dfrac{\sqrt{2}\,V}{V} = 1.414$

18. 다음 중 브라인의 동파 방지책으로 옳지 않은 것은?

① 부동액을 첨가한다.

② 단수릴레이를 설치한다.

③ 흡입압력조절밸브를 설치한다.

④ 브라인 순환펌프와 압축기 모터를 인터록한다.

해설 흡입압력조절밸브는 압축기용 전동기 과부하 방지용이다.]

19. 다음 중 냉매에 관한 설명으로 옳은 것은 어느 것인가?

① 비열비가 큰 것이 유리하다.

② 응고온도가 낮을수록 유리하다.

③ 임계온도가 낮을수록 유리하다.

④ 증발온도에서의 압력은 대기압보다 약간 낮은 것이 유리하다.

해설 냉매의 구비 조건

ⓐ 비열비가 작을 것

ⓑ 응고점이 낮을 것

ⓒ 임계온도가 높을 것

ⓓ 증발온도에서의 압력은 대기 압력 이상이고 응축온도는 낮을 것

ⓔ 증발잠열이 클 것

ⓕ 점성이 적을 것

20. 동관을 용접 이음하려고 한다. 다음 중 가장 적당한 것은?

① 가스 용접

② 스폿 용접

③ 테르밋 용접

④ 플라스마 용접

해설 동관 이음에는 가스를 이용한 땜이음과 용접이 있다.

21. 다음 중 수소, 염소, 불소, 탄소로 구성된 냉매계열은?

① HFC계 ② HCFC계

③ CFC계 ④ 할론계

해설 수소(H), 염소(Cl), 불소(F), 탄소(C)를 함유한 냉매를 HCFC계 냉매라 한다.

정답 **15.** ③ **16.** ④ **17.** ② **18.** ③ **19.** ② **20.** ① **21.** ②

22. 다음 중 냉동기 오일에 관한 설명으로 옳지 않은 것은?

① 윤활 방식에는 비말식과 강제급유식이 있다.

② 사용 오일은 응고점이 높고 인화점이 낮아야 한다.

③ 수분의 함유량이 적고 장기간 사용하여도 변질이 적어야 한다.

④ 일반적으로 고속다기통 압축기의 경우 윤활유의 온도는 50~60℃ 정도이다.

해설 윤활유(oil)는 응고점이 낮고 인화점이 높아야 한다.

23. 다음 그림($p-h$ 선도)에서 응축부하를 구하는 식으로 맞는 것은?

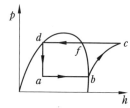

① $h_c - h_d$ ② $h_c - h_b$

③ $h_b - h_a$ ④ $h_d - h_a$

해설 ㉠ 냉동효과 $= h_b - h_a$

㉡ 압축일의 열당량 $= h_c - h_b$

㉢ 응축열량 $= h_c - h_d$

24. 절대 압력과 게이지 압력과의 관계식으로 옳은 것은?

① 절대압력 = 대기압력 + 게이지 압력

② 절대압력 = 대기압력 − 게이지 압력

③ 절대압력 = 대기압력 × 게이지 압력

④ 절대압력 = 대기압력 ÷ 게이지 압력

해설 ㉠ 절대압력 = 대기압력 + 게이지 압력

㉡ 절대압력 = 대기압력 − 진공압력

25. 회로망 중의 한 점에서의 전류의 흐름이 그림과 같을 때 전류 I는 얼마인가?

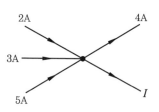

① 2 A ② 4 A

③ 6 A ④ 8 A

해설 $I = (2 + 3 + 5) - 4 = 6\,\mathrm{A}$

26. 제빙 장치에서 브라인의 온도가 −10℃이고, 결빙소요 시간이 48시간일 때 얼음의 두께는 약 몇 mm인가? (단, 결빙계수는 0.56이다.)

① 253 mm ② 273 mm

③ 293 mm ④ 313 mm

해설 $t = \sqrt{\dfrac{-(-10) \times 48}{0.56}}$

$= 29.28\,\mathrm{cm} \fallingdotseq 293\,\mathrm{mm}$

27. 다음 중 냉동기의 보수 계획을 세우기 전에 실행하여야 할 사항으로 옳지 않은 것은 어느 것인가?

① 인사기록철의 완비

② 설비 운전기록의 완비

③ 보수용 부품 명세의 기록 완비

④ 설비 인·허가에 관한 서류 및 기록 등의 보존

해설 인사기록은 인사과에서 직원의 직급을 조정하는 기록으로 냉동기 보수 계획과는 무관하다.

28. 다음 중 2단 압축장치의 구성 기기에 속하지 않는 것은?

① 증발기

② 팽창 밸브

③ 고단 압축기

④ 캐스케이드 응축기

해설 캐스케이드 응축기는 2원 냉동장치에서 저온측 응축기와 고온측 증발기가 열교환하는 장치이다.

29. 2원 냉동장치에서 사용하는 저온측 냉매로서 옳은 것은?

① R-717 ② R-718
③ R-14   ④ R-22

해설 저온측 냉매 : R-13, R-14, R-503 등

30. 온도식 자동팽창 밸브에 관한 설명으로 옳은 것은?

① 냉매의 유량은 증발기 입구의 냉매가스 과열도에 의해 제어된다.
② R-12에 사용하는 팽창 밸브를 R-22 냉동기에 그대로 사용해도 된다.
③ 팽창 밸브가 지나치게 적으면 압축기 흡입가스의 과열도는 크게 된다.
④ 증발기가 너무 길어 증발기의 출구에서 압력 강하가 커지는 경우에는 내부균압형을 사용한다.

해설 ① 온도식 자동팽창 밸브는 증발기 출구 과열도에 의해서 작동한다.
② R-12에 사용하는 팽창 밸브를 R-22에 그대로 사용할 수 없다.
④ 증발 압력 강하가 크면 외부균압형을 사용한다.

31. 수증기를 열원으로 하여 냉방에 적용시킬 수 있는 냉동기는?

① 원심식 냉동기
② 왕복식 냉동기
③ 흡수식 냉동기
④ 터보식 냉동기

해설 흡수식 냉동기는 재생기(발생기)에 공급되는 열원이 온수 또는 수증기이고 최근에는 가스에 의한 직화식도 있다.

32. 15 A 강관을 45°로 구부릴 때 곡관부의 길이(mm)는? (단, 굽힘 반지름은 100 mm이다.)

① 78.5   ② 90.5
③ 157   ④ 209

해설 $l = 2 \times 3.14 \times 100 \times \dfrac{45}{360}$
$= 78.5$ mm

33. 다음의 역 카르노 사이클에서 냉동장치의 각 기기에 해당되는 구간이 바르게 연결된 것은 어느 것인가?

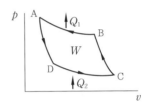

① B→A : 응축기, C→B : 팽창 밸브, D→C : 증발기, A→D : 압축기
② B→A : 증발기, C→B : 압축기, D→C : 응축기, A→D : 팽창 밸브
③ B→A : 응축기, C→B : 압축기, D→C : 증발기, A→D : 팽창 밸브
④ B→A : 압축기, C→B : 응축기, D→C : 증발기, A→D : 팽창 밸브

해설 ㉠ D→C : 등온흡열(증발기)
㉡ C→B : 단열압축 (압축기)
㉢ B→A : 등온방열(응축기)
㉣ A→D : 단열팽창 (팽창 밸브)

34. 다음 중 냉동장치에서 전자 밸브의 사용 목적과 가장 거리가 먼 것은?

① 온도 제어
② 습도 제어
③ 냉매, 브라인의 흐름 제어
④ 리퀴드 백(liquid back) 방지

해설 ㉠ 전자 밸브는 유체 이동의 개폐에 사용된다.
㉡ 습도 제어는 가습과 감습 (제습)으로 구분한다.

정답 29. ③ 30. ③ 31. ③ 32. ① 33. ③ 34. ②

35. 다음 중 증발열을 이용한 냉동법이 아닌 것은 어느 것인가?

① 증기분사식 냉동법
② 압축 기체 팽창 냉동법
③ 흡수식 냉동법
④ 증기압축식 냉동법

[해설] ①, ③, ④는 냉매의 증발잠열을 이용한 냉동법이고, ②는 냉매의 현열을 이용한 냉동법이다.

36. 수평배관을 서로 직선 연결할 때 사용되는 이음쇠는?

① 캡   ② 티
③ 유니언   ④ 엘보

[해설] ① 캡 : 배관 끝을 막는 기구
② 티 : 배관을 분기키시는 기구
③ 유니언 : 수평배관 이음 기구
④ 엘보 : 배관의 90°, 45° 곡관 이음 기구

37. 다음 중 입력신호가 0이면 출력이 1이 되고 반대로 입력이 1이면 출력이 0이 되는 회로는 어느 것인가?

① NAND 회로   ② OR 회로
③ NOR 회로   ④ NOT 회로

[해설] NOT (부정) 회로는 입력이 있으면 출력이 없고 입력이 없으면 출력이 있는 회로이다.

38. 증발식 응축기 설계 시 1RT당 전열면적은 얼마인가? (단, 응축온도는 43℃로 한다.)

① 1.2 m²/RT   ② 3.5 m²/RT
③ 6.5 m²/RT   ④ 7.5 m²/RT

[해설] 응축온도가 30℃일 때 1RT당 전열면적이 2.2 m²/RT인데, 온도가 높으면 방열량이 커지므로 이보다 전열면적이 작다.

39. 다음 중 유니언 나사 이음의 도시 기호로 옳은 것은?

[해설] ① 플랜지 이음
② 일반 (나사) 이음
③ 유니언 이음
④ 용접 이음

40. 냉동 효과의 증대 및 플래시(flash) 가스 방지에 적당한 사이클은?

① 건조 압축 사이클
② 과열 압축 사이클
③ 습압축 사이클
④ 과냉각 사이클

[해설] 플래시 가스의 발생을 방지하려면 팽창 밸브 직전 액냉매를 5℃ 정도 과냉각시킨다.

41. 압축방식에 의한 분류 중 체적 압축식 압축기에 속하지 않는 것은?

① 왕복동식 압축기
② 회전식 압축기
③ 스크루식 압축기
④ 흡수식 압축기

[해설] 흡수식 압축기라는 기종은 없다.

42. 탱크형 증발기에 관한 설명으로 옳지 않은 것은?

① 만액식에 속한다.
② 주로 암모니아용으로 하부에는 액헤드가 존재한다.
③ 상부에는 가스헤드, 하부에는 액헤드가 존재한다.
④ 브라인의 유동속도가 늦어도 능력에는 변화가 없다.

[해설] 탱크형(제빙용) 증발기에서 브라인의 유동속도는 0.8~1 m/s로 일정하고 유동속도가 늦어지면 능력이 감소한다.

정답 35. ② 36. ③ 37. ④ 38. ① 39. ③ 40. ④ 41. ④ 42. ④

43. 회전식과 비교한 왕복동식 압축기의 특징으로 옳지 않은 것은?

① 진동이 크다.
② 압축능력이 작다.
③ 압축이 단속적이다.
④ 크랭크 케이스 내부압력이 저압이다.

해설 같은 용량이라면 왕복동식이 회전식보다 토출량은 작지만 압축능력(압축비)은 크다.

44. 4방 밸브를 이용하여 겨울에는 고온부 방출열로 난방을 행하고 여름에는 저온부로 열을 흡수하여 냉방을 행하는 장치는?

① 열펌프
② 열전 냉동기
③ 증기분사 냉동기
④ 공기사이클 냉동기

해설 냉동장치의 냉매를 역순환시켜서 냉·난방을 하는 장치를 열펌프(heat pump)라 한다.

45. 다음 중 수액기 취급 시 주의 사항으로 옳은 것은?

① 직사광선을 받아도 무방하다.
② 안전밸브를 설치할 필요가 없다.
③ 균압관은 지름이 작은 것을 사용한다.
④ 저장 냉매액을 3/4 이상 채우지 말아야 한다.

해설 수액기 냉매액은 운전 시 1/2 정도, 운전 정지 시 2/3 정도이고 휴지 시에는 9/10 (90 %) 이하이면 된다. 이때 저장 냉매액을 3/4 이상 채우지 말아야 한다.

46. 다음 중 송풍기의 정압에 대한 내용으로 옳은 것은?

① 정압 = 동압×전압
② 정압 = 동압÷전압
③ 정압 = 전압－동압

④ 정압 = 전압＋동압

47. 공기조화기용 코일의 배열 방식에 따른 분류에 해당되지 않는 것은?

① 풀 서킷 코일
② 더블 서킷 코일
③ 슬릿 핀 서킷 코일
④ 하프 서킷 코일

해설 슬릿 핀은 개구부 등에 간격이 일정하게 평행으로 배열 및 고정한 목재, 금속, 플라스틱 판이므로 코일 배열 방식과는 관계가 없다.

48. 보일러의 증발량이 20 ton/h이고 본체 전열면적이 400 m^{2}일 때, 이 보일러의 증발률은 얼마인가?

① 30 kg/m^2·h ② 40 kg/m^2·h
③ 50 kg/m^2·h ④ 60 kg/m^2·h

해설 $\dfrac{20000}{400} = 50 \text{ kg/m}^2 \cdot \text{h}$

49. 공기조화 설비의 구성은 열원장치, 공기조화기, 열운반장치 등으로 구분하는데, 이 중 공기조화기에 해당되지 않는 것은?

① 여과기   ② 제습기
③ 가열기   ④ 송풍기

해설 송풍기는 유체 수송용의 열운반장치이다.

50. 온도, 습도, 기류를 1개의 지수로 나타낸 것으로 상대습도 100 %, 풍속 0 m/s인 경우의 온도는?

① 복사온도   ② 유효온도
③ 불쾌온도   ④ 효과온도

해설 ㉠ 유효온도 : 온도, 습도, 기류(유속)
ㄴ 신유효온도 : 유효온도에 복사열을 포함한 것

51. 적당한 위치에 배기구를 설치하고 송풍기에 의하여 외기를 강제적으로 도입하여 배기는

배기구에서 자연적으로 환기되도록 하는 환기법은?

① 제1종 환기 ② 제2종 환기
③ 제3종 환기 ④ 제4종 환기

해설 ㉠ 제1종 환기법(병용식) : 송풍기와 배풍기
㉡ 제2종 환기법(압입식) : 송풍기와 자연배기
㉢ 제3종 환기법(흡출식) : 자연급기와 배풍기 (배기구)
㉣ 제4종 환기법(자연식) : 자연 급·배기

52. 독립 계통으로 운전이 자유롭고 냉수 배관이나 복잡한 덕트 등이 없기 때문에 소규모 상점이나 사무실 등에서 사용되는 경제적인 공조 방식은?

① 중앙식 공조 방식
② 복사 냉난방 공조 방식
③ 유인 유닛 공조 방식
④ 패키지 유닛 공조 방식

해설 패키지 유닛 공조 방식은 소형 냉매 방식으로 독립된 계통의 사무실, 상점 등에 많이 사용된다.

53. 다음 중 온풍난방의 특징에 대한 설명으로 옳은 것은?

① 예열시간이 짧아 간헐운전이 가능하다.
② 온·습도 조정을 할 수 없다.
③ 실내 상하 온도차가 작아 쾌적성이 좋다.
④ 공기를 공급하므로 소음 발생이 적다.

해설 온풍은 비열이 작아서 예열시간이 짧아 일시적인 난방에 적합하다.

54. 터보형 펌프의 종류에 해당되지 않는 것은?

① 벌류트 펌프   ② 터빈 펌프
③ 축류 펌프   ④ 수격 펌프

해설 수격작용은 관 속에서 액체의 속도를 급변시키면 압력의 변화가 일어나는 현상이며, 수격 펌프는 특수 펌프에 속한다.

55. 수-공기 방식인 팬 코일 유닛(fan coil unit) 방식의 장점으로 옳지 않은 것은?

① 개별 제어가 가능하다.
② 부하 변경에 따른 증설이 비교적 간단하다.
③ 전공기 방식에 비해 이송동력이 작다.
④ 부분 부하 시 도입 외기량이 많아 실내공기의 오염이 적다.

해설 팬 코일 유닛은 외기 도입이 어렵다.

56. 벌집 모양의 로터를 회전시키면서 윗 부분으로 외기를 아래쪽으로 실내배기를 통과하면서 외기와 배기의 온도 및 습도를 교환하는 열교환기는?

① 고정식 전열교환기
② 현열교환기
③ 히트 파이프
④ 회전식 전열교환기

57. 습공기 선도에서 표시되어 있지 않은 값은?

① 건구온도
② 습구온도
③ 엔탈피
④ 엔트로피

해설 습공기 선도에는 건구온도, 습구온도, 노점온도, 상대습도, 절대습도, 엔탈피, 비체적, 수증기분압 등이 있다.

58. 다음 중 냉방부하 계산 시 현열부하에만 속하는 것은?

① 인체에서의 발생열
② 실내 기구에서의 발생열
③ 송풍기의 동력열
④ 틈새바람에 의한 열

해설 전기기구인 송풍기는 현열만 있다.

59. 콜드 드래프트(cold draft) 현상의 원인에 해당되지 않는 것은?

① 주위 벽면의 온도가 낮을 때
② 동절기 창문의 극간풍이 없을 때
③ 기류의 속도가 클 때
④ 주위 공기의 습도가 낮을 때

해설 콜드 드래프트는 겨울철 창문의 창면을 따라서 존재하는 냉기가 토출기류에 의해 밀려 내려와서 바닥을 따라 거주구역으로 흘러 들어와 인체의 과도한 차가움을 느끼는 현상이다.

60. 다익형 송풍기의 임펠러 지름이 450 mm인 경우 이 송풍기의 번호는 몇 번인가?

① NO 2
② NO 3
③ NO 4
④ NO 5

해설 ㉠ 다익형 송풍기 NO는 날개 150 mm 기준이므로 $\dfrac{450}{150} = 3$

㉡ 축류형 송풍기 NO는 날개 100 mm 기준이다.

출제 예상문제 (7)

1. 고압가스 냉동제조 시설에서 압축기의 최종단에 설치한 안전장치의 작동 점검기준으로 옳은 것은? (단, 액체의 열팽창으로 인한 배관의 파열방지용 안전밸브는 제외한다.)

① 3개월에 1회 이상
② 6개월에 1회 이상
③ 1년에 1회 이상
④ 2년에 1회 이상

해설 냉동장치에 설치한 안전밸브 (압축기와 응축기, 수액기 등에 설치한 경우)는 1년에 1회 이상 동작 (작동) 상태를 점검한다.

2. 산업재해의 직접적인 원인에 해당되지 않는 것은?

① 안전장치의 기능 상실
② 불안전한 자세와 동작
③ 위험물의 취급 부주의
④ 기계장치 등의 설계 불량

해설 기계장치의 설계 불량은 간접적인 원인에 해당된다.

3. 작업조건에 따라 착용하여야 하는 보호구의 연결로 틀린 것은?

① 고열에 의한 화상 등의 위험이 있는 작업 – 안전대
② 근로자가 추락할 위험이 있는 작업 – 안전모
③ 물체가 흩날릴 위험이 있는 작업 – 보안경
④ 감전의 위험이 있는 작업 – 절연용 보호구

해설 ㉠ 안전대 : 추락에 의한 재해 예방
㉡ 방열복 : 고열에 의한 화상 등의 위험이 있는 작업으로부터 인체 보호

4. 피로의 원인 중 외부 인자로 볼 수 있는 것은 어느 것인가?

① 경험
② 책임감
③ 생활조건
④ 신체적 특성

해설 피로는 정신적 피로와 육체적 피로로 나누어지며 ①, ②, ④는 내부적인 원인이고, 생활조건은 외부적인 원인이다.

5. 전기용접 작업을 할 때 안전관리 사항 중 적합하지 않은 것은?

① 피용접물은 완전히 접지시킨다.
② 우천 시에는 옥외작업을 하지 않는다.
③ 용접봉은 홀더로부터 빠지지 않도록 정확히 끼운다.
④ 옥외용접 시에는 헬멧이나 핸드실드를 사용하지 않는다.

해설 전기용접 시 반드시 헬멧과 핸드실드를 사용한다.

6. 압축기 운전 중 이상 음이 발생하는 원인으로 가장 거리가 먼 것은?

① 기초 볼트의 이완
② 피스톤 하부에 오일이 고임
③ 토출 밸브, 흡입 밸브의 파손
④ 크랭크 샤프트 및 피스톤 핀의 마모

해설 피스톤 하부는 저유통으로 항상 오일이 운전 중 1/2, 운전 정지 시에 2/3 정도 있어 윤활작용을 도우므로 이상한 음이 발생되지 않는다.

7. 보일러 파열사고의 원인으로 가장 거리가 먼 것은?

① 역화의 발생
② 강도 부족

③ 취급 불량　　④ 계기류의 고장

해설 파열사고의 원인에는 강도 부족, 용접 불량, 설계 불량, 구조 불량, 계기류의 고장, 취급 불량 (이상 감수, 압력 초과 등) 등이 있다.

8. 작업장에서 계단을 설치할 때 계단의 폭은 최소 얼마 이상으로 하여야 하는가? (단, 급유용 · 보수용 · 비상용 계단 및 나선형 계단이 아닌 경우)

① 0.5 m　　　② 1 m
③ 2 m　　　④ 5 m

해설 작업장 계단폭은 1 m 이상, 난간은 75 cm 이상 높이로 설치한다.

9. 다음의 안전 · 보건표지가 의미하는 것은 무엇인가?

① 사용금지
② 보행금지
③ 탑승금지
④ 출입금지

10. 다음 중 가스용접 작업의 안전사항으로 틀린 것은?

① 기름 묻은 옷은 인화의 위험이 있으므로 입지 않도록 한다.
② 역화하였을 때에는 산소 밸브를 조금 더 연다.
③ 역화의 위험을 방지하기 위하여 역화방지기를 사용하도록 한다.
④ 밸브를 열 때는 용기 앞에서 몸을 피하도록 한다.

해설 가스용접 작업에서 역화가 발생하면 공급용 가스인 산소와 아세틸렌 밸브를 닫는다.

11. 드릴로 뚫어진 구멍의 내벽이나 절단한 관의 내벽을 다듬어서 구멍의 치수를 정확하게 하고, 구멍 내면을 다듬는 구멍 수정용 공구는?

① 평줄　　　② 리머
③ 드릴　　　④ 렌치

해설 관을 절단할 때 발생하는 내부의 거스러미를 리머로 제거하여 구멍을 다듬는다.

12. 드릴링 머신의 작업 시 일감의 고정 방법에 관한 설명으로 틀린 것은?

① 일감이 작을 때 – 바이스로 고정
② 일감이 클 때 – 볼트와 고정구 (클램프) 사용
③ 일감이 복잡할 때 – 볼트와 고정구 (클램프) 사용
④ 대량 생산과 정밀도를 요구할 때 – 이동식 바이스 사용

해설 대량 생산과 정밀도를 요구할 때는 볼트와 고정구 (클램프)를 사용한다.

13. 목재 화재 시에는 물을 소화제로 이용하는데, 주된 소화효과는?

① 제거 효과　　② 질식 효과
③ 냉각 효과　　④ 억제 효과

해설 물의 증발잠열에 의한 냉각 효과를 이용하여 소화한다.

14. 다음 중 냉동장치 내에 공기가 유입되었을 경우 나타나는 현상으로 가장 거리가 먼 것은 어느 것인가?

① 응축압력이 높아진다.
② 압축비가 높게 되어 체적 효율이 증가된다.
③ 냉매와 증발관과의 열전달을 방해하여 냉동능력이 감소된다.
④ 공기 침입 시 수분도 혼입되어 프레온 냉동장치에서 부식이 일어난다.

해설 공기가 유입되면 불응축가스가 생성되어 냉동장치에 다음과 같은 영향을 미친다.
　㉠ 응축온도와 응축압력이 상승한다.

ⓛ 압축비가 상승하여 체적 효율이 감소한다.

ⓒ 냉매순환량, 냉동능력이 감소한다.

ⓔ 프레온 장치에서는 팽창밸브 빙결 현상, 동 부착 현상, 배관 부식이 발생한다.

ⓜ 실린더가 과열되고 토출가스 온도가 상승하며 윤활유의 열화 및 탄화가 발생한다.

15. 다음 중 보호구 사용 시 유의사항으로 틀린 것은?

① 작업에 적절한 보호구를 선정한다.

② 작업장에는 필요한 수량의 보호구를 비치한다.

③ 보호구는 사용하는 데 불편이 없도록 관리를 철저히 한다.

④ 작업을 할 때 개인에 따라 보호구는 사용 안 해도 된다.

16. 다음 중 강관의 보온 재료로 가장 거리가 먼 것은?

① 규조토 ② 유리면

③ 기포성 수지 ④ 광명단

해설 광명단은 연단에 아마인유를 섞은 것으로 강관 밑칠용으로 쓰여 녹이 생기는 것을 방지한다.

17. 이론상의 표준 냉동사이클에서 냉매가 팽창밸브를 통과할 때 변하는 것은?

① 엔탈피와 압력

② 온도와 엔탈피

③ 압력과 온도

④ 엔탈피와 비체적

해설 팽창밸브에서 교축작용에 의해 압력, 온도는 감소하고 엔트로피는 증가하며 엔탈피는 불변이다.

18. 냉동장치에서 자동 제어를 위해 사용되는 전자밸브 (solenoide valve)의 역할로 가장 거리가 먼 것은?

① 액압축 방지

② 냉매 및 브라인 흐름 제어

③ 용량 및 액면 제어

④ 고수위 경보

해설 전자밸브는 유체의 흐름을 개폐하는 것이고 고수위 측정은 플로트 스위치(FS)에 의해서 검출된다.

19. 강관의 나사식 이음쇠 중 벤드의 종류에 해당하지 않는 것은?

① 암수 롱 벤드 ② 45° 롱 벤드

③ 리턴 벤드 ④ 크로스 벤드

해설 크로스 벤드는 "十"로 연결되는 배관 부품이다.

20. 압축기 종류에 따른 정상적인 유압이 아닌 것은?

① 터보 = 정상저압 + 6 kg/cm^2

② 입형저속 = 정상저압 + 0.5~1.5 kg/cm^2

③ 소형 = 정상저압 + 0.5 kg/cm^2

④ 고속다기통 = 정상저압 + 6 kg/cm^2

해설 고속다기통 = 정상저압 + 1.5~3 kg/cm^2

21. 암모니아 냉동장치에서 실린더 지름 150 mm, 행정 90 mm, 회전수 1170 rpm, 6기통일 때 냉동능력(RT)은? (단, 냉매상수는 8.4이다.)

① 약 98.2 ② 약 79.7

③ 약 59.2 ④ 약 38.9

해설 ㉠ $V = \dfrac{\pi}{4} \times 0.15^2 \times 0.09 \times 6 \times 1170 \times 60$

$= 669.55 \text{ m}^3/\text{h}$

㉡ $RT = \dfrac{669.55}{8.4} = 79.7$

22. 동결장치 상부에 냉각코일을 집중적으로 설치하고 공기를 유동시켜 피냉각물체를 동결시

키는 장치는?

① 송풍 동결장치   ② 공기 동결장치
③ 접촉 동결장치   ④ 브라인 동결장치

해설 냉각코일에 공기를 강제로 유동시켜 물체를 동결시키는 장치를 송풍 동결장치라 한다.

23. 건포화증기를 압축기에서 압축시킬 경우 토출되는 증기의 상태는?

① 과열증기   ② 포화증기
③ 포화액   ④ 습증기

해설 증발기에서 나오는 저온 저압의 포화증기를 압축기에서 단열압축하면 토출가스 온도가 상승하여 과열증기가 된다.

24. 냉동기용 전동기의 시동 릴레이는 전동기 정격속도의 얼마에 달할 때까지 시동권선에 전류를 흐르게 하는가?

① 1/2   ② 2/3
③ 1/4   ④ 1/5

해설 단상용 전동기는 정격 회전속도의 65~80 % (2/3~3/4), 평균 75 %일 때 기동 (시동) 권선의 전압을 차단한다. 즉 정격속도의 2/3 정도까지 전류를 흐르게 한다.

25. 다음 열전달률에 대한 설명 중 옳은 것은?

① 열이 관벽 또는 브라인 (brine) 등의 재질 내에서의 이동을 나타내며 단위는 $kcal/m \cdot h \cdot ℃$이다.
② 액체면과 기체면 사이의 열의 이동을 나타내며 단위는 $kcal/m \cdot h \cdot ℃$이다.
③ 유체와 고체 사이의 열의 이동을 나타내며 단위는 $kcal/m^2 \cdot h \cdot ℃$이다.
④ 고체와 기체 사이의 한정된 열의 이동을 나타내며 단위는 $kcal/m^3 \cdot h \cdot ℃$ 이다.

해설 열전달률은 유체와 고체 사이에서 단위시간 동안 면적 $1 m^2$당 온도 1℃ 변화하는 데 이동하는 열량으로 단위는 $kcal/m^2 \cdot h \cdot ℃$이다.

26. 표준 냉동사이클의 증발 과정 동안 압력과 온도는 어떻게 변화하는가?

① 압력과 온도가 모두 상승한다.
② 압력과 온도가 모두 일정하다.
③ 압력은 상승하고 온도는 일정하다.
④ 압력은 일정하고 온도는 상승한다.

해설 증발 과정은 등온·등압(온도와 압력 일정) 과정이며 엔탈피, 엔트로피 등이 증가하는 잠열 과정이다.

27. 흡수식 냉동장치에서 냉매로 암모니아를 사용할 때 흡수제로 가장 적당한 것은?

① LiBr   ② $CaCl_2$
③ LiCl   ④ H_2O

해설 흡수식 냉동장치에서 냉매가 물일 때 흡수제는 LiCl 또는 LiBr이고 냉매가 NH_3일 때 흡수제는 H_2O이다.

28. 냉동장치에서 다단 압축을 하는 목적으로 옳은 것은?

① 압축비 증가와 체적 효율 감소
② 압축비와 체적 효율 증가
③ 압축비와 체적 효율 감소
④ 압축비 감소와 체적 효율 증가

해설 다단 압축의 목적
  ㉠ 압축일량 분배(압축비 감소)
  ㉡ 토출가스의 온도 상승 방지
  ㉢ 각종 이용 효율 (압축, 기계, 체적) 증가

29. 동력의 단위 중 값이 큰 순서대로 바르게 나열된 것은?

① $1 kW > 1 PS > 1 kgf \cdot m/s > 1 kcal/h$
② $1 kW > 1 kcal/h > 1 kgf \cdot m/s > 1 PS$
③ $1 PS > 1 kgf \cdot m/s > 1 kcal/h > 1 kW$
④ $1 PS > 1 kgf \cdot m/s > 1 kW > 1 kcal/h$

해설 ㉠ $1 kW = 102 kgf \cdot m/s$
     ㉡ $1 PS = 75 kgf \cdot m/s$

ⓒ $1 \text{ kcal/h} = \dfrac{427}{3600} \text{ kgf} \cdot \text{m/s}$

30. 다음 암모니아 냉동장치에 대한 설명 중 틀린 것은?

① 윤활유에는 잘 용해되나, 수분과의 용해성이 극히 작다.
② 연소성, 폭발성, 독성 및 악취가 있다.
③ 전열 성능이 양호하다.
④ 프레온 냉동장치에 비해 비열비가 크다.

해설 NH_3는 수분에 800~900배 용해되고 윤활유와 분리된다.

31. 온도식 자동 팽창밸브에서 감온통의 부착 위치는?

① 응축기 출구   ② 증발기 입구
③ 증발기 출구   ④ 수액기 출구

해설 온도식 자동 팽창밸브의 감온통은 증발기 출구 측 배관 수평부에 부착한다.

32. 냉동장치 운전에 관한 설명으로 옳은 것은?

① 흡입압력이 저하되면 토출가스 온도가 저하된다.
② 냉각수온이 높으면 응축압력이 저하된다.
③ 냉매가 부족하면 증발압력이 상승한다.
④ 응축압력이 상승되면 소요동력이 증가한다.

해설 ① 흡입압력이 저하되면 토출가스 온도는 상승한다.
② 냉각수온이 높으면 응축압력이 상승한다.
③ 냉매가 부족하면 저압(증발압력)과 고압(응축압력)이 낮아진다.
④ 응축압력이 높으면 압축비 증가로 소비동력이 증가한다.

33. 다음 보기 중 브라인의 구비 조건으로 적절한 것은?

┤보기├
㈎ 비열과 전도율이 클 것
㈏ 끓는점이 높고, 불연성일 것
㈐ 동결온도가 높을 것
㈑ 점성이 크고 부식성이 클 것

① ㈎, ㈏   ② ㈎, ㈐
③ ㈏, ㈐   ④ ㈎, ㈑

해설 브라인의 구비 조건
㉠ 비열이 클 것
㉡ 점성이 작을 것
㉢ 열전도율이 클 것
㉣ 부식성이 작을 것
㉤ 불연성일 것
㉥ 동결온도가 낮을 것
㉦ 비등점이 높을 것
㉧ 악취, 독성, 변색, 변질이 없을 것

34. 냉동능력이 5냉동톤(한국 냉동톤)이며, 압축기의 소요동력이 5마력(PS)일 때 응축기에서 제거하여야 할 열량(kW)은 얼마인가? (단, 1RT는 3.9 kW이다.)

① 약 21.8 kW   ② 약 23.2 kW
③ 약 24.3 kW   ④ 약 25.2 kW

해설 $Q_c = 5 \times 3.9 + 5 \times \dfrac{75}{102}$
$= 23.176 ≒ 23.18 \text{ kW}$

35. 동일한 증발온도일 경우 간접 팽창식과 비교하여 직접 팽창식 냉동장치에 대한 설명으로 틀린 것은?

① 소요동력이 작다.
② 냉동톤(RT)당 냉매 순환량이 적다.
③ 감열에 의해 냉각시키는 방법이다.
④ 냉매의 증발온도가 높다.

해설 직접 팽창식은 냉매의 잠열에 의해 피냉각물질을 냉각시킨다.

36. 다음 중 증발기에 대한 설명으로 옳은 것은 어느 것인가?

① 증발기 입구 냉매 온도는 출구 냉매 온도보다 높다.
② 탱크형 냉각기는 주로 제빙용으로 쓰인다.
③ 1차 냉매는 감열로 열을 운반한다.
④ 브라인은 무기질이 유기질보다 부식성이 작다.

해설 ① 증발기 입출구의 냉매 온도는 같다.
② 제빙용 증발기는 헤링본식 탱크형이다.
③ 1차 냉매는 잠열, 2차 냉매는 현열로 이동한다.
④ 브라인은 유기질이 무기질보다 부식성이 작다.

37. 다음 중 냉동기의 스크루 압축기(screw compressor)에 대한 특징으로 틀린 것은?

① 암·수나사 2개의 로터나사의 맞물림에 의해 냉매가스를 압축한다.
② 왕복동식 압축기와 동일하게 흡입, 압축, 토출의 3행정으로 이루어진다.
③ 액격 및 유격이 비교적 크다.
④ 흡입·토출 밸브가 없다.

해설 스크루(나사) 압축기는 펌프와 유사한 구조이므로 액압축(액격)과 오일압축(유격)이 일어나지 않는다.

38. 증발식 응축기에 대한 설명 중 옳은 것은 어느 것인가?

① 냉각수의 사용량이 많아 증발량도 커진다.
② 응축능력은 냉각관 표면의 온도와 외기 건구온도 차에 비례한다.
③ 냉각수량이 부족한 곳에 적합하다.
④ 냉매의 압력강하가 작다.

해설 증발식 응축기는 다른 수랭 응축기의 필요수량의 3~4 %로서 냉각수가 부족한 곳에 적합하고 연간 냉각수 소비량이 적다.

39. 시간적으로 변화하지 않는 일정한 입력신호를 단속신호로 변환하는 회로로서 경보용 버저 신호에 많이 사용하는 것은?

① 선택 회로
② 플리커 회로
③ 인터로크 회로
④ 자기유지 회로

해설 플리커 회로 : 한시 동작 한시 복귀 회로

40. 저압 차단 스위치의 작동에 의해 장치가 정지되었을 때 행하는 점검사항 중 가장 거리가 먼 것은?

① 응축기의 냉각수 단수 여부 확인
② 압축기의 용량 제어장치의 고장 여부 확인
③ 저압측 적상 유무 확인
④ 팽창밸브의 개도 점검

해설 응축기는 저압측이 아니고 고압측이므로 점검 대상에서 제외된다.

41. 왕복동 압축기와 비교하여 원심 압축기의 장점으로 틀린 것은?

① 흡입밸브, 토출밸브 등의 마찰 부분이 없으므로 고장이 적다.
② 마찰에 의한 손상이 적어서 성능 저하가 적다.
③ 저온장치에는 압축단수를 1단으로 가능하다.
④ 왕복동 압축기에 비해 구조가 간단하다.

해설 저압 압축기인 원심 압축기는 저온 냉동에 사용하려면 압축단수가 많아야 하므로 실제 운전이 불가능하여 고온 공기조화 장치에만 주로 사용되지만 왕복동식은 고온, 중온, 저온 모든 장치에 사용할 수 있다.

42. 냉동장치에서 응축기나 수액기 등 고압부에 이상이 생겨 점검 및 수리를 위해 고압측 냉매를 저압측으로 회수하는 작업은 무엇인가?

① 펌프아웃 (pump out)
② 펌프다운 (pump down)
③ 바이패스아웃 (bypass out)
④ 바이패스다운 (bypass down)

해설 ① 펌프아웃 : 고압측 냉매를 저압측으로 회수하는 작업
② 펌프다운 : 저압측 냉매를 고압측으로 회수하는 작업

43. 응축온도가 13℃이고, 증발온도가 −13℃인 이론적 냉동사이클에서 냉동기의 성적 계수는 얼마인가?

① 0.5 　　　　② 2
③ 5 　　　　④ 10

해설 $COP = \dfrac{273 - 13}{(273 + 13) - (273 - 13)} = 10$

44. 입형 셀 앤 튜브식 응축기의 특징으로 가장 거리가 먼 것은?

① 옥외 설치가 가능하다.
② 액냉매의 과냉각이 쉽다.
③ 과부하에 잘 견딘다.
④ 운전 중 청소가 가능하다.

해설 입형 셀 앤 튜브식 응축기는 냉매와 냉각수가 병류(평행류)이므로 과냉각은 어렵지만 냉각수량을 많이 공급할 수 있어서 과부하를 처리하고 운전 중 청소가 가능하며 옥내외 어디든지 설치가 가능하다.

45. 동관을 구부릴 때 사용되는 동관 전용 벤더의 최소 곡률 반지름은 관 지름의 약 몇 배인가?

① 약 1~2배 　　② 약 4~5배
③ 약 7~8배 　　④ 약 10~11배

해설 동관의 곡률 반지름은 유체의 저항을 작게 하기 위하여 관 지름의 6배 정도이지만 일반적으로 4~6배 정도로 시공한다.

46. 사무실의 공기조화를 행할 경우 다음 중 전체 열부하에서 가장 큰 비중을 차지하는 항목은 어느 것인가?

① 바닥에서 침입하는 열과 재실자로부터의 발생열
② 문을 열 때 들어오는 열과 문 틈으로 들어오는 열
③ 재실자로부터의 발생열과 조명기구로부터의 발생열
④ 벽, 창, 천장 등에서 침입하는 열과 일사에 의해 유리창을 투과하여 침입하는 열

해설 공기조화의 실내부하는 재실 인원, 틈새바람, 조명기구 등이 있지만 구조체(벽, 창, 천장)로 침입하는 열량이 제일 크다.

47. 실내의 오염된 공기를 신선한 공기로 희석 또는 교환하는 것을 무엇이라고 하는가?

① 환기 　　　　② 배기
③ 취기 　　　　④ 송기

해설 환기 = 재순환 공기 + 외기 도입

48. 다음 중 보일러 스케일 방지책으로 적절하지 않은 것은?

① 청정제를 사용한다.
② 보일러 판을 미끄럽게 한다.
③ 급수 중의 불순물을 제거한다.
④ 수질 분석을 통한 급수의 한계값을 유지한다.

해설 스케일(관석) 방지책
㉠ 청정제(청관제)를 사용한다.
㉡ 급수 처리를 철저히 한다.
㉢ 불순물의 한계값 이하로 낮춘다.
㉣ 슬러지는 적당한 분출로 제거시킨다.
㉤ 보일러수 농축을 방지한다 (보일러 판을 깨끗하게 한다).

정답 43. ④ 44. ② 45. ② 46. ④ 47. ① 48. ②

49. 냉방부하 계산 시 인체로부터의 취득열량에 대한 설명으로 틀린 것은?

① 인체 발열부하는 작업 상태와는 관계없다.
② 땀의 증발, 호흡 등은 잠열이라 할 수 있다.
③ 인체의 발열량은 재실 인원수와 현열량과 잠열량으로 구한다.
④ 인체 표면에서 대류 및 복사에 의해 방사되는 열은 현열이다.

해설 운동 또는 작업을 하면 인체의 발열량은 증가한다.

50. 보일러 송기장치의 종류로 가장 거리가 먼 것은?

① 비수방지관　　② 주증기밸브
③ 증기헤더　　　④ 화염검출기

해설 송기장치의 종류에는 비수방지관, 기수분리기, 주증기밸브, 주증기관, 증기헤더 등이 있으며 화염검출기는 안전장치의 종류이다.

51. 건물 내 장소에 따라 부하변동의 상황이 달라질 경우, 구역구분을 통해 구역마다 공조기를 설치하여 부하처리를 하는 방식은?

① 단일덕트 재열방식
② 단일덕트 변풍량방식
③ 단일덕트 정풍량방식
④ 단일덕트 각층유닛방식

해설 부하변동이 일정한 곳 또는 부하변동의 상황이 달라질 경우 1실 1계통의 구역별로 공조를 할 수 있는 것은 단일덕트 정풍량방식이다.

52. 보기 설명에 알맞은 취출구의 종류는 어느 것인가?

┌─────────────┤보기├─────────────┐
• 취출 기류의 방향 조정이 가능하다.
• 댐퍼가 있어 풍량 조절이 가능하다.
• 공기저항이 크다.
• 공장, 주방 등의 국소 냉방에 사용된다.
└───────────────────────────────┘

① 다공판형　　　② 베인격자형
③ 펑커루버형　　④ 아네모스탯형

해설 ① 다공판형 : 천장에 설치하여 작은 구멍을 개공률 10 % 정도 뚫어서 토출구로 만든 것
② 베인격자형 : 각형의 몸체(frame)에 폭 20~25 mm 정도의 얇은 날개(vane)를 토출면에 수평 또는 수직으로 설치하여 날개 방향 조절로 풍향을 바꿀 수 있다.
③ 펑커루버형 : 선박환기용으로 제작된 것으로 목을 움직여서 토출 기류의 방향을 바꿀 수 있으며, 토출구에 달려 있는 댐퍼로 풍량 조절도 쉽게 할 수 있다.
④ 아네모스탯형 : 팬형의 결점을 보강한 것으로 천장 디퓨저라 한다.

53. 다음 중 복사난방에 대한 설명으로 틀린 것은 어느 것인가?

① 설비비가 적게 든다.
② 매립 코일이 고장나면 수리가 어렵다.
③ 외기 침입이 있는 곳에도 난방감을 얻을 수 있다.
④ 실내의 벽, 바닥 등을 가열하여 평균복사온도를 상승시키는 방법이다.

해설 복사난방의 특징
㉠ 가열코일(패널)을 매설하므로 시공, 수리 및 설비비가 비싸다.
㉡ 실내 개방상태(외기 침입)에서도 난방 효과가 좋다.
㉢ 벽에 균열이 생기기 쉽고 매설 배관이므로 고장 발견과 수리(정비)가 어렵다.
㉣ 실내의 벽, 바닥 등을 가열하여 평균복사온도를 상승시킬 수 있다.

54. 다음 중 공기조화용 에어 필터의 여과효율을 측정하는 방법으로 가장 거리가 먼 것은?

① 중량법　　　　② 비색법
③ 계수법　　　　④ 용적법

해설 ① 중량법 : 비교적 큰 입자를 대상으로 측정

하는 방법으로 필터에 제거되는 먼지의 중량으로 효율을 측정한다.

② 비색법(변색도법) : 비교적 작은 입자를 대상으로 하며, 필터의 상류와 하류에서 포집한 공기를 각각 여과지에 통과시켜 그 오염도를 광전관으로 측정한다.

③ 계수법(DOP법) : 고성능의 필터를 측정하는 방법으로 일정한 크기의 시험 입자를 사용하여 먼지의 수를 계측한다.

55. 열원이 분산된 개별공조방식에 대한 설명으로 틀린 것은?

① 서모스탯이 내장되어 개별 제어가 가능하다.

② 외기 냉방이 가능하여 중간기에는 에너지 절약형이다.

③ 유닛에 냉동기를 내장하고 있어 부분운전이 가능하다.

④ 장래의 부하 증가, 증축 등에 대해 쉽게 대응할 수 있다.

해설 개별공조방식은 열원이 실내에 설치되므로 외기 냉방이 어렵다.

56. 실내에서 폐기되는 공기 중의 열을 이용하여 외기 공기를 예열하는 열회수 방식은 무엇인가?

① 열펌프 방식

② 팬코일 방식

③ 열파이프 방식

④ 런 어라운드 방식

해설 ① 열펌프 방식 : 냉매를 이용한 냉난방 방식
② 팬코일 방식 : 냉수와 온수를 이용한 냉난방 방식
③ 열파이프 방식 : 밀봉된 용기와 위크(wik) 구조체 및 증기공간으로 구성

57. 유체의 속도가 15 m/s일 때 이 유체의 속도 수두는?

① 약 5.1 m

② 약 11.5 m

③ 약 15.5 m

④ 약 20.4 m

해설 $H = \dfrac{15^2}{2 \times 9.8} = 11.47\,\text{m}$

58. 흡수식 감습장치에서 주로 사용하는 흡수제는 어느 것인가?

① 실리카 겔

② 염화리튬

③ 아드 소울

④ 활성 알루미나

해설 흡수식 감습장치에서 흡수제로 LiCl(염화리튬), LiBr(리튬 브로마인) 등이 사용되며, 실리카 겔, 활성 알루미나 등은 흡착제 원료이다.

59. 습공기의 엔탈피에 대한 설명으로 틀린 것은?

① 습공기가 가열되면 엔탈피가 증가된다.

② 습공기 중에 수증기가 많아지면 엔탈피는 증가한다.

③ 습공기의 엔탈피는 온도, 압력, 풍속의 함수로 결정된다.

④ 습공기 중의 건공기 엔탈피와 수증기 엔탈피의 합과 같다.

해설 습공기의 엔탈피는 온도만의 함수이다.

60. 공기조화기의 자동 제어 시 제어 요소가 바르게 나열된 것은?

① 온도 제어 – 습도 제어 – 환기 제어

② 온도 제어 – 습도 제어 – 압력 제어

③ 온도 제어 – 차압 제어 – 환기 제어

④ 온도 제어 – 수위 제어 – 환기 제어

해설 공기조화기(AHU)는 실내 온도, 실내 습도, 실내 청정도, 실내 기류 분포도(환기 = 재순환 공기 + 외기 도입) 제어를 한다.

정답 **55.** ② **56.** ④ **57.** ② **58.** ② **59.** ③ **60.** ①

출제 예상문제 (8)

1. 전기용접 작업의 안전사항으로 옳은 것은?

① 홀더는 파손되어도 사용에는 관계없다.
② 물기가 있거나 땀에 젖은 손으로 작업해서는 안 된다.
③ 작업장은 환기를 시키지 않아도 무방하다.
④ 용접봉을 갈아 끼울 때는 홀더의 충전부가 몸에 닿도록 한다.

해설 손에 물기 또는 땀이 있으면 누전으로 인한 감전의 위험이 따른다.

2. 고압 전선이 단선된 것을 발견하였을 때 조치로 가장 적절한 것은?

① 위험하다는 표시를 하고 돌아온다.
② 사고사항을 기록하고 다음 장소의 순찰을 계속한다.
③ 발견 즉시 회사로 돌아와 보고한다.
④ 일반인의 접근 및 통행을 막고 주변을 감시한다.

해설 전선이 단선되면 감전으로 인한 안전사고가 발생하므로 접근과 통행을 막고 감시하면서 담당자 또는 관계부서에 연락을 취한다.

3. 다음 중 감전사고 예방을 위한 방법으로 틀린 것은?

① 전기 설비의 점검을 철저히 한다.
② 전기 기기에 위험 표시를 해 둔다.
③ 설비의 필요 부분에는 보호 접지를 한다.
④ 전기 기계 기구의 조작은 필요시 아무나 할 수 있게 한다.

해설 전기 기계 기구의 조작은 관계자 외에는 누구도 할 수 없다.

4. 연삭 숫돌을 교체한 후 시험운전 시 최소 몇 분 이상 공회전을 시켜야 하는가?

① 1분 이상 ② 3분 이상
③ 5분 이상 ④ 10분 이상

해설 연삭기는 숫돌 교체 후 3분 이상, 작업 시작 전 1분 이상 공회전을 시킨다.

5. 아세틸렌-산소를 사용하는 가스용접장치를 사용할 때 조정기로 압력 조정 후 점화순서로 옳은 것은?

① 아세틸렌과 산소 밸브를 동시에 열어 조연성 가스를 많이 혼합 후 점화시킨다.
② 아세틸렌 밸브를 열어 점화시킨 후 불꽃 상태를 보면서 산소밸브를 열어 조정한다.
③ 먼저 산소 밸브를 연 다음 아세틸렌 밸브를 열어 점화시킨다.
④ 먼저 아세틸렌 밸브를 연 다음 산소 밸브를 열어 적정하게 혼합한 후 점화시킨다.

6. 압축기의 톱 클리어런스(top clearance)가 클 경우에 일어나는 현상으로 틀린 것은?

① 체적효율 감소
② 토출가스 온도 감소
③ 냉동능력 감소
④ 윤활유의 열화

해설 탑 클리어런스가 크면 일어나는 현상
㉠ 체적효율 감소
㉡ 냉매순환량 감소
㉢ 냉동능력 감소
㉣ 실린더 과열
㉤ 단위능력당 소비동력 증대
㉥ 토출가스 온도 상승

정답 1. ② 2. ④ 3. ④ 4. ② 5. ④ 6. ②

ⓐ 윤활유 열화 및 탄화
ⓞ 습동부품 마모 및 파손

7. 위험을 예방하기 위하여 사업주가 취해야 할 안전상의 조치로 틀린 것은?

① 시설에 대한 안전조치
② 기계에 대한 안전조치
③ 근로수당에 대한 안전조치
④ 작업방법에 대한 안전조치

해설 근로수당은 급료에 해당되므로 위험물의 안전대상이 아니다.

8. 유류 화재 시 사용하는 소화기로 가장 적합한 것은?

① 무상수 소화기　② 봉상수 소화기
③ 분말 소화기　　④ 방화수

해설 유류 화재는 B급 화재로 포말, 분말, CO_2 소화기 등이 사용되며, CO_2 소화기가 가장 양호하다.

9. 냉동설비에 설치된 수액기의 방류둑 용량에 관한 설명으로 옳은 것은?

① 방류둑 용량은 설치된 수액기 내용적의 90 % 이상으로 할 것
② 방류둑 용량은 설치된 수액기 내용적의 80 % 이상으로 할 것
③ 방류둑 용량은 설치된 수액기 내용적의 70 % 이상으로 할 것
④ 방류둑 용량은 설치된 수액기 내용적의 60 % 이상으로 할 것

해설 방류둑은 수액기 저장용량 $10m^3$ (10000L) 또는 질량 5ton (5000kg) 이상일 때 설치하고, 방류둑의 용량은 내용적의 90% 이상일 것

10. 보일러 운전상의 장애로 인한 역화(back fire) 방지대책으로 틀린 것은?

① 점화방법이 좋아야 하므로 착화를 느리게 한다.

② 공기를 노 내에 먼저 공급하고 다음에 연료를 공급한다.
③ 노 및 연도 내에 미연소 가스가 발생하지 않도록 취급에 유의한다.
④ 점화 시 댐퍼를 열고 미연소 가스를 배출시킨 뒤 점화한다.

해설 보일러의 점화는 3~5초 이내에 할 것

11. 다음 산업안전대책 중 기술적인 대책이 아닌 것은?

① 안전설계
② 근로의욕의 향상
③ 작업행정의 개선
④ 점검보전의 확립

해설 근로의욕의 향상은 작업환경에 따른 교육적인 대책이다.

12. 공장 설비 계획에 관하여 기계 설비의 배치와 안전의 유의사항으로 틀린 것은?

① 기계 설비의 주위에는 충분한 공간을 둔다.
② 공장 내외에는 안전 통로를 설정한다.
③ 원료나 제품의 보관 장소는 충분히 설정한다.
④ 기계 배치는 안전과 운반에 관계없이 가능한 한 가깝게 설치한다.

해설 기계 배치는 안전공간이 확보되어야 하고 운반할 때와 정차할 때는 앞차와의 간격이 5 m 이상일 것

13. 화합물 벨트, 롤러 등을 이용하여 연속적으로 운반하는 컨베이어의 방호장치에 해당되지 않는 것은?

① 이탈 및 역주행 방지장치
② 비상정지장치
③ 덮개 또는 울
④ 권과방지장치

해설 권과방지장치는 크레인에서 하중 초과 시 리밋 스위치에 의해 권상을 정지시킨다.

14. 가스용접 또는 가스절단 시 토치 관리의 잘못으로 인한 가스누출 부위로 타당하지 않는 것은?

① 산소밸브, 아세틸렌 밸브의 접속 부분
② 팁과 본체의 접속 부분
③ 절단기의 산소관과 본체의 접속 부분
④ 용접기와 안전홀더 및 어스선 연결 부분

해설 용접기의 안전홀더 및 어스선은 전기용접장치의 부품이다.

15. 보일러 사고원인 중 제작상의 원인이 아닌 것은?

① 재료불량   ② 설계불량
③ 급수처리불량   ④ 구조불량

해설 급수처리불량은 운전관리상의 원인이다.

16. 동관의 이음 방식이 아닌 것은?

① 플레어 이음   ② 빅토릭 이음
③ 납땜 이음   ④ 플랜지 이음

해설 빅토릭 이음은 영국에서 개발한 주철관 이음 방법이다.

17. 다음과 같은 냉동장치의 $P-h$ 선도에서 이론 성적계수는?

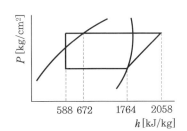

① 3.7   ② 4   ③ 4.7   ④ 5

해설 $COP = \dfrac{1764 - 588}{2058 - 1764} = 4$

18. 브라인에 대한 설명 중 옳은 것은?

① 브라인은 잠열 형태로 열을 운반한다.
② 에틸렌글리콜, 프로필렌글리콜, 염화칼슘 용액은 유기질 브라인이다.
③ 염화칼슘 브라인은 그중에 용해되고 있는 산소량이 많을수록 부식성이 적다.
④ 프로필렌글리콜은 부식성이 적고, 독성이 없어 냉동식품의 동결용으로 사용된다.

해설 ① 브라인은 현열 형태로 열을 운반한다.
② 염화칼슘은 무기질이다.
③ 부식 방지를 위하여 공기와 산소의 접촉을 차단한다.

19. 프레온 냉매 액관을 시공할 때 플래시가스 발생 방지 조치로서 틀린 것은?

① 열교환기를 설치한다.
② 지나친 입상을 방지한다.
③ 액관을 방열한다.
④ 응축 설계온도를 낮게 한다.

해설 플래시가스의 발생을 방지하기 위하여 응축기 출구 또는 팽창밸브 직전 온도를 과냉각시키므로 응축 설계온도와는 관계없다.

20. 다음 냉매 중 물에 용해성이 좋아서 흡수식 냉동기의 냉매로 가장 적합한 것은?

① R-502   ② 황산
③ 암모니아   ④ R-22

해설 암모니아 (NH_3)는 물에 800~900배 용해된다.

21. 완전 기체에서 단열압축 과정 동안 나타나는 현상은?

① 비체적이 커진다.
② 전열량의 변화가 없다.
③ 엔탈피가 증가한다.
④ 온도가 낮아진다.

해설 단열압축하면 엔트로피는 일정하고 온도, 열량, 엔탈피는 상승하며 비체적은 감소한다.

22. 팽창 밸브를 작게 열었을 때 일어나는 현상으로 옳은 것은?

① 증발 압력 상승
② 토출 온도 상승
③ 증발 온도 상승
④ 냉동 능력 상승

해설 팽창 밸브 열림이 작으면 냉매순환량이 감소하여 증발압력이 낮아지므로 냉동능력, 증발온도는 작아지고 흡입가스가 과열되어 토출가스 온도가 상승한다.

23. 프레온 누설 검사 중 할라이드 토치 시험에서 냉매가 다량으로 누설될 때 변화된 불꽃의 색깔은?

① 청색
② 녹색
③ 노랑
④ 자색

해설 냉매 누설이 없으면 청색, 있으면 자색이다.

24. 교류 주기가 0.004 s일 때 주파수는?

① 400 Hz
② 450 Hz
③ 200 Hz
④ 250 Hz

해설 주파수 $= \dfrac{1}{0.004} = 250\,\mathrm{Hz}$

25. 다음의 기호가 표시하는 밸브로 옳은 것은?

① 볼 밸브
② 게이트 밸브
③ 수동 밸브
④ 앵글 밸브

26. 다음 그림은 2단압축, 2단팽창 이론 냉동사이클이다. 이론 성적계수를 구하는 공식으로 옳은 것은? (단, G_L 및 G_H는 각각 저단, 고단 냉매순환량이다.)

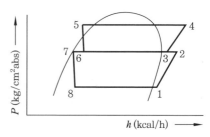

① $COP = \dfrac{G_L \times (h_1 - h_8)}{(G_L + G_H) \times (h_4 - h_1)}$

② $COP = \dfrac{G_L \times (h_1 - h_8)}{(G_L - G_H) \times (h_4 - h_1)}$

③ $COP = \dfrac{G_H \times (h_1 - h_8)}{G_L \times (h_2 + h_1) + G_H \times (h_4 - h_3)}$

④ $COP = \dfrac{G_L \times (h_1 - h_8)}{G_L \times (h_2 + h_1) + G_H \times (h_4 - h_3)}$

해설 $COP = \dfrac{Q_e}{N_L + N_H}$

$\qquad = \dfrac{G_L(h_1 - h_8)}{G_L(h_2 - h_1) + G_H(h_4 - h_3)}$

27. 프레온 응축기(수랭식)에서 냉각수량이 시간당 18000 L, 응축기 냉각관의 전열면적 20 m², 냉각수 입구온도 30℃, 출구온도 34℃인 응축기의 열통과율이 1.05 kW/m²·K라고 할 때 응축온도는? (단, 냉매와 냉각수와의 평균온도차는 산술평균치로 하고 물의 비열은 4.2 kJ/kg·K이며 열손실은 없는 것으로 한다.)

① 32℃
② 34℃
③ 36℃
④ 38℃

해설 $\Delta t_m = t_c - \dfrac{t_{w1} + t_{w2}}{2} = \dfrac{GC(t_{w2} - t_{w1})}{K \cdot F}$

$\therefore\; t_c = \dfrac{GC(t_{w2} - t_{w1})}{K \cdot F} + \dfrac{t_{w1} + t_{w2}}{2}$

$\qquad = \dfrac{18000 \times 4.2 \times (34 - 30)}{1.05 \times 3600 \times 20} + \dfrac{30 + 34}{2}$

$\qquad = 36℃$

※ 1 kW = 1 kJ/s

28. 열의 이동에 관한 설명으로 틀린 것은?

① 열에너지가 중간물질과 관계없이 열선의 형태를 갖고 전달되는 전열형식을 복사라 한다.

② 대류는 기체나 액체 운동에 의한 열의 이동현상을 말한다.

③ 온도가 다른 두 물체가 접촉할 때 고온에서 저온으로 열이 이동하는 것을 전도라 한다.

④ 물체 내부를 열이 이동할 때 전열량은 온도차에 반비례하고, 도달거리에 비례한다.

해설 전열량은 온도차에 비례하고 도달거리에 반비례한다.

29. 광명단 도료에 대한 설명 중 틀린 것은 어느 것인가?

① 밀착력이 강하고 도막도 단단하여 풍화에 강하다.

② 연단에 아마인유를 배합한 것이다.

③ 기계류의 도장 밑칠에 널리 사용된다.

④ 은분이라고도 하며, 방청 효과가 매우 좋다.

해설 은분은 알루미늄페인트 (도료)를 칭하는 것이다.

30. 다음 중 압축기의 축봉장치에 대한 설명으로 옳은 것은?

① 냉매나 윤활유가 외부로 새는 것을 방지한다.

② 축의 회전을 원활하게 하는 베어링 역할을 한다.

③ 축이 빠지는 것을 막아주는 역할을 한다.

④ 윤활유를 냉각하는 장치이다.

해설 압축기의 기밀을 위한 축봉장치는 냉매 누설, 윤활유 누설, 외기 침입을 방지한다.

31. 강관 이음법 중 용접 이음에 대한 설명으로 틀린 것은?

① 유체의 마찰손실이 적다.

② 관의 해체와 교환이 쉽다.

③ 접합부 강도가 강하며, 누수의 염려가 적다.

④ 중량이 가볍고 시설의 보수 유지비가 절감된다.

해설 용접은 관의 해체와 교환이 어렵다.

32. 냉동장치의 장기간 정지 시 운전자의 조치 사항으로 틀린 것은?

① 냉각수는 그 다음 사용 시 필요하므로 누설되지 않게 밸브 및 플러그의 잠김 상태를 확인하여 잘 잠가 둔다.

② 저압측 냉매를 전부 수액기에 회수하고, 수액기에 전부 회수할 수 없을 때에는 냉매통에 회수한다.

③ 냉매 계통 전체의 누설을 검사하여 누설 가스를 발견했을 때에는 수리해 둔다.

④ 압축기의 축봉장치에서 냉매가 누설될 수 있으므로 압력을 걸어 둔 상태로 방치해서는 안 된다.

해설 장기간 정지 시에는 냉각수를 배출하여 배관 부식을 방지한다.

33. 암모니아 냉매에 대한 설명으로 틀린 것은?

① 가연성, 독성, 자극적인 냄새가 있다.

② 전기 절연도가 떨어져 밀폐식 압축기에는 부적합하다.

③ 냉동효과와 증발잠열이 크다.

④ 철, 강을 부식시키므로 냉매배관은 동관을 사용해야 한다.

해설 암모니아는 동 또는 동합금, 알루미늄, 아연 등을 부식시키고 철, 강은 부식시키지 않는다.

34. 다음과 같은 $P-h$ 선도에서 온도가 가장 높은 곳은?

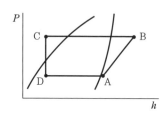

① A 　　　　② B
③ C 　　　　④ D

해설 냉각장치에서는 토출가스온도인 B점이 제일 높다.

35. 냉동장치 내에 냉매가 부족할 때 일어나는 현상으로 가장 거리가 먼 것은?

① 냉동능력이 감소한다.
② 고압측 압력이 상승한다.
③ 흡입관에 상(霜)이 붙지 않는다.
④ 흡입가스가 과열된다.

해설 냉매가 부족하면 저압과 고압 등 냉동장치 전체의 압력이 낮아진다.

36. 고속 다기통 압축기의 흡입 및 토출 밸브에 주로 사용하는 것은?

① 포핏 밸브 　　② 플레이트 밸브
③ 리드 밸브 　　④ 와셔 밸브

해설 ① 포핏 밸브는 저속 왕복동에 사용
③ 리드 밸브는 소형 압축기에 사용
④ 와셔 밸브는 없음

37. 다음 중 표준 냉동 사이클의 온도 조건으로 틀린 것은?

① 증발온도 : −15℃
② 응축온도 : 30℃
③ 팽창밸브 입구에서의 냉매액 온도 : 25℃
④ 압축기 흡입가스 온도 : 0℃

해설 압축기 흡입가스는 −15℃의 포화증기이다.

38. 냉동장치의 냉각기에 적상이 심할 때 미치는 영향이 아닌 것은?

① 냉동능력 감소
② 냉장고 내 온도 저하
③ 냉동능력당 소요동력 증대
④ 리퀴드 백(liquid back) 발생

해설 적상이 발생하면 전열작용이 불량하여 냉장고 온도가 상승하는 경우가 있다.

39. 냉매배관에 사용되는 저온용 단열재에 요구되는 성질로 틀린 것은?

① 열전도율이 낮을 것
② 투습 저항이 크고 흡습성이 작을 것
③ 팽창계수가 클 것
④ 불연성 또는 난연성일 것

해설 저온용 단열재는 가볍고 팽창계수(신축량)가 작아야 한다.

40. 아래의 기호에 대한 설명으로 적절한 것은?

$$\multimap \! \underline{} \! \multimap$$

① 누르고 있는 동안만 접점이 열린다.
② 누르고 있는 동안만 접점이 닫힌다.
③ 누름/안 누름 상관없이 언제나 접점이 열린다.
④ 누름/안 누름 상관없이 언제나 접점이 닫힌다.

해설 그림은 b접점으로 통전이 되는 상태이며, 누르고 있으면 a접점이 되어(개방되어) 통전이 안 된다.

41. 건포화 증기를 흡입하는 압축기가 있다. 고압이 일정한 상태에서 저압이 내려가면 이 압축기의 냉동 능력은 어떻게 되는가?

① 증대한다.

② 변하지 않는다.

③ 감소한다.

④ 감소하다가 점차 증대한다.

해설 고압이 일정할 때 저압이 낮아지면 압축비가 증대하여 체적효율이 감소하므로 냉동능력은 감소한다.

42. 압축기의 토출가스 압력의 상승 원인이 아닌 것은?

① 냉각수온의 상승

② 냉각수량의 감소

③ 불응축가스의 부족

④ 냉매의 과충전

해설 불응축가스가 많으면 응축기 전열면적 감소로 고압이 상승하고, 적으면 고압이 감소하여 토출압력이 낮아진다.

43. 유기질 브라인으로 부식성이 적고, 독성이 없으므로 주로 식품냉동의 동결용에 사용되는 브라인은?

① 염화마그네슘

② 염화칼슘

③ 에틸렌글리콜

④ 프로필렌글리콜

해설 염화마그네슘과 염화칼슘은 무기질이고, 에틸렌글리콜은 유기질이지만 독성이 있다.

44. 2원 냉동사이클에 대한 설명으로 가장 거리가 먼 것은?

① 각각 독립적으로 작동하는 저온측 냉동사이클과 고온측 냉동사이클로 구성된다.

② 저온측의 응축기 방열량을 고온측의 증발기로 흡수하도록 만든 냉동사이클이다.

③ 보통 저온측 냉매는 임계점이 낮은 냉매, 고온측은 임계점이 높은 냉매를 사용한다.

④ 일반적으로 −180℃ 이하의 저온을 얻고자 할 때 이용하는 냉동사이클이다.

해설 −70℃ 이하에서 2원 냉동장치가 채용된다.

45. 다음 중 개방식 냉각탑의 종류로 가장 거리가 먼 것은?

① 대기식 냉각탑

② 자연 통풍식 냉각탑

③ 강제 통풍식 냉각탑

④ 증발식 냉각탑

해설 증발식 응축기는 있어도 냉각탑은 없다.

46. 건물의 바닥, 벽, 천장 등에 온수코일을 매설하고 열원에 의해 패널을 직접 가열하여 실내를 난방하는 방식은?

① 온수 난방   ② 열펌프 난방

③ 온풍 난방   ④ 복사 난방

47. 보일러에서 연도로 배출되는 배기열을 이용하여 보일러 급수를 예열하는 부속장치는?

① 과열기   ② 연소실

③ 절탄기   ④ 공기예열기

48. 환기에 대한 설명으로 틀린 것은?

① 환기는 배기에 의해서만 이루어진다.

② 환기는 급기, 배기의 양자를 모두 사용하기도 한다.

③ 공기를 교환해서 실내 공기 중의 오염물 농도를 희석하는 방식은 전체 환기라고 한다.

④ 오염물이 발생하는 곳과 주변의 국부적인 공간에 대해서 처리하는 방식을 국소 환기라고 한다.

해설 환기는 외기 도입과 배출에 의한 흡·배기를 이용한다.

정답   **42.** ③   **43.** ④   **44.** ④   **45.** ④   **46.** ④   **47.** ③   **48.** ①

49. 캐비테이션(공동현상)의 방지대책으로 틀린 것은?

① 펌프의 흡입양정을 짧게 한다.
② 펌프의 회전수를 적게 한다.
③ 양흡입 펌프를 단흡입 펌프로 바꾼다.
④ 흡입관경은 크게 하며 굽힘을 적게 한다.

해설 단흡입 펌프를 양흡입 펌프로 바꾼다.

50. 공기조화기의 가열코일에서 건구온도 3℃의 공기 2500 kg/h를 25℃까지 가열하였을 때 가열 열량은 얼마인가? (단, 공기의 비열은 1.01 kJ/kg · ℃이다.)

① 30240 kJ/h   ② 36540 kJ/h
③ 38640 kJ/h   ④ 55550 kJ/h

해설 $q = 2500 \times 1.01 \times (25 - 3)$
$= 55550 \, kJ/h$

51. 공기 중의 미세먼지 제거 및 클린룸에 사용되는 필터는?

① 여과식 필터
② 활성탄 필터
③ 초고성능 필터
④ 자동감기용 필터

52. 덕트 보온 시공 시 주의사항으로 틀린 것은 어느 것인가?

① 보온재를 붙이는 면은 깨끗하게 한 후 붙인다.
② 보온재의 두께가 50 mm 이상인 경우는 두 층으로 나누어 시공한다.
③ 보의 관통부 등은 반드시 보온 공사를 실시한다.
④ 보온재를 다층으로 시공할 때는 종횡의 이음이 한곳에 합쳐지도록 한다.

해설 보온재의 종횡 이음부는 분산되게 한다.

53. 다음 공조 방식 중 개별 공기조화 방식에 해당되는 것은?

① 팬코일 유닛 방식
② 2중덕트 방식
③ 복사·냉난방 방식
④ 패키지 유닛 방식

54. 다음 중 원심식 송풍기의 종류에 속하지 않는 것은?

① 터보형 송풍기
② 다익형 송풍기
③ 플레이트형 송풍기
④ 프로펠러형 송풍기

해설 프로펠러형 송풍기는 축류형 송풍기에 해당된다.

55. 공기조화에서 시설 내 일산화탄소의 허용되는 오염 기준은 시간당 평균 얼마인가?

① 50 ppm 이하   ② 40 ppm 이하
③ 35 ppm 이하   ④ 30 ppm 이하

해설 허용농도
• NH_3 : 25 ppm
• CO (일산화탄소) : 50 ppm

56. 복사난방에 대한 설명으로 틀린 것은?

① 실내의 쾌감도가 높다.
② 실내온도 분포가 균등하다.
③ 외기 온도의 급변에 대한 방열량 조절이 용이하다.
④ 시공, 수리, 개조가 불편하다.

해설 복사난방은 온기류가 아랫부분에 있으므로 외기의 영향이 적은 편이고 방열량 조절이 어렵다.

57. 다음 중 온풍난방에 대한 설명으로 틀린 것은 어느 것인가?

① 예열시간이 짧다.

② 송풍온도가 고온이므로 덕트가 대형이다.

③ 설치가 간단하며 설비비가 싸다.

④ 별도의 가습기를 부착하여 습도 조절이 가능하다.

해설 온풍난방은 저온 난방방식이며 덕트는 송풍량에 의해서 결정된다.

58. 난방부하를 줄일 수 있는 요인으로 가장 거리가 먼 것은?

① 천장을 통한 전도열

② 태양열에 의한 복사열

③ 사람에서의 발생열

④ 기계의 발생열

해설 천장, 벽체, 유리창의 전도열은 손실열량이므로 난방부하를 증가시킨다.

59. 열의 운반을 위한 방법 중 공기 방식이 아닌 것은?

① 단일덕트 방식

② 이중덕트 방식

③ 멀티존유닛 방식

④ 패키지유닛 방식

해설 패키지유닛 방식은 냉매 방식이다.

60. 30℃인 습공기를 80℃ 온수로 가열가습한 경우 상태변화로 틀린 것은?

① 절대습도가 증가한다.

② 건구온도가 감소한다.

③ 엔탈피가 증가한다.

④ 노점온도가 증가한다.

해설 절대습도, 엔탈피, 습구온도, 건구온도, 상대습도, 노점온도 모두 상승한다.

출제 예상문제 (9)

1. 다음 중 정전기 방전의 종류가 아닌 것은?

① 불꽃 방전　　② 연면 방전
③ 분기 방전　　④ 코로나 방전

2. 보일러 운전 중 과열에 의한 사고를 방지하기 위한 사항으로 틀린 것은?

① 보일러의 수위가 안전저수면 이하가 되지 않도록 한다.
② 보일러수의 순환을 교란시키지 말아야 한다.
③ 보일러 전열면을 국부적으로 과열하여 운전한다.
④ 보일러수가 농축되지 않게 운전한다.

해설 ③은 과열운전의 원인이다.

3. 보일러의 수압시험을 하는 목적으로 가장 거리가 먼 것은?

① 균열의 유무를 조사
② 각종 덮개를 장치한 후의 기밀도 확인
③ 이음부의 누설 정도 확인
④ 각종 스테이의 효력을 조사

해설 수압시험은 보일러 장치의 강도(균열 유무), 기밀, 누설 유무를 검사하는 것이다.

4. 응축압력이 지나치게 내려가는 것을 방지하기 위한 조치 방법 중 틀린 것은?

① 송풍기의 풍량을 조절한다.
② 송풍기 출구에 댐퍼를 설치하여 풍량을 조절한다.
③ 수랭식일 경우 냉각수의 공급을 증가시킨다.
④ 수랭식일 경우 냉각수의 온도를 높게 유지한다.

해설 냉각수량이 증가하면 응축온도와 압력이 낮아진다.

5. 다음 중 작업 시 사용하는 해머의 조건으로 적절한 것은?

① 쐐기가 없는 것
② 타격면에 흠이 있는 것
③ 타격면이 평탄한 것
④ 머리가 깨어진 것

해설 해머는 빠지지 않게 쐐기가 있고 타격면이 평탄한 것을 사용하며 타격면에 흠이 있거나 깨어진 것을 사용하지 말아야 한다.

6. 팽창밸브가 냉동 용량에 비하여 너무 작을 때 일어나는 현상은?

① 증발압력 상승
② 압축기 소요동력 감소
③ 소요전류 증대
④ 압축기 흡입가스 과열

해설 팽창밸브가 작으면 냉매 순환량이 감소하므로 다음과 같은 현상이 일어난다.
㉠ 증발압력 감소
㉡ 소요전류는 감소하고 단위능력당 동력은 증가
㉢ 흡입가스 과열로 체적효율 감소
㉣ 토출가스 온도 상승

7. 보일러의 운전 중 파열사고의 원인으로 가장 거리가 먼 것은?

① 수위 상승　　② 강도의 부족
③ 취급의 불량　　④ 계기류의 고장

해설 수위가 상승하면 캐리오버의 원인이 된다.

정답 1. ③　2. ③　3. ④　4. ③　5. ③　6. ④　7. ①

8. 전기화재의 원인으로 고압선과 저압선이 나란히 설치된 경우, 변압기의 1, 2차 코일의 절연 파괴로 인하여 발생하는 것은?

① 단락　　　　② 지락
③ 혼촉　　　　④ 누전

해설 변압기 코일의 절연이 파괴되면 코일이 접촉(혼촉)되어 기능이 상실된다.

9. 기계 작업 시 일반적인 안전에 대한 설명 중 틀린 것은?

① 취급자나 보조자 이외에는 사용하지 않도록 한다.
② 칩이나 절삭된 물품에 손대지 않는다.
③ 사용법을 확실히 모르면 손으로 움직여 본다.
④ 기계는 사용 전에 점검한다.

해설 사용법을 숙지한 후에 작업한다.

10. 보호구의 적절한 선정 및 사용 방법에 대한 설명 중 틀린 것은?

① 작업에 적절한 보호구를 선정한다.
② 작업장에는 필요한 수량의 보호구를 비치한다.
③ 보호구는 방호 성능이 없어도 품질이 양호해야 한다.
④ 보호구는 착용이 간편해야 한다.

해설 보호구는 양호한 품질과 방호 성능을 갖춰야 한다.

11. 냉동기를 운전하기 전에 준비해야 할 사항으로 틀린 것은?

① 압축기 유면 및 냉매량을 확인한다.
② 응축기, 유냉각기의 냉각수 입·출구밸브를 연다.
③ 냉각수 펌프를 운전하여 응축기 및 실린더 재킷의 통수를 확인한다.

④ 암모니아 냉동기의 경우는 오일 히터를 기동 30~60분 전에 통전한다.

해설 ④ 프레온(freon) 냉동기의 경우는 오일 히터를 기동 30~60분 전에 통전한다.

12. 냉동기 검사에 합격한 냉동기 용기에 반드시 각인해야 할 사항은?

① 제조업체의 전화번호
② 용기의 번호
③ 제조업체의 등록번호
④ 제조업체의 주소

해설 용기 각인 사항 : 용기의 제조번호, 내압시험 압력, 최고충전 압력, 용기 내용적, 사용가스 명 등

13. 가스용접 작업 시 주의사항이 아닌 것은?

① 용기밸브는 서서히 열고 닫는다.
② 용접 전에 소화기 및 방화사를 준비한다.
③ 용접 전에 전격방지기 설치 유무를 확인한다.
④ 역화방지를 위하여 안전기를 사용한다.

해설 전격방지기는 전기용접 작업 시 누전 방지 장치이다.

14. 전기 기기의 방폭구조 형태가 아닌 것은?

① 내압 방폭구조　　② 안전증 방폭구조
③ 유입 방폭구조　　④ 차동 방폭구조

해설 방폭구조에는 내압, 유입, 압력, 안전증, 본질안전, 특수 방폭구조 등이 있다.

15. 수공구 사용에 대한 안전사항 중 틀린 것은 어느 것인가?

① 공구함에 정리를 하면서 사용한다.
② 결함이 없는 완전한 공구를 사용한다.
③ 작업 완료 시 공구의 수량과 훼손 유무를 확인한다.
④ 불량공구는 사용자가 임시 조치하여 사

용한다.

해설 불량공구는 사용하지 말 것

16. 표준냉동사이클로 운전될 경우, 다음 왕복동 압축기용 냉매 중 토출가스 온도가 제일 높은 것은?

① 암모니아　　　② R-22
③ R-12　　　　　④ R-500

해설 비열비가 클수록 토출가스 온도가 높다.
- NH_3 : 1.31 (98℃)
- R-22 : 1.184 (55℃)
- R-12 : 1.136 (37.8℃)
- R-500 : 41℃

17. 증기압축식 냉동사이클의 압축 과정 동안 냉매의 상태변화로 틀린 것은?

① 압력 상승　　　② 온도 상승
③ 엔탈피 증가　　④ 비체적 증가

해설 압력, 온도, 엔탈피는 상승하고, 엔트로피는 불변이며, 비체적은 감소한다.

18. 다음 중 동관 작업용 공구가 아닌 것은?

① 익스팬더　　　② 티뽑기
③ 플레어링 툴　　④ 클립

해설 클립은 주철관의 턱걸이 이음에서 연(납)을 주입하기 위하여 연결부에 기작지를 만드는 기구이다.

19. 유체의 입구와 출구의 각이 직각이며, 주로 방열기의 입구 연결밸브나 보일러 주증기 밸브로 사용되는 밸브는?

① 슬루스 밸브 (sluice valve)
② 체크 밸브 (check valve)
③ 앵글 밸브 (angle valve)
④ 게이트 밸브 (gate valve)

해설 유체가 직각(90°)으로 유출되는 것은 글로브 밸브 계열의 앵글 밸브이다.

20. 횡형 셸 앤드 튜브(horizental shell and tube)식 응축기에 부착되지 않는 것은?

① 역지 밸브
② 공기배출구
③ 물 드레인 밸브
④ 냉각수 배관 출·입구

해설 횡형 응축기에는 ②, ③, ④항 외에 압력계, 온도계, 균압관, 안전밸브 등이 부착된다.

21. 냉동장치의 냉매배관에서 흡입관의 시공상 주의점으로 틀린 것은?

① 두 개의 흐름이 합류하는 곳은 T이음으로 연결한다.
② 압축기가 증발기보다 밑에 있는 경우, 흡입관은 증발기 상부보다 높은 위치까지 올린 후 압축기로 가게 한다.
③ 흡입관의 입상이 매우 길 때는 약 10 m 마다 중간에 트랩을 설치한다.
④ 각각의 증발기에서 흡입 주관으로 들어가는 관은 주관 위에서 접속한다.

해설 합류 또는 분기관 Y형 모양으로 이음하고, 신축장치를 한다.

22. 압축기의 상부간격(top clearance)이 넓으면 냉동장치에 어떤 영향을 주는가?

① 토출가스 온도가 낮아진다.
② 체적 효율이 상승한다.
③ 윤활유가 열화되기 쉽다.
④ 냉동능력이 증가한다.

해설 압축기의 상부간격이 넓을 때 냉동장치에 미치는 영향
- ㉠ 체적 효율 감소
- ㉡ 냉매 순환량 감소
- ㉢ 냉동능력 감소
- ㉣ 실린더 과열
- ㉤ 토출가스 온도 상승
- ㉥ 단위능력당 소비동력 증가

ⓐ 윤활유 열화 및 탄화

ⓞ 윤활 부품 마모 및 파손

23. 200 V, 300 kW의 전열기를 100 V 전압에서 사용할 경우 소비전력은?

① 약 50 kW   ② 약 75 kW

③ 약 100 kW   ④ 약 150 kW

해설 $R = \dfrac{200^2}{300} = \dfrac{100^2}{P_2}$

$\therefore P_2 = \dfrac{100^2}{200^2} \times 300 = 75 \text{ kW}$

24. 흡수식 냉동기에 사용되는 흡수제의 구비조건으로 틀린 것은?

① 용액의 증기압이 낮을 것

② 농도 변화에 의한 증기압의 변화가 클 것

③ 재생에 많은 열량을 필요로 하지 않을 것

④ 점도가 높지 않을 것

해설 농도 변화에 따른 압력 변화가 작을 것

25. 냉동장치의 능력을 나타내는 단위로서 냉동톤(RT)이 있다. 1냉동톤에 대한 설명으로 옳은 것은?

① 0℃의 물 1 kg을 24시간에 0℃의 얼음으로 만드는 데 필요한 열량

② 0℃의 물 1 ton을 24시간에 0℃의 얼음으로 만드는 데 필요한 열량

③ 0℃의 물 1 kg을 1시간에 0℃의 얼음으로 만드는 데 필요한 열량

④ 0℃의 물 1 ton을 1시간에 0℃의 얼음으로 만드는 데 필요한 열량

해설 $1 \text{ RT} = 1000 \times 79.68 \times \dfrac{1}{24} = 3320 \text{ kcal/h}$

$\fallingdotseq 3.9 \text{ kW}$

26. 암모니아 냉매의 특성으로 틀린 것은?

① 물에 잘 용해된다.

② 밀폐형 압축기에 적합한 냉매이다.

③ 다른 냉매보다 냉동효과가 크다.

④ 가연성으로 폭발의 위험이 있다.

해설 NH_3 냉매는 동 또는 절연물질인 에나멜을 부식시키므로 밀폐형 냉동기에 사용할 수 없다.

27. 동관에 관한 설명 중 틀린 것은?

① 전기 및 열전도율이 좋다.

② 가볍고 가공이 용이하며 일반적으로 동파에 강하다.

③ 산성에는 내식성이 강하고 알칼리성에는 심하게 침식된다.

④ 전연성이 풍부하고 마찰저항이 작다.

해설 ㉠ 동관은 산성에 심하게 부식되고, 알칼리성에 내식성이 강하다.

㉡ 연(납)관은 알칼리성에 심하게 부식되고 산성에 내식성이 강하다.

28. 회전 날개형 압축기에서 회전 날개의 부착에 대한 설명으로 옳은 것은?

① 스프링 힘에 의하여 실린더에 부착한다.

② 원심력에 의하여 실린더에 부착한다.

③ 고압에 의하여 실린더에 부착한다.

④ 무게에 의하여 실린더에 부착한다.

해설 ㉠ 밀폐식 회전 날개형은 원심력에 의해 실린더에 밀착된다.

㉡ 고정 날개형은 스프링에 의해서 회전 피스톤에 밀착된다.

29. 회전식 압축기의 특징에 관한 설명으로 틀린 것은?

① 조립이나 조정에 있어서 고도의 정밀도가 요구된다.

② 대형 압축기와 저온용 압축기에 많이 사용한다.

③ 왕복동식보다 부품 수가 적으며 흡입밸브가 없다.

④ 압축이 연속적으로 이루어져 진공펌프로
   도 사용된다.

해설 회전식 압축기는 프레온 계열의 소형 밀폐형
에만 사용된다.

30. 고체 냉각식 동결장치가 아닌 것은?

① 스파이럴식 동결장치
② 배치식 콘택트 프리저 동결장치
③ 연속식 싱글 스틸 벨트 프리저 동결장치
④ 드럼 프리저 동결장치

해설 스파이럴식은 일반 냉각코일의 종류이다.

31. 다음 중 흡수식 냉동장치의 주요 구성요소가
아닌 것은?

① 재생기   ② 흡수기
③ 이젝터   ④ 용액펌프

해설 흡수식 냉동장치의 주요 구성요소는 흡수기,
발생기(재생기), 응축기, 증발기, 열교환기, 펌프
등이다.

32. 단단 증기압축식 냉동사이클에서 건조압축
과 비교하여 과열압축이 일어날 경우 나타나
는 현상으로 틀린 것은?

① 압축기 소비동력이 커진다.
② 비체적이 커진다.
③ 냉매 순환량이 증가한다.
④ 노출가스의 온도가 높아진다.

해설 과열압축을 하면 비용적(비체적)이 커지고,
체적효율이 감소하여 냉매 순환량이 감소한다.

33. 다음 $P-h$ 선도(Mollier diagram)에서 등
온선을 나타낸 것은?

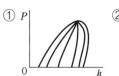 

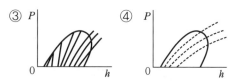

해설 ① 등건조도선, ③ 등엔트로피선
④ 비용적(비체적)선

34. 냉동기의 2차 냉매인 브라인의 구비조건으
로 틀린 것은?

① 낮은 응고점으로 낮은 온도에서도 동결
   되지 않을 것
② 비중이 적당하고 점도가 낮을 것
③ 비열이 크고 열전달 특성이 좋을 것
④ 증발이 쉽게 되고 잠열이 클 것

해설 브라인은 현열을 운반하므로 비열이 크고 응
고점이 낮으며, 비등점이 높아야 한다.

35. 두 전하 사이에 작용하는 힘의 크기는 두 전
하 세기의 곱에 비례하고, 두 전하 사이의 거
리의 제곱에 반비례하는 법칙은?

① 옴의 법칙
② 쿨롱의 법칙
③ 패러데이의 법칙
④ 키르히호프의 법칙

해설 쿨롱의 법칙

$$F = k \cdot \frac{Q_1 Q_2}{r^2} \text{ [N]}$$

여기서, k : 상수(9×10^9), r : 거리 (m)
        Q : 전하 (전기)량 (C)

36. 2단압축 1단팽창 사이클에서 중간냉각기 주
위에 연결되는 장치로 적당하지 않은 것은?

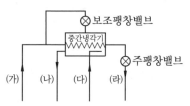

① (가) : 수액기

② (나) : 고단측 압축기

③ (다) : 응축기

④ (라) : 증발기

해설 (다) : 저단압축기 토출측

37. 지열을 이용하는 열펌프(heat pump)의 종류로 가장 거리가 먼 것은?

① 엔진 구동 열펌프

② 지하수 이용 열펌프

③ 지표수 이용 열펌프

④ 토양 이용 열펌프

해설 ①항은 엔진의 폐열을 이용한다.

38. 냉동사이클에서 응축온도는 일정하게 하고 증발온도를 저하시키면 일어나는 현상으로 틀린 것은?

① 냉동능력이 감소한다.

② 성능계수가 저하한다.

③ 압축기의 토출온도가 감소한다.

④ 압축비가 증가한다.

해설 증발온도를 저하시키면 일어나는 현상

㉠ 압축비 상승

㉡ 체적효율 감소

㉢ 냉동능력 감소

㉣ 냉매순환량 감소

㉤ 토출가스 온도 상승

㉥ 단위능력당 소비동력 증가

㉦ 실린더 과열

㉧ 성적계수 감소

39. 점토 또는 탄산마그네슘을 가하여 형틀에 압축 성형한 것으로 다른 보온재에 비해 단열효과가 떨어져 두껍게 시공하며, 500℃ 이하의 파이프, 탱크노벽 등의 보온에 사용하는 것은 어느 것인가?

① 규조토

② 합성수지 패킹

③ 석면

④ 오일실 패킹

해설 규조토 : 점토 또는 탄산마그네슘을 사용하여 압축 성형한 것으로, 석면 사용 시 500℃, 삼여물 사용 시 250℃이다.

40. 액체가 기체로 변할 때의 열은?

① 승화열

② 응축열

③ 증발열

④ 융해열

해설 ㉠ 승화열 : 고체→기체, 기체→고체

㉡ 응축열 : 기체→액체

㉢ 증발열 : 액체→기체

㉣ 융해열 : 고체→액체

㉤ 동결 (응고)열 : 액체→고체

41. 다음 그림과 같이 15 A 강관을 45° 엘보에 동일부속 나사 연결할 때 관의 실제 소요길이는?(단, 엘보중심 길이 21 mm, 나사물림 길이 11 mm이다.)

① 약 255.8 mm

② 약 258.8 mm

③ 약 274.8 mm

④ 약 262.8 mm

해설 $l = \sqrt{200^2 + 200^2} - 2 \times (21 - 11)$
$= 262.84$ mm

42. 기준냉동사이클에 의해 작동되는 냉동장치의 운전 상태에 대한 설명 중 옳은 것은?

① 증발기 내의 액냉매는 피냉각 물체로부터 열을 흡수함으로써 증발기 내를 흘러감에 따라 온도가 상승한다.

② 응축온도는 냉각수 입구온도보다 높다.

③ 팽창과정 동안 냉매는 단열팽창하므로 엔탈피가 증가한다.

④ 압축기 토출 직후의 증기온도는 응축과

정 중의 냉매 온도보다 낮다.

해설 ① : 온도는 일정하고 엔탈피는 상승한다.

③ : 팽창밸브는 교축작용이므로 엔탈피가 일정하다.

④ : 압축기 토출가스 온도는 냉동장치에서 제일 높다.

43. 표준냉동사이클의 $P-h$(압력-엔탈피) 선도에 대한 설명으로 틀린 것은?

① 응축과정에서는 압력이 일정하다.
② 압축과정에서는 엔트로피가 일정하다.
③ 증발과정에서는 온도와 압력이 일정하다.
④ 팽창과정에서는 엔탈피와 압력이 일정하다.

해설 팽창과정은 교축작용으로 엔탈피는 일정하고 온도, 압력은 감소하며 엔트로피는 상승한다.

44. 냉동장치의 압축기에서 가장 이상적인 압축과정은?

① 등온 압축
② 등엔트로피 압축
③ 등압 압축
④ 등엔탈피 압축

해설 압축기는 가역 단열 정상류 변화이므로 엔트로피가 일정하다.

45. 다음은 NH_3 표준냉동사이클의 $P-h$ 선도이다. 플래시가스 열량(kJ/kg)은 얼마인가?

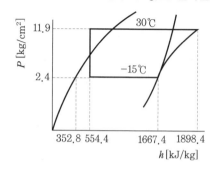

① 201.6
② 231

③ 1314.6
④ 1545.6

해설 $q_f = 554.4 - 352.8 = 201.6 \text{ kJ/kg}$

46. 15℃의 공기 15 kg과 30℃의 공기 5 kg을 혼합할 때 혼합 후의 공기온도는?

① 약 22.5℃
② 약 20℃
③ 약 19.2℃
④ 약 18.7℃

해설 $t = \dfrac{15 \times 15 + 5 \times 30}{15 + 5} = 18.75 ℃$

47. 동절기의 가열코일의 동결 방지 방법으로 틀린 것은?

① 온수코일은 야간 운전 정지 중 순환펌프를 운전한다.
② 운전 중에는 전열교환기를 사용하여 외기를 예열하여 도입한다.
③ 외기와 환기가 혼합되지 않도록 별도의 통로를 만든다.
④ 증기코일의 경우 0.5 kg/cm² 이상의 증기를 사용하고 코일 내에 응축수가 고이지 않도록 한다.

해설 실내 공기의 온도·습도 조정을 위해 외기를 도입하여 환기와 혼합시킨다.

48. 송풍기의 효율을 표시하는 데 사용되는 정압효율에 대한 정의로 옳은 것은?

① 팬의 축동력에 대한 공기의 저항력
② 팬의 축동력에 대한 공기의 정압동력
③ 공기의 저항력에 대한 팬의 축동력
④ 공기의 정압동력에 대한 팬의 축동력

해설 정압효율 $= \dfrac{\text{정압동력}}{\text{전동력(축동력)}}$

49. 다음 중 노통 연관 보일러에 대한 설명으로 틀린 것은?

① 노통 보일러와 연관 보일러의 장점을 혼합한 보일러이다.

② 보유수량에 비해 보일러 열효율이 80 ~ 85 % 정도로 좋다.

③ 형체에 비해 전열면적이 크다.

④ 구조상 고압, 대용량에 적합하다.

해설 노통 연관 보일러는 저압 보일러이다.

50. 공기조화에 사용되는 온도 중 사람이 느끼는 감각에 대한 온도, 습도, 기류의 영향을 하나로 모아 만든 쾌감의 지표는?

① 유효온도 (effective temperature : ET)

② 흑구온도 (globe temperature : GT)

③ 평균복사온도(mean radiant temperature : MRT)

④ 작용온도 (operation temperature : OT)

해설 유효온도는 야글로(Yaglou)가 만든 온도, 습도, 기류에 의한 쾌감 지표이다.

51. 핀(fin)이 붙은 튜브형 코일을 강판형 박스에 넣은 것으로 대류를 이용한 방열기는 어느 것인가?

① 콘벡터(convector)

② 팬코일 유닛 (fan coil unit)

③ 유닛 히터(unit heater)

④ 라디에이터(radiator)

52. 단일 덕트 방식의 특징으로 틀린 것은?

① 단일 덕트 스페이스가 비교적 크게 된다.

② 외기 냉방운전이 가능하다.

③ 고성능 공기정화장치의 설치가 불가능하다.

④ 공조기가 집중되어 있으므로 보수관리가 용이하다.

해설 단일 덕트 방식은 공조기에 고성능 여과기와 공기 세정기의 부착이 가능하다.

53. 건축물에서 외기와 접하지 않는 내벽, 내창,

천장 등에서의 손실열량을 계산할 때 관계 없는 것은?

① 열관류율

② 면적

③ 인접실과 온도차

④ 방위계수

해설 방위계수는 외기가 접하는 벽체에만 적용된다.

54. 다음 그림에서 설명하고 있는 냉방 부하의 변화 요인은?

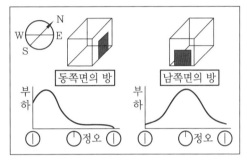

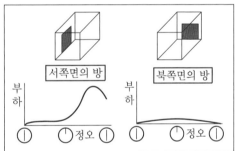

① 방의 크기   ② 방의 방위

③ 단열재의 두께   ④ 단열재의 종류

55. 공기조화방식 중에서 외기 도입을 하지 않아 덕트 설비가 필요 없는 방식은?

① 팬코일 유닛 방식

② 유인 유닛 방식

③ 각층 유닛 방식

④ 멀티존 방식

해설 팬코일 유닛 방식은 실내에 설치되어 냉난방을 하는 것으로 외기 도입이 어렵다.

56. 개별 공조 방식이 아닌 것은?

① 패키지 방식
② 룸쿨러 방식
③ 멀티 유닛 방식
④ 팬코일 유닛 방식

해설 팬코일 유닛은 중앙공급 방식이다.

57. 판형 열교환기에 관한 설명 중 틀린 것은?

① 열전달 효율이 높아 온도차가 작은 유체 간의 열교환에 매우 효과적이다.
② 전열판에 요철 형태를 성형시켜 사용하므로 유체의 압력손실이 크다.
③ 셀튜브형에 비해 열관류율이 매우 높으므로 전열면적을 줄일 수 있다.
④ 다수의 전열판을 겹쳐 놓고 볼트로 고정시키므로 전열면의 점검 및 청소가 불편하다.

해설 판형은 단일구조체의 형틀이므로 점검 및 청소가 유리하다.

58. 난방 방식의 분류에서 간접 난방에 해당하는 것은?

① 온수난방
② 증기난방
③ 복사난방
④ 히트펌프난방

해설 히트펌프는 공기를 가열하여 방출하므로 간접 난방 방식이다.

59. 다음의 공기 선도에서 (2)에서 (1)로 냉각, 감습을 할 때 현열비(SHF)의 값을 식으로 나타낸 것 중 옳은 것은?

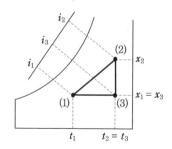

① $\dfrac{i_2 - i_3}{i_2 - i_1}$ ② $\dfrac{i_3 - i_1}{i_2 - i_1}$

③ $\dfrac{i_2 - i_1}{i_3 - i_1}$ ④ $\dfrac{i_3 + i_2}{i_2 + i_1}$

해설 ㉠ $SHF = \dfrac{\text{현열량}}{\text{전열량}} = \dfrac{i_3 - i_1}{i_2 - i_1}$

㉡ 잠열량 $= i_2 - i_3$

60. 덕트 속에 흐르는 공기의 평균 유속이 10 m/s, 공기의 비중량이 1.2 kgf/m³, 중력 가속도가 9.8 m/s²일 때 동압은?

① 약 3 mmAq   ② 약 4 mmAq
③ 약 5 mmAq   ④ 약 6 mmAq

해설 $P_u = \dfrac{10^2}{2 \times 9.8} \times 1.2 = 6.12$ mmAq

출제 예상문제 (10)

1. 다음 중 저속 왕복동 냉동장치의 운전 순서로 옳은 것은?

> 1. 압축기를 시동한다.
> 2. 흡입측 스톱밸브를 천천히 연다.
> 3. 냉각수 펌프를 운전한다.
> 4. 응축기의 액면계 등으로 냉매량을 확인한다.
> 5. 압축기의 유면을 확인한다.

① 1-2-3-4-5　　② 5-4-3-2-1
③ 5-4-3-1-2　　④ 1-2-5-3-4

해설 저속 왕복동 냉장장치의 운전 순서
ㄱ 압축기 유면 확인
ㄴ 응축기 수액기 액면 확인
ㄷ 전기배선 연결상태와 전압 확인
ㄹ 벨트의 이완상태 등 확인
ㅁ 냉각수 펌프 기동
ㅂ 토출 밸브 열기
ㅅ 압축기 기동
ㅇ 흡입 스톱밸브 열기
ㅈ 팽창밸브 조정

2. 전기스위치 조작 시 오른손으로 하기를 권장하는 이유로 가장 적당한 것은?

① 심장에 전류가 직접 흐르지 않도록 하기 위하여
② 작업을 손쉽게 하기 위하여
③ 스위치 개폐를 신속히 하기 위하여
④ 스위치 조작 시 많은 힘이 필요하므로

해설 심장이 왼쪽 가슴에 있으므로 전기 조작은 가급적 오른손으로 한다.

3. 보일러의 과열 원인으로 적절하지 못한 것은 어느 것인가?

① 보일러수의 수위가 높을 때
② 보일러 내 스케일이 생성되었을 때
③ 보일러수의 순환이 불량할 때
④ 전열면에 국부적인 열을 받았을 때

해설 보일러 수위가 높으면 캐리오버 현상의 우려가 있다.

4. 스패너 사용 시 주의 사항으로 틀린 것은?

① 스패너가 벗겨지거나 미끄러짐에 주의한다.
② 스패너의 입이 너트 폭과 잘 맞는 것을 사용한다.
③ 스패너 길이가 짧은 경우에는 파이프를 끼워서 사용한다.
④ 무리하게 힘을 주지 말고 조심스럽게 사용한다.

해설 공구 이외의 다른 작업대를 연결하여 사용할 수 없다.

5. 다음 중 위생 보호구에 해당되는 것은?

① 안전모　　　　② 귀마개
③ 안전화　　　　④ 안전대

해설 보안경, 귀마개, 마스크 등은 위생보호구이다.

6. 왕복 펌프의 보수 관리 시 점검 사항으로 틀린 것은?

① 윤활유 작동 확인
② 축수 온도 확인
③ 스터핑 박스의 누설 확인
④ 다단 펌프에 있어서 프라이밍 누설 확인

해설 ④항은 원심 펌프에서 기동하기 전의 점검 사항이다.

정답　1. ③　2. ①　3. ①　4. ③　5. ②　6. ④

7. 작업복 선정 시 유의사항으로 틀린 것은?

① 작업복의 스타일은 착용자의 연령, 성별 등은 고려할 필요가 없다.

② 화기사용 작업자는 방염성, 불연성의 작업복을 착용한다.

③ 작업복은 항상 깨끗이 하여야 한다.

④ 작업복은 몸에 맞고 동작이 편하며, 상의 끝이나 바지자락 등이 기계에 말려 들어갈 위험이 없도록 한다.

해설 작업복은 연령과 성별, 작업상태 등을 고려하여 선정한다.

8. 안전보건관리책임자의 직무와 가장 거리가 먼 것은?

① 산업재해의 원인 조사 및 재발 방지대책 수립에 관한 사항

② 안전에 관한 조직편성 및 예산책정에 관한 사항

③ 안전보건과 관련된 안전장치 및 보호구 구입 시의 적격품 여부 확인에 관한 사항

④ 근로자의 안전보건교육에 관한 사항

해설 ②항은 안전관리 총괄자의 직무이다.

9. 가스접합용접장치의 배관을 하는 경우 주관, 분기관에 안전기를 설치하는데, 하나의 취관에 몇 개 이상의 안전기를 설치해야 하는가?

① 1개 　　　　② 2개

③ 3개 　　　　④ 4개

10. 전동 공구 사용상의 안전수칙이 아닌 것은 어느 것인가?

① 전기 드릴로 아주 작은 물건이나 긴 물건에 작업할 때에는 지그를 사용한다.

② 전기 그라인더나 샌더가 회전하고 있을 때 작업대 위에 공구를 놓아서는 안 된다.

③ 수직 휴대용 연삭기의 숫돌의 노출각도는 90°까지 허용된다.

④ 이동식 전기 드릴 작업 시 장갑을 끼지 말아야 한다.

해설 수직 휴대용 연삭기의 숫돌의 노출각도는 180°까지 허용된다.

11. 전기 용접 시 전격을 방지하는 방법으로 틀린 것은?

① 용접기의 절연 및 접지상태를 확실히 점검할 것

② 가급적 개로 전압이 높은 교류 용접기를 사용할 것

③ 장시간 작업 중지 때는 반드시 스위치를 차단시킬 것

④ 반드시 주어진 보호구와 복장을 착용할 것

해설 교류 아크 용접 시는 무부하 2차측 전압 65~90 V를 아크 발생이 중단될 때 25 V 이하의 전압으로 낮춘다.

12. 다음 중 소화기 보관상의 주의사항으로 틀린 것은?

① 겨울철에는 얼지 않도록 보온에 유의한다.

② 소화기 뚜껑은 조금 열어놓고 봉인하지 않고 보관한다.

③ 습기가 적고 서늘한 곳에 둔다.

④ 가스를 채워 넣는 소화기는 가스를 채울 때 반드시 제조업자에게 의뢰한다.

해설 소화기 뚜껑은 밀폐하여 봉인한다.

13. 다음 중 점화원으로 볼 수 없는 것은?

① 전기 불꽃

② 기화열

③ 정전기

④ 못을 박을 때 튀는 불꽃

해설 기화열(증발열)은 액체가 기체로 될 때 필요로 하는 열량으로, 잠열 변화이다.

14. 교류 아크 용접기 사용 시 안전 유의사항으로 틀린 것은?

① 용접변압기의 1차측 전로는 하나의 용접기에 대해서 2개의 개폐기로 할 것
② 2차측 전로는 용접봉 케이블 또는 캡타이어 케이블을 사용할 것
③ 용접기의 외함은 접지하고 누전차단기를 설치할 것
④ 일정 조건하에서 용접기를 사용할 때는 자동전격방지 장치를 사용할 것

해설 1개의 용접기에 1개의 개폐기를 사용할 것

15. 근로자가 안전하게 통행할 수 있도록 통로에는 몇 럭스 이상의 조명시설을 해야 하는가?

① 10   ② 30
③ 45   ④ 75

해설 통행로의 조명은 75 lx 이상이다.

16. 암모니아 냉매 배관을 설치할 때 시공 방법으로 틀린 것은?

① 관 이음 패킹 재료는 천연고무를 사용한다.
② 흡입관에는 U트랩을 설치한다.
③ 토출관의 합류는 Y접속으로 한다.
④ 액관의 트랩부에는 오일 드레인 밸브를 설치한다.

해설 배관에는 냉매가 고이는 트랩 등의 설치를 피할 것

17. 2원 냉동장치에 대한 설명 중 틀린 것은?

① 냉매는 주로 저온용과 고온용을 1 : 1로 섞어서 사용한다.
② 고온측 냉매로는 비등점이 높은 냉매를 주로 사용한다.
③ 저온측 냉매로는 비등점이 낮은 냉매를 주로 사용한다.

④ −80 ∼ −70℃ 정도 이하의 초저온 냉동장치에 주로 사용된다.

해설 2원 냉동장치에서 저온측에는 저온용 냉매, 고온측에는 고온용 냉매를 사용한다.

18. 팽창밸브 본체와 온도센서 및 전자제어부를 조립함으로써 과열도 제어를 하는 특징을 가지며, 바이메탈과 전열기가 조립된 부분과 니들밸브 부분으로 구성된 팽창밸브는?

① 온도식 자동 팽창밸브
② 정압식 자동 팽창밸브
③ 열전식 팽창밸브
④ 플로트식 팽창밸브

19. 다음 중 흡수식 냉동기의 용량 제어 방법이 아닌 것은?

① 구동열원 입구 제어
② 증기토출 제어
③ 발생기 공급 용액량 조절
④ 증발기 압력 제어

해설 흡수식 용량 제어 방법으로 ①, ②, ③항 외에 바이패스 제어가 있다.

20. 냉매의 특징에 관한 설명으로 옳은 것은?

① NH_3는 물과 기름에 잘 녹는다.
② R-12는 기름과 잘 용해하나 물에는 잘 녹지 않는다.
③ R-12는 NH_3보다 전열이 양호하다.
④ NH_3의 포화증기의 비중은 R-12보다 작지만 R-22보다 크다.

해설 ㉠ NH_3는 물에 800∼900배 용해되고 기름과는 분리된다.
㉡ 전열 순서는 NH_3 > H_2O > freon > Air 순이다.
㉢ 비중 순서는 freon > H_2O > oil > NH_3 순이다.

정답 14. ① 15. ④ 16. ② 17. ① 18. ③ 19. ④ 20. ②

21. 다음 중 수랭식 응축기에 관한 설명으로 옳은 것은?

① 수온이 일정한 경우 유막 물때가 두껍게 부착하여도 수량을 증가하면 응축압력에는 영향이 없다.

② 응축부하가 크게 증가하면 응축압력 상승에 영향을 준다.

③ 냉각수량이 풍부한 경우에는 불응축 가스의 혼입 영향이 없다.

④ 냉각수량이 일정한 경우에는 수온에 의한 영향은 없다.

해설 ① 수량을 증가하면 응축온도와 압력이 낮아진다.
③ 냉각수량과 불응축 가스는 관련성이 없다.
④ 냉각수량이 일정하면 수온에 따라서 응축온도와 압력이 변화한다.

22. 다음 중 등온변화에 대한 설명으로 틀린 것은 어느 것인가?

① 압력과 부피의 곱은 항상 일정하다.

② 내부에너지는 증가한다.

③ 가해진 열량과 한 일이 같다.

④ 변화 전과 후의 내부에너지의 값이 같아진다.

해설 내부에너지는 온도만의 함수이므로 등온변화 시에는 일정하다.

23. 동관 공작용 작업 공구가 아닌 것은?

① 익스팬더　　② 사이징 툴

③ 튜브 벤더　　④ 봄볼

해설 봄볼은 연관용 공구이다.

24. 주로 저압증기나 온수배관에서 호칭지름이 작은 분기관에 이용되며, 굴곡부에서 압력강하가 생기는 이음쇠는?

① 슬리브형　　② 스위블형

③ 루프형　　　④ 벨로스형

해설 난방장치의 분기관에는 직관 30 m마다 둘레 1.5 m에 해당하는 스위블 신축 이음을 한다.

25. 유량이 적거나 고압일 때에 유량 조절을 한층 더 엄밀하게 행할 목적으로 사용되는 것은 어느 것인가?

① 콕

② 안전밸브

③ 글로브 밸브

④ 앵글밸브

해설 감압 또는 유량 조절용으로 글로브 밸브 계열의 니들(구형) 밸브를 주로 사용한다.

26. 다음 중 증발압력 조정밸브를 부착하는 주요 목적은?

① 흡입압력을 저하시켜 전동기의 기동 전류를 적게 한다.

② 증발기 내의 압력이 일정 압력 이하가 되는 것을 방지한다.

③ 냉매의 증발온도를 일정치 이하로 내리게 한다.

④ 응축압력을 항상 일정하게 유지한다.

해설 증발압력 조정밸브는 흡입배관 증발기 출구에 설치하여 밸브 입구 압력에 의해 작동되고 증발압력이 일정 압력 이하가 되는 것을 방지한다. ①항은 흡입압력 조정밸브에 대한 설명이다.

27. 다음 중 압축기 효율과 가장 거리가 먼 것은 어느 것인가?

① 체적효율　　② 기계효율

③ 압축효율　　④ 팽창효율

해설 압축기 효율에는 냉매순환량을 결정하는 체적효율과 냉매를 직접 압축하는 지시동력의 압축효율, 그리고 냉동기를 돌리는 기계효율이 있다.

정답　21. ②　22. ②　23. ④　24. ②　25. ③　26. ②　27. ④

28. 냉방능력 1냉동톤인 응축기에 10 L/min의 냉각수가 사용되었다. 냉각수 입구의 온도가 32℃이면 출구 온도는? (단, 방열계수는 1.2로 하고, 1 RT는 3.9 kW, 냉각수 비열은 4.19 kJ/kg · K이다.)

① 12.5℃ ② 22.6℃
③ 38.7℃ ④ 49.5℃

해설 $t_2 = 32 + \dfrac{3.9 \times 3600 \times 1.2}{10 \times 60 \times 4.19} = 38.7$ ℃

29. 흡수식 냉동장치의 적용대상으로 가장 거리가 먼 것은?

① 백화점 공조용 ② 산업 공조용
③ 제빙공장용 ④ 냉난방장치용

해설 흡수식 냉동장치는 냉난방 전용으로, 제빙장치에는 사용이 불가능하다.

30. 2단 압축 냉동장치에서 각각 다른 2대의 압축기를 사용하지 않고 1대의 압축기가 2대의 압축기 역할을 할 수 있는 압축기는?

① 부스터 압축기
② 캐스케이드 압축기
③ 콤파운드 압축기
④ 보조 압축기

31. 냉동사이클에서 증발온도가 −15℃이고 과열도가 5℃일 경우 압축기 흡입가스온도는?

① 5℃ ② −10℃
③ −15℃ ④ −20℃

해설 흡입가스온도 = − 15 + 5 = − 10 ℃

32. 시퀀스 제어에 속하지 않는 것은?

① 자동 전기밥솥
② 전기세탁기
③ 가정용 전기냉장고
④ 네온사인

해설 가정용 전기냉장고는 2위치 제어인 on-off 제어 장치이다.

33. 2000 W의 전기가 1시간 일한 양을 열량으로 표현하면 얼마인가?

① 772 kJ/h ② 3612 kJ/h
③ 72200 kJ/h ④ 7200 kJ/h

해설 $q = 2 \times 3600 = 7200$ kJ/h

34. 엔탈피의 단위로 옳은 것은?

① kJ/kg ② kJ/h · ℃
③ kJ/kg · ℃ ④ kJ/m³ · h · ℃

해설 ③ : 비열의 단위

35. −15℃에서 건조도가 0인 암모니아 가스를 교축 팽창시켰을 때 변화가 없는 것은?

① 비체적 ② 압력
③ 엔탈피 ④ 온도

해설 팽창밸브에서 교축 작용에 의해 감압시킬 때 엔탈피는 불변이다.

36. 글랜드 패킹의 종류가 아닌 것은?

① 오일실 패킹
② 석면 얀 패킹
③ 아마존 패킹
④ 몰드 패킹

해설 오일실 패킹 : 한지를 일정한 두께로 겹쳐서 내유가공한 것으로 펌프, 기어박스 등의 플랜지용 패킹이다.

37. 팽창밸브 직후의 냉매 건조도를 0.23, 증발 잠열이 218.4 kJ/kg이라 할 때, 이 냉매의 냉동 효과는?

① 949.2 kJ/kg ② 168.17 kJ/kg
③ 159.6 kJ/kg ④ 50.4 kJ/kg

해설 $q_e = (1 - 0.23) \times 218.4 = 168.17$ kJ/kg

38. 다음 중 열역학 제1법칙을 설명한 것으로 옳은 것은?

① 밀폐계가 변화할 때 엔트로피의 증가를 나타낸다.

② 밀폐계에 가해 준 열량과 내부에너지의 변화량의 합은 일정하다.

③ 밀폐계에 전달된 열량은 내부에너지 증가와 계가 한 일의 합과 같다.

④ 밀폐계의 운동에너지와 위치에너지의 합은 일정하다.

해설 가열량 $q = u + APV =$ 내부에너지 + 외부에너지(유동일)

39. 역 카르노 사이클은 어떤 상태변화 과정으로 이루어져 있는가?

① 1개의 등온과정, 1개의 등압과정

② 2개의 등압과정, 2개의 교축작용

③ 1개의 단열과정, 2개의 교축과정

④ 2개의 단열과정, 2개의 등온과정

해설 역 카르노 사이클은 등온팽창 - 단열압축 - 등온압축 - 단열팽창 순이다.

40. 회전식·압축기의 특징에 관한 설명으로 틀린 것은?

① 용량제어가 없고 분해조립 및 정비에 특수한 기술이 필요하다.

② 대형 압축기와 저온용 압축기로 사용하기 적당하다.

③ 왕복동식처럼 격간이 없어 체적효율, 성능계수가 양호하다.

④ 소형이고 설치면적이 작다.

해설 회전식 압축기는 소형 밀폐형 압축기이다.

41. 터보냉동기의 운전 중 서징(surging)현상이 발생하였다. 그 원인으로 틀린 것은?

① 흡입가이드 베인을 너무 조일 때

② 가스 유량이 감소될 때

③ 냉각수온이 너무 낮을 때

④ 너무 낮은 가스유량으로 운전할 때

해설 ③ 냉각수온이 높을 때

42. 열에 관한 설명으로 틀린 것은?

① 승화열은 고체가 기체로 되면서 주위에서 빼앗는 열량이다.

② 잠열은 물체의 상태를 바꾸는 작용을 하는 열이다.

③ 현열은 상태 변화 없이 온도 변화에 필요한 열이다.

④ 융해열은 현열의 일종이며, 고체를 액체로 바꾸는 데 필요한 열이다.

해설 융해열은 잠열의 일종으로 고체를 액체로 바꾸는 데 필요한 열이다.

43. 왕복동식 압축기와 비교하여 스크루 압축기의 특징이 아닌 것은?

① 흡입·토출밸브가 없으므로 마모 부분이 없어 고장이 적다.

② 냉매의 압력 손실이 크다.

③ 무단계 용량 제어가 가능하며 연속적으로 행할 수 있다.

④ 체적 효율이 좋다.

해설 스크루 압축기는 ①, ③, ④ 외에

㉠ 진동이 없어 견고한 기초가 필요 없다.

㉡ 소형이고 가볍다.

㉢ 액압축 및 오일 해머링이 적다.

㉣ 부품 수가 적고 수명이 길다.

44. 컨덕턴스는 무엇을 뜻하는가?

① 전류의 흐름을 방해하는 정도를 나타낸 것이다.

② 전류가 잘 흐르는 정도를 나타낸 것이다.

③ 전위차를 얼마나 적게 나타내느냐의 정도를 나타낸 것이다.

④ 전위차를 얼마나 크게 나타내느냐의 정도를 나타낸 것이다.

해설 컨덕턴스는 저항의 역수로 전기(전류)를 잘 통하는 정도를 나타낸 것이다.

45. 다음 중 2단 압축, 2단 팽창 냉동 사이클에서 주로 사용되는 중간 냉각기의 형식은?

① 플래시형   ② 액냉각형
③ 직접팽창식   ④ 저압수액기식

해설 ① : 2단 압축 2단 팽창 사이클
② : 2단 압축 1단 팽창 사이클
③ : 2단 압축 프레온 냉동장치용

46. 복사난방에 관한 설명 중 틀린 것은?

① 바닥면의 이용도가 높고 열손실이 적다.
② 단열층 공사비가 많이 들고 배관의 고장 발견이 어렵다.
③ 대류 난방에 비하여 설비비가 많이 든다.
④ 방열체의 열용량이 적으므로 외기온도에 따라 방열량의 조절이 쉽다.

해설 복사난방은 열용량은 크고 방열량 조정이 어렵다.

47. 실내의 현열부하는 13440 kJ/h, 잠열부하가 2520 kJ/h일 때, 현열비는?

① 0.16   ② 6.25
③ 1.20   ④ 0.84

해설 $SHF = \dfrac{13440}{13440 + 2520} = 0.842$

48. 온수난방에 대한 설명 중 틀린 것은?

① 일반적으로 고온수식과 저온수식의 기준 온도는 100℃이다.
② 개방형은 방열기보다 1 m 이상 높게 설치하고, 밀폐형은 가능한 한 보일러로부터 멀리 설치한다.
③ 중력 순환식 온수난방 방법은 소규모 주

택에 사용된다.
④ 온수난방 배관의 주재료는 내열성을 고려해서 선택해야 한다.

해설 ㉠ 개방식 팽창탱크는 장치 중 제일 높은 곳보다 1 m 이상 높게 설치한다.
㉡ 밀폐형 팽창탱크는 높이에 관계없이 온수가 증발하지 못하도록 가압시킨다.

49. 체감을 나타내는 척도로 사용되는 유효온도와 관계있는 것은?

① 습도와 복사열   ② 온도와 습도
③ 온도와 기압   ④ 온도와 복사열

해설 체감(쾌감)온도는 야글로가 정한 유효온도로 온도, 습도, 기류분포도(유속)에 의해서 결정된다.

50. 다음의 습공기선도에 대하여 바르게 설명한 것은?

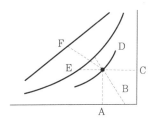

① F점은 습공기의 습구온도를 나타낸다.
② C점은 습공기의 노점온도를 나타낸다.
③ A점은 습공기의 절대습도를 나타낸다.
④ B점은 습공기의 비체적을 나타낸다.

해설 A : 건구온도, B : 비체적(비용적), C : 절대습도, D : 상대습도, E : 노점(이슬점)온도, F : 엔탈피

51. 흡수식 냉동기의 특징으로 틀린 것은?

① 전력 사용량이 적다.
② 압축식 냉동기보다 소음, 진동이 크다.
③ 용량 제어 범위가 넓다.
④ 부분 부하에 대한 대응성이 좋다.

해설 흡수식은 소음, 진동이 적고 소비동력이 작다.

52. 환기에 대한 설명으로 틀린 것은?

① 기계환기법에는 풍압과 온도차를 이용하는 방식이 있다.
② 제품이나 기기 등의 성능을 보전하는 것도 환기의 목적이다.
③ 자연환기는 공기의 온도에 따른 비중차를 이용한 환기이다.
④ 실내에서 발생하는 열이나 수증기도 제거한다.

해설 기계환기법은 강제급기와 강제배기로 이루어진다.

53. 냉방부하에서 틈새바람으로 손실되는 열량을 보호하기 위하여 극간풍을 방지하는 방법으로 틀린 것은?

① 회전문을 설치한다.
② 충분한 간격을 두고 이중문을 설치한다.
③ 실내의 압력을 외부압력보다 낮게 유지한다.
④ 에어 커튼(air curtain)을 사용한다.

해설 실내를 가압하여 외기압력보다 높게 한다.

54. 개별 공조방식에서 성적계수에 관한 설명으로 옳은 것은?

① 히트펌프의 경우 축열조를 사용하면 성적계수가 낮다.
② 히트펌프 시스템의 경우 성적계수는 1보다 작다.
③ 냉방 시스템은 냉동효과가 동일한 경우에는 압축일이 클수록 성적계수는 낮아진다.
④ 히트펌프의 난방운전 시 성적계수가 냉방운전 시 성적계수보다 낮다.

해설 성적계수 $= \dfrac{냉동효과}{압축일의\ 열당량}$

55. 난방부하에 대한 설명으로 틀린 것은?

① 건물의 난방 시에 재실자 또는 기구의 발생 열량은 난방 개시 시간을 고려하여 일반적으로 무시해도 좋다.
② 외기부하 계산은 냉방부하 계산과 마찬가지로 현열부하와 잠열부하로 나누어 계산해야 한다.
③ 덕트면의 열통과에 의한 손실 열량은 작으므로 일반적으로 무시해도 좋다.
④ 건물의 벽체는 바람을 통하지 못하게 하므로 건물 벽체에 의한 손실 열량은 무시해도 좋다.

해설 벽체의 손실열량이 난방부하에서 가장 크다.

56. 기계배기와 적당한 자연급기에 의한 환기방식으로서, 화장실, 탕비실, 소규모 조리장의 환기 설비에 적당한 환기법은?

① 제1종 환기법 ② 제2종 환기법
③ 제3종 환기법 ④ 제4종 환기법

해설 ① 제1종 환기법 : 송풍기와 배풍기에 의한 환기법
② 제2종 환기법 : 송풍기(급풍기)에 의한 환기법
③ 제3종 환기법 : 배풍기(배출기)에 의한 방법
④ 제4종 환기법 : 자연 급배기에 의한 방법

57. 다음은 덕트 내의 공기압력을 측정하는 방법이다. 그림 중 정압을 측정하는 방법은?

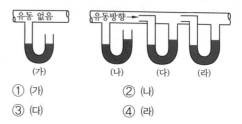

① (가)   ② (나)
③ (다)   ④ (라)

해설 (나) : 정압, (다) : 전압, (라) : 동압

58. 2중 덕트 방식의 특징이 아닌 것은?

① 설비비가 저렴하다.

② 각실 각존의 개별 온습도의 제어가 가능
하다.

③ 용도가 다른 존 수가 많은 대규모 건물에
적합하다.

④ 다른 방식에 비해 덕트 공간이 크다.

해설 2중 덕트는 시설이 복잡하고 설비비가 고가
이다.

59. 공기의 감습방법에 해당되지 않는 것은?

① 흡수식　　　② 흡착식

③ 냉각식　　　④ 가열식

해설 공기를 가열하면 절대습도는 변화가 없다.

60. 건구온도 33℃, 상대습도 50 %인 습공기
500 m³/h를 냉각 코일에 의하여 냉각한다.
코일의 장치노점온도는 9℃이고 바이패스 팩
터가 0.1이라면, 냉각된 공기의 온도는?

① 9.5℃　　　② 10.2℃

③ 11.4℃　　　④ 12.6℃

해설 $0.1 = \dfrac{t_c - 9}{33 - 9}$

$\therefore\ t_c = 9 + 0.1 \times (33 - 9) = 11.4\,℃$

출제 예상문제 (11)

1. 아크 용접의 안전 사항으로 틀린 것은?

① 홀더가 신체에 접촉되지 않도록 한다.
② 절연 부분이 균열이나 파손되었으면 교체한다.
③ 장시간 용접기를 사용하지 않을 때는 반드시 스위치를 차단시킨다.
④ 1차 코드는 벗겨진 것을 사용해도 좋다.

해설 코드가 벗겨진 것은 누전 또는 감전의 위험이 있으므로 교체하거나 절연을 시켜서 사용한다.

2. 연삭작업의 안전수칙으로 틀린 것은?

① 작업 도중 진동이나 마찰면에서의 파열이 심하면 곧 작업을 중지한다.
② 숫돌차에 편심이 생기거나 원주면의 메짐이 심하면 드레싱을 한다.
③ 작업 시 반드시 숫돌의 정면에 서서 작업한다.
④ 축과 구멍에는 틈새가 없어야 한다.

해설 연삭작업 시 숫돌의 정면을 피해야 한다.

3. 전체 산업 재해의 원인 중 가장 큰 비중을 차지하는 것은?

① 설비의 미비
② 정돈상태의 불량
③ 계측공구의 미비
④ 작업자의 실수

해설 작업자의 실수인 불안전한 행태와 불안전한 상태 등의 심리적 원인이 가장 큰 비중을 차지한다.

4. 가스용접 시 역화를 방지하기 위하여 사용하는 수봉식 안전기에 대한 내용 중 틀린 것은?

① 하루에 1회 이상 수봉식 안전기의 수위를 점검할 것
② 안전기는 확실한 점검을 위하여 수직으로 부착할 것
③ 1개의 안전기에는 3개 이하의 토치만 사용할 것
④ 동결 시 화기를 사용하지 말고 온수를 사용할 것

해설 1개의 안전기에는 1개의 토치를 사용한다.

5. 다음 중 보일러의 역화(back fire)의 원인이 아닌 것은?

① 점화 시 착화를 빨리한 경우
② 점화 시 공기보다 연료를 먼저 노 내에 공급하였을 경우
③ 노 내의 미연소가스가 충만해 있을 때 점화하였을 경우
④ 연료 밸브를 급개하여 과다한 양을 노 내에 공급하였을 경우

해설 역화 원인은 ②, ③, ④항 외에
 ㉠ 점화 시 착화가 늦을 경우(착화는 5초 이내에 신속히 한다.)
 ㉡ 압입통풍이 너무 강할 경우
 ㉢ 실화 시 노 내의 여열로 재점화할 경우
 ㉣ 흡입통풍이 부족한 경우

6. 산업안전보건기준에 따른 작업장의 출입구 설치기준으로 틀린 것은?

① 출입구의 위치·수 및 크기가 작업장의 용도와 특성에 맞도록 할 것
② 출입구에 문을 설치하는 경우에는 근로자가 쉽게 열고 닫을 수 있도록 할 것
③ 주된 목적이 하역 운반 기계용인 출입구

에는 보행자용 출입구를 따로 설치하지 말 것

④ 계단이 출입구와 바로 연결된 경우에는 작업자의 안전한 통행을 위하여 그 사이에 충분한 거리를 둘 것

해설 ③ 하역 운반 기계용인 출입구에는 보행자용 출입구를 따로 설치한다.

7. 크레인을 사용하여 작업을 하고자 한다. 작업 시작 전의 점검사항으로 틀린 것은?

① 권과방지장치·브레이크·클러치 및 운전 장치의 기능
② 주행로의 상측 및 트롤리가 횡행(橫行)하는 레일의 상태
③ 와이어로프가 통하고 있는 곳의 상태
④ 압력방출장치의 기능

해설 압력방출장치(안전밸브)는 압력용기 등의 안전장치이다.

8. 냉동장치 안전운전을 위한 주의사항 중 틀린 것은?

① 압축기와 응축기 간에 스톱밸브가 닫혀 있는 것을 확인한 후 압축기를 가동할 것
② 주기적으로 유압을 체크할 것
③ 동절기(휴지기)에는 응축기 및 수배관의 물을 완전히 뺄 것
④ 압축기를 처음 가동 시에는 정상으로 가동되는가를 확인할 것

해설 압축기 토출 스톱밸브(압축기와 응축기 간의 밸브)를 열고 압축기를 가동한다.

9. 차량계 하역 운반 기계의 종류로 가장 거리가 먼 것은?

① 지게차   ② 화물 자동차
③ 구내 운반차   ④ 크레인

해설 크레인은 무거운 물건을 들어 올려 아래위나 수평으로 이동시키는 기계이다.

10. 공기압축기를 가동할 때, 시작 전 점검사항에 해당되지 않는 것은?

① 공기저장 압력용기의 외관상태
② 드레인밸브의 조작 및 배수
③ 압력방출장치의 기능
④ 비상정지장치 및 비상하강방지장치 기능의 이상 유무

해설 ④항은 정기 점검사항이다.

11. 수공구 사용 방법 중 옳은 것은?

① 스패너에 너트를 깊이 물리고 바깥쪽으로 밀면서 풀고 죈다.
② 정 작업 시 끝날 무렵에는 힘을 빼고 천천히 타격한다.
③ 쇠톱 작업 시 톱날을 고정한 후에는 재조정을 하지 않는다.
④ 장갑을 낀 손이나 기름 묻은 손으로 해머를 잡고 작업해도 된다.

해설 ① 스패너는 고정된 자루에 힘이 걸리도록 하여 앞으로 당긴다.
③ 톱날은 고정 후 작업 중에 재조정하여 사용한다.
④ 해머 작업 중 미끄러지지 않도록 하기 위하여 장갑을 벗고 작업한다.

12. 각 작업 조건에 맞는 보호구의 연결로 틀린 것은?

① 물체가 떨어지거나 날아올 위험이 있는 작업 : 안전모
② 고열에 의한 화상 등의 위험이 있는 작업 : 방열복
③ 선창 등에서 분진이 심하게 발생하는 하역 작업 : 방한복
④ 높이 또는 깊이 2미터 이상의 추락할 위험이 있는 장소에서 하는 작업 : 안전대

해설 분진이 많은 곳에서는 마스크를 착용한다.

13. 화재 시 소화제로 물을 사용하는 이유로 가장 적당한 것은?

① 산소를 잘 흡수하기 때문에
② 증발잠열이 크기 때문에
③ 연소하지 않기 때문에
④ 산소공급을 차단하기 때문에

해설 물은 증발잠열에 의한 냉각효과로 소화작용을 한다.

14. 보일러의 폭발사고 예방을 위하여 그 기능이 정상적으로 작동할 수 있도록 유지 관리해야 하는 장치로 가장 거리가 먼 것은?

① 압력방출장치   ② 감압밸브
③ 화염검출기   ④ 압력제한스위치

해설 감압밸브는 수송되는 유체의 압력을 감소시키는 장치로 보일러 폭발사고 예방과는 관계가 없다.

15. 보일러의 휴지보존법 중 장기보존법에 해당되지 않는 것은?

① 석회밀폐건조법   ② 질소가스봉입법
③ 소다만수보존법   ④ 가열건조법

해설 ④항은 보일러를 개방시켜서 자연건조하는 법이다.

16. 다음 중 불응축 가스가 주로 모이는 곳은?

① 증발기   ② 액분리기
③ 압축기   ④ 응축기

해설 불응축 가스의 주성분은 공기와 유증기로서 응축기와 수액기 상부에 체류한다.

17. 어떤 물질의 산성, 알칼리성 여부를 측정하는 단위는?

① CHU   ② USRT
③ pH   ④ Therm

해설 ㉠ pH 6 이하는 산성

㉡ pH 6~10 은 중성
㉢ pH 10 이상은 알칼리성

18. 1 PS는 1시간당 약 몇 kJ에 해당되는가?

① 3612   ② 2310
③ 2647   ④ 1793

해설 $1\,\text{PS} = \dfrac{75}{102} \times 3600 = 2647\,\text{kJ/h}$

19. 강관용 공구가 아닌 것은?

① 파이프 바이스   ② 파이프 커터
③ 드레서   ④ 동력 나사절삭기

해설 드레서는 연삭숫돌의 날을 세우는 공구이다.

20. 냉동기에서 압축기의 기능으로 가장 거리가 먼 것은?

① 냉매를 순환시킨다.
② 응축기에 냉각수를 순환시킨다.
③ 냉매의 응축을 돕는다.
④ 저압을 고압으로 상승시킨다.

해설 압축기는 저온·저압의 냉매를 단열 압축하여 고온·고압으로 만들어서 응축기가 쉽게 액화(응축)하게 하고 냉동장치에 냉매를 순환시킨다.

21. 냉동장치 운전 중 유압이 너무 높을 때의 원인으로 가장 거리가 먼 것은?

① 유압계가 불량일 때
② 유배관이 막혔을 때
③ 유온이 낮을 때
④ 유압조정밸브 개도가 과다하게 열렸을 때

해설 유압조정밸브의 개도가 과다하면 유압은 낮아진다.

22. 원심식 압축기에 대한 설명으로 옳은 것은 어느 것인가?

① 임펠러의 원심력을 이용하여 속도에너지를 압력에너지로 바꾼다.

정답 **13.** ② **14.** ② **15.** ④ **16.** ④ **17.** ③ **18.** ③ **19.** ③ **20.** ② **21.** ④ **22.** ①

② 임펠러 속도가 빠르면 유량흐름이 감소한다.

③ 1단으로 압축비를 크게 할 수 있어 단단 압축방식을 주로 채택한다.

④ 압축비는 원주 속도의 3제곱에 비례한다.

해설 터보 (원심식) 압축기는 원심력으로 디퓨저에 의해서 속도에너지를 압력에너지로 바꾼다.

23. 파이프 내의 압력이 높아지면 고무링이 파이프 벽에 더욱 밀착되어 누설을 방지하는 접합 방법은?

① 기계적 접합　② 플랜지 접합

③ 빅토릭 접합　④ 소켓 접합

해설 빅토릭 접합은 영국에서 개발한 주철관 접합으로 압력이 높으면 누수가 없지만 반대로 낮으면 누수하는 결점이 있다.

24. 양측의 표면 열전달률이 $12600 \, \text{kJ/m}^2 \cdot \text{h} \cdot \text{°C}$인 수랭식 응축기의 열관류율은? (단, 냉각관의 두께는 3 mm이고, 냉각관 재질의 열전도율은 $168 \, \text{kJ/m} \cdot \text{h} \cdot \text{°C}$이며, 부착 물때의 두께는 0.2 mm, 물때의 열전도율은 $3.36 \, \text{kJ/m} \cdot \text{h} \cdot \text{°C}$이다.)

① $4108 \, \text{kJ/m}^2 \cdot \text{h} \cdot \text{°C}$

② $4150 \, \text{kJ/m}^2 \cdot \text{h} \cdot \text{°C}$

③ $4192 \, \text{kJ/m}^2 \cdot \text{h} \cdot \text{°C}$

④ $4235 \, \text{kJ/m}^2 \cdot \text{h} \cdot \text{°C}$

해설 ㉠ 열저항 $R = \dfrac{1}{K} \, [\text{m}^2 \cdot \text{h} \cdot \text{°C/kJ}]$

$\qquad = \dfrac{1}{12600} + \dfrac{0.003}{168} + \dfrac{0.0002}{3.36} + \dfrac{1}{12600}$

㉡ 열관류율 $K = \dfrac{1}{R} = 4235.29 \, \text{kJ/m}^2 \cdot \text{h} \cdot \text{°C}$

25. 온도작동식 자동 팽창밸브에 대한 설명으로 옳은 것은?

① 실온을 서모스탯에 의하여 감지하고, 밸

브의 개도를 조정한다.

② 팽창밸브 직전의 냉매온도에 의하여 자동적으로 개도를 조정한다.

③ 증발기 출구의 냉매온도에 의하여 자동적으로 개도를 조정한다.

④ 압축기의 토출 냉매온도에 의하여 자동적으로 개도를 조정한다.

해설 TEV (온도작동 팽창밸브)는 증발기 출구 냉매온도에 의해서 작동되고 과열도를 일정하게 유지시킨다.

26. 표준 냉동사이클에서 과냉각도는 얼마인가?

① 45°C　　　　② 30°C

③ 15°C　　　　④ 5°C

해설 ㉠ 응축온도 : 30°C

㉡ 팽창밸브 직전온도 : 25°C (과냉각도 5°C)

㉢ 증발온도 : −15°C

㉣ 압축기 흡입상태 : −15°C의 포화증기

27. 빙점 이하의 온도에 사용하며 냉동기 배관, LPG 탱크용 배관 등에 많이 사용하는 강관은 어느 것인가?

① 고압배관용 탄소강관

② 저온배관용 강관

③ 라이닝강관

④ 압력배관용 탄소강관

28. 소요 냉각수량 120 L/min, 냉각수 입·출구 온도차 6°C인 수랭 응축기의 응축부하는? (단, 물의 비열은 4.2 kJ/kg · K이다.)

① 26880 kJ/h　　② 50400 kJ/h

③ 60480 kJ/h　　④ 181440 kJ/h

해설 $Q_c = 120 \times 60 \times 4.2 \times 6 = 181440 \, \text{kJ/h}$

29. 고열원 온도 T_1, 저열원 온도 T_2인 카르노 사이클의 열효율은?

정답　**23.** ③　**24.** ④　**25.** ③　**26.** ④　**27.** ②　**28.** ④　**29.** ④

① $\dfrac{T_2 - T_1}{T_1}$ ② $\dfrac{T_1 - T_2}{T_2}$

③ $\dfrac{T_2}{T_1 - T_2}$ ④ $\dfrac{T_1 - T_2}{T_1}$

해설 Q_1 : 고온부의 열량(kcal/h)

Q_2 : 저온부의 열량(kcal/h)

Q_a : 남는 열량(kcal/h)

$$\eta = \frac{Q_1 - Q_2}{Q_1} = \frac{Q_a}{Q_1} = \frac{T_1 - T_2}{T_1}$$

30. 제빙장치 중 결빙한 얼음을 제빙관에서 떼어 낼 때 관내의 얼음 표면을 녹이기 위해 사용하는 기기는?

① 주수조 ② 양빙기
③ 저빙고 ④ 용빙조

해설 −9℃의 투명빙의 캔을 양빙기로 이동시킨 후 20℃ 정도의 용빙조에서 표면을 용해하여 얼음을 탈락시켜 저빙고에 저장한다.

31. 2개 이상의 엘보를 사용하여 배관의 신축을 흡수하는 신축이음은?

① 루프형 이음 ② 벨로스형 이음
③ 슬리브형 이음 ④ 스위블형 이음

해설 2개 이상의 엘보를 이용한 스위블형 신축이음은 주로 난방설비에 사용한다.

32. 다음 온도–엔트로피 선도에서 a → b 과정은 어떤 과정인가?

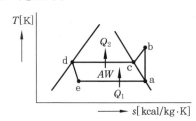

① 압축과정 ② 응축과정
③ 팽창과정 ④ 증발과정

해설 ㉠ a → b : 압축
㉡ b → d : 응축
㉢ d → e : 팽창
㉣ e → a : 증발

33. 다음 중 냉동장치에서 압축기의 이상적인 압축과정은?

① 등엔트로피 변화
② 정압 변화
③ 등온 변화
④ 정적 변화

해설 압축기는 가역 단열 정상류 변화이고 엔트로피가 일정하다.

34. 다음에 해당하는 법칙은?

> 회로망 중 임의의 한 점에서 흘러 들어오는 전류와 나가는 전류의 대수합은 0이다.

① 쿨롱의 법칙
② 옴의 법칙
③ 키르히호프의 제1법칙
④ 키르히호프의 제2법칙

35. 시퀀스 제어장치의 구성으로 가장 거리가 먼 것은?

① 검출부 ② 조절부
③ 피드백부 ④ 조작부

해설 피드백부는 폐회로 제어에서 출력을 검출하는 것으로 이것을 입력과 비교하여 제어하는 회로를 피드백 제어라 한다.

36. 다음 중 서로 다른 지름의 관을 이을 때 사용되는 것은?

① 소켓 ② 유니언
③ 플러그 ④ 부싱

해설 • 소켓 : 주철관 이음

- 유니언 : 직선관 이음
- 캡, 플러그 : 관 끝을 막을 때
- 부싱 : 이경관 이음 (관지름 다를 때)

37. NH_3, R-12, R-22 냉매의 기름과 물에 대한 용해도를 설명한 것으로 옳은 것은?

> ㉮ 물에 대한 용해도는 R-12가 가장 크다.
> ㉯ 기름에 대한 용해도는 R-12가 가장 크다.
> ㉰ R-22는 물에 대한 용해도와 기름에 대한 용해도가 모두 암모니아보다 크다.

① ㉮, ㉯, ㉰   ② ㉯, ㉰
③ ㉯   ④ ㉰

해설 ㉠ 물에 대한 용해도는 NH_3가 가장 크다 (800 ~ 900배 용해).
㉡ R-22는 기름에 대한 용해도가 NH_3보다 크다.
㉢ 윤활유에 잘 용해되는 냉매는 R-11, R-12, R-21, R-113이다.
㉣ 윤활유와 저온에서 쉽게 분리되는 냉매는 R-13, R-22, R-114이다.

38. 식품을 냉각된 부동액에 넣어 직접 접촉시켜서 동결시키는 것으로 살포식과 침지식으로 구분하는 동결장치는?

① 접촉식 동결장치
② 공기 동결장치
③ 브라인 동결장치
④ 송풍식 동결장치

해설 브라인(brine)은 0℃ 이하에서 얼지 않는 액체로 일명 부동액이라 한다.

39. -10℃ 얼음 5 kg을 20℃ 물로 만드는 데 필요한 열량은? (단, 물의 융해잠열은 334 kJ/kg으로 하고 물의 비열은 4.18 kJ/kg·K, 얼음의 비열은 2.09 kJ/kg·K이다.)

① 104.5 kJ   ② 522.5 kJ
③ 1358.5 kJ   ④ 2192.5 kJ

해설 $Q = 5 \times \{(2.09 \times 10) + 334 + (4.18 \times 20)\}$
$= 2192.5 \text{kJ}$

40. 2단 압축 1단 팽창 냉동장치에 대한 설명 중 옳은 것은?

① 단단 압축시스템에서 압축비가 작을 때 사용된다.
② 냉동부하가 감소하면 중간냉각기는 필요 없다.
③ 단단 압축시스템보다 응축능력을 크게 하기 위해 사용된다.
④ -30℃ 이하의 비교적 낮은 증발온도를 요하는 곳에 주로 사용된다.

해설 2단 압축장치는 NH_3를 기준으로 압축비 6 이상이거나 증발온도 -35℃ (기준 사이클) 또는 응축온도가 높은 여름에는 -25℃ 이하에서 설치한다.

41. 다음 중 단수 릴레이의 종류로 가장 거리가 먼 것은?

① 단압식 릴레이   ② 차압식 릴레이
③ 수류식 릴레이   ④ 비례식 릴레이

해설 단수 릴레이는 압력식(단압식, 차압식), 유류(수류)식, 온도식 등이 있다.

42. 냉동에 대한 설명으로 가장 적합한 것은?

① 물질의 온도를 인위적으로 주위의 온도보다 낮게 하는 것을 말한다.
② 열이 높은 곳에서 낮은 곳으로 흐르는 것을 말한다.
③ 물체 자체의 열을 이용하여 일정한 온도를 유지하는 것을 말한다.
④ 기체가 액체로 변화할 때의 기화열에 의한 것을 말한다.

해설 냉동은 열의 결핍현상으로 인위적으로 온도를 낮추는 것을 말하며 냉장, 냉각, 냉방, 제빙, 저빙 등이 여기에 속한다.

43. 회전식(rotary) 압축기에 대한 설명으로 틀린 것은?

① 흡입밸브가 없다.
② 압축이 연속적이다.
③ 회전 압축으로 인한 진동이 심하다.
④ 왕복동에 비해 구조가 간단하다.

해설 회전 압축기는 고도의 정밀도로 제작된 고속 압축기로 진동 및 소음이 적은 정숙한 냉동기이다.

44. 도선에 전류가 흐를 때 발생하는 열량으로 옳은 것은?

① 전류의 세기에 반비례한다.
② 전류의 세기의 제곱에 비례한다.
③ 전류의 세기의 제곱에 반비례한다.
④ 열량은 전류의 세기와 무관하다.

해설 $H = I^2 Rt$ [J]

45. 운전 중에 있는 냉동기의 압축기 압력계가 고압은 8 kg/cm², 저압은 진공도 100 mmHg를 나타낼 때 압축기의 압축비는?

① 약 6 ② 약 8
③ 약 10 ④ 약 12

해설 $a = \dfrac{8 + 1.033}{\dfrac{760 - 100}{760} \times 1.033} = 10.07$

46. 공기에서 수분을 제거하여 습도를 낮추기 위해서는 어떻게 하여야 하는가?

① 공기의 유로 중에 가열코일을 설치한다.
② 공기의 유로 중에 공기의 노점온도보다 높은 온도의 코일을 설치한다.
③ 공기의 유로 중에 공기의 노점온도와 같은 온도의 코일을 설치한다.
④ 공기의 유로 중에 공기의 노점온도보다 낮은 온도의 코일을 설치한다.

해설 습도를 낮추는 방법(감습)

- 압축감습
- 화공약품감습
- 냉각감습 (④항이 여기에 속함)

47. 온수난방의 장점이 아닌 것은?

① 관 부식은 증기난방보다 적고 수명이 길다.
② 증기난방에 비해 배관지름이 작으므로 설비비가 적게 든다.
③ 보일러 취급이 용이하고 안전하며 배관 열손실이 적다.
④ 온수 때문에 보일러의 연소를 정지해도 여열이 있어 실온이 급변하지 않는다.

해설 온수난방은 열용량이 크므로 증기 난방에 비해 배관지름이 크고, 설치비가 20 % 더 많이 든다.

48. 송풍기의 상사법칙으로 틀린 것은?

① 송풍기의 날개 직경이 일정할 때 송풍압력은 회전수 변화의 2승에 비례한다.
② 송풍기의 날개 직경이 일정할 때 송풍동력은 회전수 변화의 3승에 비례한다.
③ 송풍기의 회전수가 일정할 때 송풍압력은 날개 직경 변화의 2승에 비례한다.
④ 송풍기의 회전수가 일정할 때 송풍동력은 날개 직경 변화의 3승에 비례한다.

해설 송풍기의 상사법칙

- 송풍량 $\dfrac{Q_2}{Q_1} = \left(\dfrac{d_2}{d_1}\right)^3$
- 전압력 $\dfrac{P_2}{P_1} = \left(\dfrac{d_2}{d_1}\right)^2$
- 축동력 $\dfrac{L_2}{L_1} = \left(\dfrac{d_2}{d_1}\right)^5$

여기서, d : 날개 지름

49. 온풍난방에 대한 설명 중 옳은 것은?

① 설비비는 다른 난방에 비하여 고가이다.
② 예열부하가 크므로 예열시간이 길다.
③ 습도 조절이 불가능하다.

④ 신선한 외기 도입이 가능하여 환기가 가능하다.

해설 온풍로난방 (온풍난방)
- 열효율이 높고 연소비가 절약된다.
- 직접난방에 비하여 설비비가 싸다.
- 예열부하가 작으므로 장치는 소형이 된다.
- 환기가 병용으로 되며(신선 외기 도입) 공기 중의 먼지가 제거되고 가습도 할 수 있다.

50. 다음 중 이중덕트 변풍량 방식의 특징으로 틀린 것은?

① 각 실내의 온도제어가 용이하다.
② 설비비가 높고 에너지 손실이 크다.
③ 냉풍과 온풍을 혼합하여 공급한다.
④ 단일덕트 방식에 비해 덕트 스페이스가 작다.

해설 이중덕트이므로 단일덕트 방식보다 스페이스가 크다.

51. 다음 중 제2종 환기법으로 송풍기만 설치하여 강제 급기하는 방식은?

① 병용식 　　　　② 압입식
③ 흡출식 　　　　④ 자연식

해설 ㉠ 제1종 : 병용식
　　　㉡ 제3종 : 흡출식
　　　㉢ 제4종 : 자연식

52. 물과 공기의 접촉면적을 크게 하기 위해 증발포를 사용하여 수분을 자연스럽게 증발시키는 가습방법은?

① 초음파식 　　　　② 가열식
③ 원심분리식 　　　④ 기화식

해설 • 초음파식 : 진동판에 의해서 가습하는 방식
　　　• 원심분리식 : 선회력을 주어 가습하는 방식
　　　• 기화식 : 수중기로 가습하는 방식
　　　• 분무식 : 순환수를 살수하는 방식

53. 다음 장치 중 신축이음 장치의 종류로 가장 거리가 먼 것은?

① 스위블 조인트　② 볼 조인트
③ 루프형 　　　　④ 버킷형

해설 신축이음은 스위블형, 벨로스형, 루프형, 슬리브형, 볼조인트 등이 있다.

54. 수분무식 가습장치의 종류가 아닌 것은?

① 모세관식 　　　② 초음파식
③ 분무식 　　　　④ 원심식

해설 52번 해설 참조

55. 온수난방에 이용되는 밀폐형 팽창탱크에 관한 설명으로 틀린 것은?

① 공기층의 용적을 작게 할수록 압력의 변동은 감소한다.
② 개방형에 비해 용적은 크다.
③ 통상 보일러 근처에 설치되므로 동결의 염려가 없다.
④ 개방형에 비해 보수점검이 유리하고 가압실이 필요하다.

해설 공기층의 용적이 작으면 압력의 변동이 심하다.

56. 공기의 냉각, 가열코일의 선정 시 유의사항에 대한 내용 중 가장 거리가 먼 것은?

① 냉각코일 내에 흐르는 물의 속도는 통상 약 1 m/s 정도로 하는 것이 좋다.
② 증기코일을 통과하는 풍속은 통상 약 3~5 m/s 정도로 하는 것이 좋다.
③ 냉각코일의 입·출구 온도차는 통상 약 5℃ 정도로 하는 것이 좋다.
④ 공기 흐름과 물의 흐름은 평행류로 하여 전열을 증대시킨다.

해설 공기와 물의 흐름은 대향류로 한다.

57. 단일덕트 정풍량 방식에 대한 설명으로 틀린 것은?

① 실내부하가 감소될 경우에 송풍량을 줄여도 실내공기가 오염되지 않는다.
② 고성능 필터의 사용이 가능하다.
③ 기계실에 기기류가 집중 설치되므로 운전보수관리가 용이하다.
④ 각 실이나 존의 부하변동이 서로 다른 건물에서는 온습도에 불균형이 생기기 쉽다.

해설 정풍량 방식은 송풍량이 항상 일정하고 부하에 따른 개별실 조정이 어렵다.

58. 100℃ 물의 증발잠열은 약 몇 kJ/kg인가?

① 2256　　　　② 2512
③ 2625　　　　④ 2931

해설 100℃ 물의 증발잠열은 2256 kJ/kg 이고, 0℃ 물의 증발잠열은 25000 kJ/kg이다.

59. 난방방식 중 방열체가 필요 없는 것은?

① 온수난방　　　② 증기난방
③ 복사난방　　　④ 온풍난방

해설 온풍난방은 온풍로에서 공기를 가열하여 실내에 취출하는 것으로 방열체가 없다.

60. 어떤 사무실 동쪽 유리면이 50 m²이고 안쪽은 베니션 블라인드가 설치되어 있을 때, 동쪽 유리면에서 실내에 침입하는 냉방부하는? (단, 유리 통과율은 7.2 W/m²·K, 복사량은 0.6 kW/m², 차폐계수는 0.56, 실내외 온도차는 10℃이다.)

① 13020 kJ/h　　② 60211 kJ/h
③ 73440 kJ/h　　④ 66721 kJ/h

해설 ㉠ 일사량 $= 0.6 \times 3600 \times 50 \times 0.56$
$= 60480$ kJ/h

㉡ 전도열량
$= \dfrac{7.2}{1000} \times 3600 \times 50 \times 10 = 12960$ kJ/h

㉢ 침입열량 $= 60480 + 12960 = 73440$ kJ/h

정답　**57.** ①　**58.** ①　**59.** ④　**60.** ③

출제 예상문제 (12)

1. 가스용접 작업 중 일어나기 쉬운 재해로 가장 거리가 먼 것은?

① 화재　　　　② 누전
③ 가스중독　　④ 가스폭발

해설 누전은 전기용접 작업에서 일어나기 쉬운 재해이다.

2. 냉동제조의 시설 중 안전유지를 위한 기술기준에 관한 설명으로 틀린 것은?

① 안전밸브에 설치된 스톱밸브는 특별한 수리 등 특별한 경우 외에는 항상 열어 둔다.
② 냉동설비의 설치공사가 완공되면 시운전할 때 산소가스를 사용한다.
③ 가연성 가스의 냉동설비 부근에는 작업에 필요한 양 이상의 연소물질을 두지 않는다.
④ 냉동설비의 변경공사가 완공되어 기밀시험 시 공기를 사용할 때에는 미리 냉매 설비 중의 가연성 가스를 방출한 후 실시한다.

해설 시운전은 냉동설비에 사용되는 냉매로 하고 그 외의 압력시험에는 N_2, CO_2, Air 등을 사용하며, 산소 (O_2)를 사용하면 폭발의 위험이 있다.

3. 크레인의 방호장치로서 와이어 로프가 후크에서 이탈하는 것을 방지하는 장치는?

① 과부하 방지장치
② 권과 방지장치
③ 비상 정지장치
④ 해지장치

4. 일반적인 컨베이어의 안전장치로 가장 거리가 먼 것은?

① 역회전 방지장치
② 비상 정지장치
③ 과속 방지장치
④ 이탈 방지장치

해설 컨베이어는 정해진 속도 이하로 이동하고 속도제어는 수작업으로 한다.

5. 위험물 취급 및 저장 시의 안전조치 사항 중 틀린 것은?

① 위험물은 작업장과 별도의 장소에 보관하여야 한다.
② 위험물을 취급하는 작업장에는 너비 0.3 m 이상, 높이 2 m 이상의 비상구를 설치하여야 한다.
③ 작업장 내부에는 위험물을 작업에 필요한 양만큼만 두어야 한다.
④ 위험물을 취급하는 작업장의 비상구 문은 피난 방향으로 열리도록 한다.

해설 위험물 취급장소의 비상구는 갑종 또는 을종 방화물을 설치하고 너비 0.9 m 이상 2.5 m 이하, 높이 2 m 이상 2.5 m 이하로 한다.

6. 드릴 작업 중 유의할 사항으로 틀린 것은?

① 작은 공작물이라도 바이스나 크랩을 사용하여 장착한다.
② 드릴이나 소켓을 척에서 해체시킬 때에는 해머를 사용한다.
③ 가공 중 드릴 절삭 부분에 이상음이 들리면 작업을 중지하고 드릴 날을 바꾼다.
④ 드릴의 탈착은 회전이 완전히 멈춘 후에

한다.

해설 드릴이나 소켓을 척에서 해체시킬 때는 해머를 사용하지 말고 드릴뽑개를 사용한다.

7. 다음 중 용융온도가 비교적 높아 전기 기구에 사용하는 퓨즈(fuse)의 재료로 가장 부적당한 것은?

① 납　　　　② 주석
③ 아연　　　　④ 구리

해설 퓨즈는 용융온도가 낮은 납, 주석, 아연 등의 합금으로 한다.

8. 암모니아의 누설 검지 방법이 아닌 것은?

① 심한 자극성 냄새를 가지고 있으므로, 냄새로 확인이 가능하다.
② 적색 리트머스 시험지에 물을 적셔 누설 부위에 가까이 하면 누설 시 청색으로 변한다.
③ 백색 페놀프탈레인 용지에 물을 적셔 누설 부위에 가까이 하면 누설 시 적색으로 변한다.
④ 황을 묻힌 심지에 불을 붙여 누설 부위에 가져가면 누설 시 홍색으로 변한다.

해설 황을 암모니아 누설 부위에 접근시키면 백색 연기가 난다.

9. 산업안전보건법의 제정 목적과 가장 거리가 먼 것은?

① 산업재해 예방
② 쾌적한 작업환경 조성
③ 산업안전에 관한 정책 수립
④ 근로자의 안전과 보건을 유지·증진

해설 산업안전보건법은 산업안전 및 보건에 관한 기준을 확립하고 그 책임의 소재를 명확하게 하여 산업재해를 예방하고 쾌적한 작업환경을 조성함으로써 노무를 제공하는 사람의 안전 및 보건을 유지·증진함을 목적으로 한다.

10. 다음 중 압축기가 시동되지 않는 이유로 가장 거리가 먼 것은?

① 전압이 너무 낮다.
② 오버로드가 작동하였다.
③ 유압보호 스위치가 리셋되어 있지 않다.
④ 온도조절기 감온통의 가스가 빠져있다.

해설 온도조절기(TC)의 감온통에 가스가 빠져 있으면 압축기가 시동은 되나 정지는 되지 않는다.

11. 가스용접법의 특징으로 틀린 것은?

① 응용 범위가 넓다.
② 아크용접에 비해 불꽃의 온도가 높다.
③ 아크용접에 비해 유해 광선의 발생이 적다.
④ 열량 조절이 비교적 자유로워 박판용접에 적당하다.

해설 아크열은 6000℃ 정도이고 실 이용 시 용접열은 3500~5000℃ 정도이며, 가스용접에서 산소 아세틸렌 불꽃은 약 3000℃이다.

12. 전기용접 작업 시 전격에 의한 사고를 예방할 수 있는 사항으로 틀린 것은?

① 절연 홀더의 절연부분이 파손되면 바로 보수하거나 교체한다.
② 용접봉의 심선은 손에 접촉되지 않게 한다.
③ 용접용 케이블은 2차 접속 단자에 접촉한다.
④ 용접기는 무부하 전압이 필요 이상 높지 않은 것을 사용한다.

해설 케이블 접속은 커넥터로 한다. 1차 케이블은 일반적인 전기선을, 2차 케이블은 유연성 있는 것을 사용한다.

13. 산소용접 중 역화현상이 일어났을 때 조치방법으로 가장 적합한 것은?

① 아세틸렌 밸브를 즉시 닫는다.

② 토치 속의 공기를 배출한다.

③ 아세틸렌 압력을 높인다.

④ 산소압력을 용접조건에 맞춘다.

14. 다음 중 안전장치의 취급에 관한 사항으로 틀린 것은?

① 안전장치는 반드시 작업 전에 점검한다.

② 안전장치는 구조상의 결함 유무를 항상 점검한다.

③ 안전장치가 불량할 때에는 즉시 수정한 다음 작업한다.

④ 안전장치는 작업 형편상 부득이한 경우에는 일시 제거해도 좋다.

해설 어떤 경우라도 안전장치는 반드시 필요하다.

15. 줄 작업 시 안전관리 사항으로 틀린 것은 어느 것인가?

① 칩은 브러시로 제거한다.

② 줄의 균열 유무를 확인한다.

③ 손잡이가 줄에 튼튼하게 고정되어 있는 가 확인한 다음에 사용한다.

④ 줄 작업의 높이는 작업자의 어깨 높이로 하는 것이 좋다.

해설 줄 작업은 작업자의 허리 높이로 하는 것이 적당하다.

16. 2단 압축 2단 팽창 냉동사이클을 모리엘 선도에 표시한 것이다. 각 상태에 대해 옳게 연결한 것은?

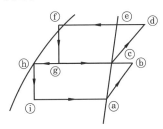

① 중간냉각기의 냉동효과 : ⓒ – ⓖ

② 증발기의 냉동효과 : ⓑ – ⓘ

③ 팽창변 통과 직후의 냉매위치 : ⓔ, ⓕ

④ 응축기의 방출열량 : ⓗ – ⓑ

해설 • 중간냉각기의 냉동효과 : ⓒ – ⓖ

• 증발기의 냉동효과 : ⓐ – ⓘ

• 팽창밸브 통과 직후 냉매위치 : ⓖ, ⓘ

• 응축기 방출열량 : ⓔ – ⓕ

• 저단압축일량 : ⓑ – ⓐ

• 고단압축일량 : ⓓ – ⓒ

17. 다음 중 플랜지 패킹류가 아닌 것은?

① 석면 조인트 시트

② 고무 패킹

③ 글랜드 패킹

④ 합성수지 패킹

해설 글랜드 패킹은 회전부의 개스킷 종류이다.

18. 브라인 부식방지처리에 관한 설명으로 틀린 것은?

① 공기와 접촉하면 부식성이 증대하므로 가능한 한 공기와 접촉하지 않도록 한다.

② $CaCl_2$ 브라인 1 L에는 중크롬산소다 1.6 g을 첨가하고 중크롬산소다 100 g마다 가성소다 27 g의 비율로 혼합한다.

③ 브라인은 산성을 띠게 되면 부식성이 커지므로 pH 7.5~8.2 정도로 유지되도록 한다.

④ NaCl 브라인 1 L에 대하여 중크롬산소다 0.9 g을 첨가하고 중크롬산소다 100 g마다 가성소다 1.3 g씩 첨가한다.

해설 NaCl 브라인 1 L에 중크롬산소다 3.2 g을 첨가하고 중크롬산소다 100 g마다 가성소다 27 g씩 첨가한다.

19. 냉동기유에 대한 설명으로 옳은 것은?

① 암모니아는 냉동기유에 쉽게 용해되어 윤활불량의 원인이 된다.

② 냉동기유는 저온에서 쉽게 응고되지 않고 고온에서 쉽게 탄화되지 않아야 한다.

③ 냉동기유의 탄화현상은 일반적으로 암모니아보다 프레온 냉동장치에서 자주 발생한다.

④ 냉동기유는 증발하기 쉽고, 열전도율 및 점도가 커야 한다.

해설 윤활유 (냉동유) 구비조건

ⓒ 유동점 (응고점보다 2.5℃ 높은 온도)이 낮을 것

ⓒ 인화점이 높을 것 (140℃ 이상)

ⓒ 점성이 알맞을 것

ⓒ 수분함유량이 2 % 이하일 것

ⓒ 절연저항이 크고, 절연물을 침식시키지 말 것

ⓒ 저온에서 왁스분, 고온에서 슬러지가 없을 것

ⓒ 냉매와 작용하여 영향이 없을 것 (냉매와 분리할 것)

ⓒ 반응은 중성일 것

20. NH₃ 냉매를 사용하는 냉동장치에서 일반적으로 압축기를 수랭식으로 냉각하는 주된 이유는?

① 냉매의 응축압력이 낮기 때문에

② 냉매의 증발압력이 낮기 때문에

③ 냉매의 비열비 값이 크기 때문에

④ 냉매의 임계점이 높기 때문에

해설 NH₃는 비열비가 크고 방출열이 많기 때문에 수랭식으로 한다.

21. 다음 냉동장치에 대한 설명 중 옳은 것은?

① 고압차단스위치는 조정 설정압력보다 벨로스에 가해진 압력이 낮을 때 접점이 떨어지는 장치이다.

② 온도식 자동 팽창밸브의 감온통은 증발기의 입구 측에 붙인다.

③ 가용전은 프레온 냉동장치의 응축기나 수액기 등을 보호하기 위하여 사용된다.

④ 파열판은 암모니아 왕복동 냉동장치에만 사용된다.

해설 ① 고압차단스위치는 벨로스에 가해진 압력이 설정압력보다 높을 때 작동된다.

② 온도식 팽창밸브의 감온통은 증발기 출구에 부착한다.

④ 파열판은 터보 냉동장치의 저압측 증발기에 주로 부착한다.

22. 액백(liquid back)의 원인으로 가장 거리가 먼 것은?

① 팽창밸브의 개도가 너무 클 때

② 냉매가 과충전되었을 때

③ 액분리기가 불량일 때

④ 증발기 용량이 너무 클 때

해설 액백은 ①, ②, ③항 외에 부하변동이 심하거나 증발기의 전열이 불량할 때 발생한다.

23. 압축비에 대한 설명으로 옳은 것은?

① 압축비는 고압 압력계가 나타내는 압력을 저압 압력계가 나타내는 압력으로 나눈 값에 1을 더한 값이다.

② 흡입압력이 동일할 때 압축비가 클수록 토출가스 온도는 저하된다.

③ 압축비가 작아지면 소요동력이 증가한다.

④ 응축압력이 동일할 때 압축비가 커지면 냉동능력이 감소한다.

해설 압축비는 고압 절대압력을 저압 절대압력으로 나눈 값으로, 크면 토출가스온도 상승, 소요동력 증가, 실린더 과열, 체적효율 감소, 냉동능력 감소 현상이 일어난다.

24. 다음 ( ) 안에 들어갈 말로 옳은 것은?

> 압축기의 체적효율은 격간 (clearance)의 증대에 의하여 (㉠)하며, 압축비가 클수록 (㉡)하게 된다.

① ㉠ : 감소, ㉡ : 감소

② ㉠ : 증가, ㉡ : 감소

③ ㉠ : 감소, ㉡ : 증가

④ ㉠ : 증가, ㉡ : 증가

25. 프레온 냉매(할로겐화 탄화수소)의 호칭기호 결정과 관계 없는 성분은?

① 수소　　　　② 탄소
③ 산소　　　　④ 불소

해설 프레온 냉매 원소는 C, H, Cl, F 등이다.

26. 수랭식 응축기의 능력은 냉각수 온도와 냉각수량에 의해 결정이 되는데, 응축기의 응축능력을 증대시키는 방법으로 가장 거리가 먼 것은 어느 것인가?

① 냉각수량을 줄인다.
② 냉각수의 온도를 낮춘다.
③ 응축기의 냉각관을 세척한다.
④ 냉각수 유속을 적절히 조절한다.

해설 응축기 냉각수량을 증가시킨다.

27. 탄성이 부족하여 석면, 고무, 금속 등과 조합하여 사용되며, 내열범위는 −260 ～ 260℃ 정도로 기름에 침식되지 않는 패킹은?

① 고무 패킹　　　② 석면조인트 시트
③ 합성수지 패킹　④ 오일실 패킹

해설 합성수지의 내열범위가 −260 ～ 260℃ 정도인 것은 테플론이다.

28. 다음 설명 중 옳은 것은?

① 1 kW는 3182 kJ/h이다.
② 증발열, 응축열, 승화열은 잠열이다.
③ 1 kg의 얼음의 융해열은 3600 kJ이다.
④ 상대습도란 포화증기압을 증기압으로 나눈 것이다.

해설 ① 1 kW = 3600 kJ/h
③ 1 kg의 얼음의 융해잠열은 334 kJ/kg이다.
④ 상대습도 = $\dfrac{수증기분압}{포화수증기분압}$

29. 왕복동식 냉동기와 비교하여 터보식 냉동기의 특징으로 옳은 것은?

① 회전수가 매우 빠르므로 동작 밸런스를 잡기 어렵고 진동이 크다.
② 일반적으로 고압 냉매를 사용하므로 취급이 어렵다.
③ 소용량의 냉동기에 적용하기에는 경제적이지 못하다.
④ 저온장치에서도 압축단수가 적어지므로 사용도가 넓다.

해설 터보 냉동기의 특징
㉠ 회전수가 4000 rpm 이상으로 동적·정적 밸런스가 맞고 진동이 작다.
㉡ 저압 압축기이다.
㉢ 저온장치는 압축단수가 많아지므로 사용이 불가능하다.

30. 왕복 압축기에서 이론적 피스톤 압출량 (m³/h)의 산출식으로 옳은 것은? (단, 기통수 N, 실린더 내경 D [m], 회전수 R [rpm], 피스톤행정 L [m]이다.)

① $V = D \cdot L \cdot R \cdot N \cdot 60$
② $V = \dfrac{\pi}{4} D \cdot L \cdot R \cdot N$
③ $V = \dfrac{\pi}{4} D \cdot L \cdot R \cdot N \cdot 60$
④ $V = \dfrac{\pi}{4} D^2 \cdot L \cdot N \cdot R \cdot 60$

31. 10 A의 전류를 5분간 도체에 흘렸을 때 도선 단면을 지나는 전기량은?

① 3 C　　　　② 50 C
③ 3000 C　　④ 5000 C

해설 $Q = I \cdot t = 10 \times (5 \times 60) = 3000\ \text{C}$

32. 다음 중 압력 자동 급수밸브의 주된 역할은 어느 것인가?

① 냉각수온을 제어한다.
② 증발온도를 제어한다.
③ 과열도 유지를 위해 증발압력을 제어한다.
④ 부하변동에 대응하여 냉각수량을 제어한다.

해설 응축기 부하변동에 따른 압력 변화에 따라서 냉각수량을 조절한다.

33. 실제 증기압축 냉동사이클에 관한 설명으로 틀린 것은?

① 실제 냉동사이클은 이론 냉동사이클보다 열손실이 크다.
② 압축기를 제외한 시스템의 모든 부분에서 냉매배관의 마찰저항 때문에 냉매유동의 압력강하가 존재한다.
③ 실제 냉동사이클의 압축과정에서 소요되는 일량은 이론 냉동사이클보다 감소하게 된다.
④ 사이클의 작동유체는 순수물질이 아니라 냉매와 오일의 혼합물로 구성되어 있다.

해설 실제 압축과정의 동력은 이론동력보다 크다.

34. 혼합원료를 일정량씩 동결시키도록 하는 장치인 배치(batch)식 동결장치의 종류로 가장 거리가 먼 것은?

① 수평형   ② 수직형
③ 연속형   ④ 브라인식

35. 유기질 보온재인 코르크에 대한 설명으로 틀린 것은?

① 액체, 기체의 침투를 방지하는 작용을 한다.
② 입상(粒狀), 판상(版狀) 및 원통 등으로 가공되어 있다.
③ 굽힘성이 좋아 곡면시공에 사용해도 균열이 생기지 않는다.

④ 냉수·냉매배관, 냉각기, 펌프 등의 보랭용에 사용된다.

해설 코르크는 측면 또는 진동이 심한 곳에는 균열이 생기기 쉽다.

36. 가열원이 필요하며 압축기가 필요 없는 냉동기는?

① 터보 냉동기   ② 흡수식 냉동기
③ 회전식 냉동기   ④ 왕복동식 냉동기

해설 흡수식 냉동장치는 압축기 대신에 흡수기와 발생기를 사용하고 발생기의 가열량으로 수증기 또는 가스를 직접 가열한다.

37. 1냉동톤(한국 RT)이란?

① 65 kcal/min
② 1.92 kcal/sec
③ 3320 kcal/h
④ 55680 kcal/day

해설 1 RT는 0℃ 물 1000 kg을 24시간 동안에 0℃의 얼음으로 만드는 열로 79680 kcal/24h (3320 kcal/h)이다.
※ 1 RT는 약 3.9 kW이다.

38. 다음 그림에서 고압 액관은 어느 부분인가?

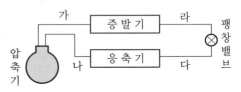

① 가   ② 나
③ 다   ④ 라

해설 가 : 흡입관, 나 : 토출관, 라 : 습증기관

39. 다음 중 열펌프(heat pump)의 구성요소가 아닌 것은?

① 압축기   ② 열교환기
③ 4방 밸브   ④ 보조 냉방기

해설 열펌프는 압축기, 응축기, 팽창밸브, 증발기 등으로 이루어지며, 보조장치로 열교환기, 4방 밸브 등이 있다.

40. 피스톤링이 과대 마모되었을 때 일어나는 현상으로 옳은 것은?

① 실린더 냉각
② 냉동능력 상승
③ 체적효율 감소
④ 크랭크 케이스 내 압력 감소

해설 피스톤링이 마모되면 미치는 영향
　㉠ 체적효율 감소
　㉡ 냉매순환량 감소
　㉢ 냉동능력 감소
　㉣ 실린더 과열
　㉤ 토출가스 온도 상승
　㉥ 윤활유 열화 및 탄화
　㉦ 단위능력당 소비동력 증가
　㉧ 크랭크 케이스 압력 상승

41. 저항이 50 Ω 인 도체에 100 V의 전압을 가할 때 그 도체에 흐르는 전류는?

① 0.5 A　　　　② 2 A
③ 5 A　　　　　④ 5000 A

해설 $I = \dfrac{V}{R} = \dfrac{100}{50} = 2\,\text{A}$

42. 다음 그림과 같은 건조 증기 압축 냉동사이클의 성적계수는 어느 것인가? (단, 엔탈피 a =562 kJ/kg, b=1667.8 kJ/kg, c=1899.2 kJ/kg 이다.)

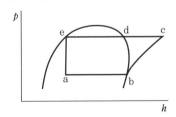

① 5.37　　　　② 5.11

③ 4.78　　　　④ 3.83

해설 $COP = \dfrac{1667.8 - 562}{1899.2 - 1667.8} = 4.778$

43. 다음 설명 중 옳은 것은?

① 냉각탑의 입구수온은 출구수온보다 낮다.
② 응축기 냉각수 출구온도는 입구온도보다 낮다.
③ 응축기에서의 방출열량은 증발기에서 흡수하는 열량과 같다.
④ 증발기의 흡수열량은 응축열량에서 압축 일량을 뺀 값과 같다.

해설 ① 냉각탑 입구수온은 출구수온보다 5℃ 이상 높다.
② 응축기 냉각수 출구온도는 입구온도보다 5℃ 이상 높다.
③ 응축열량 = 증발열량 + 압축일의 열당량

44. 동관접합 중 동관의 끝을 넓혀 압축이음쇠로 접합하는 접합방법은?

① 플랜지 접합
② 플레어 접합
③ 플라스턴 접합
④ 빅토릭 접합

45. 다음 중 모세관의 압력 강하가 가장 큰 것은 어느 것인가?

① 직경이 작고 길이가 길수록
② 직경이 크고 길이가 짧을수록
③ 직경이 작고 길이가 짧을수록
④ 직경이 크고 길이가 길수록

해설 모세관의 압력 강하는 지름에 반비례하고 길이에 비례한다.

46. 난방 설비에 대한 설명으로 옳은 것은?

① 상향 공급식이란 송수주관보다 방열기가 낮을 때 상향 분기한 배관이다.

② 배관 방법 중 복관식은 증기관과 응축수 관이 동일관으로 사용되는 것이다.

③ 리프트 이음은 진공펌프에 의해 응축수를 원활히 끌어올리기 위해 펌프 입구 쪽에 설치한다.

④ 하트포트 접속은 고압증기난방의 증기관과 환수관 사이에 저수위 사고를 방지하기 위한 균형관을 포함한 배관 방법이다.

해설 ① 상향 공급식이란 송수주관보다 방열기가 높을 때 상향 분기한 배관이다.

② 증기관과 응축수관이 동일관으로 사용되는 것은 단관식이다.

④ 하트포트 접속은 증기관과 환수관 사이에 보일러 수의 역류를 방지하기 위하여 균형관을 포함한 배관이다.

47. 다음 중 온풍난방기 설치 시 유의사항으로 틀린 것은?

① 기기점검, 수리에 필요한 공간을 확보한다.

② 인화성 물질을 취급하는 실내에는 설치하지 않는다.

③ 실내의 공기온도 분포를 좋게 하기 위하여 창의 위치 등을 고려하여 설치한다.

④ 배기통식 온풍난방기를 설치하는 실내에는 바닥 가까이에 환기구, 천장 가까이에는 연소공기 흡입구를 설치한다.

해설 환기구는 천장 가까이, 흡입구는 바닥 가까이에 설치한다.

48. 드럼 없이 수관만으로 되어 있으며 가동시간이 짧고 과열되어 파손되어도 비교적 안전한 보일러는?

① 주철제 보일러

② 관류 보일러

③ 원통형 보일러

④ 노통연관식 보일러

49. 다음 중 공조용 전열교환기에 관한 설명으로 옳은 것은?

① 배열회수에 이용하는 배기는 탕비실, 주방 등을 포함한 모든 공간의 배기를 포함한다.

② 회전형 전열교환기의 로터 구동 모터와 급배기 팬은 반드시 연동 운전할 필요가 없다.

③ 중간기 외기냉방을 행하는 공조시스템의 경우에도 별도의 덕트 없이 이용할 수 있다.

④ 외기량과 배기량의 밸런스를 조정할 때 배기량은 외기량의 40 % 이상을 확보해야 한다.

해설 ① 배열회수는 탕비실만 포함한다.

② 구동 모터와 급배기 팬은 연동시킨다.

③ 중간기 외기냉방은 별도의 덕트를 이용한다.

50. 표준 대기압 상태에서 100℃의 포화수 2 kg을 100℃의 건포화증기로 만드는 데 필요한 열량은? (단, 100℃ 물의 증발잠열은 2256 kJ/kg이다.)

① 1394 kJ   ② 1022 kJ

③ 4512 kJ   ④ 2263 kJ

해설 $q = 2 \times 2256 = 4512$ kJ

51. 공기조화용 덕트 부속기기의 댐퍼 중 주로 소형덕트의 개폐용으로 사용되며 구조가 간단하고 완전히 닫았을 때 공기의 누설이 적으나 운전 중 개폐 조작에 큰 힘을 필요로 하며 날개가 중간정도 열렸을 때 와류가 생겨 유량 조절용으로 부적당한 댐퍼는?

① 버터플라이 댐퍼

② 평행익형 댐퍼

③ 대향익형 댐퍼

④ 스플릿 댐퍼

정답 47. ④ 48. ② 49. ④ 50. ③ 51. ①

52. 일정 풍량을 이용한 전공기 방식으로 부하변동의 대응이 어려워 정밀한 온습도를 요구하지 않는 극장, 공장 등의 대규모 공간에 적합한 공기조화 방식은?

① 정풍량 단일덕트 방식
② 정풍량 2중덕트 방식
③ 변풍량 단일덕트 방식
④ 변풍량 2중덕트 방식

해설 정풍량 단일덕트 방식은 개별 제어와 개별실 제어가 불가능하며 극장, 공장 등 대규모 공간에 적합하다.

53. 1차 공조기로부터 보내온 고속공기가 노즐 속을 통과할 때의 유인력에 의하여 2차 공기를 유인하여 냉각 또는 가열하는 방식은 어느 것인가?

① 패키지 유닛 방식
② 유인 유닛 방식
③ 팬코일 유닛 방식
④ 바이패스 방식

해설 유인 유닛 방식은 팬이 없고 고속의 1차 공기에 의해서 2차 공기가 유도되며 유인비는 일반적으로 1 : 3 ~ 4이고 더블코일일 때는 1 : 6 ~ 7이다.

54. 건축물의 벽이나 지붕을 통하여 실내로 침입하는 열량을 계산할 때 필요한 요소로 가장 거리가 먼 것은?

① 구조체의 면적
② 구조체의 열관류율
③ 상당외기 온도차
④ 차폐계수

해설 차폐계수는 유리창의 일사량을 구할 때 사용되는 요소이다. 즉, 복사열(일사열)량 = 일사량×면적×차폐계수 (kcal/h)

55. 송풍기의 종류 중 전곡형과 후곡형 날개 형태가 있으며 다익 송풍기, 터보 송풍기 등으로 분류되는 송풍기는?

① 원심 송풍기
② 축류 송풍기
③ 사류 송풍기
④ 관류 송풍기

56. 실내의 현열부하가 218400 kJ/h이고, 잠열부하가 105000 kJ/h일 때 현열비(SHF)는 얼마인가?

① 0.72   ② 0.68
③ 0.38   ④ 0.25

해설 $SHF = \dfrac{218400}{218400 + 105000}$
$= 0.675$

57. 개별 공조 방식의 특징에 관한 설명으로 틀린 것은?

① 설치 및 철거가 간편하다.
② 개별 제어가 어렵다.
③ 히트 펌프식은 냉·난방을 겸할 수 있다.
④ 실내 유닛이 분리되어 있지 않은 경우는 소음과 진동이 있다.

해설 개별 공조 방식은 개별 제어가 쉽다.

58. 다음 설명 중 틀린 것은?

① 지구상에 존재하는 모든 공기는 건조공기로 취급된다.
② 공기 중에 수증기가 많이 함유될수록 상대 습도는 높아진다.
③ 지구상의 공기는 질소, 산소, 아르곤, 이산화탄소 등으로 이루어졌다.
④ 공기 중에 함유될 수 있는 수증기의 한계는 온도에 따라 달라진다.

해설 지구상의 공기는 습공기이다.

정답 **52.** ① **53.** ② **54.** ④ **55.** ① **56.** ② **57.** ② **58.** ①

59. 공조용 취출구 종류 중 원형 또는 원추형 팬을 매달아 여기에 토출기류를 부딪치게 하여 천장면을 따라서 수평방향으로 공기를 취출하는 것으로 유인비 및 소음 발생이 적은 것은?

① 팬형 취출구
② 웨이형 취출구
③ 라인형 취출구
④ 아네모스탯형 취출구

60. 다음 내용의 ( ) 안에 들어갈 용어로서 모두 옳은 것은?

> 송풍기 송풍량은 (㉠)이나 기기취득부하에 의해 구해지며 (㉡)는(은) 이들 열부하 외에 외기부하나 재열부하를 합해서 얻어진다.

① ㉠ 실내취득열량, ㉡ 냉동기용량
② ㉠ 냉각탑방출열량, ㉡ 배관부하
③ ㉠ 실내취득열량, ㉡ 냉각코일용량
④ ㉠ 냉각탑방출열량, ㉡ 송풍기부하

출제 예상문제 (13)

1. 최신 자동화 설비는 능률적인 만큼 재해를 일으키는 위험성도 그만큼 높아지는 게 사실이다. 자동화 설비를 구입, 사용하고자 할 때 검토해야 할 사항으로 가장 거리가 먼 것은?

① 단락 또는 스위치나 릴레이 고장 시 오동작
② 밸브 계통의 고장에 따른 오동작
③ 전압 강하 및 정전에 따른 오동작
④ 운전 미숙으로 인한 기계 설비의 오동작

해설 자동화 설비는 운전하기 전에 충분한 숙련을 거쳐야 되므로 검토 대상이 아니다.

2. 안전관리의 목적으로 가장 적합한 것은?

① 사회적 안정을 기하기 위하여
② 우수한 물건을 생산하기 위하여
③ 최고 경영자의 경영 관리를 위하여
④ 생산성 향상과 생산원가를 낮추기 위하여

3. 다음 기계 작업 중 반드시 운전을 정지하고 해야 할 작업의 종류가 아닌 것은?

① 공작기계 정비 작업
② 냉동기 누설 검사 작업
③ 기계의 날 부분 청소 작업
④ 원심기에서 내용물을 꺼내는 작업

해설 냉동기 누설 검사 작업은 운전 중 또는 운전 정지 상태에서 할 수 있다.

4. 산업재해 예방을 위한 필요한 사항을 지켜야 하며, 사업주나 그 밖의 관련 단체에서 실시하는 산업재해 방지에 관한 조치를 따라야 하는 의무자는?

① 근로자

② 관리감독자
③ 안전관리자
④ 안전보건관리책임자

해설 근로자는 사업주(안전관리 총괄자) 또는 안전관리책임자로부터 실시하는 재해 방지 교육에 따른 조치를 따라야 한다.

5. 가스용접 장치에서 산소와 아세틸렌 가스를 혼합 분출시켜 연소시키는 장치는?

① 토치
② 안전기
③ 안전 밸브
④ 압력 조정기

6. 다음 중 보일러에서 점화 전에 운전원이 점검 확인하여야 할 사항은?

① 증기압력 관리
② 집진장치의 매진처리
③ 노내 여열로 인한 압력 상승
④ 연소실 내 잔류가스 측정

해설 보일러 운전 전에는 반드시 연소실의 잔류가스를 프리퍼지시킨다.

7. 신규 검사에 합격된 냉동용 특정설비의 각인 사항과 그 기호의 연결이 올바르게 된 것은?

① 내용적 : TV
② 용기의 질량 : TM
③ 최고 사용 압력 : FT
④ 내압 시험 압력 : TP

해설 ㉠ 내용적 : V
ㄴ 용기의 질량 : W
ㄷ 최고 충전 압력 : FP
ㄹ 내압 시험 압력 : TP

8. 휘발유 등 화기의 취급을 주의해야 하는 물질이 있는 장소에 설치하는 인화성 물질 경고표지의 바탕은 무슨 색으로 표시하는가?

① 흰색　　　　② 노란색

③ 적색　　　　④ 흑색

해설 경고 표시 : 노란색 바탕에 검은색 삼각테로 이루어지며 경고 내용은 중앙에 검은색으로 표현한다.

9. 프레온 누설 검지에는 할라이드(halide) 토치를 이용한다. 이때, 프레온 냉매의 누설량에 따른 불꽃의 색깔 변화로 옳은 것은 어느 것인가?(단, 정상-소량 누설-다량 누설 순으로 한다.)

① 청색 – 녹색 – 자색

② 자색 – 녹색 – 청색

③ 청색 – 자색 – 녹색

④ 자색 – 청색 – 녹색

해설 ㉠ 청색 : 정상(누설 없음)
　　 ㉡ 녹색 : 소량 누설
　　 ㉢ 자색 : 다량 누설
　　 ㉣ 불꺼짐 : 많은 누설

10. 기계 운전 시 기본적인 안전 수칙에 대한 설명으로 틀린 것은?

① 작업 중에는 작업 범위 외의 어떤 기계도 사용할 수 있다.

② 방호장치는 허가 없이 무단으로 떼어 놓지 않는다.

③ 기계 운전 중에는 기계에서 함부로 이탈할 수 없다.

④ 기계 고장 시는 정지, 고장 표시를 반드시 기계에 부착해야 한다.

해설 작업 중에는 작업 범위 외의 어떤 기계도 사용할 수 없다.

11. 양중기의 종류 중 동력을 사용하여 중량물을 매달아 상하 및 좌우로 운반하는 기계장치는?

① 크레인　　　　② 리프트

③ 곤돌라　　　　④ 승강기

해설 ② : 물건을 아래에서 위로 들어 올리는 기계
　　 ③ : 고층 건물의 옥상에 설치하여 짐을 들어 올리는 기기
　　 ④ : 고층 건물 등에서 동력을 이용하여 사람이나 짐을 아래위로 실어 나르는 장치

12. 가연성 가스가 있는 고압가스 저장실은 그 외면으로부터 화기를 취급하는 장소까지 몇 m 이상의 우회거리를 유지해야 하는가?

① 1 m　　　　② 2 m

③ 7 m　　　　④ 8 m

해설 화기를 취급하는 장소와 직선거리 5 m, 우회거리 8 m 이상 유지해야 한다.

13. 일반 공구의 안전한 취급 방법이 아닌 것은?

① 공구는 작업에 적합한 것을 사용한다.

② 공구는 사용 전 점검하여 불안전한 공구는 사용하지 않는다.

③ 공구는 옆 사람에게 넘겨줄 때에는 일의 능률 향상을 위하여 던져 신속하게 전달한다.

④ 손이나 공구에 기름이 묻었을 때에는 완전히 닦은 후 사용한다.

해설 공구는 신속하고 안전하게 전달한다(던져 주는 행위 불가).

14. 가연성 냉매가스 중 냉매설비의 전기설비를 방폭구조로 하지 않아도 되는 것은?

① 에탄　　　　② 노말부탄

③ 암모니아　　　　④ 염화메탄

해설 암모니아는 제2종 가연성이고 냉동장치에서는 방폭구조 설비가 없다.

정답　8. ②　9. ①　10. ①　11. ①　12. ④　13. ③　14. ③

15. 사고 발생의 원인 중 정신적 요인에 해당되는 항목으로 맞는 것은?

① 불안과 초조
② 수면 부족 및 피로
③ 이해 부족 및 훈련 미숙
④ 안전수칙의 미제정

해설 사고 발생의 원인
- 정신적 요인 : 불안, 초조
- 과로 : 수면 부족, 피로
- 교육적 원인 : 이해 부족, 훈련 미숙, 안전수칙의 미제정

16. 펌프의 캐비테이션 방지대책으로 틀린 것은?

① 양흡입 펌프를 사용한다.
② 흡입관경을 크게 하고 길이를 짧게 한다.
③ 펌프의 설치 위치를 낮춘다.
④ 펌프 회전수를 빠르게 한다.

해설 캐비테이션을 방지하기 위해 펌프의 회전수를 느리게 하여 유량을 조절한다.

17. 2단 압축 냉동사이클에서 중간냉각을 행하는 목적이 아닌 것은?

① 고단 압축기가 과열되는 것을 방지한다.
② 고압 냉매액을 과랭시켜 냉동효과를 증대시킨다.
③ 고압 측 압축기의 흡입가스 중 액을 분리시킨다.
④ 저단 측 압축기의 토출가스를 과열시켜 체적효율을 증대시킨다.

해설 저단 측 압축기의 토출가스 온도의 과열도를 감소시켜서 고단 압축기 과열압축을 방지한다.

18. 강관의 전기용접 접합 시의 특징(가스용접에 비해)으로 옳은 것은?

① 유해 광선의 발생이 적다.
② 용접 속도가 빠르고 변형이 적다.

③ 박판 용접에 적당하다.
④ 열량 조절이 비교적 자유롭다.

해설 ①, ③, ④는 가스용접 작업에 대한 설명이다.

19. 전류계의 측정 범위를 넓히는 데 사용되는 것은?

① 배율기   ② 분류기
③ 역률기   ④ 용량 분압기

해설 ① : 전압계의 측정 범위 확대
② 분류기 : 전류계 측정 범위 확대

20. 흡수식 냉동장치에 설치되는 안전장치의 설치 목적으로 가장 거리가 먼 것은?

① 냉수 동결 방지
② 흡수액 결정 방지
③ 압력 상승 방지
④ 압축기 보호

해설 흡수식 냉동장치에는 압축기가 없다.

21. 왕복동식과 비교하여 회전식 압축기에 관한 설명으로 틀린 것은?

① 잔류가스의 재팽창에 의한 체적효율의 감소가 적다.
② 직결구동에 용이하며 왕복동에 비해 부품수가 적고 구조가 간단하다.
③ 회전식 압축기는 조립이나 조정에 있어 정밀도가 요구되지 않는다.
④ 왕복동식에 비해 진동과 소음이 적다.

해설 회전식 압축기는 고도의 정밀도가 요구되므로 대형 장치가 없다.

22. 수동나사 절삭 방법으로 틀린 것은?

① 관 끝은 절삭 날이 쉽게 들어갈 수 있도록 약간의 모따기를 한다.
② 관을 파이프 바이스에서 약 150 mm 정도 나오게 하고 관이 찌그러지지 않게 주

의하면서 단단히 물린다.

③ 나사가 완성되면 편심 핸들을 급히 풀고 절삭기를 뺀다.

④ 나사 절삭기를 관에 끼우고 래칫을 조정한 다음 약 30°씩 회전시킨다.

해설 나사가 완성되면 핸들을 서서히 풀고 모재를 뺀다.

23. 다음 설명 중 틀린 것은?

① 냉동능력 2 kW는 약 0.52 냉동톤(RT)이다.

② 냉동능력 10 kW, 압축기 동력 4 kW인 냉동장치의 응축부하는 14 kW이다.

③ 냉매증기를 단열 압축하면 온도는 높아지지 않는다.

④ 진공계의 지시값이 10 cmHg인 경우, 절대 압력은 약 0.9 kgf/cm^{2}이다.

해설 냉매를 압축하면 엔탈피, 온도, 압력이 상승한다.

24. 다음 냉동 장치의 제어 장치 중 온도 제어 장치에 해당되는 것은?

① T.C　　　② L.P.S
③ E.P.R　　④ O.P.S

해설 ① : 온도 제어 장치
② : 저압 차단 스위치
③ : 증발압력 조절밸브
④ : 유압 보호 스위치

25. 냉동 장치에서 압력과 온도를 낮추고 동시에 증발기로 유입되는 냉매량을 조절해 주는 장치는?

① 수액기　　② 압축기
③ 응축기　　④ 팽창밸브

해설 팽창밸브 역할
㉠ 냉매 유량 제어
㉡ 감압 장치(온도 감소)
㉢ 고저압 분리

26. 다음 중 응축기와 관계가 없는 것은?

① 스월(swirl)
② 셸 앤 튜브(shell and tube)
③ 로핀 튜브(low finned tube)
④ 감온통(thermo sensing bulb)

해설 감온통은 온도식 팽창밸브 또는 증기 압력식 온도 조절기 등에 부착되어 있다.

27. 단열 압축, 등온 압축, 폴리트로픽 압축에 관한 사항 중 틀린 것은?

① 압축일량은 등온 압축이 제일 작다.

② 압축일량은 단열 압축이 제일 크다.

③ 압축가스 온도는 폴리트로픽 압축이 제이 높다.

④ 실제 냉동기의 압축 방식은 폴리트로픽 압축이다.

해설 공업일(압축일)의 순서 : 등적>단열>폴리트로픽>등온>등압
※ 토출가스 온도는 압축일량이 클수록 높다.

28. 기체의 용해도에 대한 설명으로 옳은 것은?

① 고온·고압일수록 용해도가 커진다.

② 저온·저압일수록 용해도가 커진다.

③ 저온·고압일수록 용해도가 커진다.

④ 고온·저압일수록 용해도가 커진다.

해설 기체는 저온·고압일수록 액체에 쉽게 용해되며, 고온·저압은 이상 기체의 조건이다.

29. 논리곱 회로라고 하며 입력신호 A, B가 있을 때 A, B 모두가 "1" 신호로 됐을 때만 출력 C가 "1" 신호로 되는 회로는? (단, 논리식은 A·B=C이다.)

① OR 회로　　② NOT 회로
③ AND 회로　　④ NOR 회로

정답 23. ③　24. ①　25. ④　26. ④　27. ③　28. ③　29. ③

30. 다음 중 공비 혼합물 냉매는?

① R-11　　　　② R-123
③ R-717　　　　④ R-500

해설 ① : CH_4 계열의 freon 냉매
② : C_2H_6 계열의 freon 냉매
③ : 무기질의 NH_3 냉매
④ : freon 계열의 공비 혼합 냉매

31. CA 냉장고의 주된 용도는?

① 제빙용　　　　② 청과물 보관용
③ 공조용　　　　④ 해산물 보관용

해설 CA 냉장고는 수분이 건조되면서 없어지는 산소(O_2) 대신에 탄산 가스(CO_2)를 투입하여 탄소 동화 작용을 이용하는 청과물 보관용 냉장고이다.

32. 원심식 냉동기의 서징 현상에 대한 설명 중 옳지 않은 것은?

① 흡입가스 유량이 증가되어 냉매가 어느 한계치 이상으로 운전될 때 주로 발생한다.
② 서징 현상 발생 시 전류계의 지침이 심하게 움직인다.
③ 운전 중 고·저압의 차가 증가하여 냉매가 임펠러를 통과할 때 역류하는 현상이다.
④ 소음과 진동을 수반하고 베어링 등 운동부분에서 급격한 마모 현상이 발생한다.

해설 증발 압력이 낮아져서 흡입가스 유량이 감소할 때 발생된다.

33. 냉동능력이 125916 kJ/h인 냉동 장치에서 응축기의 냉각수 온도가 입구온도 32℃, 출구온도 37℃일 때, 냉각수 수량이 120 L/min라고 하면 이 냉동기의 축동력은? (단, 냉각수의 비열은 4.2 kJ/kg·K이고 열손실은 없는 것으로 가정한다.)

① 5 kW　　　　② 6 kW
③ 7 kW　　　　④ 8 kW

해설
$$N = \frac{Q_c - Q_e}{860}$$
$$= \frac{120 \times 60 \times 4.2 \times (37 - 32) - 125916}{3600}$$
$$= 7 \text{ kW}$$

34. KS규격에서 SPPW는 무엇을 나타내는가?

① 배관용 탄소강 강관
② 압력배관용 탄소강 강관
③ 수도용 아연도금 강관
④ 일반구조용 탄소강 강관

해설 SPPW : SPP(배관용 탄소강 강관)에 Zn(아연)을 도금한 수도용 아연도금 강관이다.

35. 고속 다기통 압축기에 관한 설명으로 틀린 것은?

① 고속이므로 냉동능력에 비하여 소형 경량이다.
② 다른 압축기에 비하여 체적 효율이 양호하며, 각 부품 교환이 간단하다.
③ 동적 밸런스가 양호하여 진동이 적어 운전 중 소음이 적다.
④ 용량 제어가 타기에 비하여 용이하고, 자동운전 및 무부하 기동이 가능하다.

해설 고속회전으로 톱 클리어런스가 크기 때문에 체적 효율이 불량하여 고진공을 얻기 어렵다.

36. 2원 냉동장치에 대한 설명으로 틀린 것은?

① 주로 약 -80℃ 정도의 극저온을 얻는 데 사용된다.
② 비등점이 높은 냉매는 고온 측 냉동기에 사용된다.
③ 저온부 응축기는 고온부 증발기와 열교환을 한다.
④ 중간 냉각기를 설치하여 고온 측과 저온 측을 열교환시킨다.

해설 중간 냉각기는 2단 압축 사이클에 사용되고 저온 측과 고온 측을 열교환하는 장치는 캐스케이트 콘덴서이다.

37. 전기장의 세기를 나타내는 것은?

① 유전속 밀도
② 전하 밀도
③ 정전력
④ 전기력선 밀도

해설 • 전기장의 세기 : 두 전하가 있을 때 다른 종류의 전하는 흡인력이 발생하고, 같은 종류의 전하는 반발력이 작용한다.
• 전기력선 : 전기장의 상태를 나타내는 가상의 선

38. 공기 냉각용 증발기로서 주로 벽 코일 동결실의 선반으로 사용되는 증발기의 형식은?

① 만액식 셸 앤 튜브식 증발기
② 보데로 증발기
③ 탱크식 증발기
④ 캐스케이드식 증발기

해설 벽 코일의 동결실 선반용은 캐스케이드식과 멀티피드 멀티석션식이 있다.

39. 관의 지름이 다를 때 사용하는 이음쇠가 아닌 것은?

① 부싱
② 리듀서
③ 리턴 벤드
④ 편심 이경 소켓

해설 리턴 벤드는 유체의 흐름을 180°로 역류시키는 장치이다.

40. 브라인에 관한 설명으로 틀린 것은?

① 무기질 브라인 중 염화나트륨이 염화칼슘보다 금속에 대한 부식성이 더 크다.
② 염화칼슘 브라인은 공정점이 낮아 제빙, 냉장 등으로 사용된다.
③ 브라인 냉매의 pH값은 7.5 ~ 8.2(약 알칼리)로 유지하는 것이 좋다.
④ 브라인은 유기질과 무기질로 구분되며 유기질 브라인의 금속에 대한 부식성이 더 크다.

해설 금속에 대한 부식성은 무기질이 크다.

41. 유분리기의 설치 위치로서 적당한 곳은?

① 압축기와 응축기 사이
② 응축기와 수액기 사이
③ 수액기와 증발기 사이
④ 증발기와 압축기 사이

해설 ① : 유분리기 설치
② : 균압관 설치
③ : 팽창밸브 설치
④ : 액분리기 설치

42. 강관에서 나타내는 스케줄 번호(schedule number)에 대한 설명으로 틀린 것은?

① 관의 두께를 나타내는 호칭이다.
② 유체의 사용 압력에 비례하고 배관의 허용응력에 반비례한다.
③ 번호가 클수록 관 두께가 두꺼워진다.
④ 호칭지름이 같은 관은 스케줄 번호가 같다.

해설 호칭지름이 같은 관이라도 배관의 재질에 따라 스케줄 번호(SCH.NO)는 다르다.

43. 어떤 회로에 220 V의 교류전압으로 10 A의 전류를 통과시켜 1.8 kW의 전력을 소비하였다면 이 회로의 역률은?

① 0.72
② 0.81
③ 0.96
④ 1.35

해설 $\cos\theta = \dfrac{1800}{220 \times 10} = 0.818$

44. $P-h$ 선도의 등건조도선에 대한 설명으로 틀린 것은?

① 습증기 구역 내에서만 존재하는 선이다.

② 건도가 0.2는 습증기 중 20 %는 액체, 80 %는 건조 포화 증기를 의미한다.

③ 포화액의 건도는 0이고 건조 포화 증기의 건도는 1이다.

④ 등건조도선을 이용하여 팽창밸브 통과 후 발생한 플래시 가스량을 알 수 있다.

해설 건조도 0.2는 습증기 중 20 %는 기체, 80 %는 액체를 의미한다.

45. 30℃에서 2 Ω 의 동선이 온도 70℃로 상승 하였을 때, 저항은 얼마가 되는가?(단, 동선 의 저항온도계수는 0.0042이다.)

① 2.3 Ω
② 3.3 Ω
③ 5.3 Ω
④ 6.3 Ω

해설 $R_2 = R_1(1 + \alpha \Delta t)$
$= 2 \times \{1 + 0.0042 \times (70 - 30)\}$
$= 2.336 \ \Omega$

46. 다음 중 효율은 그다지 높지 않고 풍량과 동 력의 변화가 비교적 많으며 환기·공조 저속 덕트용으로 주로 사용되는 송풍기는?

① 시로코 팬
② 축류 송풍기
③ 에어 포일팬
④ 프로펠러형 송풍기

47. 다음 중 대기압 이하의 열매증기를 방출하는 구조로 되어 있는 보일러는?

① 무압 온수보일러
② 콘덴싱 보일러
③ 유동층 연소보일러
④ 진공식 증기보일러

해설 대기압 이하는 진공 보일러이다.

48. 배관 및 덕트에 사용되는 보온 단열재가 갖 추어야 할 조건이 아닌 것은?

① 열전도율이 클 것
② 안전 사용 온도 범위에 적합할 것
③ 불연성 재료로서 흡습성이 작을 것
④ 물리·화학적 강도가 크고 시공이 용이 할 것

해설 단열재는 열전도율이 작을 것

49. 팬형 가습기에 대한 설명으로 틀린 것은?

① 가습의 응답속도가 느리다.
② 팬 속의 물을 강제적으로 증발시켜 가습 한다.
③ 패키지형의 소형 공조기에 많이 사용한다.
④ 가습장치 중 효율이 가장 우수하며, 가습 량을 자유로이 변화시킬 수 있다.

해설 가습장치 중 효율이 가장 우수한 것은 증기 분무 가습기이다.

50. 다음 중 상대습도를 맞게 표시한 것은?

① $\phi = \dfrac{습공기수증기분압}{포화수증기압} \times 100$

② $\phi = \dfrac{포화수증기압}{습공기수증기분압} \times 100$

③ $\phi = \dfrac{습공기수증기중량}{포화수증기압} \times 100$

④ $\phi = \dfrac{포화수증기중량}{습공기수증기중량} \times 100$

해설 $\phi = \dfrac{습공기수증기분압}{포화수증기분압} \times 100$
$= \dfrac{습공기수증기중량}{포화수증기중량}$

51. 온풍난방에 사용되는 온풍로의 배치에 대한 설명으로 틀린 것은?

① 덕트 배관은 짧게 한다.
② 굴뚝의 위치가 되도록이면 가까워야 한다.
③ 온풍로의 후면(방문 쪽)은 벽에 붙여 고 정한다.
④ 습기와 먼지가 적은 장소를 선택한다.

해설 온풍로 전면(버너 쪽)은 1.2~1.5 m를 띄우고 온풍로 후면(방문 쪽)은 0.6 m 이상 띄운다.

52. 냉열원기기에서 열교환기를 설치하는 목적으로 틀린 것은?

① 압축기 흡입가스를 과열시켜 액 압축을 방지시킨다.
② 프레온 냉동장치에서 액을 과냉각시켜 냉동효과를 증대시킨다.
③ 플래시 가스 발생을 최소화한다.
④ 증발기에서의 냉매 순환량을 증가시킨다.

해설 열교환기는 증발기 출구 흡입가스와 팽창밸브 직전의 액냉매와 열교환하는 것으로 냉매 순환량과는 관계가 없다.

53. 히트펌프 방식에서 냉·난방 절환을 위해 필요한 밸브는?

① 감압 밸브　　② 2방 밸브
③ 4방 밸브　　④ 전동 밸브

해설 4방 밸브는 히트펌프에서 냉매의 통로를 바꾸는(전환) 역할을 한다.

54. 건물의 바닥, 천장, 벽 등에 온수를 통하는 관을 구조체에 매설하고 아파트, 주택 등에 주로 사용되는 난방 방법은?

① 복사난방　　② 증기난방
③ 온풍난방　　④ 전기히터난방

해설 우리나라 주택 등의 난방은 바닥 복사난방이다.

55. 실내 오염공기의 유입을 방지해야 하는 곳에 적합한 환기법은?

① 자연환기법
② 제1종 환기법
③ 제2종 환기법
④ 제3종 환기법

해설 ㉠ 제1종 환기법(병용식) : 송풍기와 배풍기

설치(오염공기 일부 방지)
㉡ 제2종 환기법(압입식) : 송풍기(오염공기 유입 방지)
㉢ 제3종 환기법(흡출식) : 배풍기(오염공기 유입 우려)
㉣ 제4종 환기법(자연식)

56. 공기 조화 방식의 중앙식 공조방식에서 수-공기 방식에 해당되지 않는 것은?

① 이중 덕트 방식
② 유인 유닛 방식
③ 팬 코일 유닛 방식(덕트 병용)
④ 복사 냉난방 방식(덕트 병용)

해설 이중 덕트 방식은 전공기 방식이다.

57. 실내 취득 감열량이 147000 kJ/h이고, 실내로 유입되는 송풍량이 9000 m³/h일 때 실내의 온도를 25℃로 유지하려면 실내로 유입되는 공기의 온도를 약 몇 ℃로 해야 되는가? (단, 공기의 비중량은 1.29 kg/m³, 공기의 비열은 1.01 kJ/kg · K로 한다.)

① 9.5℃　　② 10.6℃
③ 12.5℃　　④ 14.8℃

해설 $t_2 = 25 - \dfrac{147000}{9000 \times 1.29 \times 1.01} = 12.46\,℃$

58. 어떤 방의 체적이 2×3×2.5 m이고, 실내 온도를 21℃로 유지하기 위하여 실외 온도 5℃의 공기를 3회/h로 도입할 때 환기에 의한 손실열량은? (단, 공기의 비열은 1.01 kJ/kg · K, 비중량은 1.2 kg/m³이다.)

① 872.6 kJ/h　　② 1601 kJ/h
③ 1955.9 kJ/h　　④ 3054.2 kJ/h

해설 손실열량 q
$= (3 \times 2 \times 3 \times 2.5) \times 1.2 \times 1.01 \times (21 - 5)$
$= 872.64\ \text{kJ/h}$

정답 52. ④　53. ③　54. ①　55. ③　56. ①　57. ③　58. ①

59. 환수주관을 보일러 수면보다 높은 위치에 배관하는 것은?

① 강제 순환식

② 건식 환수관식

③ 습식 환수관식

④ 진공 환수관식

해설 ② : 환수주관이 보일러 수면보다 높을 것

③ : 환수주관이 보일러 수면보다 낮을 것

①과 ④는 보일러 수면과 관계가 없음

60. 냉각 코일의 종류 중 증발관 내에 냉매를 팽창시켜 그 냉매의 증발잠열을 이용하여 공기를 냉각시키는 것은?

① 건코일

② 냉수코일

③ 간접 팽창코일

④ 직접 팽창코일

해설 ③ : 증발기에서 브라인을 냉각하여 현열로 부하를 냉각시키는 장치

④ : 냉매의 잠열을 이용하여 증발기가 직접 피냉각(부하) 물질을 냉각시키는 장치

출제 예상문제 (14)

1. 용접기 취급상 주의 사항으로 틀린 것은?

① 용접기는 환기가 잘되는 곳에 두어야 한다.

② 2차 측 단자의 한쪽 및 용접기의 외통은 접지를 확실히 해 둔다.

③ 용접기는 지표보다 약간 낮게 두어 습기의 침입을 막아 주어야 한다.

④ 감전의 우려가 있는 곳에서는 반드시 전격 방지기를 설치한 용접기를 사용한다.

해설 용접기는 환기가 잘되고 건조한 곳에 보관해야 한다.

2. 냉동기 검사에 합격한 냉동기에는 다음 사항을 명확히 각인한 금속 박판을 부착하여야 한다. 각인할 내용에 해당되지 않는 것은?

① 냉매가스의 종류

② 냉동능력(RT)

③ 냉동기 제조자의 명칭 또는 약호

④ 냉동기 운전조건(주위 온도)

해설 각인 사항은 ①, ②, ③항 외에 내압시험 압력, 정격 전류, 정격 전압, 소비 동력 등이다.

3. 냉동 장치를 정상적으로 운전하기 위한 유의 사항이 아닌 것은?

① 이상고압이 되지 않도록 주의한다.

② 냉매 부족이 없도록 한다.

③ 습 압축이 되도록 한다.

④ 각 부의 가스 누설이 없도록 유의한다.

해설 냉동 장치는 일반적으로 표준 압축(건조포화 증기)을 하도록 한다.

4. 전동공구 작업 시 감전의 위험성을 방지하기 위해 해야 하는 조치는?

① 단전　　　　② 감지

③ 단락　　　　④ 접지

5. 냉동 장치를 설비 후 운전할 때 보기의 작업순 서로 올바르게 나열된 것은?

┤보기├

㉠ 냉각운전　㉡ 냉매충전　㉢ 누설시험
㉣ 진공시험　㉤ 배관의 방열공사

① ㉢ → ㉣ → ㉡ → ㉤ → ㉠

② ㉣ → ㉤ → ㉢ → ㉡ → ㉠

③ ㉢ → ㉤ → ㉣ → ㉡ → ㉠

④ ㉣ → ㉡ → ㉢ → ㉤ → ㉠

해설 냉동장치 설치 후의 시험 순서 : 누설시험 → 진공시험 → 냉매충전 → 냉각시험 → 보랭 시험 → 방열시공 → 시운전 → 해방시험 → 냉각 운전

6. 배관 작업 시 공구 사용에 대한 주의 사항으로 틀린 것은?

① 파이프 리머를 사용하여 관 안쪽에 생기는 거스러미 제거 시 손가락에 상처를 입을 수 있으므로 주의해야 한다.

② 스패너 사용 시 볼트에 적합한 것을 사용해야 한다.

③ 쇠톱 절단 시 당기면서 절단한다.

④ 리드형 나사절삭기 사용 시 조(jaw) 부분을 고정시킨 다음 작업에 임한다.

해설 쇠톱은 밀면서 절단한다.

7. 다음 중 소화방법으로 건조사를 이용하는 화재는?

① A급　　　　② B급

③ C급 　　　　④ D급

해설 ① : 보통화재
　　② : 유류화재
　　③ : 전기화재
　　④ : 금속화재(소화제로 건조사 등을 사용한다.)

8. 해머 작업 시 안전 수칙으로 틀린 것은?

① 사용 전에 반드시 주위를 살핀다.
② 장갑을 끼고 작업하지 않는다.
③ 담금질된 재료는 강하게 친다.
④ 공동해머 사용 시 호흡을 잘 맞춘다.

해설 담금질한 것은 함부로 두들겨서는 안 된다.

9. 기계 설비의 본질적 안전화를 위해 추구해야 할 사항으로 가장 거리가 먼 것은?

① 풀 프루프(fool proof)의 기능을 가져야 한다.
② 안전 기능이 기계 설비에 내장되어 있지 않도록 한다.
③ 조작상 위험이 가능한 없도록 한다.
④ 페일 세이프(fail safe)의 기능을 가져야 한다.

해설 기계 설비의 고유 기능에 이상이 발생할 때를 대비해 안전 기능이 자동적으로 이행되어야 하므로 내장되어 있어야 한다.

10. 산업안전보건기준에 관한 규칙에 의하면 작업장의 계단 폭은 다음 중 얼마 이상으로 하여야 하는가?

① 50 cm 　　　　② 100 cm
③ 150 cm 　　　　④ 200 cm

11. 안전모와 안전대의 용도로 적당한 것은?

① 물체 비산 방지용이다.
② 추락재해 방지용이다.
③ 전도 방지용이다.
④ 용접작업 보호용이다.

해설 • 안전모 : 추락, 충돌, 물체의 비래 또는 낙하로부터 머리 보호
• 안전대 : 전기 공사, 통신선로 공사 등 기타 높은 곳에서 작업할 때의 추락 방지

12. 공구의 취급에 관한 설명으로 틀린 것은?

① 드라이버에 망치질을 하여 충격을 가할 때에는 관통 드라이버를 사용하여야 한다.
② 손 망치는 타격의 세기에 따라 적당한 무게의 것을 골라서 사용하여야 한다.
③ 나사 다이스는 구멍에 암나사를 내는 데 쓰고, 핸드탭은 수나사를 내는 데 사용한다.
④ 파이프 렌치의 입에는 이가 있어 상처를 주기 쉬우므로 연질 배관에는 사용하지 않는다.

해설 나사 다이스는 수나사, 핸드탭은 암나사 공구이다.

13. 가스보일러의 점화 시 착화가 실패하여 연소실의 환기가 필요한 경우, 연소실 용적의 약 몇 배 이상 공기량을 보내어 환기를 행해야 하는가?

① 2 　　② 4 　　③ 8 　　④ 10

해설 가스보일러 점화 및 착화 실패 시 연소실 용적의 4배 이상의 공기로 환기(프리퍼지)를 행해야 한다.

14. 컨베이어 등을 사용하여 작업할 때 작업 시작 전 점검 사항으로 해당되지 않는 것은?

① 원동기 및 풀리 기능의 이상 유무
② 이탈 등의 방지장치 기능의 이상 유무
③ 비상정지장치 기능의 이상 유무
④ 작업면의 기울기 또는 요철 유무

해설 수직 경사 운전의 기울기는 설치 시에 결정되므로 작업 전에 확인할 점검 사항이 아니다.

정답 **8.** ③ 　**9.** ② 　**10.** ② 　**11.** ② 　**12.** ③ 　**13.** ② 　**14.** ④

15. 산소 압력 조정기의 취급에 대한 설명으로 틀린 것은?

① 조정기를 견고하게 설치한 다음 가스 누설 여부를 비눗물로 점검한다.

② 조정기는 정밀하므로 충격이 가해지지 않도록 한다.

③ 조정기는 사용 후에 조정나사를 늦추어서 다시 사용할 때 가스가 한꺼번에 흘러나오는 것을 방지한다.

④ 조정기의 각부에 작동이 원활하도록 기름을 친다.

해설 산소 용기에 유지류(기름)가 묻어 있으면 화재 폭발의 위험이 따른다.

16. 1 kg 기체가 압력 200 kPa, 체적 0.5 m³의 상태로부터 압력 600 kPa, 체적 1.5 m³로 상태변화하였다. 이 변화에서 기체 내부의 에너지 변화가 없다고 하면 엔탈피의 변화는?

① 500 kJ만큼 증가

② 600 kJ만큼 증가

③ 700 kJ만큼 증가

④ 800 kJ만큼 증가

해설 엔탈피 변화 Δh
$$= (600 \times 1.5) - (200 \times 0.5)$$
$$= 800 \text{ kJ}$$

17. 냉동 장치의 냉매 배관의 시공상 주의점으로 틀린 것은?

① 흡입관에서 두 개의 흐름이 합류하는 곳은 T이음으로 연결한다.

② 압축기와 응축기가 같은 위치에 있는 경우 토출관은 일단 세워 올려 하향 구배로 한다.

③ 흡입관의 입상이 매우 길 때는 약 10 m마다 중간에 트랩을 설치한다.

④ 2대 이상의 압축기가 각각 독립된 응축기에 연결된 경우 토출관 내부에 가능한 응축기 입구 가까이에 균압관을 설치한다.

해설 두 개의 흐름이 합류하는 곳은 Y이음으로 연결한다.

18. 다음 중 냉동 장치의 냉매계통 중에 수분이 침입하였을 때 일어나는 현상을 열거한 것으로 틀린 것은?

① 프레온 냉매는 수분에 용해되지 않으므로 팽창밸브를 동결 폐쇄시킨다.

② 침입한 수분이 냉매나 금속과 화학 반응을 일으켜 냉매 계통을 부식, 윤활유의 열화 등을 일으킨다.

③ 암모니아는 물에 잘 녹으므로 침입한 수분이 동결하는 장애가 적은 편이다.

④ R−12는 R−22보다 많은 수분을 용해하므로, 팽창밸브 등에서의 수분 동결의 현상이 적게 일어난다.

해설 freon 계열(R−12, R−22)은 수분과 분리되어 팽창밸브 빙결 현상이 발생하므로 건조기를 부착한다.

19. 프레온계 냉매의 특성에 관한 설명으로 틀린 것은?

① 열에 대한 안정성이 좋다.

② 수분과의 용해성이 극히 크다.

③ 무색, 무취로 누설 시 발견이 어렵다.

④ 전기 절연성이 우수하므로 밀폐형 압축기에 적합하다.

해설 프레온계 냉매는 수분과 분리된다.

20. 만액식 증발기에서 냉매 측 전열을 좋게 하는 조건으로 틀린 것은?

① 냉각관이 냉매에 잠겨 있거나 접촉해 있을 것

② 열전달 증가를 위해 관 간격이 넓을 것

③ 유막이 존재하지 않을 것

④ 평균 온도차가 클 것

해설 열전달을 좋게 하기 위하여 관의 표면적을 크게 한다.

21. 냉동 장치의 배관 설치 시 주의 사항으로 틀린 것은?

① 냉매의 종류, 온도 등에 따라 배관 재료를 선택한다.
② 온도 변화에 의한 배관의 신축을 고려한다.
③ 기기 조작, 보수, 점검에 지장이 없도록 한다.
④ 굴곡부는 가능한 적게 하고 곡률 반경을 작게 한다.

해설 굴곡부는 가능한 적게 하고, 곡률 반경을 크게 하여 유체 저항을 작게 한다.

22. 흡입배관에서 압력 손실이 발생하면 나타나는 현상이 아닌 것은?

① 흡입 압력의 저하
② 토출가스 온도의 상승
③ 비체적 감소
④ 체적효율 저하

해설 압력 손실이 발생하면 비체적이 증가한다.

23. 흡수식 냉동사이클에서 흡수기와 재생기는 증기 압축식 냉동사이클의 무엇과 같은 역할을 하는가?

① 증발기   ② 응축기
③ 압축기   ④ 팽창 밸브

해설 흡수식 냉동장치에는 압축기와 팽창밸브가 없으며, 압축기 대신에 흡수기와 발생기가 사용된다.

24. 어떤 저항 R에 100 V의 전압이 인가해서 10 A의 전류가 1분간 흘렀다면 저항 R에 발생한 에너지는?

① 70000 J
② 60000 J
③ 50000 J
④ 40000 J

해설 $H = 10 \times 100 \times 60 = 60000$ J

25. 임계점에 대한 설명으로 옳은 것은?

① 어느 압력 이상에서 포화액은 증발이 시작됨과 동시에 건포화 증기로 변하게 되는데, 포화액선과 건포화 증기선이 만나는 점
② 포화온도하에서 증발이 시작되어 모두 증발하기까지의 온도
③ 물이 어느 온도에 도달하면 온도는 더 이상 상승하지 않고 증발이 시작하는 온도
④ 일정한 압력하에서 물체의 온도가 변화하지 않고 상(相)이 변화하는 점

해설 임계점은 포화액선과 포화 증기선이 만나는 점으로 그 이상에서는 액과 증기가 공존할 수 없다.

26. 관의 지름이 크거나 기계적 강도가 문제될 때 유니언 대용으로 결합하여 쓸 수 있는 것은?

① 이경 소켓   ② 플랜지
③ 니플   ④ 부싱

해설 관의 분해 조립 시에는 유니언 또는 플랜지를 사용하고 관의 지름이 클 때는 플랜지 이음한다.

27. 동관 작업 시 사용되는 공구와 용도에 관한 설명으로 틀린 것은?

① 플레어링 툴 세트 : 관을 압축 접합할 때 사용
② 튜브벤더 : 관을 구부릴 때 사용
③ 익스팬더 : 관 끝을 오므릴 때 사용
④ 사이징 툴 : 관을 원형으로 정형할 때 사용

해설 익스팬더 : 관 끝을 확관할 때 사용

정답 21. ④ 22. ③ 23. ③ 24. ② 25. ① 26. ② 27. ③

28. 다음 중 액 순환식 증발기에 대한 설명으로 옳은 것은?

① 오일이 체류할 우려가 크고 제상 자동화가 어렵다.

② 냉매량이 적게 소요되며 액펌프, 저압수액기 등 설비가 간단하다.

③ 증발기 출구에서 액은 80 % 정도이고 기체는 20 % 정도 차지한다.

④ 증발기가 하나라도 여러 개의 팽창밸브가 필요하다.

해설 액 순환식 증발기의 특징

㉠ 증발기 출구에 15~20 % 기체냉매와 75~80 %의 액냉매가 유출된다.

㉡ 전열 작용이 다른 증발기보다 20 % 이상 양호하다.

㉢ 고압가스 제상의 자동화가 용이하다.

㉣ 액 압축의 우려가 없다.

㉤ 오일이 체류할 우려가 없다.

㉥ 다른 증발기에 비하여 5~7배의 많은 냉매가 순환한다.

㉦ 팽창밸브 1개에 여러 대의 증발기를 사용한다.

㉧ 구조복합 시설비가 고가이다.

㉨ 베이퍼 로크 현상의 우려가 있어서 액면과 펌프 사이의 낙차를 1~2(실제 1.2~1.8) m 둔다.

29. 팽창밸브에 대한 설명으로 옳은 것은?

① 압축 증대장치로 압력을 높이고 냉각시킨다.

② 액봉이 쉽게 일어나고 있는 곳이다.

③ 냉동부하에 따른 냉매액의 유량을 조절한다.

④ 플래시 가스가 발생하지 않는 곳이며, 일명 냉각 장치라 부른다.

해설 팽창밸브의 역할

㉠ 감압 작용

㉡ 유량 조절

㉢ 고압과 저압의 분리

㉣ 플래시 가스 발생

30. 증기 압축식 냉동장치의 냉동원리에 관한 설명으로 가장 적합한 것은?

① 냉매의 팽창열을 이용한다.

② 냉매의 증발잠열을 이용한다.

③ 고체의 승화열을 이용한다.

④ 기체의 온도차에 의한 현열 변화를 이용한다.

해설 증기 압축식 냉동장치는 기계 에너지를 압력 에너지로 전환시키고 액냉매의 증발잠열을 이용하여 피냉각 물체의 열을 흡수한다.

31. 정현파 교류에서 전압의 실횻값(V)을 나타내는 식으로 옳은 것은? (단, 전압의 최댓값을 V_m, 평균값을 V_a라고 한다.)

① $V = \dfrac{V_a}{\sqrt{2}}$

② $V = \dfrac{V_m}{\sqrt{2}}$

③ $V = \dfrac{\sqrt{2}}{V_m}$

④ $V = \dfrac{\sqrt{2}}{V_a}$

해설 ㉠ 최댓값 $V_m = \sqrt{2}\, V = \dfrac{\pi}{2} V_a$

㉡ 실횻값 $V = \dfrac{V_m}{\sqrt{2}} = \dfrac{\pi}{2\sqrt{2}} V_a$

㉢ 평균값 $V_a = \dfrac{2}{\pi} V_m = \dfrac{2\sqrt{2}}{\pi} V$

32. 용적형 압축기에 대한 설명으로 틀린 것은?

① 압축실 내의 체적을 감소시켜 냉매의 압력을 증가시킨다.

② 압축기의 성능은 냉동능력, 소비동력, 소음, 진동값 및 수명 등 종합적인 평가가 요구된다.

③ 압축기의 성능을 측정하는 데 유용한 두 가지 방법은 성능계수와 단위 냉동능력당 소비동력을 측정하는 것이다.

④ 개방형 압축기의 성능계수는 전동기와

압축기의 운전효율을 포함하는 반면, 밀폐형 압축기의 성능계수에는 전동기효율이 포함되지 않는다.

해설 성적계수 $= \dfrac{q_e}{A_w} \cdot \eta_c \cdot \eta_m$

여기서, A_w : 압축일량
q_e : 냉동효과
η_c : 압축효율
η_m : 기계효율

33. 냉매 건조기(dryer)에 관한 설명으로 옳은 것은?

① 암모니아 가스관에 설치하여 수분을 제거한다.
② 압축기와 응축기 사이에 설치한다.
③ 프레온은 수분에 잘 용해되지 않으므로 팽창밸브에서의 동결을 방지하기 위하여 설치한다.
④ 건조제로는 황산, 염화칼슘 등의 물질을 사용한다.

해설 프레온 냉매는 수분과 분리되므로 냉동 장치에 나쁜 영향(팽창밸브 빙결, 동부착 현상, 배관 부식)을 방지하기 위해 건조기를 설치하여 수분을 흡착·제거한다.

34. 스윙(swing)형 체크밸브에 관한 설명으로 틀린 것은?

① 호칭 치수가 큰 관에 사용된다.
② 유체의 저항이 리프트(lift)형보다 작다.
③ 수평 배관에만 사용할 수 있다.
④ 핀을 축으로 하여 회전시켜 개폐한다.

해설 리프트형 체크밸브는 수평 배관에 사용되고 스윙형 체크밸브는 수직, 수평 배관에 사용된다.

35. 냉동 사이클 내를 순환하는 동작유체로서 잠열에 의해 열을 운반하는 냉매로 가장 거리가 먼 것은?

① 1차 냉매
② 암모니아(NH_3)
③ 프레온(freon)
④ 브라인(brine)

해설 브라인은 피냉각 물질로부터 열을 받아 1차 냉매에 열을 전달하는 중간 매개체 물질로서 현열로 열을 운반하는 2차 냉매이다.

36. 직접 식품에 브라인을 접촉시키는 것이 아니고 얇은 금속판 내에 브라인이나 냉매를 통하게 하여 금속판의 외면과 식품을 접촉시켜 동결하는 장치는?

① 접촉식 동결장치
② 터널식 공기 동결장치
③ 브라인 동결장치
④ 송풍 동결장치

37. 냉동 부속 장치 중 응축기와 팽창밸브 사이의 고압관에 설치하며 증발기의 부하 변동에 대응하여 냉매 공급을 원활하게 하는 것은?

① 유 분리기
② 수액기
③ 액 분리기
④ 중간 냉각기

해설 수액기의 역할
㉠ 순환냉매를 일시 저장하여 부하 변동에 따른 냉매 수급량을 조절한다.
㉡ 냉동장치 정지 시에 냉매를 회수하여 보관한다.
㉢ 냉동장치 정비 보수 시에 냉매를 회수시킨다.

38. 냉매의 구비 조건으로 틀린 것은?

① 증발잠열이 클 것
② 표면장력이 작을 것
③ 임계온도가 상온보다 높을 것
④ 증발압력이 대기압보다 낮을 것

해설 증발압력이 대기압보다 높을 것(진공 운전 방지)

39. 비열비를 나타내는 공식으로 옳은 것은?

① $\dfrac{\text{정적 비열}}{\text{비중}}$ ② $\dfrac{\text{정압 비열}}{\text{비중}}$

③ $\dfrac{\text{정압 비열}}{\text{정적 비열}}$ ④ $\dfrac{\text{정적 비열}}{\text{정압 비열}}$

해설 비열비 $k = \dfrac{C_p}{C_v} > 1$이므로 항상 정압 비열이

정적 비열보다 크다.

40. 다음 중 LNG 냉열이용 동결장치의 특징으로 틀린 것은?

① 식품과 직접 접촉하여 급속 동결이 가능하다.

② 외기가 흡입되는 것을 방지한다.

③ 공기에 분산되어 있는 먼지를 철저히 제거하여 장치 내부에 눈이 생기는 것을 방지한다.

④ 저온 공기의 풍속을 일정하게 확보함으로써 식품과의 열전달 계수를 저하시킨다.

해설 저온 공기의 풍속을 일정하게 확보함으로써 전열작용이 일정하게 된다.

41. 열에너지를 효율적으로 이용할 수 있는 방법 중 하나인 축열장치의 특징에 관한 설명으로 틀린 것은?

① 저속 연속운전에 의한 고효율 정격운전이 가능하다.

② 냉동기 및 열원설비의 용량을 감소할 수 있다.

③ 열회수 시스템의 적용이 가능하다.

④ 수질 관리 및 소음 관리가 필요 없다.

해설 축열장치는 온수를 재사용하므로 수질 관리와 방음(소음 관리)이 필요하다.

42. 암모니아 냉동장치에서 팽창 밸브 직전의 온도가 25℃, 흡입가스의 온도가 −10℃인 건조 포화 증기인 경우, 냉매 1 kg당 냉동 효과가 1470 kJ이고, 냉동능력 15 RT가 요구될 때의

냉매 순환량은? (단, 1 RT는 3.9 kW이다.)

① 139 kg/h ② 143 kg/h

③ 188 kg/h ④ 176 kg/h

해설 $G = \dfrac{15 \times 3.9 \times 3600}{1470} = 143.26 \text{ kg/h}$

43. 흡수식 냉동기에서 냉매 순환 과정을 바르게 나타낸 것은?

① 재생(발생)기 → 응축기 → 냉각(증발)기 → 흡수기

② 재생(발생)기 → 냉각(증발)기 → 흡수기 → 응축기

③ 응축기 → 재생(발생)기 → 냉각(증발)기 → 흡수기

④ 냉각(증발)기 → 응축기 → 흡수기 → 재생(발생)기

해설 • 냉매 순환 경로 : 흡수기 → 펌프 → 열교환기 → 발생기(재생기) → 응축기 → 증발기(냉각기) → 흡수기

• 용제(흡수제) 순환 경로 : 흡수기 → 펌프 → 열교환기 → 발생기(재생기) → 열교환기 → 흡수기

44. 증발기 내의 압력에 의해서 작동하는 팽창 밸브는?

① 저압 측 플로트 밸브

② 정압식 자동 팽창밸브

③ 온도식 자동 팽창밸브

④ 수동식 팽창밸브

해설 정압식 자동 팽창밸브는 증발 압력에 의해서 작동되고 부하 변동에는 민감하지 않다.

45. 2단 압축 냉동 사이클에서 중간냉각기가 하는 역할로 틀린 것은?

① 저단 압축기의 토출가스 온도를 낮춘다.

② 냉매가스를 과냉각시켜 압축비를 상승시킨다.

③ 고단 압축기로의 냉매 액 흡입을 방지한다.

④ 냉매 액을 과냉각시켜 냉동효과를 증대시킨다.

해설 중간냉각기 역할
- ㉠ 팽창밸브 직전의 액냉매를 과냉각시켜 플래시 가스 발생량을 감소시켜 냉동효과를 향상시킨다.
- ㉡ 저단 토출가스 온도의 과열도 제거로 과열 압축을 방지하여 토출가스 온도 상승을 피한다.
- ㉢ 고단 압축기 액 압축을 방지한다.

46. 어떤 상태의 공기가 노점온도보다 낮은 냉각 코일을 통과하였을 때 상태변화를 설명한 것으로 틀린 것은?

① 절대습도 저하
② 상대습도 저하
③ 비체적 저하
④ 건구온도 저하

해설 건구온도, 노점온도, 절대습도, 비체적, 엔탈피 등은 감소하고 상대습도는 상승한다.

47. 팬의 효율을 표시하는 데 있어서 사용되는 전압 효율에 대한 올바른 정의는?

① $\dfrac{\text{축동력}}{\text{공기동력}}$
② $\dfrac{\text{공기동력}}{\text{축동력}}$
③ $\dfrac{\text{회전속도}}{\text{송풍기 크기}}$
④ $\dfrac{\text{송풍기 크기}}{\text{회전속도}}$

48. 다음 중 일반적으로 실내 공기의 오염 정도를 알아보는 지표로 사용하는 것은?

① CO_2 농도
② CO 농도
③ PM 농도
④ H 농도

해설 실내 공기의 허용 CO_2 농도는 1000 ppm(0.1 %) 이하로 한다.

49. 덕트에서 사용되는 댐퍼의 사용 목적에 관한 설명으로 틀린 것은?

① 풍량조절 댐퍼 – 공기량을 조절하는 댐퍼

② 배연 댐퍼 – 배연덕트에서 사용되는 댐퍼
③ 방화 댐퍼 – 화재 시에 연기를 배출하기 위한 댐퍼
④ 모터 댐퍼 – 자동제어 장치에 의해 풍량 조절을 위해 모터로 구동되는 댐퍼

해설
- 방화 댐퍼 : 화재 시에 불의 이동을 차단하는 댐퍼
- 방연 댐퍼 : 화재 시에 매연의 이동을 차단하는 댐퍼

50. 실내 현열 손실량이 21000 kJ/h일 때, 실내 온도를 20℃로 유지하기 위해 36℃ 공기 몇 m³/h를 실내로 송풍해야 하는가?(단, 공기의 비중량은 1.2 kgf/m³, 정압 비열은 1 kJ/kg·℃이다.)

① 985 m³/h
② 1094 m³/h
③ 1250 m³/h
④ 1350 m³/h

해설 $Q = \dfrac{21000}{1.2 \times 1 \times (36 - 20)}$
$= 1093.75 \ \text{m}^3/\text{h}$

51. 공기세정기에서 유입되는 공기를 정화시키기 위해 설치하는 것은?

① 루버
② 댐퍼
③ 분무노즐
④ 일리미네이터

해설 루버 : 공기를 정화시키기 위해 공기세정기 입구에 설치하여 안내하는 장치

52. 단일덕트 정풍량 방식의 특징으로 옳은 것은?

① 각 실마다 부하 변동에 대응하기가 곤란하다.
② 외기도입을 충분히 할 수 없다.
③ 냉풍과 온풍을 동시에 공급할 수가 있다.
④ 변풍량에 비하여 에너지 소비가 적다.

해설 단일덕트 방식은 개실별 제어가 곤란하다.

53. 보일러에서 배기가스의 현열을 이용하여 급수를 예열하는 장치는?

① 절탄기
② 재열기
③ 증기 과열기
④ 공기 가열기

54. 감습장치에 대한 설명으로 옳은 것은?

① 냉각식 감습장치는 감습만을 목적으로 사용하는 경우 경제적이다.
② 압축식 감습장치는 감습만을 목적으로 하면 소요동력이 커서 비경제적이다.
③ 흡착식 감습장치는 액체에 의한 감습법보다 효율이 좋으나 낮은 노점까지 감습이 어려워 주로 큰 용량의 것에 적합하다.
④ 흡수식 감습장치는 흡착식에 비해 감습효율이 떨어져 소규모 용량에만 적합하다.

해설 감습장치의 효율 순서는 냉각감습>화학감습>압축감습이며, 압축식이 소비 동력이 제일 크다.

55. 실내 상태점을 통과하는 현열비선과 포화 곡선과의 교점을 나타내는 온도로서 취출 공기가 실내 잠열부하에 상당하는 수분을 제거하는 데 필요한 코일 표면온도를 무엇이라 하는가?

① 혼합온도
② 바이패스 온도
③ 실내 장치 노점온도
④ 설계온도

해설 코일의 표면온도에서 제습되므로 이것을 장치의 노점온도라 한다.

56. 다음 중 개별식 공조방식에 해당되는 것은?

① 팬코일 유닛 방식(덕트 병용)
② 유인 유닛 방식

③ 패키지 유닛 방식
④ 단일 덕트 방식

해설 ①, ②, ④는 중앙공급식으로 ②, ④는 전공기 방식이고 ①은 수공기 방식이며 패키지 유닛 방식은 냉매 방식으로 개별식 공조장치이다.

57. 증기난방에 사용되는 부속기기인 감압 밸브를 설치하는 데 있어서 주의 사항으로 틀린 것은 어느 것인가?

① 감압 밸브는 가능한 사용 개소의 가까운 곳에 설치한다.
② 감압 밸브로 응축수를 제거한 증기가 들어오지 않도록 한다.
③ 감압 밸브 앞에는 반드시 스트레이너를 설치하도록 한다.
④ 바이패스는 수평 또는 위로 설치하고 감압 밸브의 지름과 동일 지름으로 하거나 1차 측 배관 지름보다 한 치수 작은 것으로 한다.

해설 감압 밸브는 사용압력에 맞게 수증기 압력을 감소시키고 유량을 조절한다.

58. 회전식 전열교환기의 특징에 관한 설명으로 틀린 것은?

① 로터의 상부에 외기공기를 통과하고 하부에 실내 공기가 통과한다.
② 열교환은 현열뿐 아니라 잠열도 동시에 이루어진다.
③ 로터를 회전시키면서 실내 공기의 배기공기와 외기공기를 열교환한다.
④ 배기공기는 오염물질이 포함되지 않으므로 필터를 설치할 필요가 없다.

해설 배기공기는 오염물질이 포함되어도 필터 설치의 필요성이 적으나 외기 도입 시 필터를 설치하여 오염물질을 제거한다.

정답 53. ① 54. ② 55. ③ 56. ③ 57. ② 58. ④

59. 온풍난방에 대한 장점이 아닌 것은?

① 예열시간이 짧다.

② 실내 온습도 조절이 비교적 용이하다.

③ 기기설치 장소의 선정이 자유롭다.

④ 단열 및 기밀성이 좋지 않은 건물에 적합하다.

[해설] 온풍난방은 상하의 온도차가 크므로 건물 실내의 기밀성과 단열이 좋은 곳에 적합하다.

60. 다음 설명 중 틀린 것은?

① 대기압에서 0℃ 물의 증발잠열은 약 2500 kJ/kg이다.

② 대기압에서 0℃ 공기의 정압 비열은 약 1.84 kJ/kg·K이다.

③ 대기압에서 20℃의 공기 비중량은 약 1.2 kgf/m³이다.

④ 공기의 평균 분자량은 약 28.96 kg/kmol 이다.

[해설] 대기압에서 공기의 정압 비열은 1 kJ/kg·K 이다.

출제 예상문제 (15)

1. 보일러 운전 중 수위가 저하되었을 때 위해를 방지하기 위한 장치는?

① 화염 검출기
② 압력 차단기
③ 방폭문
④ 저수위 경보장치

해설 보일러 수위가 낮아지면 경보장치를 작동시켜서 관리자가 안전 수위를 확보하게 한다.

2. 보호구를 선택 시 유의 사항으로 적절하지 않은 것은?

① 용도에 알맞아야 한다.
② 품질이 보증된 것이어야 한다.
③ 쓰기 쉽고 취급이 쉬워야 한다.
④ 겉모양이 호화스러워야 한다.

해설 보호구는 ①, ②, ③ 외에 사용목적에 맞는 안전기능이 있어야 한다.

3. 보일러 취급 시 주의 사항으로 틀린 것은?

① 보일러의 수면계 수위는 중간 위치를 기준 수위로 한다.
② 점화 전에 미연소 가스를 방출시킨다.
③ 연료 계통의 누설 여부를 수시로 확인한다.
④ 보일러 저부의 침전물 배출은 부하가 가장 클 때 하는 것이 좋다.

해설 침전물 배출은 보일러를 정지시키고 한다.

4. 보일러 취급 부주의로 작업자가 화상을 입었을 때 응급처치 방법으로 적당하지 않은 것은?

① 냉수를 이용하여 화상부의 화기를 빼도록 한다.
② 물집이 생겼으면 터뜨리지 않고 상처 부

위를 보호한다.
③ 기계유나 변압기유를 바른다.
④ 상처 부위를 깨끗이 소독한 다음 상처를 보호한다.

해설 ①, ②, ④ 외에 의사의 진료에 따라 처치한다.

5. 가스용접 작업 시 유의 사항으로 적절하지 못한 것은?

① 산소병은 60℃ 이하 온도에서 보관하고 직사광선을 피해야 한다.
② 작업자의 눈을 보호하기 위해 차광안경을 착용해야 한다.
③ 가스누설의 점검을 수시로 해야 하며 점검은 비눗물로 한다.
④ 가스용접장치는 화기로부터 일정거리 이상 떨어진 곳에 설치해야 한다.

해설 산소병은 40℃ 이하의 공기 유동이 잘되는 음지에 보관한다.

6. 다음 발화온도가 낮아지는 조건 중 옳은 것은?

① 발열량이 높을수록
② 압력이 낮을수록
③ 산소 농도가 낮을수록
④ 열전도도가 낮을수록

해설 산소 농도, 압력, 발열량이 높을수록 발화온도는 낮다.

7. 산소-아세틸렌 용접 시 역화의 원인으로 가장 거리가 먼 것은?

① 토치 팁이 과열되었을 때
② 토치에 절연 장치가 없을 때

③ 사용가스의 압력이 부적당할 때

④ 토치 팁 끝이 이물질로 막혔을 때

해설 전기 용접기에서 절연 장치가 필요하다.

8. 다음 안전사고의 원인 중 인적 원인에 해당하는 것은?

① 불안전한 행동

② 구조재료의 부적합

③ 작업 환경의 결함

④ 복장 보호구의 결함

해설 ㉠ 직접 원인
  • 인적 원인 : 불안전한 행동
  • 물적 원인 : 불안전한 상태
  ㉡ 간접 원인
  • 기술적 원인
  • 교육적 원인
  • 신체적 원인
  • 정신적 원인
  • 관리적 원인

9. 기계 설비에서 일어나는 사고의 위험요소로 가장 거리가 먼 것은?

① 협착점   ② 끼임점

③ 고정점   ④ 절단점

해설 기계 설비의 위험성
  ㉠ 협착점
  ㉡ 끼임점
  ㉢ 절단점
  ㉣ 물림점
  ㉤ 접선 물림점
  ㉥ 회전 말림점

10. 줄 작업 시 안전사항으로 틀린 것은?

① 줄의 균열 유무를 확인한다.

② 부러진 줄은 용접하여 사용한다.

③ 줄은 손잡이가 정상인 것만을 사용한다.

④ 줄 작업에서 생긴 가루는 입으로 불지 않는다.

해설 부러진 줄은 사용하지 않는다.

11. 해머(hammer)의 사용에 관한 유의 사항으로 가장 거리가 먼 것은?

① 쐐기를 박아서 손잡이가 튼튼하게 박힌 것을 사용한다.

② 열간 작업 시에는 식히는 작업을 하지 않아도 계속해서 작업할 수 있다.

③ 타격면이 닳아 경사진 것을 사용하지 않는다.

④ 장갑을 끼지 않고 작업을 진행한다.

해설 열처리(열간 작업 등)한 것은 함부로 두들겨서는 안 된다.

12. 재해예방의 4가지 기본원칙에 해당되지 않는 것은?

① 대책선정의 원칙

② 손실우연의 원칙

③ 예방가능의 원칙

④ 재해통계의 원칙

해설 재해예방의 4가지 기본원칙에는 ①, ②, ③ 항 외에 원인연계의 원칙이 있다.

13. 아크용접작업 기구 중 보호구와 관계없는 것은 어느 것인가?

① 용접용 보안면   ② 용접용 앞치마

③ 용접용 홀더   ④ 용접용 장갑

14. 안전관리 관리 감독자의 업무로 가장 거리가 먼 것은?

① 작업 전·후 안전점검 실시

② 안전작업에 관한 교육훈련

③ 작업의 감독 및 지시

④ 재해 보고서 작성

해설 ①은 안전관리 책임자와 안전관리원의 업무이다.

정답 **8.** ① **9.** ③ **10.** ② **11.** ② **12.** ④ **13.** ③ **14.** ①

15. 정(chisel)의 사용 시 안전관리에 적합하지 않은 것은?

① 비산 방지판을 세운다.
② 올바른 치수와 형태의 것을 사용한다.
③ 칩이 끊어져 나갈 무렵에는 힘주어서 때린다.
④ 담금질한 재료는 정으로 작업하지 않는다.

해설 정 작업에서 처음과 끝날 무렵에는 힘을 적게 주어 때린다.

16. 저항이 250Ω이고 40 W인 전구가 있다. 점등 시 전구에 흐르는 전류는?

① 0.1 A   ② 0.4 A
③ 2.5 A   ④ 6.2 A

해설 $R = \sqrt{\dfrac{P}{R}} = \sqrt{\dfrac{40}{250}} = 0.4\,\text{A}$

17. 바깥지름 54 mm, 길이 2.66 m이고, 냉각관수 28개로 된 응축기가 있다. 입구 냉각수온 22℃, 출구 냉각수온 28℃이며 응축온도는 30℃이다. 이때 응축부하는? (단, 냉각관의 열통과율은 1.01 kW/m²·h이고, 온도차는 산술 평균 온도차를 이용한다.)

① 106260 kJ/h   ② 183540 kJ/h
③ 229592 kJ/h   ④ 334664 kJ/h

해설 $q = k \times (\pi D l n) \times \left(t_c - \dfrac{t_{w1} + t_{w2}}{2} \right)$

$= 1.01 \times 3600 \times (\pi \times 0.054 \times 2.66 \times 28)$
$\times \left(30 - \dfrac{22 + 28}{2} \right)$
$= 229592.1\,\text{kJ/h}$

18. 관 절단 후 절단부에 생기는 거스러미를 제거하는 공구로 가장 적절한 것은?

① 클립   ② 사이징 툴
③ 파이프 리머   ④ 쇠톱

해설 ① : 주철관 이음에서 납 가락지를 만드는 아가리

② : 동관을 확관하는 공구
③ : 관 절단 후 생기는 거스러미를 제거하는 공구
④ : 강을 절단하는 공구

19. 암모니아(NH_3) 냉매에 대한 설명으로 틀린 것은?

① 수분에 잘 용해된다.
② 윤활유에 잘 용해된다.
③ 독성, 가연성, 폭발성이 있다.
④ 전열 성능이 양호하다.

해설 윤활유(oil)는 freon에 용해되고 NH_3와는 분리된다.

20. 자기유지(self holding)에 관한 설명으로 옳은 것은?

① 계전기 코일에 전류를 흘려서 여자시키는 것
② 계전기 코일에 전류를 차단하여 자화 성질을 잃게 되는 것
③ 기기의 미소 시간 동작을 위해 동작되는 것
④ 계전기가 여자된 후에도 동작 기능이 계속해서 유지되는 것

해설 자기유지 : 계전기가 여자되어 자기 접점으로 자기 코일에 전원을 공급하여 동작 기능이 계속 유지되는 것

21. 냉동기에서 열교환기는 고온유체와 저온유체를 직접혼합 또는 원형동관으로 유체를 분리하여 열교환하는데 다음 설명 중 옳은 것은?

① 동관 내부를 흐르는 유체는 전도에 의한 열전달이 된다.
② 동관 내벽에서 외벽으로 통과할 때는 복사에 의한 열전달이 된다.
③ 동관 외벽에서는 대류에 의한 열전달이 된다.

④ 동관 내부에서 동관 외벽까지 복사, 전도, 대류의 열전달이 된다.

해설 열교환기는 기기 상호 간에 전도와 대류에 의해서 열교환하는 장치이다.
① 동관 내부를 흐르는 유체는 대류에 의한 열전달이 된다.

22. 증발열을 이용한 냉동법이 아닌 것은?

① 압축 기체 팽창 냉동법
② 증기분사식 냉동법
③ 증기압축식 냉동법
④ 흡수식 냉동법

해설 증발열을 이용하는 냉동법에는 증기압축식 냉동법, 증기분사식 냉동법, 흡수식 냉동법, 터보(원심)식 냉동법 등이 있다.

23. 열전 냉동법의 특징에 관한 설명으로 틀린 것은?

① 운전 부분으로 인해 소음과 진동이 생긴다.
② 냉매가 필요 없으므로 냉매 누설로 인한 환경오염이 없다.
③ 성적계수가 증기 압축식에 비하여 월등히 떨어진다.
④ 열전소자의 크기가 작고 가벼워 냉동기를 소형, 경량으로 만들 수 있다.

해설 열전 냉동(전자 냉동)법은 두 개의 금속 또는 반도체를 이용하는 방식으로 한쪽은 열흡수, 다른 한쪽은 열방출하는 방식이며 압축기가 없으므로 소음, 진동이 전혀 발생하지 않는다.

24. 왕복식 압축기 크랭크축이 관통하는 부분에 냉매나 오일이 누설되는 것을 방지하는 것은?

① 오일링   ② 압축링
③ 축봉장치   ④ 실린더재킷

해설 축봉장치는 크랭크축이 관통하는 부분의 밀봉장치로 냉매 누설 방지, 오일 누설 방지, 외기 침입 방지에 의해 장치 내부의 기밀을 보장한다.

25. 냉동장치에 사용하는 윤활유인 냉동기유의 구비 조건으로 틀린 것은?

① 응고점이 낮아 저온에서도 유동성이 좋을 것
② 인화점이 높을 것
③ 냉매와 분리성이 좋을 것
④ 왁스(wax) 성분이 많을 것

해설 저온에서 왁스 성분, 고온에서 슬러지를 형성하지 말아야 한다.

26. 불연속 제어에 속하는 것은?

① ON - OFF 제어   ② 비례 제어
③ 미분 제어   ④ 적분 제어

해설 ON - OFF 제어는 2위치 제어로 불연속 동작이다.

27. 다음의 $P-h$(몰리에르) 선도는 현재 어떤 상태를 나타내는 사이클인가?

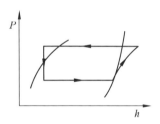

① 습냉각   ② 과열압축
③ 습압축   ④ 과냉각

해설 문제 그림은 표준압축 과냉각 사이클의 몰리에르 선도를 나타낸 것이다.

28. 다음 중 냉동기에 냉매를 충전하는 방법으로 틀린 것은?

① 액관으로 충전한다.
② 수액기로 충전한다.
③ 유분리기로 충전한다.
④ 압축기 흡입 측에 냉매를 기화시켜 충전한다.

정답 22. ①   23. ①   24. ③   25. ④   26. ①   27. ④   28. ③

해설 유분리기는 토출가스 중의 윤활유(oil)를 분리시켜 응축기와 증발기의 전열 작용을 양호하게 한다.

29. 브라인을 사용할 때 금속의 부식 방지법으로 틀린 것은?

① 브라인 pH를 7.5 ~ 8.2 정도로 유지한다.
② 공기와 접촉시키고, 산소를 용입시킨다.
③ 산성이 강하면 가성소다로 중화시킨다.
④ 방청제를 첨가한다.

해설 브라인은 공기(산소)와 접촉하면 금속의 부식이 촉진된다.

30. 흡수식 냉동기에 관한 설명으로 틀린 것은?

① 압축식에 비해 소음과 진동이 적다.
② 증기, 온수 등 배열을 이용할 수 있다.
③ 압축식에 비해 설치 면적 및 중량이 크다
④ 흡수식은 냉매를 기계적으로 압축하는 방식이며 열적(熱的)으로 압축하는 방식은 증기 압축식이다.

해설 흡수식은 열에너지를 압력 에너지로 전환하는 방식이다.

31. 주파수가 60 Hz인 상용 교류에서 각속도는?

① 141 rad/s
② 171 rad/s
③ 377 rad/s
④ 623 rad/s

해설 $\omega = 2\pi f = 2\pi \times 60 = 377 \text{ rad/s}$

32. 흡입압력 조정밸브(SPR)에 대한 설명으로 틀린 것은?

① 흡입압력이 일정 압력 이하가 되는 것을 방지한다.
② 저전압에서 높은 압력으로 운전될 때 사용한다.
③ 종류에는 직동식, 내부 파일럿 작동식, 외부 파일럿 작동식 등이 있다.

④ 흡입압력의 변동이 많은 경우에 사용한다.

해설 흡입압력이 일정 압력 이상이 되는 것을 방지하여 전동기 과부하를 방지한다.

33. 다음 중 제빙 장치의 주요 기기에 해당되지 않는 것은?

① 교반기
② 양빙기
③ 송풍기
④ 탈빙기

해설 제빙장치 주요 기기 : 교반기, 양빙기, 탈빙기, 호이스트(이동 수단) 등

34. 다음 중 프로세스 제어에 속하는 것은?

① 전압
② 전류
③ 유량
④ 속도

해설 프로세스 제어 : 온도, 유량, 압력, 액위, 농도, 밀도 등의 플랜트나 생산 공정 중의 상태량을 제어량으로 하는 제어로서 외란의 억제를 주목적으로 한다.

35. 배관의 신축 이음쇠의 종류로 가장 거리가 먼 것은?

① 스위블형
② 루프형
③ 트랩형
④ 벨로스형

해설 신축 이음쇠의 종류에는 루프형, 슬리브형, 벨로스형, 스위블형, 볼조인트 등이 있다.

36. 증기분사 냉동법에 관한 설명으로 옳은 것은?

① 융해열을 이용하는 방법
② 승화열을 이용하는 방법
③ 증발열을 이용하는 방법
④ 펠티어 효과를 이용하는 방법

해설 증기분사식 냉동장치

열에너지 →(노즐)→ 속력(운동)에너지 →(디퓨저)→ 압력에너지

37. 냉동 장치에 수분이 침입되었을 때 에멀션 현상이 일어나는 냉매는?

① 황산　　　　② R-12

③ R-22　　　　④ NH_3

해설 에멀션 현상 : NH_3 냉동장치에서 수분이 침입하여 윤활유를 우윳빛으로 변색시키는 현상

38. 다음 중 역 카르노 사이클에 대한 설명으로 옳은 것은?

① 2개의 압축 과정과 2개의 증발 과정으로 이루어져 있다.

② 2개의 압축 과정과 2개의 응축 과정으로 이루어져 있다.

③ 2개의 단열 과정과 2개의 등온 과정으로 이루어져 있다.

④ 2개의 증발 과정과 2개의 응축 과정으로 이루어져 있다.

해설 역 카르노 사이클은 카르노 사이클의 반대 방향으로 작동하는 것으로 등온 팽창(증발기) → 단열 압축(압축기) → 등온 압축(응축기) → 단열 팽창(팽창 밸브) 과정이다.

39. 프레온 냉동장치의 배관에 사용되는 재료로 가장 거리가 먼 것은?

① 배관용 탄소강 강관

② 배관용 스테인리스 강관

③ 이음매 없는 동관

④ 탈산 동관

해설 배관용 탄소강 강관은 사용압력이 $10 \, kg/cm^2$ 이하이므로 냉동장치용 배관으로 사용할 수 없다.

40. 표준 냉동 사이클의 몰리에르($P-h$) 선도에서 압력이 일정하고, 온도가 저하되는 과정은 어느 것인가?

① 압축과정　　　② 응축과정

③ 팽창과정　　　④ 증발과정

해설 ① : 압력, 온도 상승

② : 압력 일정, 온도 저하

③ : 압력, 온도 저하

④ : 압력, 온도 일정

41. 냉동 장치에서 가스 퍼저(purger)를 설치할 경우 가스의 인입선은 어디에 설치해야 하는가?

① 응축기와 증발기 사이에 한다.

② 수액기와 팽창 밸브 사이에 한다.

③ 응축기와 수액기의 균압관에 한다.

④ 압축기의 토출관으로부터 응축기의 3/4되는 곳에 한다.

해설 고압가스 인입선은 응축기 상부와 수액기 상부에 연결된 균압관에서 불응축가스를 인출한다.

42. 배관의 중간이나 밸브, 각종 기기의 접속 및 보수 점검을 위하여 관의 해체 또는 교환 시 필요한 부속품은?

① 플랜지　　　② 소켓

③ 밴드　　　　④ 바이패스관

해설 배관의 해체 또는 교환 시에 필요한 부속품으로는 유니언과 플랜지가 있다.

43. 저단 측 토출가스의 온도를 냉각시켜 고단 측 압축기가 과열되는 것을 방지하는 것은?

① 부스터

② 인터쿨러

③ 팽창탱크

④ 콤파운드 압축기

해설 중간 냉각기(인터쿨러)

㉠ 저단 압축기 토출가스 온도의 과열도를 감소시켜서 고단 압축기 과열 압축을 방지하여 토출가스 온도 상승을 피한다.

㉡ 팽창 밸브 직전의 액냉매를 과냉각시킴으로써 플래시 가스 발생을 감소시켜 냉동효과를 증대시킨다.

㉢ 고단 압축기 액 압축을 방지한다.

44. 축봉장치(shaft seal)의 역할로 가장 거리가 먼 것은?

① 냉매 누설 방지
② 오일 누설 방지
③ 외기 침입 방지
④ 전동기의 슬립(slip) 방지

해설 ㉠ 축봉장치는 압축기 축을 밀봉시켜서 ①, ②, ③항의 역할을 한다.
㉡ 슬립은 전동기의 회전 속도를 감소시키는 저항체이다.

45. 냉동 사이클에서 증발온도를 일정하게 하고 응축온도를 상승시켰을 경우의 상태변화로 옳은 것은?

① 소요동력 감소
② 냉동능력 증대
③ 성적계수 증대
④ 토출가스 온도 상승

해설 응축온도 상승에 따른 상태변화
㉠ 압축비 상승
㉡ 체적효율 감소
㉢ 냉매순환량 감소
㉣ 냉동능력 감소
㉤ 단위능력당 소요동력 증대
㉥ 성적계수 감소
㉦ 플래시 가스 발생량 증대
㉧ 실린더 과열
㉨ 토출가스 온도 상승
㉩ 윤활유 열화 및 탄화

46. 개별 공조방식의 특징이 아닌 것은?

① 취급이 간단하다.
② 외기 냉방을 할 수 있다.
③ 국소적인 운전이 자유롭다.
④ 중앙방식에 비해 소음과 진동이 크다.

해설 개별 공조방식은 외기 도입이 어려워서 외기 냉방을 할 수 없다.

47. 공조방식 중 각층 유닛방식의 특징으로 틀린 것은?

① 각 층의 공조기 설치로 소음과 진동의 발생이 없다.
② 각 층별로 부분 부하운전이 가능하다.
③ 중앙기계실의 면적을 적게 차지하고 송풍기 동력도 적게 든다.
④ 각 층 슬래브의 관통 덕트가 없게 되므로 방재상 유리하다.

해설 각 층에 공조기가 설치되어 소음과 진동의 발생이 크고 정비 보수가 어렵다.

48. 환기방법 중 제1종 환기법으로 옳은 것은?

① 자연급기와 강제배기
② 강제급기와 자연배기
③ 강제급기와 강제배기
④ 자연급기와 자연배기

해설 ① : 제3종 환기법(흡출식)
② : 제2종 환기법(압입식)
③ : 제1종 환기법(병용식)
④ : 제4종 환기법(자연식)

49. 외기온도 −5℃일 때 공급 공기를 18℃로 유지하는 열펌프로 난방을 한다. 방의 총 열손실이 210000 kJ/h일 때 외기로부터 얻은 열량은 얼마인가?

① 182700 kJ/h
② 193402 kJ/h
③ 210000 kJ/h
④ 223671 kJ/h

해설 열효율 $\eta = 1 - \dfrac{T_2}{T_1} = 1 - \dfrac{Q_2}{Q_1}$ 식에서

외기로부터 얻은 열량 Q_2

$= \dfrac{T_2}{T_1} \times Q_1 = \dfrac{273 - 5}{273 + 18} \times 210000$

$= 193402.06 \text{ kJ/h}$

50. 외기 온도가 32.3℃, 실내 온도가 26℃이고, 일사를 받은 벽의 상당 온도차가 22.5℃, 벽

체의 열관류율이 12.6 kJ/m²·h·℃일 때, 벽체의 단위면적당 이동하는 열량은?

① 79.4 kJ/m²·h

② 283.5 kJ/m²·h

③ 407 kJ/m²·h

④ 427.6 kJ/m²·h

해설 $q = k \Delta t_e = 12.6 \times 22.5 = 283.5$ kJ/m²·h

51. 프로펠러의 회전에 의하여 축 방향으로 공기를 흐르게 하는 송풍기는?

① 관류 송풍기

② 축류 송풍기

③ 터보 송풍기

④ 크로스 플로 송풍기

해설 ㉠ 관류형(크로스 플로) 송풍기는 다익 송풍기와 비슷한 것으로 에어커튼으로 사용한다.
㉡ 터보 송풍기는 날개의 매수가 다익 송풍기보다 적고 뒤쪽으로 굽은 날개를 가지며 리밋 로드 팬이 여기에 속한다.

52. (개), (내), (대)와 같은 관로의 국부저항계수(전압기준)가 큰 것부터 작은 순서로 나열한 것은?

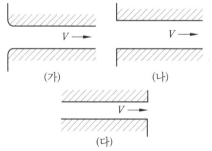

(가) (나)

(다)

① (개) > (내) > (대)   ② (개) > (대) > (내)

③ (내) > (대) > (개)   ④ (대) > (내) > (개)

해설 국부저항이 작은 순서는 ①, 국부저항이 큰 순서는 ④이다.

53. 다음 중 건조 공기의 구성 요소가 아닌 것은?

① 산소   ② 질소

③ 수증기   ④ 이산화탄소

해설 건조 공기는 수분이 없는 공기를 말하며, 실제로 존재하지는 않는다. 대기 상태의 공기는 습공기(건조공기+수증기)이다.

54. 셀 앤드 튜브(shell & tube)형 열교환기에 관한 설명으로 옳은 것은?

① 전열관 내 유속은 내식성이나 내마모성을 고려하여 약 1.8 m/s 이하가 되도록 하는 것이 바람직하다.

② 동관을 전열관으로 사용할 경우 유체 온도는 200℃ 이상이 좋다.

③ 증기와 온수의 흐름은 열교환 측면에서 병행류가 바람직하다.

④ 열관류율은 재료와 유체의 종류에 상관없이 거의 일정하다.

해설 전열관 내의 유속은 이론적으로 0.5~1.5 m/s이나 내마모성과 내부식성을 고려하여 최대 2.3m/s 이하로 한다.

55. 보일러에서 공기 예열기 사용에 따라 나타나는 현상으로 틀린 것은?

① 열효율 증가

② 연소 효율 증대

③ 저질탄 연소 가능

④ 노내 연소속도 감소

해설 공기 예열기를 사용하면 노내 연소속도는 증가한다.

56. 공기조화시스템의 열원장치 중 보일러에 부착되는 안전장치로 가장 거리가 먼 것은?

① 감압밸브

② 안전밸브

③ 화염검출기

④ 저수위 경보장치

해설 감압밸브는 주로 유량 조절용으로 사용된다.

57. 가습 방식에 따른 분류로 수분무식 가습기가 아닌 것은?

① 원심식
② 초음파식
③ 모세관식
④ 분무식

해설 모세관식은 증기 분사형에 속한다.

58. 물질의 상태는 변화하지 않고, 온도만 변화시키는 열을 무엇이라고 하는가?

① 현열
② 잠열
③ 비열
④ 융해열

해설 ② : 물질의 온도 변화 없이 상태만 변화시키는 열량으로 증발열, 융해열, 응축열, 응고열이 여기에 속한다.

③ : 물질 1 kg의 온도를 1℃ 높이는 데 필요한 열량이다.

59. 축류형 송풍기의 크기는 송풍기의 번호로 나타내는데, 회전날개의 지름(mm)을 얼마로 나눈 것을 번호(NO)로 나타내는가?

① 100
② 150
③ 175
④ 200

해설 ① : 축류형 송풍기 NO

② : 원심형 송풍기 NO

60. 송풍기의 풍량 제어 방식에 대한 설명으로 옳은 것은?

① 토출 댐퍼 제어 방식에서 토출 댐퍼를 조이면 송풍량은 감소하나 출구압력이 증가한다.
② 흡입 베인 제어 방식에서 흡입 측 베인을 조금씩 닫으면 송풍량 및 출구압력이 모두 증가한다.
③ 흡입 댐퍼 제어 방식에서 흡입 댐퍼를 조이면 송풍량 및 송풍압력이 모두 증가한다.
④ 가변 피치 제어 방식에서 피치 각도를 증가시키면 송풍량은 증가하지만 압력은 감소한다.

해설 ① : 송풍량 감소, 출구압력 증가

② : 송풍량과 출구압력 모두 감소
③ : 송풍량과 송풍압력 모두 감소
④ : 송풍량 감소, 출구압력 증가

출제 예상문제 (16)

1. 동관을 열간 벤딩하고자 할 경우 가장 적절한 가열 온도는 몇 ℃인가?

① 200~300℃　　② 600~700℃
③ 900~1200℃　　④ 1500~1800℃

2. 압력이 상승하면 냉매의 증발잠열과 비체적은 어떻게 되는가?

① 증발잠열은 커지고, 증기의 비체적은 작아진다.
② 증발잠열은 작아지고, 증기의 비체적은 커진다.
③ 증발잠열은 작아지고, 증기의 비체적도 작아진다.
④ 증발잠열은 커지고, 증기의 비체적도 커진다.

해설 저압이 상승하면 비체적과 증발잠열은 작아지고 냉동효과가 커진다.

3. 헤링 본(herring bone)식 증발기를 설명한 것 중 잘못된 것은?

① 만액식에 속한다.
② 브라인의 유동속도가 늦어도 능력에는 변화가 없다.
③ 상부에는 가스 헤더, 하부에는 액 헤더가 존재한다.
④ 주로 NH_3용이며, 제빙용 브라인 혹은 물의 냉각용에 사용된다.

해설 브라인의 유속은 일반적으로 7.5 m/min 정도이고, 최대 유속은 9~12 m/min이며, 제빙용 증발기이다. 브라인의 유동속도가 느리면 능력이 감소한다.

4. 암모니아 냉매 누설 검사법으로 잘못된 것은 어느 것인가?

① 불쾌한 냄새로 발견
② 유황을 태우면 흰 연기 발생
③ 페놀프탈레인을 홍색으로 변화
④ 적색 리트머스 시험지를 갈색으로 변화

해설 적색 리트머스 시험지는 청색으로 변한다.

5. 대기압하에서 비등점이 가장 높은 냉매는?

① R-12　　② R-11
③ R-113　　④ R-22

해설 냉매의 비등점
① R-12 : -29.8℃
② R-11 : 23.7℃
③ R-113 : 45.57℃
④ R-22 : -40.8℃

6. 왕복동 압축기에서 가스를 위로 흡입하여 위로 배출하는 피스톤의 형은?

① 연결형　　② 개방형
③ 트렁크형　　④ 플러그형

해설 ㉠ 트렁크형 : 측면 흡입, 상부 토출
㉡ 플러그형 : 상부 흡입, 상부 토출
㉢ 개방형 : 하부 흡입, 상부 토출

7. 냉동기 운전 중 수랭식 응축기의 파열을 방지하기 위한 부속기기에 해당되지 않는 것은?

① 냉각수 float 스위치(온도)
② 냉각수 float 스위치(압력)
③ 차압 스위치(differential switch)
④ 유압 보호 차단장치

해설 유압 보호 차단장치는 윤활유의 압력이 일정

압력 이하가 되면 60~90초 이내 작동하여 압축기를 정지시킨다.

8. 다음 보온재 중 최고 사용온도가 가장 높은 것은 어느 것인가?

① 탄산마그네슘　　② 규조토
③ 암면　　　　　　④ 규산칼슘

해설 단열재 안전 사용온도
① 탄산마그네슘 : 250℃
② 규조토 : 500℃
③ 암면 : 400℃
④ 규산칼슘 : 650℃

9. 배관용 탄소강관의 사용압력은 몇 kg/cm^2 이하인가?

① $10 \, kg/cm^2$　　② $15 \, kg/cm^2$
③ $20 \, kg/cm^2$　　④ $25 \, kg/cm^2$

해설 배관용 탄소강관(SPP)은 350℃ 이하, $10 \, kg/cm^2$ 이하에 사용한다.

10. 터보 압축기의 능력 조정 방법으로 옳지 못한 방법은?

① 흡입 댐퍼(damper)에 의한 조정
② 흡입 베인(vane)에 의한 조정
③ 바이패스(bypass)에 의한 조정
④ 클리어런스 체적에 의한 조정

해설 클리어런스 체적에 의한 조정법은 왕복동 압축기의 능력 조정 방법이다.

11. 밸브를 지나는 유체의 흐름방향을 직각으로 바꿔주는 밸브는 무엇인가?

① 체크 밸브　　　　② 앵글 밸브
③ 슬루스 밸브　　　④ 조정 밸브

12. 스크루 압축기의 장점이 아닌 것은?

① 흡입 및 토출 밸브가 없다.
② 크랭크샤프트, 피스톤 링 등의 마모 부분

이 없어 고장이 적다.
③ 냉매의 압력 손실이 없어 체적 효율이 향상된다.
④ 고속회전으로 인하여 소음이 적다.

해설 고속 (1000 rpm 이상)이며, 진동이 적고 소음이 크다.

13. 다음의 몰리에르 선도에 나타난 곡선에 대한 설명 중 옳은 것은?

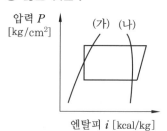

① (가) 과냉각액선, (나) 과열 증기선
② (가) 등엔트로피선, (나) 포화증기선
③ (가) 등엔탈피선, (나) 등온도선
④ (가) 포화액선, (나) 포화증기선

14. 적당한 배기구를 가지고 급기 송풍기만을 사용하는 환기 방식은?

① 제1종 환기　　　② 제2종 환기
③ 제3종 환기　　　④ 제4종 환기

해설 환기 방법
㉠ 제1종 (병용식) : 송풍기로 급기와 배기를 한다.
㉡ 제2종 (압입식) : 송풍기로 급기하고 자연 배기한다.
㉢ 제3종 (흡출식) : 송풍기로 배기하고 자연 급기한다.
㉣ 제4종 (자연식) : 급기와 배기는 자연대류식이다.

15. 다음 브라인(brine)에 관한 설명 중 옳은 것은 어느 것인가?

① 식염수 브라인의 공정점보다 염화칼슘

브라인의 공정점이 높다.

② 브라인의 부식성을 없애기 위해 되도록 공기와 접촉시키지 않는 것이 좋다.

③ 무기질 브라인보다 유기질 브라인이 부식성이 더 크다.

④ 브라인은 약한 산성이 좋다.

해설 공기 중의 산소와 브라인이 접촉하면 부식성이 촉진된다.

16. −15℃에서 건조도 0인 암모니아 가스를 교축 팽창시켰을 때 변화가 없는 것은?

① 비체적 ② 압력
③ 엔탈피 ④ 온도

해설 교축시키면 엔탈피는 불변하고, 온도와 압력은 감소한다.

17. 포핏(poppet) 밸브의 사용처에 관한 설명으로 가장 옳은 것은?

① 저속 압축기의 흡입 밸브에 사용한다.
② 압축기의 흡입 및 토출 밸브에 공통으로 사용한다.
③ 고속 압축기의 흡입 밸브에 사용한다.
④ 고속 압축기의 토출 밸브에 사용한다.

해설 고속 다기통 압축기는 링 플레이트 밸브를 사용하고 저속 압축기 흡입측에는 포핏 밸브를 사용한다.

18. 다음 중 증발식 응축기에 대하여 틀리게 설명한 것은?

① NH_3 장치에 주로 사용한다.
② 냉각탑을 사용하는 것보다 응축압력이 높다.
③ 물의 증발열을 이용한다.
④ 소비 냉각수의 양이 적다.

해설 증발식 응축기는 사용하는 응축기 중에서 응축압력이 제일 높으나, 냉각탑을 사용하는 응축기보다는 낮다.

19. 고속 다기통 압축기에서 정상 운전상태로서의 유압은 저압보다 얼마나 높아야 하는가?

① 0~1.5 kg/cm²
② 1.5~3.0 kg/cm²
③ 2.5~4.0 kg/cm²
④ 3.5~5.0 kg/cm²

해설 압축기의 유압
㉠ 저속 왕복 압축기 = 저압+0.5~1.5 kg/cm²
㉡ 고속 다기통 압축기 = 저압+1.5~3 kg/cm²
㉢ 스크루 압축기 = 고압+2~3 kg/cm²
㉣ 터보(원심식) 압축기 = 저압+6~7 kg/cm²

20. 응축기 중 열통과율이 가장 좋은 것은?

① 공랭식
② 횡형 셸 앤드 튜브식
③ 입형 셸 앤드 튜브식
④ 증발식

해설 응축기의 열통과율
① 공랭식 : 20 kcal/m²·h·℃
② 횡형 셸 앤드 튜브식 : 900 kcal/m²·h·℃
③ 입형 셸 앤드 튜브식 : 750 kcal/m²·h·℃
④ 증발식 : 300 kcal/m²·h·℃

21. 다음 중 팽창밸브와 관련이 있는 것끼리 짝지은 것은?

① 등온팽창, 부압작용
② 단열팽창, 부압작용
③ 등온팽창, 교축작용
④ 단열팽창, 교축작용

해설 팽창밸브에서는 비가역 단열 비정상류 변화가 일어나며 교축작용에 의해 압력과 온도가 감소하고 엔트로피가 일정하다.

22. 보호구는 작업자의 신체를 보호하기 위해서 여러 가지 제약 조건이 있다. 구비 조건 중 틀린 것은?

① 착용이 간편할 것

② 방호성능이 충분한 것일 것

③ 정비가 간단하고 점검, 검사가 용이할 것

④ 견고하고 값비싼 고급 품질일 것

23. 가스 용접 시 사용하는 아세틸렌 호스의 색은 어느 것인가?

① 흑색 ② 적색 ③ 녹색 ④ 백색

24. 산소병 운반 취급상 가장 위험한 것은?

① 기름 묻은 손으로 운반한다.

② 산소병을 뉘어서 운반한다.

③ 캡을 씌어서 운반한다.

④ 손의 보호를 위해 장갑을 낀다.

해설 산소는 조연성(지연성) 가스이므로 유지류를 접촉하면 화재의 위험이 있다.

25. 다음은 핀 튜브식 증발기에 대한 설명이다. 옳은 것은?

① 냉동, 냉장, 냉방용으로 주로 액순환식이다.

② 소형 냉장고나 공기조화용으로 주로 건식이다.

③ 브라인 냉각용, 제빙용으로 주로 만액식이다.

④ 주로 암모니아용에 사용되며 냉장고 냉각용으로 만액식과 건식의 중간이다.

26. 프레온-12, 프레온-22, 암모니아 냉매의 윤활유, 물에 대한 용해도에 관한 것 중 옳은 것은?

① 윤활유에 대한 용해도는 R-12가 암모니아보다 크다.

② 윤활유에 대한 용해도는 암모니아가 R-22보다 크다.

③ 물의 용해도는 R-22가 가장 크다.

④ 물의 용해도는 모두 똑같다.

해설 ㉠ 물에 대한 용해도는 NH_3가 가장 크다 (800 ~ 900배 용해).

㉡ R-22는 기름에 대한 용해도가 NH_3보다 크다.

㉢ 윤활유에 잘 용해되는 냉매는 R-11, R-12, R-21, R-113이다.

㉣ 윤활유와 저온에서 쉽게 분리되는 냉매는 R-13, R-22, R-114이다.

27. 압력이 일정한 조건하에서 냉매의 가열, 냉각에 의해 일어나는 상태 변화에 대한 다음 설명 중 틀린 것은?

① 과냉각액을 냉각하면 액체의 상태에서 온도만 내려간다.

② 건포화증기를 가열하면 온도가 상승하고 과열증기로 된다.

③ 포화액체를 가열하면 온도가 변하고 일부가 증발하여 습증기로 된다.

④ 습증기를 냉각하면 온도가 변하지 않고 건조도가 감소한다.

해설 포화액을 가열하면 액체가 기체로 되는 잠열 변화이므로 온도는 일정하고 물질의 상태가 변화한다.

28. 엔탈피에 대한 설명 중 틀린 것은?

① 단위는 kcal/kg이다.

② 0℃ 포화액의 엔탈피는 100 kcal/kg이다.

③ 온도가 상승하면 엔탈피는 증가한다.

④ 유체가 가진 열에너지와 일에너지를 곱한 총 에너지를 말한다.

해설 엔탈피＝내부에너지＋외부에너지

29. 다음 중 감전 위험의 요소에 해당되지 않는 것은?

① 통전 전류의 크기

② 통전 경로

③ 통전 시 전선의 굵기

④ 통전 전류의 종류

30. 가연성 가스의 화재, 폭발을 방지하기 위한 대책으로 틀린 것은?

① 가연성 가스를 사용하는 장치를 청소하고자 할 때는 지연성 가스로 한다.
② 가스가 발생하거나 누설될 우려가 있는 실내에서는 환기를 충분히 시킨다.
③ 가연성 가스가 존재할 우려가 있는 장소에서는 화기 엄금한다.
④ 가스를 연료로 하는 연소설비에서는 점화하기 전에 누설 유무를 반드시 확인한다.

31. 보일러 운전 중 수시로 점검해야 할 사항은 어느 것인가?

① 공급탱크   ② 화염상태
③ 전기배선   ④ 버너 본체

32. 다음 중 보일러가 부식하는 원인으로 부적당한 것은?

① 보일러 수의 pH가 저하
② 수중에 함유된 산소의 작용
③ 수중에 함유된 암모니아의 작용
④ 수중에 함유된 탄산가스의 작용

33. 냉매의 누설 검사 방법 중 옳은 것은?

① 암모니아는 헬라이드 토치 등의 불꽃색으로 조사한다.
② R-12는 페놀프탈레인지를 사용하여 조사한다.
③ R-22는 유황초를 태워 백색 연기로 조사한다.
④ 암모니아는 적색 리트머스 시험지를 사용하여 조사한다.

해설 암모니아는 적색 리트머스 시험지를 청색으로 변색시킨다.

34. 난방부하의 변동에 따른 온도 조절이 용이하고, 열용량이 크므로 실내온도가 급격하게 변하지 않을 뿐만 아니라 위험성이 적으며 배관 구배가 작아도 되는 난방 방식은?

① 복사난방 방식
② 온풍난방 방식
③ 온수난방 방식
④ 증기난방 방식

35. 취출구에 설치하여 취출풍량을 조절하는 기기의 명칭은?

① 덕트   ② 송풍기
③ 밸브   ④ 댐퍼

36. 다음 중 재해통계 방식에서 강도율을 구하는 공식으로 맞는 것은?

① $\dfrac{\text{근로 총손실 일수}}{\text{근로 연시간수}} \times 1000$

② $\dfrac{\text{근로 총손실 일수}}{\text{근로 연시간수}} \times 1000000$

③ $\dfrac{\text{근로 연시간수}}{\text{근로 총손실 일수}} \times 1000$

④ $\dfrac{\text{재해건수}}{\text{근로 연시간수}} \times 1000000$

37. 냉동 제조시설의 안전관리 규정 작성 요령에 대한 설명 중 잘못된 것은?

① 안전관리자의 직무, 조직에 관한 사항을 규정할 것
② 종업원의 교육 및 훈련에 관한 사항을 규정할 것
③ 종업원의 후생복지에 관한 사항을 규정할 것
④ 외부 하청업자의 안전관리 규정 적용에 관한 사항을 규정할 것

38. 사다리 구조의 안전 요건 중 틀린 것은?

① 튼튼한 구조로 할 것
② 재료는 현저한 손상, 부식 등이 없는 것으로 할 것
③ 폭은 20 cm 이하로 할 것
④ 미끄러움 방지장치를 부착할 것

해설 사다리의 폭은 30 cm 이상일 것

39. 어느 열기관이 45 PS를 발생할 때 1시간마다의 일을 열량으로 환산하면 얼마인가?

① 84000 kJ/h ② 99330 kJ/h
③ 105000 kJ/h ④ 119118 kJ/h

해설 $q = 45 \times \dfrac{75}{102} \times 3600 = 119117.65\,\text{kJ/h}$

40. 동관에 관한 설명으로 틀린 것은?

① 전기 및 열전도율이 좋다.
② 전연성이 풍부하고 마찰저항이 적다.
③ 내식성이 뛰어나고 산성에 강하다.
④ 가볍고 가공이 용이하며 동파되지 않는다.

해설 내식성이 뛰어나고 알칼리성에 강하며 산성에 약하다.

41. 20 Ω 의 저항에 100 V의 전압을 가하면 몇 A의 전류가 흐르는가?

① 0.2 A ② 5 A
③ 2 A ④ 50 A

해설 $I = \dfrac{E}{R} = \dfrac{100}{20} = 5\,\text{A}$

42. 자속밀도 0.5 Wb / m²인 평등 자장 속에 길이 10 cm인 도체를 직각으로 놓고 10 A의 전류를 흘릴 때 도체에 작용하는 힘(F)은 몇 N인가?

① 0.2 N ② 0.3 N
③ 0.4 N ④ 0.5 N

해설 $F = IBl = 10 \times 0.5 \times 0.1 = 0.5\,\text{N}$

43. 최댓값이 20 A인 정현파 전류의 평균값을 구하면 얼마인가?

① 약 20 A ② 약 17 A
③ 약 15 A ④ 약 13 A

해설 $I_a = \dfrac{2I_m}{\pi} = \dfrac{2 \times 20}{\pi} = 12.7\,\text{A}$

44. 다음 중 암모니아 불응축 가스 분리기의 작용에 대한 설명으로 옳은 것은?

① 분리된 공기는 장치 밖으로 방출된다.
② 암모니아 가스는 냉각되어 응축액으로 되어 유분리기로 되돌아간다.
③ 분리기 내에서 분리된 공기는 온도가 상승한다.
④ 분리된 NH₃ 가스는 압축기로 흡입된다.

해설 불응축 가스 분리기에서 분리된 냉매는 수액기로 회수하고 공기는 대기 방출한다.

45. 냉동장치의 누설 시험에 사용하는 것으로 적합한 것은?

① 물 ② 질소
③ 오일 ④ 산소

해설 누설 시험용 가스로 공기, 탄산가스, 질소 등을 사용한다.

46. 다음 중 소음의 단위는?

① cd ② Hz ③ ppm ④ dB

47. 안전화는 발에 무거운 물건을 떨어뜨리거나 튀어나온 못을 밟거나 하는 재해로부터 작업자를 보호하는 데 사용하고 있다. 안전화의 구비 조건 중 틀린 것은?

① 착용자의 발가락을 보호할 수 있을 것
② 압박 및 충격성에 약할 것

③ 착용감이 좋고 작업에 편리할 것

④ 견고하게 제작하여 부분품의 마무리가 확실할 것

48. 휴대용 전동 공구는 작업 중의 위험 외에도 감전의 위험이 있다. 다음 중 플러그를 꽂을 때 반드시 고려할 사항은?

① 단전　　　　② 접지

③ 절연　　　　④ 감지

해설 전기작업용 기구 사용 시 감전을 방지하기 위하여 반드시 절연 상태와 접지를 확인한다. 휴대용은 접지할 수 없다.

49. 주철 보일러의 장점이 아닌 것은?

① 분해가 가능하여 반입, 반출이 용이하다.

② 주철제이므로 수명이 길다.

③ 능력이 부족할 때는 섹션을 늘릴 수 있다.

④ 고압증기를 얻을 수 있다.

해설 주철제 보일러는 $1kg/cm^2 \cdot g$ 이하의 저압 증기를 얻을 수 있다.

50. 공기조화 장치 중에서 온도와 습도를 조절하는 것은?

① 공기 여과기　　② 공기 세척기

③ 제습기　　　　④ 공기 가열기

51. 가습 효율이 가장 좋은 방법은?

① 온수 분무　　　② 증기 분무

③ 가습 팬　　　　④ 초음파 분무

해설 증기 분무 가습장치는 가습 효율이 100 %에 가깝다.

52. 2중 덕트 방식에 대한 설명 중 잘못된 것은 어느 것인가?

① 개별 조절이 가능하다.

② 습도의 완전한 조절이 가능하다.

③ 동시에 냉방, 난방을 행하기가 용이하다.

④ 설비비, 운전비가 많이 든다.

해설 어떤 공조장치든지 습도의 완전한 조절은 어렵다.

53. 다음 공기조화 방식 중에서 개별 공조 방식에 속하는 것은?

① 단일 덕트 방식

② 유인 유닛 방식

③ 패키지 유닛 방식

④ 복사 냉·난방식

해설 개별 공조 방식에는 룸 쿨러, 패키지 유닛 방식(중앙식)과 패키지 유닛 방식 (터미널 유닛 방식) 등이 있다.

54. 냉방 시 공조기의 송풍량 계산과 관계 있는 것은?

① 송풍기와 덕트로부터 취득열량

② 외기 부하

③ 펌프 및 배관 부하

④ 재열 부하

해설 송풍량 계산
　㉠ 실내 취득 또는 손실 현열량에 의해서 구한다.
　㉡ 송풍기와 덕트로부터 취득하는 현열량에서도 구할 수 있다.

55. 벽체로부터의 취득열량(q)을 산출하는 식으로 옳은 것은? (단 K : 벽체의 열관류율 (kJ/m²·h·K), A : 벽체 면적(m²), Δt_e : 상당온도차(℃)이다.)

① $q = K \cdot \left(\dfrac{1}{\Delta t_e \cdot A} \right)$

② $q = K \cdot \Delta t_e \cdot A$

③ $q = K \cdot A \cdot \left(\dfrac{1}{\Delta t_e} \right)$

④ $q = K \cdot \Delta t_e \cdot \left(\dfrac{1}{A} \right)$

56. 공기조화 설비에 없는 장치는?

① 온도 및 습도 조절장치
② 공기 제조장치
③ 공기 이동과 순환장치
④ 공기 여과장치

57. 다음 중 공기를 냉각하였을 때 증가되는 것은 어느 것인가?

① 습구온도
② 상대습도
③ 건구온도
④ 엔탈피

58. 공기조화에서 "ET"는 무엇을 의미하는가?

① 인체가 느끼는 쾌적온도의 지표
② 유효습도
③ 적정 공기속도
④ 적정 냉·난방 부하

59. 다음 덕트의 부속품 중에서 풍량 조절용 댐퍼가 아닌 것은?

① 버터플라이 댐퍼
② 루버 댐퍼
③ 베인 댐퍼
④ 방화 댐퍼

해설 ①: 소형 덕트
②: 대형 덕트로 대류형과 평형식이 있다.
③: 송풍기 흡입구에 설치하여 흡입풍량을 세밀히 제어한다.
④: 작동온도 70~75℃로서 화재 시 댐퍼를 닫는다.

60. 패널 난방에서 실내 주벽의 온도 $t_w = 25℃$, 실내 공기의 온도 $t_0 = 15℃$라고 하면 실내에 있는 사람이 받는 감각온도 t_c는?

① 15 ② 20
③ 25 ④ 10

해설 $t_c = \dfrac{25 + 15}{2} = 20℃$

출제 예상문제 (17)

1. 독성가스 제조시설 및 독성가스 저장소 등의 식별표지의 바탕색과 글씨의 색으로 맞는 것은 어느 것인가?

① 노란색, 흰색   ② 백색, 흑색
③ 검정색, 노란색   ④ 빨간색, 흰색

2. 안전보건표지의 종류가 아닌 것은?

① 금지표지   ② 경고표지
③ 지시표지   ④ 설명표지

해설 안전보건표지의 종류에는 금지표지, 경고표지, 지시표지, 안내표지가 있다.

3. 안전관리 대책을 수립하려면 어느 방법이 적절한가?

① 경험적인 방법   ② 통계적인 방법
③ 사무적인 방법   ④ 이론적인 방법

4. 다음 중 브라인의 부식성을 초래하는 인자가 아닌 것은?

① 공기와의 접촉   ② pH의 감소
③ 수분과의 접촉   ④ Mg의 증가

해설 프레온 장치에서 Al 배관에 2% 이상 Mg을 함유하면 부식이 촉진된다.

5. 쇠톱(hack saw)의 사용법에서 안전관리에 적합하지 않은 것은?

① 초보자는 잘 부러지지 않는 탄력성이 없는 톱날을 쓰는 것이 좋다.
② 날은 가운데 부분만 사용하지 말고 전체를 고루 사용한다.
③ 톱날을 틀에 끼운 후 두세 번 시험하고

다시 한 번 조정한 다음에 사용한다.
④ 본 작업이 끝날 때에는 힘을 알맞게 줄인다.

해설 쇠톱은 잘 부러지지 않는 탄력성이 있는 톱날을 사용한다.

6. 아크 용접 작업 기구 중 보호구와 관계없는 것은 어느 것인가?

① 헬멧   ② 앞치마
③ 용접용 홀더   ④ 용접용 장갑

해설 용접용 홀더는 용접 작업용 부속 기구이다.

7. 보일러 1마력은 몇 kJ/h의 증발량에 상당하는가? (단, 100℃ 물의 증발잠열은 2256 kJ/kg이다.)

① 30240 kJ/h   ② 35306 kJ/h
③ 40320 kJ/h   ④ 45360 kJ/h

해설 $15.65 \times 2256 = 35306.4 \text{ kJ/h}$

8. 온수 베이스 보드 난방(hot water base board heating)에서 가열면의 공기 유동을 조절하기 위한 장치는?

① 라디에이터   ② 드레인 밸브
③ 댐퍼   ④ 서모스탯

9. 온풍난방 방식의 특징으로서 옳지 않은 것은 어느 것인가?

① 열용량이 적으므로 예열에 시간이 길어지지 않는다.
② 환기가 용이하다.
③ 온·습도 조정을 할 수 있다.
④ 실내온도 분포가 고르다.

해설 온풍난방은 실내 상하의 온도차가 크다.

10. 방진 마스크가 갖추어야 할 조건 중 옳지 않은 것은?

① 시야가 넓어야 한다.
② 사용 후 손질이 쉬워야 한다.
③ 안면에 밀착되지 않아야 한다.
④ 피부와 접촉하는 고무의 질이 좋아야 한다.

해설 방진 마스크는 안면 밀착성이 좋은 것을 사용한다.

11. 냉수 또는 온수를 실내까지 운반한 다음 실내의 유닛에서 실내의 공기와 직접 열교환을 하는 공조 방식은?

① 전공기 방식   ② 전수 방식
③ 수-공기 방식   ④ 존제어 방식

해설 전수 방식은 팬코일 유닛과 같이 냉·온수를 공급하여 실내를 냉·난방한다.

12. 냉동장치의 고압측에 안전장치로 사용되는 것 중 부적합한 것은?

① 스프링식 안전 밸브
② 플로트 스위치
③ 고압 차단 스위치
④ 가용전

해설 플로트 스위치는 액면 높이 조정용으로 주로 사용한다.

13. 다음 중 안전모를 착용하는 목적과 관계가 없는 것은?

① 감전의 위험 방지
② 추락에 의한 위험 방지
③ 물체의 낙하에 의한 위험 방지
④ 분진에 의한 재해 방지

해설 분진에 의한 재해를 방지하려면 마스크 등을 착용한다.

14. 다음 중 수공구 사용 전의 점검사항으로 틀린 것은?

① 공구의 성능을 충분히 알고 있을 것
② 작업에 적합한가, 또 정비상태의 이상 유무를 확인할 것
③ 결함이 있는 것은 사용하지 말 것
④ 공구가 녹이 슬지 않게 기름으로 잘 닦아둘 것

해설 공구에 기름을 칠하면 작업 시 미끄러져서 안전사고의 위험이 발생한다.

15. 수액기 취급 시 주의 사항 중 옳은 것은?

① 저장냉매액을 3/4 이상 채우지 말아야 한다.
② 직사광선을 받아도 무방하다.
③ 안전밸브를 설치할 필요가 없다.
④ 균압관은 지름이 작은 것을 사용한다.

해설 수액기의 액면 높이는 운전 중 $\frac{1}{2}$, 운전 정지 시 $\frac{2}{3}$ 이하로 한다. 운전 휴지 시는 최대 $\frac{9}{10}$ 이하가 되어야 한다.

16. 연료가스의 폭발을 방지하기 위한 안전사항 중 옳은 것은?

① 방폭문을 부착한다.
② 연도를 가열한다.
③ 스케일을 제거한다.
④ 배관을 굵게 한다.

17. 다음 중 드럼 없이 수관만으로 된 것으로 고압, 대용량의 강제 순환 보일러 순환펌프에 의해 관내로 들어온 물이 예열, 증발, 과열의 순서로 관류하면서 소요의 증기를 발생시키는 보일러는?

① 관류 보일러

② 주철제 보일러

③ 노통 연관 보일러

④ 입형 수관 보일러

18. 건조공기의 표준상태에 있어서의 비중량은 몇 kg/m³ 인가?

① 1.293 kg/m³   ② 0.773 kg/m³

③ 0.171 kg/m³   ④ 0.24 kg/m³

해설 ㉠ 표준상태 (1 atm, 0℃)의 건조공기 비중량은 1.293 kg/m³, 비체적은 0.7733 m³/kg 이다.

㉡ 1 atm, 20℃의 건조공기 비중량은 1.2 kg/m³, 비체적은 0.83 m³/kg이다.

19. 사무실의 난방에 있어서 가장 적합하다고 보는 상대습도와 실내 기류의 목푯값은?

① 40 %, 0.05 m/s ② 50 %, 0.25 m/s

③ 40 %, 0.25 m/s ④ 50 %, 0.05 m/s

해설 ㉠ 여름 : 0.12~0.18 m/s

㉡ 겨울 : 0.18~0.25 m/s

20. 인간의 난·냉감에 관계가 없는 것은?

① 실내공기의 온도

② 공기의 흐름

③ 공기가 함유하는 탄산가스의 양

④ 공기 중의 수증기의 양

해설 공기가 가지고 있는 탄산가스량은 실내의 청정도에 관계된다.

21. 제빙장치에서 브라인의 온도가 −10℃이고, 결빙 소요시간이 48시간일 때 얼음의 두께는 몇 mm인가? (단, 결빙계수는 0.56이다.)

① 273 mm   ② 283 mm

③ 293 mm   ④ 303 mm

해설 $t = \sqrt{\dfrac{-(t_b) \times H}{0.56}} = \sqrt{\dfrac{-(-10) \times 48}{0.56}}$

= 29.27cm ≒ 293mm

22. 수랭식 응축기의 응축압력에 관한 사항 중 옳은 것은?

① 수온이 일정한 경우 유막 물때가 두껍게 부착하여도 수량을 증가하면 응축압력에는 영향이 없다.

② 냉각관 내의 냉각수 속도가 빨라지면 횡형 셸 앤드 튜브식 응축기의 전열량은 커지고 응축압력에 영향을 준다.

③ 냉각수량이 풍부한 경우에는 불응축 가스의 혼입 영향은 없다.

④ 냉각수량이 일정한 경우에는 수온에 의한 영향은 없다.

해설 냉각수량과 불응축 가스의 혼입과는 관계가 없다.

23. 다음 증발기에 대한 설명 중 틀린 것은?

① 건식 증발기는 냉매량이 적어도 되는 이익이 있고, 프레온과 같이 윤활유를 용해하는 냉매에 있어서는 유 (oil)가 압축기에 들어가기 쉽다.

② 만액식 증발기는 냉매측에 열전달률이 양호하므로 주로 액체 냉각용에 사용한다.

③ 만액식 증발기에 프레온을 냉매로 하는 것은 압축기에 유를 돌려보내는 장치가 필요없다.

④ 액순환식 증발기는 액화 냉매량의 4~5배의 액을 액펌프를 이용하여 강제 순환한다.

해설 프레온 만액식 장치는 유회수 장치가 필요하다.

24. 왕복동 압축기에 실린더수 Z, 지름 D, 실린더 행정 L, 매분 회전수가 N 일 때 이론적 피스톤 압출량의 산출식으로 옳은 것은? (단, 압출량의 단위는 m³/h이다.)

① $V = D^2 \cdot L \cdot Z \cdot N \cdot 60$

② $V = 15\pi \cdot Z \cdot D^2 \cdot L \cdot N$

정답 18. ① 19. ② 20. ③ 21. ③ 22. ② 23. ③ 24. ②

③ $V = \dfrac{\pi D^2}{4} \cdot L^3 \cdot Z \cdot N \cdot 60$

④ $V = \dfrac{\pi D^2}{4} \cdot L \cdot Z \cdot N$

해설 피스톤 압출량

$V = \dfrac{\pi}{4} \cdot D^2 \cdot L \cdot N \cdot Z \cdot 60$

$\quad = 15\pi \cdot D^2 \cdot L \cdot N \cdot Z[\mathrm{m}^3/\mathrm{h}]$

25. 응축온도 및 증발온도가 냉동기의 성능에 미치는 영향에 관한 사항 중 옳은 것은?

① 응축온도가 일정하고 증발온도가 낮아지면 소요동력이 증가한다.

② 증발온도가 일정하고 응축온도가 높아지면 압축비는 감소한다.

③ 응축온도가 일정하고 증발온도가 높아지면 전동기의 부하는 증가한다.

④ 응축온도가 일정하고 증발온도가 낮아지면 전동기의 부하는 감소한다.

해설 응축온도가 일정하고 증발온도가 낮아지면 압축비, 토출가스 온도, 플래시 가스 발생 등은 증가하고, 냉동효과, 성적계수 등은 감소한다.

26. 다음 프레온 냉매 중 냉동력이 가장 좋은 것은 어느 것인가?

① R-113   ② R-11

③ R-12   ④ R-22

해설 ① R-113 : 30.9 kcal/kg

② R-11 : 38.6 kcal/kg

③ R-12 : 29.6 kcal/kg

④ R-22 : 40.2 kcal/kg

27. 응축기에서 제거되는 열량과 같은 것은?

① 증발기에서 흡수한 열량

② 압축기에서 가해진 열량

③ 증발기에서 흡수한 열량과 압축기에서 가해진 열량

④ 압축기에서 가해진 열량과 기계실 내에서 가해진 열량

해설 응축열량＝냉동능력＋압축일의 열당량

28. R-500 냉매에 관한 사항 중 옳은 것은?

① R-22와 R-115의 혼합물로서 R-22보다 냉동능력이 크다.

② R-22와 R-152의 혼합물로서 R-22보다 냉동능력이 크다.

③ R-12와 R-152의 혼합물로서 R-12보다 냉동능력이 크다.

④ R-12와 R-115의 혼합물로서 R-12보다 냉동능력이 크다.

해설 R-500은 R-12보다 냉동능력이 18 % 증가한다.

29. 전압을 측정하는 계기의 명칭은?

① ampere meter   ② volt meter

③ watt meter   ④ clamp meter

30. 다음의 신축이음쇠 중에서 신축량이 가장 적은 것은?

① 슬리브형   ② 스위블형

③ 루프형   ④ 벨로스형

31. 강관 25 A 나사 산수는 길이 25.4 mm에 대하여 몇 산인가?

① 19산   ② 14산

③ 11산   ④ 8산

해설 ㉠ 8~10 A : 19산

㉡ 15~20 A : 14산

㉢ 25 A 이상 : 11산

32. 압축기 보호장치 중 고압 차단 스위치(HPS)는 정상적인 고압에 몇 kg/cm² 정도 높게 조절하는가?

① 1 kg/cm^2 ② 4 kg/cm^2
③ 10 kg/cm^2 ④ 25 kg/cm^2

해설 HPS 작동압력＝정상고압＋3~4 kg/cm^2

33. 다음 회전식 압축기에 대한 설명 중 틀린 것은 어느 것인가?

① 흡입밸브가 없다.
② 압축이 연속적이다.
③ RPM이 적어도 된다.
④ 왕복동에 비해 구조가 간단하다.

해설 회전 압축기는 1000 RPM 이상이다.

34. 브롬화리튬(LiBr) 수용액이 필요한 장치는 어느 것인가?

① 증기 압축식 냉동장치
② 흡수식 냉동장치
③ 증기 분사식 냉동장치
④ 전자 냉동장치

해설 흡수식 냉동장치에서 냉매가 H_2O(물)일 때 흡수제로 LiBr, LiCl 등을 사용한다.

35. 공비 혼합 냉매가 아닌 것은?

① 프레온 500 ② 프레온 501
③ 프레온 502 ④ 프레온 152

해설 R-152는 에탄(C_2H_6) 계열이다.

36. 교류회로의 3정수가 아닌 것은?

① 저항 ② 인덕턴스
③ 커패시턴스 ④ 컨덕턴스

해설 컨덕턴스는 저항의 역수이다.

37. 터보 냉동기 용량 제어와 관계없는 것은?

① 베인 조정법
② 회전수 가감법
③ 클리어런스 증대법
④ 냉각수량 조절법

38. 2단 압축 냉동장치에 있어서 다음 사항 중 옳은 것은?

① 고단측 압축기와 저단측 압축기의 피스톤 압출량을 비교하면 저단측이 크다.
② 냉매순환량은 저단측 압축기 쪽이 많다.
③ 2단 압축은 압축비와는 관계없으며 단단 압축에 비해 유리하다.
④ 2단 압축은 R-22 및 R-12에는 사용되지 않는다.

해설 냉매순환량은 고단 압축기가 많지만, 저단 압축기는 흡입가스 비체적이 커서 피스톤 압출량이 고단보다 크다.

39. 비열의 단위는 무엇인가?

① kJ/h ② kJ/kg
③ kJ/kg·m^2 ④ kJ/kg·K

40. 다음 설명 중 잘못된 것은?

① 벽이나 유리창을 통해 실내로 들어오는 열은 잠열과 현열이 있다.
② 창문의 틈새로 들어오는 공기의 열은 현열과 잠열이 있다.
③ 실내의 발열기구(조리기구 등)에서 발생하는 열은 잠열과 현열이 있다.
④ 외기로부터 통해 들어오는 열은 잠열과 현열이 있다.

해설 벽체 등 구조체를 통하여 침입하는 열량은 감열뿐이다.

41. 증발기에 대한 제상 방식이 아닌 것은?

① 전열 제상
② 핫가스 제상
③ 온수살포 제상
④ 피냉제거 제상

해설 제상 방법은 ①, ②, ③ 외에 브라인 분무 제상 등이 있다.

42. 공기조화 방식 중 혼합 체임버(chamber)를 설치해서 냉풍과 온풍을 자동으로 혼합하여 공급하는 것은?

① 멀티존 덕트 방식
② 재열 방식
③ 팬코일 유닛 방식
④ 이중 덕트 방식

> **해설** 이중 덕트 방식은 혼합 체임버에서 냉·온풍을 자동으로 공급하지만 에너지 손실이 큰 단점이 있다.

43. 어떤 냉동장치의 응축기에서 방열계수 1.3, 응축온도와 냉각수의 평균 대수 온도차가 5℃, 응축기의 열관류율 $K = 3780 \, \text{kJ/m}^2 \cdot \text{h} \cdot \text{℃}$일 때, 1냉동톤당 응축기의 면적은 몇 m² 정도가 좋은가? (단, 1 RT는 3.9 kW이다.)

① 0.45 m²
② 0.62 m²
③ 0.97 m²
④ 1.25 m²

> **해설** $3.9 \times 3600 \times 1.3 = 3780 \times F \times 5$
> $\therefore F = 0.9657 ≒ 0.97 \, \text{m}^2$

44. 밸브 기호 중 체크 밸브 용접 이음은?

① ─||N||─
② ─||N||─
③ ─•─N─•─
④ ─✕─N─✕─

45. 플랜지 이음용 글로브 밸브의 배관 도시 기호로 옳은 것은?

① ─||▷◁|─
② ─||▷◁|─
③ ─✕─▷◁─✕─
④ ─✕─▷◁─✕─

46. 다음 밸브 기호 중 연결이 잘못된 것은?

① 체크 밸브 ─▷┬─
② 글로브 밸브 ─▷◁─

③ 게이트 밸브 ─▷◁─
④ 스프링식 안전 밸브 ─▷◁─

> **해설** 스프링식 안전 밸브

47. 냉동능력의 단위는 어느 것인가?

① kJ/kg·m²
② kJ/h
③ m³/h
④ kJ/kg·℃

> **해설** 냉동능력의 단위는 kW(kJ/s), kJ/h 등을 사용한다.

48. 다음은 이중 덕트 방식에 대한 설명이다. 옳지 않은 것은?

① 중앙식 공조방식으로 운전 보수관리가 용이하다.
② 실내부하에 따라 각실 제어나 존(zone)별 제어가 가능하다.
③ 열매가 공기이므로 실온의 응답이 아주 빠르다.
④ 단일 덕트 방식에 비해 에너지 소비량이 적다.

> **해설** 단일 덕트 방식에 비해 에너지 소비량이 많다.

49. 강제 순환식 난방에서 실내손실 열량이 12600 kJ/h이고, 방열기 입구수온 50℃, 출구수온 42℃일 때 펌프용량은 몇 kg/h인가? (단, 물의 비열은 4.2 kJ/kg·K이다.)

① 254 kg/h
② 313 kg/h
③ 342 kg/h
④ 375 kg/h

> **해설** $G = \dfrac{12600}{4.2 \times (50 - 42)} = 375 \, \text{kg/h}$

50. 풍량 조절용 댐퍼가 아닌 것은?

① 버터플라이 댐퍼

② 베인 댐퍼

③ 루버 댐퍼

④ 릴리프 댐퍼

51. 패널난방에서 실내 주벽의 온도 $t_w = 25℃$, 실내공기의 온도 $t_a = 15℃$라고 하면 실내에 있는 사람이 받는 감각온도 t_e 는 몇 ℃인가?

① 10℃ 　　　② 15℃

③ 20℃ 　　　④ 25℃

해설 $t_e = \dfrac{15 + 25}{2} = 20℃$

52. 다음의 냉동장치에 대하여 맞는 것은?

① R-12의 경우는 드라이어를 사용하나 R-22의 경우는 필요하지 않다.

② 암모니아의 경우에는 유분리기를 쓰지 않는다.

③ R-12의 경우는 압축기의 워터 재킷이 반드시 필요하다.

④ R-22의 자동 팽창밸브는 암모니아에 사용될 수 없다.

53. 미리 정해 놓은 순서에 따라 제어의 각 단계를 순차적으로 행하는 제어를 무엇이라고 하는가?

① 프로그램 제어

② 시퀀스 제어

③ 추종 제어

④ 피드백 제어

해설 시퀀스 제어는 조합, 논리, 순서 회로이다.

54. 냉동기 운전 중 토출압력이 높아져 안전장치가 작동하거나 냉매가 유출되는 사고 시 점검하지 않아도 되는 것은?

① 계통 내에 공기혼입 유무

② 응축기의 냉각수량, 풍량의 감소 여부

③ 응축기와 수액기 사이 균압관의 이상 여부

④ 유분리기의 이상 여부

해설 유분리기에서 오일이 분리가 안 되면 냉동장치의 배관 내부에 유막이 형성되어 전열작용을 방해한다.

55. 공조실에 화재가 발생하였을 때의 조치사항 중 틀린 것은?

① 화재가 발생하였을 경우 혼자서 소화하지 말고 부근에 우선 알림과 동시에 안전관리과에 연락한다.

② 소화기구, 소화전 등 항상 장비를 확보하고, 그 위치 및 장소는 공조실 내에 찾기 쉬운 곳에 둔다.

③ 화재 발생 시에는 즉시 가스부분을 차단하고 전기 스위치를 끈다.

④ 기름 화재 시에는 물을 부어서 화재를 진압한다.

해설 기름 화재 시에는 CO_2 등으로 화재를 진압한다.

56. 용접 작업 시 사용하는 산소 용기의 올바른 사용법이 아닌 것은?

① 운반할 경우에는 반드시 캡을 씌운다.

② 겨울철에 용기가 동결 시는 불로 녹이지 말고 더운물로 녹인다.

③ 산소가 새는 것을 조사할 경우는 비눗물을 사용한다.

④ 산소 용기를 이동할 때는 뉘어서 발로 굴려 이동시킨다.

57. 보일러 사고 원인 중 파열 사고의 원인이 될 수 없는 것은?

① 압력초과 　　　② 저수위

③ 고수위 　　　④ 과열

정답　　51. ③　　52. ④　　53. ②　　54. ④　　55. ④　　56. ④　　57. ③

58. 대기 중의 습도가 냉매의 응축온도에 관계있는 응축기는 어느 것인가?

① 입형 셸 앤드 튜브 응축기
② 공랭식 응축기
③ 횡형 셸 앤드 튜브 응축기
④ 증발식 응축기

해설 증발식 응축기는 대기의 습구온도의 영향을 받는다.

59. 부스터(booaster) 압축기란?

① 2단 압축 냉동에서 저압 압축기를 말한다.
② 2원 냉동에서 저온용 냉동장치의 압축기를 말한다.
③ 회전식 압축기를 말한다.
④ 다효압축을 하는 압축기를 말한다.

해설 2단 압축 냉동장치의 저단측 압축기를 부스터(증폭) 압축기 또는 보조 압축기라고 한다.

60. 증발 과정에서 증발압력과 증발온도는 어떻게 변화하는가?

① 압력과 온도가 모두 상승한다.
② 압력과 온도가 모두 일정하다.
③ 압력은 상승하고 온도는 일정하다.
④ 압력은 일정하고 온도는 상승한다.

해설 증발 과정은 온도와 압력이 일정한 상태에서 엔탈피, 엔트로피, 비체적 등이 상승한다.

출제 예상문제 (18)

1. 정 작업을 할 때 강하게 때려서는 안 될 경우는 어느 때인가?

① 전 작업에 걸쳐
② 작업 중간과 끝에
③ 작업 처음과 끝에
④ 작업 처음과 중간에

2. 실내의 현열부하가 189000 kJ/h이고 잠열부하가 63000 kJ/h일 때 현열비(SHF)는 얼마인가?

① 0.75　　　　② 0.67
③ 0.33　　　　④ 0.25

해설 $SHF = \dfrac{189000}{189000 + 63000} = 0.75$

3. 다음의 신축 이음쇠 중에서 신축량이 가장 적은 것은?

① 슬리브형　　　② 스위블형
③ 루프형　　　　④ 벨로스형

해설 신축량이 가장 큰 것은 루프형 이음이다.

4. 연도나 굴뚝으로 배출되는 배기가스에 선회력을 부여함으로써 원심력에 의해 연소가스 중에 있던 입자를 제거하는 집진기는?

① 세정식 집진기
② 사이클론 집진기
③ 전기 집진기
④ 원통 다관형 집진기

5. 압축기에서 흡입 밸브와 토출 밸브가 갖추어야 할 조건은?

① 통과하는 가스에 대한 저항이 작고 밸브의 동작이 확실할 것
② 밸브의 개폐에 많은 압력차(힘)가 필요할 것
③ 운동이 가벼워야 하므로 밸브의 탄력성이 클 것
④ 가벼운 충격에 쉽게 파손될 것

해설 흡입·토출 밸브의 구비 조건
　㉠ 밸브 동작이 확실하고 유체 저항이 작을 것
　㉡ 운전 중 분해되는 일이 없을 것
　㉢ 충격에 파손되지 않을 것
　㉣ 밸브 작동이 경쾌하고 수명이 길 것

6. 보일러의 배기가스 예열을 이용하여 보일러 급수를 가열하며, 연탄이나 기타 연료를 절약하여 보일러 효율을 높이는 폐열 회수 이용 기구는 어느 것인가?

① 과열기　　　　② 재열기
③ 절탄기　　　　④ 공기 예열기

7. 다음 중 공기조화 방식의 개별방식에 대한 설명으로 옳지 않은 것은?

① 개별 방식은 냉동기용 압축기를 본체에 내장하는 공조기이다.
② 주택, 공동주택, 소점포 등의 소규모 건축에 다수 사용된다.
③ 서모스탯이 없어 개별 제어가 자유롭지 못하다.
④ 히트 펌프 이외의 것은 난방용으로서 전열을 필요로 하며 운전비가 높다.

해설 개별 방식은 각 유닛에 서모스탯이 있어 개별 제어가 자유롭다.

1. ③　2. ①　3. ②　4. ②　5. ①　6. ③　7. ③

8. 만액식 증발기에 사용되는 팽창 밸브는?

① 저압식 플로트 밸브
② 온도식 자동 팽창 밸브
③ 정압식 자동 팽창 밸브
④ 모세관 팽창 밸브

해설 만액식 증발기에는 부자식 팽창 밸브를 사용한다.

9. 암모니아 압축기의 운전 중에 암모니아의 누설유무를 검출하는 방법을 다음에 열거하였다. 이 중에서 틀린 것은?

① 특유한 냄새로 발견한다.
② 페놀프탈레인액이 파랗게 변한다.
③ 유황을 태우면 누설개소에 흰 연기가 일어난다.
④ 브라인(brine) 중에 암모니아가 새고 있을 때는 네슬러시약을 쓴다.

10. 2원 냉동 방법에 많이 사용되는 R-290은 어느 것을 말하는가?

① 프로판
② 에틸렌
③ 에탄
④ 부탄

해설 ① 프로판 : R-290, ② 에틸렌 : R-1150
③ 에탄 : R-170, ④ 부탄 : R-600

11. 다음 장치 중 신축 이음 장치의 종류가 아닌 것은?

① 스위블 조인트
② 볼 조인트
③ 루프형
④ 버킷형

해설 신축 이음에는 ①, ②, ③ 외에 슬리브형, 벨로스형 등이 있다.

12. 보일러 취급자의 부주의로 인하여 생기는 사고 원인은?

① 구조상 결함
② 증기발생 압력과다

③ 재료의 부적합
④ 설계상의 결함

13. 압축기의 큐노필터(kuno filler)에 관한 설명으로 틀린 것은?

① 오일펌프 출구에 설치한다.
② 오일을 여과한다.
③ 냉동장치의 여과망 중 제일 거친 여과망이다.
④ 큐노필터를 통과한 오일을 오일 쿨러, 언로더 등에 공급한다.

해설 큐노필터는 오일펌프 출구에 설치한 여과기로 80~100mesh 정도이며 운전 중 청소를 할 수 있다.

14. 냉방을 하는 경우 일반적으로 거실의 실내온도는 몇 ℃로 하는가?

① 29~32℃
② 25~28℃
③ 23~25℃
④ 18~22℃

해설 ④항은 난방 실내온도이다.

15. 다음 중 절수 밸브를 사용하여야 하는 경우는 언제인가?

① 냉각수 펌프로서 왕복동 펌프를 사용할 때
② 수압이 낮을 때
③ 부하변동에 대응하여 냉각수량을 제어할 때
④ 일반적으로 대형 에어 컨디셔너에

해설 절수 밸브는 응축기 부하변동에 따라서 작동하여 응축압력을 균일하게 한다.

16. 냉매와 윤활유에 대하여 설명한 것 중 옳은 것은?

① R-12의 액은 윤활유보다 비중이 크다.
② R-12와 윤활유는 혼합이 잘 안 된다.
③ 암모니아액은 윤활유보다 비중이 크다.

④ 암모니아액은 R−12보다 비중이 크다.

해설 비중의 크기 순서는 프레온>물>윤활유>암모니아이다.

17. 30℃의 물 2000 kg을 −15℃의 얼음으로 만들고자 한다. 이 경우 물로부터 빼앗아야 할 열량은 얼마인가? (단, 물의 비열은 4.18 kJ/kg·K, 얼음의 비열은 2.08 kJ/kg·K, 물의 응고잠열은 334 kJ/kg이다.)

① 981200 kJ   ② 1181174 kJ
③ 627480 kJ   ④ 1232280 kJ

해설 $Q = G(C_1 \Delta t_1 + R + C_2 \Delta t_2)$
$= 2000 \times \{(4.18 \times 30) + 334 + (2.08 \times 15)\}$
$= 981200\,kJ$

18. 다음 설명 중 틀린 것은?

① 프레온 만액식 증발기에 열교환기를 설치할 경우 액분리기를 설치할 필요가 없다.
② 만액식 증발기에서 증발기가 액분리기 하부에 위치한다.
③ 액순환식 증발기를 설치할 경우 액펌프와 액분리기가 필요하다.
④ 만액식 증발기의 경우 액분리기는 단열장치를 해 줄 필요가 없다.

해설 액분리기는 저온장치이므로 반드시 보랭(단열)장치를 설치한다.

19. 상대습도(ϕ)를 구하는 식으로 올바른 것은? (단, p_w =수증기 분압, p_s =습공기 온도에 상당하는 수증기 포화압력)

① $\phi = p_w \times p_s$ ② $\phi = p_w / p_s$
③ $\phi = p_w - p_s$ ④ $\phi = p_w + p_s$

해설 상대습도는 포화 상태의 수증기량에 대한 현존 공기의 수분량의 비이므로 $\phi = \dfrac{p_w}{p_s}$ 에서 구해진다.

20. 산소 아세틸렌 용접 시 안전기 사용상 주의할 점은?

① 아세틸렌 압력을 수시로 점검한다.
② 안전기를 수직으로 설치한다.
③ 안전기의 수위에 주의한다.
④ 안전기의 물을 수시로 교환한다.

21. 증발기로서 요구되는 조건이 아닌 것은?

① 열전달작용이 좋아야 할 것
② 냉매량이 많아야 할 것
③ 구조가 간단하고 취급이 용이할 것
④ 증발기 입구의 액체 냉매가 증발기 출구에서 증발을 완료하는 상태일 것

해설 냉매량이 많으면 액 압축의 우려가 있다.

22. 건축적인 측면에서의 에너지 절약 방법이 아닌 것은?

① 외벽 부분의 단열화
② 창유리 면적의 증대
③ 틈새바람의 기밀화
④ 건물 표면적의 축소

해설 유리창의 면적이 증대하면 에너지 손실이 커진다.

23. 터보 냉동기와 왕복동식 냉동기를 비교했을 때 터보 냉동기의 특징으로 옳은 것은?

① 회전부분이 매우 빠르므로 동작 밸런스나 진동이 크다.
② 보수가 어렵고 수명이 짧다.
③ 소용량의 냉동기에는 한계가 있고 생산가가 비싸다.
④ 저온장치에서도 압축단수가 적어지므로 사용도가 넓다.

해설 왕복동 압축기의 최대가 150 RT이고 원심식의 최저가 150 RT이다.

24. 암모니아 가스의 제독제는 어느 것인가?

① 물   ② 가성소다
③ 탄산소다   ④ 소석회

25. 송풍기의 종류 중 축류형 송풍기는?

① 다익형   ② 터보형
③ 프로펠러형   ④ 리밋로드형

26. 단열압축, 등온압축, 폴리트로픽 압축에 관한 다음 사항 중 틀린 것은?

① 압축일량은 단열압축이 제일 크다.
② 압축일량은 단열압축이 제일 작다.
③ 실제 냉동기의 압축 방식은 폴리트로픽 압축이다.
④ 압축일량은 등온압축이 제일 작다.

> **해설** 공업일(압축일)량 크기 순서 : 등적압축 > 단열압축 > 폴리트로픽압축 > 등온압축 > 등압압축

27. 펌프에 관한 설명 중 부적당한 것은?

① 양수량은 회전수에 비례한다.
② 양정은 회전수의 제곱에 비례한다.
③ 축동력은 회전수의 3승에 비례한다.
④ 토출속도는 회전수의 제곱에 비례한다.

> **해설** 유속은 회전수 변화량에 비례한다.

28. 일반 접합의 티(tee)를 나타낸 것은?

29. 프레온 냉동장치에 대한 다음 설명 중 옳은 것은?

① 냉매가 누설하는 부위에 할라이드등을 가깝게 대면 불꽃은 흑색으로 변한다.

② −50∼−70℃의 저온용 배관 재료로서 이음매 없는 동관을 사용한다.
③ 브라인 중에 냉매가 누설하였을 경우의 시험약품으로서 네슬러시약 용액을 사용한다.
④ 포밍을 방지하기 위해 압축기에 오일 필터를 사용한다.

> **해설** 프레온 냉동장치의 저온용 배관 재료는 동관, 스테인리스강관, SPLT(저온 배관용 탄소강관) 등이다.

30. 온풍난방의 특징을 옳게 설명한 것은?

① 예열시간이 짧다.
② 조작이 복잡하다.
③ 설비비가 많이 든다.
④ 소음이 생기지 않는다.

> **해설** 공기의 비열이 $1\,kJ/kg \cdot K$이므로 온풍난방은 착화 즉시 난방이 가능하다.

31. 가스 용기의 밸브가 얼었을 때는 더운 물로 적시어 녹인다. 이때 사용되는 물의 온도는 몇 ℃ 이하인가?

① 40℃   ② 50℃
③ 60℃   ④ 80℃

32. 액순환식 증발기와 액펌프 사이에 반드시 부착해야 하는 것은?

① 여과기   ② 전자 밸브
③ 역류 방지 밸브 ④ 건조기

33. 상대습도(ϕ)가 100 %인 상태는 무엇을 의미하는가?

① 노점온도
② 건구온도가 100℃
③ 습구온도가 100℃
④ 절대습도가 0%

정답   24. ①   25. ③   26. ②   27. ④   28. ①   29. ②   30. ①   31. ①   32. ③   33. ①

34. 멀티테스터로 측정할 수 없는 사항은?

① 교류전압 (AC, V)

② 직류전류 (DC, A)

③ 교류전류 (AC, A)

④ 직류전압 (DC, V)

35. M. K. S 단위계에서 고유저항의 단위는?

① Ω/cm   ② Ω·m

③ μΩ·cm^2 ④ Ω·mm^2/m

36. 다음 전 공기 방식에 대한 설명 중 옳지 않은 것은?

① 공기-물 방식에 비해 에너지 절약면에서 유리하다.

② 실내 공기의 오염이 적다.

③ 외기 냉방이 가능하다.

④ 대형의 공조기실이 필요하다.

37. 작업장에서 전기, 유해가스 및 위험한 물건이 있는 곳을 식별하기 위해 다음 중 어느 색으로 표시해야 되는가?

① 황색   ② 녹색

③ 적색   ④ 청색

38. 냉동장치의 능력을 나타내는 단위로서 1냉동톤(RT)이란 무엇을 말하는가?

① 0℃의 물 1 kg을 1시간에 0℃의 얼음으로 만드는 능력

② 0℃의 냉매 1 kg을 24시간에 −15℃까지 내리는 능력

③ 0℃의 물 1톤을 24시간에 0℃의 얼음으로 만드는 능력

④ 0℃의 냉매 1톤을 1시간에 −15℃까지 내리는 능력

해설 1 RT = 1000 × 79.68 = 79680 kcal/24 h = 3320 kcal/h = 3.86 kW로서 0℃의 물 1000 kg을

1일 동안에 0℃의 얼음으로 만드는 데 제거하는 열량으로서 한 시간 동안에 3320 kcal의 열량을 제거하는 것을 1 RT라 한다.

39. 차광 안경의 렌즈 색으로 적당한 것은?

① 적색   ② 자색

③ 갈색   ④ 청색

40. 고압 차단 스위치(HPS)의 압력 인출 위치는 어디가 좋은가?

① 토출 스톱 밸브 직후

② 토출 밸브 직전

③ 토출 밸브 직후와 토출 스톱 밸브 직전 사이

④ 고압부 어디라도 관계없다.

41. 다음 중 부하의 양이 가장 큰 것은?

① 실내 부하   ② 냉각코일 부하

③ 냉동기 부하   ④ 외기 부하

해설 부하 양의 크기 순서는 ③ > ② > ① > ④ 이다.

42. "회로 내의 임의의 점에서 들어오는 전류와 나가는 전류의 총합은 0이다." 이것은 무슨 법칙에 해당하는가?

① 키르히호프의 제 1 법칙

② 키르히호프의 제 2 법칙

③ 폴의 법칙

④ 앙페르의 오른나사법칙

43. 증기난방 설비와 관계없는 것은?

① 신축곡관   ② 에어벤트

③ 인라인 펌프   ④ 감압 밸브

해설 증기난방 설비의 신축 이음 방법은 스위블 이음이다.

정답   **34.** ③   **35.** ②   **36.** ①   **37.** ③   **38.** ③   **39.** ②   **40.** ③   **41.** ③   **42.** ①   **43.** ①

44. 어떤 냉동 사이클에 있어서 증발온도가 −15℃일 때 포화액의 엔탈피를 420 kJ/kg, 건조 포화증기의 엔탈피를 630 kJ/kg, 증발기에 유입되는 습증기의 건조도 $x = 0.25$라면, 이 냉동 사이클의 냉동효과는 얼마인가?

① 52.5 kJ/kg   ② 107.1 kJ/kg

③ 157.5 kJ/kg   ④ 212.1 kJ/kg

해설 냉동효과 $q_e = (1 - x) \cdot q$
$$= (1 - 0.25) \times (630 - 420) = 157.5 \, \text{kJ/kg}$$

45. 다음 수공구에 의한 재해를 막는 내용 중 틀린 것은?

① 결함이 없는 공구를 사용할 것
② 외관이 좋은 공구만 사용할 것
③ 작업에 올바른 공구만 취급할 것
④ 공구는 안전한 장소에 둘 것

46. 다음과 같은 도시 기호는 무엇을 나타내는가?

① 체크 밸브
② 게이트 밸브
③ 글로브 밸브
④ 버터플라이 밸브

47. 다음 중 옳은 것은?

① 냉각탑의 입구수온은 출구수온보다 낮다.
② 응축기 냉각수의 출구온도는 입구온도보다 낮다.
③ 응축기에서의 방출열량은 증발기에서 흡수하는 열량과 같다.
④ 증발기의 흡수열량은 응축열량에서 압축열량을 뺀 값과 같다.

48. 곡면 부분의 단열에 편리하며, 양털, 쇠털을 가공하여 만든 단열재는 무엇인가?

① 석면   ② 규조토
③ 코르크   ④ 펠트

49. 냉동장치의 누설시험에 사용하는 것으로 적합한 것은?

① 물   ② 질소   ③ 오일   ④ 산소

해설 누설시험용 가스는 N_2, CO_2, 공기 등이다.

50. 다음 그림 기호 중 정압식 자동 팽창밸브를 나타내는 것은?

①   ②

③   ④

해설 ① : 팽창밸브
② : 정압식 팽창밸브
③ : 온도자동 팽창밸브
④ : 부자식 팽창밸브

51. 다음은 R−22를 냉매로 하는 냉동장치의 운전상태를 $P - h$ 선도로 나타낸 것이다. 이 선도에 대해 기술한 내용 중 틀린 것은?

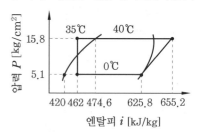

① 냉동효과는 163.8 kJ이다.
② 0℃에서 압축기로 흡입된 냉매의 압축 후의 온도는 40℃이다.
③ 압축비는 15.8 / 5.1로서 구할 수 있다.
④ 성적계수는 약 5.6이다.

해설 ① $q_e = 625.8 - 462 = 163.8 \, \text{kJ/kg}$
② 40℃는 응축온도이다.
③ 압축비 $= \dfrac{P_2}{P_1} = \dfrac{15.8}{5.1} = 3.1$
④ $COP = \dfrac{q_e}{AW} = \dfrac{163.8}{655.2 - 625.8} = 5.6$

52. 암모니아 가스는 저장능력이 몇 톤 이상인 경우 방류둑을 설치하는가?

① 500톤   ② 300톤
③ 40톤   ④ 5톤

해설 독성·가연성 가스는 저장능력 5톤, 5000 kg, 10m³일 때 방류둑을 설치한다.

53. 공기를 가열하였을 때 감소하는 것은?

① 엔탈피   ② 절대습도
③ 상대습도   ④ 비체적

54. 다음 중 보일러에서 점화 전에 운전원이 점검 확인하여야 할 사항은?

① 공기온도 측정
② 연료의 발열량 측정
③ 연소실 내 잔류가스 측정
④ 연소실 내 작업자 잔류 여부

해설 보일러는 연소실을 프리퍼지시키고, 잔류가스를 측정 후 점화시킨다.

55. 왕복동 압축기의 내부압력은?

① 저압   ② 고압
③ 대기압력   ④ 진공압력

해설 왕복식과 터보 냉동장치의 내부압력은 저압이고, 스크루와 회전식 압축기는 고압이다.

56. 안전사고의 연쇄성에서 안전교육을 통해서 사고를 주로 예방할 수 있는 것은?

① 사회적 환경과 유전적 요소
② 성격상의 결함
③ 불안전한 행위와 불안전한 조건
④ 고의적인 사고

57. 냉동능력이 5냉동톤이며 그 압축기의 소요 동력이 5마력일 때 응축기에서 제거해야 할 열량은 몇 kJ/h인가? (단, 1RT는 3.9 kW이다.)

① 78918 kJ/h   ② 88620 kJ/h
③ 83435.29 kJ/h   ④ 87780 kJ/h

해설 $Q_c = Q_e + L_{AW}$

$$= 5 \times 3.9 \times 3600 + 5 \times \frac{75}{102} \times 3600$$

$$= 83435.29 \, kJ/h$$

58. 내식성이 우수하고 열전도율이 높으며 굽힘, 절단, 변형, 용접 등의 가공이 쉬워 위생기기나 난방용 온수관 등에 널리 이용되는 관은?

① 구리관   ② 납관
③ 합성수지관   ④ 합금강 강관

59. 다음 중 방독 마스크의 종류에 해당하지 않는 것은?

① 전면식   ② 반면식
③ 반달식   ④ 구명기식

60. 완전 진공 상태를 0으로 기준하여 측정한 압력은?

① 대기압   ② 진공도
③ 계기압력   ④ 절대압력

해설 ㉠ 대기압력을 0으로 기준한 것은 게이지압력이다.
㉡ 완전 진공을 0으로 기준한 것은 절대압력이다.

공조냉동기계기능사 필기 총정리

2022년 1월 10일 인쇄
2022년 1월 15일 발행

저　자 : 김증식 · 김동범
펴낸이 : 이정일

펴낸곳 : 도서출판 **일진사**
www.iljinsa.com
(우) 04317 서울시 용산구 효창원로 64길 6
전화 : 704-1616 / 팩스 : 715-3536
등록 : 제1979-000009호 (1979.4.2)

값 24,000 원

ISBN : 978-89-429-1678-8

기능사